高职高专"十二五"规划教材

MasterCAM X6 应用教程

曹智梅 主编　姜海燕 郑绍芸 副主编

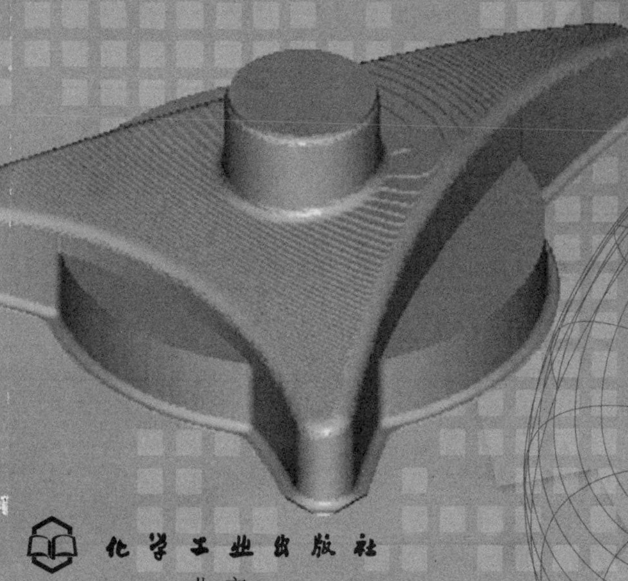

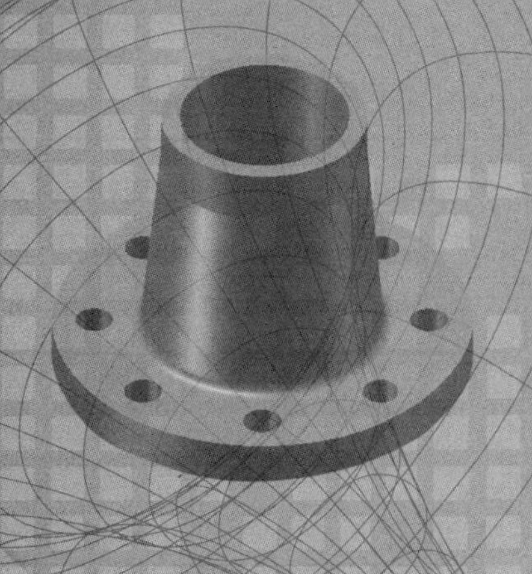

化学工业出版社

·北京·

本书基于最新的MasterCAM X6中文版，主要讲解应用最为广泛的铣削模块（Mill）。全书分为7章，从MasterCAM X6基础知识开始，详细介绍了二维图形的绘制与编辑，曲面的创建与编辑，实体的创建与编辑，外形铣削、挖槽、钻孔、平面铣削、雕刻加工，曲面粗/精加工，MasterCAM实训等内容。将软件的使用与机床实际操作进行了有机融合，真正实现了软件在生产中的应用。本书由浅入深，通过案例讲解命令，并配备大量的综合练习，使读者在掌握基本技能的基础上逐步深化，全面地掌握MasterCAM X6，并达到融会贯通，灵活应用的目的，克服了目前该类教材以讲解命令为主、缺少综合实例和综合练习的缺陷，为读者提供易懂、适用的MasterCAM X6软件教材。

本书不仅可作为应用型本科和高职高专院校机械类相关专业的教材，也可作为机械行业高级技工的培训教材，也可供机械行业的工程技术人员参考。

图书在版编目（CIP）数据

MasterCAM X6应用教程／曹智梅主编. —北京：化学工业出版社，2013.7

高职高专“十二五”规划教材

ISBN 978-7-122-17375-1

Ⅰ. ①M… Ⅱ. ①曹… Ⅲ. ①计算机辅助制造-应用软件-高等职业教育-教材 Ⅳ. ①TP391.73

中国版本图书馆CIP数据核字（2013）第101231号

责任编辑：王听讲　　文字编辑：闫　敏

责任校对：陶燕华　　装帧设计：张　辉

出版发行：化学工业出版社（北京市东城区青年湖南街13号　邮政编码100011）

印　　装：三河市延风印装厂

787mm×1092mm　1/16　印张19¾　字数420千字　2013年10月北京第1版第1次印刷

购书咨询：010-64518888（传真：010-64519686）　售后服务：010-64518899

网　　址：http://www.cip.com.cn

凡购买本书，如有缺损质量问题，本社销售中心负责调换。

定　价：39.00元

前　言

MasterCAM 软件是美国 CNC Software 公司研制的基于计算机平台的 CAD/CAM 一体化软件，在世界上拥有众多的忠实用户，被广泛应用于机械、电子、航空等领域。在我国的制造业和教育界，其以高性价比优势广受赞誉，有着极为广阔的应用环境。目前，MasterCAM X6 是流行市面的最新版本，其功能强大、操作灵活。

本书的作者在多年教学经验与科研成果的基础上编写了此书。为了方便国内用户，本书基于 MasterCAM X6 中文版来进行讲解，主要讲解应用最为广泛的铣削模块（Mill）。全书分为 7 章，第 1 章为基础知识，第 2 章为二维图形的绘制与编辑，第 3 章为曲面的创建与编辑，第 4 章为实体的创建与编辑，第 5 章为二维刀具路径，第 6 章为三维刀具路径，第 7 章为 MasterCAM 实训。其设计（CAD）部分讲解由点、线、面到体，其加工（CAM）部分讲解由二维刀具路径、三维刀具路径到最后零件的真实加工，将软件的应用与机床实际操作进行了有机融合，真正实现了软件在生产中的应用。

本书由浅入深，通过案例讲解命令，覆盖该软件的主要命令、常用命令，并配备大量的综合练习，使读者在掌握基本技能的基础上逐步深化，全面地掌握 MasterCAM X6，并达到融会贯通，灵活应用的目的，克服了目前该类教材以讲解命令为主、缺少综合实例和综合练习的缺陷，为读者提供易懂、适用的 MasterCAM X6 软件教材。

本书不仅可作为应用型本科和高职高专院校机械类相关专业的教材，也可作为机械行业高级技工的培训教材，也可供机械行业的工程技术人员参考。

本书由广东松山职业技术学院曹智梅任主编，广东松山职业技术学院姜海燕、郑绍芸任副主编。本书第 1 章、第 2 章和第 5 章由曹智梅编写；第 3 章和第 4 章由姜海燕编写；第 6 章和第 7 章由郑绍芸编写，附录由广东松山职业技术学院杨秀文编写。

由于编写人员的水平有限，加上软件发展迅速，本书难免有不足之处，恳请读者和诸位同仁提出宝贵意见。

编者

2013 年 7 月

目录

第1章　基础知识

1.1　MasterCAM X6 简介

MasterCAM 软件是美国 CNC Software 公司研制的基于计算机平台的 CAD/CAM 一体化软件，在世界上拥有众多的忠实用户，被广泛应用于机械、电子、航空等领域。在我国的制造业和教育界，其以高性价比优势广受赞誉，而有着极为广阔的应用环境。

MasterCAM 软件最早诞生于 1984 年，在当时即以强大的设计、加工功能和简洁的操作性得到了广大用户的认可。2005 年 7 月，CNC Software 公司在中国隆重推出 MasterCAM X 版，该版以全新的 Windows 界面展现，更适合广大用户的操作习惯。更重要的是，该软件的设计结构和内核，使 MasterCAM 有了质的飞跃，其计算速度和产品功能有了进一步提升。

其后不久，CNC Software 公司在中国隆重推出了 MasterCAM X2 版，与 X 版本相比，其增加了很多新功能和模块，对三轴和多轴功能也进行了提升，包括三轴曲面和多轴刀具路径。随后，CNC Software 公司又推出了 MasterCAM X3、X4 和 X5 软件，MasterCAM 后续发行的版本对三轴和多轴功能做了大幅度的提升，包括三轴曲面加工和多轴刀具路径。从 MasterCAM X 版本之后，MasterCAM 放弃了旧版本独立设计模块(Design)、车削模块(Lathe)、铣削模块(Mill)及线切割模块(Wire)的方式，而将所有的模块集中在新软件的加工类型菜单中。

2012 年 1 月，CNC Software 公司推出 MasterCAM X6 版本。

MasterCAM X6 具有强劲的曲面粗加工及灵活的曲面精加工功能。它提供了多种先进的粗加工技术，以提高零件加工的效率和质量；具有丰富的曲面精加工功能，可以从中选择最好的方法，加工复杂的零件；具有多轴加工功能，为零件的加工提供了更多的灵活性；还可模拟零件加工的整个过程，模拟中不但能显示刀具和夹具，还能检查刀具和夹具与被加工零件的干涉、碰撞情况。

1.1.1　启动与退出 MasterCAM X6

MasterCAM X6 的安装主要分为安装、破解、汉化三步。对国内用户来说，要注意在安装过程中按提示选择米制单位（Metric Unints）。

（1）启动 MasterCAM X6

MasterCAM X6 安装好后，就可以使用了。启动 MasterCAM X6 的方法有两种：一种是双击图标；另一种是依次选择电脑左下角的【开始】→【程序】→【MasterCAM X6】命令，进入 MasterCAM X6 的欢迎界面，如图 1-1 所示。

（2）退出 MasterCAM X6

退出 MasterCAM X6 的方法也与通常的 Windows 软件相同，常用的有三种方法：一种是选择菜单【文件】→【退出】菜单命令；第二种是直接按快捷键 Alt+F4；第三种是直接单击软件窗口右上角的按钮。

执行上面 3 种方法之一，系统会弹出如图 1-2 所示的对话框，提示用户是否真的要退出 MasterCAM 系统，单击【是（Y）】按钮，退出系统；单击【否（N）】按钮，取消退出系统的操作。

图 1-1 MasterCAM X6 欢迎界面

图 1-2 退出软件确认框

1.1.2 MasterCAM X6 界面介绍

启动 MasterCAM X6，系统进入欢迎界面后，等待软件初始化，然后进入 MasterCAM X6 用户界面，如图 1-3 所示。其显示形式和 Windows 其他应用软件相似，充分体现了 MasterCAM X6 系统用户界面友好、易学易用的特点。MasterCAM X6 界面可以分为标题栏、菜单栏、工具栏、绘图区、交互提示栏、状态栏、操作管理器等几大部分。

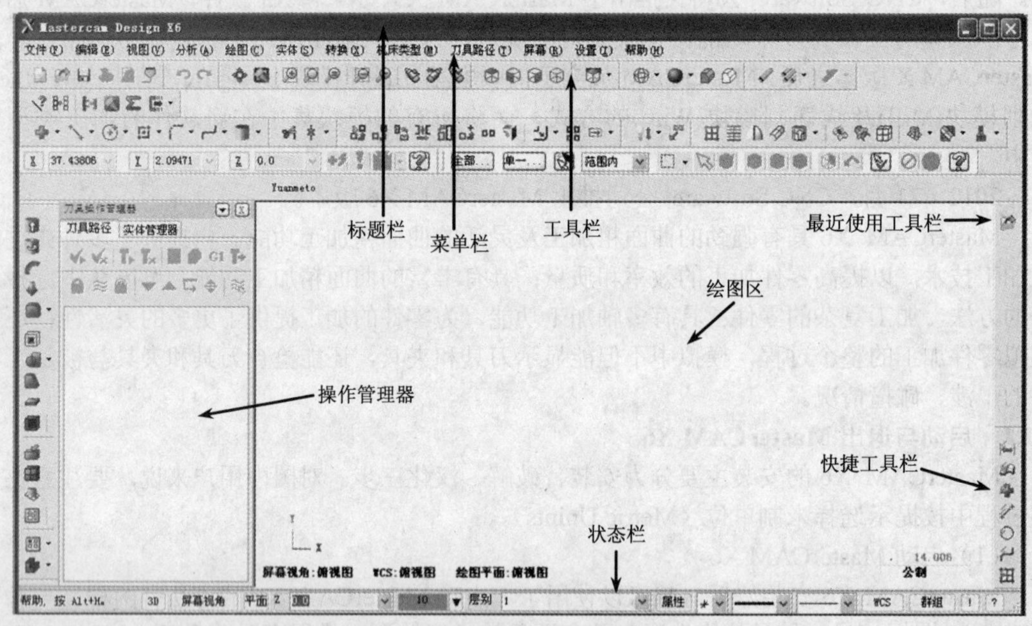

图 1-3 MasterCAM X6 用户界面

标题栏：MasterCAM X6 软件显示界面最上面的一行为标题栏，它显示了软件的名称、当前使用的模块。如果已经打开了一个文件，则在标题栏中还将显示该文件的路径及文件名。

菜单栏：标题栏下面是菜单栏，它包含了 MasterCAM X6 软件的所有菜单命令，通过选择菜单功能可以完成图形设计、程序设计等各项操作。内容包括【文件】、【编辑】、【视图】、【分析】、【绘图】、【实体】、【转换】、【机床类型】、【刀具路径】、【屏幕】、【设置】、【帮助】菜单等。

工具栏：工具栏是将菜单栏中的使用命令以图标的形式来表达，方便用户快捷选取所需要的命令，工具栏分为常用工具栏、最近使用工具栏、快捷工具栏 3 种。

绘图区：该区域主要用于创建、编辑和显示几何图形，以及产生刀具轨迹和模拟加工区域。在绘图区的左下角，显示了坐标系图标及屏幕视角、WCS、绘图平面目前所在的状态，在绘图区右下角，显示了绘图的一个标尺和单位，标尺所代表的长度随视图的缩放而变化。

交互提示栏：当用户选择一种功能时，在绘图区会出现一个小的提示栏，它引导用户完成刚选择的功能。例如，当用户执行【绘图】→【绘线】→【绘制任意线】菜单命令时，在绘图区弹出“指点第一个端点”提示。

状态栏：状态栏位于绘图区的下方，主要包括视角选择、构图深度设置、Z 轴设置、图层设置、颜色设置、图素属性设置和群组设置功能。

操作管理器：操作管理器位于图形区域的左侧，相当于其他软件的特征设计管理器。其中包括 2 个标签页，分别为刀具路径和实体管理器。操作管理器对执行的操作进行管理。操作管理器会记录大部分操作，可以在其中对操作进行重新编辑和定义。

1.1.3 MasterCAM X6 的功能与改进

MasterCAM X6 是一款集 CAD/CAM 于一体的软件，包括设计（CAD）和制造（CAM）两大部分。其中 CAM 又包括铣削模块（Mill）、车削模块（Lathe）、雕刻模块（Art）和线切割模块（Wire）。每种加工模块中都含设计模块，每种加工模块都有其加工特点，所适用的加工场合也不相同，本书重点介绍应用最广的铣削模块(Mill)。

（1）设计（CAD）功能

设计（CAD）部分主要由设计模块来实现，其具有完整的曲线、曲面功能，不仅可以设计二维、三维空间曲线，还可以生成方程曲线；采用 NURBS、PARAMETERICS 等数学模型，可以用多种方法生成曲面，并具有丰富的曲面编辑功能。用户可以在【编辑】、【分析】、【绘图】、【实体】、【转换】菜单中得到相关的命令。

系统提供了强大的绘图工具、编辑工具、辅助绘图工具，灵活应用，可以绘制出任意复杂的平面图形。MasterCAM 也提供了齐全的三维造型的创建命令和修改命令，操作直观、方面、迅速，并提供了着色（渲染）功能，配以可调节的光照效果，可使创建出来的零件具有非常逼真的效果，并能随心所欲地从各个角度观察零件。

不光软件本身能够创建各种各样的图形，MasterCAM 还能够将其他一些软件中画出的图形转换到 MasterCAM 环境中，并在此基础上修改。反过来，MasterCAM 的图形也可以保存为其他文件格式，从而可以为别的一些软件所识别。这种过程称为“数据转换”，在目前的 CAD/CAM 领域，这是很有实际意义的，也是必须解决的关键问题。

（2）加工（CAM）功能

加工（CAM）部分主要由车削、铣削、雕刻和线切割 4 大模块来实现，并且各模块本身又包含完整的设计（CAD）系统。其中，车削模块用于生成车削加工刀具轨迹，可以进行粗车、精车、车螺纹、切槽、钻孔和镗孔等加工，还可以实现车削中心的 C 轴加工功能；铣削模块用于生成铣削加工刀具路径，分为二维加工系统和三维加工系统，二维加工包括外形铣削、型腔铣削、面铣削、雕刻加工和孔铣削等，三维加工包括曲面铣削、多轴加工和线架加工等，不同的加工模块，显示不同的刀具路径工具栏。

MasterCAM 的最终目的是将设计出来的产品进行加工，在电脑上仅能完成模拟的加工，通过后处理生产数控机床加工需要的数控程序（NC），在数控机床上真实加工时需要将生产的数控程序（NC）输入数控机床，加工时还需编制加工程序单。

（3）改进

MasterCAM X6 不管是在设计，还是在刀具路径、二次加工路径、碰撞检查、与其他 CAD

软件档案互换的功能等方面都实现了大幅度提高，从而帮助使用者在设计、编辑刀具路径、碰撞模拟检查时更快、更精准地完成任务。

MasterCAM X6 具有强劲的曲面粗加工及灵活的曲面精加工功能。它提供了多种先进的粗加工技术，以提高零件加工的效率和质量；具有丰富的曲面精加工功能，可以从中选择最好的方法，加工复杂的零件；具有多轴加工功能，为零件的加工提供了更多的灵活性；还可模拟零件加工的整个过程，模拟中不但能显示刀具和夹具，还能检查刀具和夹具与被加工零件的干涉、碰撞情况。

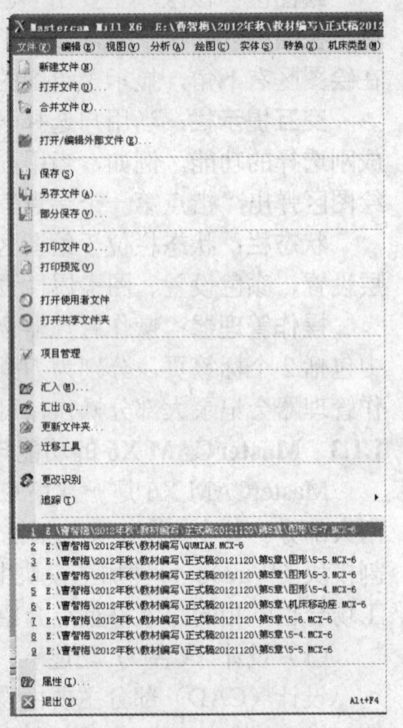

图 1-4 【文件】菜单

1.2 文件操作

在设计和加工仿真的过程中，必须对文件进行合理的管理，以方便日后的调用、查看和编辑。文件管理主要包括新建文件、打开文件、保存文件等，这些命令集中在【文件】菜单中，如图 1-4 所示。下面详细介绍这些功能。

1.2.1 新建文件与打开

（1）新建文件

启动 MasterCAM X6 软件后，系统就自动新建了一个空文件。选择菜单【文件】→【新建文件】，可以新建一个空白的 MCX 文件，用户也可以通过单击【新建文件】图标来创建一个新文件。

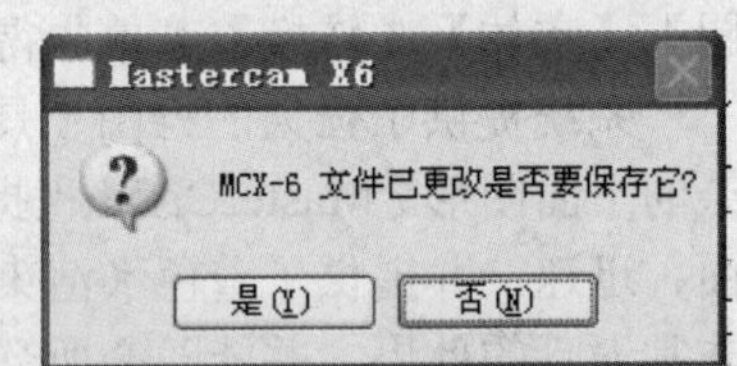

图 1-5 提示对话框

新建一个文件时，由于 MasterCAM 软件是当前窗口系统，因此系统只能存在一个文件，如果当前的文件已经保存过了，那么将直接新建一个空白文件，并且将原来的已经保存过的文件关闭。如果当前文件的某些操作并没有保存，那么系统将会弹出如图 1-5 所示的对话框，提示用户是否需要保存已经修改了的文件，如果单击【是（Y）】按钮，那么系统将弹出如图 1-6 所示的对话框，要求用户设定保存路径以及文件名进行保存。如果单击【否（N）】 按钮，那么系统将直接关闭当前的文件，新建一个空白的文件。

（2）打开文件

选择菜单【文件】→【打开文件】命令，弹出如图 1-7 所示的【打开】对话框，首先选择需要打开文件所在的路径，如果文件所在的文件夹已经显示在对话框的列表中，那么用鼠标双击该文件夹，选择需要打开的文件，在对话框中单击【确定】按钮，就可以将指定的文件打开。如果单击【取消】按钮，那么将关闭对话框，并且不执行文件打开的操作。单击按钮，可以调用 MasterCAM 软件系统的在线帮助。

1.2.2 保存文件

MasterCAM X6 版本提供了 3 种保存文件的方式，分别是【保存文件】、【另存文件】和【部分保存】。调用这 3 种功能都可以通过选择【文件】菜单来进行。

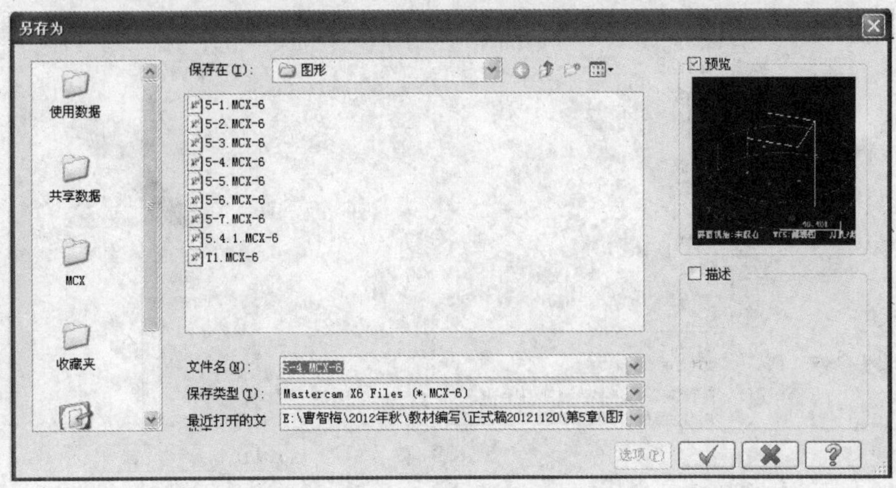

图 1-6 【另存为】对话框

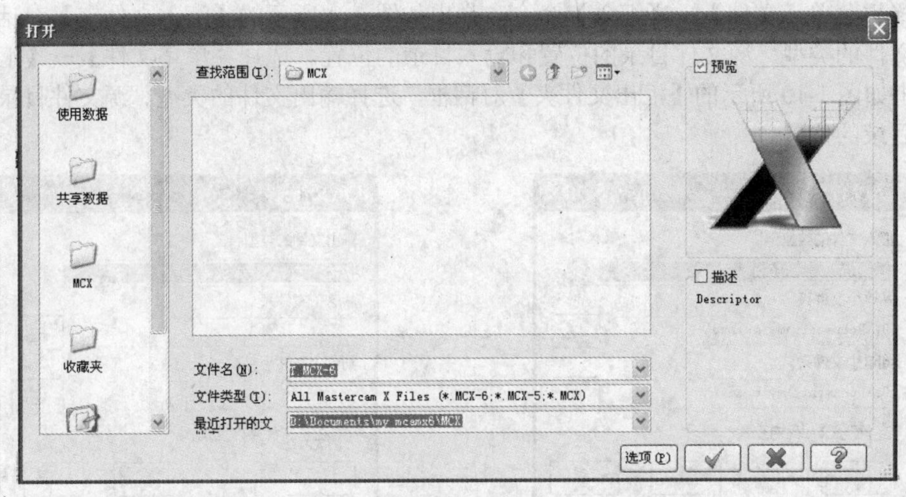

图 1-7 【打开】对话框

【保存文件】功能是对未保存过的新文件，或者已经保存过但是已经作了修改的文件进行保存。如果对于没有保存过的新文件，调用保存功能后，将弹出如图 1-8 所示的【另存为】对话框，首先在“保存在”下拉列表框中选择保存的路径，其操作方法与通常的 Windows 软件相同；在“文件名”输入栏中输入需要保存的文件的名称；在“保存类型”下拉列表框中选择一种需要保存的文件类型，也就是选择一种后缀名。参数设定完成后，在对话框中单击 ✓ 按钮进行保存。

【另存文件】可以将已经保存过的文件，保存在另外的文件路径并以其他文件名进行保存或者保存为其他文件格式。

【部分保存】可以将当前文件中的某些图形保存下来。调用该功能后，选择要保存的图形图素，按回车键，弹出如图 1-8 所示的【另存为】对话框，同样是确定保存的路径及文件名，之后单击 ✓ 按钮进行保存。

1.2.3 输入/输出文件

输入/输出文件是将不同格式的文件进行相互转换，输入是将其他格式的文件转换为 MCX 格式，输出是将 MCX 格式的文件转换为其他格式的文件。

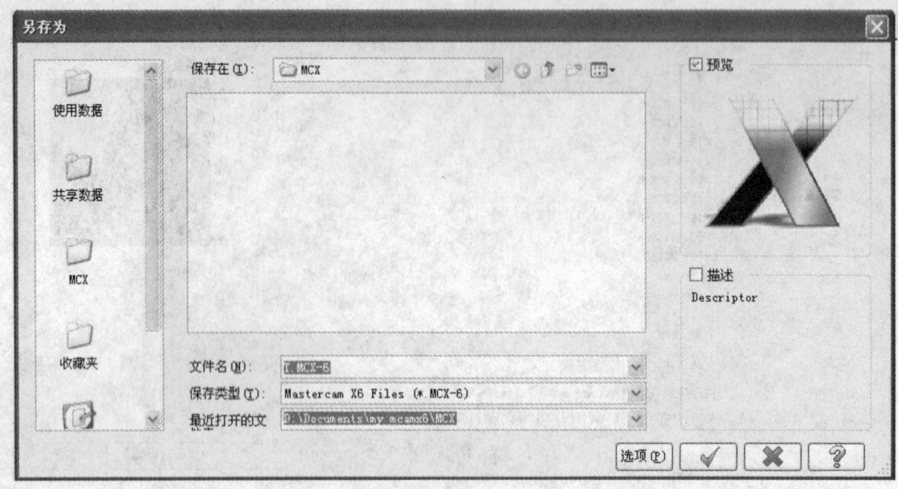

图 1-8 【另存为】对话框

选择主菜单【文件】→【汇入】命令，弹出如图 1-9 所示的【汇入文件夹】对话框，选择输入文件的类型、源文件目录的位置和输入目录的位置。选择菜单【文件】→【汇出】命令，弹出如图 1-10 所示的【汇出文件夹】对话框，选择输出文件的类型、源文件目录的位置和输入目录的位置。

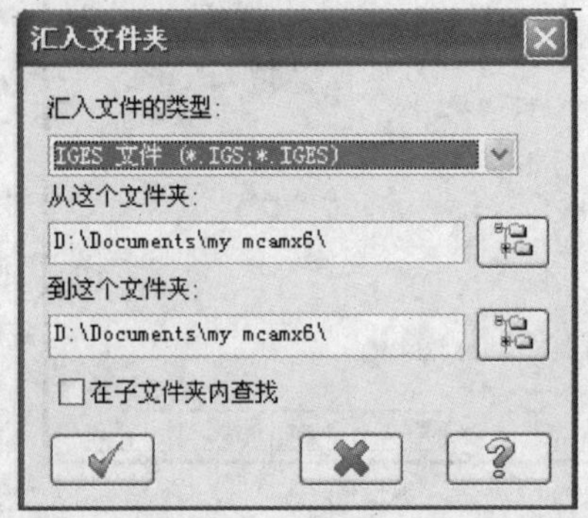

图 1-9 【汇入文件夹】对话框

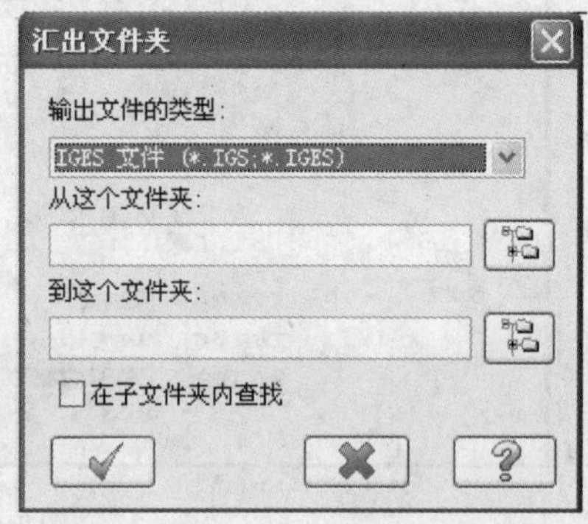

图 1-10 【汇出文件夹】对话框

1.3 系统配置

参数设置分为全局设置和局部设置两种，全局设置对系统的全局产生影响，而局部设置只影响局部操作结果而不影响全局。选择主菜单【设置】→【系统配置】命令，弹出如图 1-11 所示的【系统配置】对话框。系统可以进行【默认机床】、【颜色】、【单位】等多项设置。

1.3.1 默认机床设置

在【系统配置】对话框左侧的树中选择【默认机床】节点，右侧将显示与默认机床相关的参数，如图 1-12 所示。用户可以对铣床、车床、雕刻和线切割机床的定义文件进行设置。

1.3.2 颜色设置

在【系统配置】对话框左侧的树中选择【颜色】节点，右侧将显示与颜色相关的参数，如图 1-13 所示。用户可以对机床要素颜色、刀具路径颜色、工作背景颜色、绘图颜色、群组颜色、栅格颜色、铣床安全区域颜色、工件颜色等参数进行设置。

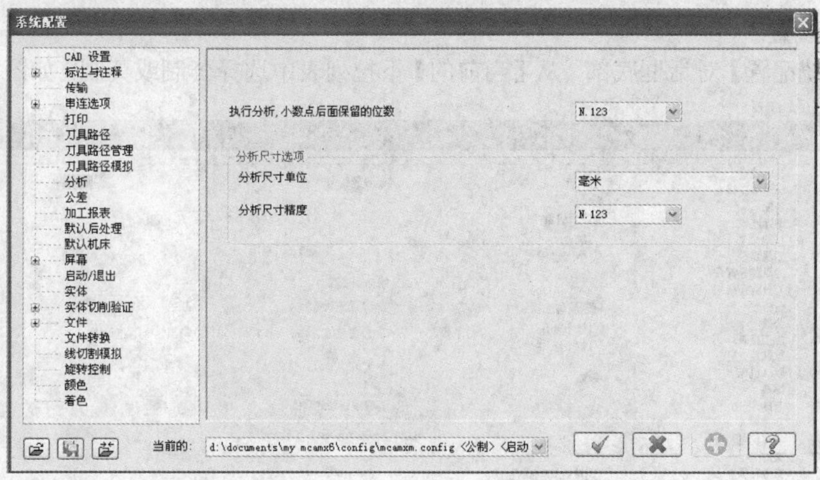

图 1-11 【系统配置】对话框

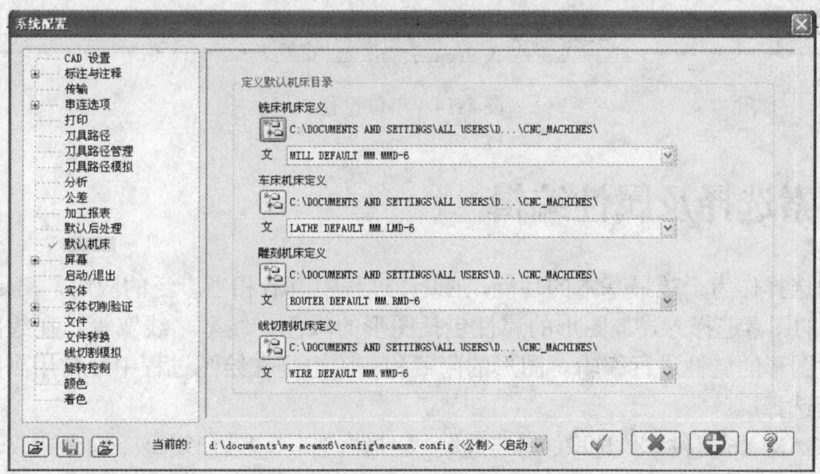

图 1-12 【默认机床】节点

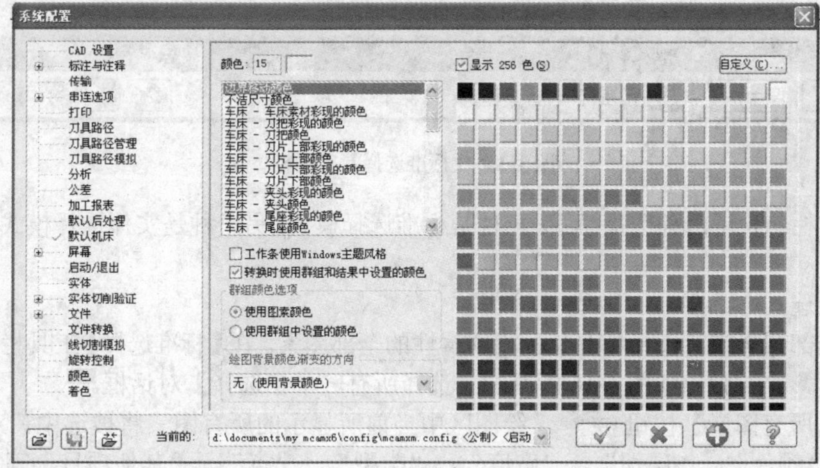

图 1-13 【颜色】节点

1.3.3 单位设置

在【系统配置】对话框底部，从【当前的】下拉列表中选择公制或英制，如图 1-14 所示。

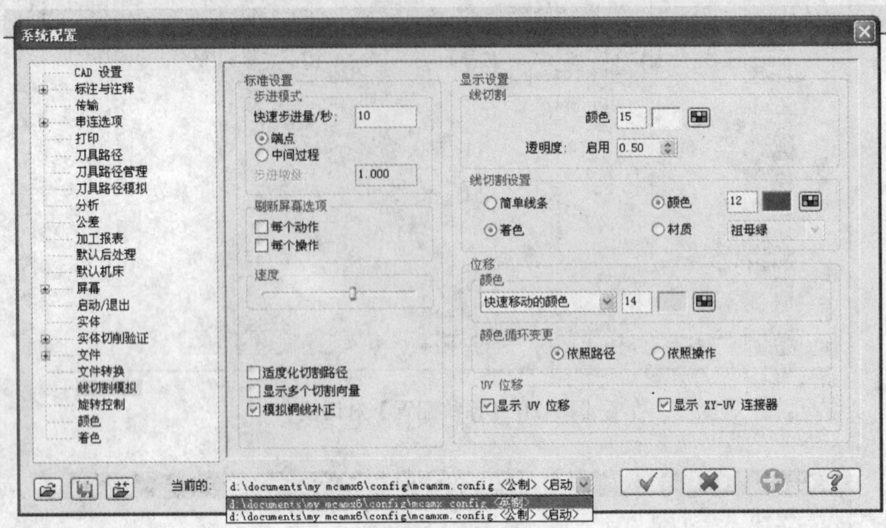

图 1-14 单位设置

1.4 图素选择及属性编辑

物体的选择作为一项最基本的功能，在设计过程中有着相当广泛的应用，MasterCAM X6 提供了丰富的图素选择方式。图形的属性包括图形的颜色、线型、线宽等，在绘图过程中通常也需要对图形的属性进行编辑。图形的隐藏和删除也是在绘图过程中经常用到的操作。

1.4.1 图素选择

MasterCAM X6 提供单体选取、串连选取、矩形框选取、多边形选取、向量选取、区域选取、限定全部选取和限定单一选取等多种图素选择方式，这些方式集中在【标准选择】工具栏中，如图 1-15 所示。下面就通过对【标准选择】工具栏中的主要功能进行介绍来讲述图素的选择方法。

图 1-15 【标准选择】工具栏

该工具栏包含了两种选择模式：一种是标准选择模式；另一种是实体选择模式。如图 1-15 所示。

（1）全选

选择全部图素或者选择具有某种相同属性的全部图素。在【标准选择】工具栏中单击【全部】按钮全部...，弹出如图 1-16 所示的【选择所有—单一选择】对话框。

单击【所有图素】按钮所有图素，绘图区中当前所显示的所有图素将被选中。对话框中的“图素”、“颜色”、“层别”、“宽度”、“类型”、“点”、“其他项目”等复选框，各代表了某一类图素。将“图素”按钮前的复选框选中，对话框中部的灰色部分激活，可以选择，接着在列表框中将需要选择的类型打勾，例如选择【直线】，如图 1-17 所示。单击按钮，可以在绘图区中选择某一类需要选择的图素，系统自动判别图素的类型，返回到对话框中，该类图素名称就被选中。单击按钮，则列表框中的所有图素类型都被选中。单击按钮，则列表框中所选中的类别全部取消。按住 SHIFT 键可同时选中其他类型，若同时选中“直线”和“圆弧”按钮前面的复选框，可以设定选择某种条件下的圆弧以及直线。条件设定完成后，单击【确定】按钮，执行选择功能。

（2）选择单一类图素

在【标准选择】工具栏中单击【单一图素】按钮，弹出如图 1-18 所示的【选择所有—单一选择】对话框，该对话框与图 1-16 所示的对话框类似，只是这里只能选择某一类具有相同属性的图素，例如具有相同的颜色、图层、线型等的图素，其操作方法与前面的“全选”相同。

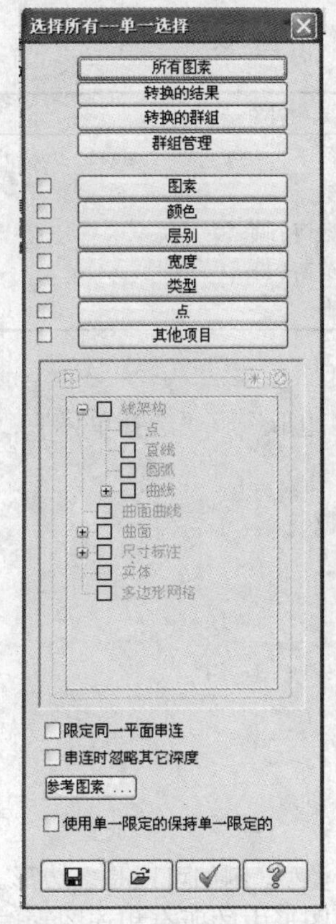

图 1-16 【选取所有】对话框

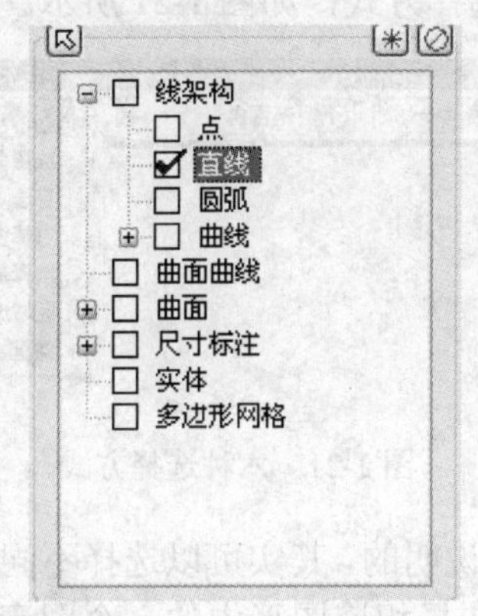

图 1-17 选择【直线】图素

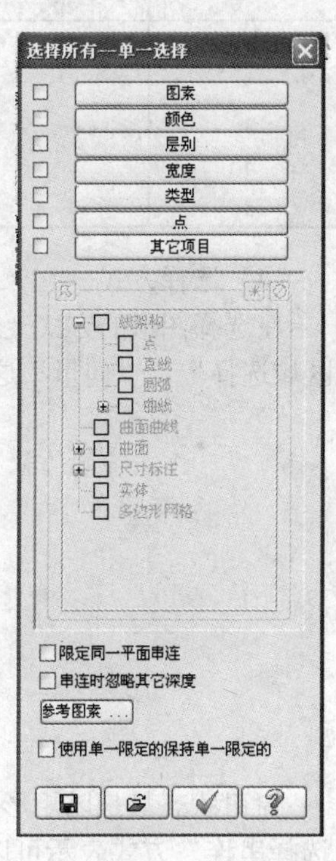

图 1-18 【单一选择】对话框

（3）窗口状态

在【标准选择】工具栏的下拉列表框中，提供了 5 种窗口选择的类型，如图 1-19 所示，依次是“范围内”、“范围外”、“内+相交”、“外+相交”和“相交”。“范围内”表示完全包含在该矩形视窗中的图素被选中，在视窗外以及与视窗相交的图素都没有被选中，如图 1-20 所示，所绘制的视窗只有三角形被选中，而两个圆以及矩形都没有被选中。“范围外”则表示所有包含在矩形视窗之内以及与视窗相交的图素没有被选中，而视窗之外的图素被选中，例如在图 1-20 所示中，长方形将被选中。“内+相交”表示所有与矩形视窗相交及在视窗之内的图素被选中，例如在图 1-20 中，三角形和两个圆都被选中。“外+相交”表示所有在矩形视窗之外的图素以及与视窗相交的图素也都被选中，例如在图 1-20 中，除了三角形之外，其他图素都被选中。“相交”表示只有与视窗相交的图素才被选中，例如在图 1-20 中，只有两个圆被选中。在图 1-20 的视窗下，几种选择方法的结果见表 1-1。

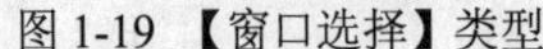

图 1-19 【窗口选择】类型

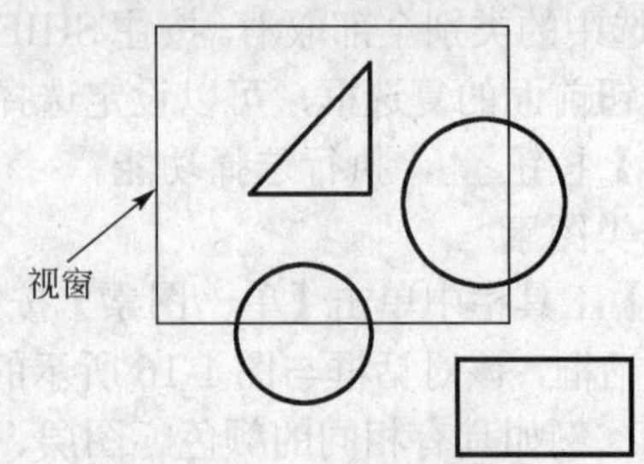

图 1-20 窗口状态选择

表 1-1 视窗选择的对象

序号	选择方法	选中对象
1	范围内	三角形
2	范围外	长方形
3	内+相交	三角形+两个圆
4	外+相交	长方形+两个圆
5	相交	两个圆

（4）选择方式

在选择图形的方式上还有“选择串连”、“窗选”、“选择多边形”、“选择单体”、“区域选择”、“向量”这六种选择方式，如图 1-21 所示。

图 1-21 六种选择方式

窗口状态只是以矩形窗口来说明的，其实可以选择不同的视窗类型，例如可以是多边形。“选择串连”方式表示可以通过选择相连图形中的一个图素从而将图形中的所有相连图素选中。“窗选”方式就是绘制一个矩形窗口来选择图素，这个选择方法可以结合上面所说的窗口状态来进行选择。“选择多边形”方式就是通过绘制一个任意多边形来选择图素，可以结合窗口状态来选择，如图 1-22（a）所示。“选择单体”方式表示只是选择需要的图素，只需依次选择需要的图素即可。“区域选择”方式主要是应用于封闭图形的选择，只需在封闭图形的内部单击一下鼠标，就可以将整个封闭图形选中，例如在图 1-22（b）中，如果要选择整个矩形，只需要在矩形的内部单击一下鼠标左键即可。“向量”方式可以通过绘制一条连续的折线来选择图形，所有与折线相交的图素将被选中，如图 1-22（c）所示，图中的两个圆以及三角形的两条边线被选中，其他没有与折线相交的图素没有被选中。若要取消选择已经选中的图素，在工具栏中单击⊘按钮即可。

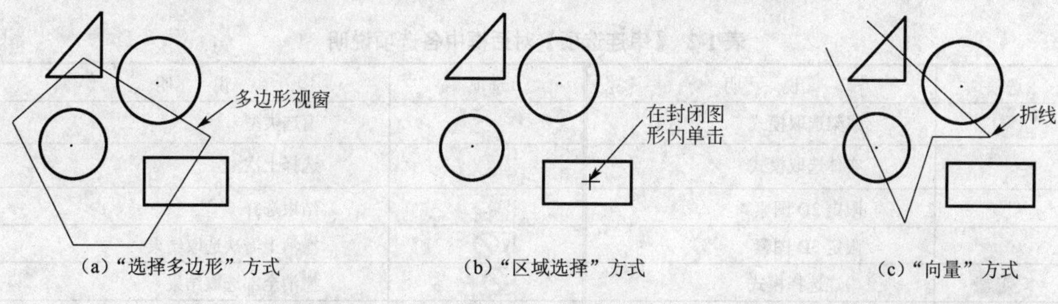

（a）“选择多边形”方式　（b）“区域选择”方式　（c）“向量”方式

图 1-22　三种选择方式

（5）【串连选项】对话框

在图形的选择方式中有串连选择的方式，使用该方法可以选取简单相连的图素。在 MasterCAM 中提供了操作更灵活、选取方式更多样的串连选取方法，是通过图 1-23（a）所示的【串连选项】对话框来完成的。该对话框可以解决串连选取时的一些特定要求，如串连的起点、终点位置及串连方向等，在执行某些命令（如【串连倒圆角】命令）后，会弹出该对话框。单击图 1-23（a）的展开图标▼，则【串连选项】对话框展开成如图 1-23（b）所示。

表 1-2 列出了【串连选项】对话框中各选项的含义。

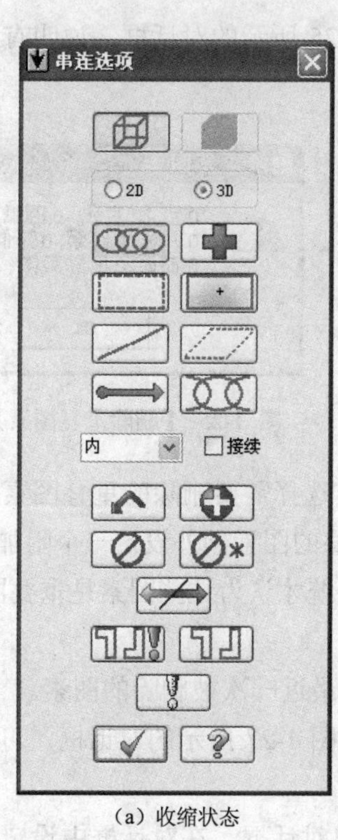

（a）收缩状态　（b）展开状态

图 1-23　【串连选项】对话框

表 1-2 【串连选项】对话框中各选项说明

选项	说　明	选项	说　明
	线架选取模式		窗选类型
	实体选取模式		选择上次
	限定 2D 图素		结束选择
	限定 3D 图素		撤消上一次选取结果
	串连选择模式		撤消全部选取结果
	单点选择模式		更改串连方向
	窗选选择模式		串连特征选项
	区域选择模式		串连特征
	单体选择模式		设定上一个起点（或终点）
	多边形选择模式		设定下一个起点（或终点）
	向量选择模式		动态选择起点
	部分串连选择模式		设置选项

1.4.2　删除图素

在绘制图形时可能会出现错误，或者有些辅助线使用完后可以删除，那么就需要使用删除功能来完成这些操作。选择菜单【编辑】→【删除】，列出了删除以及恢复删除的命令，如图 1-24 所示。

【删除实体】：调用该功能后，按照 1.4.1 节所述的选择方法，选择需要删除的图素，按回车键，就执行了删除功能。

【删除重复图素】：调用该功能，会弹出如图 1-25 所示的对话框，说明有多少重合的图素将被删除，单击 OK 按钮执行该功能。

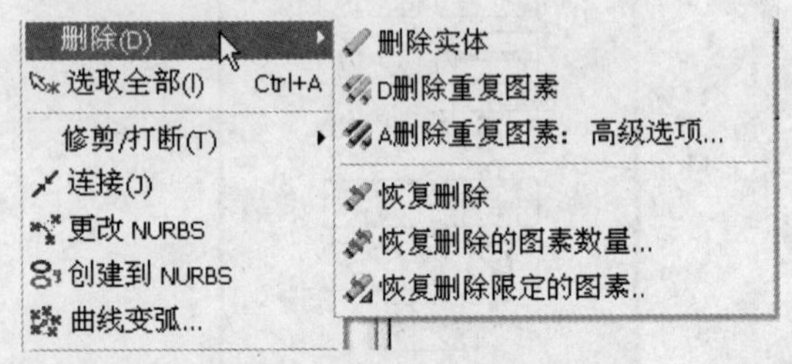

图 1-24　删除菜单子项

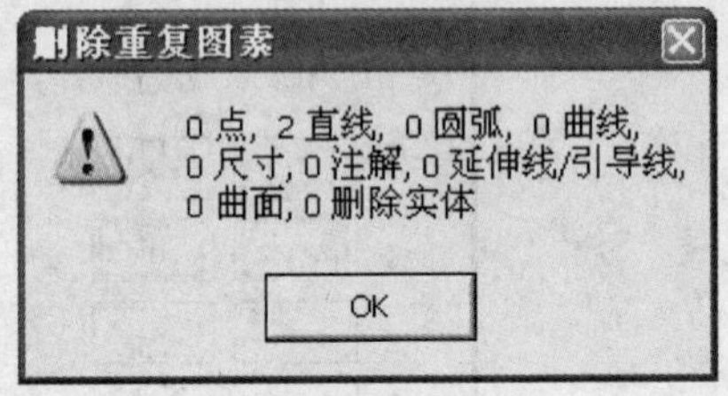

图 1-25　【删除重复图素】对话框

【删除重复图素：高级选项】：调用该功能后，选择需要删除的重叠图素，按回车键后弹出如图 1-26 所示的对话框，在其中可以为坐标重叠的图素额外设定一个附加属性，只有当图素的坐标相同，并且设定的附加属性也相同时，系统才认为这些图素是重叠图素，单击✓按钮就可以完成删除操作。

【恢复删除】：调用该功能，系统就会自动恢复最近一次被删除的图素。

【恢复删除的图素数量】：调用该功能，弹出如图 1-27 所示的对话框，可以在输入栏中设定恢复的图素个数。

【恢复删除限定的图素】：调用该功能后，弹出对话框，在对话框中设定需要恢复的图素属性，单击✓按钮即可将相应属性的图素恢复出来。

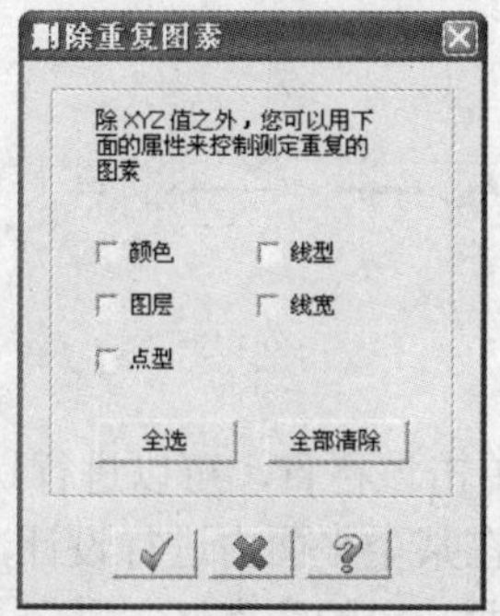

图 1-26 【删除重复图素】高级对话框

图 1-27 【撤消删除数量】对话框

1.4.3 隐藏/显示

在设计过程中，常常要隐藏一些暂时不用的图形，以方便设计。MasterCAM 提供了多种隐藏和恢复显示图形的方法，这些功能集中在【屏幕】菜单中，如图 1-28 所示。

【隐藏图素 B】：这个功能可以将选定的图素隐藏起来。选择菜单【屏幕】→【隐藏图素 B】，接着按照 1.4.1 节中所述的方法在平面上选择需要隐藏的图素，例如选择如图 1-29（a）所示的 3 条边。选择完成后按回车键，那么被选择的图形就消失了，如图 1-29（b）所示。但是这些图形并没有被删除，可以再次被显示出来。

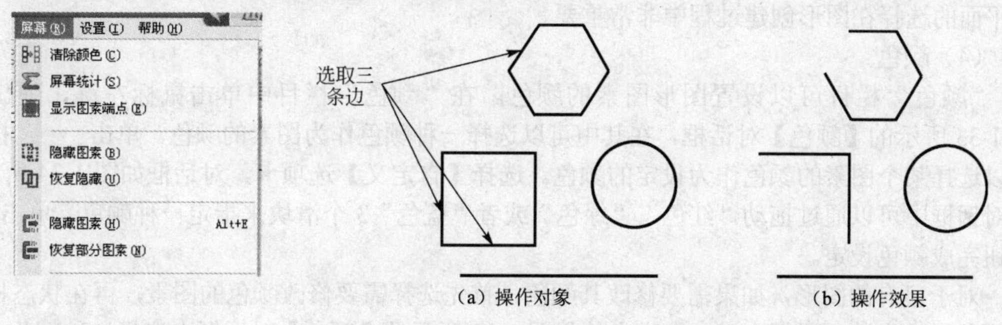

图 1-28 【屏幕】菜单　　图 1-29 【隐藏图素 B】操作

【恢复隐藏 U】：这个功能与【隐藏图素 B】对应，用于恢复用【隐藏图素 B】功能隐藏的图形。选择菜单【屏幕】→【恢复隐藏 U】，出现了被隐藏的图素，接着选择需要恢复显示的图素，按回车键，被隐藏的图素即得到了恢复。

【隐藏图素 H】：这个功能与【隐藏图素 B】功能类似，都可以用来隐藏某些图素。所不同的是，【隐藏图素 H】是选择某些不要隐藏的图素，执行后那些没有被选中的图素被隐藏；如果采用【隐藏图素 B】隐藏图素，在保存后再次打开，那么隐藏的图素仍然是隐藏的，而如果采用【隐藏图素 H】功能隐藏图素，那么保存后再次打开，隐藏的图素将被显示出来。

【恢复部分图素 N】：该功能与【隐藏图素 H】功能对应，可以在被【隐藏图素 H】功能所隐藏的图素中显示部分图素。

1.4.4 设置图形属性

MasterCAM 的图形图素包括了点、直线、曲线、曲面和实体等，这些图素除了自身所必需的几何信息外，还可以有颜色、图层位置、线型、线宽等。通常在绘图之前，先在状态栏中设定这些属性，如图 1-30 所示。

图 1-30　状态栏

（1）2D 与 3D 切换

状态栏的第一个栏目是 3D 和 2D 的切换，用鼠标左键单击该栏目，可以进行切换。3D 选项当前的设计是在整个三维空间进行设计的；而 2D 则是在某个平面内进行设计，这个平面就是由“构图面”所设定的，平行于构图面并且距离构图面一定的距离 Z。

（2）屏幕视角

“屏幕视角”用于指定当前图形的观看视角。在状态栏上单击“屏幕视角”栏目，弹出如图 1-31 所示的菜单，菜单中列出了设定当前屏幕视角的各种方法。在菜单中上部的 7 个视角，这些视角是系统定义的，在这里调用这些功能，与菜单【视图】→【标准视图】中的标准视角相同。其余的视角可以用图素、实体、旋转等多种方法来设定。

（3）平面

“平面”用于指定当前图形的绘图平面。在状态栏上单击“平面”栏目，弹出如图 1-32 所示的菜单，菜单中列出了设定当前构图平面的各种方法。在菜单中上部的 7 个构图平面，这些平面是系统定义的，其余的构图平面也可以用图素、实体、旋转等多种方法来设定。绘图平面的选择在图形创建过程中非常重要。

（4）颜色

“颜色”栏目可以设置图形图素的颜色。在“颜色”栏目中单击鼠标左键，弹出如图 1-33 所示的【颜色】对话框，在其中可以选择一种颜色作为图素的颜色。单击 选择(S) 按钮可以选择某个图素的颜色作为设定的颜色。选择【自定义】选项卡，对话框如图 1-34 所示，在对话框中可以通过拖动“红色”、“绿色”或者“蓝色”3 个滑块来指定一种颜色。单击 ✓ 按钮完成颜色设定。

对于已有的图形，如果需要修改其颜色，首先选择需要修改颜色的图素，再在状态栏中的颜色栏目中单击鼠标右键，在弹出的如图 1-33 所示的【颜色】对话框中选择一种颜色，单击 ✓ 按钮完成颜色修改。

（5）图层

MasterCAM 的图层概念类似于 AutoCAD 的图层概念，可以用来组织图形。在状态栏中单击“层别”栏目，弹出如图 1-35 所示的【层别管理】对话框，图中只有一个图层，也是主图层，用黄色高亮显示，在“突显”列中带有“X”字母，表示该层是可见的。

如果要新增图层，只需要在号码输入栏中输入要新建的图层，并且可以在名称输入栏中输入该层的名称，这样就新建了一个图层。

如果要使某一层作为当前的工作层，只需用鼠标在号码列中单击该层的编号即可，该层就以黄色高亮显示，即表明该层已经作为当前的工作层。

如果要显示或者隐藏某些层，只需在“突显”列中，单击需要显示或者隐藏的层，取消该层的“X”即可。如果该层的“突显”列中带有“X”，表示该层可见，没有“X”表示隐藏。单击 全开(N) 按钮，可以设置所有的图层都是可见；单击 全关(F) 按钮，可以将除了当前工作图层之外的所有图层隐藏。

如果要将某个图层中的图素移动到其他图层，可以首先选择需要移动的图素，接着在状态栏上右击“层别”，弹出如图 1-36 所示的【改变层别】对话框，选中“移动”或“拷贝”单选按钮。在“层别编号”输入栏中输入需要移动到的图层，单击 按钮，完成图层移动。

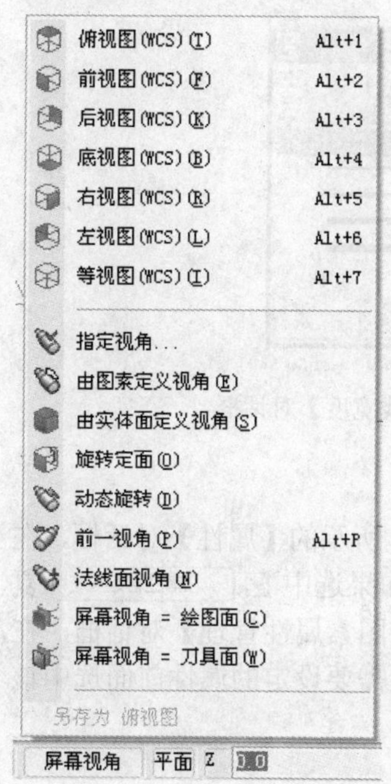

图 1-31 “屏幕视角”选项

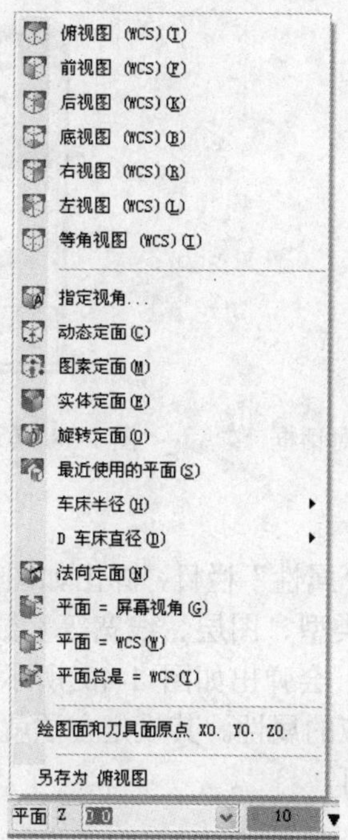

图 1-32 “平面”选项

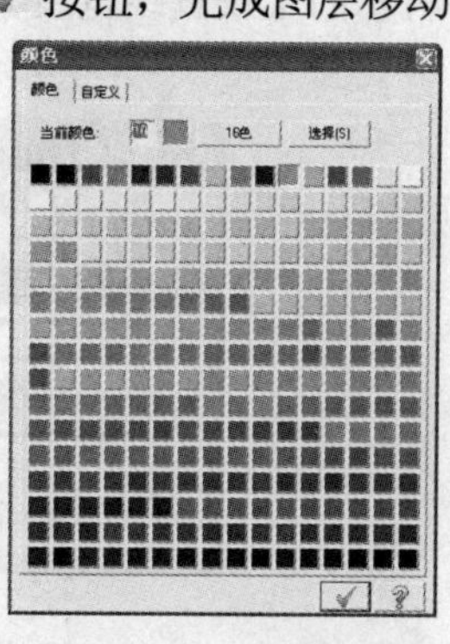

图 1-33 【颜色】对话框

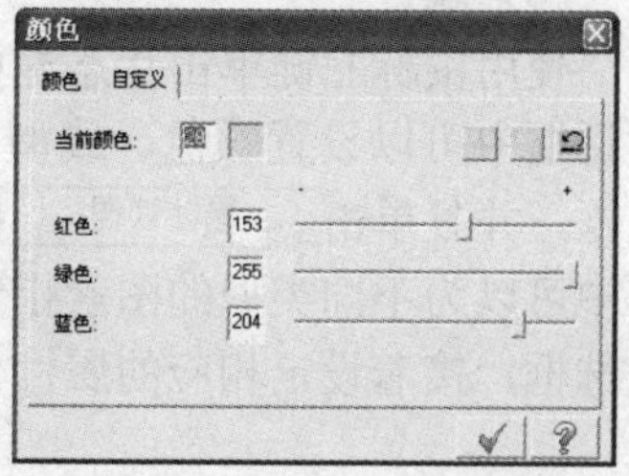

图 1-34 【自定义】选项卡

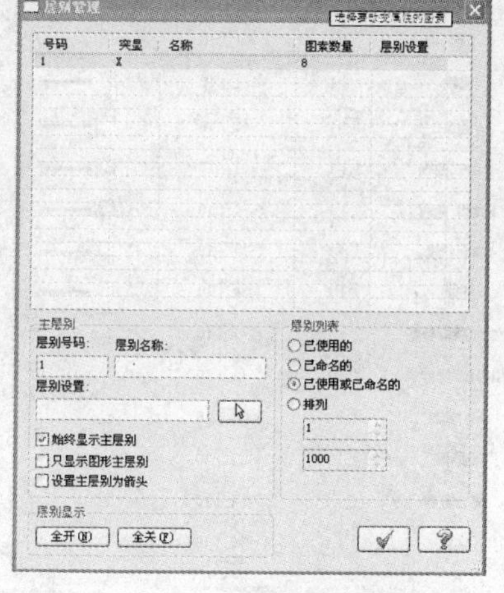

图 1-35 【层别管理】对话框

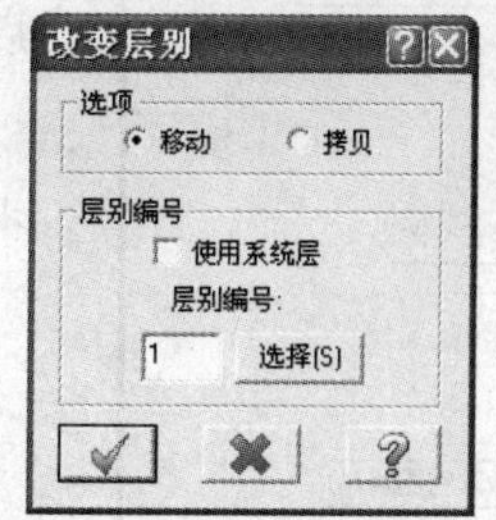

图 1-36 【改变层别】对话框

（6）线型

“线型”栏目可以设定某种线型作为直线或者曲线的类型，单击 下拉列表框右侧的三角形按钮，在弹出的下拉列表框中选择某种线型。也可以修改已经存在图形的线型，首先选择需要修改的图形，在 下拉列表框中单击鼠标右键，弹出如图 1-37 所示的【设置线风格】对话框，在其中选择一种线型，单击 按钮完成设定。

（7）线宽

“线宽”栏目可以设置线的宽度，其操作方法与鼠标“线型”相同。如果需要修改现有的图形宽度，首先选择需要修改的图形，在 下拉列表框中单击鼠标右键，在弹出的如

图 1-38 所示的【设置线宽度】对话框中选择一种线的宽度，单击✓按钮完成设定。

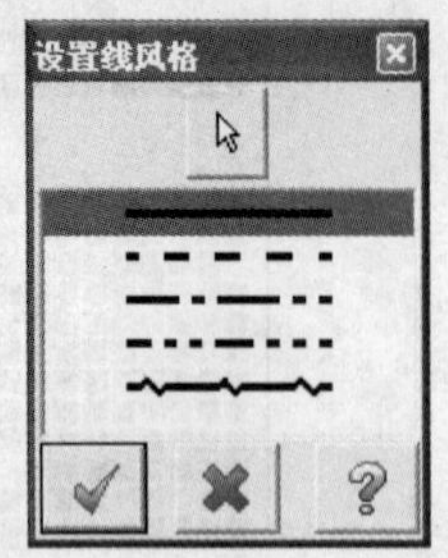

图 1-37 【设置线风格】对话框

图 1-38 【设置线宽度】对话框

（8）属性

使用鼠标左键单击状态栏中的“属性”栏目，弹出如图 1-39 所示的【属性】对话框，在对话框中可以设置颜色、线型、点类型、图层、线宽等参数。如果选中 ☑ 属性管理 复选框，并且单击 属性管理 按钮，会弹出如图 1-40 所示的【图素属性管理】对话框，在其中可以为不同类型的图素指定相应的属性。其设定方法就是在需要设定的属性前面选中该复选框，接着设定相应的属性值即可。

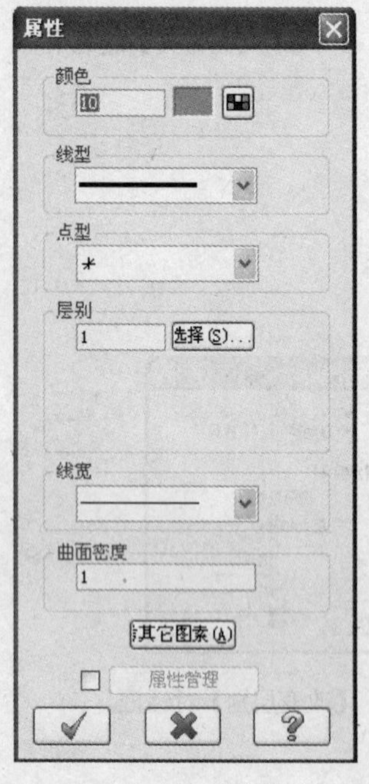

图 1-39 【属性】对话框

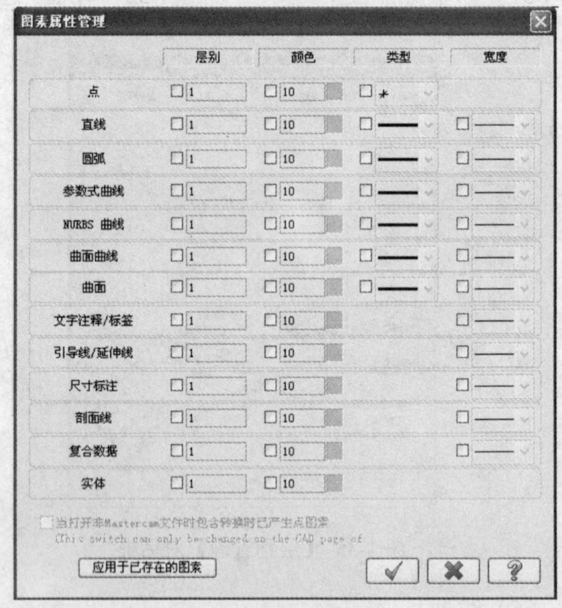

图 1-40 【图素属性管理】对话框

1.5 常用快捷键

通过快捷键可以加快操作速度。MasterCAM 提供了大量的快捷键，在默认情况下，MasterCAM 常用快捷键如表 1-3 所示，在绘图过程使用频率比较高的快捷键有“F9”、

"Alt+S"等。

表 1-3 MasterCAM 常用快捷键

快 捷 键	功能按钮	功 能
Alt+1		切换视图至俯视图
Alt+2		切换视图至前视图
Alt+3		切换视图至后视图
Alt+4		切换视图至底视图
Alt+5		切换视图至右视图
Alt+6		切换视图至左视图
Alt+7		切换视图至等轴视图
Alt+A		打开【自动存档】对话框，设置自动保存参数
Alt+C		选择并执行动态连接库（CHOOKS）程序
Alt+D		打开【Drafting】对话框，设置工程制图的各项参数
Alt+E		启动图素隐藏功能，将选取的图素隐藏
Alt+G		打开【栅格参数】对话框，设置栅格捕捉的各项参数
Alt+H		启动在线帮助功能
Alt+O		打开或关闭【操作管理器】对话框
Alt+P		自定义视图，可以将视图切换至自定义视图状态
Alt+S		实体着色显示
Alt+T		控制刀具路径的显示与隐藏
Alt+U Ctrl+U Ctrl+Z		回退功能，取消当前操作，恢复到上一步操作
Alt+V		打开帮助文件，显示当前帮助内容
Alt+X		设置颜色/线型/线宽/图层
Alt+Z		打开【图层管理】对话框进行图层设置
Ctrl +A		选取所有图素
Ctrl+C		复制功能，将图素复制到剪贴板中
Shift+Ctrl+R		刷新屏幕，清除屏幕垃圾
Ctrl+V		粘贴功能，将剪贴板中的图素复制到当前环境中
Ctrl+X		剪切功能，将图素剪切到剪贴板中
Ctrl+Y		向前功能，恢复已经撤消的操作
Alt +F1		环绕目标点进行放大
F1		选定区域进行放大
Ctrl+F1		全屏显示全部图素
F2		以原点为基准，将视图缩小至原来的 50%
Alt+F2		以原点为基准，将视图缩小至原来的 80%
F3		重画功能，当屏幕垃圾较多时，重画功能能够重新显示屏幕
F4		对图素进行分析，并能够修改图素的属性
Alt+F4		关闭功能，退出 MasterCAM 软件
F5		将选定的图素删除
Alt+F8		对 MasterCAM 系统参数进行规划
F9		显示或隐藏基准对象
Alt+F9		显示所有的基准对象
左箭头	键盘区域	将视图向左移动

续表

快 捷 键	功能按钮	功 能
右箭头	键盘区域	将视图向右移动
上箭头	键盘区域	将视图向上移动
下箭头	键盘区域	将视图向下移动
Page Up	键盘区域	将视图放大
Page Down	键盘区域	将视图缩小
Esc	键盘区域	结束正在执行的命令
End	键盘区域	自动旋转视图

本 章 小 结

本章主要讲解了 MasterCAM X6 的一些基础知识，包括软件的发展历程，主要功能，重点介绍了 MasterCAM X6 的工作界面，MasterCAM 文件的保存与新建，MasterCAM 的系统配置，图素的选择方式，图素删除操作，图形属性的设置方法等，最后介绍了常用快捷键。要求熟记快捷键“F9”的作用，并建议在后面的章节遇到有相关设置不清楚的，可以回过来看本章。

第 2 章　二维图形的绘制与编辑

二维图形的绘制是模型设计与数控加工的基础，其功能强大与否，用户操作熟练与否，直接决定了模型设计效果的好坏，数控加工的优劣。因此，在 MasterCAM X6 的学习中，必须很好地掌握二维图形绘制与编辑的方法技巧。

在 MasterCAM X6 中提供了丰富的二维图形绘制与编辑命令，本章主要讲解绘制点、直线、圆弧、矩形、椭圆、正多边形、边界框、文字、样条曲线的命令，以及图形的编辑、转换命令。二维图形的绘制命令位于【绘图】主菜单下，如图 2-1（a）所示；二维图形的转换命令位于【转换】主菜单下，如图 2-1（b）所示；二维图形的修剪命令位于【编辑】主菜单下的【修剪/打断】子菜单中，如图 2-1（c）所示。常用的绘图和编辑工具栏如图 2-2 所示。

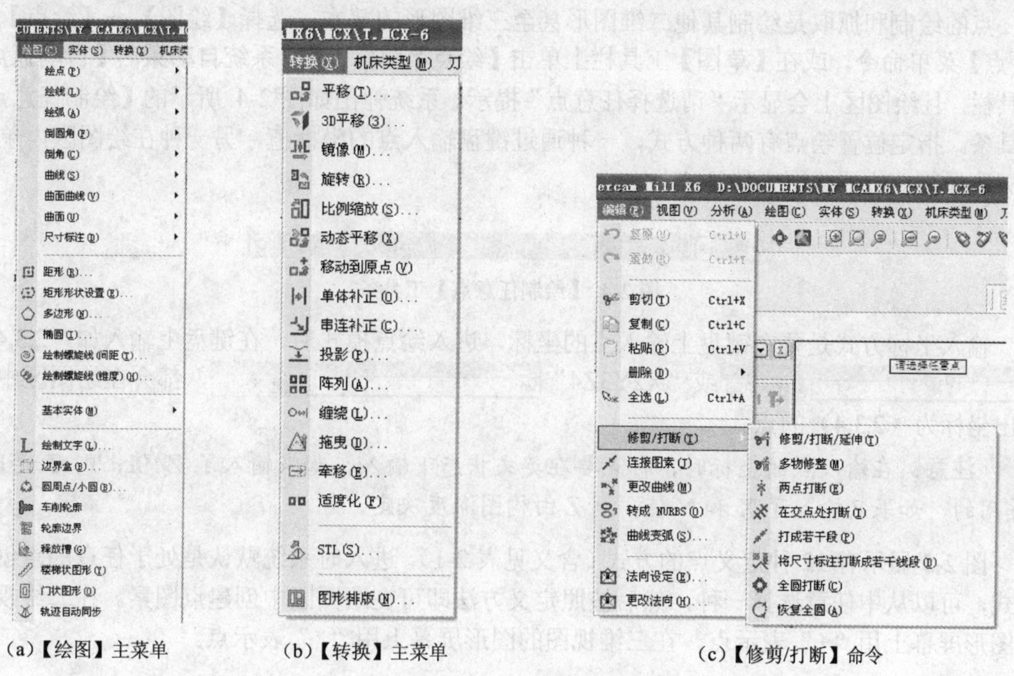

（a）【绘图】主菜单　（b）【转换】主菜单　（c）【修剪/打断】命令

图 2-1　二维图形绘制与编辑主菜单

图 2-2　常用的绘图和编辑工具栏

2.1　二维图形的绘制

2.1.1　点的绘制

绘制点通常用于为其他图素提供定位参考。MasterCAM X6 共提供了“绘点（任意点）”、“动态绘点”、“曲线节点”、“绘制等分点”、“端点”、“小圆心点”、“穿线点”、“切点”8 种点的绘制方法，位于【绘图】→【绘点】子菜单[如图 2-3（a）所示]或绘点图标右侧的下拉列表中[如图 2-3（b）所示]，下面讲解各种绘点方式的使用。

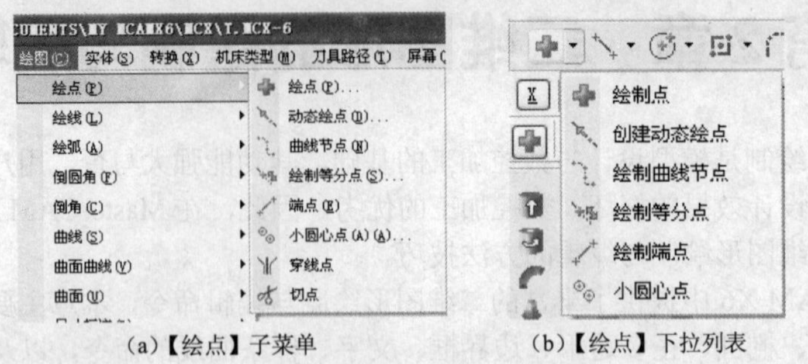

（a）【绘点】子菜单　（b）【绘点】下拉列表

图 2-3　绘点位置

（1）绘制任意点

点的绘制和抓取是绘制其他二维图形甚至三维图形的基本。选择【绘图】→【绘点】→【绘点】菜单命令，或在【草图】工具栏上单击【绘点】图标，系统自动激活【自动抓点】工具栏，且绘图区上会显示“请选择任意点”提示。系统弹出如图 2-4 所示的【绘制任意点】工具条。指定位置绘点有两种方式，一种通过键盘输入点的坐标值，另一种在绘图区内单击鼠标选择某一位置或图素特征点。

图 2-4 【绘制任意点】工具条

输入坐标方式是要在键盘上输入点的坐标，进入绘点模式后，在键盘上输入如“2,3,4”或“X2Y3Z4”，都会在绘图区中绘制出坐标为（2,3,4）的点。

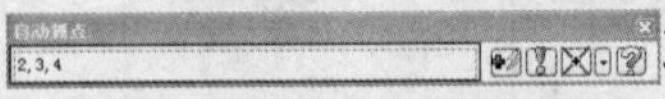

注意：在输入点的坐标时，标点要在英文状态下输入，如果输入了 Z 值，则 Z 是起作用的，如果只输入了 X 和 Y 值，则 Z 由构图深度决定。

图 2-5 显示有 12 种定义点的方式（含义见表 2-1），进入时系统默认是处于任意的点创建方式，可以从中任意选择一种，然后按照定义方法即可在绘图区中创建点图素。在二维视图的图形屏幕上用“+”表示点，在三维视图的图形屏幕上用“*”表示点。

图 2-5　点创建下拉列表

表 2-1　点子菜单选项说明

点的类型	图　标	说　明
坐标输入		直接输入点坐标
任意点		用鼠标在屏幕上单击
原点	原点(O)	创建坐标原点
圆心点	圆弧中心(C)	通过捕捉已知圆弧，生成其圆心点
端点	端点(E)	生成已知对象某一端的端点（根据鼠标选择的位置）
交点	交点(I)	通过分别选择两个对象，生成它们的实际交点或假想交点
中点	中点(M)	生成已知对象的中间点
已存在点	点(P)	捕捉已经创建出的点
相对点	相对点	用相对坐标的形式创建点
四等分点	四等分点(Q)	创建圆弧与工作坐标轴 X、Y 的实际交点
引导方向点	引导方向(G)	在指定对象上画出指定长度的点
最近的点	接近点	创建所选对象图素上距光标最近的点
切点	相切	捕捉与圆或圆弧的切点
垂点	垂直	捕捉与图素垂直的点

（2）动态绘点

选择该命令后，在状态栏中弹出【动态绘点】工具条，如图 2-6 所示。系统会显示提示信息“选择直线、圆弧、样条线、曲面或实体面”。选择对象后会有一个动态滑动的箭头，在图素上滑动箭头并单击，可以在任意位置创建点。

图 2-6 【动态绘点】工具条

在该工具条“距离”按钮文本框中输入一个距离值（该值可正可负），设置生成的动态点相对于图素起点的向量；在“偏离”按钮文本框中输入一个偏离距离值（该值可正可负），设置要绘制的动态点相对于图素偏离的向量。图 2-7 为在一条曲线上动态绘点的效果。

（3）绘制曲线节点

选择该命令后，系统提示信息“选择样条曲线”，用户在选择样条曲线后，系统就立即在所选曲线的节点处生成节点，然后自动结束命令。图 2-8 为绘制的曲线节点效果。

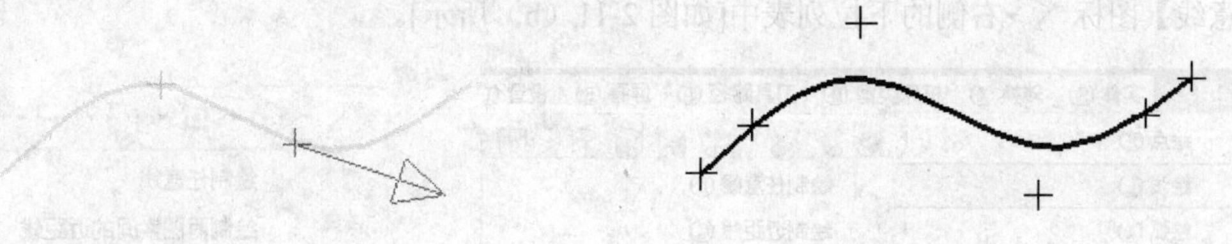

图 2-7　动态绘点的效果　　　　图 2-8　绘制曲线节点效果

（4）绘制等分点

绘制等分点就是在选定的图素上按照给定的等分距离或等分点数来等分图素，从而绘制出一系列的点。

选择该命令后，在状态栏中弹出【等分点】工具条，如图 2-9 所示。在绘图区提示信息“沿着所选择的图素生成点：请选择图素”。选择图素后，系统提示“输入点数、 距离或选择新的图素”信息。

图 2-9 【等分点】工具条

在该工具条“距离”按钮文本框中输入等分距离，或在“次数”按钮文本框中输入等分点的个数，再按回车键，得到的等分点如图 2-10 所示。

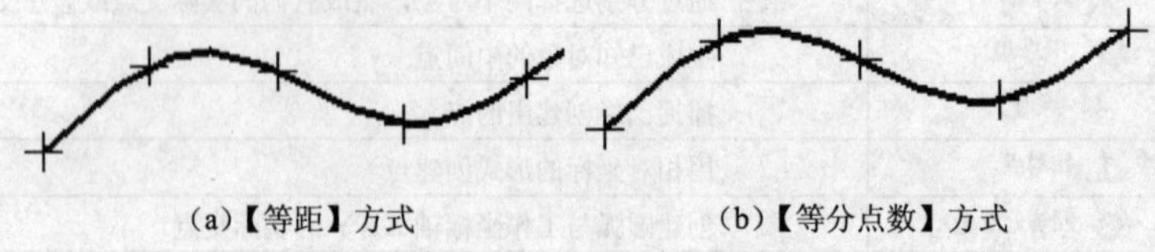

(a)【等距】方式　(b)【等分点数】方式

图 2-10 绘制等分点效果

（5）绘制端点

绘制端点指在所有图素的端点处绘制点。直线在线的两个端点处绘制，矩形在组成每个图素的两端点绘制，对于圆和椭圆等封闭环只有一个图素组成的情况，即起点和终点重合的，系统只绘制一个点。

（6）绘制小圆心点

绘制小圆心点指在半径小于指定值的圆或圆弧的圆心处绘制点。选择该命令后，系统会提示“选择圆或圆弧”，选择圆或圆弧后，按回车键，即可在所选圆或圆弧的中心绘制点。

（7）绘制穿线点

选择该命令，可以为线切割刀具路径创建一个穿丝点，创建的方法与指定位置点相似，只是点的符号不同。

（8）绘制切点

选择该命令，可以为线切割刀具路径创建一个剪丝点，创建的方法与指定位置点相似，只是点的符号不同。

2.1.2 直线的绘制

直线也是组成二维图形的最基本的图素之一。MasterCAM X6 提供了 6 种绘线的方式，依次是“绘制任意线”、“绘制近距线”、“绘制分角线”、“绘制垂直正交线”、“绘制平行线”、“创建切线通过点相切”，位于【绘图】→【绘线】子菜单中[如图 2-11（a）所示]，或【绘制任意线】图标右侧的下拉列表中[如图 2-11（b）所示]。

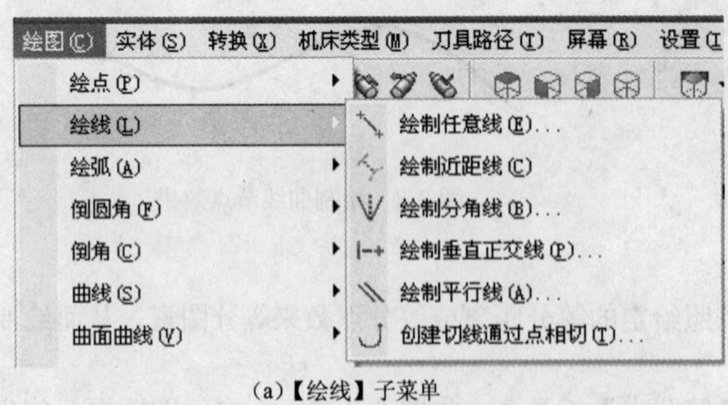

(a)【绘线】子菜单

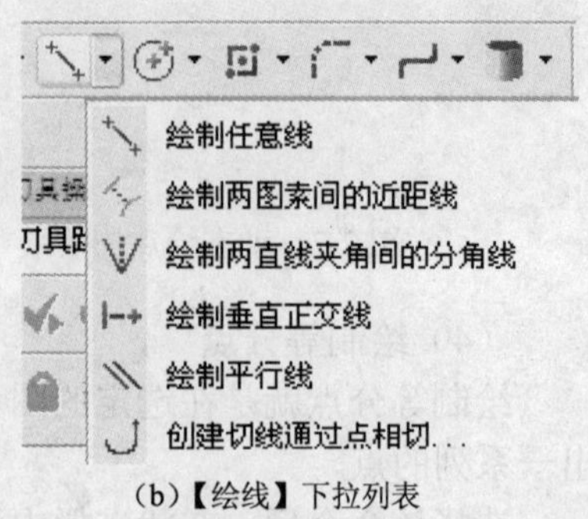

(b)【绘线】下拉列表

图 2-11 【绘线】方式

2.1.2.1　绘制任意线

绘制任意线需要定义直线的起点和终点，绘制的直线类型包括直线段、连续线、水平线、垂直线和切线。选择【绘图】→【绘线】→【绘制任意线】菜单命令，或在【草图】工具栏上单击图标，系统会弹出如图 2-12 所示的【绘制任意线】工具条。

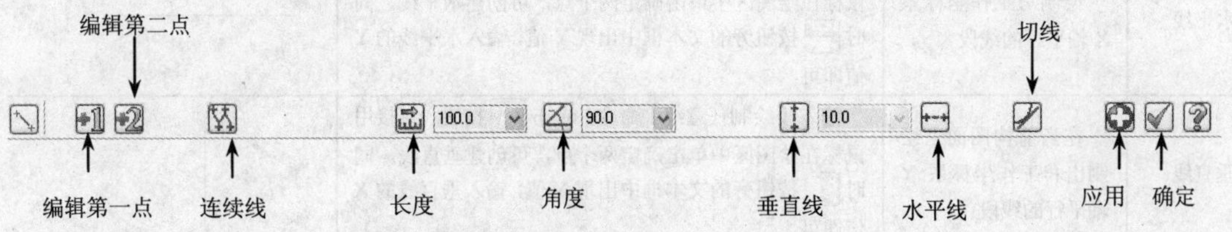

图 2-12 【绘制任意线】工具条

从图 2-12 所示的工具条中可以看到，通过工具条可绘制出水平线、垂直线、切线、极坐标线、连续线等。在图上绘制出直线后，还可以对直线长度、角度等进行编辑，编辑完成后单击【应用】按钮，确认当前绘制的直线的尺寸，当所有需要绘制的直线全部绘制完毕后，可以单击【确定】按钮完成直线的绘制。表 2-2 对【绘制任意线】工具条中的选项加以说明。

表 2-2 【绘制任意线】工具条选项说明

选　项	说　明
（编辑角点 1）	编辑直线的第一个角点
（编辑角点 2）	编辑直线的第二个角点
（长度）	设置直线的长度尺寸
（角度）	设置直线的角度尺寸
（连续线）	设置是否连续画线
（垂直线）	设置是否画垂直线
（水平线）	设置是否画水平线
（切线）	设置是否画切线
（应用）	确认绘制直线的尺寸，开始绘制下一直线
（确认）	确认绘制完毕，退出直线绘制

在绘制过程中为了不受选择的约束，可以从绘图区的右键快捷菜单（图 2-13 所示）中选择【自动抓点】命令，出现如图 2-14 所示的【自动白点设置】对话框，可取消启用相关捕捉约束条件。

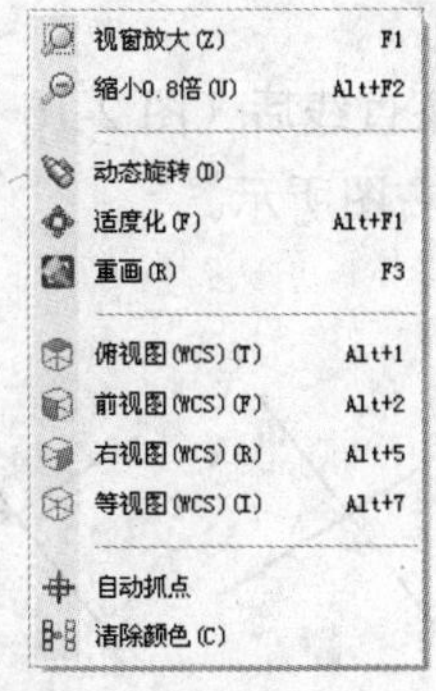

图 2-13　右键菜单

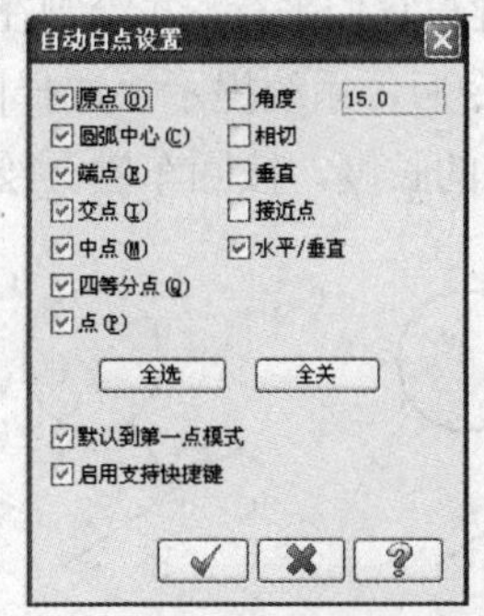

图 2-14 【自动白点设置】对话框

为了更好地讲解任意线命令的用法，将任意线的绘制方法列在表 2-3 中。

表 2-3　任意线绘制方法

线的类型	说　明	操　作	图　例
水平线	绘制与工作坐标系 X 轴平行的线段	进入【绘制任意线】命令，单击按钮，直接用鼠标在绘图区中单击确定两个点，可创建水平线。同时按钮旁的文本框中出现 Y 值，输入水平线的 Y 值即可	
垂直线	在当前构图面上绘制出和工作坐标系 Y 轴平行的线段	进入【绘制任意线】命令，单击按钮，直接用鼠标在绘图区中单击确定两个点，可创建垂直线。同时按钮旁的文本框中出现 X 值，输入垂直线的 X 值即可	
两点线	通过已知的两个端点，绘制线段	进入【绘制任意线】命令，输入两端点，绘制一条直线。单击工作条上的和按钮，可用于修改直线起点和终点的位置	
连续线	连续绘制多段直线	进入【绘制任意线】命令，单击按钮，依次输入多个点，可以绘制连续的多段直线（每个线段的末端，也是下一个线段的始端，直到完成，按 Esc 键返回）	
极坐标线	以极坐标方式绘制线段	进入【绘制任意线】命令，单击和按钮，并在紧随其后的文本中输入相应的数值，可按指定的长度和角度绘制直线	40 20.0°
切线	与指定的图素相切的直线	进入【绘制任意线】命令，单击按钮，可以依次选取两个曲线图素来绘制它们之间的切线	

2.1.2.2　其他直线绘制

（1）绘制近距线

近距线是指能够表示两元素之间最近距离的线段，也是两图素上所有点之间距离最短的连线。

选择此命令后，选取一个图素对象（图 2-15 左图中的直线），再选取另一个图素对象（图 2-15 左图中的圆），则在选取的两对象距离最小的位置创建连线（如图 2-15 右图所示）。

（2）绘制分角线

分角线，顾名思义就是把由两条直线组成的角分成两个相等角的直线。因为两条直线的夹角有 4 个，所以分角线也有 4 种情况，需要用户拾取选择。对于两条平行线它们的角平分线只有一条，且与它们平行，并绘制在它们的等距离的位置。

选择该命令后，系统提示“选择两条直线”，选择两条直线后（图 2-16 左图中的两条直线），指定直线的长度，按回车键。绘制的结果如图 2-16 右图所示。

图 2-15　绘制的近距线

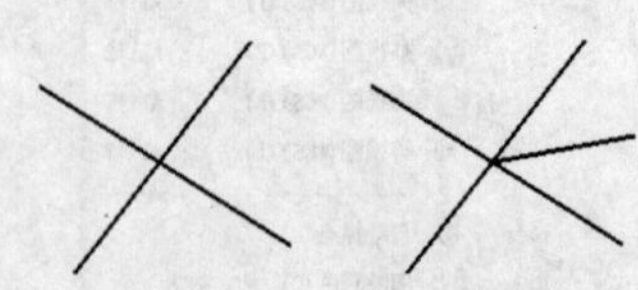

图 2-16　绘制分角线

（3）绘制垂直正交线

垂直正交线就是法线，绘制的法线可以是直线、圆（或圆弧）、曲线某点处的法线，在法线的基础上还可以添加相切等约束条件。图 2-17 左图为一条曲线，分别通过曲线上的两个点绘制曲线的两条法线，如图 2-17 右图所示。

（4）绘制平行线

在绘制平行线时可以通过距离来定位，也可以通过添加约束关系来定位。选择该命令，在绘图区中会弹出“选取一线”提示，在绘图区中选择一条直线，然后在距离按钮右侧的文本框中输入距离值，按回车键，即可完成绘制。图 2-18 即为绘制的平行线。

（5）创建切线通过点相切

通过点相切的直线与圆弧或曲线相切，其起点位于圆弧或曲线上。选择该命令，在绘图区中会弹出“选择圆弧或曲线”提示，在绘图区中选择一条曲线，然后选择曲线上一个点作为切线的起点，再输入坐标来确定下一个端点。图 2-19 即为绘制的过圆上一点并与圆相切的直线。

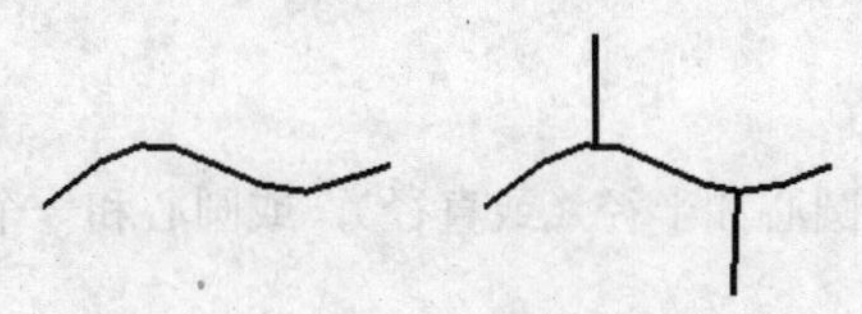

图 2-17　绘制的法线

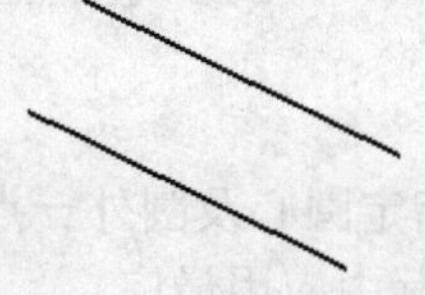

图 2-18　绘制的平行线

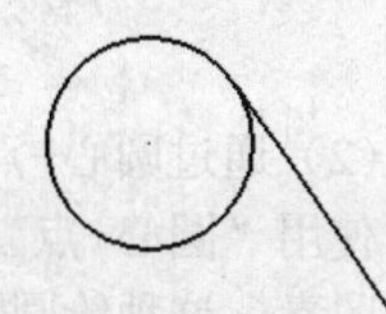

图 2-19　绘制的过点相切线

2.1.3　圆和圆弧的绘制

圆和圆弧也是二维图形中最基本的图素之一。MasterCAM X6 提供了 7 种圆或圆弧的绘制方法，分别为“三点画圆”、“圆心+点”、“极坐标圆弧”、“极坐标画弧”、“两点画弧”、“三点画弧”和“切弧”，其中前两种为创建圆的方法。其命令位于【构图】→【圆弧】子菜单中[如图 2-20（a）所示]，或【圆弧】图标右侧的下拉列表中[如图 2-20（b）所示]，两种方式出现的排序和中文翻译虽然不同，但含义完全一致。

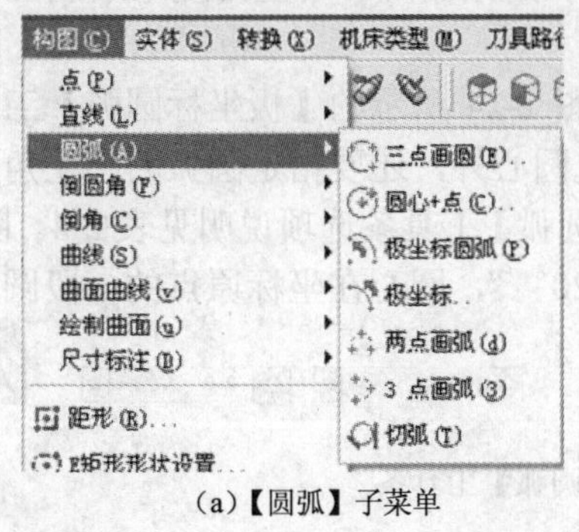

（a）【圆弧】子菜单

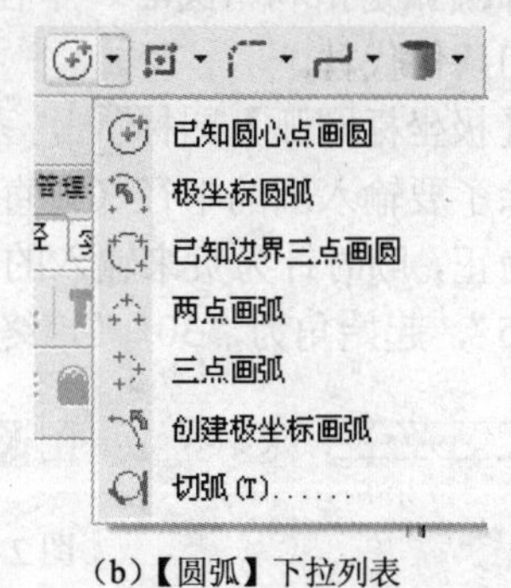

（b）【圆弧】下拉列表

图 2-20　【圆弧】菜单

（1）通过三点绘圆

不在同一条直线上的三个点可以唯一确定一个圆，三点画圆就是利用了这个原理，它可以绘制能够通过所选 3 点的圆。在绘制时也可以添加相切的约束。

单击【三点画圆】图标，系统会弹出图 2-21 所示的【三点画圆】工具条，在工具条中有二点画圆模式和三点画圆模式，在二点模式下指定绘图区中的两点即为圆的直径[如图

2-22（a）所示]，三点模式下指定绘图区中的三点即为圆边界上的三个点[如图 2-22（b）所示]。

图 2-21 【三点画圆】工具条

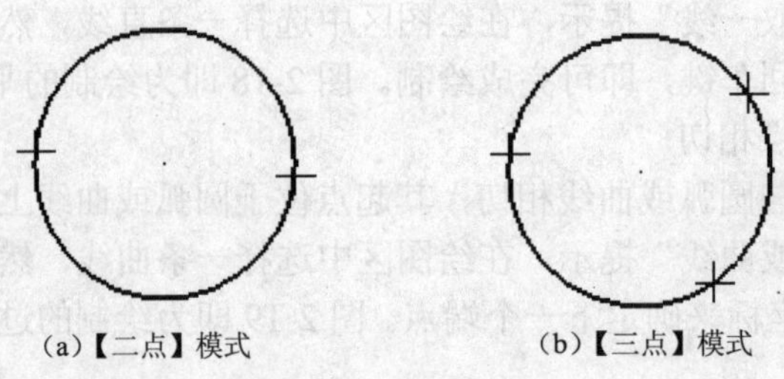

（a）【二点】模式　　（b）【三点】模式

图 2-22 【三点画圆】效果

（2）通过圆心+点绘圆

使用“圆心+点”绘圆需指定圆心及圆外一点，或圆心和半径（或直径），或圆心和一个相切图素，这种绘圆方式在实际中应用最广。

单击【圆心+点】图标，系统会弹出图 2-23 所示的【圆心+点】工具条，在工具条中输入圆的半径或直径，再指定一点为圆心，便可画出一个圆来。

图 2-23 【圆心+点】工具条

（3）通过极坐标和圆心绘制圆弧

极坐标圆弧是指利用圆心、半径（或直径）、起始角度、终止角度来绘制圆弧，起始角度可用相切条件代替。

单击【极坐标圆弧】图标，系统会弹出图 2-24 所示的【极坐标圆弧】工具条，在该工具条中除了要输入圆的半径（或直径）和指定圆心外，还要指定圆弧的起止角度，角度是以逆时针为正，顺时针为负来输入的。【极坐标圆弧】工具条选项说明见表 2-4。图 2-25 表示半径为“25”，起始角为“30° ”，终止角为“120° ”，圆心在坐标原点的一段圆弧。

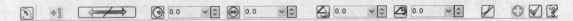

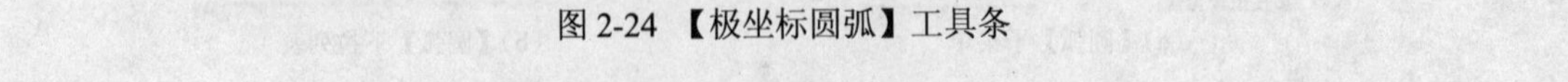

图 2-24 【极坐标圆弧】工具条

表 2-4 【极坐标圆弧】工具条选项说明

选　项	说　明	选　项	说　明
（编辑圆心点）	编辑圆心位置	（改变方向）	改变圆弧的生成方向
（半径）	设定圆的半径	（起始角度）	设定圆弧的起始角度
（直径）	设定圆的直径	（终止角度）	设定圆弧的终止角度
（相切圆）	设置是否与图素相切		

注意：在利用极坐标方式绘制圆弧时，起始角和终止角的正方向为逆时针方向，圆心与起始点的连线和 X 轴正向的夹角为起始角，圆心与终止点的连线和 X 轴正向的夹角为终止角。如果起始角等于终止角，则绘制的将是一个整圆。

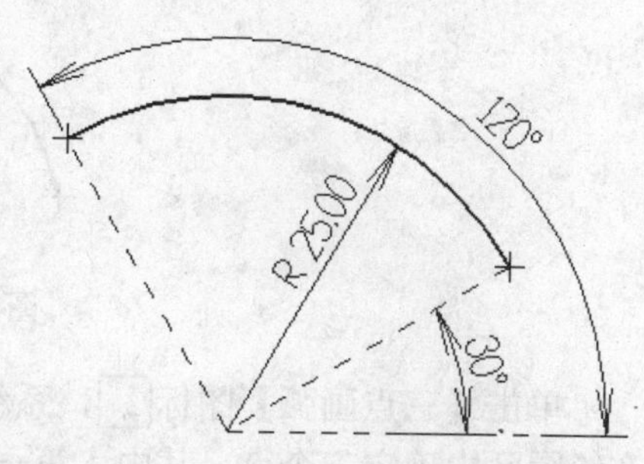

图 2-25　极坐标圆弧绘制效果

（4）通过极坐标和端点绘制圆弧

极坐标画弧是指利用起点（或终点）、半径（或直径）、起始角度、终止角度来绘制圆弧，起点和终点只能指定其中之一。

单击【极坐标】图标，系统会弹出图 2-26 所示的【极坐标画弧】工具条，在该工具条中除了要输入圆的半径（或直径）和指定圆心外，还要指定圆弧的起止角度，角度是以逆时针为正，顺时针为负来输入的。图 2-27（a）所示为起点模式下创建的一段圆弧，已知起点位置，且圆弧的半径为“25”，终止角为“60°”；图 2-27（b）所示为终点模式下创建的一段圆弧，已知终点位置，且圆弧的半径为“25”，起始角为“30°”。

图 2-26 【极坐标画弧】工具条

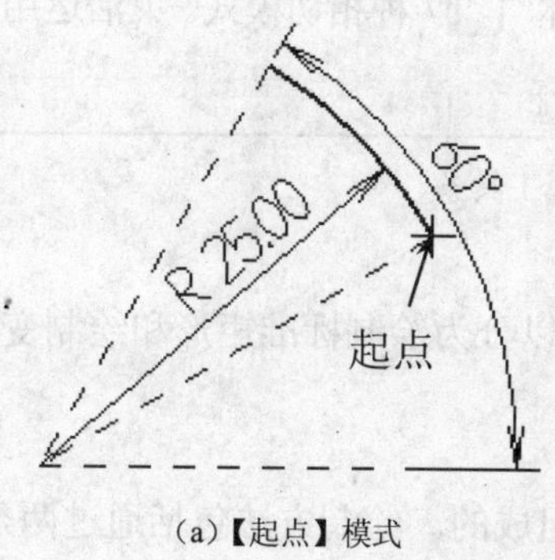

(a)【起点】模式

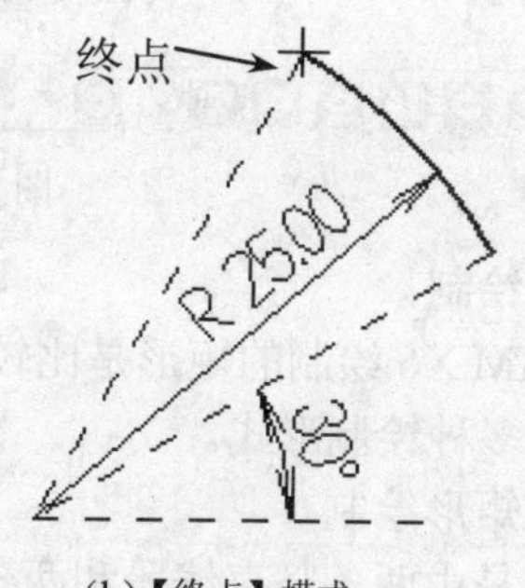

(b)【终点】模式

图 2-27　极坐标画弧绘制效果

（5）通过两点绘制圆弧

使用两点绘制圆弧是指先选取圆周上的两个点，再添加半径（或直径）或相切条件。

单击【两点画弧】图标，系统会弹出图 2-28 所示的【两点画弧】工具条，在该工具条中要输入圆的半径（或直径），再输入两个圆弧通过的点，即可绘制出圆弧。图 2-29 即为两点画弧绘制效果，两个点已知，圆弧半径为 R12。当两点间的距离大于圆的直径时则不能绘制出圆弧。

图 2-28 【两点画弧】工具条

（6）通过三点绘制圆弧

三点画弧是指选择圆周上的 3 个点或 3 个相切的图素来绘制圆弧。

图 2-29　两点画弧绘制效果

单击【三点画弧】图标，系统会弹出图 2-30 所示的【三点画弧】工具条，按照提示在绘图区中确定三个点，其中，第一个点和第三个点为圆弧的端点，第二个点为圆弧上的一点。图 2-31 即为三点画弧的绘制效果。

图 2-30 【三点画弧】工具条

（7）通过切点绘制圆弧

通过切点绘制圆弧是指绘制与一个或多个图素相切的圆弧。

单击【切弧】图标，系统会弹出图 2-32 所示的【切弧】工具条，在该工具条中有"切一物体"、"经过一点"、"中心线"、"动态切弧"、"三物体切弧"、"三物体切圆"、"切两物体"7 种相切模式。灵活运用能方便绘图。

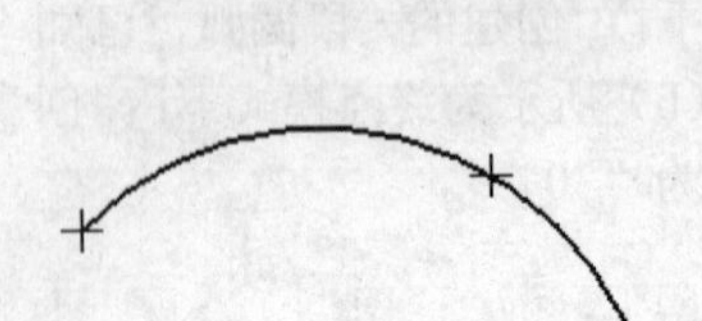

图 2-31　三点画弧绘制效果

图 2-32 【切弧】工具条

2.1.4　矩形的绘制

MasterCAM X6 绘制的矩形是比较灵活的，可以分为绘制标准矩形和绘制变形矩形两种，而每一种又有多种绘制形式。

（1）标准矩形绘制

基本矩形是由两条竖直线段和两条水平线段组成的。绘制方法包括通过两个角点绘制、通过中心点和角点绘制、通过一点和高度及宽度绘制。

选择【绘图】→【矩形】菜单命令，或在【草图】工具栏中单击【矩形】图标，在对话框中会出现图 2-33 所示【矩形】工具条，其选项说明见表 2-5。在绘图区依次确定两个对角点，然后在矩形激活的情况下输入宽度和高度值，单击按钮可以设定矩形的中心点，这时输入的第一个点为中心点，第二个点为对角点。

图 2-33 【矩形】工具条

表 2-5 【矩形】工具条选项说明

选　项	说　明	选　项	说　明
（编辑角点 1）	编辑矩形的第一个角点	（高度）	设置矩形的高度尺寸
（编辑角点 2）	编辑矩形的第二个角点	（中心定位）	以所选的点作为矩形的中心点创建矩形
（宽度）	设置矩形的宽度尺寸	（曲面）	设置创建矩形时是否同时创建矩形区域中的曲面

（2）变形矩形绘制

通过设置矩形形状可以使矩形的形状更加多样化，常用来创建圆角形、半径形、圆弧形，同时还可以输入旋转角度来设置旋转矩形的位置。变形矩形有两个选项，分别是【一点】和【两点】。一点法绘制矩形，是指通过指定矩形的一个特定点及长和宽来绘制矩形。两点法绘制矩形，是指通过指定矩形的两个对角点来绘制矩形。选择【绘图】→【矩形形状设置】菜单命令，或在【草图】工具栏中单击【矩形形状设置】图标，系统弹出如图 2-34（a）所示的【矩形选项】对话框，为【一点】选项模式下的对话框；选中【两点】模式，则出现图 2-34（b）所示【两点】选项模式下对话框。

表 2-6 详细说明了变形矩形对话框中各选项的含义。

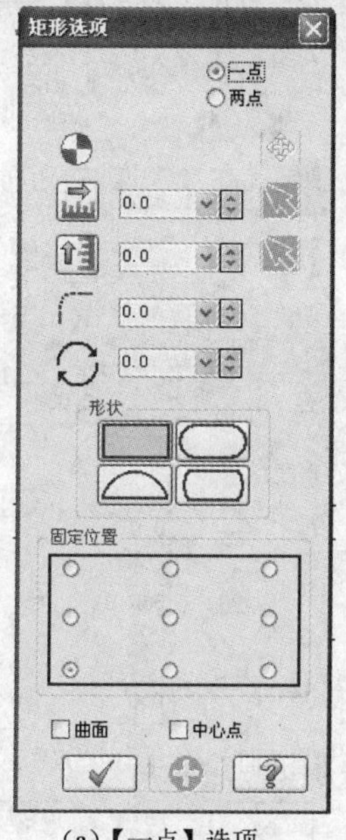

（a）【一点】选项

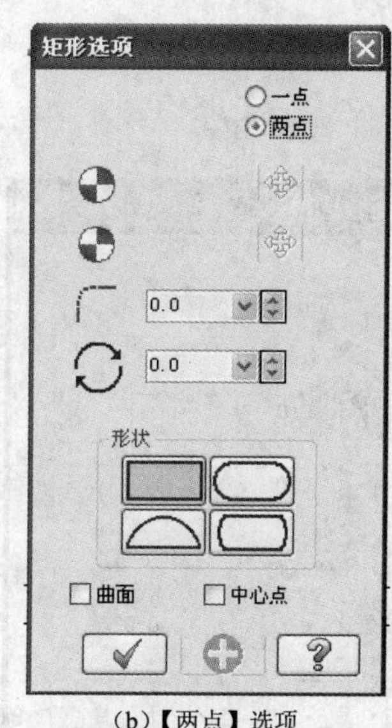

（b）【两点】选项

图 2-34 【矩形选项】对话框

表 2-6 【矩形选项】对话框中各选项说明

选　项	说　明
一点	使用一点的方式指定矩形位置
两点	使用两点的方式指定矩形位置
（中心点）	设置矩形的基点位置
（鼠标拖动）	通过鼠标拖动来改变位置
（长度）	设定矩形的宽度尺寸
（高度）	设置矩形的高度尺寸
（圆角）	设置矩形倒圆半径的数值
（形状栏）	设置矩形和其他 3 种形状,选择需要的形状（包括矩形形状、键槽形状、D 形和双 D 形 4 种样式）
（旋转角度）	设置矩形的旋转角度的数值
固定位置	设定给定的基点位于矩形的具体位置，共有 9 个位置可以选择
产生曲面	设置创建矩形时是否同时创建矩形区域中的曲面
中心点	选中该复选框，绘制矩形的同时绘制矩形的中心

2.1.5 椭圆的绘制

椭圆的绘制需要定义中心点、长半轴、短半轴，该命令既可以绘制完整的椭圆，也可以绘制椭圆圆弧。

选择【绘图】→【画椭圆】菜单命令，或在【草图】工具栏的下拉列表中单击【画椭圆】图标，出现【椭圆选项】对话框，如图 2-35 所示。单击图 2-35（a）图中的【展开】按钮，可以将对话框展开成图 2-35（b）所示，同样单击图 2-35（b）图中的【收缩】按钮，则可以将对话框收缩成图 2-35（a）所示。表 2-7 详细说明了椭圆对话框中各选项的含义。

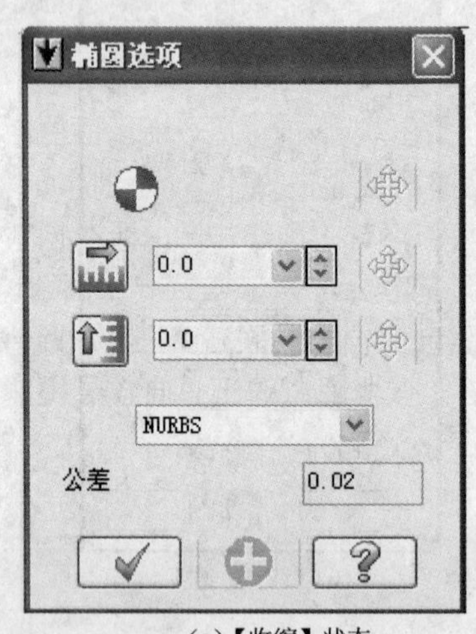

（a）【收缩】状态

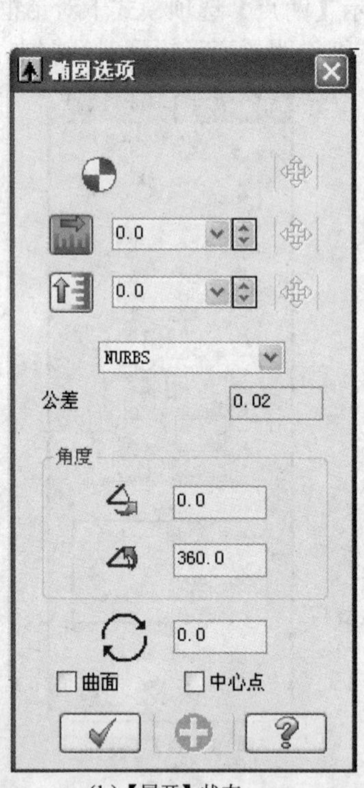

（b）【展开】状态

图 2-35 【椭圆选项】对话框

表 2-7 椭圆对话框中各选项的说明

选　项	说　明	选　项	说　明
（中心点）	设置椭圆中心点的位置	（终止角度）	要求输入椭圆弧的终止角度
（鼠标拖动）	通过鼠标拖动来改变位置及尺寸	（旋转角度）	要求输入椭圆 X 轴和工作坐标系的夹角
（宽度）	要求输入 X 轴半径	产生曲面	创建椭圆时是否同时创建椭圆区域中的曲面
（高度）	要求输入 Y 轴半径	产生中心线	创建椭圆时是否在它的中心位置创建一个点
（起始角度）	要求输入椭圆弧的开始角度		

要绘制椭圆，先选择绘制椭圆的命令，然后在“选取基准点位置”提示下，定义椭圆中心点，并输入 X 轴半径和 Y 轴半径尺寸，最后单击【确定】按钮，图 2-36 为绘制的 X 轴半径为 50，Y 轴半径为 30，椭圆中心在原点的椭圆，其中两个虚线圆是定义长短轴时的虚拟圆。

要绘制椭圆弧，先选择绘制椭圆的命令，然后单击【展开】按钮，同样要定义椭圆中心点、X 轴半径和 Y 轴半径尺寸，在【起始角度】、【终止角度】、【旋转角度】中分别输入相应数值。图 2-37 为定义了 X 轴半径为 50，Y 轴半径为 30，椭圆中心在原点，起始角为"45° "，终止角度为"360° "，旋转角度为"30° "的椭圆弧。

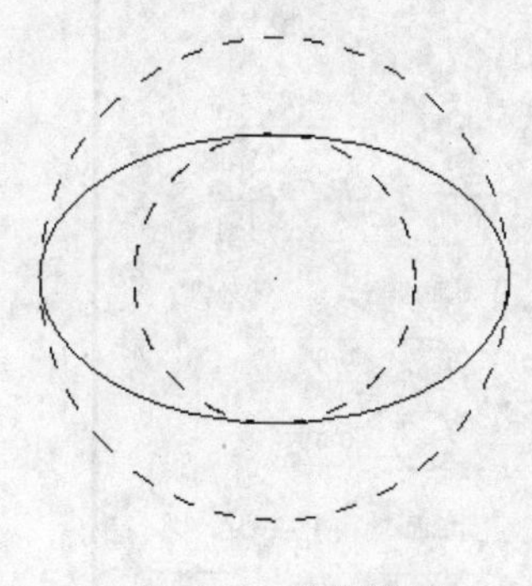

图 2-36　绘制椭圆

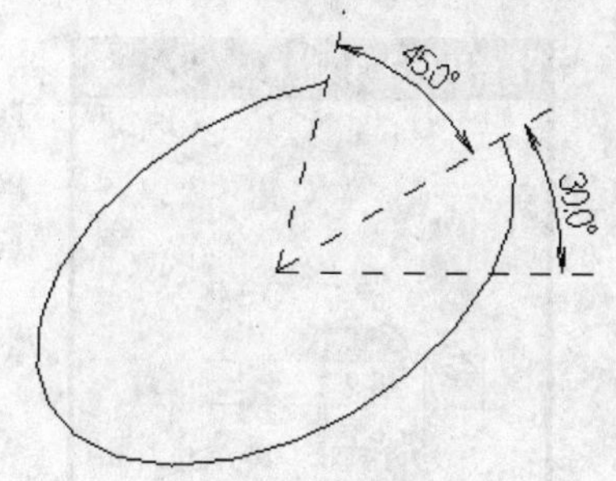

图 2-37　绘制椭圆弧

2.1.6　正多边形的绘制

正多边形的绘制是通过一个内接或外切的虚拟圆来定义，并且可以在角点处添加圆角及旋转一个角度。在绘制多边形时，首先要分清什么是内接，什么是外切。图 2-38（a）表示的是正六边形在圆的内部，且顶点均落在圆上，所以多边形是内接于圆（该圆又叫多边形的外接圆）；图 2-38（b）表示的是正六边形在圆的外部，且正六边形六条边均与圆相切，所以多边形外切于圆（该圆又叫多边形的内切圆）。当圆的直径相同的情况下，内接多边形的尺寸明显要小于外切多形的尺寸。

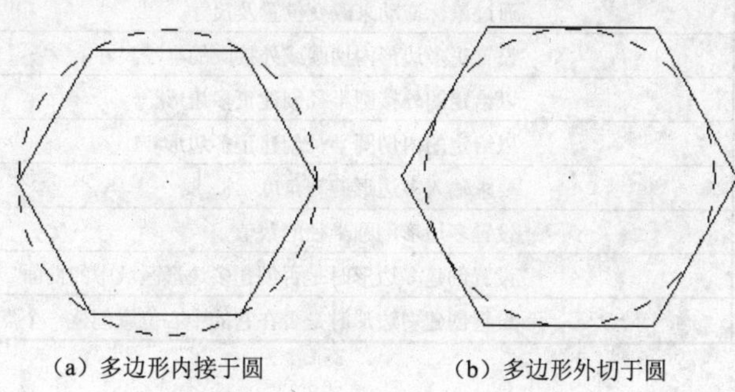

（a）多边形内接于圆　　（b）多边形外切于圆

图 2-38　内接和外切的区别

选择【绘图】→【画多边形】菜单命令，或在【草图】工具栏的下拉列表选择中单击【多边形】图标，出现【多边形选项】对话框，如图 2-39 所示，其中图 2-39（a）为【收缩】状态，图 2-39（b）为【展开】状态。表 2-8 详细说明了【多边形选项】对话框中各选项的含义。

2.1.7　文字的绘制

图形文字多用于产品表面上的标识雕刻。图形文字可以按照图素来处理，因为它们是由多条直线、圆弧和样条曲线组成的，可以用于数控加工。

选择【绘图】→【绘制文字】菜单命令，或在【草图】工具栏的下拉列表选择中单击【绘制文字】图标，出现【绘制文字】对话框，如图 2-40 所示。可以从图 2-40 所示的【字型】下拉列表中选择一种系统提供的字型，如图 2-41 所示，但是要注意的是，系统提供的五种以"MCX"为前缀的字型是写不出汉字的，只能用于标注尺寸。也可以单击【真实字型】按钮创建新字体。表 2-9 详细说明了文字对话框中各选项的含义。

(a)【收缩】状态

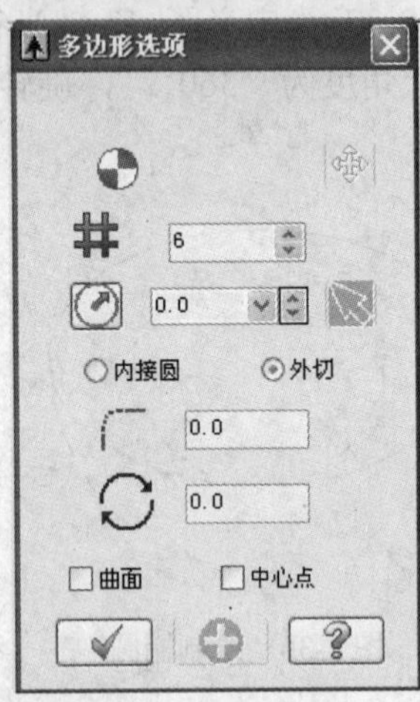

(b)【展开】状态

图 2-39 【多边形选项】对话框

表 2-8 【多边形选项】对话框中各选项说明

选　项	说　明
(边数)	要求输入多边形的边数
(中心点)	设置正多边形中心点的位置
(鼠标拖动)	通过鼠标拖动来改变位置及尺寸
(高度)	设置正多边形内切圆或外接圆的半径尺寸
内接	以给定的外接圆半径创建正多边形
外切	以给定的内切圆半径创建正多边形
(旋转角度)	要求输入多边形旋转角度
(圆角)	设置多边形倒圆半径的数值
曲面	设置创建多边形时是否创建多边形区域中的曲面
中心点	设置创建多边形时是否在它的中心位置创建一个点

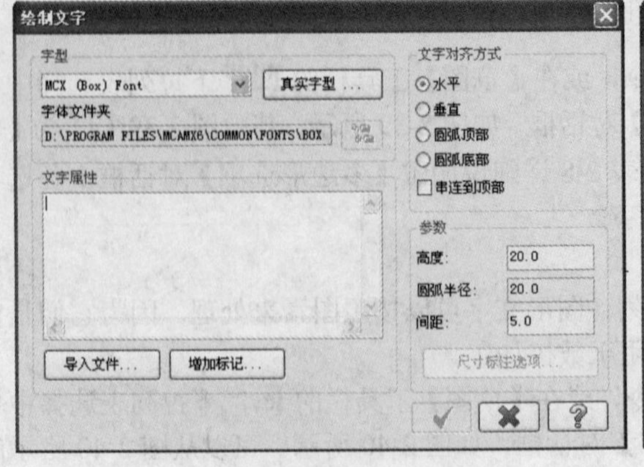

图 2-40 【绘制文字】对话框

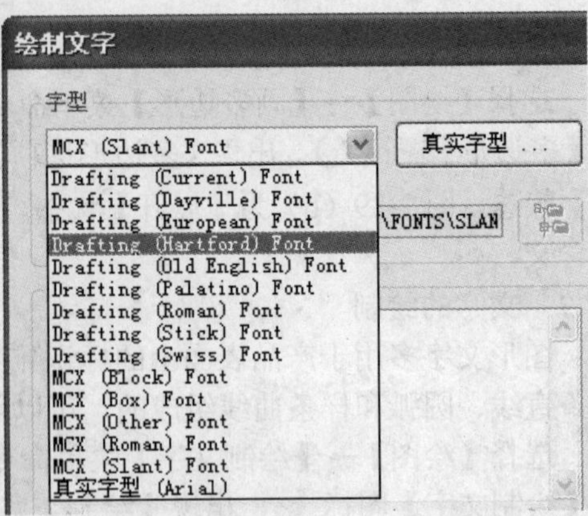

图 2-41 【字型】下拉列表

表 2-9　文字绘制对话框中各选项的说明

选　项		说　明
字型		在下拉列表框中选择需要的字体
真实字型		单击该按钮“字体”对话框，可以选择文本的字体、字形
文字属性		输入文字
参数	高度	文字高度
	圆弧半径	放置文字时圆弧的半径
	间距	文字间距
文字对齐方式	水平	水平放置，在绘图区中确定起点后文本处于水平方向
	垂直	垂直放置，在绘图区中确定起点后文本处于垂直方向
	圆弧顶部	弧顶放置，确定圆弧的圆心位置后按照半径的大小将文本放置在圆弧顶上
	圆弧底部	弧底放置，确定圆弧的圆心位置后按照半径的大小将文本放置在圆弧底下

2.1.8　边界盒的绘制

在 MasterCAM X6 系统中，边界框的绘制常用于加工操作中。用户可以用边界盒命令得到工件加工时所需材料的最小尺寸值，以便于加工时的工件设定和装夹定位。绘制的边界盒为直线或圆弧。

选择【绘图】→【边界盒】菜单命令，或在【草图】工具栏的下拉列表中单击【画边界盒】图标，打开如图 2-42 所示的【边界盒选项】对话框，图 2-42（a）选择的形状为立方体，图 2-42（b）选择的形状为圆柱体。

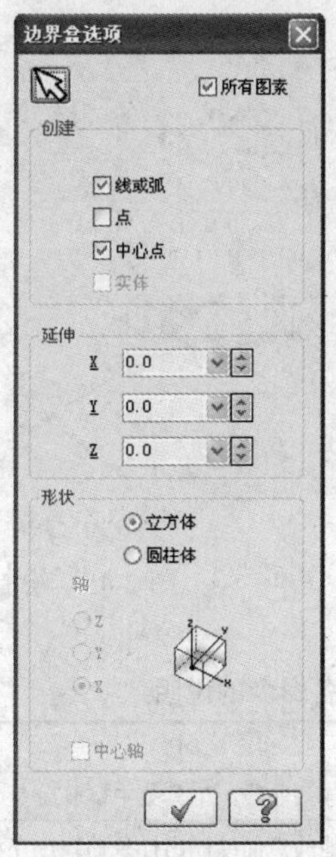

（a）形状为立方体

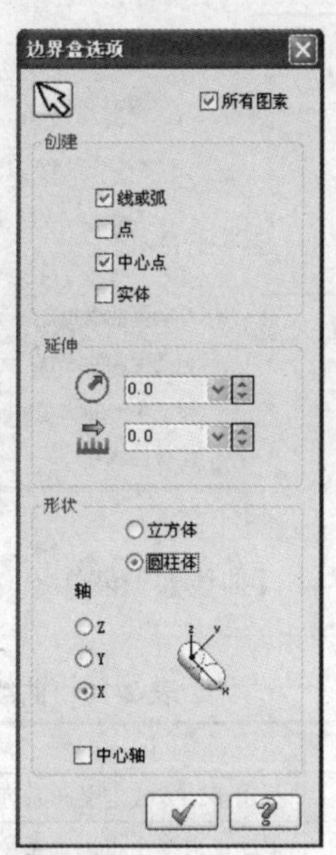

（b）形状为圆柱体

图 2-42　【边界盒选项】对话框

在边界框对话框中单击选择图素按钮，然后在绘图区中选择需要包含在边界框中的图素，再按回车键；或者在边界框对话框中选择所有图素选项 所有图素，将会使所有图素包含在边界框中。边界框有两种形式：矩形方式，即用直线绘制的边界框；圆柱方式，即用圆弧绘制的边界框，圆柱体的轴向可以设置为【X】、【Y】或【Z】。图 2-43（a）和（b）分别为未加延伸量的立方体和圆柱体的边界盒。

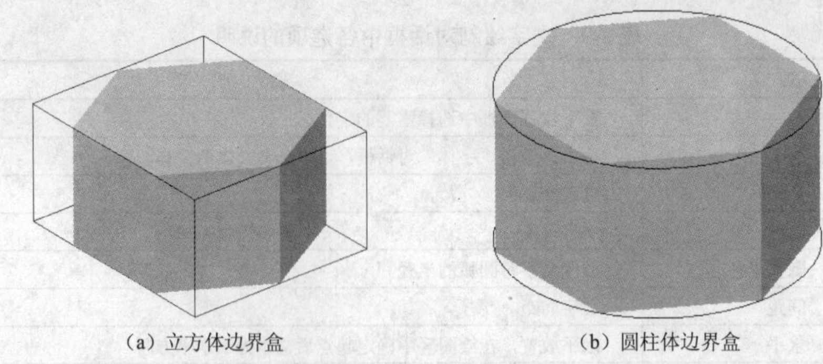

（a）立方体边界盒　　（b）圆柱体边界盒

图 2-43　两种形状的边界盒

2.1.9　样条线的绘制

在 MasterCAM X6 系统中有两种类型的曲线：一种是参数式曲线（Parametric 曲线），其形状由节点（Node）决定，曲线通过每一个节点；另一种是非均匀有理 B 样条曲线（NURBS 曲线），其形状由控制点（Control Point）决定,它仅通过样条节点的第一点和最后一点。

选择【绘图】→【曲线】菜单命令，出现【曲线】子菜单，如图 2-44 所示。表 2-10 详细说明了曲线子菜单中各命令的含义。要创建图 2-45 所示的样条线，如果利用【手动画曲线】命令，则需要依次点选 5 个特征点；如果利用【自动生成曲线】命令，则只需要点选第一点、第二点和最后一个点，且这 5 个点必须要先创建好。

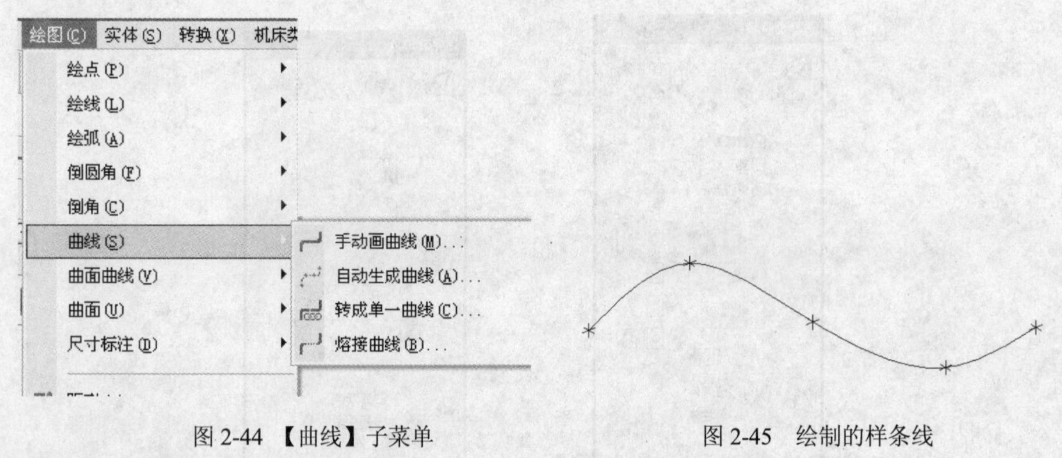

图 2-44 【曲线】子菜单　　图 2-45　绘制的样条线

表 2-10　曲线子菜单中各命令的说明

命　令	说　明
手动画曲线	采用手动方式定义一系列的点来绘制样条曲线，工具条中 命令可以编辑端点状态
自动生成曲线（A）	手动选取 3 个点，则系统自动计算其他的点而绘制出样条曲线，在利用此方法前要绘制出所有的点，且这些点的排列不能过于分散，否则对于有些点系统会忽略
转成单一曲线（C）	可以将一系列首尾相连的图素，如直线、圆弧或曲线等转换成一条样条线
熔接曲线	创建一条与两条曲线在选取位置相切的样条曲线，在利用此方法前要先创建两条曲线

2.1.10　倒角绘制

倒角是指在两个图素间创建直线连接。倒角的方法有两种，即可以选择倒角边，也可以选择让系统自动判断。

选择【绘图】→【倒角】菜单命令，有【倒角】和【串连倒角】两个选项，如图 2-46（a）

所示；或在【草图】工具栏的下拉列表选择中也同样有【倒角】和【串连倒角】两个选项，如图 2-46（b）所示。【倒角】是倒单一的倒角，而【串连倒角】是一次倒多个倒角。

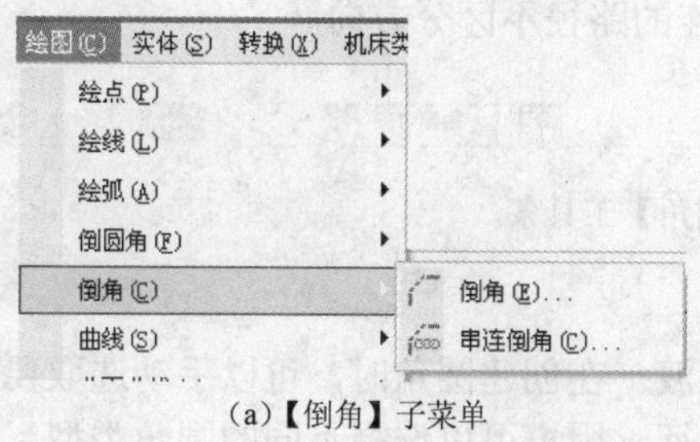

（a）【倒角】子菜单

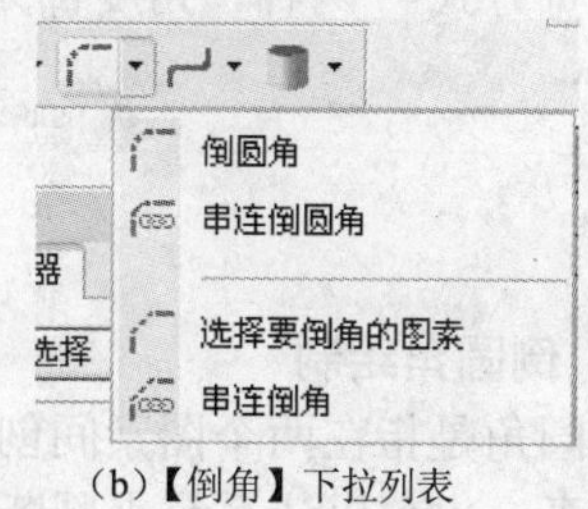

（b）【倒角】下拉列表

图 2-46 【倒角】命令

（1）绘制单个倒角

当单击命令后，会出现图 2-47 所示的工具条，依次选择需要倒角的曲线，绘图区中按给定的距离显示预览的斜角。表 2-11 详细说明了工具条上各选项的含义。

图 2-47　单个【倒角】工具条

在创建倒角时可以选择【距离 1】、【距离 2】、【距离/角度】和【宽】4 种不同的倒角类型。如图 2-48 所示。

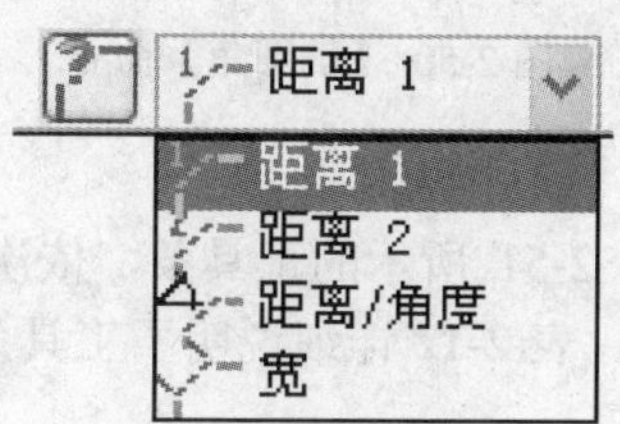

图 2-48　4 种倒角类型

表 2-11　倒角工具条中各选项的说明

选　项	说　明	
（倒角距离 1）	设定将要倒角的距离值 1，指先点选的直线	
（倒角距离 2）	设定将要倒角的距离值 2，指后点选的直线	
（倒角角度）	设置倒角角度，仅在【距离/角度】模式下可用	
（修剪）	设定图素在倒角后以倒角为边界进行修剪	
（不修剪）	设定图素在倒角后不以倒角为边界进行修剪	
斜角样式	距离 1：两边的偏移值相同，且角度为 45°	距离 1
	距离 2：两边偏移值可以单独给出	距离 2
	距离/角度：偏移值由一个长度和一个角度给出	距离/角度
	宽：给出倒斜角的线段长度，角度 45°	宽

（2）绘制串连倒角

串连倒角是指在多个图素串连的拐角处创建直线连接。它同倒角特征一样，也可以选择不同的倒角类型。

当单击命令后，会出现图 2-49 所示的工具条，也会弹出【串连选项】对话框。与单一【倒角】不同的是，在【串连倒角】中，斜角样式中设置倒角的形式仅有单一距离方式和线宽方式两种，角度都为 45°，所以串连的路径不区分方向。

图 2-49 【串连倒角】工具条

2.1.11 倒圆角绘制

倒圆角是指在两个图素间创建相切的圆弧过渡。在创建圆角时，可以手动选取要进行圆角的图素，也可以让系统来判断要创建的圆角特征。用户可以选择不同的圆角类型，以及圆角图素的处理方式。

选择【绘图】→【倒圆角】菜单命令，有【倒圆角】和【串连倒圆角】两个选项，如图 2-50（a）所示；或在【草图】工具栏的下拉列表选择中也同样有【倒圆角】和【串连倒圆角】两个选项，如图 2-50（b）所示。【倒圆角】是倒单一的圆角，而【串连倒倒圆角】是一次倒多个圆角。

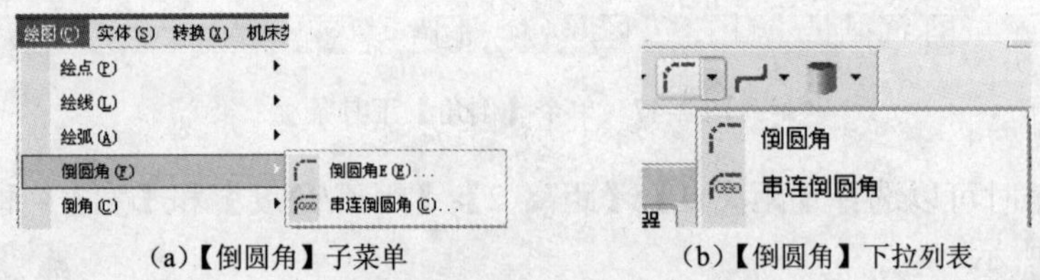

（a）【倒圆角】子菜单　　（b）【倒圆角】下拉列表

图 2-50 【倒圆角】命令

（1）绘制单个圆角

当单击命令后，会出现图 2-51 所示的工具条，依次选择需要倒圆角的曲线，绘图区中按给定的距离显示预览的斜角。表 2-12 详细说明了工具条上各选项的含义。

图 2-51 单个【倒圆角】工具条

在创建倒圆角时可以选择【常规】、【反转】、【循环】和【间隙】4 种不同的圆角类型。如图 2-52 所示。

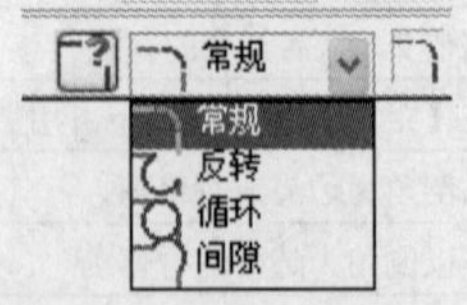

图 2-52 4 种倒圆角类型

表 2-12 单个倒圆角工具条中各选项的说明

选 项	说 明	
（半径）	设定将要倒圆角的半径值	
（圆角样式）	常规方式	常规

续表

选　项	说　明	
（圆角样式）	反转方式	反转
	循环方式	循环
	间隙方式	间隙
（修剪）	图素在倒圆角后以倒圆角为边界进行修剪	
（不修剪）	图素在倒圆角后不以倒圆角为边界进行修剪	

（2）绘制串连圆角

当单击命令后，会出现图 2-53 所示的工具条，选择串连曲线，绘图区中按给定的半径显示预览的圆角。串连圆角的操作控制板与单个圆角工具条相比，多了两个选项：一个是，一个是图标。表示的是设置串连选项，而表示的是圆角的形式，有三种，表 2-13 对的三种形式做了详细说明。

图 2-53 【串连倒圆角】工具条

表 2-13　圆角的三种形式说明

选　项	说　明
所有角落	所有转角（在所有图素相交处创建倒圆角）方式
+ 扫描	正向扫描（在串连路径上创建逆时针方向的倒圆角）方式
- 扫描	反向扫描（在串连路径上创建顺时针方向的倒圆角）方式

2.2　二维图形编辑的常用命令

在绘制复杂零件的二维图形时，仅仅利用基本的绘图命令是不行的，而且非常烦琐。为了提高绘制效率，读者应该掌握图形的常用编辑命令，如“修整”、“转换”、“删除”等。这些命令分布在【转换】和【编辑】主菜单中，如图 2-54 所示。

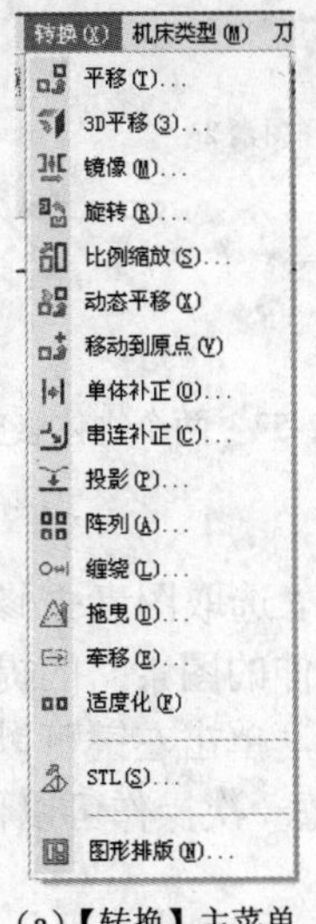

(a)【转换】主菜单

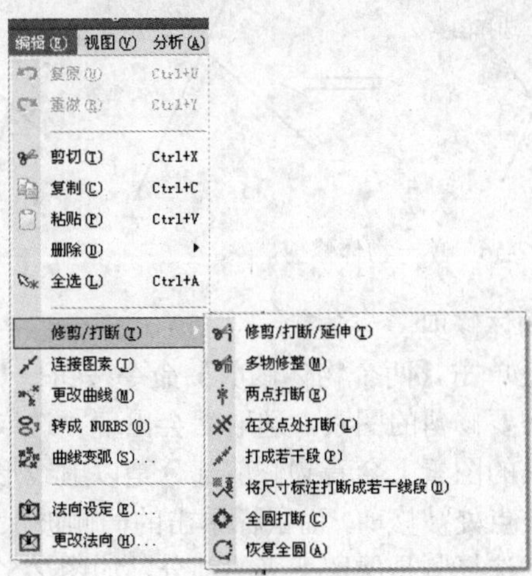

(b)【编辑】主菜单

图 2-54　二维图形绘制与编辑菜单

2.2.1 修剪/打断/延伸

【修剪/打断/延伸】命令在绘图过程中使用非常频繁，它的主要功能是对几何图素的修剪/延伸操作，即在交点（或延伸后的交点）处修剪曲线或延伸至交点，打断操作是指在交点处打断图素。修剪/打断/延伸的方式有修剪一物、修剪二物、修剪三物、分割物体、修剪至点和修剪指定长度，要采用不同的修剪方式，可以在工具条上按下相应的按钮。

选择【编辑】→【修剪/打断】→【修剪/打断/延伸】菜单命令，或单击【修剪/打断】工具栏上的【修剪/打断/延伸】图标，会弹出图 2-55 所示的【修剪】工具条。

图 2-55 【修剪】工具条

从图 2-55 所示的【修剪】工具条中可以看到，可以通过工具条进行一物修剪、二物修剪、三物修剪、分割物体等修剪操作。表 2-14 对【修剪】工具条中的选项进行了说明。

表 2-14 【修剪】工具条选项说明

选　项	说　明	选　项	说　明
（单一物体修剪）	修剪一个物体	（修整至点）	指定一个点作为修整的终止位置
（两个物体修剪）	修剪两个物体	（延伸长度）	指定修剪图素的延伸长度
（三个物体修剪）	修剪三个物体	（修剪/延伸模式）	设置处于修剪/延伸模式
（分割物体）	去掉一个物体的一部分	（打断模式）	设置处于打断模式

（1）单一物体修剪

在工具条上单击【单一物体修剪】命令按钮，然后在“选取图素去修剪或延伸”提示下选取一个需要修剪的图素，选取后会出现“选取修剪或延伸的图素”的提示，移动光标到作为修剪工具的图素上会看到修剪部分是以虚线形式表示的，单击左键可以看到需要修剪的图素已经在交点处被修剪，而鼠标单击的一侧被保留下来。每一次操作仅能修剪一个图素。如图 2-56 所示。

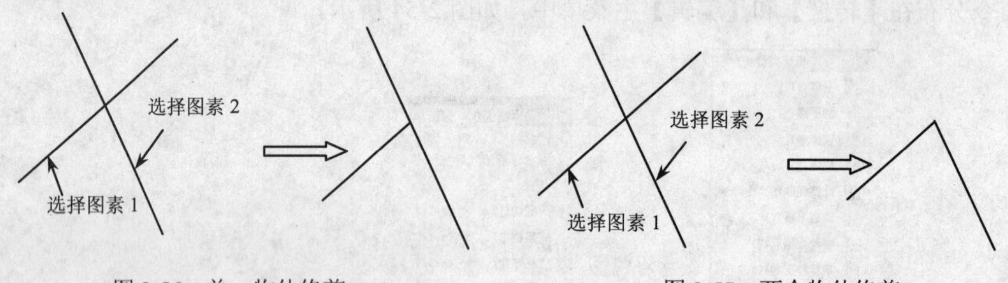

图 2-56 单一物体修剪　　　图 2-57 两个物体修剪

（2）两个物体修剪

在工具条上单击【两个物体修剪】命令按钮，然后在“选取图素去修剪或延伸”提示下选取一个需要修剪的图素，选取后会出现“选取修剪或延伸的图素”的提示，移动光标到作为修剪工具的图素上会看到修剪部分是以虚线形式表示的，单击左键可以看到需要修剪的图素已经在交点处被修剪，而鼠标单击的一侧被保留下来。每一次操作可以修剪两个图素。在修剪时要注意选择侧是保留下来的部分，如图 2-57 所示。

（3）三个物体修剪

在工具条上单击【三个物体修剪】命令按钮，然后在“选取修剪或延伸的第一个图素”提示下选取第一个需要修剪的图素，在“选取修剪或延伸的第二个图素”的提示下选取第二个需要修剪的图素，最后在“选取修剪或延伸的第三个图素”的提示下选取作为修剪工具的图素，选取后可以预见修剪的结果。在选取每一个图素时都应该注意选取的位置，如图 2-58 所示。

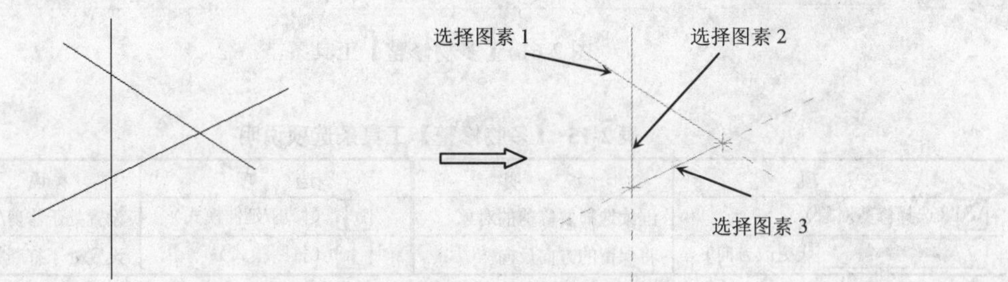

图 2-58　三个物体修整

（4）分割物体

与老版本相比，分割物体的功能改进了很多。在工具条上单击【分割物体】命令按钮，此时将鼠标移动到图素上方时，该图素将要被分割的部分会以虚线形式显示，如图 2-59 所示，单击该虚线后，虚线所代表的部分将被剪切掉。当处于修剪模式时，如果图素与其他图素有交点，则所选取的一侧将被修剪掉，如果图素与其他图素没有交点，则该图素会被整体删除。

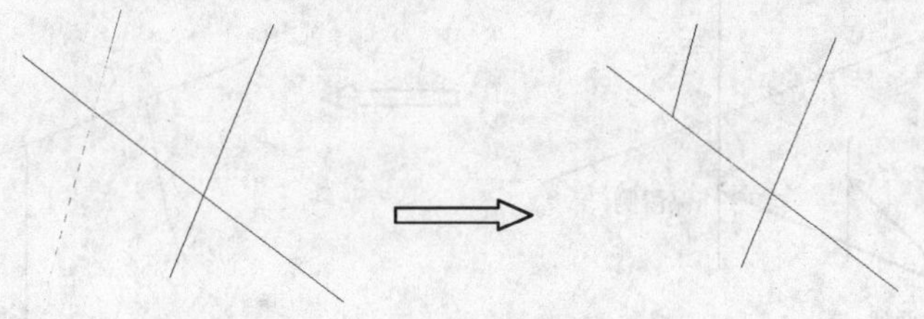

图 2-59　分割物体

（5）修整至点

在工具条上单击【修整至点】命令按钮，然后在“选取图素去修剪或延伸”提示下选取需要修剪的图素，在“指出修剪或延伸的位置”提示下确定一个点（鼠标单击处、已绘制的点、图素特征点或坐标输入的点），则此点将被定义为修剪位置。选取修剪图素位置所在的一侧会被保留下来，另一侧会被修剪掉。修剪的效果如图 2-60 所示。

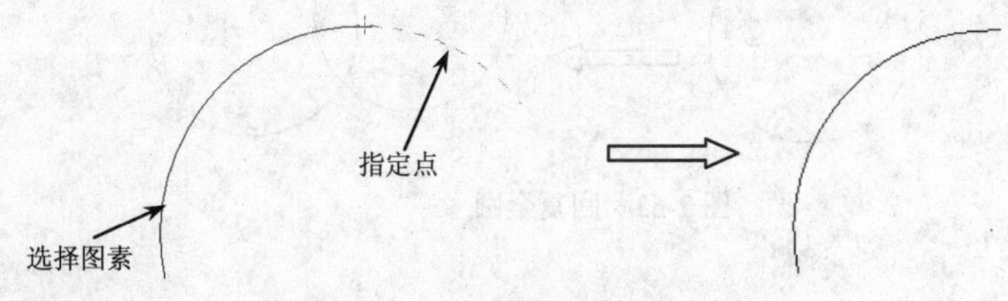

图 2-60　修整至点

（6）多物修整

多物修整是指同时对多个图素进行修剪，可通过一条剪刀线对与之能相交的多图素同时进行修剪,只留下保留侧的部分。选择【编辑】→【修剪/打断】→【多物修整】菜单命令，或在【修剪/打断】工具栏的下拉列表中选择【多物修整】选项，会弹出图2-61所示的【多物修整】工具条。表2-15对【多物修整】工具条选项进行了说明。

图2-61 【多物修整】工具条

表2-15 【多物修整】工具条选项说明

选　项	说　明	选　项	说　明
（选择修剪对象）	继续选择要修剪的对象	（修剪/延伸模式）	设置处于修剪/延伸模式
（更改方向）	将保留的方向反向	（打断模式）	设置处于打断模式

选择命令后，系统提示“选取曲线去修剪”，选择完要修剪的曲线后，按回车键，系统又提示“选取修剪曲线”，也就是所说的剪刀线。选择完剪刀线后，系统提示“指定修剪曲线要保留的位置”，在剪刀线一侧单击，此时单击侧即是要保留的部分。多图素修整的效果如图2-62所示。

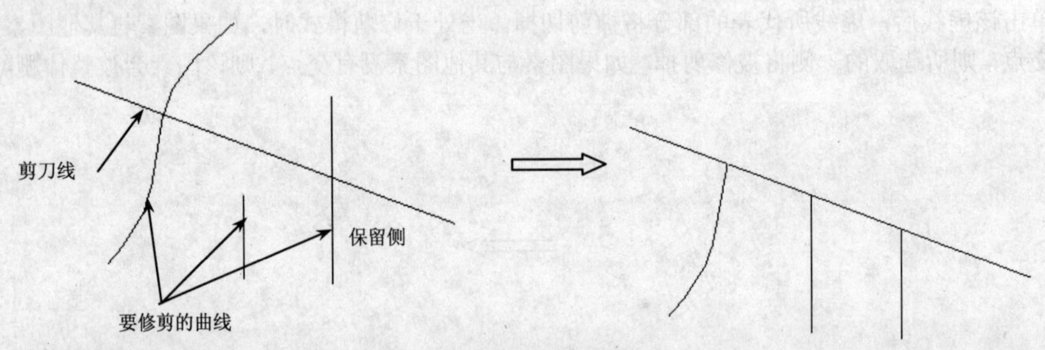

图2-62　多物修整

（7）回复全圆

该命令将一个不完整的圆弧封闭成完整的圆，圆心位置和半径保持不变。回复全圆的效果如图2-63所示。

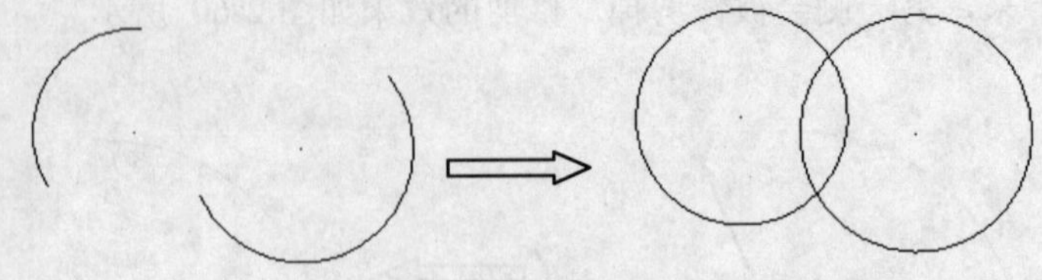

图2-63　回复全圆

（8）图素的打断

打断是指将一条完整的线断成两截或多截。打断命令只能断开线条，不会把其中某一段删掉，因此要想去掉某一段，还需要采用删除命令来删除。打断图素命令也可以由主菜单中【编辑】→【修剪/打断】命令得到，包含如下的打断命令。

① 两点打断　两点打断是指在选定位置将选取的图素截成两段。单击此命令后，系

统要指定打断的图素，按回车键，然后再指定打断的位置，即可将图素打成两段。

② 在交点处打断　在交点处打断是指在两个或多个图素的交点位置将曲线打断。单击此命令后，系统要指定打断的图素（必须为多个图素，且图素间需有真实交点），按回车键，即可在图素的全部交点将图素打断。

③ 打成若干段　打成若干段是指按照一定的方式把一个图素打断成多个图素。打断的方式有按指定的数量、指定的长度、指定的公差几种。图素打断后的表达形式包括直线型和圆弧型，可对直线、圆弧、SP 样条曲线进行处理。

④ 全圆打断　使用该命令，将圆进行等分处理，即将圆均匀地打断成几段圆弧。

⑤ 将尺寸标注打断　该命令是对尺寸标注、图案填充所生成的相关图素进行打断。

（9）连接图素

连接图素是指将两个图素连接成一个独立的图素。两个图素是否能够连接，取决于两条直线是否共线、两个圆弧是否有相同的圆心和半径、两段曲线是否来自于同一个样条曲线。当连接多个图素时，满足连接条件的图素被连接在一起。

（10）转换为 NURBS

转换为 NURBS 曲线是指将指定的直线、圆/圆弧、参数式样条曲线转换为 NURBS 曲线。在转换之后，可以通过改变控制点的位置更改曲线的形状。

（11）更改曲线

更改曲线是指通过更改 NURBS 曲线控制点的位置来改变曲线的形状。如果曲线是非 NURBS 曲线，则可以先将该曲线围成 NURBS 曲线。

（12）曲线变弧

曲线变弧是指将接近圆弧形状的曲线按给定的公差生成圆弧。

2.2.2　转换

转换是指对已经绘制好的几何图形进行移动、旋转、缩放和阵列等操作。在 MasterCAM X6 中用于图素转换的命令集中在【转换】菜单中，也可以通过【Xform】工具栏快速选取这些命令，如图 2-64 和图 2-65 所示。

2.2.2.1　平移

平移是指在 2D 或 3D 绘图模式下，将选取的图素按照指定方式移动或复制到新的位置，在复制后，也可以在原图素和复制图素的对应端点间建立直线连接。平移操作可以通过直角坐标系、极坐标系、两点或一条直线来定义。

选择【转换】→【平移】命令，或在【Xform】工具栏上单击【平移】图标，在绘图区中会显示出“平移：选取图素去平移”的提示，选择了要平移的图素后，按回车键，弹出如图 2-66 所示的【平移选项】对话框。在该对话框中，单击“选择图素”按钮，可以重新选择要平移的图素，平移的类型有移动、复制和连接三种。表 2-16 对【平移选项】对话框中各选项的含义进行了说明。

图 2-67 为选择“复制”类型、次数为“1”的情况下，直角坐标和极坐标的两种向量方式的【平移】结果。

2.2.2.2　3D 平移

通过 3D 平移可以将选取的图素在不同的视角平面间进行平移。视角平面可以是标准的视角平面，也可以是用户自定义的视角平面。

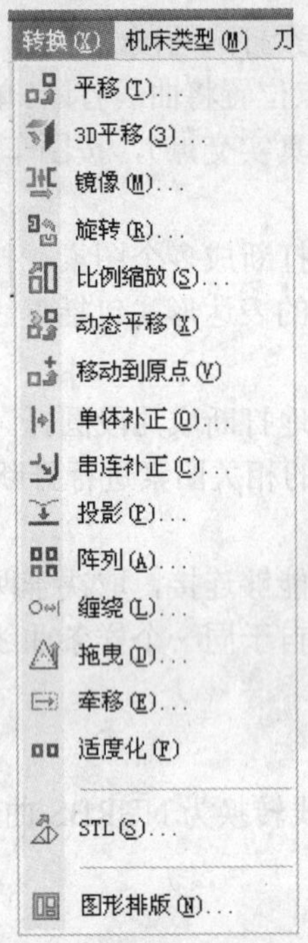

图 2-64 【转换】下拉列表

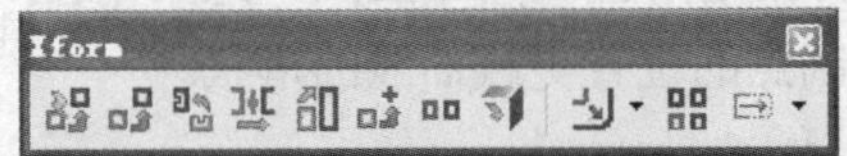

图 2-65 【Xform】工具栏

图 2-66 【平移选项】对话框

表 2-16 【平移选项】对话框选项说明

选　项	说　明
（选择对象）	继续选择要平移的对象
移动	对选取的对象只做移动，不复制
复制	对平移的图素进行复制
连接	在平移时进行复制，且在对应的角点处由直线连接
次数	平移的次数
直角坐标（ΔX、ΔY、ΔZ）	以直角坐标形式定义平移向量
从一点到另一点	以直线段的形式定义平移向量
极坐标（角度和距离）	以极坐标形式定义平移向量
（反向）	通过单击“方向”按钮,可以得到一个方向、反方向或两个方向的平移结果
预览	预览平移结果

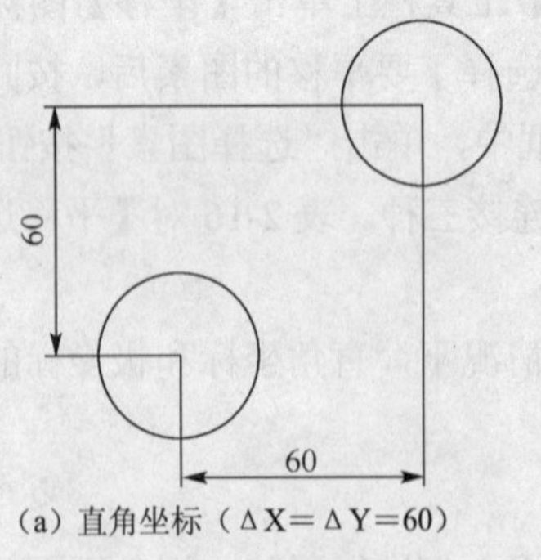

（a）直角坐标（ΔX=ΔY=60）

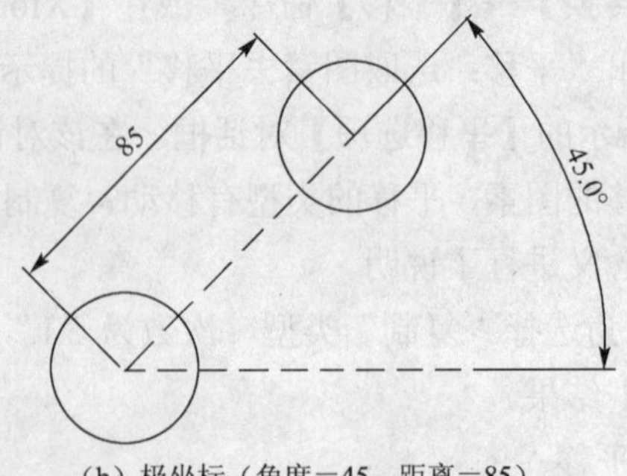

（b）极坐标（角度=45，距离=85）

图 2-67 【平移】结果

选择【转换】→【3D 平移】命令，或在【Xform】工具栏上单击【3D 平移】图标，在绘图区中会显示出“平移：选取图素去平移”的提示，选择了要平移的图素后，按回车键，弹出如图 2-68 所示的【3D 平移选项】对话框。在该对话框中，单击“选择图素”按钮，可以重新选择要平移的图素；单击“平面选择”按钮，弹出图 2-69 所示的【平面选择】对话框，可以重新选择或定义视角平面。3D 平移的类型只有移动和复制两种。表 2-17 对【3D 平移选项】对话框中各选项的含义进行了说明。表 2-18 对【平面选择】对话框中各选项的含义进行了说明。

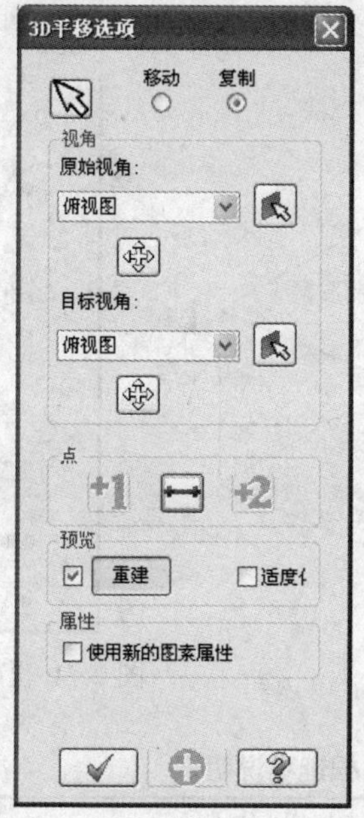

图 2-68 【3D 平移选项】对话框

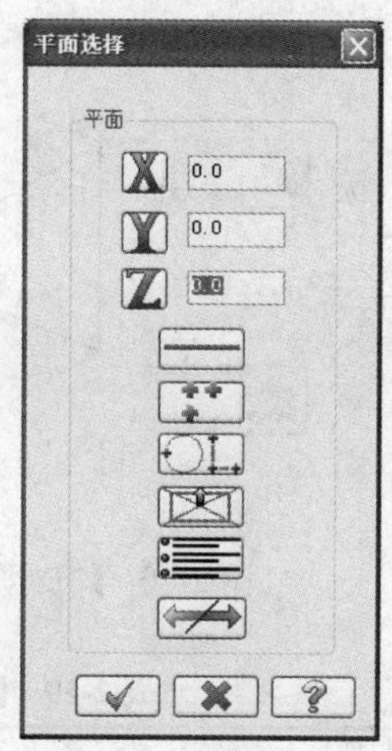

图 2-69 【平面选择】对话框

表 2-17 【3D 平移选项】对话框选项说明

选项	说　明	选项	说　明
（选择对象）	继续选择要平移的对象		定义平移的中心（两个视角中均要设定）
原始视角	定义源视角	点	通过点定义视角平面
目标视角	定义目标视角	预览	预览平移结果

表 2-18 【平面选择】对话框选项说明

选项	说　明	选项	说　明
X	定义视角平面在 X 轴方向上到原点的距离		通过选取的图素定义视角平面
Y	定义视角平面在 Y 轴方向上到原点的距离		选取视角平面的法线
Z	定义视角平面在 Z 轴方向上到原点的距离		打开【视角选择】对话框
	通过构图面上的直线定义视角平面		更改视角平面的法向
	通过三个点定义视角平面		

图 2-70 为把前视图中的圆复制到底视图（正确的翻译应该是俯视图）中，在两个视图上指定的平移中心均为圆的中心。

2.2.2.3　旋转

旋转是指在构图面内将选取的图素绕指定点旋转指定的角度。旋转的类型包括移动、复制和连接。

选择【转换】→【旋转】命令，或在【Xform】工具栏上单击【旋转】图标，在绘图区中会显示出“旋转：选取图素去旋转”的提示，选择了要旋转的图素后，按回车键，弹出如图 2-71 所示的【旋转选项】对话框。在该对话框中，单击“选择图素”按钮，可以重新选择要旋转的图素。表 2-19 对【旋转选项】对话框中各选项的含义进行了说明。图 2-72 左图为旋转的原对象，右图为选择“复制”方式，绕原点旋转 180° 后的结果。

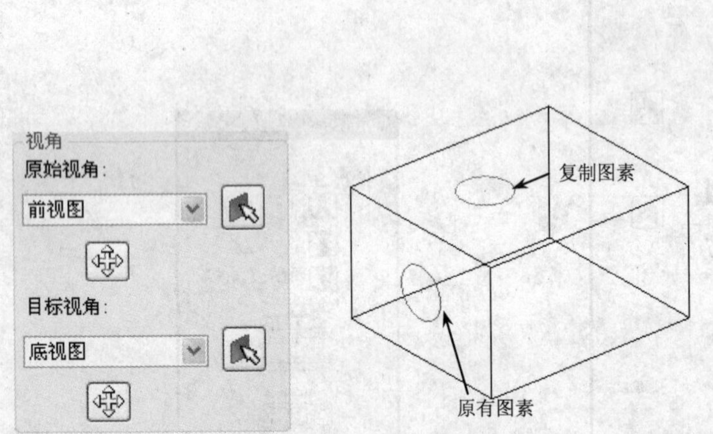

图 2-70 【3D 平移】结果

图 2-71 【旋转选项】对话框

表 2-19 【旋转选项】对话框选项说明

选　项	说　明
（选择对象）	继续选择要旋转的对象
	设置旋转中心
单次旋转角度	当【次数】文本框中的数值大于 1 时，指相邻两对象间的夹角
整体旋转角度	当【次数】文本框中的数值大于 1 时，指生成的对象（含原对象）整体包含的角度
	定义旋转角度
	当【次数】文本框中的数值大于 1 时，则可以移除某些项目
	当【次数】文本框中的数值大于 1 时，恢复某些已经移除的项目
	更改旋转方向
预览	预览操作结果

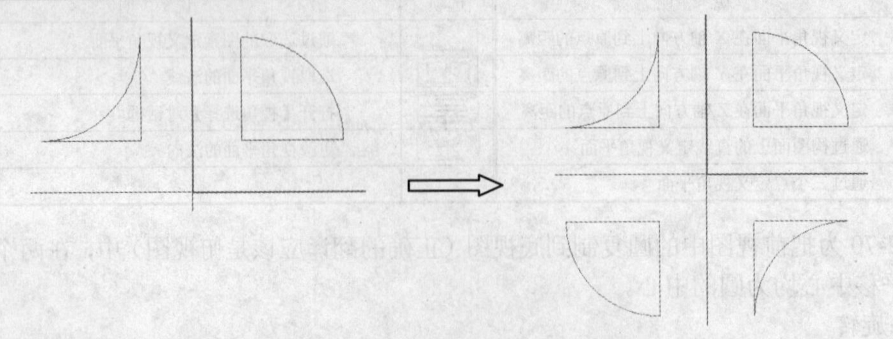

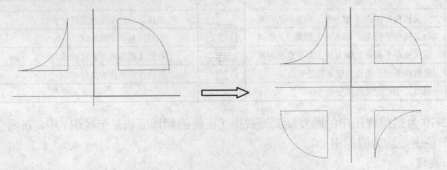

图 2-72 绕原点【旋转】180° 结果

2.2.2.4　镜像

镜像是指将选取的图素以对称的方式移动或复制到对称轴的另一侧。利用镜像命令可以快速创建具有对称特征的图形，镜像的类型有移动、复制和连接三种。镜像的对称轴称为镜像线，可以是已绘制好的直线，也可以是用鼠标选定两点确定的直线，还可以定义 X 轴或 Y 轴作为镜像线。

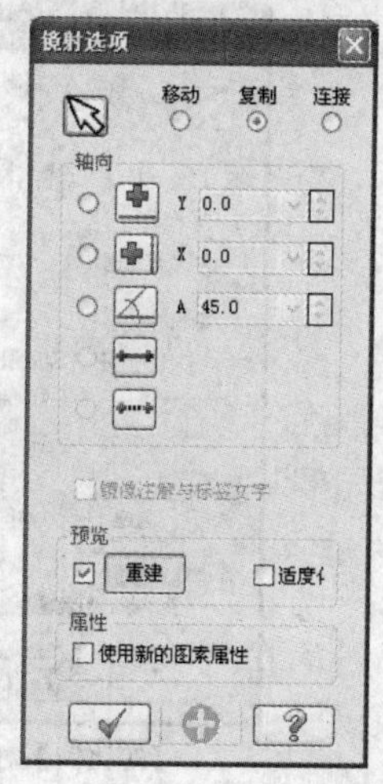

图 2-73　【镜射选项】对话框

选择【转换】→【镜像】命令，或在【Xform】工具栏上单击【镜像】图标，在绘图区中会显示出“镜像：选取图素去镜像”的提示，选择了要镜像的图素后，按回车键，弹出如图 2-73 所示的【镜射选项】对话框。在该对话框中，单击“选择图素”按钮，可以重新选择要镜像的图素。表 2-20 对【镜射选项】对话框中各选项的含义进行了说明。对于镜像命令，最重要的是镜像轴的选取。在图 2-73 中可以看到镜像轴的定义有 5 种方法，在以水平线、竖直线、倾斜线作为对称轴时，可以选择 Y 轴、X 轴或角度的选项,并在其后文本框中输入 Y 坐标值、X 坐标值或角度值，在绘图区单击或捕捉一点作为参照点进行设置。图 2-74 为关于 X 轴【镜像】效果。

表 2-20　【镜射选项】对话框选项说明

选项	说　明	选项	说　明
（选择对象）	继续选择要镜像的对象		通过已有直线来定义镜像轴
Y	定义水平镜像轴		通过两个点来定义镜像轴
X	定义垂直镜像轴	预览	预览操作结果
	通过一点和一个已知角度定义镜像轴		

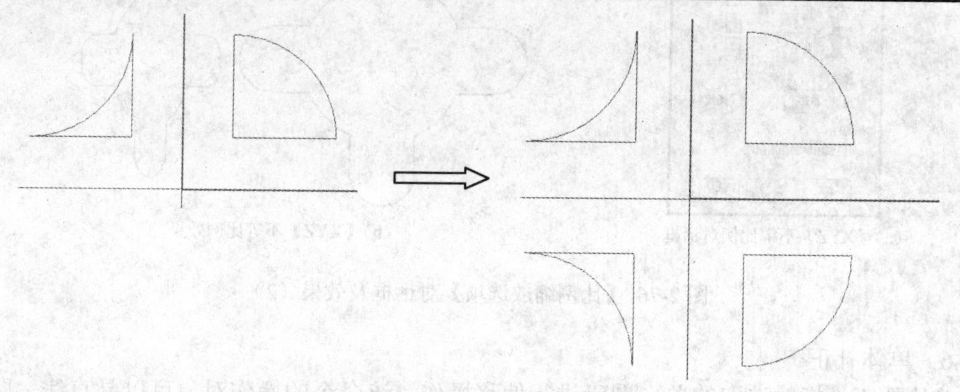

图 2-74　关于 X 轴【镜像】结果

2.2.2.5　比例缩放

比例缩放是指选取的图素按照等比例或不等比例进行放大或缩小。当选择了以不等比例缩放时，可以分别设置 X、Y、Z 轴方向上的比例因子。

选择【转换】→【缩放】命令，或在【Xform】工具栏上单击【比例缩放】图标，系统提示“比例：选取图素去缩放”，选择要缩放的图素后，按回车键，打开如图 2-75（a）所示的【比例缩放选项】对话框。在该对话框中，若选中【等比例】单选按钮，则在其下方的文本框中输入比例因子，图 2-75（b）所示为等比例因子为“0.5”时的效果；若选中【XYZ】

单选按钮，则在其下方分别输入三个方向上的比例因子，如图 2-76（a）所示，图 2-76（b）所示为 X 方向比例为“0.5”，Y 方向比例为“0.8”时的效果。

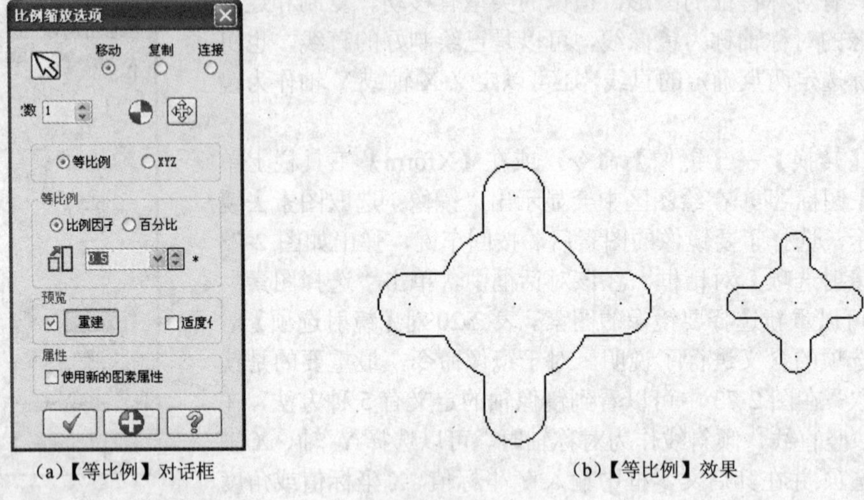

（a）【等比例】对话框　　（b）【等比例】效果

图 2-75 【比例缩放选项】对话框及效果（1）

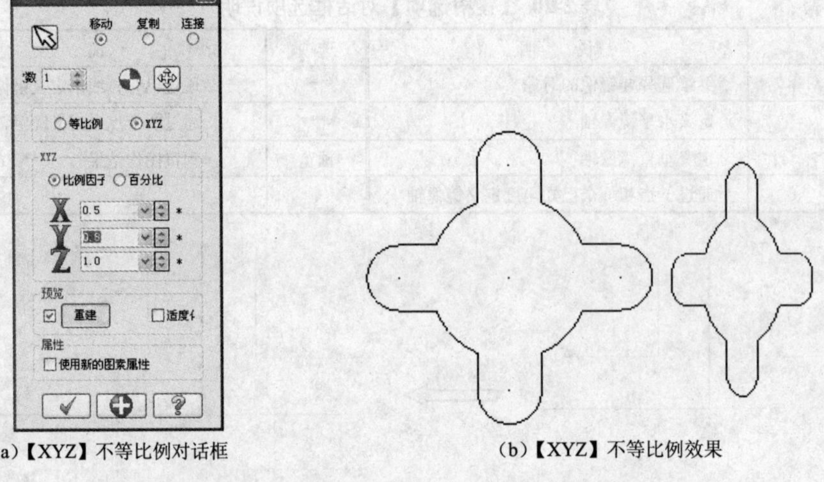

（a）【XYZ】不等比例对话框　　（b）【XYZ】不等比例效果

图 2-76 【比例缩放选项】对话框及效果（2）

2.2.2.6　单体补正

单体补正是指对选取的单一图素进行偏移操作，该命令的操作对象可以是直线、圆弧或曲线。

选择【转换】→【单体补正】命令，或在【Xform】工具栏上单击【单体补正】图标，系统提示“选取线、圆弧、曲线或曲面线去补正”，选择要补正的图素后，按回车键，打开如图 2-77 所示的【补正选项】对话框，系统提示“补正方向”，单击鼠标确定补正的方向，即可得到操作结果。在该对话框中，次数输入框中输入补正的次数，表示补正的距离，表示更改补正方向。同样补正的类型也分为移动和复制两种。图 2-78（a）为一条长为 100 的直线，要通过补正得到右图所示的间距为“10”的 5 条线的效果；图 2-78（b）为一圆弧，要通过补正得到间距为“10”的 5 段圆弧的效果；可以比较一下直线和圆弧进行补正的差别。

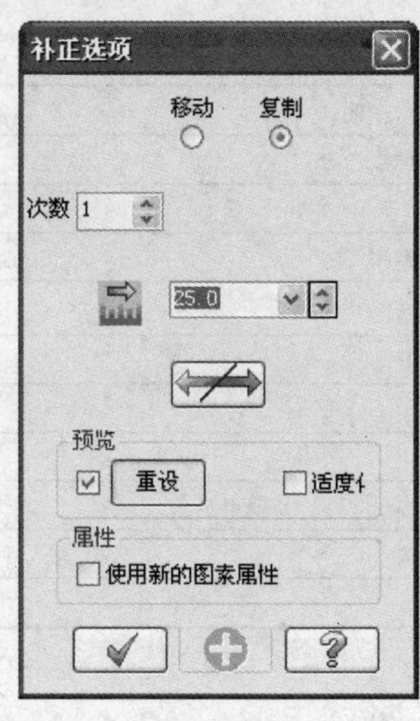

图 2-77 【补正选项】对话框

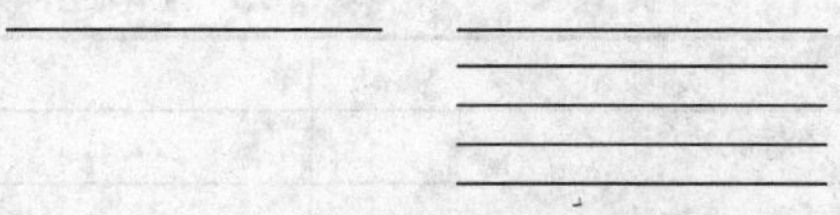

（a）直线补正效果

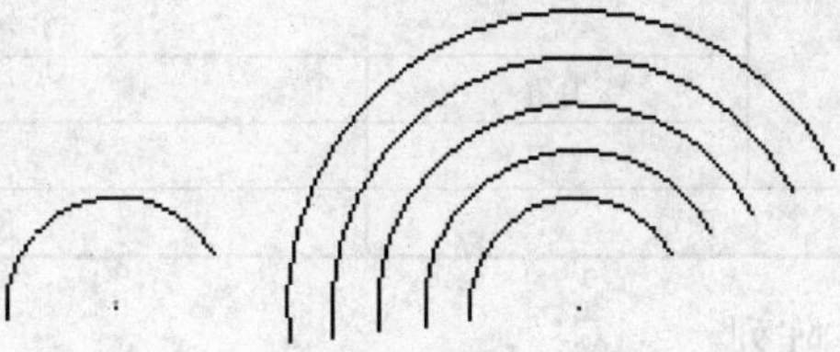

（b）圆弧补正效果

图 2-78 【补正选项】效果

2.2.2.7　串连补正

串连补正是指在绘图面内将所选串连的图素做整体偏移，若指定深度或角度，则在 Z 轴方向上做平移。

选择【转换】→【串连补正】命令，或在【Xform】工具栏上单击【串连补正】图标，系统弹出【串连选项】对话框，并提示“补正：选取串连 1”，串连选择要补正的图素后，按【串连选项】对话框中的【确定】按钮，系统弹出如图 2-79 所示的【串连补正选项】对话框，表 2-21 将对话框中的各选项进行了说明。图 2-80 为串连补正的效果图。

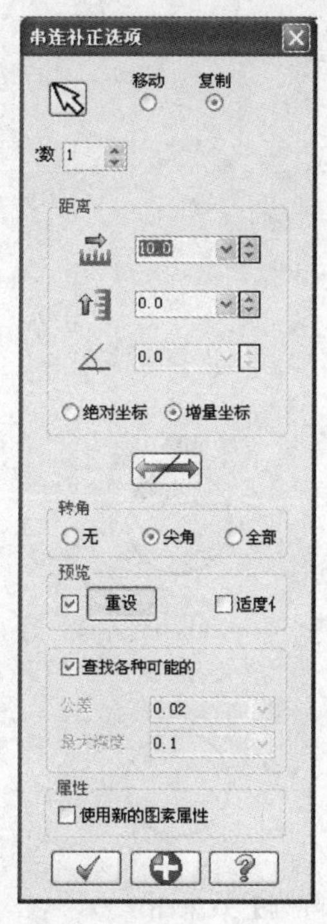

图 2-79 【串连补正选项】对话框

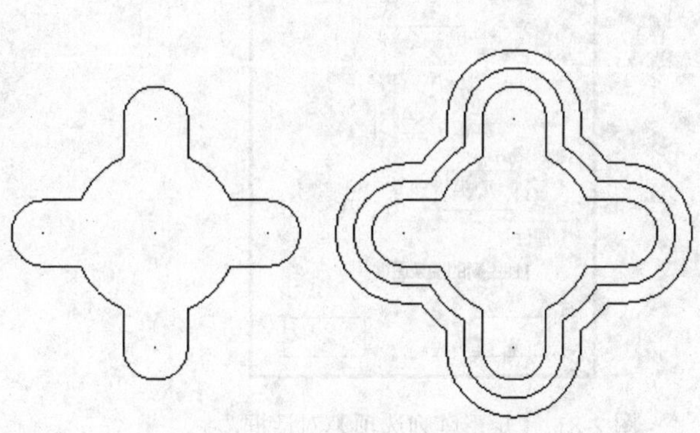

图 2-80 【串连补正】效果图

表 2-21 【串连补正选项】对话框选项说明

选项		说　明
（选择对象）		继续选择要补正的对象
次数		设定补正的次数
距离		水平方向的补正距离
		垂直方向的补正距离
		两个方向的偏移角度
方向		更改补正方向
转角	无	转角不走圆角
	尖角	如果转角是尖角（小于 135°）就走圆角
	全部	所有的转角均走圆角
预览		预览操作结果

2.2.2.8　阵列

阵列是指将选取的图素沿两个方向进行复制，且每个方向都可以设置陈列的次数、间距、角度及方向。

选择【转换】→【阵列】命令，或在【Xform】工具栏上单击阵列图标，系统弹出【阵列】对话框，并提示“平移：选取图素去平移”，选择要阵列的图素后，按回车键，系统弹出如图 2-81 所示的【矩形阵列选项】对话框，表 2-22 将对话框中的各选项进行了说明。当画出左下角的一个圆后，可以通过阵列命令得到图 2-82 所示四个规律排列的圆。

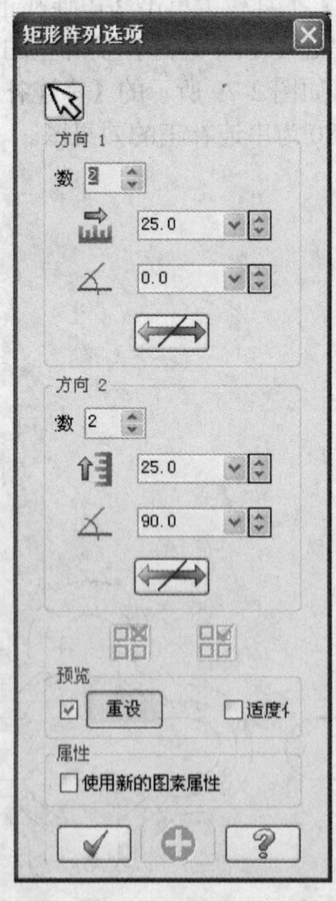

图 2-81 【矩形阵列选项】对话框

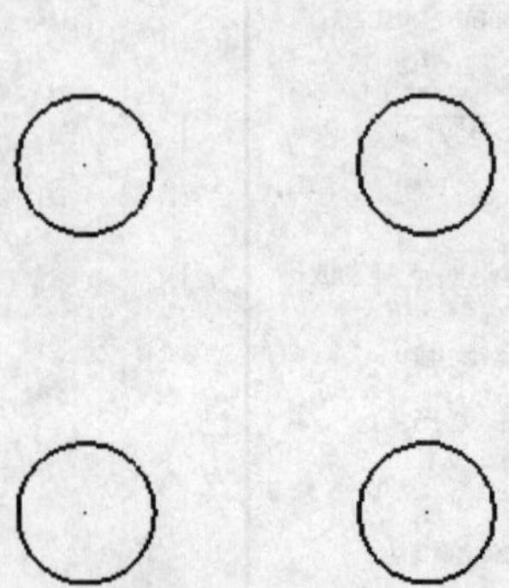
图 2-82 【阵列】效果图

表 2-22 【矩形阵列选项】对话框选项说明

选　项		说　明
（选择对象）		继续选择要阵列的对象
方向 1	次数	设定方向 1 的阵列个数
		相邻对象在方向 1 上的间距
		设定与方向 1 的夹角
		将方向 1 反向
方向 2	次数	设定方向 2 的阵列个数
		相邻对象在方向 2 上的间距
		设定与方向 1 的夹角
		将方向 2 反向
预览		预览操作结果

2.3 综合实例

【案例 2-1】 按尺寸绘制图 2-83 中的二维图形（不标尺寸）。

（1）图形分析　从图 2-83 可以看出，整个图形由 8 条首尾相连的直线构成，且每条直线的端点坐标都已经给出，所以直接用直线命令中的任意线来绘制。图形的坐标原点为左下角点，图形 8 条直线的绘制顺序如图 2-84 所示。

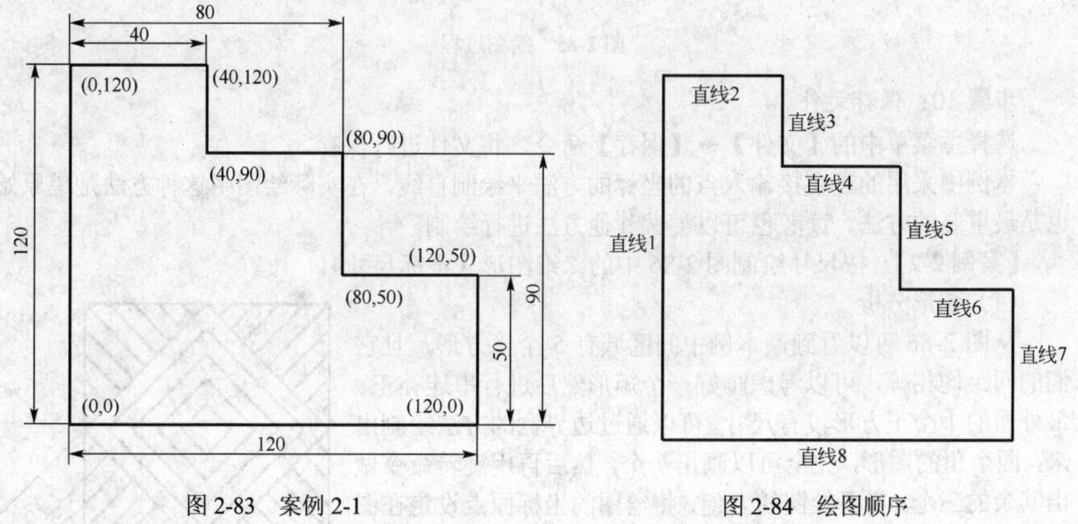

图 2-83　案例 2-1　　图 2-84　绘图顺序

（2）绘图步骤

步骤 1：新建文件

打开 MasterCAM X6 软件，选择主菜单中的【文件】→【新建】命令，文件名为“案例 2-1”。

步骤 2：绘制长度为 120 的垂直线（直线 1）

选择【绘图】→【绘线】→【绘制任意线】菜单命令，在弹出的【直线】工具条中选中连续线图标，在屏幕上单击坐标原点作为垂直线的端，输入第二个点坐标（0，120）。完成第 1 条直线的绘制，绘制效果如图 2-85（a）所示。

步骤 3：绘制长度为 40 的水平线（直线 2）

输入第三个点坐标（40，120），完成第 2 条直线的绘制，绘制效果如图 2-85（b）所示。

步骤 4：绘制长度为 30 的垂直线（直线 3）

输入第四个点坐标（40，90），完成第 3 条直线的绘制，绘制效果如图 2-85（c）所示。

步骤 5：绘制第二条长度为 40 的水平线（直线 4）

输入第五个点坐标（80，90），完成第 4 条直线的绘制，绘制效果如图 2-85（d）所示。

步骤 6：绘制长度为 40 的垂直线（直线 5）

输入第六个点坐标（80，50），完成第 5 条直线的绘制，绘制效果如图 2-85（e）所示。

步骤 7：绘制第三条长度为 40 的水平线（直线 6）

输入第七个点坐标（120，50），完成第 6 条直线的绘制，绘制效果如图 2-85（f）所示。

步骤 8：绘制长度为 50 的垂直线（直线 7）

输入第八个点坐标（120，0），完成第 7 条直线的绘制，绘制效果如图 2-85（g）所示。

步骤 9：绘制长度为 120 的水平线（直线 8）

输入第九个点坐标（0，0），单击应用按钮，完成第 8 条直线的绘制，绘制效果如图 2-85（h）所示。单击【确定】按钮，退出直线的绘制。

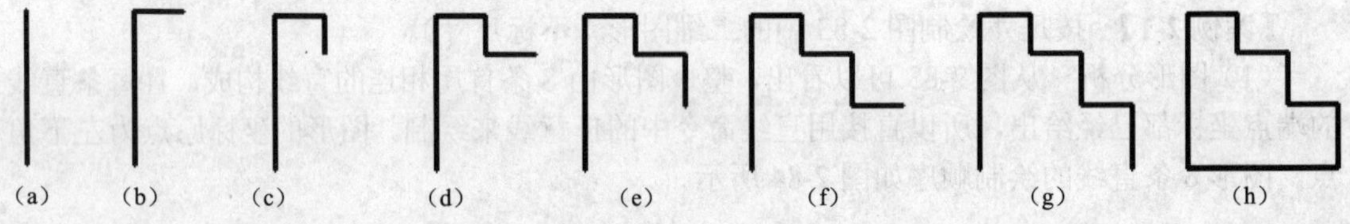

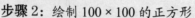

图 2-85　绘图过程

步骤 10：保存文件

选择主菜单中的【文件】→【保存】命令，将文件进行保存。

本例中采用的是直接输入点的坐标的方法来绘制直线，在实际绘图中这种方法是最原始也是最重要的方法。读者也可以尝试其他方法进行绘制。

【案例 2-2】 按尺寸绘制图 2-86 中的二维图形（不标尺寸）。

（1）图形分析

从图 2-86 可以看到，本例中间区域有 5 个正方形，且它们的间距均相等，可以考虑画好一个矩形然后进行串连补正。最外面的 1 个正方形没有尺寸，可以通过边界盒的方法绘制出来，四个角的图形，完全可以画出一个，然后再用旋转命令做出其余的三个。为了绘图的方便，将绘图的坐标原点设定在图形的中心。

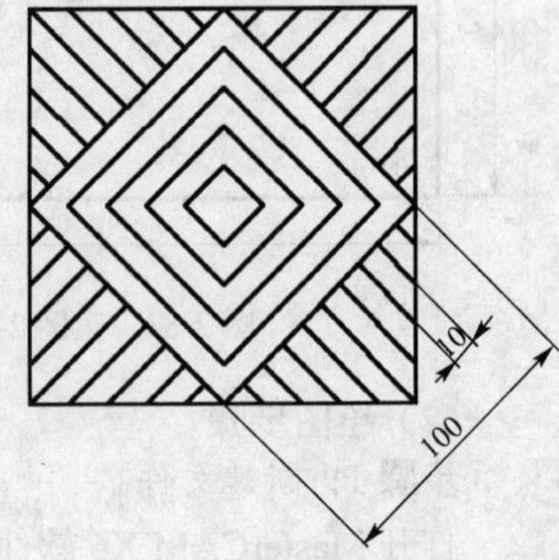

图 2-86　案例 2-2

（2）绘图步骤

步骤 1：新建文件

打开 MasterCAM X6 软件，选择主菜单中的【文件】→【新建】命令，文件名为“案例 2-2”。

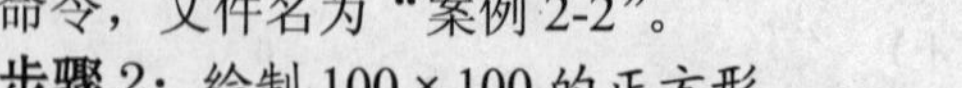

步骤 2：绘制 100×100 的正方形

在【草图】工具栏中单击【矩形形状设置】按钮，在弹出的【矩形选项】对话框中选中【一点】模式，矩形长度和宽度均设为“100”，旋转角度设定为“45”，固定位置选择图形的中心点，单击【确定】按钮，在屏幕上指定坐标原点为矩形的放置点。矩形设置的选项如图 2-87 所示，绘图的效果如图 2-88（a）所示。

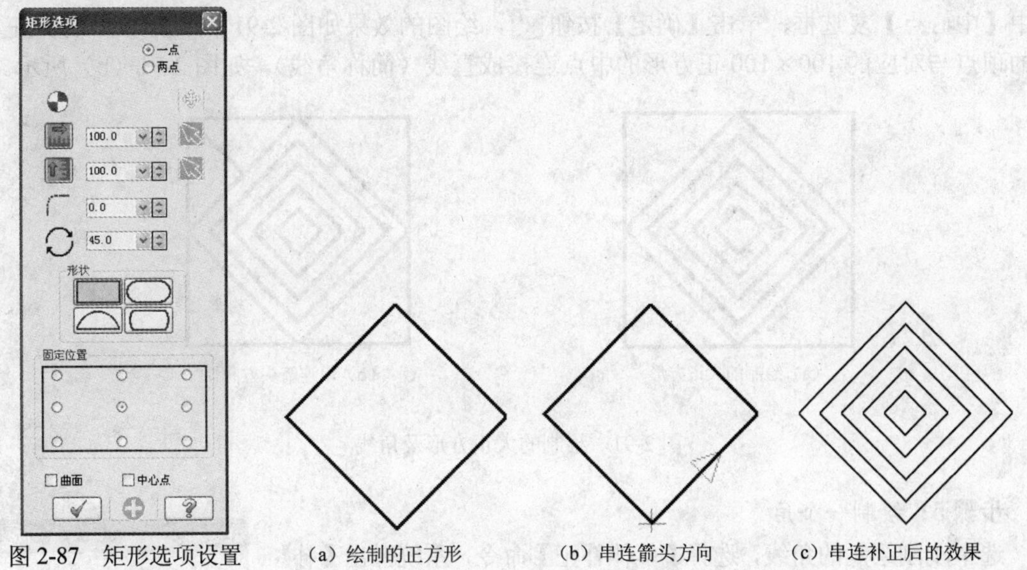

图 2-87 矩形选项设置

（a）绘制的正方形 （b）串连箭头方向 （c）串连补正后的效果

图 2-88 绘制的正方形及补正效果

步骤 3：用串连补正偏移出其余四个正方形

选择【转换】→【串连补正】命令，串连选择图 2-88（a）所示的正方形，并在正方形上产生一个逆时针方向的箭头，如图 2-88（b）所示（如果箭头的方向是顺时针，则补正的方向相反），按回车键，系统弹出【串连补正】对话框，将补正类型设为“复制”，补正方向设为“左”，补正次数设为“4”，转角设为“无”，设置好后的对话框如图 2-89 所示，串连补正的效果如图 2-88（c）所示。

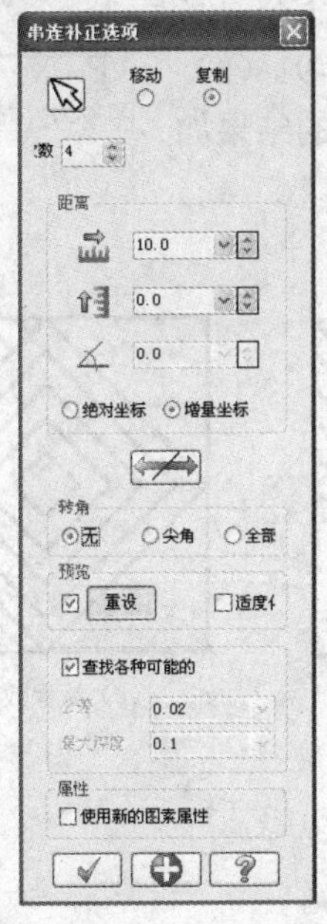

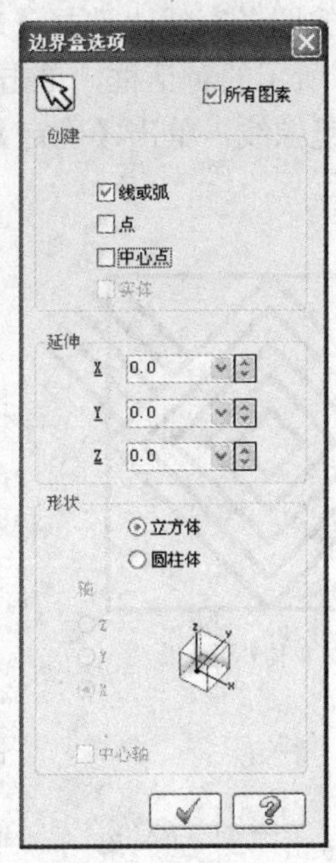

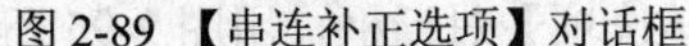

图 2-89 【串连补正选项】对话框 图 2-90 【边界盒选项】对话框

步骤 4：利用边界盒命令绘制最大的正方形

选择【绘图】→【边界盒】命令，系统弹出如图 2-90 所示的【边界盒选项】对话框，不选中【中心点】复选框，单击【确定】按钮☑，绘图的效果如图 2-91（a）所示。将大正方形的顶点与对应的 100×100 正方形的中点连接成直线（简称角线），如图 2-91（b）所示。

（a）绘制的大正方形

（b）串连箭头方向

图 2-91 绘制的大正方形及角线

步骤 5：绘制一个角

选中刚刚绘制的角线，选择【单体补正】命令，系统弹出【补正选项】对话框，将补正类型设置为“复制”，补正次数设置为“4”，补正距离设为“10”，设置好的参数如图 2-92 所示，通过方向键⟺的调节，控制单体的生成方向如图 2-93（a）所示。单击【确定】按钮☑。

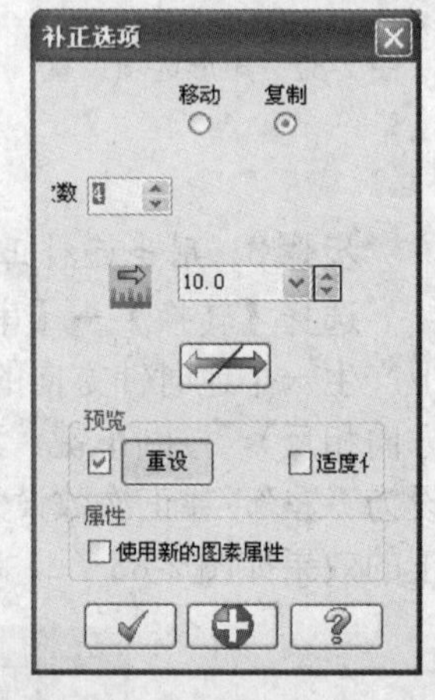

图 2-92 【补正选项】对话框

偏移出的 4 条直线有部分超出大正方形，可以通过修剪命令进行修剪。选择【修剪】→【分割物体】命令，再分别选中 4 直线超出的部分，即可将多余的部分修剪掉，修剪好后的结果如图 2-93（b）所示。

选中修剪后的四条直线，选择【转换】→【镜像】命令，系统弹出如图 2-94 所示的对话框，单击按钮，选择图 2-91（b）所示的角线作为镜像线，单击【确定】按钮☑。镜像后的结果如图 2-93（c）所示。

（a）单体补正效果

（b）修剪效果

（c）镜像效果

图 2-93 绘制一个角

步骤 6：旋转出另外三个角

选择【转换】→【旋转】命令，系统弹出【旋转选项】对话框，用图 2-95 所示的矩形窗选中一个角内的九条直线作为旋转的对象，将旋转类型设置为“复制”，次数设置为“3”，单次旋转角度设为“90”，设置好的参数如图 2-96 所示。单击将坐标原点设置为旋转中心，单击【确定】按钮☑。旋转后的结果如图 2-97 所示。

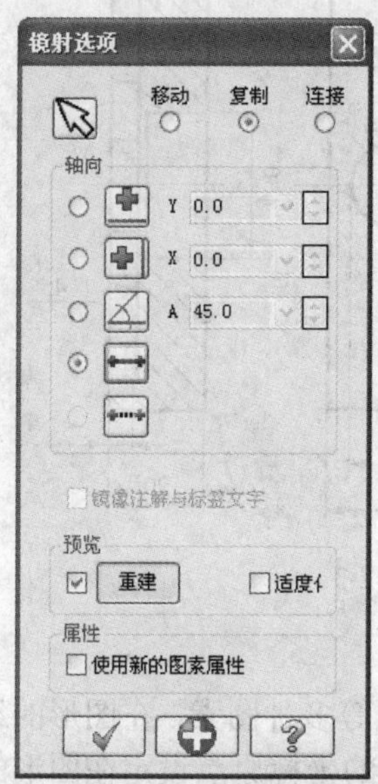

图 2-94 【镜射选项】对话框

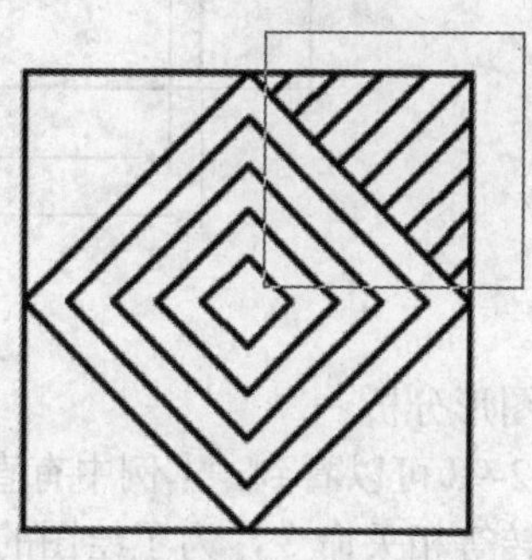

图 2-95　窗选九条直线

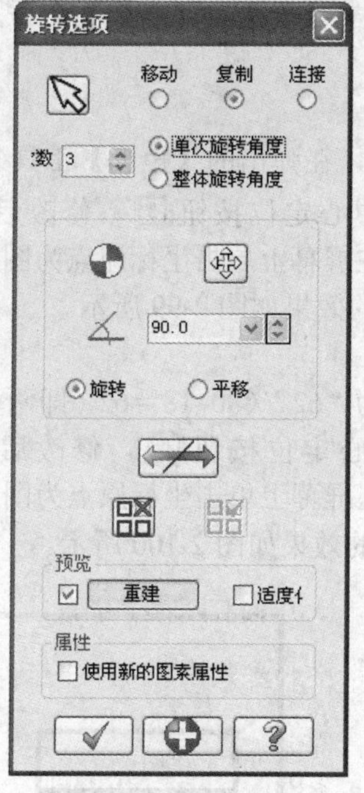

图 2-96 【旋转选项】对话框

图 2-97　最终效果图

步骤 7：保存文件

选择主菜单中的【文件】→【保存】命令，将文件进行保存。

本例中用到了【串连补正】、【单体补正】、【镜像】、【修剪】和【旋转】等多个转换命令，灵活运用转换命令可以提高绘图效率。

【案例 2-3】 按尺寸绘制图 2-98 中的主视图（不标尺寸）。

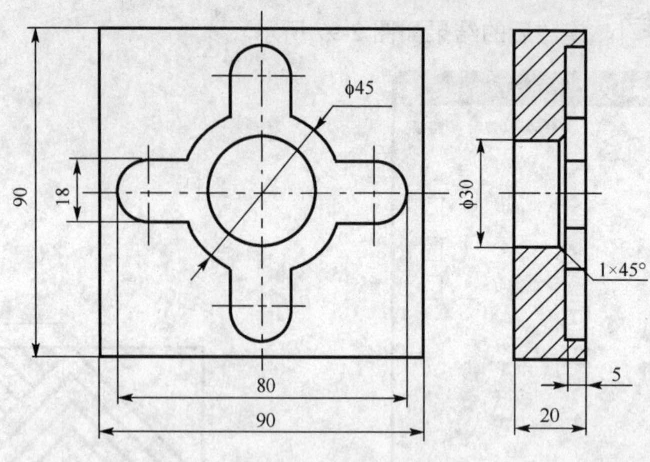

图 2-98 案例 2-3

（1）图形分析

从图 2-98 可以看到，本例中有直线、圆和圆弧等多种图素，在图形的绘制中还需要用到修剪、旋转等相关命令，为了绘图的方便，将绘图的坐标原点设定在图形的中心点。

（2）绘图步骤

步骤 1：新建文件

打开 MasterCAM X6 软件，选择主菜单中的【文件】→【新建】命令，文件名为“案例 2-3”。

步骤 2：绘制 90×90 的正方形

在【草图】工具栏中单击【矩形】图标，在弹出的【矩形】工具条中，将矩形的宽度设为“90”，高度设为“90”，按下中心定位按钮，修改后的工具条显示为 90.0 90.0，在屏幕上单击坐标原点为图形的放置中心，单击【应用】按钮，完成正方形的绘制，绘制的效果如图 2-99 所示。

步骤 3：绘制 62×18 的长方形

在【矩形】工具条中，将矩形的宽度设为“62”（80–18＝62，即两个半径为 9 的圆弧的中心位置），高度设为“18”，按下中心定位按钮，修改后的工具条显示为 62.0 18.0，在屏幕上单击坐标原点为图形的放置中心，单击【确定】按钮，完成长方形的绘制，绘制的效果如图 2-100 所示。

图 2-99 绘制的正方形

图 2-100 绘制的长方形

步骤 4：绘制 ϕ45 的圆和 R9 的半圆

在主菜单中选择【绘图】→【圆弧】→【已知圆心点画圆】命令，在弹出的【圆弧】工具条中输入直径为“45”，修改后的工具条显示为 45.0 ，在屏幕上指定坐标原点为圆心，单击【确定】按钮，完成φ45 的圆的绘制。绘制的效果如图 2-101 所示。

在主菜单中选择【绘图】→【圆弧】→【极坐标圆弧】命令，在弹出的【圆弧】工具条中输入直径为“18”，起始角度设为“−90”，终止角度设为“90”，修改后的工具条显示为 18.0 -90.0 90.0 ，在屏幕上指定 62×18 的长方形最右边垂直线的中点作为圆弧的中心，单击【确定】按钮完成 R9 半圆的绘制，绘制的效果如图 2-102 所示。

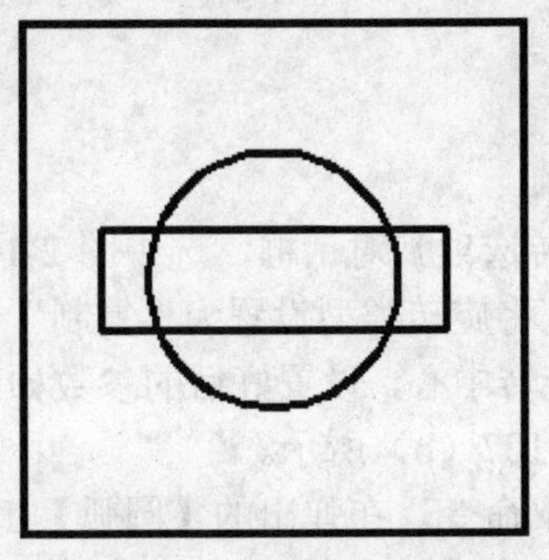

图 2-101　绘制φ45 的圆

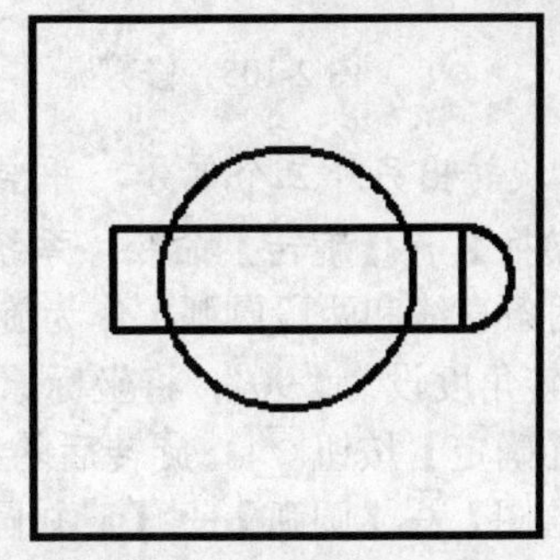

图 2-102　绘制 R9 的半圆

步骤 5：删除一条垂直线并旋转一条水平线

在主菜单中选择【编辑】→【删除】→【删除图素】命令，单击选中 62×18 的长方形最右边的一条垂直线，接着按键盘上的回车键，完成垂直线的删除，效果如图 2-103 所示。

在主菜单中选择【转换】→【旋转】命令，选中 62×18 的长方形最下方的水平线作为旋转对象，按回车键，在弹出的旋转对话框中，将旋转类型设为“移动”，次数设为“1”，旋转的角度设为“90”，将坐标原点设为旋转中心，旋转的选项设置如图 2-104（a）所示，单击【确定】按钮完成水平线的旋转，旋转后的效果如图 2-104（b）所示。

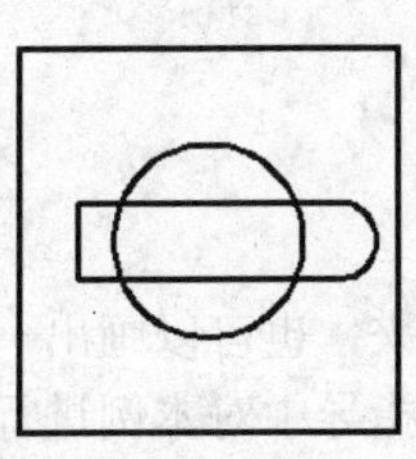

图 2-103　删除垂直线的效果

（a）旋转参数设置

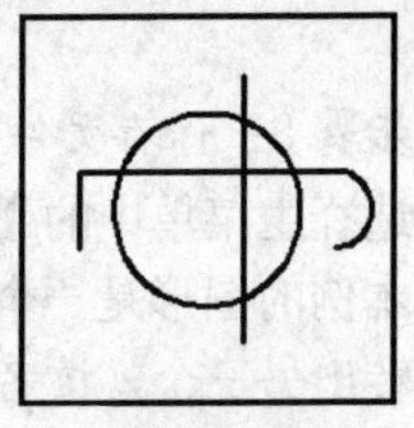

（b）旋转结果

图 2-104　旋转参数及效果

步骤 6：修剪和删除图素

单击工具栏中的【修剪/打断/延伸】图标，在弹出的【修剪】工具条中选中【分割物体】按钮，选中图 2-104 中的圆、水平线和垂直线要修剪的部分，点选对象的顺序和位置如图 2-105（a）所示，单击【确定】按钮完成修剪工作，修剪后的效果如图 2-105（b）所示。

利用【删除】命令将图 2-105（b）正方形右下角不用的直线和圆弧均删除掉，删除后的效果如图 2-106 所示。

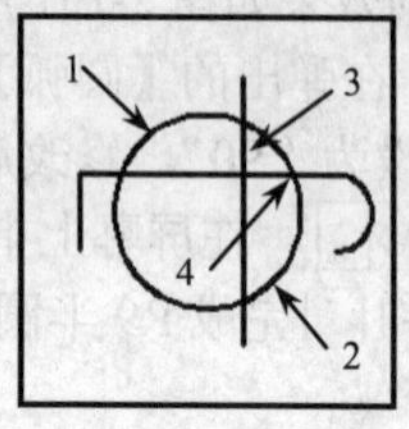

（a）点选顺序及位置

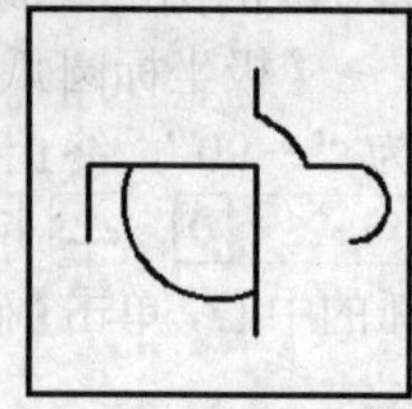
（b）修剪后的效果

图 2-105 修剪操作

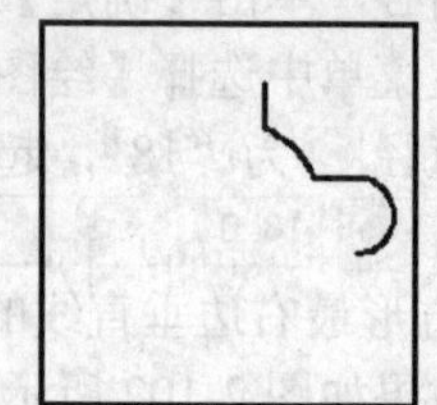
图 2-106 删除后的效果

步骤 7：旋转出另外三个部分，并绘制 ϕ30 的圆

选择【转换】→【旋转】命令，系统弹出【旋转选项】对话框，选中图 2-106 正方形内部的图素（两条直线和两段圆弧）作为旋转的对象，将旋转类型设置为“复制”，次数设置为“3”，单次旋转角度设为“90”，将坐标原点设置为旋转中心，设置好后的参数如图 2-107（a）所示，单击【确定】按钮。旋转后的结果如图 2-107（b）所示。

选择【绘图】→【圆弧】→【已知圆心点画圆】命令，在弹出的【圆弧】工具条中输入直径为“30”，在屏幕上指定坐标原点为圆心，单击【确定】按钮完成 ϕ30 的圆的绘制。绘制的效果如图 2-108 所示。

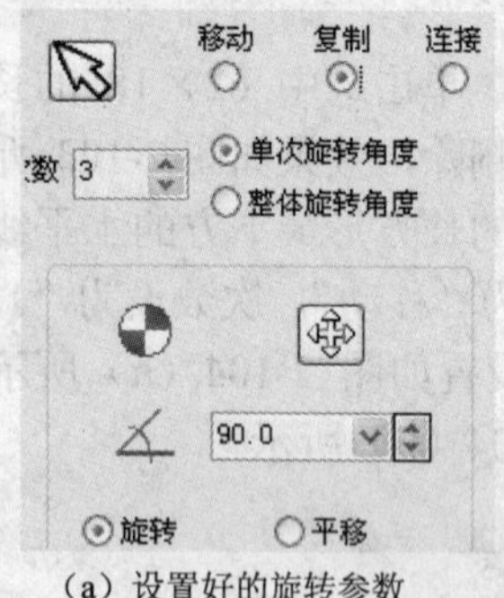

（a）设置好的旋转参数

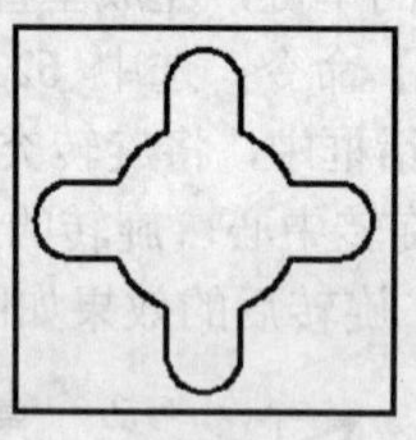
（b）旋转后的效果

图 2-107 旋转操作

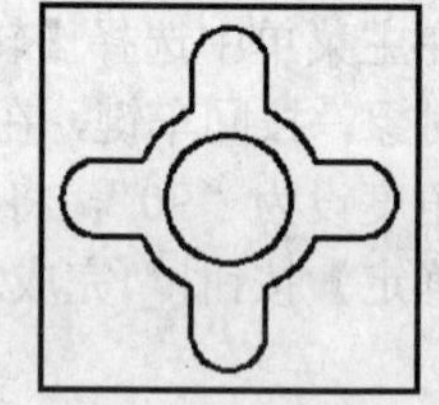
图 2-108 绘制ϕ30 的圆

步骤 8：保存文件

选择主菜单中的【文件】→【保存】命令，将文件进行保存。

本例的图形是一个对称图形，可以直接把四个部分一个一个画出来，也可以画出一个然后旋转出另三个，读者可以比较两种绘图方法，在第 5 章的综合实例指导中对本例进行了加工，所以希望读者能掌握本题的绘制方法与技巧。

【案例 2-4】 按尺寸绘制图 2-109 中的二维图形（不标尺寸）。

（1）图形分析

本例的图形的外围有 6 个直径为 10 的圆和半径为 20 的同心圆弧，它们的中心均在 120×80 的矩形的四个角点以及上下两条边的中点上，为了更快地给 6 个圆找到中心，最好先把定位的矩形也画出。圆弧的修剪和倒圆角也是本例中要重点介绍的。

（2）绘图步骤

步骤 1：新建文件

打开 MasterCAM X6 软件，选择主菜单中的【文件】→【新建】命令，文件名为“案例 2-4”。

步骤 2：绘制 120×80 和 80×40 的两个矩形，矩形的中心均在原点

在【草图】工具栏中单击【矩形】图标，在弹出的【矩形】工具条中，将矩形的宽度设为“120”，高度设为“80”，按下中心定位按钮，在屏幕上单击坐标原点为图形的放置中心，修改后的工具条显示为 120.0 80.0，单击【应用】按钮，完成大长方形的绘制。在【矩形】工具条中，将矩形的宽度设为“80”，高度设为“40”，按下中心按钮，在屏幕上单击坐标原点为图形的放置中心，修改后的工具条显示为 80.0 40.0，单击【确定】按钮，完成小长方形的绘制，绘制的效果如图 2-110 所示。

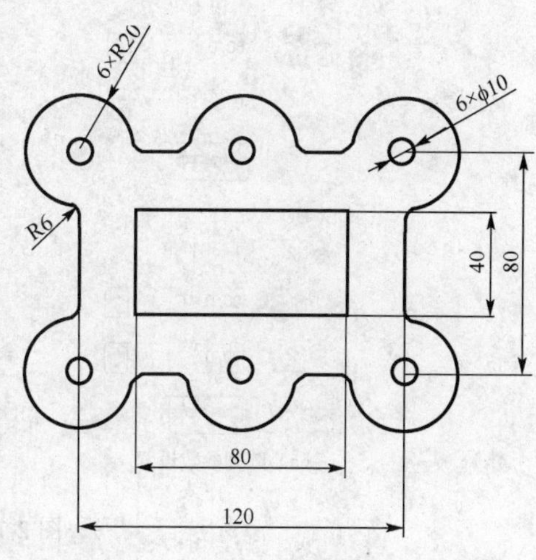

图 2-109　案例 2-4

步骤 3：绘制 1 个 φ40 的圆和 1 个 φ10 的圆

在主菜单中选择【绘图】→【圆弧】→【已知圆心点画圆】命令，在弹出的【圆弧】工具条中输入直径为“40”，在屏幕上指定 120×80 矩形的左下角点，作为圆的圆心，单击【应用】按钮，完成 1 个直径为 φ40 圆的绘制。同样的方法绘制 1 个直径为 φ10 的圆，绘制的效果如图 2-111 所示。

图 2-110　绘制的两个矩形

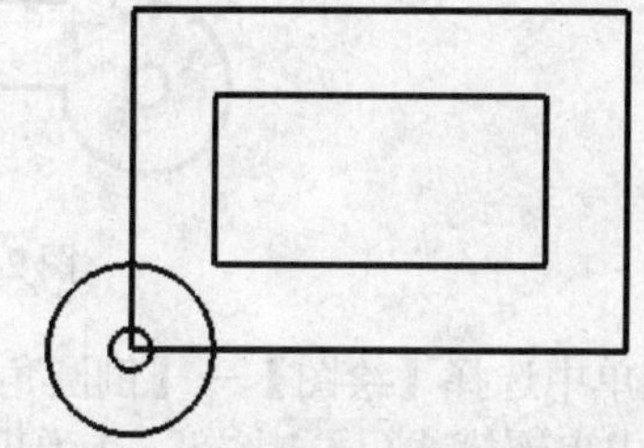

图 2-111　绘制的两个圆

步骤 4：阵列出 6 个相同的对象

由 1 个对象变成 6 个相同对象，可以考虑用阵列命令。

在主菜单中选择【转换】→【阵列】命令，把水平方向作为方向 1，把垂直方向作为方向 2。在方向 1 上的次数设为“3”，距离设为“60”，在方向 2 上的次数设为“2”，距离设为“80”，设置的参数如图 2-112（a）所示，单击【确定】按钮完成阵列操作。阵列的效果如图 2-112（b）所示。

步骤 5：修剪图素

单击工具栏中的【修剪/打断/延伸】图标，在弹出的【修剪】工具条中选中【分割物体】按钮，选中图 2-112 中要去除掉的圆弧和直线，修剪后的效果如图 2-113 所示。

步骤 6：倒 R6 的圆角

该图形最外围的直线和圆弧的转角处均要倒 R6 的圆角，故选用【串连倒圆角】命令来完成。

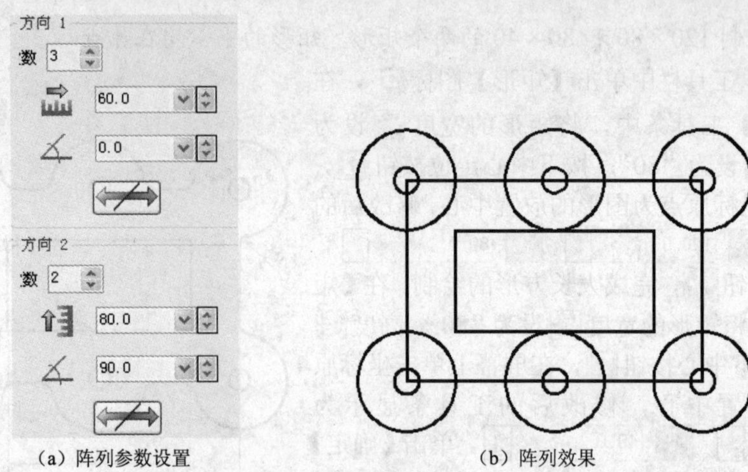

（a）阵列参数设置　　（b）阵列效果

图 2-112　阵列参数及效果

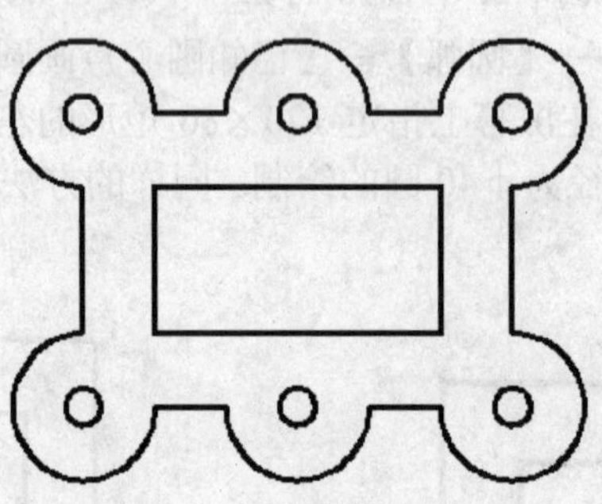

图 2-113　修剪效果

在主菜单中选择【绘图】→【倒圆角】→【串连倒圆角】命令，系统弹出【串连选项】对话框，选中串连模式按钮，在弹出的【串连倒圆角】工具条中，将圆弧半径设为“6”，转角设置设为“所有角落”，圆角形式设为“常规”，修剪模式设为“修剪”，设置的参数如图 2-114 所示，单击【确定】按钮，完成倒圆角的效果如图 2-115 所示，该图也是最终要完成的图形。

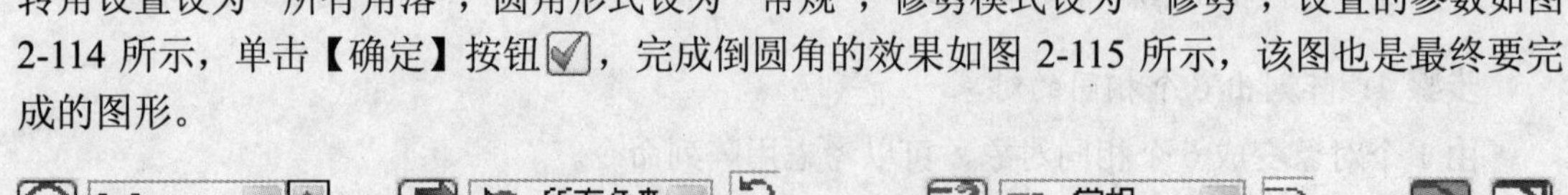

图 2-114　【串连倒圆角】参数设置

注意：如果在串连倒圆角时，不能串连全部的图素，可以在使用该命令前对全部图素运行【删除】→【删除重复】命令。

步骤 7：保存文件

选择主菜单中的【文件】→【保存】命令，将文件进行保存。

本例中重点介绍了【阵列】命令和【串连倒圆角】命令，这两个命令在绘图中使用频率较高，建议读者认真体会。

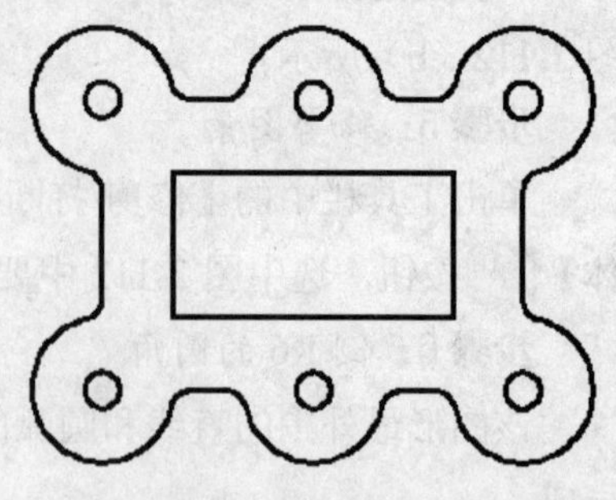

图 2-115　完成的图形

本 章 小 结

二维图形的绘制与编辑是 MasterCAM 软件中最基础和最重要的操作。在二维绘图命令中点、直线和圆（圆弧）命令是使用最频繁的，也是读者应该重点掌握的，灵活使用编辑命令会让复杂的图形绘制变得简单，在编辑命令中修剪/延伸命令用得最多。本章最后通过 4 个例题，综合运用了多种绘图与编辑命令，进一步巩固了所学知识，希望读者能认真体会。

综 合 练 习

1．用 MasterCAM 中的“直线”命令绘制图 2-116、图 2-117 所示的图形，不标注尺寸。

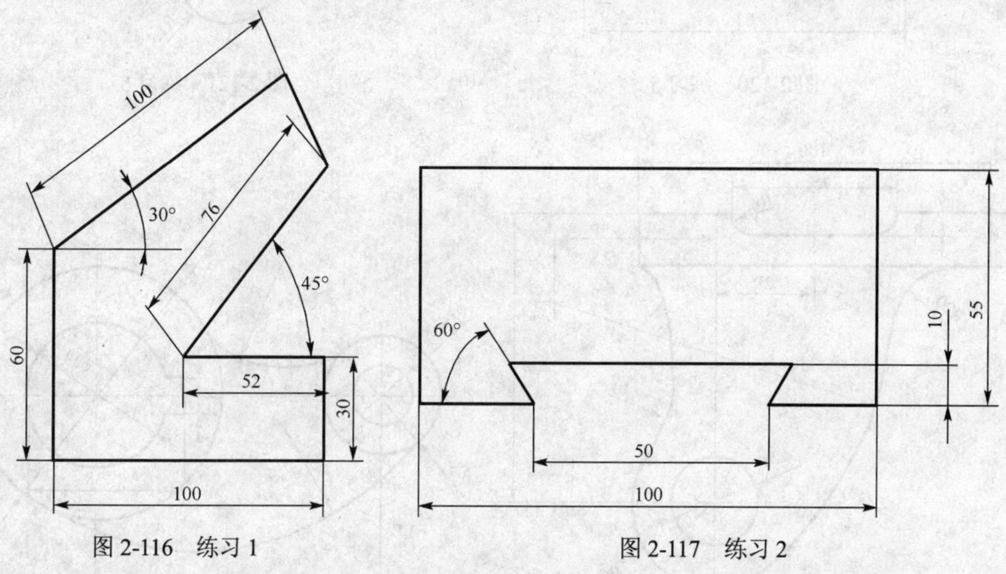

图 2-116　练习 1　　　图 2-117　练习 2

2．灵活运用 MasterCAM 中的绘图和编辑命令绘制图 2-118～图 2-133 所示的图形，不标注尺寸。

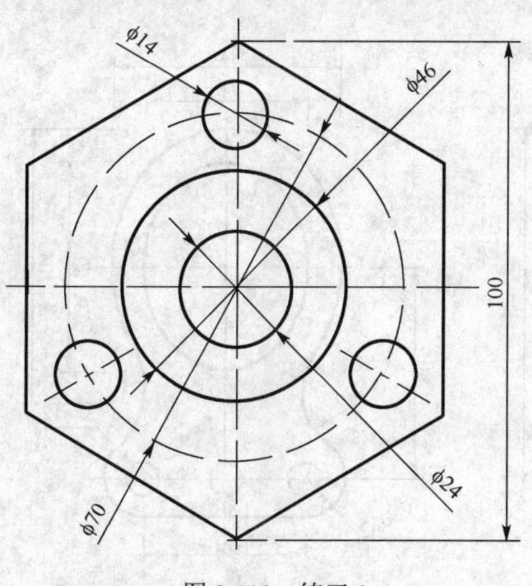

图 2-118　练习 3

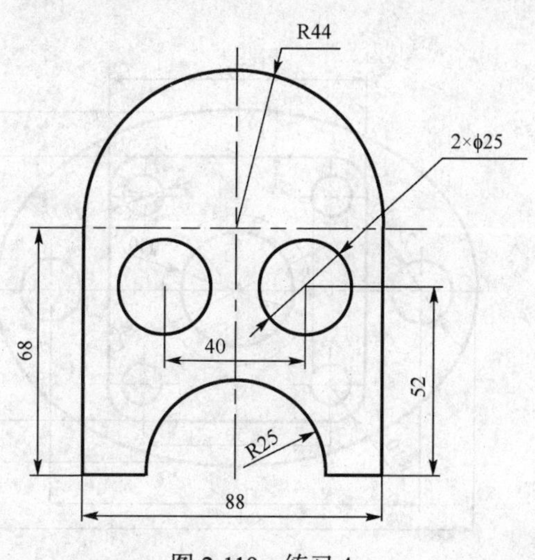

图 2-119　练习 4

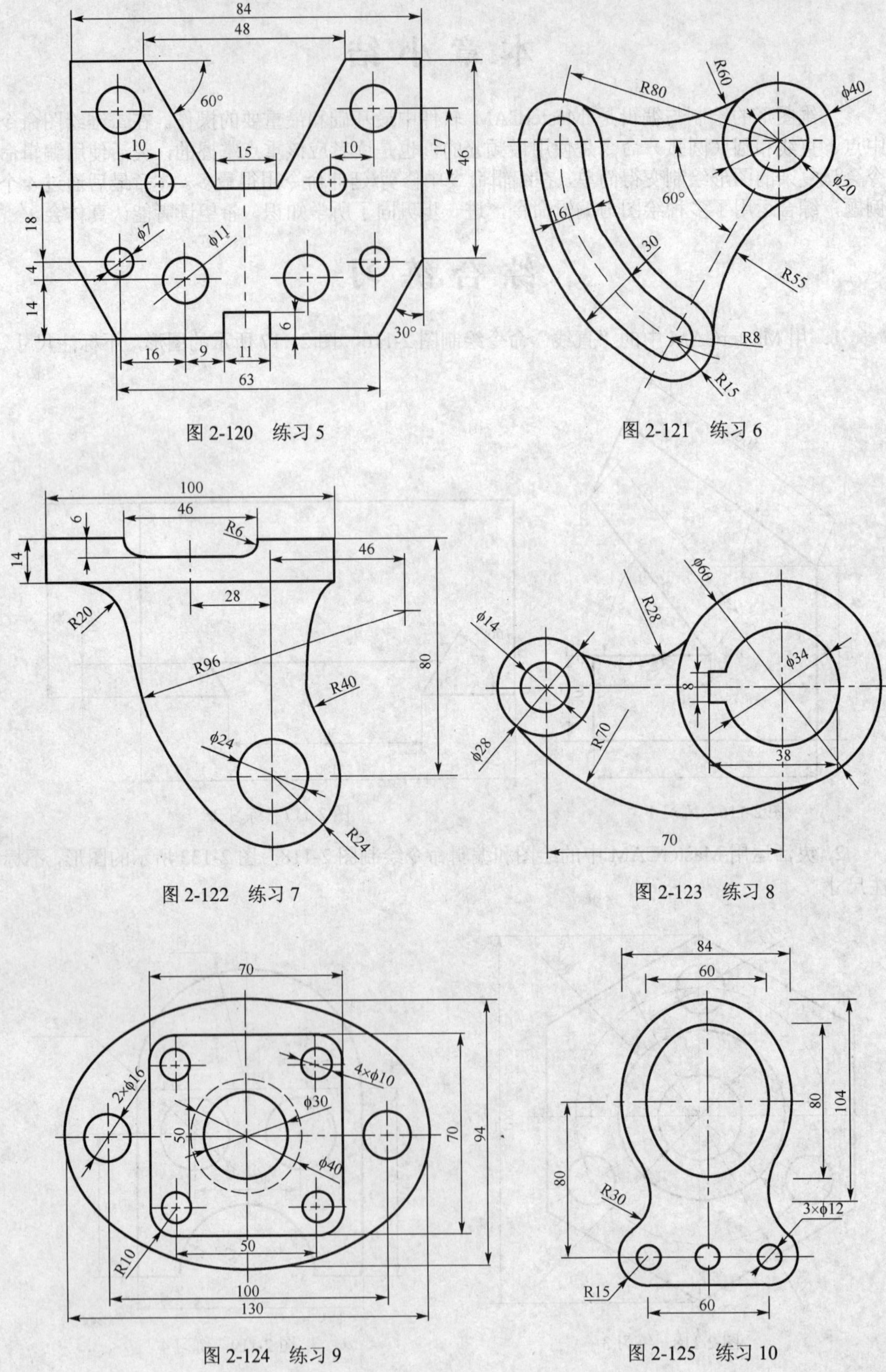

图 2-120　练习 5

图 2-121　练习 6

图 2-122　练习 7

图 2-123　练习 8

图 2-124　练习 9

图 2-125　练习 10

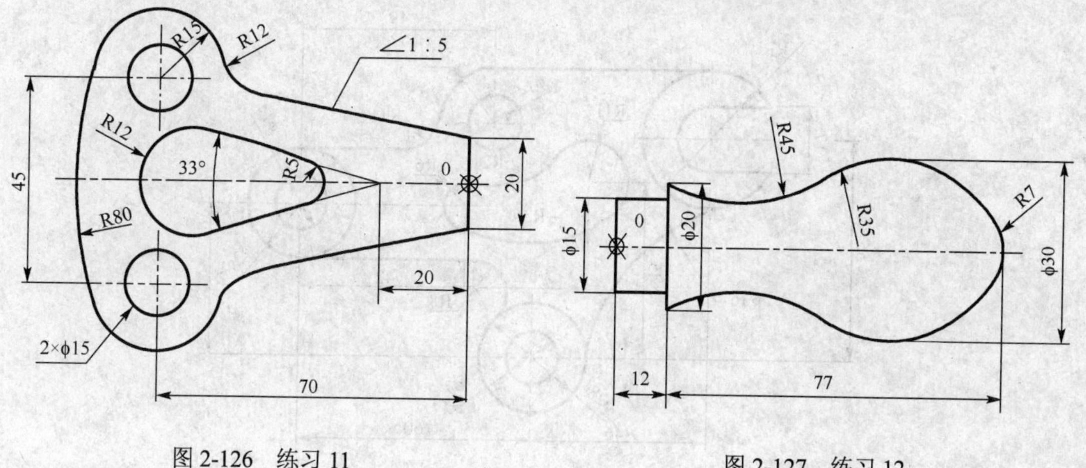

图 2-126　练习 11

图 2-127　练习 12

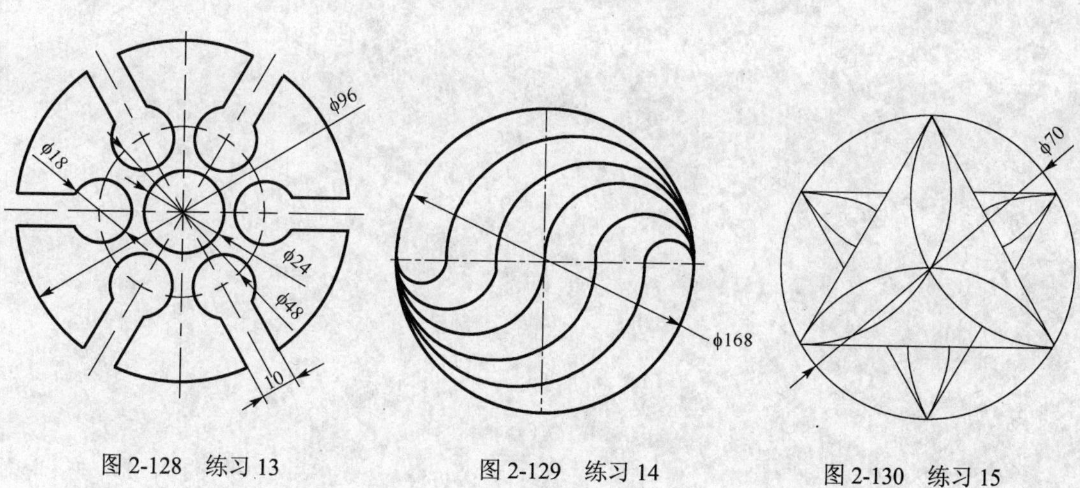

图 2-128　练习 13

图 2-129　练习 14

图 2-130　练习 15

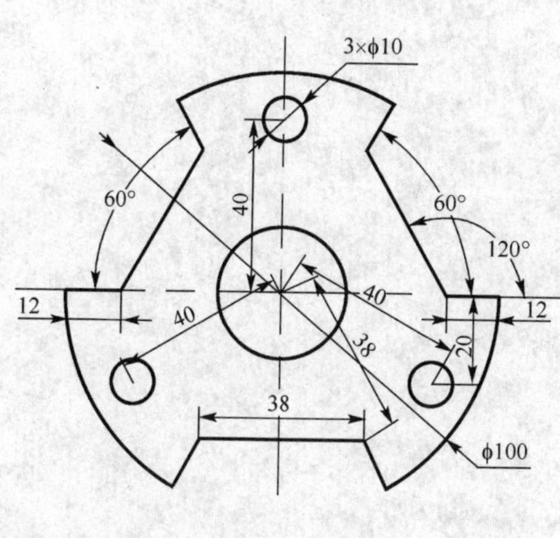

图 2-131　练习 16

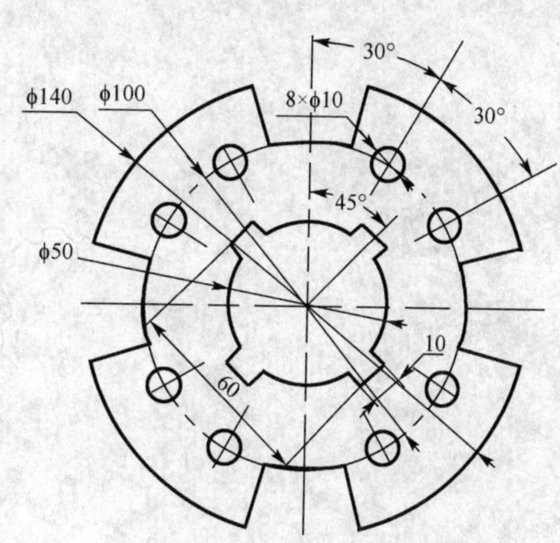

图 2-132　练习 17

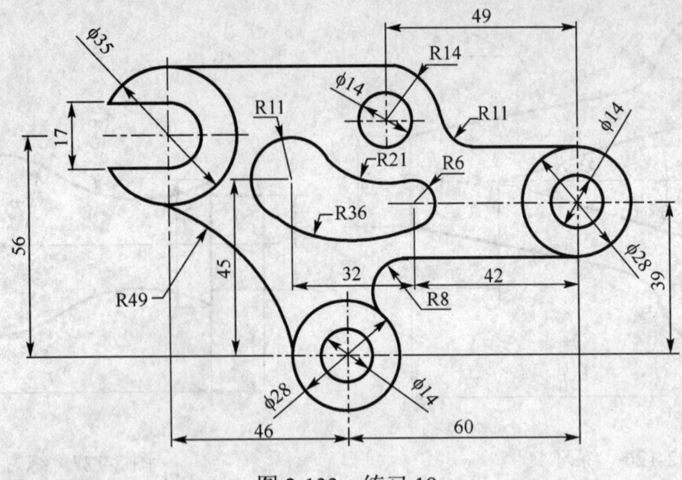
49
ϕ35
R14
ϕ14
R11
R11
ϕ14
17
R21
R6
56
R36
45
ϕ28
39
32
42
R49
R8
ϕ28
ϕ14
46
60

图 2-133 练习 18

第 3 章　曲面的创建与编辑

3.1　曲面的创建

3.1.1　三维造型基础

MasterCAM X6 除了具有强大的二维绘图功能外，还同样具有强大的三维绘图功能。自7.0 版之后引入的实体造型功能，扩展了 MasterCAM 的三维造型能力。利用三维绘图功能可以绘制各种三维的曲线、曲面及实体等。同时还提供了三维对象的编辑命令。从本章开始介绍绘制及编辑三维对象的有关知识。

介绍如何绘制三维模型之前，先介绍在三维模型绘制中如何选用适合的构图面、Z 深度（即构图深度）和视角。通过设置不同的构图面观察并绘制三维图形，随时查看绘图效果，以便及时进行修改和调整，在设置的构图面绘制图形。

（1）三维空间坐标系和工作坐标系

用户在绘图之前首先明确绘图所使用的三维空间坐标系和工作坐标系（WCS），这两个坐标系确立了 MasterCAM X6 绘图的视角和构图面的依据。

① 三维空间坐标系　三维空间坐标系也称系统坐标系，它是固定不变的坐标系，其坐标原点及坐标轴是固定不变的，显示在绘图区的左下角，图标为 。该坐标系符合右手笛卡儿规定，大拇指指向 X 轴的正向，食指指向 Y 轴的正向，中指指向 Z 轴的正向，三指相互垂直并相交于原点，如图 3-1 所示。

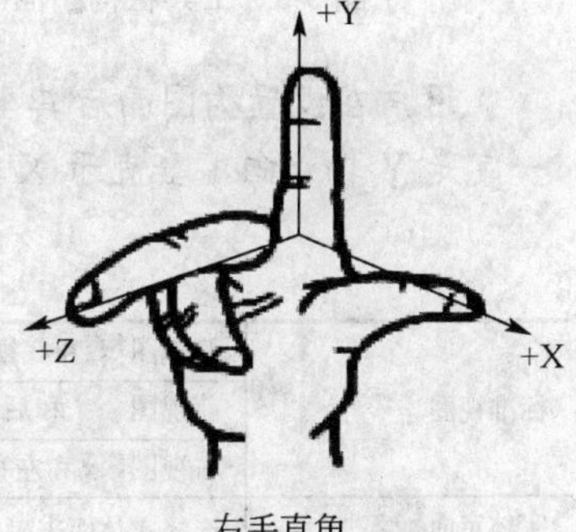

图 3-1　笛卡儿坐标系

② 工作坐标系（WCS）　工作坐标系是用户绘制三维模型而建立的坐标系，它由构图面和构图深度 Z 组成显示在绘图区下的状态栏中，系统坐标系、屏幕视角、绘图平面共同显示在绘图区的左下角，见图 3-2 所示。

图 3-2　工作坐标系及状态栏

（2）构图面的设置

构图面是用户绘制图形当前要使用的绘图平面，与工作坐标系是平行的关系。如果设置俯视图为当前绘图的构图面，那么用户绘制的图形就产生在平行于水平面的构图面上。

① 单击工具栏上的图标 按钮右侧的下三角按钮，弹出如图 3-3 所示的下拉列表，单击相应的按钮可设置三维构图面。构图面除了标准视图设置外，还有【实体定面】、【图素定面】、【指定视角…】和【平面=屏幕视角（G)】。用户可用【指定视角】命令来自定义绘图面。

② 单击状态栏中的【平面】按钮，弹出如图 3-4 所示的菜单，然后单击相应的按钮，可设置所需的构图平面。根据图 3-4 中列出的构图面设置命令，介绍几种常用构图面，见表 3-1 所示。

图 3-3 工具栏构图面下拉列表

图 3-4 状态栏选择构图面

用户在设置构图面后其坐标轴的方向定义为：水平向右一定是 X 轴的正向，垂直向上一定是 Y 轴正向，垂直于 X 轴和 Y 轴并指向当前构图面外侧的为 Z 轴正向。

表 3-1 几种常用构图面的设置

标准视图	俯视图和底视图	选择 XY 平面为构图面，Z 坐标为设置的构图深度
	前视图 和后视图	选择 XZ 平面为构图面，Y 坐标为设置的构图深度
	右视图和左视图	选择 YZ 平面为构图面，X 坐标为设置的构图深度
实体定面	选择实体面来确定当前绘图使用的构图面	
图素定面	选择绘图区的某一平面、两条线或者 3 个点来确定当前绘图使用的构图面	
指定视角	单击此命令可以弹出【视角选择】对话框，见图 3-5 所示，该对话框中列出了所有已命名的构图面，包括标准构图面，在对话框中选择一个构图面即可	
平面=屏幕视角	使选择的构图面与屏幕视角的选择相同	
旋转定面	单击此命令可以弹出【旋转视角】对话框，见图 3-6 所示，通过相对于各轴旋转的角度来设置当前绘图使用的构图面	
法向定面	选择一条直线作为构图面的法线方向来确定当前绘图使用的构图面	

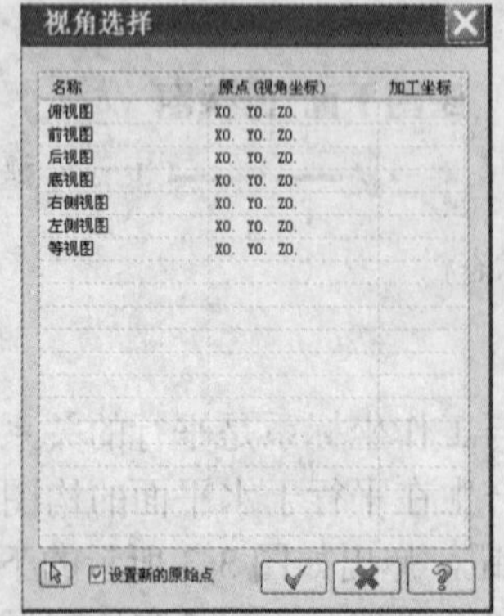

图 3-5 【视角选择】对话框

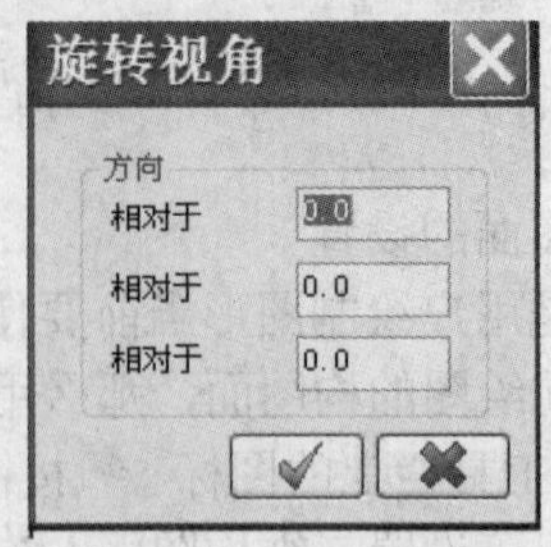

图 3-6 【旋转视角】对话框

（3）构图深度的设置

构图深度又称为 Z 深度，是与构图面紧密联系的位置概念。系统默认构图深度即 Z 深度为 0。可以通过在绘图区最下的状态栏深度 Z 0.0 文本框中输入深度值（数值正负不限）后按回车键来设置构图深度。若单击深度文本框中的 Z 按钮，系统在绘图区左上角出现“选取一点定义新的绘图深度”的提示信息，此时用户可以通过指定点来设置构图深度。对于同一个构图面而言，不同的构图深度所绘制图形的空间位置不同，原点位置 Z 为 0；原点以下为负值；原点以上为正值，见图 3-7 所示。

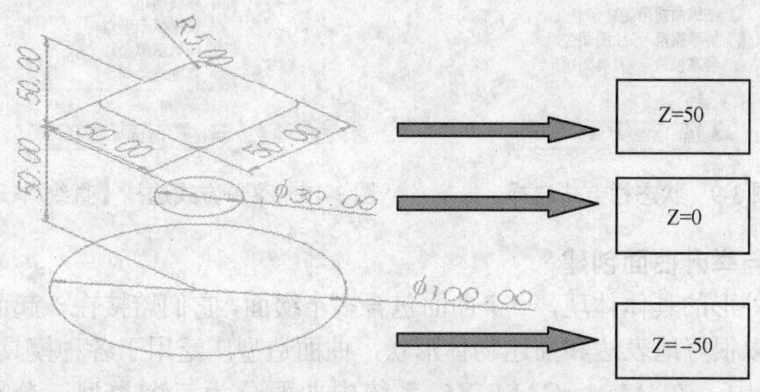

图 3-7　同一构图面的不同 Z 深度图形

在绘制三维图形时，如果是捕捉几何图形上的某一点来绘制几何图形，则所绘制几何图形的 Z 深度为捕捉点的深度，而当前设置的 Z 深度对其无效；在设置构图深度时，必须是在 2D 状态下，否则无效。

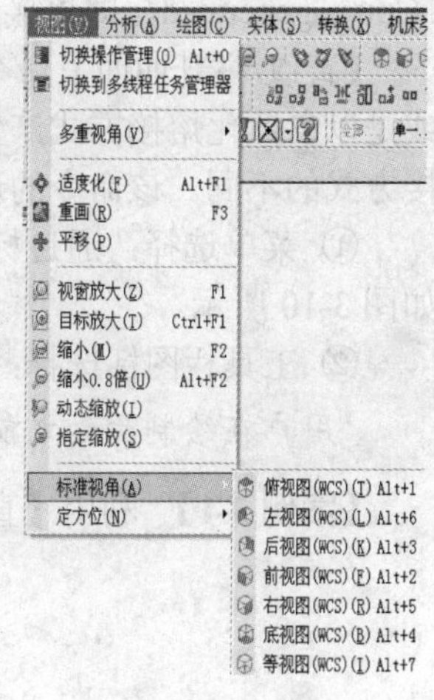

图 3-8　菜单方式选择

（4）视角的设置

视角的设置和构图面的设置大体相同，而视角设置不影响构图时几何图形对象所处的空间位置，只不过是为了方便用户从不同角度来观察对象。通过以下三种方式选择。

① 菜单方式选择：单击【视图】→【标准视图】，弹出对话框见图 3-8 所示。

② 工具栏方式选择：单击工具栏中的图标来选取视角，见表 3-2 所示。

③ 状态栏方式选择：单击状态栏中的【屏幕视角】按钮，弹出对话框见图 3-9 所示。

表 3-2　工具栏中视角图标的含义

	动态旋转视图，可选择绘图区内某一点来任意动态旋转观察几何图形对象；也可以直接按鼠标中键动态旋转视图
	返回前一个视图
	选择命名视图，系统将弹出视图管理对话框，用户可以通过选择视图名称的方式设置当前使用比较多的视图
	俯视图
	前视图
	侧视图
	等角视图

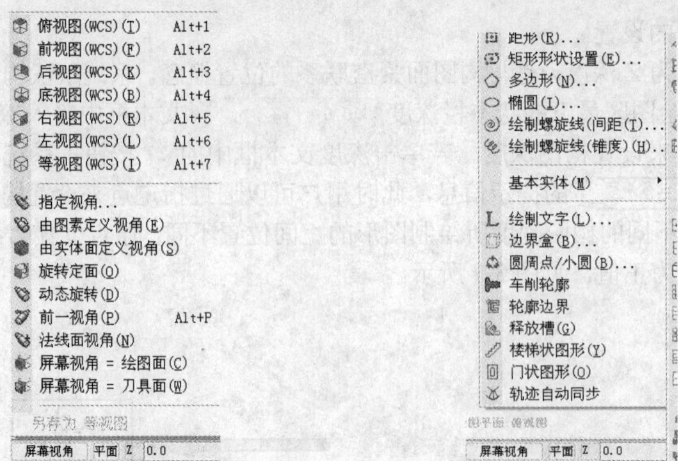

图 3-9 状态栏方式选择　　　　图 3-10 菜单方式选择【直纹/举升曲面】命令

3.1.2 直纹曲面与举升曲面创建

曲面是物体外形的具体体现，一个曲面包含多个缀面，它们熔接在一起而形成一个图素。使用曲面造型可以很好地表达和描述物体形状，曲面造型广泛用于各种模具、电子产品、汽车、飞机等设计中。在 MasterCAM X6 系统中曲面分为三个类型，分别是参数式曲面（Parametric）、NURBS 式曲面（Non-Uniform Rational B-Splines）、曲线构建曲面（Curve-generated，即熔接式曲面）。

【直纹/举升曲面】命令用于将两个或两个以上的截面外形以直接熔接方式产生直纹曲面或是以参数化熔接方式产生平滑举升曲面，直纹曲面与举升曲面的区别就在于截面外形的熔接方式的不同。该命令的选择有以下两种方式。

① 菜单选择：通过标题栏中的菜单【绘图】→【曲面】→【直纹/举升曲面】来单击，如图 3-10 所示。

② 工具栏图标选择：单击工具栏中的图标来创建直纹/举升曲面。

用户在绘制曲面之前通常先要搭建创建曲面所需的线框，再利用曲面命令创建曲面。

【案例 3-1】 利用【直纹/举升曲面】命令创建如图 3-11 所示的矩形平面图形。

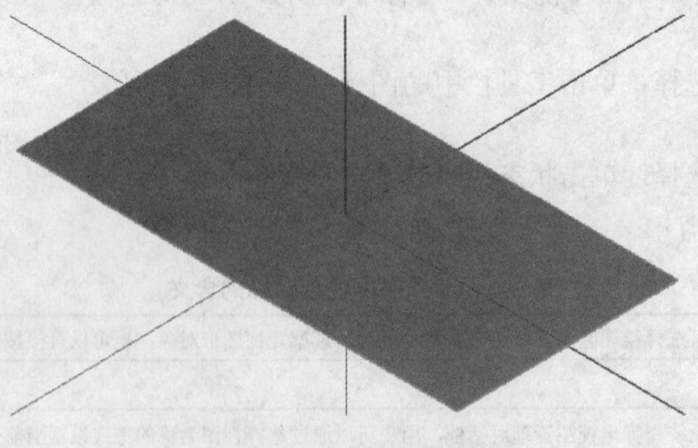

图 3-11 单体模式矩形面

步骤 1：新建文件并创建矩形线框

打开 MasterCAM X6 软件，选择【文件】→【新建】命令新建文件。选取俯视图构图面，视角为俯视图，单击矩形创建一点方式的矩形，选取所需的中心捕捉方式绘制一个长为

50 mm、宽为 25 mm，中心在原点的矩形，单击确定创建矩形，如图 3-12 所示。

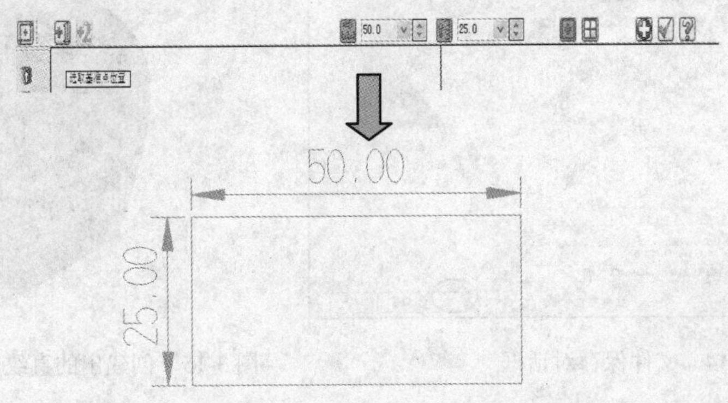

图 3-12　绘制矩形截面

步骤 2：创建举升曲面

单击工具栏中的图标弹出对话框【串连选项】，如图 3-13 所示，单击单体图标后单击图形中的两条对边（要求同起点同方向，否则生成的曲面会发生扭曲），单击。后弹出工具栏【直纹/举升曲面】的命令工具条，其中各个按钮含义如表 3-3 所示，使用默认图标为举升曲面（也可以选择直纹曲面），单击后生成矩形曲面图形。

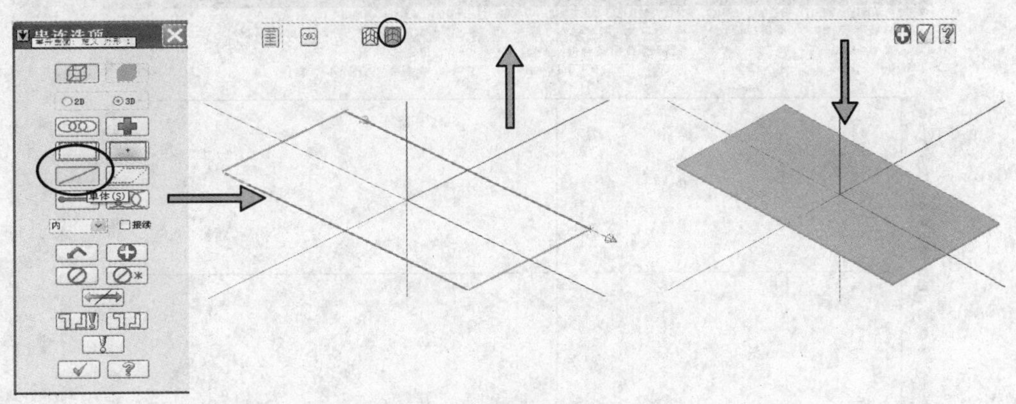

图 3-13　绘制矩形曲面

如若显示的矩形曲面为栅格形式的，是因为未对曲面着色，对曲面着色有两种方法：

① 利用键盘快捷方式着色——Alt+S；

② 在图标上快捷选取，单击着色即可。

表 3-3　【直纹/举升曲面】的命令工具条选项含义

串连选取	直纹曲面	举升曲面

步骤 3：保存文件

单击工具栏中保存文件命令图标，弹出对话框见图 3-14 所示，选择保存文件的路径，输入文件名字例如“3-20”（可自行命名，用文字或字母皆可），后缀为“.mcx-6”，给对话框中“预览”前的框内点“√”（方便查询图形文件），单击文件保存完毕。

【案例 3-2】 利用【直纹/举升曲面】命令创建如图 3-15 所示的曲面。

步骤 1：新建文件

打开 MasterCAM X6 软件，选择【文件】→【新建】命令，新建文件。

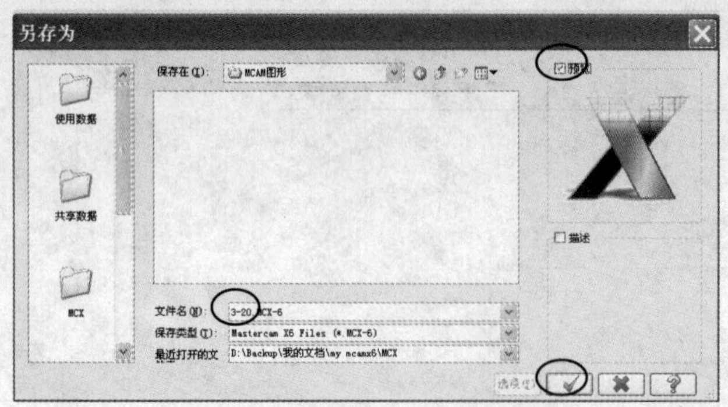

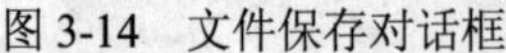

图 3-14　文件保存对话框

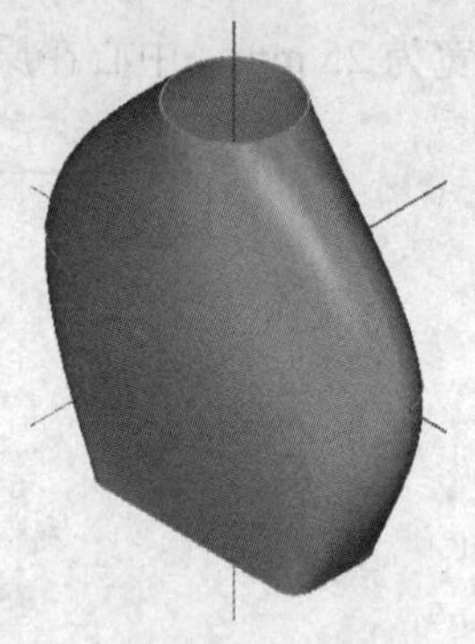

图 3-15　创建出的直纹曲面和举升曲面

步骤 2：绘制椭圆

进入绘图界面，按照系统默认的俯视图构图面和俯视角状态为当前绘图状态，这里建议按键盘中的 F9 键，在绘图界面会出现坐标线（如图 3-16 所示），方便绘图时坐标原点的捕捉（以后打开软件新建文件都按此操作）。单击【绘图】→【椭圆】图标 椭圆(I)...，弹出【椭圆选项】对话框，输入椭圆的长轴值“60”按回车键、短轴值“25”按回车键。在当前构图深度 Z 为“0”状态下，捕捉坐标原点将椭圆放置在原点处，绘制椭圆的方法如图 3-17 所示。

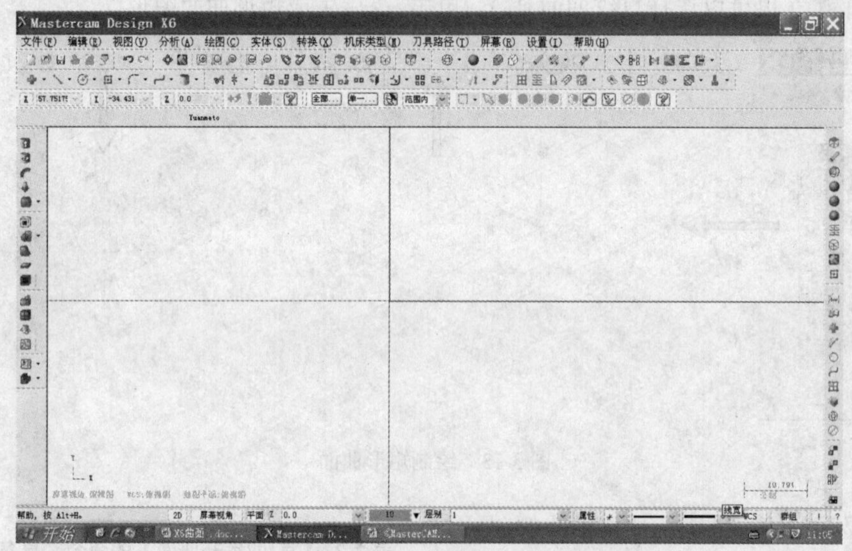

图 3-16　按键盘快捷键 F9 后绘图界面显示

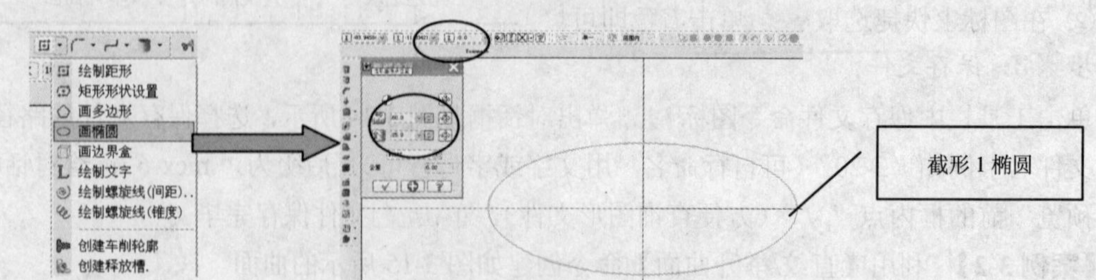

图 3-17　绘制截形 1 椭圆

步骤 3： 绘制矩形

将视角切换到等角视图单击图标，方便观察图形的摆放位置。然后单击【矩形】命令，如图 3-18 所示在状态栏中输入构图深度 Z 为“–50”按回车键。在矩形输入框中输入长为“60”按回车键、宽为“25” 按回车键，一点方式捕捉坐标原点，单击原点后，再单击【确定】按钮，第二个矩形截形绘制出来。单击“倒圆角”图标对矩形四个角倒圆角，圆角半径为“5”，分别选取矩形两条边依次倒圆角，单击确定后，生成带圆角的矩形，绘制图形操作见图 3-18 所示。

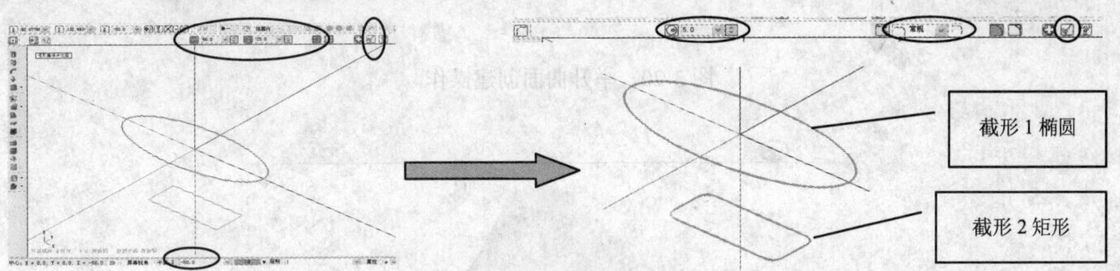

图 3-18　绘制截形 2 矩形

步骤 4： 绘制圆

绘制截形 3“圆”，先单击命令【圆】图标，如图 3-19 所示在工具条中输入构图深度 Z 为“50”，在圆的输入框中输入半径“15”按回车键，一点方式捕捉坐标原点，单击对话框中的确定，第三个圆的截形绘制出来。

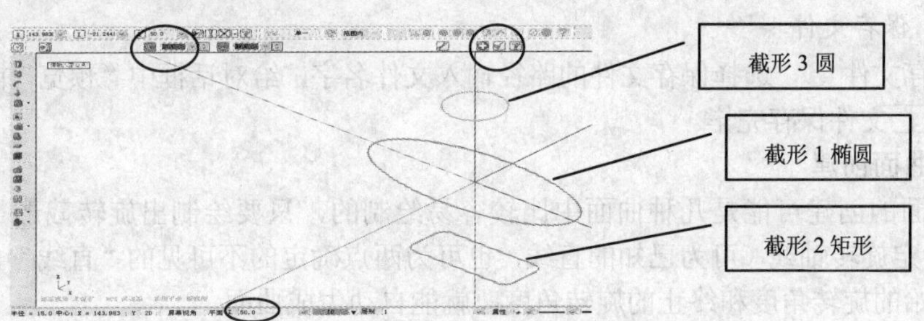

图 3-19　第三个截形圆的绘制

步骤 5： 创建举升曲面

单击工具栏中【直纹/举升曲面】命令的图标，弹出对话框【串连选项】，单击第一个截形“矩形”右侧边的上端点作为举升曲面的起点，图形串连选取所有的边，方向为顺时针。再单击第二个截形“椭圆”，串连选取图形右侧端点为起点，方向顺时针，若方向为逆时针可单击【串连选项】中换向图标，改变串连方向即可。最后单击第三个截形“圆”，串连选取图形右侧端点为起点，方向顺时针，若方向相反可换向操作。单击确定生成举升曲面，曲面着色单击图标，图形绘制操作见图 3-20 所示。

若以这三个截形创建直纹曲面，步骤与上面前 4 步相同，第 5 步的选取截形操作也相同，不同的是最后生成曲面的操作，即单击直纹曲面图标，操作如图 3-21 所示。

创建直纹/举升曲面时，要求选择的各个截形要同起点、同方向，到时会出现箭头供使用者判断；否则，生成的曲面会发生扭曲现象，使曲面失真，特别是方向若不同向，生成的曲面甚至会扭曲得“惨不忍睹”。要注意使各截形“同步、同向”，切记！后面的几种曲面创建时也要注意此问题。

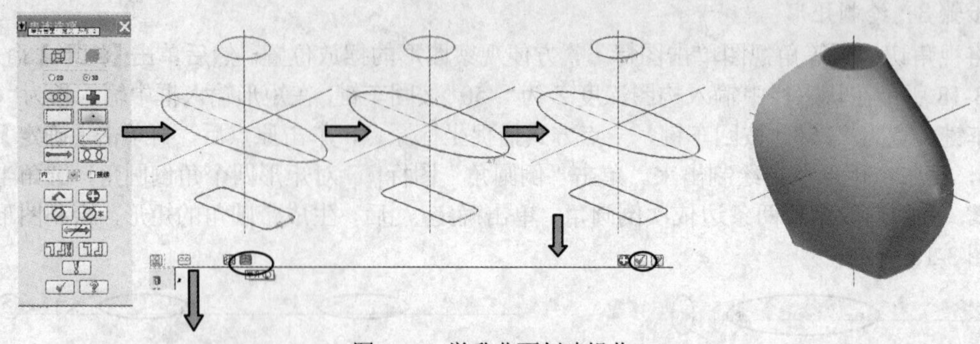

图 3-20 举升曲面创建操作

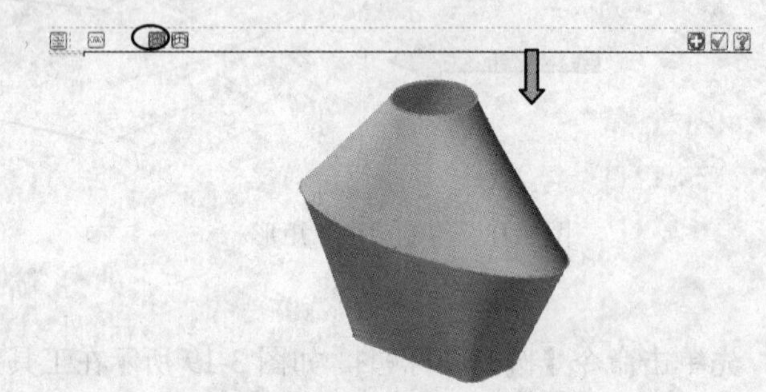

图 3-21 直纹曲面创建操作

步骤 6：保存文件

单击保存文件[保存图标]，选择保存文件的路径输入文件名字，给对话框中“预览”前的框内点“√”，单击[确定图标]文件保存完毕。

3.1.3 旋转曲面创建

旋转曲面的创建可能是几种曲面中比较容易绘制的，只要绘制出旋转截形（即旋转母线），而后指定旋转轴线（可为已知的直线，也可为两点确定的不可见的“直线”），通过确定旋转曲面起始的旋转角度和终止的旋转角度，就能自动生成曲面。

【案例 3-3】 绘制一个旋转曲面。

步骤 1：新建文件并绘制一个圆弧为旋转母线

打开 MasterCAM X6 软件，新建文件选定屏幕视角“前视图”，绘图平面“前视图”；构图深度 Z 为“0”。单击【圆弧】命令图标，绘制一个极坐标圆弧，起始角度为“0”，终止角度为“60”，半径为 60mm，如图 3-22 所示的旋转母线。

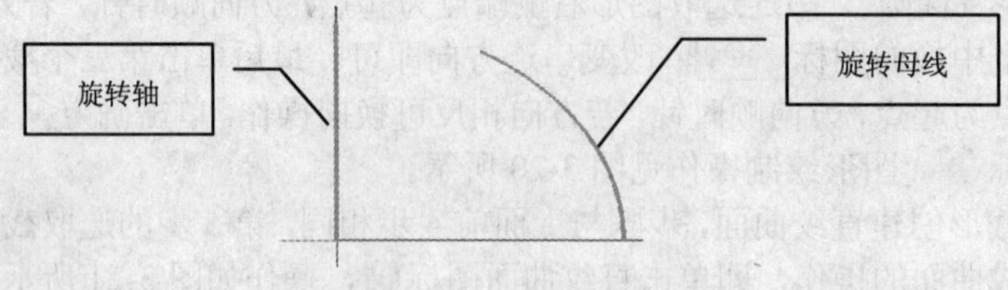

图 3-22 旋转截形和旋转轴

步骤 2：绘制一条直线为旋转轴

绘制任意一条直线，长度为 60，起点坐标为（0,0），终点坐标为（0,60），在 Y 轴上，该直线作为旋转曲面的旋转轴，如图 3-22 所示的旋转轴。

步骤 3：创建旋转曲面

单击工具栏【旋转曲面】命令图标，弹出【串连选项】对话框，单击单体方式，选取图面上的旋转母线（如图 3-22 所示），单击确定，弹出【旋转曲面】工具条（见图 3-23），工具条中部分按钮的含义如表 3-4 所示，选取图面上的旋转轴，并在输入框中输入起始角度“0”按回车键、终止角度“360”按回车键，单击确定生成旋转曲面如图 3-24 所示。

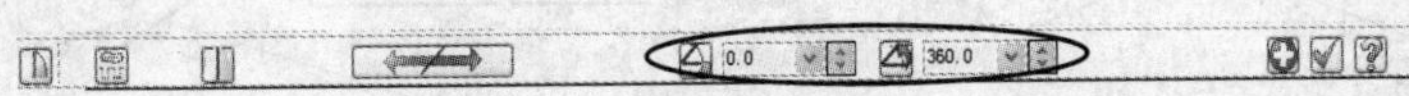

图 3-23 【旋转曲面】命令选项

表 3-4 【旋转曲面】工具条部分按钮的含义

	旋转母线的选取	0.0	起始角度输入框
	旋转轴线的选取	360.0	终止角度输入框
	旋转曲面方向选择		

旋转母线的起始点和方向不影响旋转曲面的生成，但旋转轴线方向的确定决定着旋转曲面生成的方向，这里形成旋转曲面的方向，依照右手螺旋定则来进行判断，右手拇指代表旋转轴线的箭头方向，四指自然弯曲，代表旋转曲面形成的方向，如图 3-25 所示。

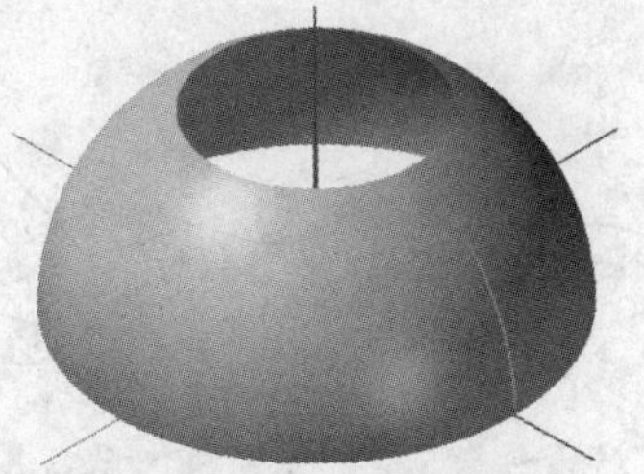

图 3-24　旋转曲面创建

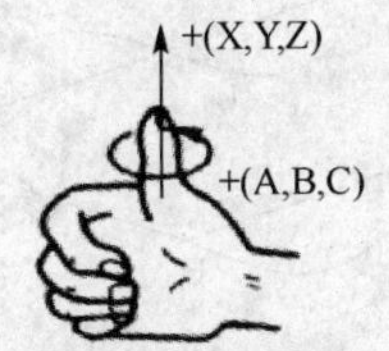

图 3-25　右手螺旋定则

步骤 4：保存文件

单击保存文件，选择保存文件的路径，输入文件名字，给对话框中“预览”前的框内点“√”，单击文件保存完毕。

3.1.4　网状曲面创建

至少要求两条纵向和两条横向曲线构成，且由熔接 4 个边界曲线生成的许多个曲面片组成。纵向和横向的曲线在空间上可以不相交，同时端点也可以不相交。

【案例 3-4】 网状曲面——创建一个“样条曲线形”曲面

步骤 1：创建一个矩形（为创建“样条曲线形”曲面作准备）

打开 MasterCAM X6 软件，选定构图面为俯视图，视角为俯视角，构图深度 Z 为“0”，单击矩形图标，绘制一个长为 60mm、宽为 30mm 的矩形，中心放置在原点。

步骤 2：修改构图深度创建第一条曲线

将绘图平面切换到前视图，用鼠标单击状态栏构图深度，不输入数值，再单击图 3-26 所示的 A 点，此时构图深度值变为 Z 15.0。单击手动画曲线图标，手动创建一条 A 点起始、B 点终止,形状任意的曲线，如图 3-26 所示。

步骤 3：修改构图深度创建第二条曲线

在前视图构图面，将构图深度 Z 改到图 3-26 所示的 C 点，方法同步骤 2，而后构图深度 Z 会变为“–15”，单击手动画曲线图标，创建一条 C 点起始、D 点终止，形状任意的曲线，如图 3-27 所示。

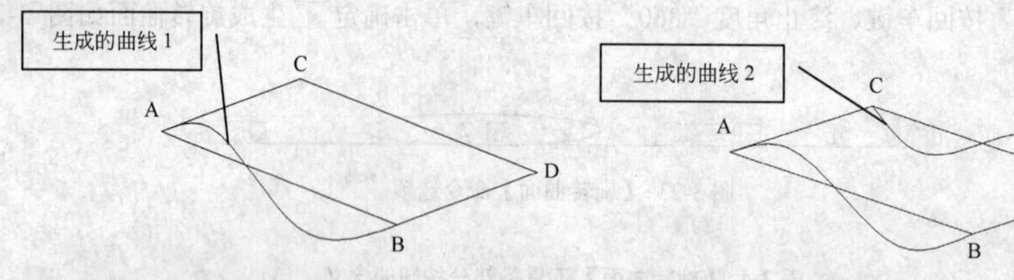

图 3-26　在 A 点和 B 点所在的平面上画曲线　　图 3-27　在 C 点和 D 点所在的平面上画曲线

步骤 4：修改构图深度创建第三条曲线

再将构图面切换至侧视图，按下侧视图图标，视角仍然为等角视角。用鼠标单击状态栏中构图深度Z，不输入数值，再单击图 3-26 所示的 A 点，而后构图深度 Z 会变为“–30”。单击手动画曲线图标，创建一条 A 点起始、C 点终止，形状任意的曲线，如图 3-28 所示。

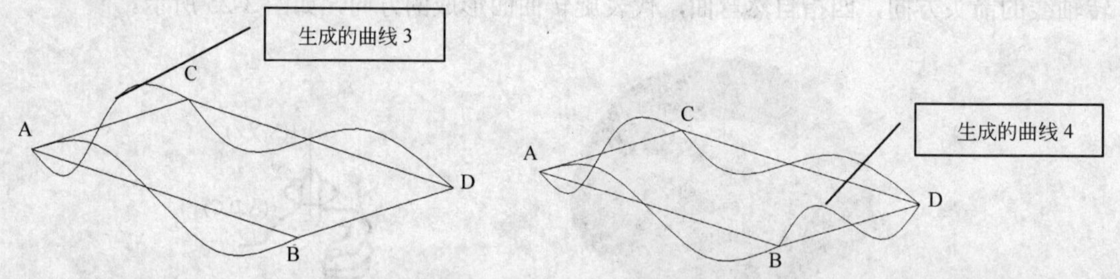

图 3-28　在 A 点和 C 点所在的平面上画曲线　　图 3-29　在 B 点和 D 点所在的平面上画曲线

步骤 5：修改构图深度创建第四条曲线

在前视图构图面，将构图深度 Z 改到图 3-26 所示的 B 点，而后构图深度 Z 会变为“30”，单击手动画曲线图标，创建一条 B 点起始、D 点终止，形状任意的曲线，如图 3-29 所示。

步骤 6：删除矩形

删除矩形，留下四条曲线，准备创建网状曲面，如图 3-30 所示（为了操作方便可以更换至新的图层绘制网状曲面）。

步骤 7：创建网状曲面

选取【网状曲面】命令图标，弹出一个如图 3-31 所示的【串连选项】对话框和如图 3-32 所示的【网状曲面】工具条，其部分按钮含义见表 3-5 所示。单击【串连选项】对话框串连图标，依次单击绘图区中的曲线 1、曲线 3、曲线 2、曲线 4 的“样条曲线”，单击【串连选项】对话框中的确定。按【网状曲面】工具条系统给定的默认的类型 引导方向，表示系统自动通过对四条曲线的熔接生成网状曲面，再单击【网状曲面】命令工具条中的确定，生成网状曲面见图 3-33 所示。

步骤 8：保存文件

单击保存文件，选择保存文件的路径，输入文件名字，给对话框中“预览”前的框内点“√”，单击文件保存完毕。

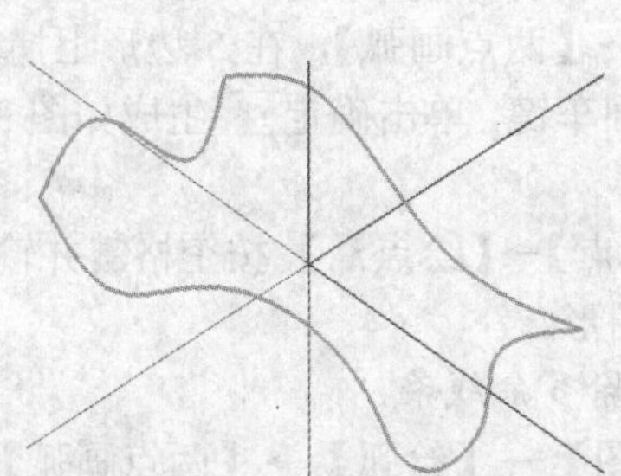

图 3-30 “样条曲线形”图形

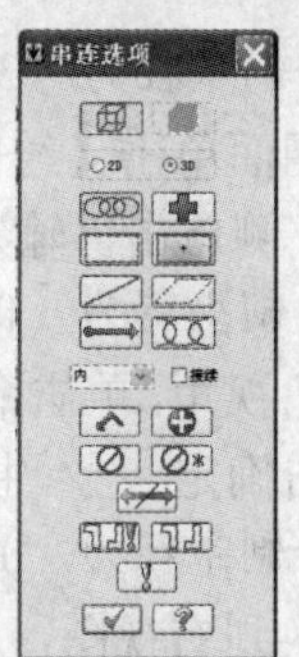

图 3-31 网状曲面串连选项对话框

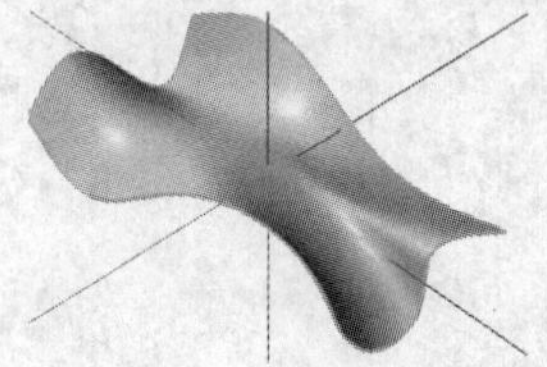

引导方向

图 3-32 【网状曲面】命令工具条

图 3-33 “样条曲线”曲面

表 3-5 【网状曲面】工具条部分按钮含义

	串连方式	 引导方向	网状曲面三种类型
	旋转轴线的选取		

【案例 3-5】 网状曲面创建一个“花瓣形”曲面，如图 3-34 所示。

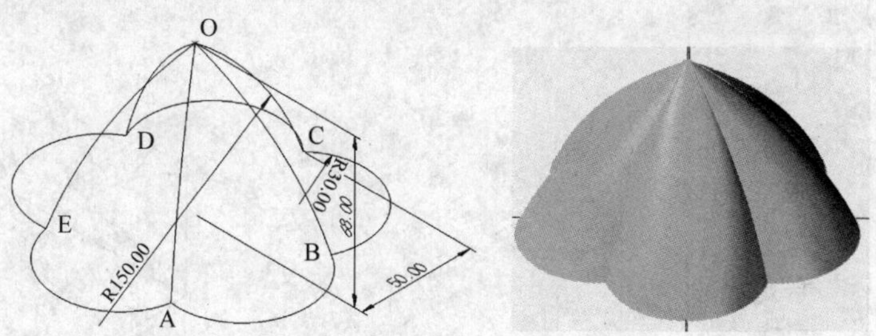

图 3-34 “花瓣形”线框及曲面

步骤 1：新建文件并绘制五边形

打开 MasterCAM X6 软件新建文件，选定构图面为俯视图，屏幕视角为俯视角，构图深度 Z 为“0”，单击【绘图】→【多边形】，输入边数为“5”，内接圆半径为“50”，如图 3-35 所示【多边形选项】设置，在绘图区捕捉坐标轴原点单击，单击确定，绘制如图 3-35 所示 5 边形。

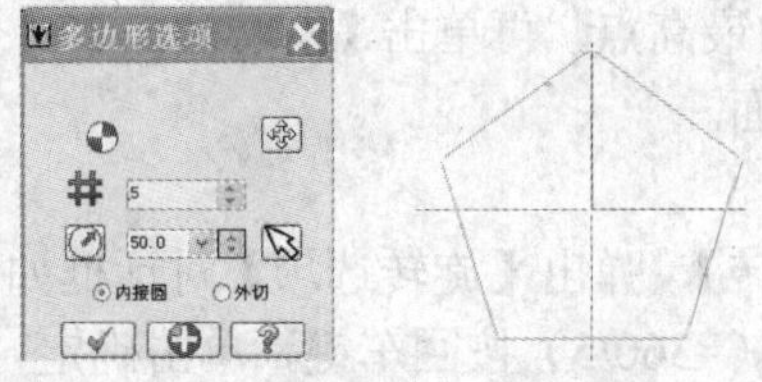

图 3-35 绘制“5 边形”选项及图形

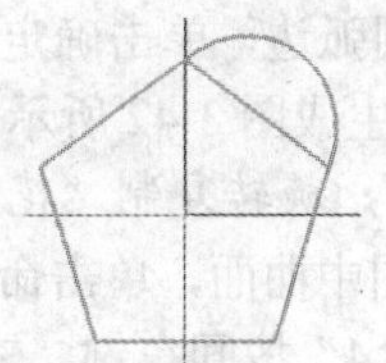

图 3-36 绘制圆弧

步骤 2：绘制半径为“30”的圆弧

在当前构图面单击【绘图】→【绘弧】→【两点画弧】，在 5 边形上捕捉图面 3-34 中 C 点和 B 点，在外侧单击再输入半径“30”，按回车键，单击确定☑生成如图 3-36 所示的圆弧。

步骤 3：绘制坐标为（0,0,0）的点

切换到等角视角，单击命令【绘图】→【绘点】→【绘点…】，按空格键并输入坐标（0,0,68），按回车键后单击确定☑，生成图 3-37 所示图形。

步骤 4：绘制半径为“150”的圆弧并删除多余线条

构图面切换到右视图，单击主菜单【绘图】→【绘弧】→【两点画弧】，捕捉图面 3-34 中 O 点和 C 点，近似绘制圆弧，且输入半径“150”后按回车键，单击确定☑，删除五边形，留有如图 3-38 所示 2 个圆弧的图形。

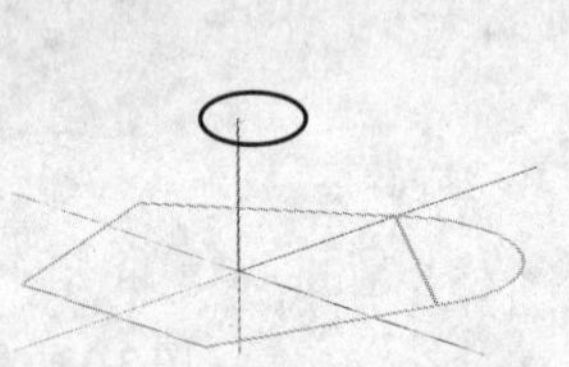

图 3-37　绘制点后的图形

图 3-38　2 个圆弧图形

步骤 5：旋转复制花瓣线框

将构图面切换到俯视图，视角切换到等角视角，选择图中的两个圆弧后，单击命令【转换】→【旋转】，弹出【旋转选项】对话框如图 3-39 所示，输入次数“4”按回车键，输入旋转角度“72”（=360/5）按回车键，单击确定☑得到如图 3-40 所示图形。

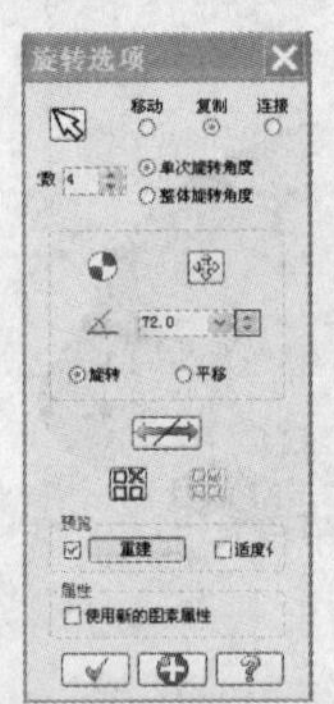

图 3-39　旋转选项设置

图 3-40　旋转复制后的“花瓣”线框

步骤 6：创建网状曲面

单击【绘图】→【曲面】→【网状曲面】，弹出如图 3-41 所示网状曲面【串连选项】对话框，先单击网状曲面工具条中的尖点图标，再单击单体图标，在图面上单击一个花瓣的三条圆弧边，单击确定☑，再单击图中的最高点，再单击【网状曲面】命令工具条中的确定☑，生成图 3-42 所示的一个“花瓣”曲面。

步骤 7：旋转复制“花瓣形”网状曲面

选中图中曲面，单击命令【转换】→【旋转】，弹出【旋转选项】对话框如图 3-39 所示，输入次数“4”按回车键，输入旋转角度“72”（=360/5）按回车键，单击确定☑，得到如图 3-43 所示的“花瓣”图形。

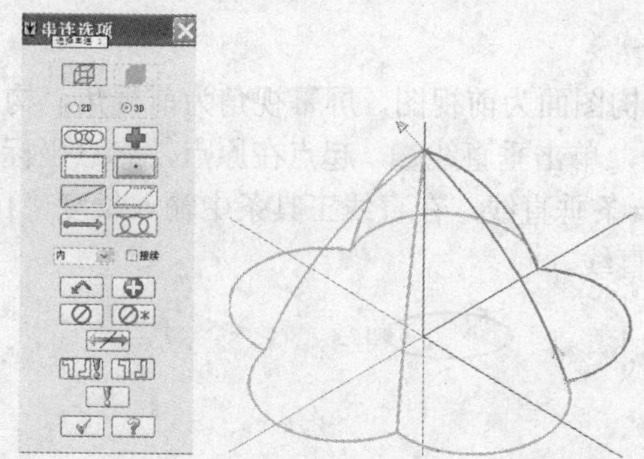

图 3-41　网状曲面串连选项对话框及图形选取

图 3-42　一个“花瓣”曲面

步骤 8：保存文件

单击保存文件，选择保存文件的路径，输入文件名字，给对话框中“预览”前的框内点“√”，单击文件保存完毕。

图 3-43　花瓣形网状曲面

3.1.5　扫描曲面创建

扫描曲面是让截面形状沿着轨迹线扫描过去而形成的曲面，这里扫描曲面的关键部分就是截面和扫描轨迹的确定。

截面形状和扫描轨迹线的形状可以是任意的，但截面形状和轨迹线的数量可以有不同，大体分为以下两种情况：

① 截面为一个，沿着一条或几条轨迹线平移而产生的曲面；

② 截面为两个或以上（首尾相接的多段图形可以视为一条轨迹），沿着一条轨迹线平移而产生的曲面。

注意： 截面形状和轨迹线不能同时为多条，其中必有一个数目为 1。

在操作过程中，可以选择沿着轨迹线平移截面或旋转截面，【扫描曲面】命令工具条如图 3-44 所示，其中各个按钮的含义见表 3-6 所示。

图 3-44 【扫描曲面】命令工具条

【案例 3-6】 由一个截面和一条轨迹线生成的扫描曲面。

利用【扫描曲面】命令创建如图 3-45 所示的几何图形对象。

表 3-6 【扫描曲面】命令工具条各个按钮的含义

	串连方式
	转换
	旋转
	正交到曲面
	两条引导线
	使用平面

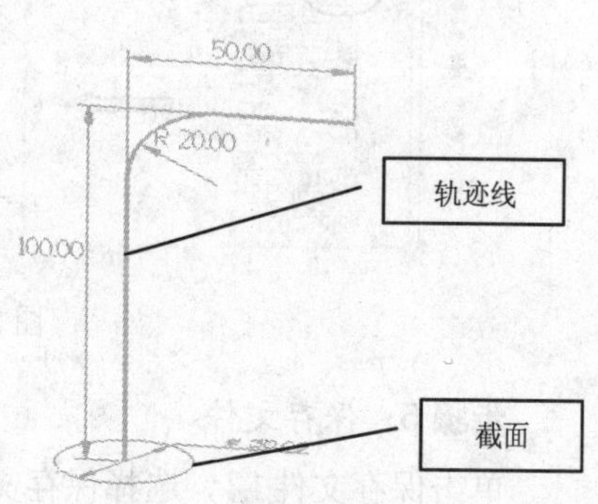

图 3-45　创建几何图形

步骤 1：新建文件并绘制一条垂直线

打开 MasterCAM X6 软件新建文件，选定构图面为前视图，屏幕视角为前视角，构图深度 Z 为“0”，单击【绘制任意线】命令图标，单击垂直线，起点在原点，终点坐标在 Y 轴正向且坐标输入“0”按回车键，近似绘制一条垂直线，在直线工具条中输入长度“100”，按回车键后单击确定，绘制如图 3-46 所示直线。

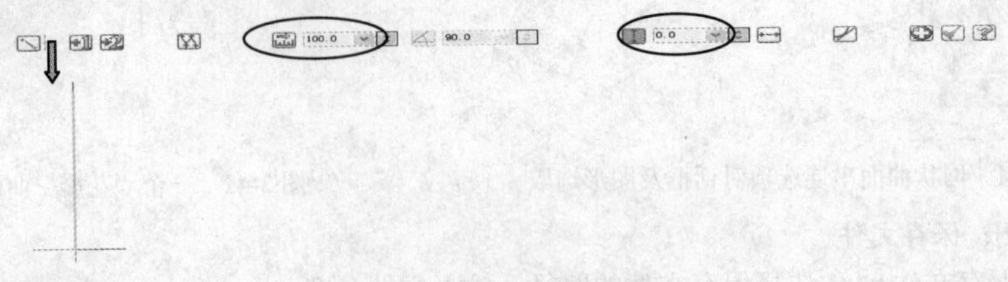

图 3-46 直线工具条和图形

步骤 2：绘制一条水平线并与垂直线倒圆角形成扫描轨迹线

在当前构图面绘制。单击【绘制任意线】命令图标，单击水平线图标，起点在（0,100），终点坐标在（50,100），近似绘制一条水平直线，在直线工具条中输入长度“50”，按回车键后单击确定。单击倒圆角图标弹出倒圆角工具条，输入半径为“20”按回车键，分别单击垂直线和水平线，单击工具条中确定，生成如图 3-47 所示轨迹线。

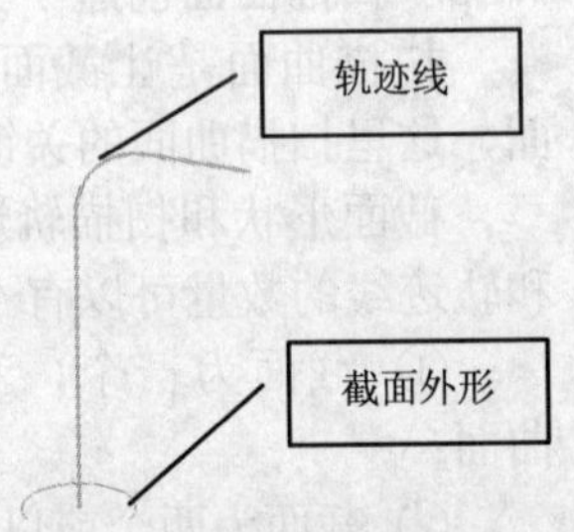

图 3-47 轨迹线和截面外形

步骤 3：绘制截面外形

将当前构图面切换到俯视图构图面，单击绘制圆的命令图标，捕捉坐标轴的原点，近似绘制一个圆，在圆的工具条中输入直径“30”，按回车键后单击确定，生成如图 3-47 所示的截面外形。

步骤 4：创建扫描曲面

单击【扫描曲面】命令图标，弹出【扫描曲面】工具条，同时弹出【串连选项】对话框，单击工具条上的【转换】（即平移）图标，生成扫描曲面模式；单击【串连选项】对话框中串连图标，在图形上选取截面外形圆（方向不限），单击确定。再在图形上选取引导方向外形即选取轨迹线，单击确定，生成转换模式的扫描曲面，如图 3-48 所示。

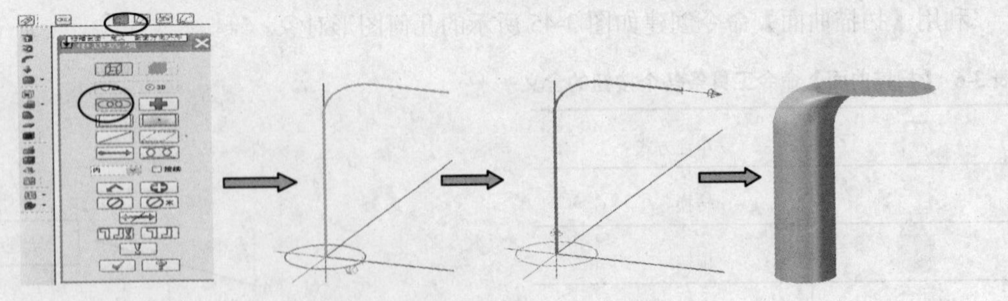

图 3-48 【转换】模式的扫描曲面

步骤 5：保存文件

单击保存文件，选择保存文件的路径，输入文件名字，给对话框中“预览”前的框内点“√”，单击文件保存完毕。

在创建转换曲面的时候会发现截面沿着水平轨迹形成的曲面是平移的，没有形成管状曲面，若要形成管状曲面操作方法同上类似，只是将扫描曲面类型图标变为【旋转】图标，单击截面图形和轨迹图形同图 3-48 的操作步骤相同，如图 3-49 所示。

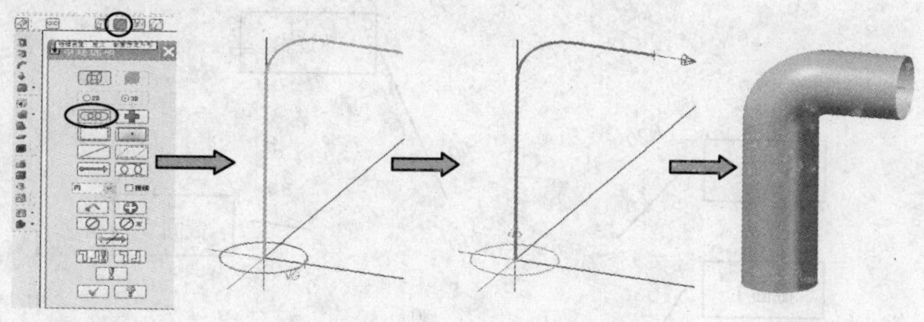

图 3-49　【旋转】模式下的扫描曲面

【案例 3-7】　由一个截面和两条轨迹线生成的扫描曲面。

利用【扫描曲面】命令创建如图 3-50 所示的几何图形对象。

步骤 1：新建文件并绘制截面外形和轨迹线

打开 MasterCAM X6 软件新建文件，将构图面和视角都切换到前视图，绘制如图 3-50 所示的截面和轨迹线，绘图步骤略。

步骤 2：创建扫描曲面

单击【扫描曲面】命令图标，弹出【扫描曲面】工具条和【串连选项】对话框，单击工具条中【两条引导线】图标，生成扫描曲面模式，单击【串连选项】对话框中串连图标，在图形上选取截面外形圆（方向不限），单击确定。再在图形上选取引导方向外形即选取两条轨迹线，单击确定，生成【两条引导线】模式的扫描曲面，操作如图 3-51 所示。

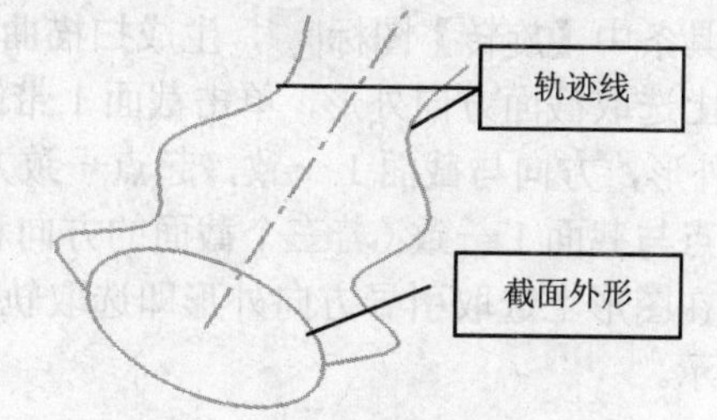

图 3-50　含有一个截面和两条轨迹线的几何图形

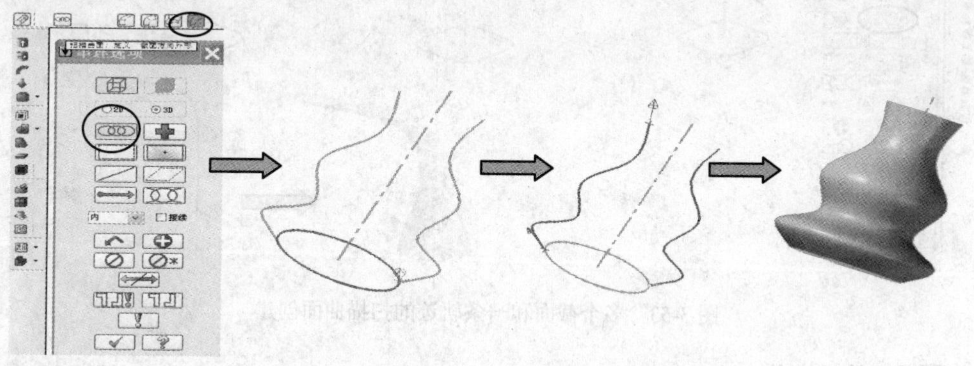

图 3-51　一个截面和两条轨迹线的扫描曲面

步骤 3：保存文件

单击保存文件，选择保存文件的路径，输入文件名字，给对话框中“预览”前的框内点“√”，单击文件保存完毕。

【案例 3-8】　由多个截面和一条轨迹线生成的扫描曲面。

步骤 1：新建文件绘制截面外形和轨迹线

打开 MasterCAM X6 软件新建文件，将构图面和视角都切换到前视图，绘制如图 3-52 所示的截面和轨迹线，绘图步骤略。

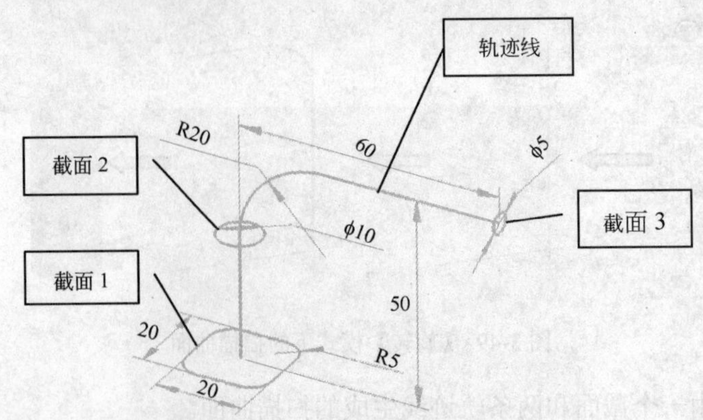

图 3-52　多个截面和一条轨迹的几何图形

步骤 2：创建扫描曲面

单击【扫描曲面】命令图标，弹出【扫描曲面】工具条和【串连选项】对话框，单击工具条中【旋转】图标，生成扫描曲面模式，单击【串连选项】对话框中串连图标，在图形上选取截面方向外形，单击截面 1 带倒圆角的矩形，方向起点如图 3-53 所示；再单击截面 2 外形，方向与截面 1 一致，起点一致方向起点如图 3-53 所示；再单击截面 3 外形，方向和起点与截面 1 一致（若三个截面的方向和起点不一致会发生曲面扭曲的现象），单击确定。再在图形上选取引导方向外形即选取轨迹线，单击确定，生成扫描曲面，操作如图 3-53 所示。

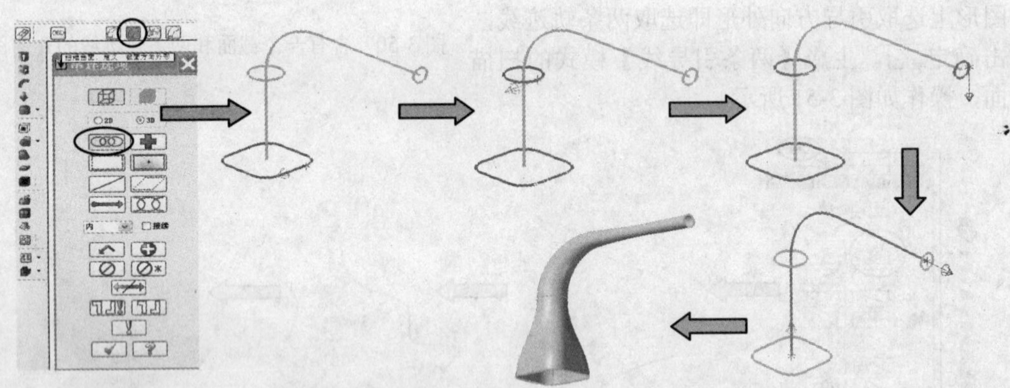

图 3-53　多个截面和一条轨迹的扫描曲面创建

步骤 3：保存文件

单击保存文件，选择保存文件的路径，输入文件名字，给对话框中“预览”前的框内点“√”，单击文件保存完毕。

3.1.6　牵引曲面创建

牵引曲面是以一个或多个截面轮廓为对象按照指定长度和角度牵引生成曲面，通常截面轮廓所在平面设置为当前构图面来牵引。这里有两种方法来创建牵引曲面：

① 通过定义一组角度和高度或长度来创建牵引曲面；

② 通过定义角度和利用一个平面来限定高度从而创建牵引曲面。

【案例 3-9】 牵引曲面创建。

步骤 1：新建文件并绘制倒圆角矩形

打开 MasterCAM X6 软件新建文件，选定构图面为俯视图，视角为俯视角，构图深度为“0”，绘制倒圆角的矩形，如图 3-54 所示，步骤略。

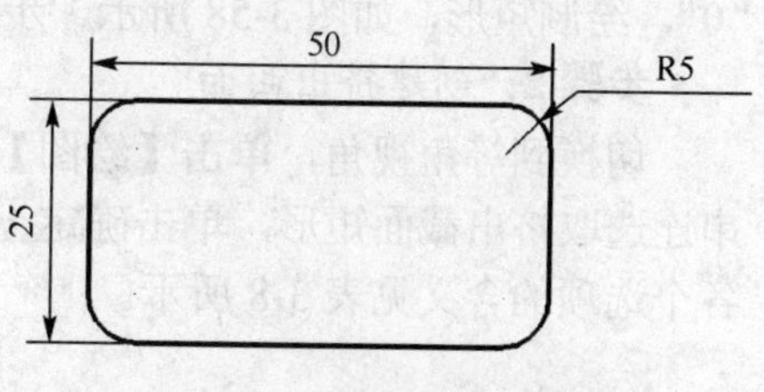

图 3-54　创建带圆角的矩形

步骤 2：创建牵引曲面

切换到等角视角，单击【绘图】→【曲面】→【牵引曲面】，弹出【串连选项】对话框如图 3-55 所示，串连选取牵引截面，单击确定后，弹出【牵引曲面】选项对话框如图 3-56 所示，其各个选项的含义见表 3-7 所示。

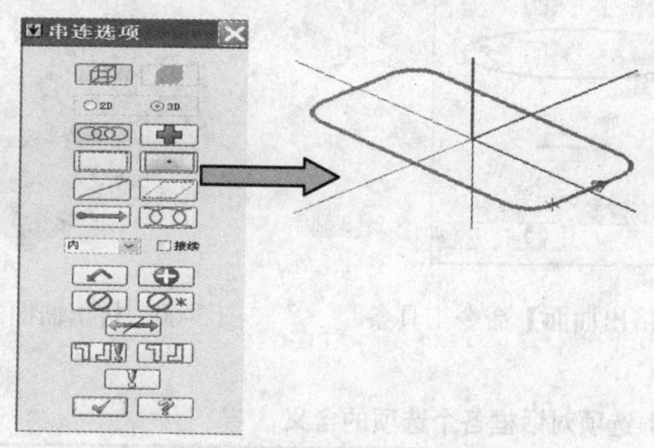

图 3-55　【串连选项】及截面选取

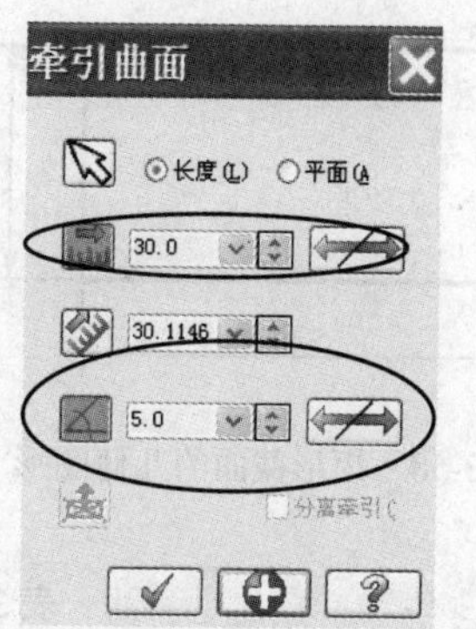

图 3-56　【牵引曲面】选项对话框

表 3-7　【牵引曲面】选项对话框各个选项的含义

◉长度(L)	按长度来牵引	30.1146	输入斜面长度值
○平面(A)	按平面来牵引	5.0	输入牵引角度且方向可切换
30.0	输入长度值且方向可切换		

步骤 3：设置牵引曲面各个参数

按图 3-56 中选项对话框参数设置，牵引长度输入“30” 按回车键后，若方向向下，单击换向图标切换方向，输入牵引角度值“5” 按回车键后，方向若向外，单击换向图标切换方向，单击确定后，生成牵引曲面如图 3-57 所示。

步骤 4：保存文件

单击保存文件，选择保存文件的路径，输入文件名字，给对话框中“预览”前的框内点“√”，单击文件保存完毕。

3.1.7　挤出曲面创建

挤出曲面是指一条封闭的线框，沿着与之垂直的轴线移动形成的曲面。【挤出曲面】命令以封闭的线框为边界，形成的是由多个曲面围成的封闭的曲面组。

图 3-57　牵引曲面的创建

【案例 3-10】 绘制挤出曲面。

步骤 1：新建文件并绘制线框

打开 MasterCAM X6 软件新建文件，选定构图面为俯视图，视角为俯视角，构图深度为“0”，绘制矩形，如图 3-58 所示，步骤略，尺寸不需标注。

步骤 2：创建挤出曲面

切换到等角视角，单击【绘图】→【曲面】→【挤出曲面】，弹出【串连选项】对话框，串连选取挤出截面矩形，单击确定后，弹出【挤出曲面】选项对话框如图 3-59 所示，其各个选项的含义见表 3-8 所示。

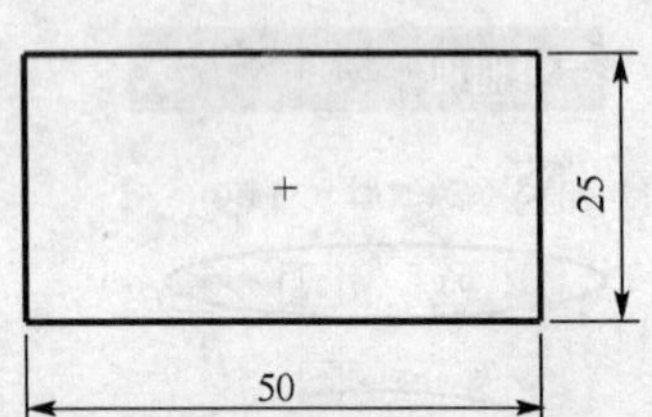

图 3-58 矩形截面的几何图形

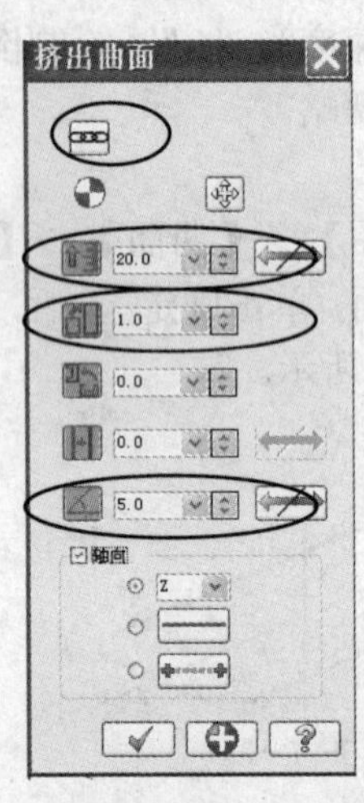

图 3-59 【挤出曲面】命令工具条

图 3-60 挤出曲面的创建

表 3-8 【挤出曲面】选项对话框各个选项的含义

	重新选择挤出截面	5.0	挤出曲面的倾斜角度及方向切换
20.0	挤出的高度及方向切换	Z	沿坐标轴生成曲面
1.0	挤出曲面的缩放比例		选择直线决定挤出高度
0.0	挤出曲面旋转角度		选择两点决定挤出高度
0.0	挤出的偏移距离及方向切换		

步骤 3：设置【挤出曲面】选项对话框各选项参数

按图 3-59 中选项设置参数，输入挤出长度 “20”按回车键，若方向向下，单击换向图标切换方向，挤出缩放比例按系统默认“1”不变，挤出偏移距离按系统默认“0”不偏移，输入挤出曲面倾斜角度值“5”按回车键后，方向向内，若向外单击换向图标切换方向，单击确定后，生成挤出曲面如图 3-60 所示。

步骤 4：保存文件

单击保存文件，选择保存文件的路径，输入文件名字，给对话框中“预览”前的框内点“√”，单击文件保存完毕。

3.1.8 围篱曲面创建

【围篱曲面】命令可以利用线段、圆弧和曲线等在曲面上产生垂直于此曲面或与曲面成一定扭曲角度的曲面。

【案例 3-11】 利用【围篱曲面】命令绘制“灯罩”形状的曲面。

步骤 1：新建文件并绘制圆

打开 MasterCAM X6 软件新建文件，选定构图面为俯视图，视角为俯视角，构图深度为“0”，绘制直径为“100”的圆，如图 3-61 所示，步骤略，尺寸不需标注。

图 3-61　圆的创建

图 3-62　旋转轴和样条曲线的创建

步骤 2：绘制样条曲线

切换到等角视角，构图面切换到前视图，在圆心处绘制一条垂直线作为旋转轴，长度为“50”。再绘制一条样条曲线，起点在圆的四等分位点处，高度自定义，如图 3-62 所示，绘图步骤略。

步骤 3：创建旋转曲面

单击【绘图】→【曲面】→【旋转曲面】，弹出【串连选项】对话框及【旋转曲面】选项对话框，单体选取图中的样条曲线，输入旋转起始角度为“0”，按回车键后，输入终止角度“360”，按回车键后（若反向则单击换向图标），单击确定，选取垂直线作为旋转轴，单击确定，生成如图 3-63 所示曲面。

图 3-63　旋转曲面的创建

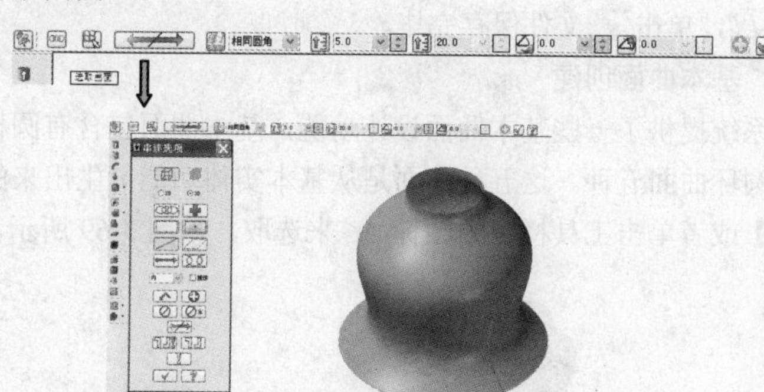

图 3-64　围篱曲面图形选取及串连选项设置

步骤 4：创建围篱曲面

单击【绘图】→【曲面】→【围篱曲面】，弹出【围篱曲面】工具条如图 3-64 所示，其中要求选取已有曲面，这里单击图中的旋转曲面。弹出【串连选项】对话框，单体选取图中的样条曲线作为生成围篱曲面的生成曲线，单击确定。在【围篱曲面】工具条进行如下三种混合方式操作，得到三种不同的围篱曲面，这三种混合方式为：

① 当前混合方式为【相同圆角】，在输入的数值框，输入起点高度 5.0，按回车键，起点角度输入 30.0，按回车键，得到如图 3-65 所示的“相同圆角”模式下的曲面。

② 单击【围篱曲面】工具条中的串连图标，重新选取样条曲线，单击确定后，将混合方式单击为【线性锥度】 线性锥度，在输入的数值框，输入起始角度 10.0，按回车键，输入终点高度 10.0，按回车键，输入起点角度 30.0，按回车键，输入终点角度 60.0，按回车键后，得到如图 3-66 所示“线性锥度”模式下的曲面。

③ 单击【围篱曲面】工具条中的串连图标，重新选取样条曲线，单击确定后，将混合方式单击为【立体混合】 立体混合，在输入的数值框，输入起始角度 10.0，按回车键，输入终点高度 5.0，按回车键，输入起点角度 -60.0，按回车键，输入终点角度 60.0 按回车键后，得到如图 3-67 所示“立体混合”模式下的曲面。

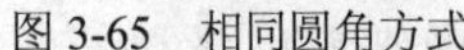

图 3-65 相同圆角方式

图 3-66 线性锥度方式

图 3-67 立体混合方式

步骤 5：选择立体混合方式创建围篱曲面

选择其中立体混合方式创建围篱曲面，单击确定☑。

步骤 6：将围篱曲面旋转复制

单击已经创建的围篱曲面，单击【转换】→【旋转】，弹出【旋转选项】对话框，单击【复制】并输入复制次数为“10”，按回车键，输入旋转角度为“36”按回车键，其他选项按系统默认，单击确定☑，得到如图 3-68 所示曲面。

步骤 7：保存文件

单击保存文件，选择保存文件的路径，输入文件名字，给对话框中“预览”前的框内点“√”，单击☑文件保存完毕。

3.1.9 基本曲面创建

系统提供了一些基本曲面设计功能，基本曲面包含有圆柱面、圆锥面、立方体面、圆球面和圆环曲面五种。这五种曲面是从基本实体功能衍生出来的，可以通过【绘图】→【基本实体】或者单击工具栏中的图标来选取，如图 3-69 所示。

图 3-68 围篱曲面旋转复制后的曲面创建

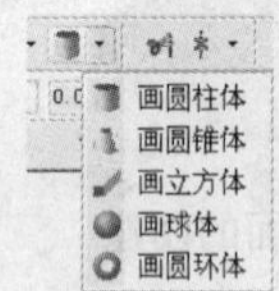

图 3-69 基本曲面的选取

（1）圆柱体曲面的创建

【画圆柱体】命令用于产生一个指定半径和指定高度的圆柱体曲面。单击【绘图】→【基本实体】→【画圆柱体】，弹出【圆柱体】对话框如图 3-70 所示。选取坐标原点单击，确定圆柱体曲面圆心，也可以输入坐标方式输入数值（0,0,0）确定圆心位置。单击对话框中的【曲面】，输入半径值为“20”按回车键，输入高度值“50” 按回车键。也可以通过 1 点方式动态确定圆柱体曲面半径大小，通过 2 点方式确定圆柱体曲面高度大小及方向，单击确定☑得到如图 3-71 所示曲面。

（2）圆锥体曲面的创建

【画圆锥体】命令用于产生指定基部和顶部半径、指定高度和锥角的圆锥体曲面。将视角切换到等角视角，构图面切换到俯视图构图面，单击【绘图】→【基本实体】→【画圆锥体】，弹出【锥体】对话框如图 3-72 所示。单击对话框中的【曲面】，选取坐标原点单击，确定圆锥体曲面圆心，也可以输入坐标方式输入数值（0,0,0）确定圆心位置。在“基部”框内输入半径值为“30”按回车键，输入高度值“50”按回车键。在“顶部”框内输入角度值为

“30”或在“顶部半径”输入数值“30”按回车键，这两个数值框内的数值不能同时输入，通过单击换向命令改变生成的方向，单击确定得到如图 3-73 所示曲面。

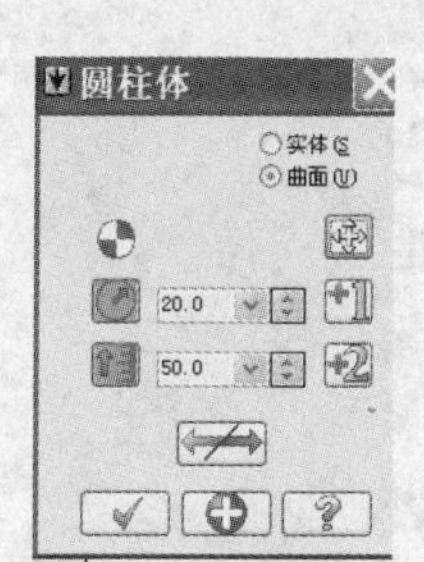

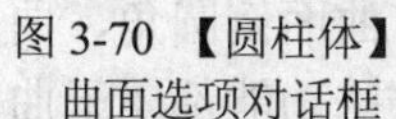

图 3-70 【圆柱体】曲面选项对话框

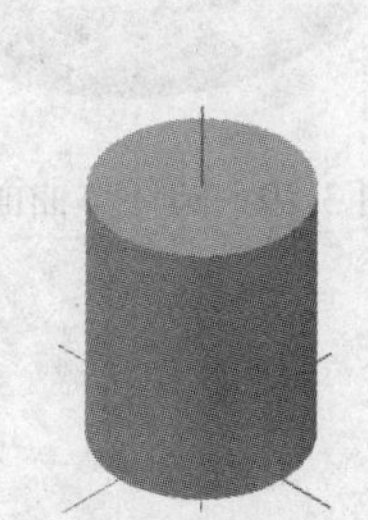

图 3-71 圆柱体曲面的创建

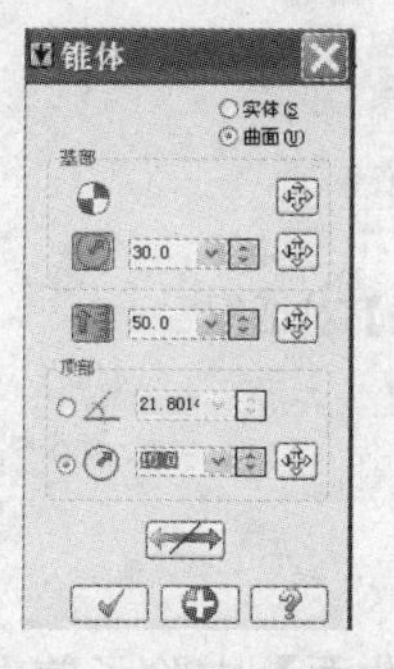

图 3-72 【锥体】曲面对话框

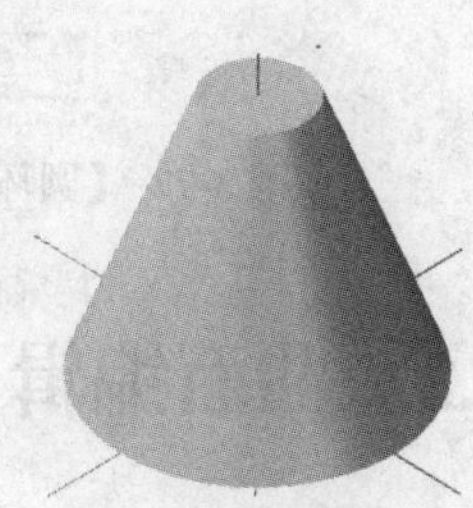

图 3-73 圆锥体曲面的创建

（3）立方体曲面的创建

【画立方体】命令用于创建一个指定长度、宽度和高度的立方体曲面。将视角切换到等角视角，构图面切换到俯视图构图面，单击【绘图】→【基本实体】→【画立方体】，弹出【立方体选项】对话框如图 3-74 所示。单击对话框中的【曲面】，选取坐标原点单击，确定立方体左下角的位置，也可以输入坐标方式输入数值（0,0,0）确定该点的位置。输入长度值为“60”按回车键，输入宽度值“40”按回车键，输入高度值“30” 按回车键。通过单击换向命令改变生成的方向，单击确定得到如图 3-75 所示曲面。

（4）球体曲面的创建

【画球体】命令用于产生指定半径的圆球体曲面。将视角切换到等角视角，构图面切换到俯视图构图面，单击【绘图】→【基本实体】→【画球体】，弹出【圆球选项】对话框如图 3-76 所示。单击对话框中的【曲面】，选取坐标原点单击，确定球体曲面球心，也可以输入坐标方式输入数值（0,0,0）确定球心位置。输入半径值为“30”按回车键，单击确定得到如图 3-77 所示曲面。

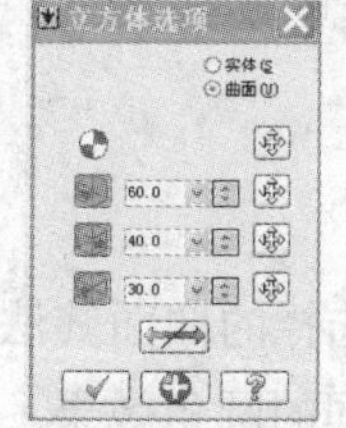

图 3-74 【立方体选项】对话框

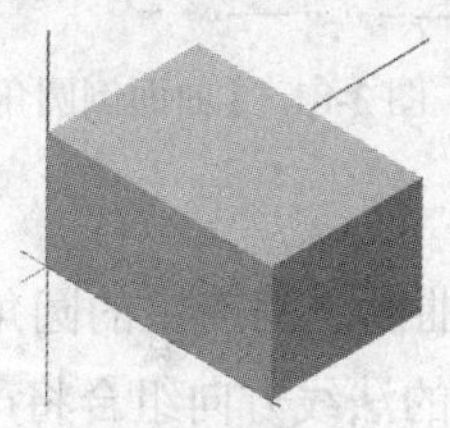

图 3-75 立方体曲面的创建

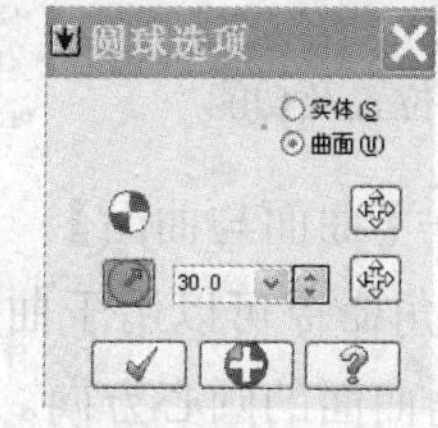

图 3-76 【圆球选项】对话框

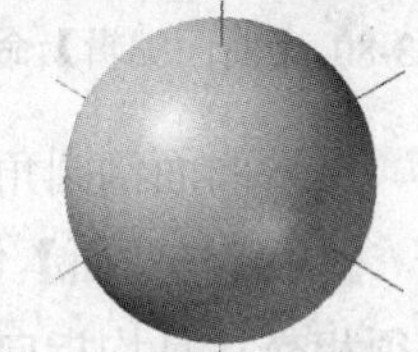

图 3-77 圆球体曲面的创建

（5）圆环体曲面的创建

【画圆环体】命令用于产生指定半径的圆环体曲面。将视角切换到等角视角，构图面切换到俯视图构图面，单击【绘图】→【基本实体】→【画圆环体】，弹出【圆环体选项】对话框如图 3-78 所示。单击对话框中的【曲面】，选取坐标原点单击，确定圆环体曲面圆心，也可以输入坐标方式输入数值（0,0,0）确定圆心位置。输入中心圆半径值为“50”按回车键，输入截面圆半径值为“10”按回车键，单击确定得到如图 3-79 所示曲面。

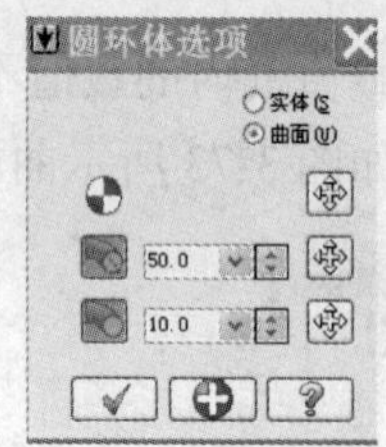

图 3-78 【圆环体选项】对话框

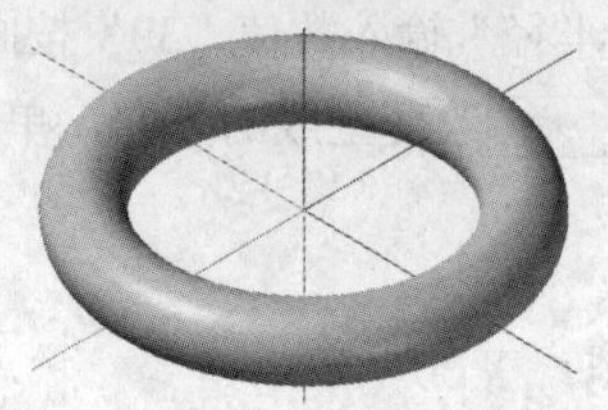

图 3-79 圆环体曲面的创建

3.2 曲面编辑

打开菜单【绘图】→【曲面】中除了前面讲到的几种曲面的创建，还有曲面倒圆角、曲面偏置、曲面修剪、两曲面熔接、三曲面熔接、由实体生成曲面等功能，这些功能都属于曲面修整的功能，如图 3-80 所示。

3.2.1 曲面倒圆角

【曲面倒圆角】命令可以将曲面和曲面、曲面和曲线、曲面与平面倒圆角。【曲面倒圆角】命令如图 3-81 所示。

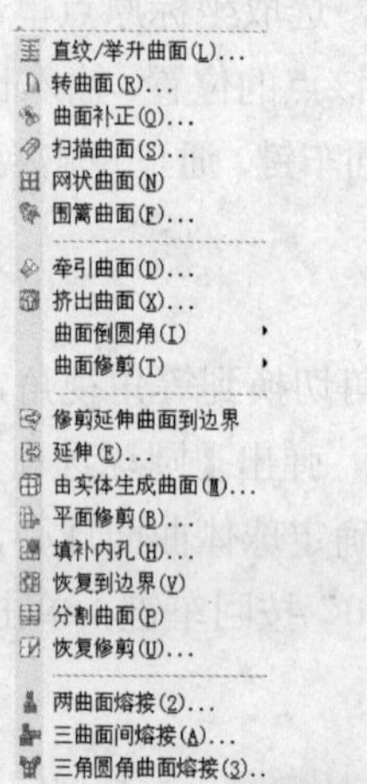

图 3-80 【曲面编辑】命令的位置及功能

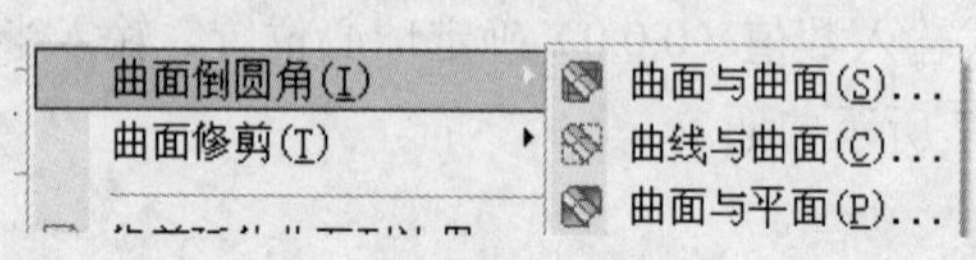

图 3-81 【曲面倒圆角】命令

（1）曲面倒圆角——【曲面与曲面】

【曲面与曲面】倒圆角命令可以用于曲面和曲面之间产生的圆角，所选择的曲面其法线必须相交，且均指向圆角曲面的圆心方向。不同的法线方向组合将产生不同的圆角效果。用实例来说明。

【案例 3-12】 曲面与曲面倒圆角。

步骤 1：新建文件并创建立方体曲面

打开 MasterCAM X6 软件新建文件，选定构图面为俯视图，视角为等角视角，构图深度为 Z0，单击【绘图】→【基本实体】→【画立方体】，弹出【立方体选项】对话框。单击对话框中的【曲面】，选取坐标原点单击，确定立方体左下角的位置，也可以输入坐标方式输入数值（0,0,0）确定该点的位置。输入长度值“60”按回车键，输入宽度值“40” 按回车键，输入高度值“30”按回车键。通过单击换向命令改变生成的方向，单击确定得到如图 3-82 所示曲面。

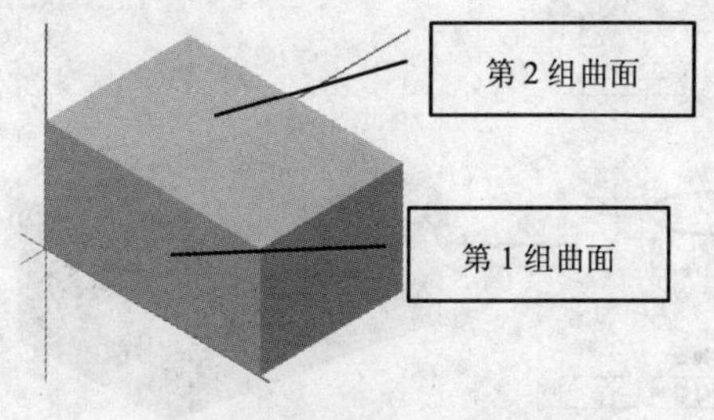

图 3-82 创建立方体曲面

（a）选取第一组曲面　（b）选取第二组曲面

图 3-83 倒圆角曲面选取

步骤 2：曲面对曲面倒圆角

单击【绘图】→【曲面】→【曲面倒圆角】→【曲面与曲面】命令，选取图 3-82 中的第 1 组曲面，如图 3-83（a）所示按回车键；再选取图 3-82 中的第 2 组曲面，如图 3-83（b）所示按回车键，弹出【曲面与曲面】选项对话框如图 3-84 所示，其各个选项含义见表 3-9 所示。

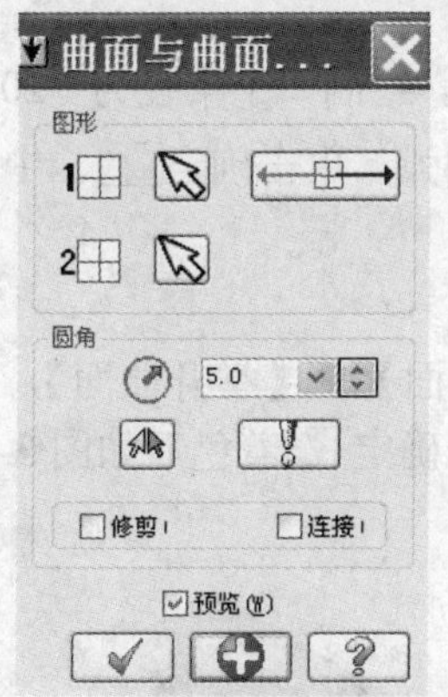

图 3-84 【曲面与曲面】选项对话框

表 3-9 【曲面与曲面】选项对话框及各个选项含义

图标	含义
1	重新选取第 1 组曲面
	切换曲面法向
2	重新选取第 2 组曲面
5.0	输入圆角半径值
	设置圆角结果选项，单击弹出如图 3-85 所示选项对话框
☐连接	单击表示若圆角曲面的端点小于设置的误差值，则将其合并为一个曲面
	选取曲面上的点来辅助创建圆角
☐修剪	单击表示倒圆角后对曲面修剪

步骤 3：设置【曲面倒圆角】中圆角结果选项

在【曲面与曲面】选项对话框中，输入圆角半径值为“5”按回车键，单击【修剪】前的复选框“□”呈现“√”，如图 3-86 所示选项对话框，单击弹出如图 3-85 所示选项对话框，选中对话框中【两侧倒圆角】和修剪曲面选项中的【是】，单击确定得到如图 3-86 所示曲面。

步骤 4：保存文件

单击保存文件，选择保存文件的路径，输入文件名字，给对话框中“预览”前的框内点“√”，单击文件保存完毕。

（2）曲面倒圆角——【曲线与曲面】

【曲线与曲面】命令用于曲面和曲线之间产生的圆角，操作方法与【曲面与曲面】倒圆角命令的操作类似。先选曲面再选曲线，输入半径的值，确定即可。

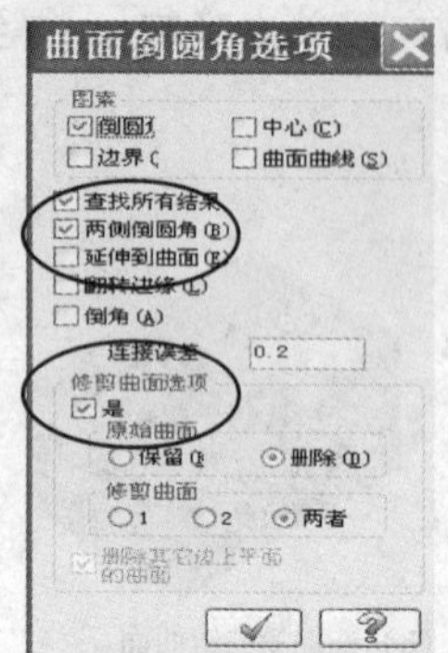

图 3-85 【曲面倒圆角选项】对话框

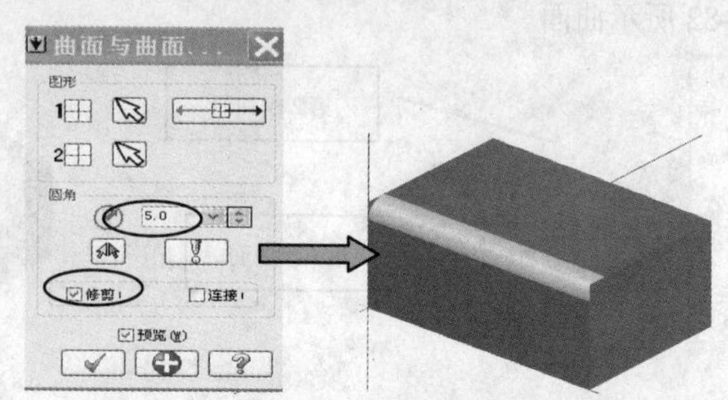

图 3-86 曲面与曲面倒圆角选项及预览图

【案例 3-13】 曲线与曲面倒圆角。

步骤 1：新建文件并绘制圆弧

打开 MasterCAM X6 软件新建文件，选定构图面为前视图，视角为前视角，构图深度 Z 为“–50”，单击【绘图】→【圆弧】→【极坐标圆弧】，绘制一个半径为“20”，选定中心放置在原点，起始角度为“0”，终止角度为“180”的半圆弧，单击确定☑。

步骤 2：绘制圆弧

构图深度 Z 为“50”，单击【绘图】→【圆弧】→【极坐标圆弧】，绘制一个半径为“20”，选定中心放置在原点，起始角度为“0”，终止角度为“180”的半圆弧，单击确定☑。中心放置在原点如图 3-87 所示。

步骤 3：创建举升曲面

切换构图面为俯视图，视角为等角视角，单击【绘图】→【曲面】→【举升曲面】，单击【举升曲面】对话框中的【单体】选取这两个圆弧生成曲面，单击确定☑着色后如图 3-88 所示。

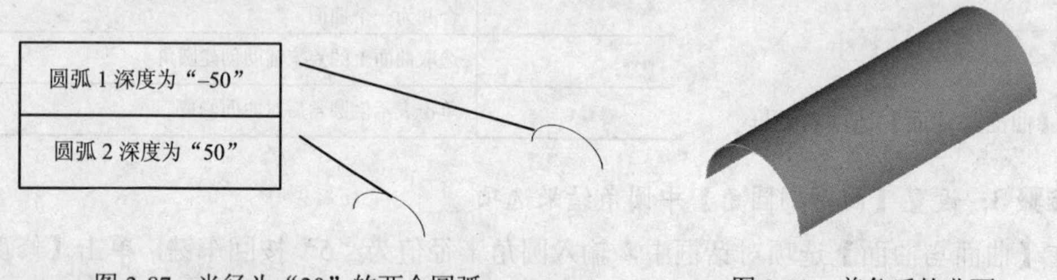

图 3-87 半径为“20”的两个圆弧　　图 3-88 着色后的曲面

步骤 4：绘制样条曲线

切换构图面为俯视图，构图深度 Z0，单击【绘图】→【曲线】→【手动画曲线】，绘制任意一条样条曲线如图 3-89 所示。

步骤 5：创建【曲线与曲面】倒圆角

切换视角为等角视角，构图面为俯视图，单击【绘图】→【曲面】→【曲面倒圆角】→【曲线与曲面】，选取图中半圆柱曲面按回车键，弹出【串连选项】对话框，单击确定☑，弹出【曲线与曲面倒圆角】选项对话框如图 3-90 所示，输入半径值“30”，单击【修剪】后，其他按系统默认框，单击确定☑生成曲面倒圆角。

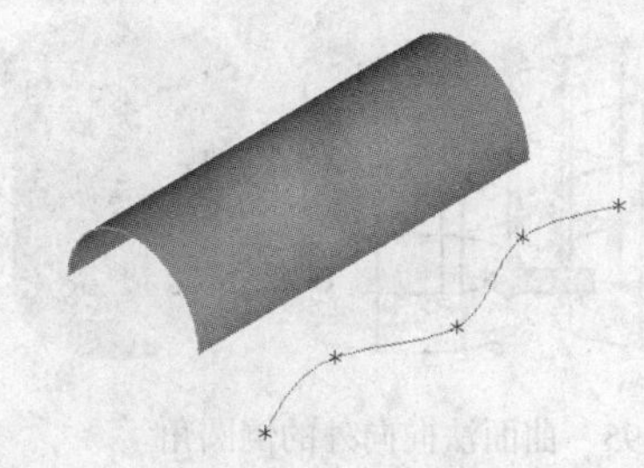
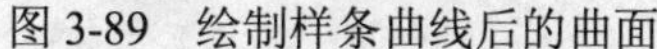

图 3-89　绘制样条曲线后的曲面

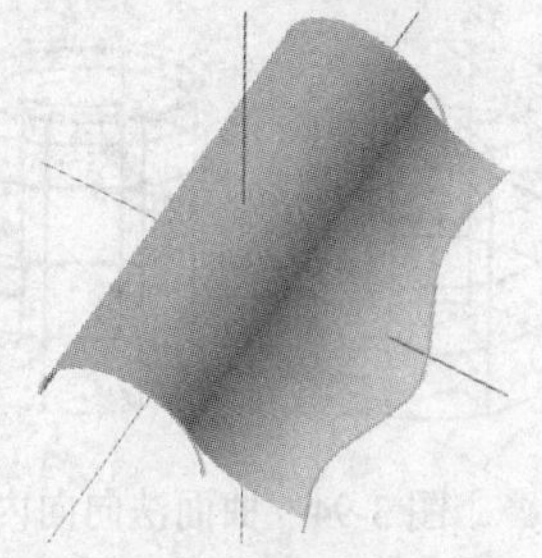

图 3-90　【曲线与曲面倒圆角】选项对话框及曲面

步骤 6：保存文件

单击保存文件，选择保存文件的路径，输入文件名字，给对话框中“预览”前的框内点“√”，单击文件保存完毕。

（3）曲面倒圆角——【曲面与平面】

【曲面与平面】命令用于曲面和平面之间产生的圆角，曲面圆角与所选取的曲面和平面具有相切的特征。

【案例 3-14】　曲面与平面倒圆角。

步骤 1：新建文件并创建圆柱体曲面

打开 MasterCAM X6 软件新建文件，选定构图面为俯视图，视角为等角视角，构图深度 Z 为“0”，单击【绘图】→【基本实体】→【画圆柱体】，弹出【圆柱体】对话框，选取坐标原点单击，确定圆柱体曲面圆心。单击对话框中的【曲面】，输入半径值为“20”按回车键，输入高度值“50”　按回车键，单击确定生成如图 3-91 所示的圆柱体曲面。

步骤 2：编辑曲面与平面倒圆角

单击【绘图】→【曲面】→【曲面倒圆角】→【曲面与平面】，选取图 3-91 中圆柱曲面按回车键，弹出【曲面与平面】选项对话框，同时还弹出【平面选择】选项对话框如图 3-92 所示。单击图标用选择图素的方式，选取图中圆柱体曲面的顶面，如图 3-93 所示的选中状态 ，有虚线状态下带箭头的虚拟平面，方向向下，若反向则单击换向图标换向，其他设置不变，在当前圆柱曲面法向指向内的状态下，在【曲面与平面】选项对话框中输入半径值“10”，再单击确定，生成如图 3-94 生成倒圆角后的圆柱体曲面（若单击切换【曲面与平面】选项对话框中的法向换向图标，再选取圆柱曲面单击后，在当前圆柱曲面法向指向外按回车键。在【曲面与平面】选项对话框中输入半径值“10”，单击换向图标换向，虚拟平面方向指向向上的状态下，再单击确定，生成如图 3-95 法线反向后的圆柱体倒圆角曲面）。

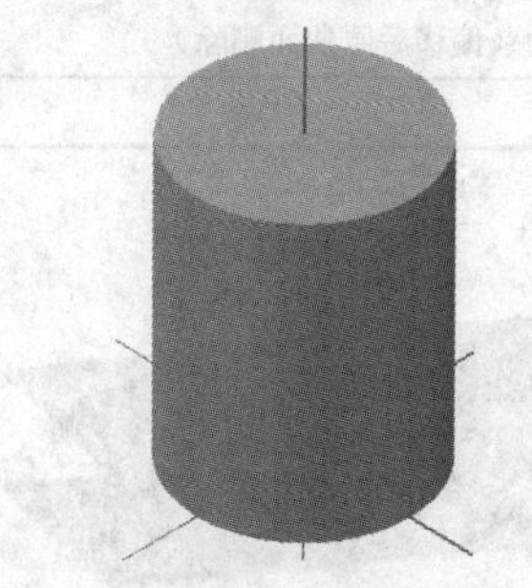

图 3-91　圆柱体曲面的创建

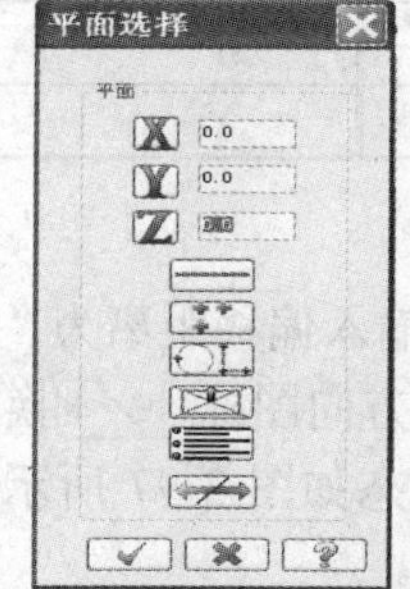

图 3-92　【平面选择】选项对话框

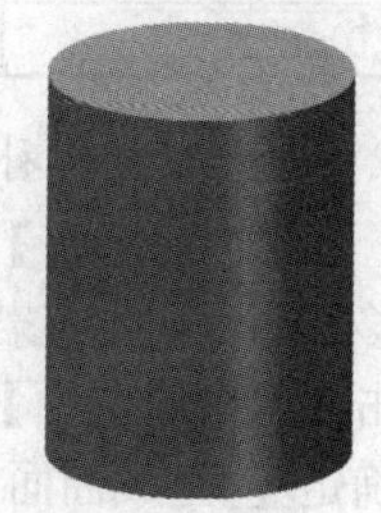

图 3-93　虚拟平面选中状态

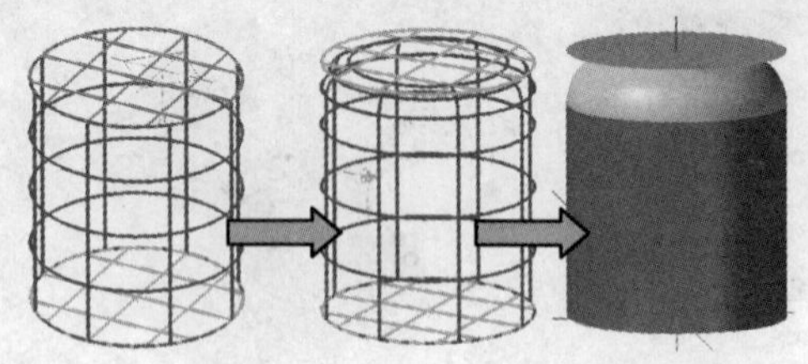

图 3-94 曲面法向向内的倒圆角

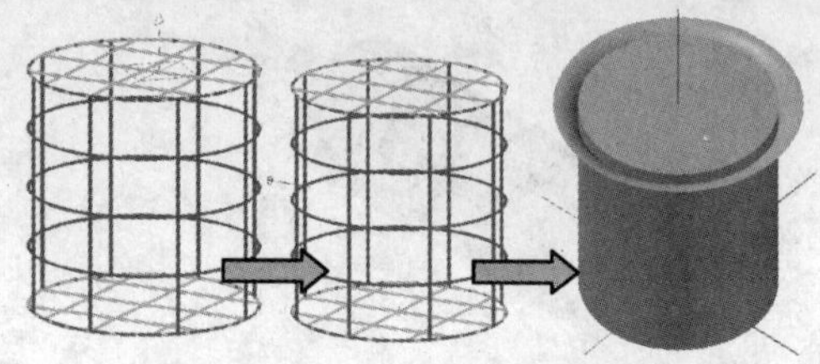

图 3-95 曲面法向向外的倒圆角

步骤 3：保存文件

单击保存文件，选择保存文件的路径，输入文件名字，给对话框中“预览”前的框内点“√”，单击文件保存完毕。

3.2.2 曲面偏置

曲面偏置是指将选定的曲面沿着法线的方向（方向可以变换选取）移动指定的距离，如果需要原来的曲面可以保留。举一个简单的例子来操作曲面偏置。

【案例 3-15】 曲面偏置创建。

步骤 1：新建文件并创建矩形

打开 MasterCAM X6 软件新建文件，选定构图面为俯视图，视角为俯视角，构图深度为 Z0，绘制一个长为 60 mm，宽为 20 mm 的矩形，选定矩形的中心放置在原点，如图 3-96 所示，操作步骤略。

步骤 2：创建矩形曲面

单击【绘图】→【曲面】→【举升曲面】→单击【单体】图标，选取矩形的两条对边，单击确定生成曲面。

图 3-96 矩形的几何对象

步骤 3：【曲面补正】工具条及按钮含义

将视角切换到等角视角，单击【绘图】→【曲面】→【曲面补正】，选取矩形曲面，弹出如图 3-97 所示的【曲面补正】命令工具条，其中各个按钮的含义见表 3-10 所示。

图 3-97 【曲面补正】命令工具条

表 3-10 【曲面补正】命令工具条各个按钮含义

按钮	含义	按钮	含义
	重新选取曲面	20.0	设置偏移距离
	单一切换		复制（偏移后保留原曲面）
	循环\下一个		移动（偏移后原曲面删除）
	切换方向		

步骤 4：创建补正后的曲面

在【曲面补正】命令工具条中，输入偏移距离为“20”，偏移方向，向上（若反向，单击切换方向图标换向），单击【保留原曲面】图标，工具条状态如图 3-97 所示，单击确定生成曲面，如图 3-98 所示。

图 3-98 曲面补正后的曲面

步骤 5：保存文件

单击保存文件，选择保存文件的路径，输入文件名字，给对话框中“预览”前的框内点“√”，单击☑文件保存完毕。

3.2.3　曲面修剪

【曲面修剪】命令可以利用曲面修剪曲面，可以用曲线修剪曲面，也可以用平面修剪曲面，命令如图 3-99 所示。

图 3-99 【曲面修剪】命令

（1）修整至曲面

利用一个典型实例操作【修整至曲面】命令。

【案例 3-16】利用曲面修整绘制图形。

步骤 1：新建文件并绘制椭圆

打开 MasterCAM X6 软件新建文件，选定构图面为俯视图，视角为俯视角，构图深度为 Z0，图层为第 1 层，单击【绘图】→【椭圆】，输入长轴值为“60”按回车键，短轴值为“30”按回车键，输入原点坐标（0,0,0）按回车键，单击确定☑，绘制如图 3-100 所示椭圆。

步骤 2：绘制圆弧及垂直线

切换构图面为前视图，视角为前视角，绘制一条垂直线，起点坐标为（0, 29, 0），按回车键，终点坐标为（0, 59, 0），按回车键，单击确定☑生成。单击【绘图】→【圆弧】→【两点画弧】，捕捉垂直线起点坐标点，输入终点坐标（20,49, 0）按回车键，输入圆弧半径“20”按回车键，单击确定☑，绘制如图 3-100 所示垂直线和圆弧。

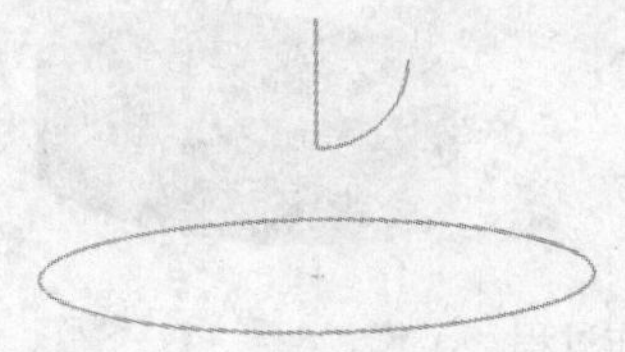

图 3-100　椭圆的几何对象

图 3-101　椭圆挤出曲面

图 3-102　椭圆和圆弧曲面

步骤 3：创建挤出曲面

切换视角为等角视角，在状态栏中的层别数值框中将“1”修改成“2”，按回车键，完成图层 2 切换，当前图层为第 2 层。单击【绘图】→【曲面】→【挤出曲面】，弹出【串连选项】对话框，按默认串连状态，单击图中的椭圆，输入挤出高度“38”按回车键，单击确定☑，删除椭圆的底平面（方便后面选取修剪曲面的保留区域），绘制如图 3-101 所示的椭圆曲面。

步骤 4：创建旋转曲面

单击【绘图】→【曲面】→【旋转曲面】，弹出【串连选项】对话框，单击单体图标▭，选取图中的圆弧，方向不限，起始角度为“0”按回车键，终止角度为“360”按回车键，单击确定☑，再选取图中的垂直线作为旋转轴，单击工具条中的确定☑，得到如图 3-102 所示的两组曲面。

步骤 5：修整曲面

单击【绘图】→【曲面】→【曲面修剪】→【修整至曲面】，选取第一组曲面“半径为 20 的圆弧旋转曲面”按回车键，选取第二组曲面“椭圆曲面的上顶面”按回车键，弹出【修整至曲面】命令的工具条如图 3-103 所示，其选项各个按钮的含义见表 3-11 所示。

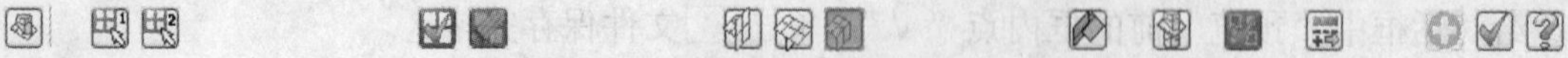

图 3-103 【修整至曲面】命令选项工具条

表 3-11 【修整至曲面】工具条各个按钮含义

图标	含义	图标	含义	图标	含义
	重新选取第一组曲面		1—修剪第 1 组曲面		分割模式
	重新选取第二组曲面		2—修剪第 2 组曲面		保留多区域
	保留—保留多余的曲面		两者—修剪两组曲面		使用当前的绘图属性
	删除—删除多余的曲面		延伸曲线到边界		

步骤 6：修剪曲面操作

按图 3-103 所示工具条选项设置后，单击第一组曲面要保留的部分，视图动态旋转曲面至底部可见圆弧球面，单击一次出现箭头，选定保留区域后，再单击一次确定。再选取第二组曲面即椭圆的上顶面被圆弧截得的外围，单击一次出现箭头，选定保留区域后，再单击一次确定。最后单击【修整至曲面】命令选项工具条的确定，得到修剪后的曲面，操作过程如图 3-104 所示。

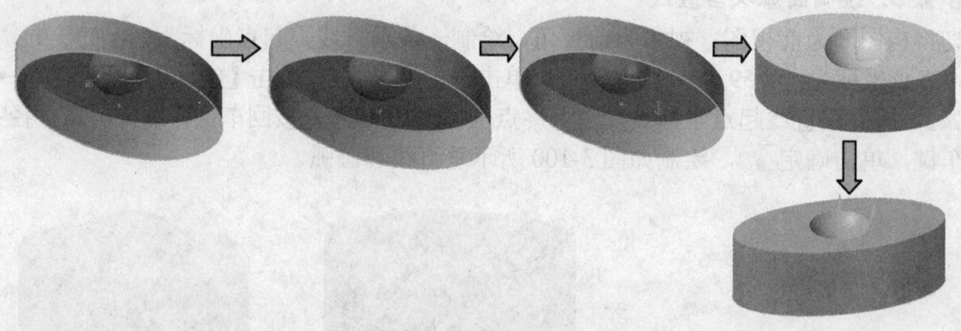

图 3-104 修剪两组曲面保留曲面的操作过程

步骤 7：保存文件

单击保存文件，选择保存文件的路径，输入文件名字，给对话框中“预览”前的框内点“√”，单击文件保存完毕。

（2）修整至曲线

利用一个典型实例操作【修整至曲线】命令。

【案例 3-17】利用圆修剪矩形曲面

步骤 1：新建文件并绘制矩形

打开 MasterCAM X6 软件新建文件，选定构图面为俯视图，视角为俯视角，构图深度为 Z0，单击【绘图】→【矩形】，输入长度值为“60”按回车键，宽度值为“30”按回车键，输入原点坐标（0,0,0），按回车键，单击确定。

步骤 2：绘制圆

切换至等角视角，构图深度为 Z20，单击【绘图】→【圆】，绘制一个半径为“10”，中心放置在原点的圆。

步骤 3：创建举升曲面

单击【绘图】→【曲面】→【举升曲面】，弹出【串连选项】对话框，单击单体图标，分别选取图形中矩形的两条对边，要求同方向同起点，单击选项对话框中的确定☑，生成如图 3-105 所示的曲面和圆的线框。

步骤 4：利用曲线修剪曲面

单击【绘图】→【曲面】→【曲面修剪】→【修整至曲线】，选取矩形曲面按回车键，弹出【串连选项】对话框，按当前默认串连方式，选取图形圆，显示【修整至曲线】命令的工具条如图 3-106 所示，其选项按钮含义见表 3-12 所示。参数设置按照图 3-106 所示。

图 3-105　创建矩形面和圆　　　　图 3-106 【修整至曲线】命令的工具条

表 3-12 【修整至曲线】命令工具条中各个按钮的含义

	重新选取曲面	2.0	方向线（修剪结果垂直于曲面）
	重新选择曲线		延伸曲线到边界
	保留		分割模式
	删除		保留多区域
	视角（修剪结果垂直于当前构图面）		使用当前的绘图属性

步骤 5：修剪至曲面操作

单击矩形曲面要保留的部分，被圆的曲线截得的外围，单击一次出现箭头，选定保留区域后，再单击一次确定。单击【修剪至曲面】命令选项工具条的确定☑，得到修剪后的曲面，操作过程如图 3-107 所示。

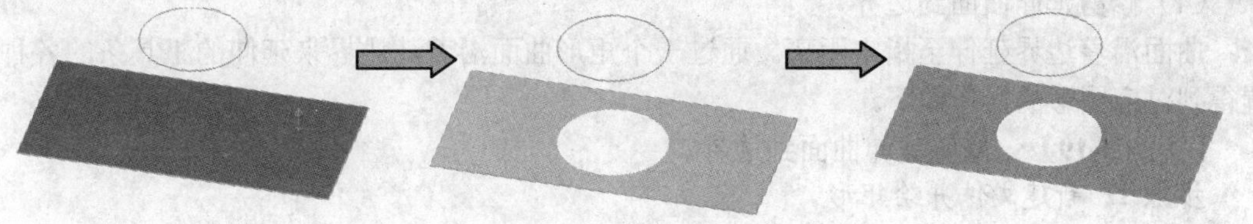

图 3-107　曲线修剪曲面的保留曲面操作过程

步骤 6：保存文件

单击保存文件，选择保存文件的路径，输入文件名字，给对话框中“预览”前的框内点“√”，单击☑文件保存完毕。

（3）修整至平面

这是曲面被一个平面（虚拟的或实际存在的）截为两段并保留其中一段的操作。例如在圆柱面上进行修剪至平面操作。

【案例 3-18】　利用虚拟平面修剪曲面。

步骤 1：新建文件并绘制圆

打开 MasterCAM X6 软件新建文件，选定构图面为俯视图，视角为俯视角，构图深度为

Z0，单击【绘图】→【圆】，绘制一个半径为“10”，中心放置在原点的圆。

步骤 2：创建牵引曲面

单击【绘图】→【曲面】→【牵引曲面】，在工具条中输入牵引长度 60，其他设置不变，按系统默认，单击确定☑，生成圆柱曲面，如图 3-108 所示。

步骤 3：修整至平面

单击【绘图】→【曲面】→【曲面修剪】→【修整至平面】，选取图中的圆柱曲面按回车键，弹出修整曲面【平面选择】选项对话框，在 Z 坐标处输入数值“25”按回车键。出现与 XOY 平面平行的虚拟平面来截取圆柱曲面，虚拟平面箭头指向的方向为曲面保留的方向（若方向不同则单击换向图标换向），如图 3-109 所示。单击【平面选择】选项对话框中的确定☑，生成图 3-110 修剪后的圆柱曲面。

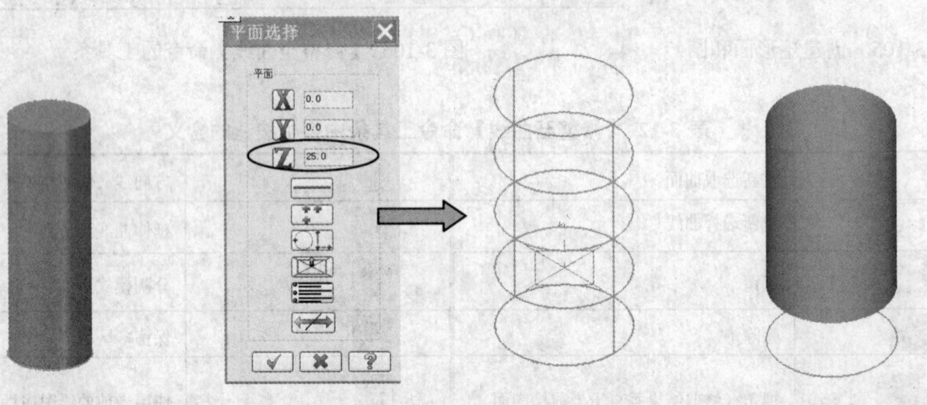

图 3-108　挤出曲面　　图 3-109 【平面选择】选项修剪曲面方向　　图 3-110　修剪后的圆柱曲面

步骤 4：保存文件

单击保存文件💾，选择保存文件的路径，输入文件名字，给对话框中“预览”前的框内点“√”，单击☑文件保存完毕。

（4）修剪延伸曲面到边界

曲面沿着边界延伸至指定距离。通过一个矩形曲面沿着其边界来延伸的工具条的各种设置得到对应图形的操作如下。

【案例 3-19】　修剪延伸曲面到边界。

步骤 1：新建文件并绘矩形

打开 MasterCAM X6 软件新建文件，选定构图面为俯视图，视角为俯视角，构图深度为 Z0，单击【绘图】→【矩形】，输入长度值为“60”按回车键，宽度值为“30”按回车键，输入原点坐标（0,0,0）按回车键，单击确定☑。

步骤 2：创建举升曲面

单击【绘图】→【曲面】→【举升曲面】，弹出【串连选项】对话框，单击单体图标⟋，分别选取图形中矩形的两条对边，单击选项对话框中的确定☑，生成如图 3-111 所示的曲面。

步骤 3：修剪延伸曲面到边界操作

切换至等角视角，单击【绘图】→【曲面】→【修剪延伸曲面到边界】，得到如图 3-112 所示工具条，在图中选取侧边线的一个端点单击，如图 3-113（a）所示，再选取该边的另一个端点单击，如图 3-113（b）所示，输入延伸距离为“5”线框。不含倒圆角延伸，单击工具条中的确定☑，得到如图 3-113（c）所示延伸后的曲面。

图 3-111　创建矩形曲面

图 3-112　【修剪延伸曲面到边界】工具条

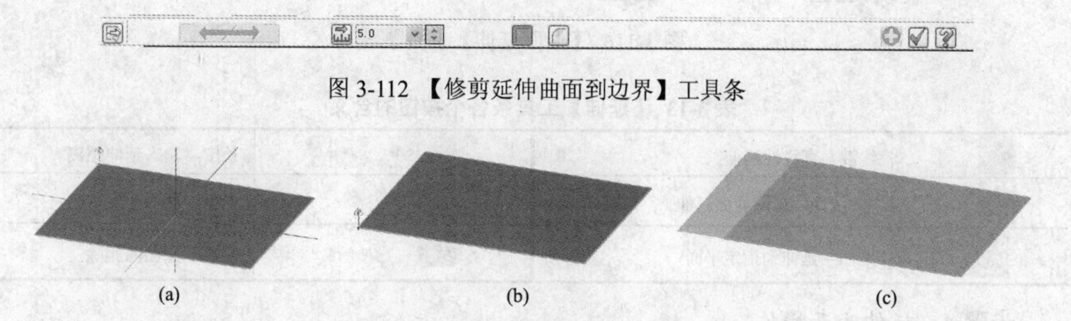

图 3-113　修剪延伸曲面到边界选取边界操作

若改变图 3-112 工具条中的设置选项，单击边界的两个点，将延伸方向切换图标单击反向，单击图标且将延伸曲面倒圆角后，得到如图 3-114 的曲面。

图 3-114　改变选项设置后的延伸曲面

步骤 4：保存文件

单击保存文件，选择保存文件的路径，输入文件名字，给对话框中“预览”前的框内点“√”，单击文件保存完毕。

（5）延伸

这里的延伸指曲面延伸，将曲面顺着曲面的边界延伸到指定的距离或延伸到指定的平面。

【案例 3-20】 曲面编辑将曲面延伸。

步骤 1：新建文件并绘制矩形

打开 MasterCAM X6 软件新建文件，选定构图面为俯视图，视角为俯视角，构图深度为 Z0，单击【绘图】→【矩形】，输入长度值为“60”按回车键，宽度值为“30”按回车键，输入原点坐标（0,0,0）按回车键，单击确定。

步骤 2：创建举升曲面

单击【绘图】→【曲面】→【举升曲面】，弹出【串连选项】对话框，单击单体图标，分别选取图形中矩形的两条对边，单击选项对话框中的确定，生成如图 3-115 所示的曲面。

图 3-115　矩形曲面的创建

步骤 3：曲面编辑延伸曲面

切换至等角视角，单击【绘图】→【曲面】→【延伸】，得到如图 3-116 所示工具条，其各个按钮的含义见表 3-13 所示。选项栏设置如图 3-116 所示，线性延伸，长度输入值“15”，删除原曲面状态。

图 3-116 【曲面延伸】工具条

表 3-13 【延伸】工具条各个按钮的含义

	线性—直线性延伸	15.0	长度—输入延伸距离
	非 线性—沿原曲面延伸		保留—原曲面保留
	平面—延伸到指定平面		删除—原曲面删除

步骤 4：延伸曲面操作

在图中选取左侧边线单击，出现如图 3-117 所示箭头，输入延伸距离为“15”按回车键，其他按系统默认设置，单击工具条中的确定，得到如图 3-118 所示延伸后的曲面。

图 3-117 修剪延伸曲面到边界选取边界操作

图 3-118 延伸后的曲面

步骤 5：保存文件

单击保存文件，选择保存文件的路径，输入文件名字，给对话框中“预览”前的框内点“√”，单击文件保存完毕。

（6）平面修剪

【平面修剪】命令是将已有平面内封闭的线形创建成曲面。

【案例 3-21】 利用多个线框修整平面。

步骤 1：新建文件并绘制矩形

打开 MasterCAM X6 软件新建文件，选定构图面为俯视图，视角为俯视角，构图深度为 Z0，单击【绘图】→【矩形】，输入长度值为“60”按回车键，宽度值为“30”按回车键，输入原点坐标（0,0,0）按回车键，单击确定。

步骤 2：绘制不相交的圆

在矩形内绘制 3 个不相交的圆，半径可自定义，但不可超出矩形边界，如图 3-119 所示。

步骤 3：平面修整矩形

单击【绘图】→【曲面】→【平面修剪】，弹出【串连选项】对话框，串连选取图形中矩形的四条边，单击选项对话框中的确定，生成如图 3-120 所示的曲面。

步骤 4：矩形和圆 1 平面修整

单击【平面修剪】工具条中图标，重新选取串连图素，弹出【串连选项】对话框，串连选取单击矩形及圆 1，方向不限，单击选项对话框中的确定，生成如图 3-121 所示的曲面。单击工具条中的返回按钮，图形回复平面修剪前的线框状态。

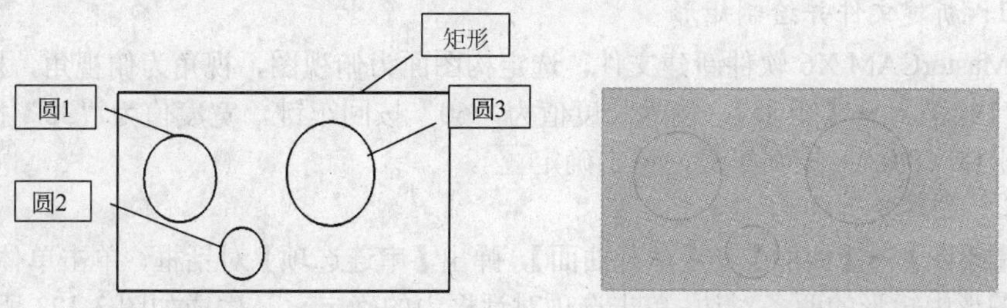

图 3-119　矩形及圆的创建　　图 3-120　串连选取矩形生成曲面

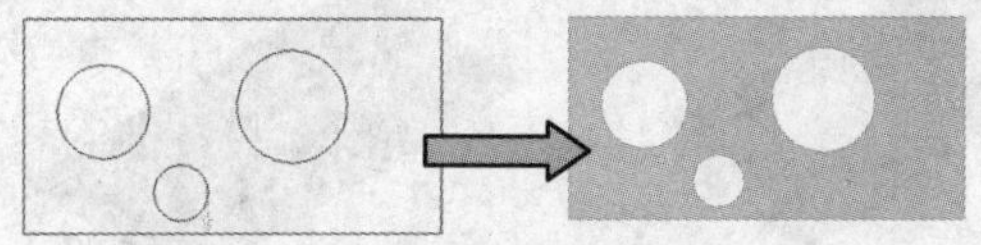

图 3-121　选取矩形和圆 1 后的曲面

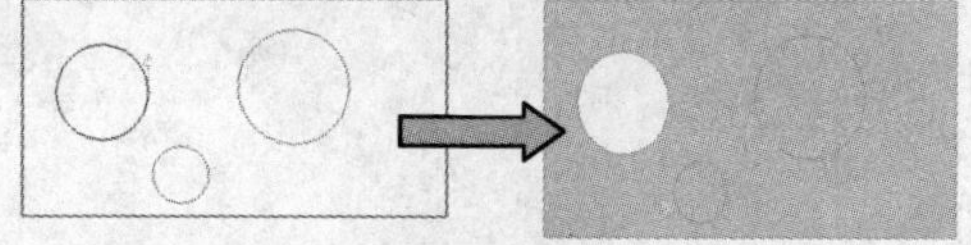

图 3-122　选取所有的图素后的曲面

步骤 5：矩形和圆 1、圆 2、圆 3 平面修整

单击【平面修剪】工具条中图标，重新选取串连图素，弹出【串连选项】对话框，串连选取单击矩形、圆 1、圆 2、圆 3，方向不限，单击选项对话框中的确定，生成如图 3-122 所示的曲面。

步骤 6：保存文件

单击保存文件，选择保存文件的路径，输入文件名字，给对话框中"预览"前的框内点"√"，单击文件保存完毕。

（7）由实体生成曲面

【由实体生成曲面】命令是将已有的实体面创建成曲面，可以对实体主体来操作，也可以实体面操作生成曲面。

（8）填补内孔

【填补内孔】命令用于填补曲面或实体中的孔，操作方法是选取所需的曲面或实体面移动箭头到所需边界。

（9）恢复到边界

【恢复到边界】命令用于移除修剪的曲面边界。与填补内孔相比，不同之处在于，填补内孔曲面与原曲面各自独立，而恢复到边界命令移除边界产生的曲面与原曲面为一个整体。

（10）分割曲面

【分割曲面】命令用于对曲面进行横向或纵向的分割，进而生成两个曲面。横向与纵向分割通过切换方向按钮来选择。

（11）恢复修剪

【恢复修剪】命令将修剪或分割的曲面恢复为原来的曲面，通过该命令工具条中的【保留】和【删除】按钮来选择保留和删除修剪曲面。

3.2.4　曲面熔接

（1）两曲面熔接

【两曲面熔接】命令用于在两个曲面之间产生熔接曲面，熔接曲面与原两个曲面之间保持光滑的相切状态。

【案例 3-22】 利用两个矩形曲面进行两曲面熔接。

步骤 1：新建文件并绘制矩形

打开 MasterCAM X6 软件新建文件，选定构图面为俯视图，视角为俯视角，构图深度为 Z0，单击【绘图】→【矩形】，输入长度值为“60”按回车键，宽度值为“30”按回车键，输入原点坐标（0,0,0）按回车键，单击确定。

步骤 2：创建举升曲面

单击【绘图】→【曲面】→【举升曲面】，弹出【串连选项】对话框，单击单体图标，分别选取图形中矩形的两条对边，单击选项对话框中的确定，生成如图 3-123 所示的曲面。

图 3-123 矩形曲面的创建　　　　图 3-124 平移后的曲面

步骤 3：单击主菜单【转换】→【平移】，窗选图中的所有图素按回车键，弹出【平移】选项对话框，单击复制状态，输入 X 坐标“80”按回车键，再输入 Y 坐标“30”按回车键，单击确定。再窗选平移后矩形的所有图素，弹出【平移】选项对话框，单击移动状态，输入 Z 坐标“20”按回车键，单击确定，得到如图 3-124 所示平移后曲面。

步骤 4：单击菜单中的【绘图】→【曲面】→【两曲面熔接】，弹出【两曲面熔接】选项对话框如图 3-125 所示，其按钮含义见表 3-14 所示。

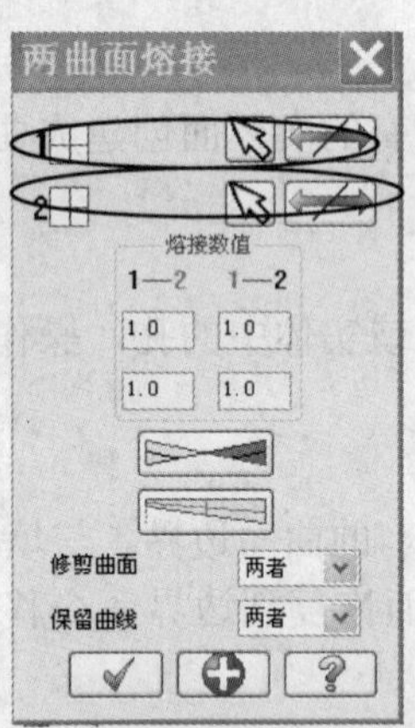

图 3-125 【两曲面熔接】选项对话框

表 3-14 【两曲面熔接】选项对话框各个按钮含义

1	选择第一组曲面—重新选择第一组曲面（可换向）		更改端点—改变曲面熔接位置
2	选择第二组曲面—重新选择中二组曲面（可换向）	修剪曲面 两者	用于设置曲面熔接后修剪方式
	扭转—切换两曲面熔接对应点	保留曲线 两者	用于设置曲面熔接后是否在熔接处产生曲线

步骤 5： 两曲面熔接操作

单击放置在原点的“矩形”曲面后出现箭头，将移动箭头移至开始熔接的位置，单击矩形的右侧边。单击平移后的“矩形”的曲面后出现箭头，将移动箭头移至开始熔接的位置，单击矩形的左侧边，呈现扭曲的曲面，单击选项对话框中的【扭转】图标，单击确定，得到如图 3-126 所示的熔接曲面。

图 3-126　两曲面熔接

步骤 6： 保存文件

单击保存文件，选择保存文件的路径，输入文件名字，给对话框中“预览”前的框内点“√”，单击文件保存完毕。

（2）三曲面熔接

【三曲面熔接】命令用于在三个曲面之间产生熔接曲面，熔接曲面与原三个曲面之间保持光滑的相切状态。

（3）三角圆角曲面熔接

【三角圆角曲面熔接】命令用于在三个圆角曲面之间产生一熔接曲面，将三个圆角曲面保持光滑的相切状态。

3.3　曲面曲线的创建

曲面曲线的创建就是从已经有的曲面上提取出所需要的曲线，该曲线为三维曲线，故把曲面曲线又称为空间曲线。菜单功能如图 3-127 所示。

如果已有曲面可采用【曲面曲线】的菜单功能中的多种方法创建曲线，则创建曲面曲线的对象不局限于曲面，也可以在实体面上创建，曲面曲线命令中有很多选择曲面的提示，菜单中都有实体面的选项，允许选择实体表面。

利用之前学习过的创建曲面方法创建如图 3-128 所示的曲面。

下面利用该曲面创建曲面曲线，逐个介绍各类曲面曲线的绘制方法。

单一边界(O)...
所有曲线边界(A)
缀面边线(C)...
曲面流线(F)...
动态绘曲线(D)...
曲面剖切线(S)...
曲面曲线(U)
分模线(P)...
曲面交线(I)...

图 3-127 “曲面曲线”的位置及功能

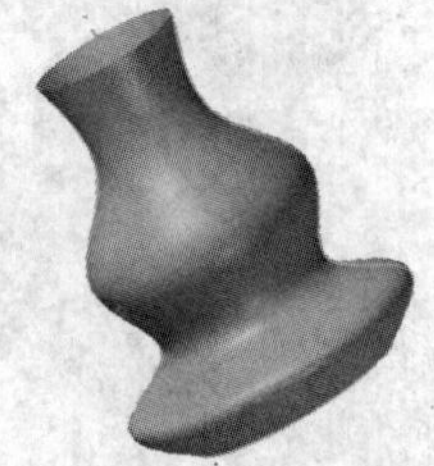

图 3-128　利用旋转曲面方法创建一个练习曲面

（1）单一边界

曲面通常是有边界的，而且可能有多个边界，“单一边界”命令可以绘制一条边界线，由使用者来确定是哪一条。

【案例 3-23】 单一边界的绘制。

步骤 1：新建文件并绘制如图 3-128 所示曲面

打开 MasterCAM X6 软件新建文件，选定构图面为俯视图，视角为俯视角，构图深度为 Z0，绘制如图 3-128 所示的旋转曲面，操作略。

步骤 2：删除线框

切换构图面为俯视，单击【删除】命令，对象选择【全部】，弹出对话框，单击对话框中【线架构】前的复选框“□”，如图 3-129 所示的设置，再单击确定，生成如图 3-130 所示曲面。

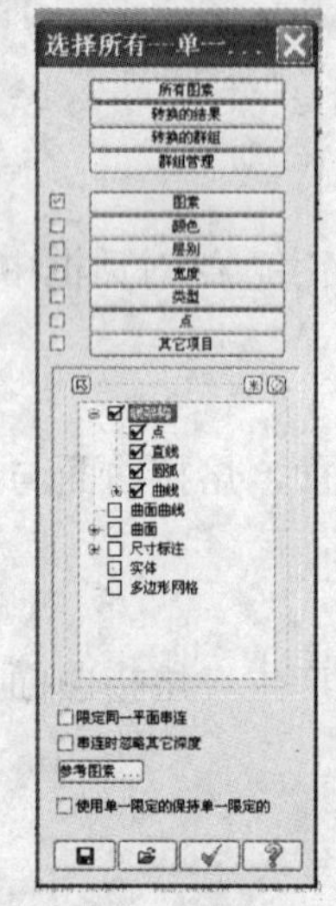

图 3-129 删除边界后的曲面

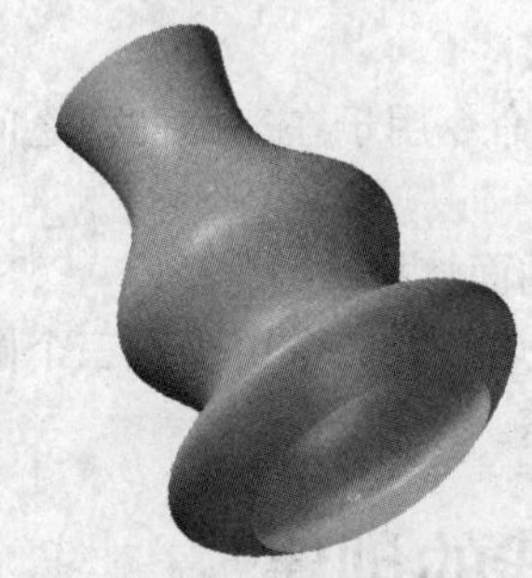

图 3-130 删除所有线架构后的曲面

步骤 3：【单一边界】操作

单击主菜单中的【绘图】→【曲面曲线】→【单一边界】，弹出边界工具条。单击图中的曲面，出现可移动的箭头，将箭头移动至边界的位置如图 3-131 所示，再用鼠标单击此位置，此时图面出现一条边界线如图 3-132 所示，单击确定。

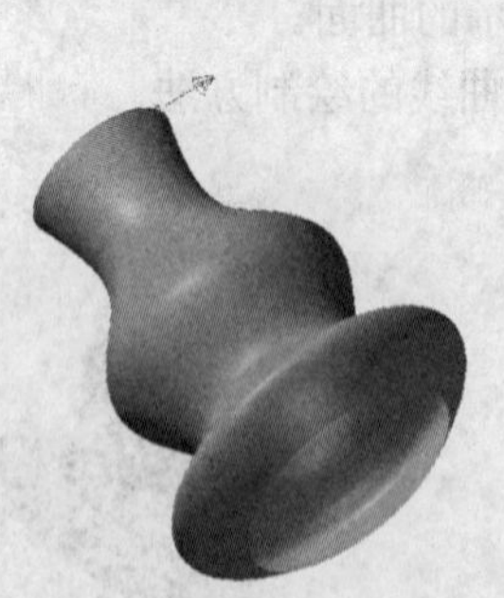

图 3-131 曲面单一边界线单击

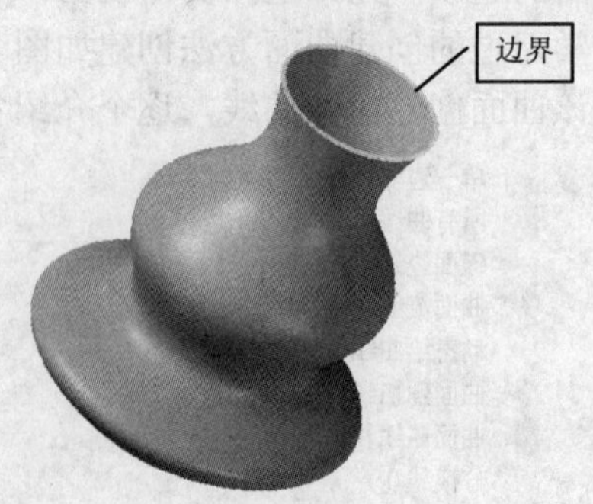

图 3-132 生成单一边界的曲面

步骤 4：保存文件

单击保存文件，选择保存文件的路径，输入文件名字，给对话框中“预览”前的框内点“√”，单击文件保存完毕。

（2）所有曲线边界

【所有曲线边界】命令用于产生曲面的所有边界。单击【绘图】→【曲面】→【曲面曲线】→【所有曲线边界】命令，系统提示选择要产生所有边界的曲面，选择曲面后，单击即可产生其曲面边界。

（3）缀面边线

前面介绍网状曲面的创建时，可以将一个曲面认为是由许多小曲面（缀面）光滑地连接起来的，并且每个缀面有四个边是封闭的，与周围缀面是共有的，缀面边线的命令就是可以实现自动将这些缀面边线画出来，只有参数式曲面才能画出缀面边界曲线。

（4）曲面流线

曲面流线就像衣服上纵横交错的纤维线一样，用于产生曲面上所有横向或纵向方向的曲面流线。选择产生曲线的数量和质量，然后在绘图区域选择一个曲面，即可产生曲面流线并保持可编辑状态。

（5）动态绘曲线

【动态绘曲线】命令用于在曲面上动态选择点来产生经过所选点的曲线。当选择曲面后，一个动态箭头提示选择曲线要经过的点，想要结束曲线创建，可以在最后一个点双击鼠标或按回车键确定。

（6）曲面剖切线

【曲面剖切线】命令用于产生平面与曲面的相交曲线或平面与曲线的相交点。

（7）曲面曲线

【曲面曲线】命令用于将选择的曲线转换为曲面曲线。

（8）分模线

【分模线】命令用于产生指定构图面上的最大投影线，即分模线。

（9）曲面交线

【曲面交线】命令用于产生两个相交曲面的相交线。

3.4　综合实例

综合实例 1　按图 3-133 所示尺寸绘制曲面。

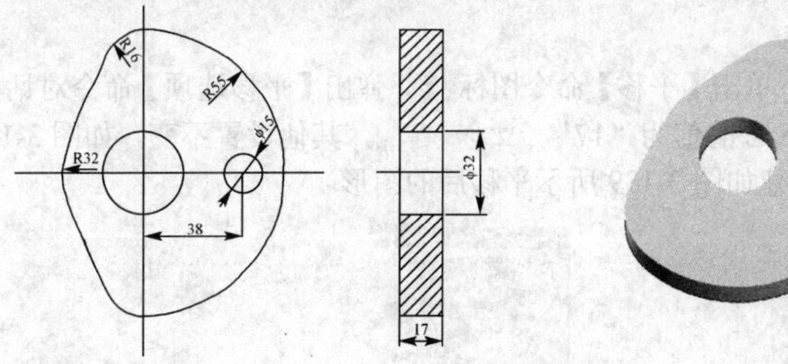

图 3-133　综合实例 1

步骤 1： 新建文件并创建圆

打开 MasterCAM X6 软件新建文件，当前图层为 1，选定构图面为俯视图，视角为俯视角，构图深度为 Z0，按 F9 键呈现坐标系。单击主菜单【绘图】→【绘弧】→【已知圆心点画圆】弹出工具条，输入半径“55”按回车键，捕捉坐标系原点。单击按钮，输入半径“32”

按回车键，捕捉坐标系原点。单击按钮，输入直径“32”按回车键，捕捉坐标系原点。单击按钮，输入直径“15”按回车键，按空格键输入坐标（38,0,0），单击工具条中确定，创建如图 3-134 所示的四个圆。

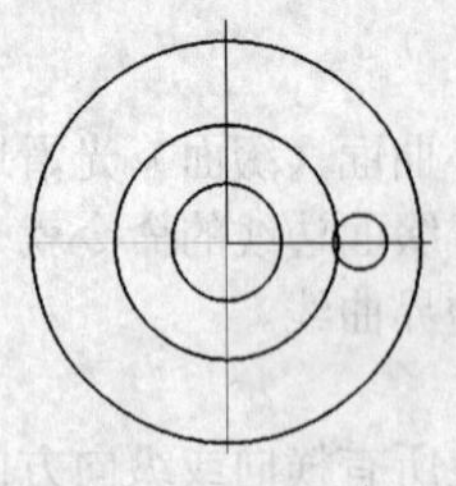
图 3-134　圆的创建

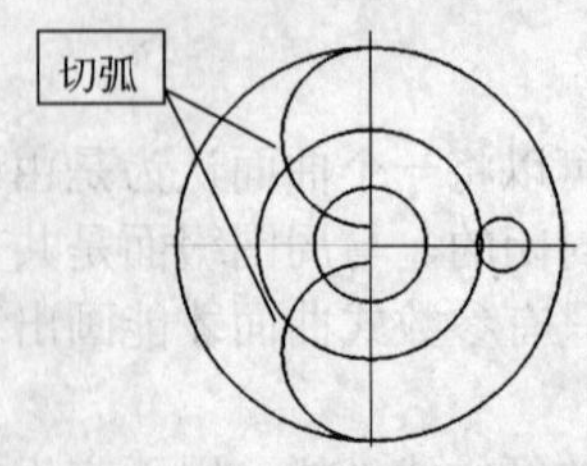

图 3-135　两个切弧的绘制

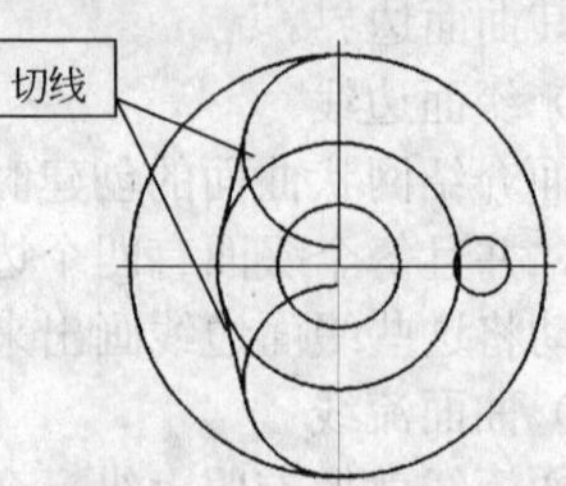

图 3-136　绘制两弧切线

步骤 2：绘制切弧

单击切弧图标，弹出切弧工具条，单击切单一物体图标，输入半径“16”按回车键，单击半径为“55”圆并捕捉该圆的“90°”等分位点，选取要保留的圆弧。单击半径为“55”圆并捕捉该圆的“270°”等分位点，选取要保留的圆弧，单击工具条中确定，创建如图 3-135 所示的两个切弧。

步骤 3：绘制切线

单击直线图标，弹出绘制直线工具条，单击切线图标，捕捉上面半径为“16”的切弧和半径为“32”的圆，再捕捉下面半径为“16”的切弧和半径为“32”的圆，单击工具条中确定，创建如图 3-136 所示的两弧切线。

步骤 4：修剪多余线条

单击修剪命令图标，弹出修剪选项工具条，单击单一物体修剪图标，单击选取要修剪的上面半径为“16”的圆弧，修剪到上面的切线，单击选取要修剪的下面半径为“16”的圆弧，修剪到下面的切线；单击选取要修剪的半径为“32”的圆弧，修剪到上面切线，单击要修剪的半径为“32”的圆弧，修剪到下面切线；修剪半径为“55”的圆到上面半径为“16”的圆弧。单击两个物体修剪图标，当前状态为延伸状态，单击修剪后的半径为“55”的圆弧的右侧，单击要延伸到下面半径为“16”的圆弧的右侧端点，单击工具条中确定，得到如图 3-137 所示曲线。

步骤 5：平移线框

窗选所有的图素，单击【平移】命令图标，弹出【平移选项】命令对话框，单击复制状态，在直角坐标处输入 Z 的值为“17” ΔZ 17.0，其他设置不变，如图 3-138 所示，单击工具条中确定，创建如图 3-139 所示平移后的图形。

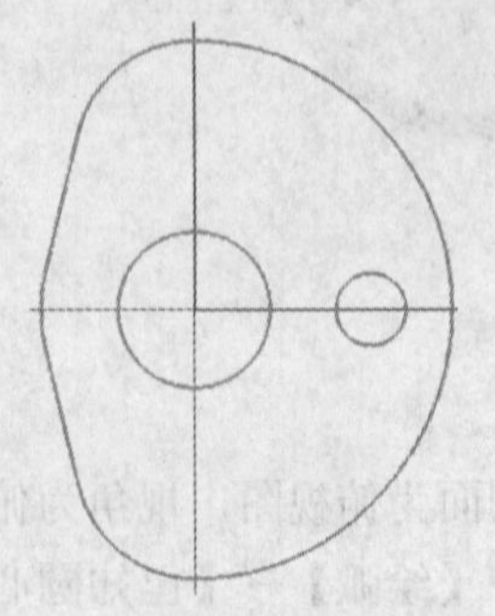
图 3-137　修剪后的图形

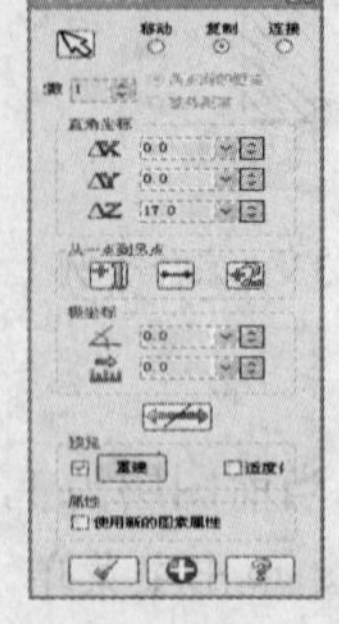

图 3-138　【平移选项】对话框

图 3-139　平移后的图形

步骤 6：切换图层并创建直径为“15”的孔的举升曲面

将图层切换到 2，单击工具栏中【直纹/举升曲面】命令的图标，弹出对话框【串连选项】，串连选取单击原直径为“15”的圆再单击平移后的图形，要求“同起点、同方向”，若方向相反可单击【串连选项】中换向图标，改变串连方向即可，单击确定，弹出【直纹/举升曲面】工具条，单击举升曲面图标，单击确定，曲面着色单击图标或按 ALT+S 键，得到曲面如图 3-140 所示。

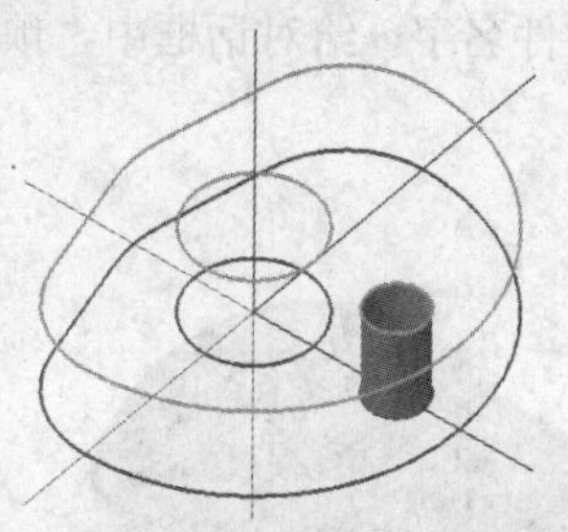

图 3-140　直径为“15”圆的举升曲面创建

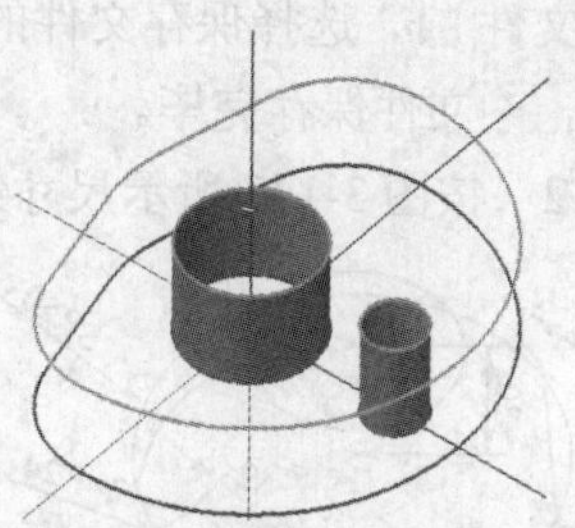

图 3-141　直径为“32”圆的举升曲面创建

步骤 7：切换图层并创建直径为“32”的孔的举升曲面

单击工具栏中【直纹/举升曲面】命令的图标，弹出对话框【串连选项】，串连选取单击原直径为“32”的圆再单击平移后的图形，要求“同起点、同方向”，若方向相反可单击【串连选项】中换向图标，改变串连方向即可，单击确定，弹出【直纹/举升曲面】工具条，单击举升曲面图标，单击确定，曲面着色单击图标或按 ALT+S 键，得到曲面如图 3-141 所示。

步骤 8：切换图层并创建外轮廓的举升曲面

单击工具栏中【直纹/举升曲面】命令的图标，弹出对话框【串连选项】，串连选取单击原曲线轮廓半径为“55”的“0°”等分位点，再单击平移后该点，要求“同起点、同方向”，若方向相反可单击【串连选项】中换向图标，改变串连方向即可，单击确定，弹出【直纹/举升曲面】工具条，单击举升曲面图标，单击确定，曲面着色单击图标或按 ALT+S 键，得到曲面如图 3-142 所示。

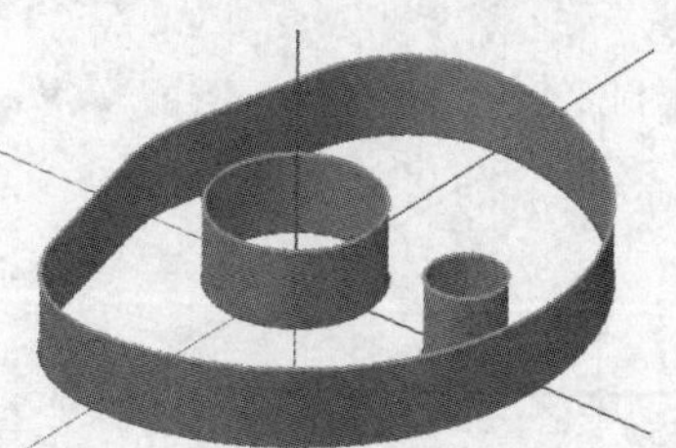

图 3-142　曲线围成的曲面

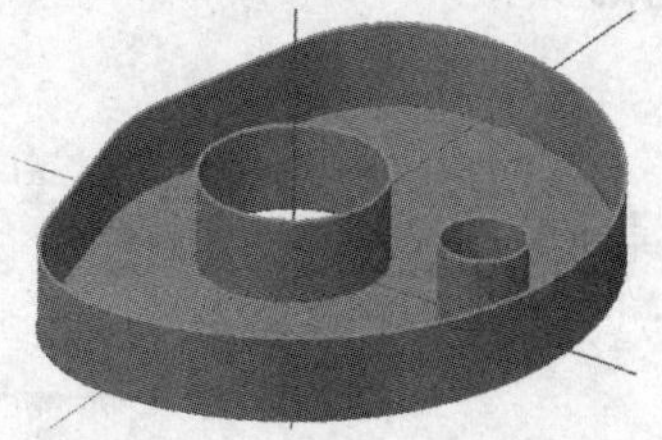

图 3-143　平面修剪底部曲面

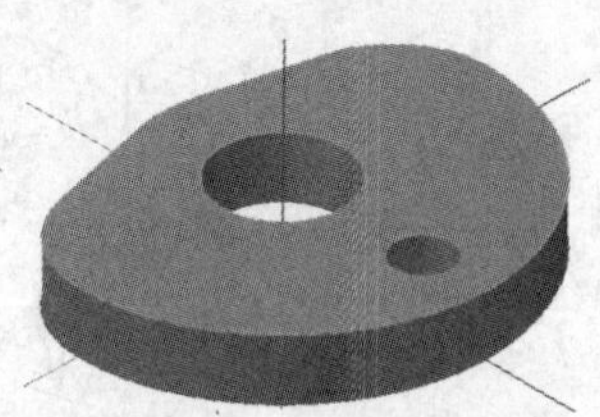

图 3-144　平面修剪后的顶部曲面

步骤 9：平面修整底面

单击工具栏中【绘图】→【曲面】→【平面修剪】命令，弹出对话框【串连选项】，将图形动态旋转至方便串连选取单击原曲线轮廓半径为“55”的“0°”等分位点，单击直径为“32”的圆，最后单击直径为“15”的圆，方向顺逆时针不要求，单击确定，弹出【平面修剪】命令工具条，单击确定，得到如图 3-143 所示平面修剪后的曲面。

步骤 10：平面修整顶面

单击工具栏中【绘图】→【曲面】→【平面修剪】命令，弹出对话框【串连选项】，将图形动态旋转至方便串连选取单击平移后曲线轮廓半径为“55”的“0°”等分位点，单击直径为“32”的圆，最后单击直径为“15”的圆，方向顺逆时针不要求，单击确定☑，弹出【平面修剪】命令工具条，单击确定☑，得到如图 3-144 所示平面修剪后的曲面。

步骤 11：保存文件

单击保存文件💾，选择保存文件的路径，输入文件名字，给对话框中“预览”前的框内点“√”，单击☑文件保存完毕。

综合实例 2　按图 3-145 所示尺寸绘制曲面。

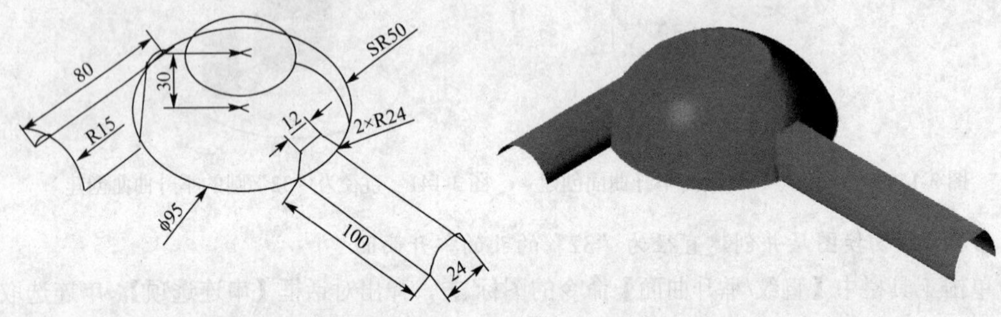

图 3-145　综合实例 2

步骤 1：新建文件并绘制直径为“95”的底圆

打开 MasterCAM X6 软件新建文件，当前图层为 1，选定构图面为俯视角，视角为俯视角，构图深度为 Z0，按 F9 键呈现坐标系。单击主菜单【绘图】→【绘弧】→【已知圆心点画圆】，弹出工具条，输入直径“95”按回车键，捕捉坐标系原点，单击工具条中确定☑，创建如图 3-146 所示的圆。

步骤 2：绘制半径为“50”的圆弧

切换到前视图，单击两点画弧图标，弹出两点画弧工具条，单击图中底圆左侧投影点，再单击底圆右侧投影点，在近似圆弧位置单击，输入半径“50” 按回车键，单击工具条中确定☑，得到如图 3-147 所示圆弧。

图 3-146　绘制直径为“95”的圆　　　　图 3-147　绘制半径为“50”的圆弧

步骤 3：绘制与半径“50”圆弧相切，半径为“15”的切弧

单击切弧图标，弹出切弧工具条，单击切单一物体图标，输入半径“15”按回车键，单击半径为“50”圆并单击该圆左侧端点，选取要保留的圆弧，单击工具条中确定☑，创建如图 3-148 所示的切弧。

步骤 4：绘制水平线为辅助线且修剪并删除多余线条

单击直线图标，单击水平线图标，输入高度为“0”，在图中绘制一条任意长度的水平线。单击修剪命令图标，弹出修剪选项工具条，单击单一物体修剪图标，单击选取要修剪的半径为“15”的圆弧，修剪到水平线，单击工具条中确定。选取水平线单击删除图标，删除该辅助线，得到如图 3-149 所示曲线。

步骤 5：绘制一条距底面高为“30”的水平线

单击直线图标，单击水平线图标，输入高度为“30”按回车键，在图中绘制一条任意长度的水平线；单击垂直线图标，输入高度为“0”按回车键，单击工具条中确定，得到如图 3-150 所示曲线。

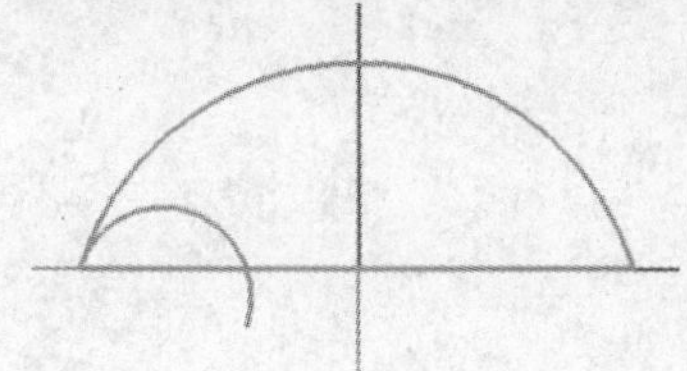

图 3-148 绘制半径为“15”的切弧

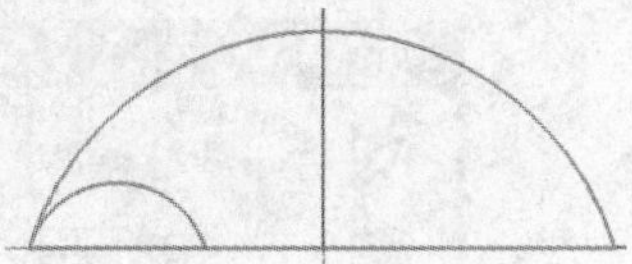

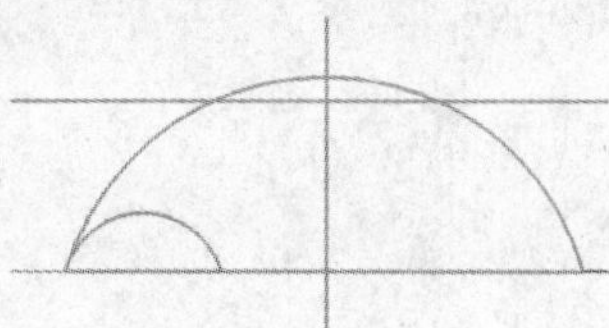

图 3-149 修剪后的曲线

图 3-150 绘制水平线和垂直线

步骤 6：修剪多余的线条

单击修剪命令图标，弹出修剪选项工具条，单击两个物体修剪图标，单击选取要修剪的半径为“50”的圆弧左侧与水平线左侧修剪，单击选取要修剪的水平线右侧与垂直线修剪，单击工具条中确定，切换等角视角，得到如图 3-151 所示曲线。

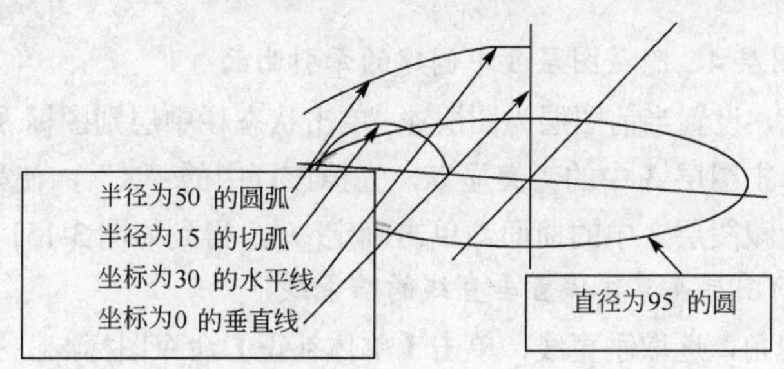

图 3-151 修剪后的曲线

步骤 7：切换图层 2 并创建旋转曲面

将图层输入“2”，设置当前图层为图层 2 层别 2。单击【旋转曲面】命令图标，弹出【串连选项】对话框，单击单体图标，依次选取图 3-151 中半径为“50”的圆弧和水平线，单击确定。弹出【旋转曲面】工具条，在当前绘图区提示选取旋转轴，单击选取图 3-151 中的垂直线，起始角度为“0”按回车键，终止角度为“360”按回车键，单击工具条中的确定。按 ALT+S 键给曲面着色，得到图 3-152 所示曲面。

图 3-152 旋转曲面的创建

步骤 8：切换图层 3、隐藏图层 2 中创建的旋转曲面

将图层输入“3”，设置当前图层为图层 3 层别 3，单击工具条中层别图标 层别，弹

出【层别管理】选项对话框，单击图层 2 中的“突显”，去掉该行中的“X”，使第 2 图层绘制的曲面为不可见，选项对话框如图 3-153 所示，单击确定☑，得到如图 3-151 所示线框状态。

步骤 9：在当前图层 3 创建牵引曲面

将构图面切换到前视图，视角切换到前视角。单击【牵引曲面】命令图标，弹出【串连选项】对话框，单击单体图标，选取图 3-151 中半径为“15”的圆弧，单击确定☑。弹出【牵引曲面】选项对话框，输入牵引长度为“80”按回车键，如图 3-154 选项设置，单击确定☑，切换到等角视角，得到如图 3-155 所示牵引曲面。

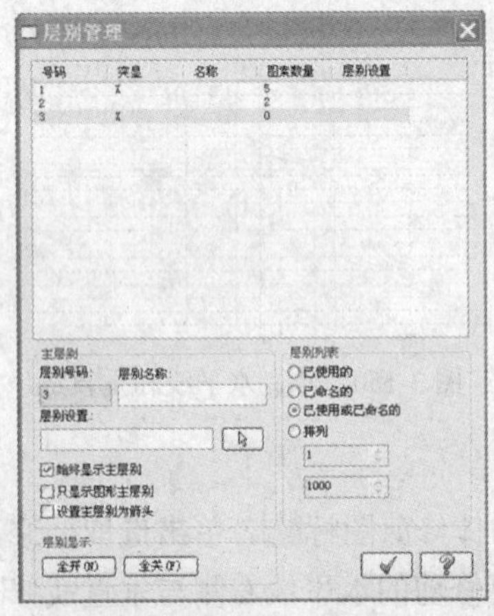

图 3-153【层别管理】选项对话框

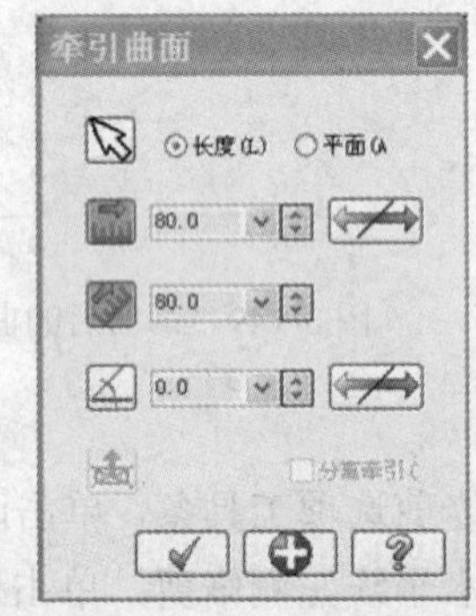

图 3-154 【牵引曲面】选项对话框

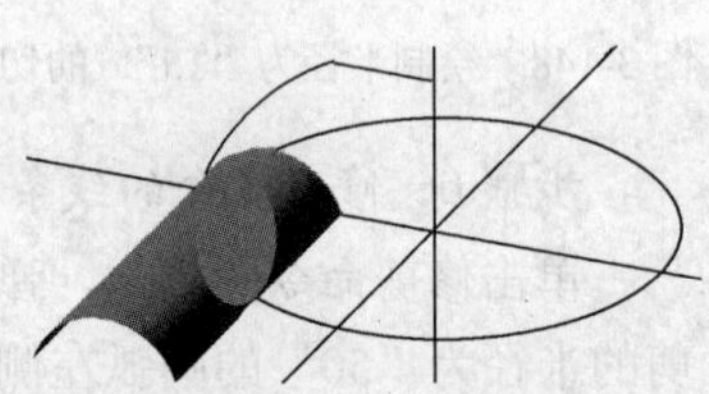

图 3-155 牵引曲面的创建

步骤 10：切换图层 4、隐藏图层 3 中创建的牵引曲面

将图层输入“4”，设置当前图层为图层 4，单击状态栏中层别图标 层别 ，弹出【层别管理】选项对话框，单击图层 3 中的“突显”，去掉该行中的“X”，使第 3 图层绘制的牵引曲面为不可见，即隐藏图层 3 中的曲面，单击确定☑，得到如图 3-151 所示线框状态。

步骤 11：在当前图层 4 单体偏置垂直线的四条线

切换视角为侧视角，选取垂直线，单击【单体补正】命令图标，弹出【补正选项】对话框，设置状态为复制，复制次数为 2 次，距离为“6”，方向为两侧都补正，如图 3-156 所示。单击确定☑，得到如图 3-157 所示补正后线框状态。

步骤 12：绘制切弧

单击直线图标，单击水平线图标，输入高度为“0”按回车键，单击工具条中确定☑。单击切弧图标，弹出切弧工具条，单击切单一物体图标，输入半径“24”按回车键，工具条如图 3-158 所示，选取垂直线 P1，且选取垂直线 P1 与水平线交点为切点，选取要保留的圆弧；选取垂直线 P2，且选取垂直线 P2 与水平线交点为切点，选取要保留的圆弧；单击工具条中确定☑，创建如图 3-159 所示的两条切弧。

步骤 13：绘制连接交点的水平线

单击直线图标，单击水平线图标，单击图 3-159 所示直线与圆弧的交点 A，再单击直线与圆弧的交点 B，单击工具条中确定☑，得到如图 3-160 所示图形。

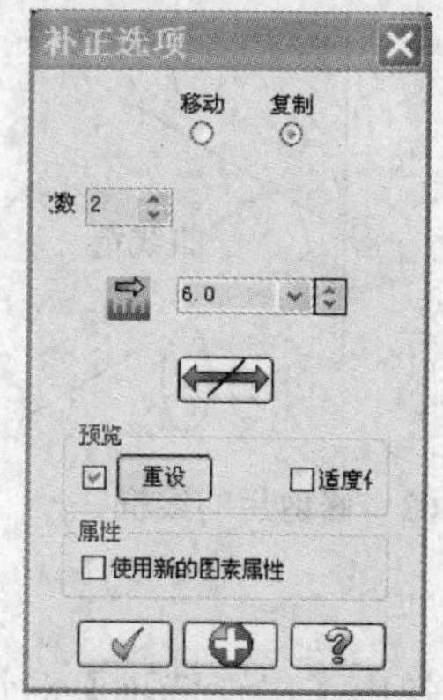

图 3-156　【补正选项】对话框

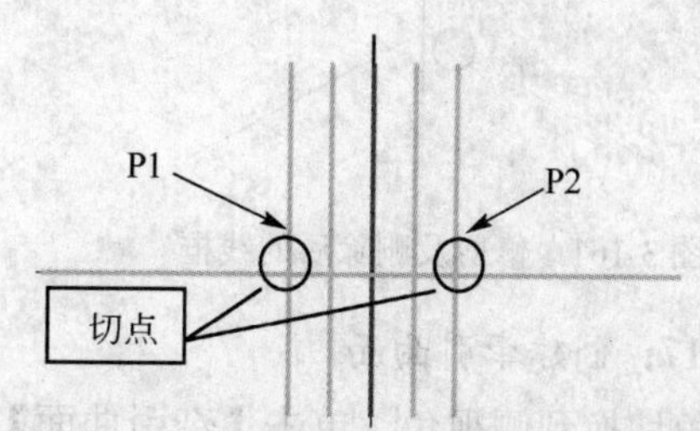

图 3-157　补正后的直线

图 3-158　【切单一物体】切弧工具条

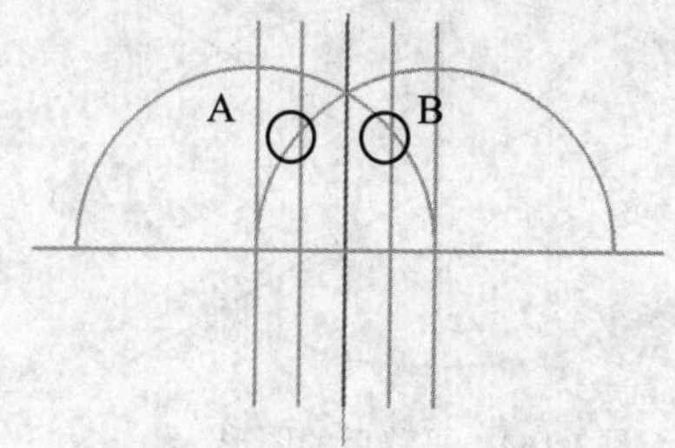

图 3-159　两条切弧的创建

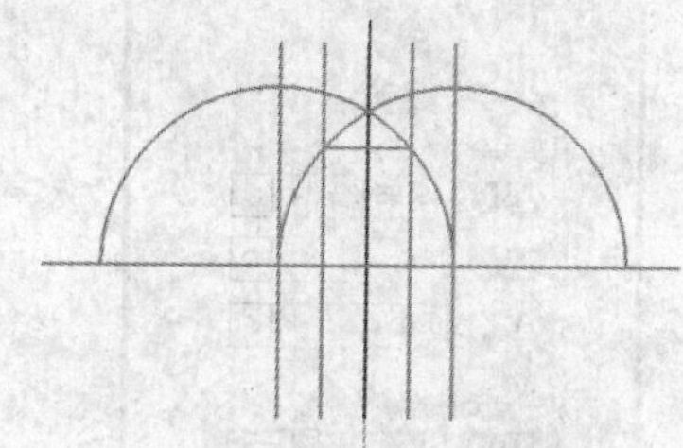

图 3-160　绘制直线后的图形

步骤 14：修剪并删除多余的线条

单击修剪命令图标，弹出修剪选项工具条，单击单一物体修剪图标，单击选取要修剪的半径为“24”的左侧圆弧，修剪到图 3-160 中新绘制的水平线，单击选取要修剪的半径为“24”的右侧圆弧，修剪到图 3-160 中新绘制的水平线，单击工具条中确定。选取平移后的四条垂直线及高度为“0”的水平线，单击删除图标，删除辅助线后切换视角到等角视角，得到如图 3-161 所示曲线。

步骤 15：绘制水平线为辅助线

将构图面切换到俯视图，单击直线图标，单击水平线图标，单击图 3-161 所示半径为“24”圆弧的端点 C，与底圆直径为“95”的圆相交，单击工具条中确定，得到如图 3-162 所示图形。

步骤 16：截面图形平移

串连选取图形 3-162 中的曲线链中的每一段曲线，单击平移图标，弹出【平移选项】对话框，单击移动图标，单击图标中的，单击图 3-161 中的 C 点，再单击图 3-162 中的 D 点，将图形从 C 点平移到 D 点，选项对话框如图 3-163 所示，单击确定。选取平移后的水平线，单击删除图标，得到如图 3-164 所示图形。

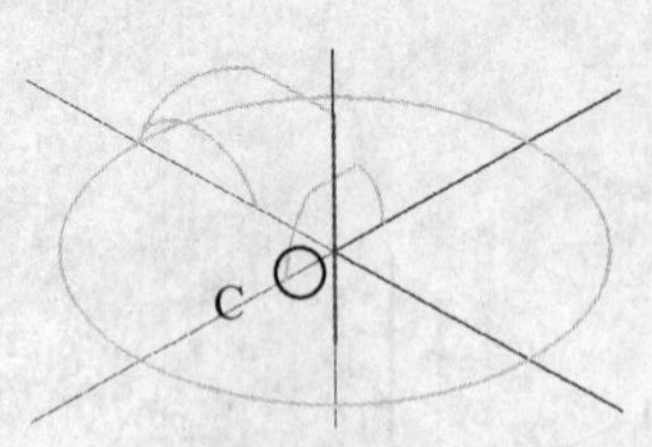

图 3-161　修剪及删除后的线框

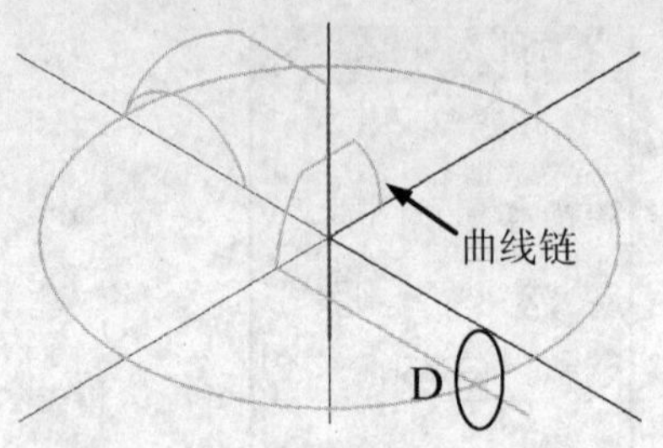

图 3-162　修剪后的线框

步骤 17：创建牵引曲面

将视角切换到侧视角。单击【牵引曲面】命令图标，弹出【串连选项】对话框，单击单体图标，选取图 3-164 中半径为“24”的两条圆弧和连接圆弧的水平线，单击确定。弹出【牵引曲面】选项对话框，输入牵引长度为“100”按回车键，其他选项设置按系统默认，单击确定，切换到等角视角，得到如图 3-165 所示牵引曲面。

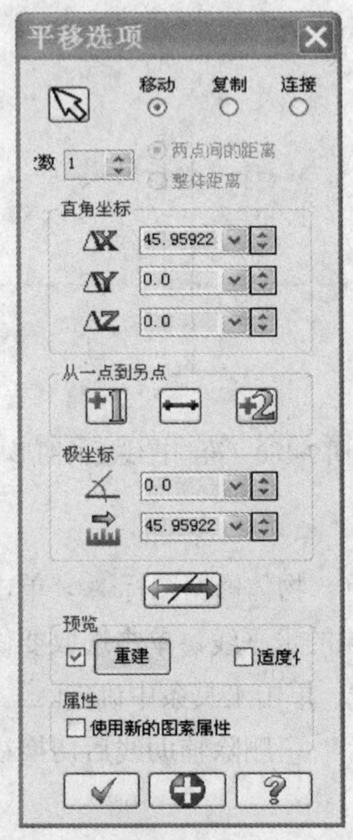

图 3-163 【平移选项】对话框设置

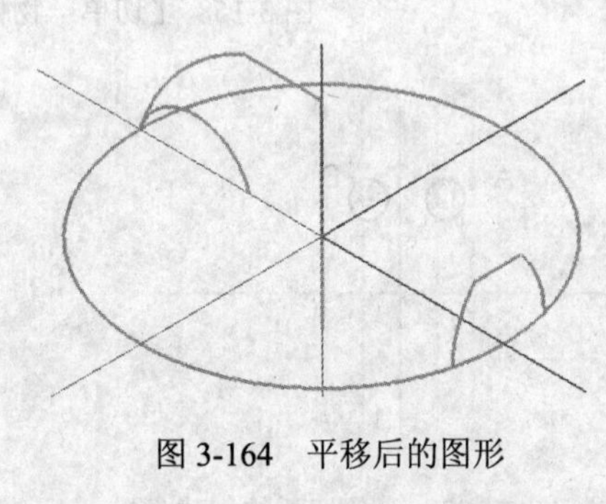

图 3-164　平移后的图形

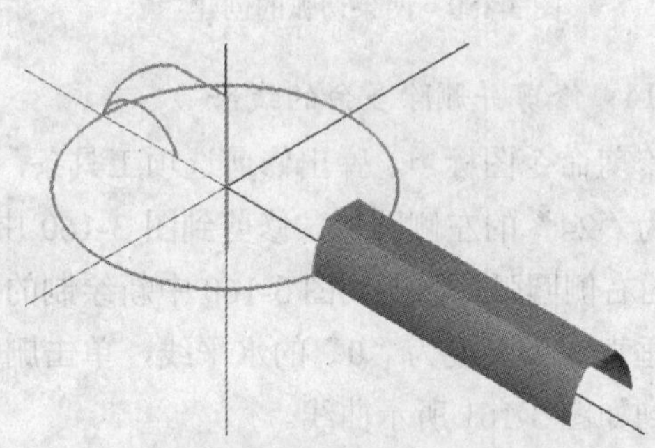

图 3-165　牵引曲面的创建

步骤 18：曲面延伸

单击曲面延伸图标，弹出曲面延伸工具条，选用线性延伸，且输入延伸长度为“15”（保证能与旋转曲面完全相交）按回车键。工具条设置如图 3-166 所示，在图中分别单击牵引曲面的曲面，再单击沿着曲线延伸方向，依次将三个曲面延伸后，单击确定，得到如图 3-167 所示曲面。

图 3-166　曲面延伸工具条

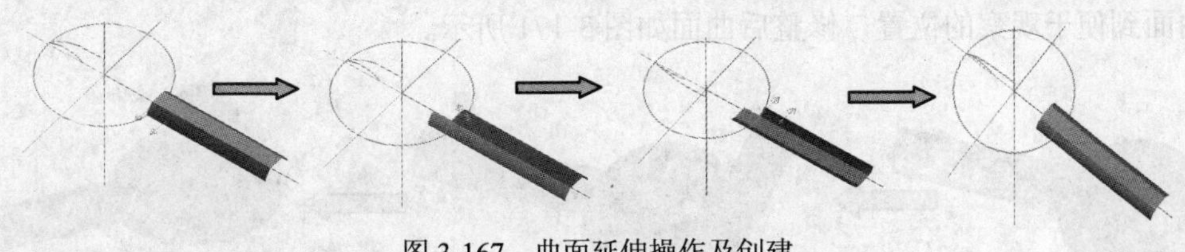

图 3-167　曲面延伸操作及创建

步骤 19：恢复图层 2 和图层 3 中的图素为可见

单击状态栏中图层图标，弹出【图层管理】选项对话框，单击图层 2 和图层 3 中的"突显"处，呈现"X"标记，将这两个图层中的曲面设为可见，单击确定，得到如图 3-168 所示三组曲面。

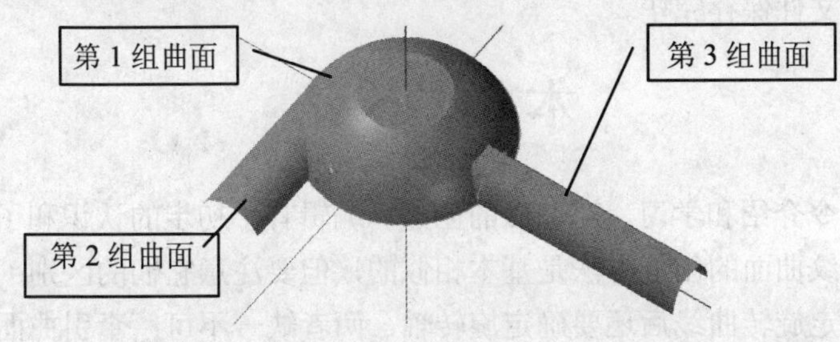

图 3-168　三组曲面可见

步骤 20：修剪第 1 组和第 2 组曲面

单击曲面修整命令中【修整至曲面】，选取图 3-168 中的第 1 组曲面按回车键，选取图 3-168 中的第 2 组曲面按回车键，弹出【修整至曲面】工具条，如图 3-169 所示，设置删除修剪后的原曲面，两组曲面都被修剪。单击第 1 组曲面要保留的部分后出现箭头，再单击一次确认；单击第 2 组曲面要保留的部分后出现箭头，再单击一次确认，单击确定，动态旋转曲面到便于观察的位置，修整后曲面如图 3-170 所示。

图 3-169　【修整至曲面】工具条

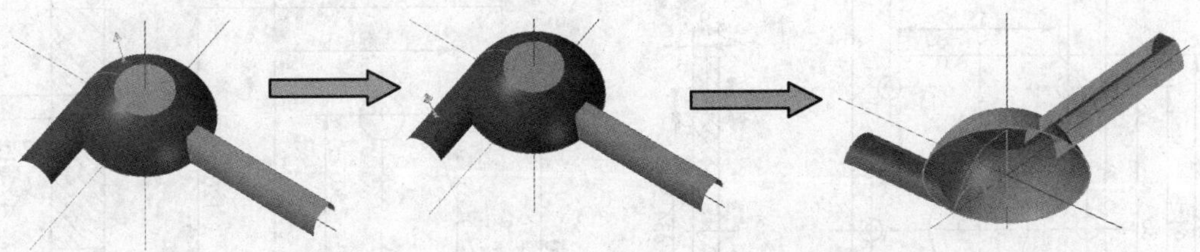

图 3-170　第 1 组曲面与第 2 组曲面修整后的曲面

步骤 21：修剪第 1 组和第 3 组曲面

单击曲面修整命令中【修整至曲面】，选取图 3-168 中的第 1 组曲面按回车键，选取图 3-168 中的第 3 组曲面按回车键，弹出【修整至曲面】工具条，如图 3-169 所示，设置删除修剪后的原曲面，两组曲面都被修剪。单击第 1 组曲面要保留的部分后出现箭头，再单击一次确认；单击第 3 组曲面要保留的部分后出现箭头，再单击一次确认，单击确定，动态旋转曲面到便于观察的位置，修整后曲面如图 3-171 所示。

图 3-171　第 1 组曲面与第 3 组曲面修整后的曲面

步骤 22：保存文件

单击保存文件，选择保存文件的路径，输入文件名字，给对话框中“预览”前的框内点“√”，单击文件保存完毕。

本 章 小 结

通过本章的指令介绍和学习，对曲面的创建和编辑有了初步的认识和了解。这里要注意的是举升曲面和直纹曲面的创建方法是基本相似的，但要注意它们的区别；旋转曲面创建过程中要注意的是确定旋转曲线后还要确定旋转轴，两者缺一不可；牵引曲面创建过程中要注意创建牵引面的牵引方向与构图面是垂直的；网状曲面创建过程中要注意非自动串连手动串连的使用方法；扫描曲面创建过程中要注意的是轨迹线和截面的确定；注意围篱曲面的创建过程和参数设置。曲面编辑功能的使用中需特别注意曲面修整功能的几个选项（修整至曲线、修整至平面、修整至曲面、平面修整等）的使用。要想熟练掌握这些功能，必须多多动手练习。

综 合 练 习

1．利用曲面命令，按尺寸绘制图 3-172～图 3-179 的曲面（不必标注尺寸）。

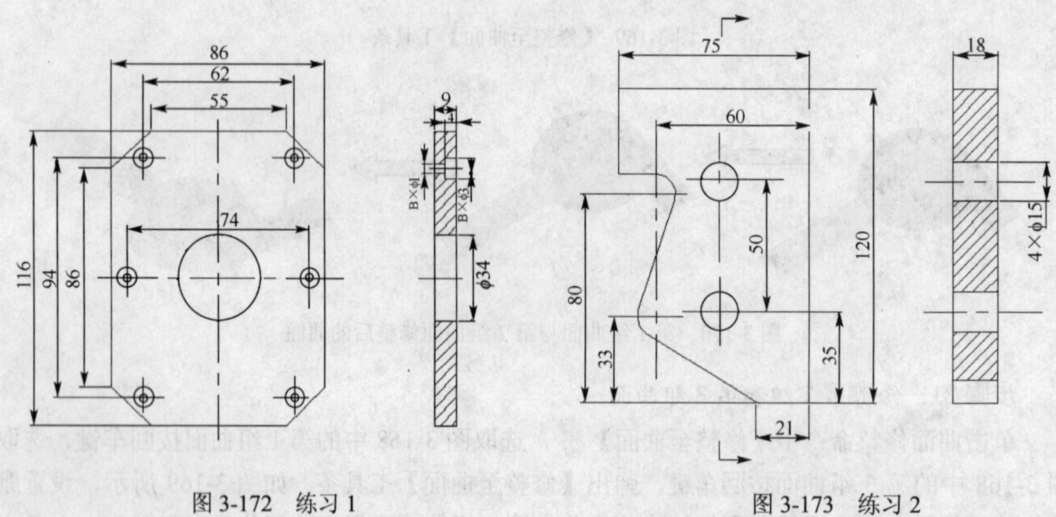

图 3-172　练习 1　　图 3-173　练习 2

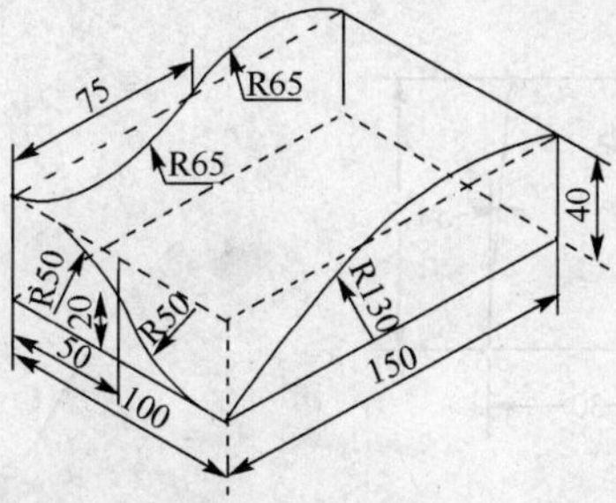

图 3-174　练习 3

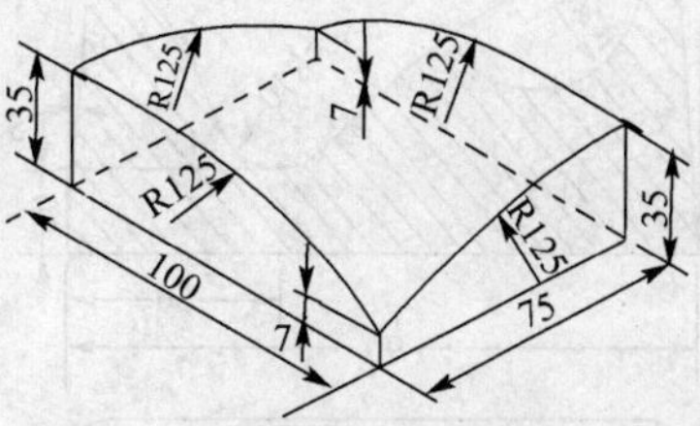

图 3-175　练习 4

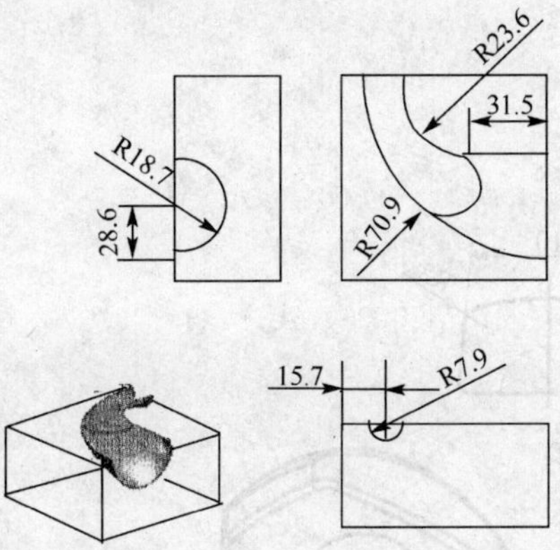

图 3-176　练习 5

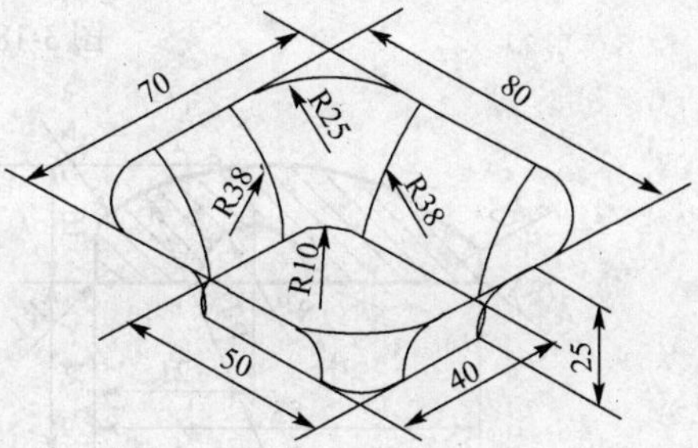

图 3-177　练习 6

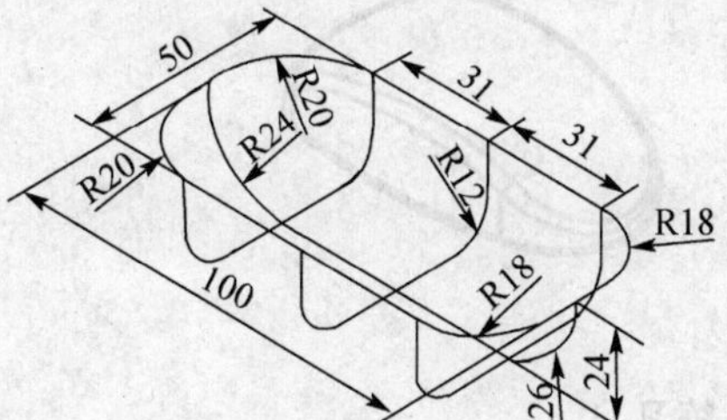

图 3-178　练习 7

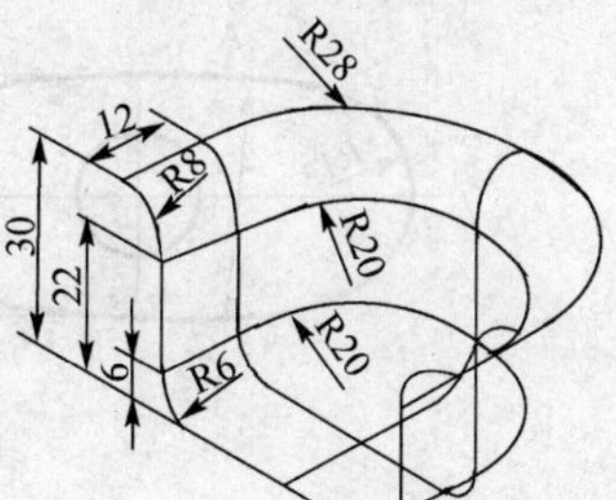

图 3-179　练习 8

2．利用曲面及曲面编辑命令，按尺寸绘制图 3-180～图 3-185 的曲面（不必标注尺寸）。

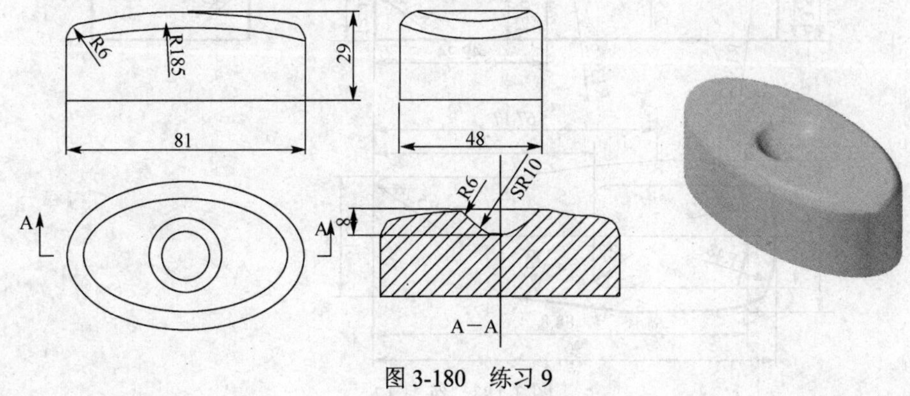

图 3-180　练习 9

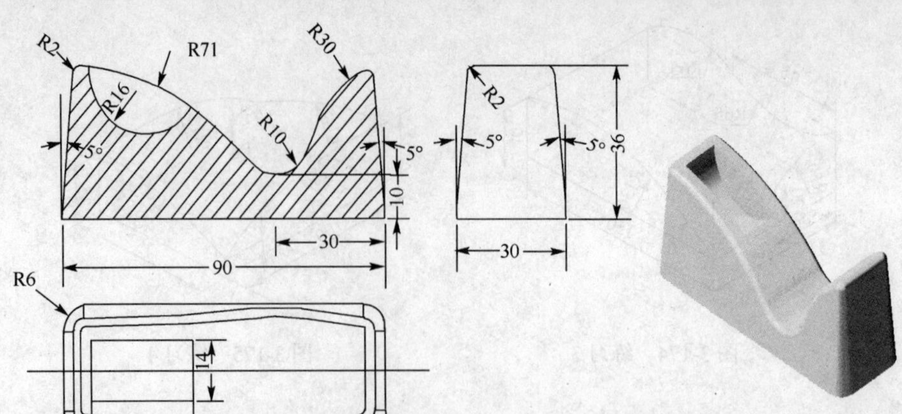

图 3-181　练习 10

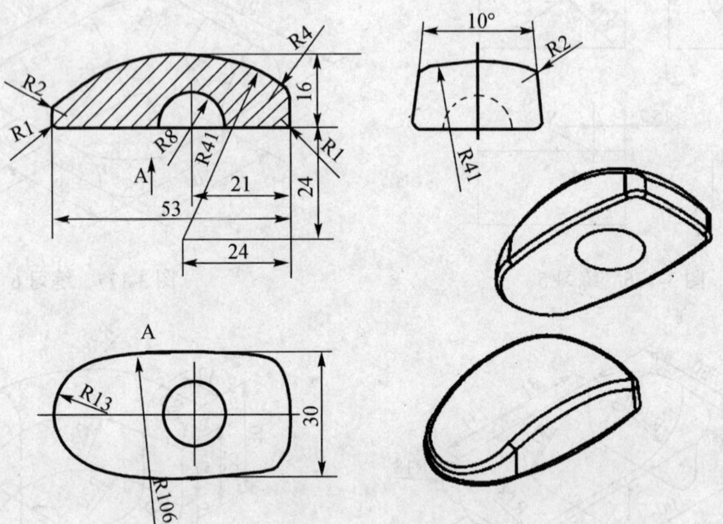

图 3-182　练习 11

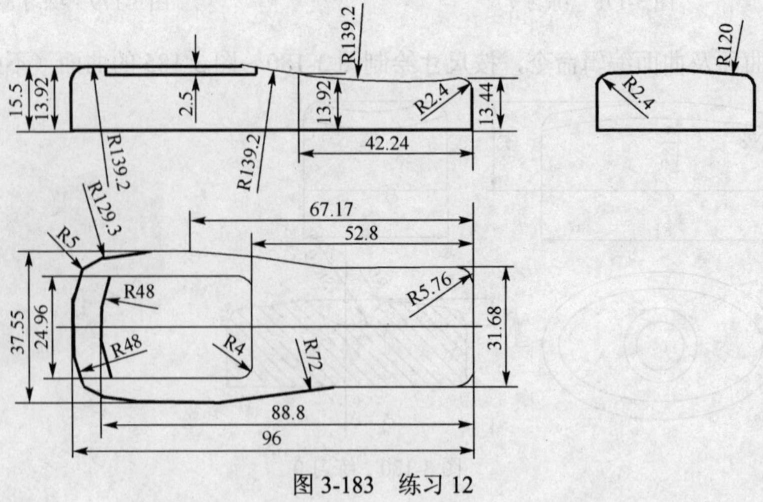

图 3-183　练习 12

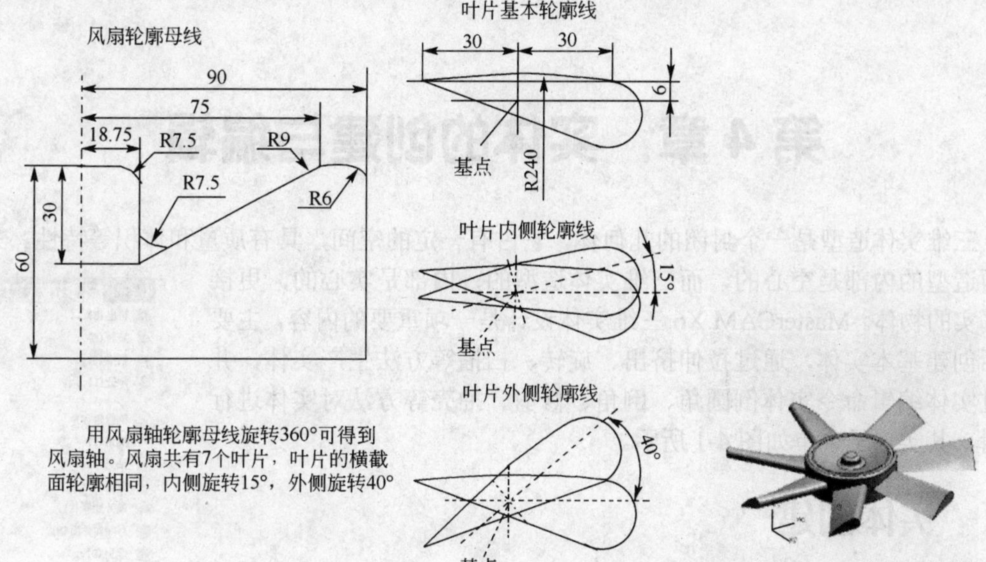

图 3-184　练习 13

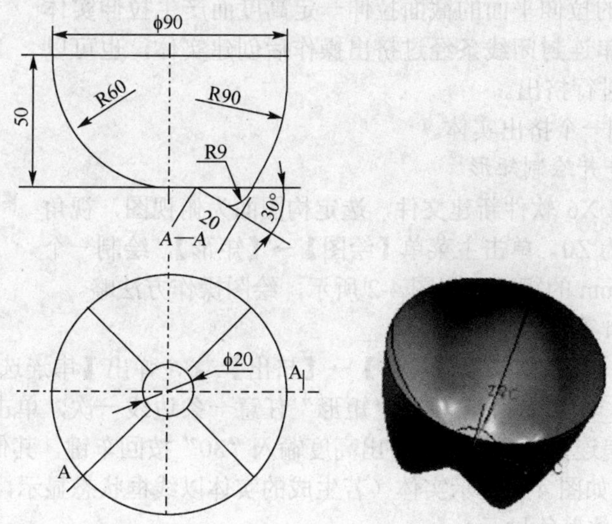

图 3-185　练习 14

第 4 章　实体的创建与编辑

三维实体造型是一个封闭的几何体，它占有一定的空间，具有质量和体积等特性。三维曲面造型的内部是空心的，而三维实体造型的，内部是实心的，更接近真实的物体。MasterCAM X6 三维实体设计是一项重要的内容，主要包括创建基本实体，通过拉伸挤出、旋转、扫描等方法生产实体，并通过实体编辑命令实体倒圆角、倒角、修剪、抽壳等方法对实体进行编辑。其实体子菜单如图 4-1 所示。

实体(S)　转换(X)　机床类型(M)
挤出(X)...
旋转(R)...
扫描(S)...
举升(L)...
倒圆角(F)
倒角(E)
抽壳(H)...
修剪(T)...
薄片加厚(K)...
移除实体面(M)...
牵引(D)...
实体特征阵列(P)
布尔运算-结合(A)
布尔运算-切割(V)
布尔运算-交集(C)
非关联实体(N)
查找.特征(I)...
由曲面生成实体(U)...
工程图(Y)...
移除所有实体历史操作
实体面/特征颜色

图 4-1 【实体】子菜单

4.1　实体创建

4.1.1　挤出实体

实体创建功能中，有些书中挤出实体也称为拉伸实体。【挤出实体】命令可以将选择的拉伸平面的截面拉伸一定高度而产生拉伸实体或薄壁体。利用二维串连封闭线条经过挤出操作后创建实体，也可以同时对多个串连图素进行挤出。

【案例 4-1】 绘制一个挤出实体。

步骤 1：新建文件并绘制矩形

打开 MasterCAM X6 软件新建文件，选定构图面为俯视图，视角为俯视图，构图深度为 Z0，单击主菜单【绘图】→【矩形】，绘制一个长为 40mm，宽为 20mm 的矩形，如图 4-2 所示，绘图操作方法略。

步骤 2：创建挤出实体

切换到等角视角，单击主菜单【实体】→【挤出】，弹出【串连选项】对话框，在当前系统默认串连选取状态下，单击“矩形”任意一条边线一次，单击确定。弹出如图 4-3 所示的【挤出串连】对话框，在挤出高度输入“30”按回车键，其他设置按系统默认，单击确定，生成如图 4-4 所示实体（若生成的实体以线框状态显示，则按 ALT+S 键或单击着色图标给实体着色显示）。

图 4-2　矩形线框的创建

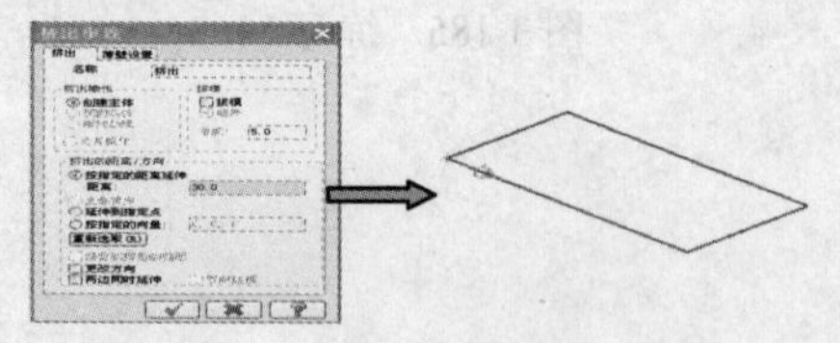

图 4-3 【挤出串连】选项及选中的图形

图 4-4　生成挤出实体

步骤 3：保存文件

单击保存文件，选择保存文件的路径，输入文件名字，给对话框中“预览”前的框内点“√”，单击文件保存完毕。

这里针对【挤出实体】命令的选项对话框进行进一步说明，用如上“矩形线框”进行扩展操作如下。

【案例 4-2】带拔模角和更改挤出方向的选项设置的挤出实体创建。

步骤 1：新建文件并绘制矩形

打开 MasterCAM X6 软件新建文件，选定构图面为俯视图，视角为俯视图，构图深度为 Z0，单击主菜单【绘图】→【矩形】，绘制一个长为 40mm，宽为 20mm 的矩形如图 4-2 所示，绘图操作方法略。

步骤 2：带拔模角挤出实体操作

切换到等角视角，单击主菜单【实体】→【挤出】，弹出【串连选项】对话框，在当前系统默认串连选取状态下，单击“矩形”任意一条边线一次，单击确定。弹出【挤出串连】对话框，在挤出高度输入“30”按回车键，在“挤出实体参数设置”状态栏中当前为【创建主体】。在“拔模”状态栏中单击【拔模】前的复选框“□”出现“√”表示选中，同时单击【朝外】前的复选框“□”出现“√”，表示拔模角度朝外，输入数值“5”按回车键。在“挤出的距离/方向”状态栏中，除输入挤出高度这一项外，若挤出方向向上还需单击【更改方向】前的复选框“□”出现“√”，表示与当前生成的方向相反。其他设置按系统默认如图 4-5 所示，单击确定生成如图 4-6 所示实体，实体着色显示。

步骤 3：保存文件

单击保存文件，选择保存文件的路径，输入文件名字，给对话框中“预览”前的框内点“√”，单击文件保存完毕。

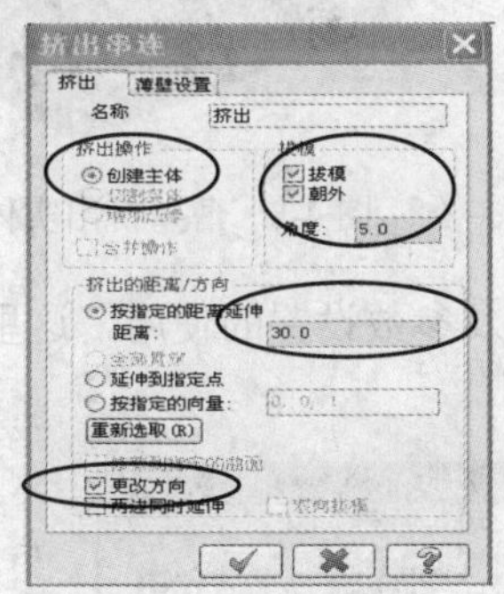

图 4-5 【挤出串连】选项及选中的图形

图 4-6　带拔模角度挤出实体的创建

【案例 4-1】和【案例 4-2】中的挤出实体设置都是在未单击【薄壁实体】选项的状态下的设置，若在【挤出串连】选项对话框中，在“薄壁实体”选项选中的状态下，生成的实体只能是薄壁，不能生成实体主体，但【挤出】选项对话框中的设置有效，薄壁的具体操作如案例 4-3 所示。

【案例 4-3】薄壁实体的选项设置及实体创建。

步骤 1：新建文件并绘制矩形

打开 MasterCAM X6 软件新建文件，选定构图面为俯视图，视角为俯视图，构图深度为 Z0，单击主菜单【绘图】→【矩形】，绘制一个长为 40mm，宽为 20mm 的矩形如图 4-2 所示，绘图操作方法略。

步骤 2：带拔模角挤出实体创建

切换到等角视角，单击主菜单【实体】→【挤出】，弹出【串连选项】对话框，在当前系统默认串连选取状态下，单击“矩形”任意一条边线一次，单击确定。弹出【挤出串连】对话框，在挤出高度输入“30”按回车键，在“挤出实体参数设置”状态栏中当前为【创建主体】。在“拔模”状态栏中单击【拔模】前的复选框“□”出现“√”表示选中，同时单击【朝外】前的复选框“□”出现“√”，表示拔模角度朝外，输入数值“5”按回车键。在“挤出的距离/方向”状态栏中，除输入挤出高度这一项外，若挤出方向向上还需单击【更改方向】前的复选框“□”出现“√”，表示与当前生成的方向相反。其他设置按系统默认如图 4-5 所示，单击确定☑生成如图 4-6 所示实体，实体着色显示。

步骤 3：带拔模角挤出薄壁实体创建

单击【挤出串连】中的【薄壁设置】选项卡。设置选项【厚度朝内】输入数值“2”，表示单独向内生成厚度为“2”的薄壁实体；【厚度朝外】选项输入数值“5”，表示单独向外生成厚度为“5”的薄壁实体；【双向】选项的设置表示向内和向外同时生成薄壁实体且厚度值同时有效，选项设置如图 4-7 所示。单击确定☑生成如图 4-8 所示薄壁实体。

步骤 4：保存文件

单击保存文件💾，选择保存文件的路径，输入文件名字，给对话框中“预览”前的框内点“√”，单击☑文件保存完毕。

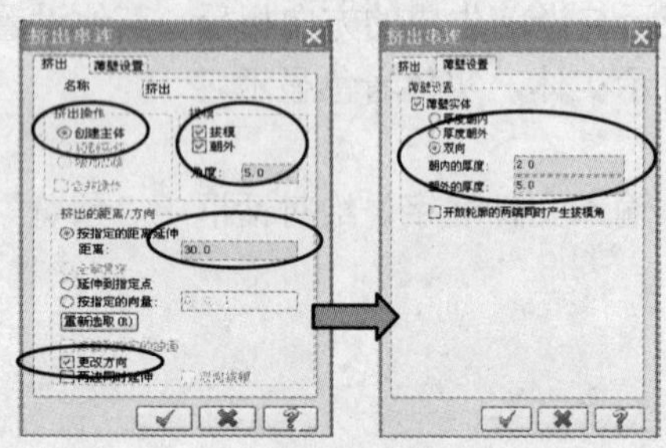

图 4-7 【挤出串联】选项设置

图 4-8 薄壁挤出实体的创建

通过以上三个案例了解【挤出串连】选项的状态及参数设置的使用，这里再着重介绍这些选项卡（如图 4-9 所示）的含义。

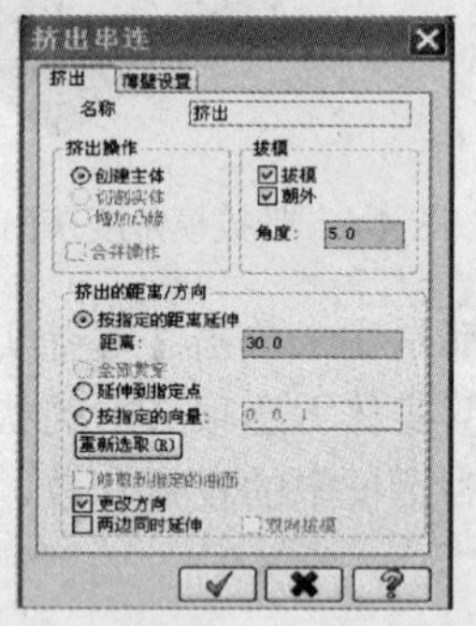

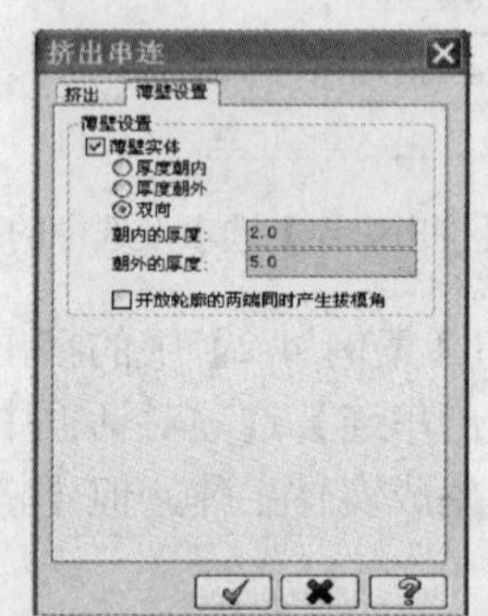

图 4-9 【挤出】和【薄壁设置】选项卡

（1）【挤出】选项卡

【名称】：用于设置挤出实体的名称。

【创建实体】：创建新的挤出实体，挤出操作的结果生成一个新的实体。

【切割实体】：创建挤出切割实体。挤出操作的基础为将已生成的实体作为工件实体，与选取的目标实体进行求差布尔运算操作。

【增加凸缘】：创建增加合并挤出实体。挤出实体的基础为将已生成的实体作为工件实体，与选取的目标实体进行求和布尔运算操作。

【拔模】：单击【拔模】前复选框的“□”出现“√”，表示启动拔模功能。

【朝外】：单击【朝外】前的复选框“□”出现“√”，表示启动向外拔模功能，否则表示启动向内拔模功能。

【角度】：用于设置拔模角度。

【按指定的延伸距离】：通过在“距离”文本框中直接输入数值来设置挤出距离。

【全部贯穿】：只用于【切割实体】时，切割距离按照选取的目标实体全部贯穿距离来设置。

【延伸到指定点】：沿挤出方向挤出至所选取的点。

【按指定的向量】：通过向量来定义挤出的方向和距离，如设置向量为（0,0,20），则表示沿着 Z 轴方向挤出“20mm”的距离。

【重新选取】：单击该按钮，重新选择挤出方向。

【修剪到指定的曲面】：挤出到目标实体的一个面。

【更改方向】：反向挤出方向。

【两边同时延伸】：在挤出的正反两个方向上均进行挤出操作。

【双向拔模】：在双向挤出的基础上同时向两侧设定相同的拔模角。

（2）【薄壁设置】选项卡

【薄壁实体】：选中【薄壁实体】的复选框，即单击【薄壁实体】前的复选框“□”出现“√”，表示启动薄壁实体功能。

【厚度朝内】：设置薄壁实体的方向为串连几何图形内侧。

【厚度朝外】：设置薄壁实体的方向为串连几何图形外侧。

【双向】：设置薄壁实体的方向为串连几何图形两侧。

【朝内的厚度】：用于输入内壁厚度值。

【朝外的厚度】：用于输入外壁厚度值。

【开放轮廓的两端同时产生拔模角】：用于设置是否在开放轮廓的两端同时创建拔模角。

4.1.2　旋转实体

【旋转实体】命令与创建旋转曲面的思路一样，过程比较简单，即将一个截面图形（必须是封闭的）沿着旋转轴旋转一定角度，就可以得到旋转实体或薄壁实体。

单击主菜单【实体】→【旋转实体】，弹出【串连选项】对话框，选取旋转截面（必须是封闭的）再选取旋转轴，弹出如图 4-10 所示的【方向】选项对话框，若无其他修改则单击确定后弹出如图 4-11 所示【旋转实体的设置】选项对话框。

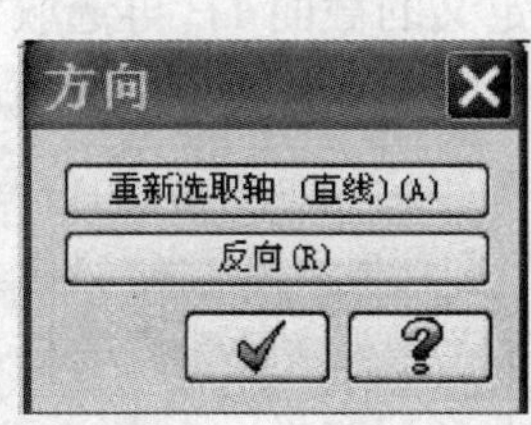

图 4-10 【方向】选项对话框

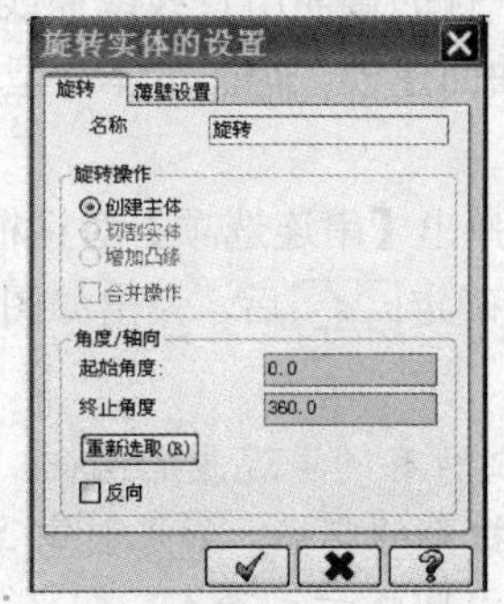

图 4-11 【旋转实体的设置】选项对话框

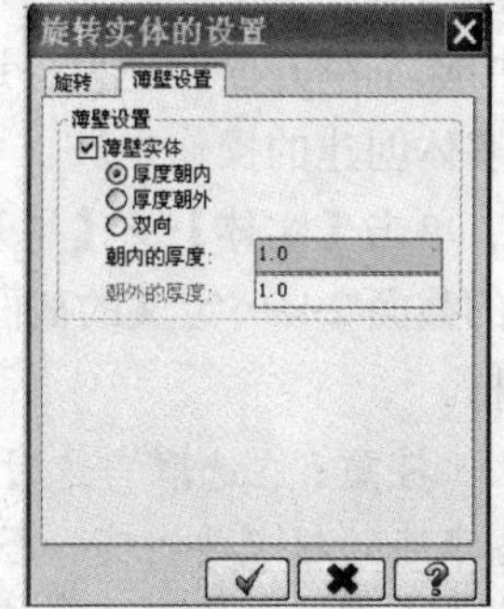

图 4-12 【薄壁设置】选项对话框

（1）【旋转】选项卡

【旋转】选项卡中的参数的含义如下。

【名称】：用于设置旋转实体的名称。

【创建实体】：创建新的旋转实体，挤出操作的结果生成一个新的实体。

【切割实体】：创建旋转切割实体，挤出操作的基础为将已生成的实体作为工件实体与选取的目标实体进行求差布尔运算操作。

【增加凸缘】：创建增加合并旋转实体，挤出实体的基础为将已生成的实体作为工件实体与选取的目标实体进行求和布尔运算操作。

【起始角度】：用于输入旋转操作的起始角度。

【终止角度】：用于输入旋转操作的终止角度。

【重新选取】：重新选取图中的选择旋转轴和旋转方向。

【反向】：反转旋转方向。

（2）【薄壁设置】选项卡

切换到如图 4-12 所示的【薄壁设置】选项卡。该选项卡中的各个参数与挤出实体中的【薄壁设置】选项卡中的各个参数完全相同。

4.1.3 扫描实体

扫描实体的创建与扫描曲面创建方法类似，将截面沿着轨迹线扫描过去，就可以形成扫描实体。

单击【实体】→【扫描】，弹出【串连选项】对话框，选取扫描截面，单击确定后，弹出【串连选项】对话框，选取扫描轨迹线，单击确定后弹出如图 4-13 所示的【扫描实体】选项对话框。

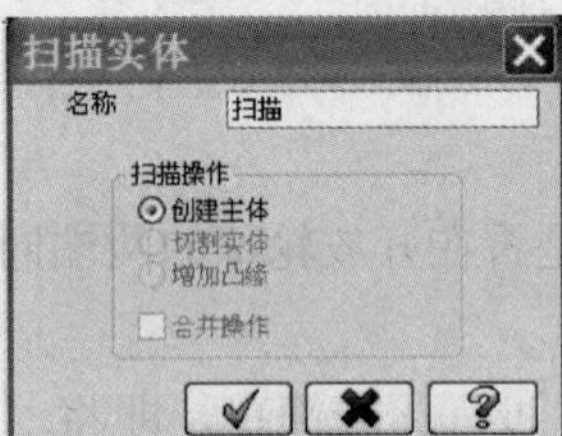

图 4-13 【扫描实体】选项对话框

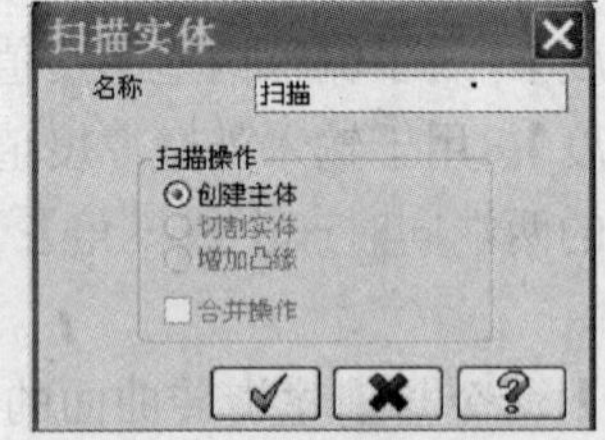

图 4-14 【举升实体】选项对话框

4.1.4 举升实体

【举升实体】命令可以将选择的多个举升截面产生平滑举升实体，创建操作与举升曲面的创建操作类似，该命令可将数个平行的截面用直线或曲线连接起来形成实体。三维曲面造型中除了举升曲面建模外还有直纹曲面建模，而在实体造型中，“直纹实体”的创建包含在举升实体创建的操作中。

单击【实体】→【举升】，弹出【串连选项】对话框，选取定义的截面 1，再选取定义的截面 2……定义的截面 N，单击确定后，弹出如图 4-14 所示的【举升实体】选项对话框。

注意：在选取串连时，必须保证所有的串连方向同向，同时为了生成用户希望的实体，各串连的起点要对齐，否则将产生扭曲的实体。如果选中“以直纹方式产生实体”复选框，则各个截面之间以直线连接，否则以圆弧方式产生。

4.1.5　基本实体

基本实体的创建与之前学习的基本曲面创建的方法相同，区别在于将“曲面”选项改为“实体”。基本形体包括如圆柱、球、立方体、圆锥、圆环，可以很方便地生成和修改，使用比较方便，下面逐个介绍这些基本实体。

（1）圆柱实体

【画圆柱体】命令用于产生指定半径和高度的圆柱体。

单击主菜单【绘图】→【基本实体】→【圆柱体】命令或在工具栏中的【画圆柱体】按钮，弹出【圆柱体】选项对话框如图 4-15 所示，其中各个选项的含义见表 4-1 所示。

表 4-1 【圆柱体】选项对话框中选项的含义

	基准点：用于设置放置点
	半径：用于设置半径
	高度：用于设置高度
	重新定义半径：定义基准点后重新定义半径
	重新定义高度：定义基准点后重新定义高度
	切换方向：切换圆柱生成的方向

【圆柱体】选项对话框中选项的含义如下。

“创建方式”：用于设置创建方式，包括以下两个选项。

【实体】：产生的几何图形对象为实体。

【曲面】：产生的几何图形对象为曲面。

（2）圆锥实体

【画圆锥体】命令用于产生指定半径和高度的圆锥体。

单击主菜单【绘图】→【基本实体】→【圆锥体】命令或工具栏中的【画圆锥体】按钮，弹出【锥体】选项对话框如图 4-16 所示，各个选项的含义见表 4-2 所示。

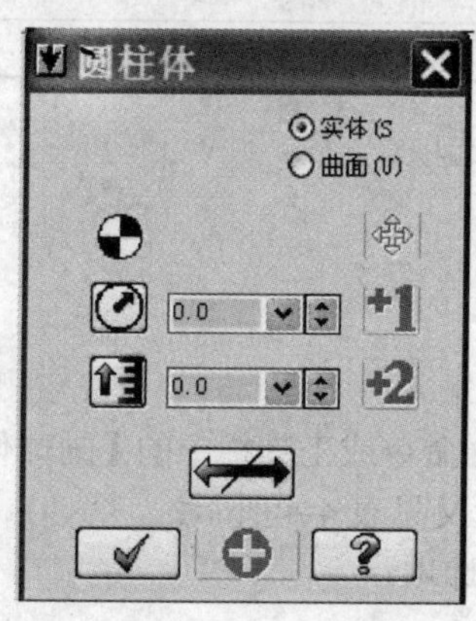

图 4-15 【圆柱体】选项对话框

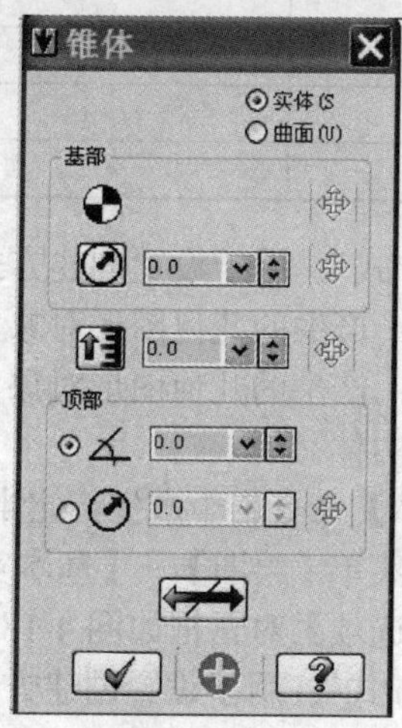

图 4-16 【锥体】选项对话框

“创建方式”：用于设置创建方式，包括以下两个选项。

【实体】：产生的几何图形对象为实体。

【曲面】：产生的几何图形对象为曲面。

表 4-2 【锥体】选项对话框选项的含义

	基准点：用于设置放置点
	半径：用于设置半径
	高度：用于设置高度
	顶部角度：用于设置顶部角度，取值范围为–89.900000000000～26.644748736791
	顶部半径：用于设置顶部半径
	切换方向：切换圆锥生成的方向

（3）立方体实体

【画立方体】命令用于产生指定长度、宽度和高度的立方体。

单击菜单【绘图】→【基本实体】→【立方体】命令或工具栏中的【立方体】按钮，弹出【立方体选项】对话框如图 4-17 所示，各个选项含义见表 4-3 所示。

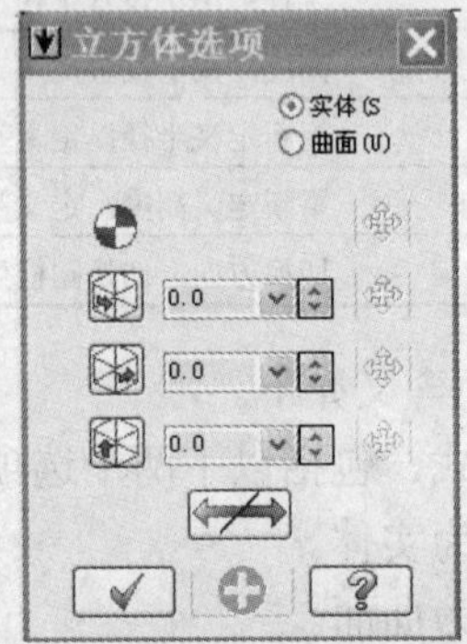

图 4-17 【立方体选项】对话框

表 4-3 【立方体选项】对话框选项的含义

	基准点：用于设置放置点
	长度：用于设置长度
	宽度：用于设置宽度
	高度：用于设置高度
	切换方向：切换圆锥立方体生成的方向

“创建方式”：用于设置创建方式，包括以下两个选项。

【实体】：产生的几何图形对象为实体。

【曲面】：产生的几何图形对象为曲面。

（4）球实体

【画球体】命令用于产生指定半径的圆球体。

单击主菜单【绘图】→【基本实体】→【球体】命令或工具栏中的【画球体】按钮，弹出【圆球选项】对话框如图 4-18 所示，各个选项含义见表 4-4 所示。

“创建方式”：用于设置创建方式，包括以下两个选项。

【实体】：产生的几何图形对象为实体。

【曲面】：产生的几何图形对象为曲面。

（5）圆环实体

【画环体】命令用于产生指定轴心圆半径和截面圆半径的圆环体。

单击主菜单【绘图】→【基本实体】→【圆环体】命令或工具栏中的【画圆环体】按

钮，弹出【圆环体选项】对话框如图 4-19 所示，各个选项含义见表 4-5 所示。

“创建方式”：用于设置创建方式，包括以下两个选项。

【实体】：产生的几何图形对象为实体。

【曲面】：产生的几何图形对象为曲面。

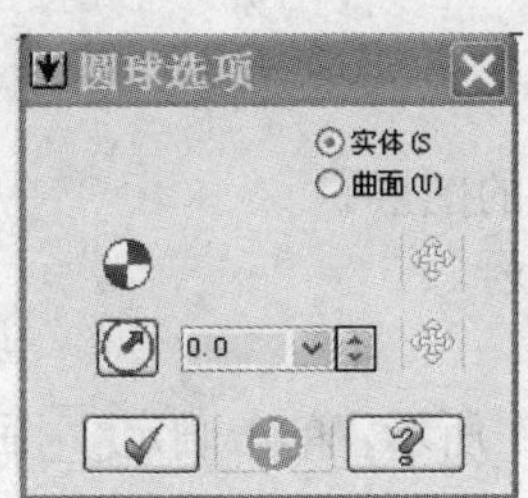

图 4-18 【圆球选项】对话框

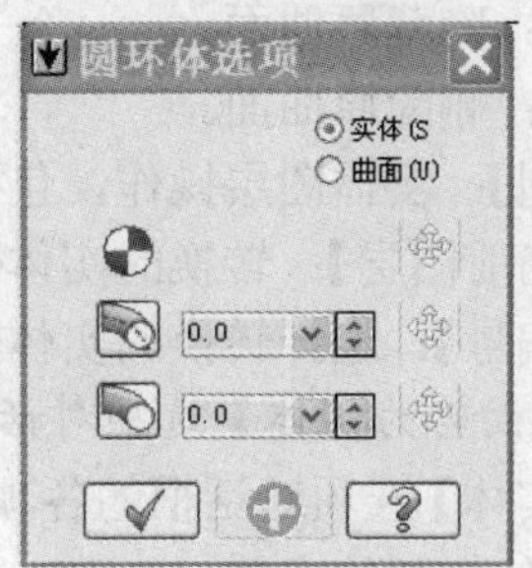

图 4-19 【圆环体选项】对话框

表 4-4 【圆球选项】对话框选项的含义

	基准点：用于设置放置点
	半径：用于设置半径

表 4-5 【圆环体选项】对话框选项的含义

	基准点：用于设置放置点
	轴心圆半径：用于设置轴心圆半径
	截面圆半径：用于设置截面圆半径

4.1.6 实体与曲面的转换

实体与曲面的转换在实体命令中，【由曲面生成实体】命令将开放或封闭的曲面转换成实体。

【案例 4-4】 绘制一个曲面转实体。

步骤 1：新建文件并绘制圆柱体

打开 MasterCAM X6 软件新建文件，选定构图面为俯视图，视角为等角视角，构图深度为 Z0，单击主菜单中【绘图】→【基本实体】→【圆柱体】，绘制一个半径为“10”，高度为“30”，中心放置在原点的圆柱体曲面，具体操作略。取消圆柱体曲面着色，以线框形式表达，如图 4-20 所示。

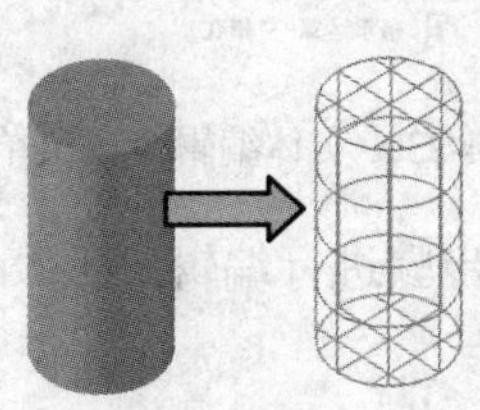

图 4-20 圆柱实体面

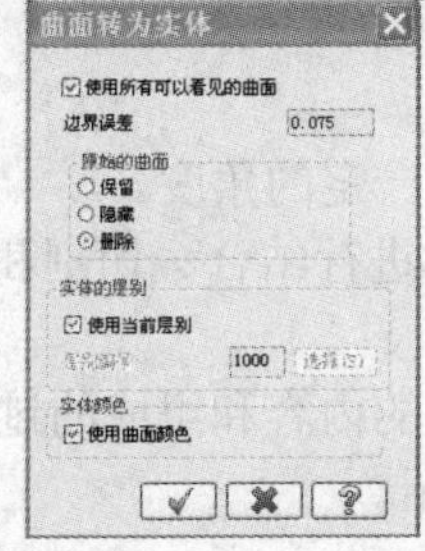

图 4-21 【曲面转为实体】选项对话框

图 4-22 曲面转换后的实体

步骤 2：由曲面生成实体

单击主菜单【实体】→【由曲面生成实体】，弹出如图 4-21 所示【曲面转为实体】选项对话框，选项对话框的各选项的含义如下。

【使用所有可以看见的曲面】：选中该复选框，则绘图区域内所有的曲面都转换为实体，否则可以选择某个曲面转换为实体。

【边界误差】：用于设置完成转换操作中生成的实体与原曲面间的边界误差。误差值越小，则生成的实体外形越接近原曲面。

【原始的曲面】：设置原曲面操作，有如下三种选项。

① 【保留】：保留原曲面。

② 【隐藏】：隐藏原曲面。

③ 【删除】：删除原曲面。

【实体的层别】：实体图层操作，包括如下选项。

① 【使用当前图层】：转换的实体使用当前设置的图层。

② 【图层编号】：选择转换的实体使用的图层编号。

步骤 3：【曲面转为实体】选项对话框操作

【曲面转为实体】选项对话框的各项设置如图 4-21 所示，单击确定✓后，得到如图 4-22 所示的未着色的线框型的实体。

步骤 4：保存文件

单击保存文件，选择保存文件的路径，输入文件名字，给对话框中“预览”前的框内点“√”，单击✓文件保存完毕。

注意：若曲面为开放的不封闭的，新生成的实体虽然显示的是薄壁实体，它是没有厚度的，但它的属性已经属于实体了，如果给它增加厚度可以利用后面我们将要学习的“实体编辑”中“薄片加厚”来处理。

4.2 编辑实体

实体除造型创建外，还有实体编辑命令包括实体倒圆角、倒角、抽壳、修剪、布尔运算等如图 4-23 菜单所示，另外还有实体管理员对实体创建过程进行操作的命令。

这里对几个编辑实体命令进行说明：

① 抽壳——将实体变为空心的或者从实体表面抽掉一部分实体。

② 薄片加厚——增厚薄壁实体。

③ 移除实体面——移去指定表面。

④ 牵引——将实体面按要求牵引一定的角度。

⑤ 布尔运算——通过对简单形体进行结合、切割和交集运算变为整体实体。

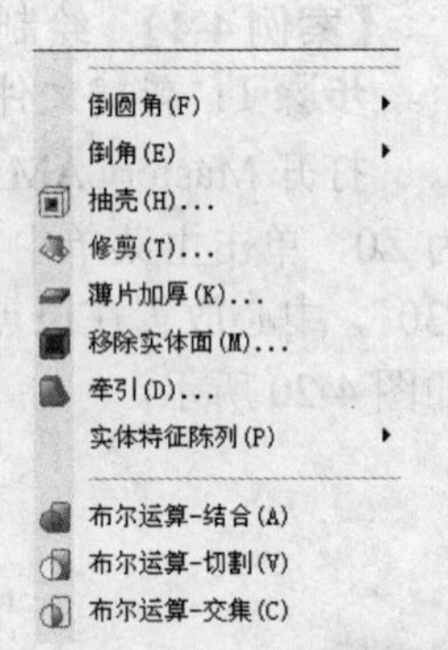

图 4-23 实体编辑命令菜单

⑥ 实体管理员——记录实体组成的内容和组成的过程且可对操作步骤进行编辑。

具体操作及使用下面分别予以介绍。

4.2.1 实体倒圆角

【实体倒圆角命令】可以选择实体的边界、实体面、实体主体作为对象进行圆角创建，包括实体倒圆角和面与面倒圆角两种方式如图 4-24 所示。

【案例 4-5】 对实体边界进行倒圆角。

步骤 1：新建文件并创建立方体实体

打开 MasterCAM X6 软件新建文件，选定构图面为俯视图，视角为俯视图，构图深度为 Z0，按 F9 键呈现坐标系，单击主菜单【绘图】→【基本实体】→【画立方体】，弹出【立方体选项】对话框，在对话框中输入长度“40”、宽度“20”、高度“10”，如图 4-25 所示对话框。单击图中坐标系原点，再单击对话框中确定[✓]，切换到等角视角，得到如图 4-26 所示立方体。

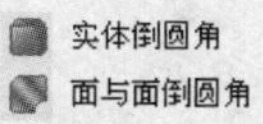

实体倒圆角
面与面倒圆角

图 4-24　实体倒圆角的两种方式

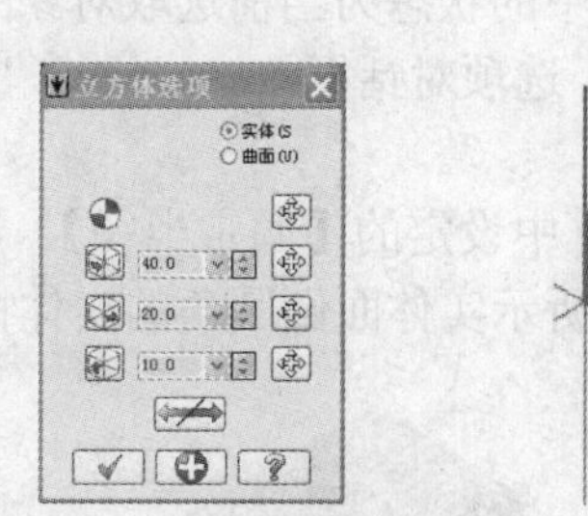

图 4-25　立方体选项

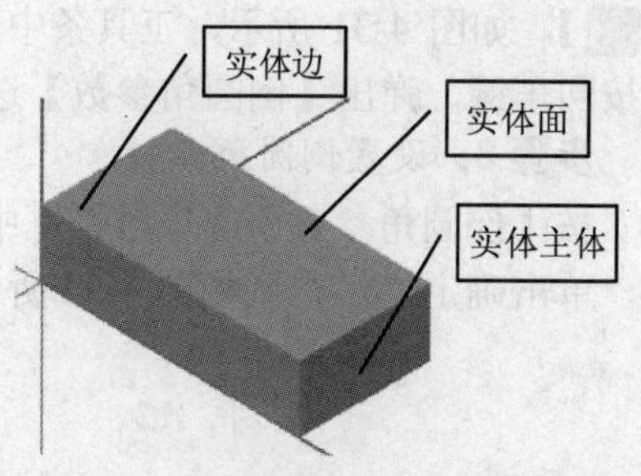

图 4-26　立方体

步骤 2：实体边倒圆角

单击主菜单【实体】→【倒圆角】→【倒圆角】，弹出倒圆角工具条如图 4-27 所示，当前工具条状态是对象选取为【实体边界】、【实体面】和【实体主体】三种状态皆有效，只单击【实体边界】如图 4-28 工具条中的状态为当前选取对象的状态，选取图 4-26 所示的实体边按回车键，弹出如图 4-29 所示的【倒圆角参数】选项对话框。

图 4-27　【实体倒圆角】工具条

图 4-28　【实体边界】选取状态工具条

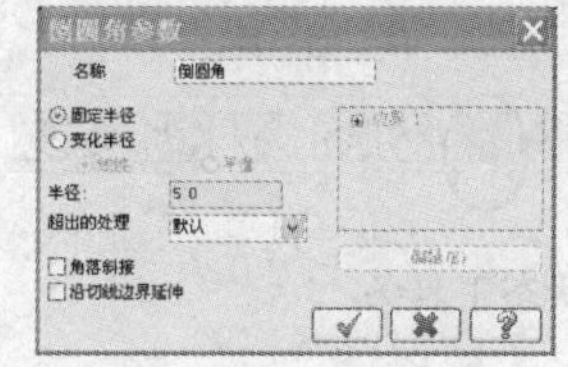

图 4-29　【倒圆角参数】选项对话框

图 4-30　实体边界倒圆角的特征

步骤 3：设置实体倒圆角参数

按【倒圆角参数】选项对话框中设定的【固定半径】、半径值为“5”其他设置按系统默认，单击确定[✓]得到如图 4-30 所示实体边界倒圆角的实体特征。

步骤 4：保存文件

单击保存文件，选择保存文件的路径输入文件名字，给对话框中“预览”前的框内点“√”，单击[✓]文件保存完毕。

【案例 4-6】 对实体面进行倒圆角。

步骤 1：新建文件并创建立方体实体

该步骤同案例 1 的步骤 1 操作。

图 4-31　【实体面】选取状态工具条

步骤 2：实体面倒圆角

单击主菜单【实体】→【倒圆角】→【倒圆角】，弹出倒圆角工具条，只单击【实体面】，如图 4-31 所示，工具条中的状态为当前选取对象的状态，选取图 4-26 所示的实体面按回车键，弹出【倒圆角参数】选项对话框。

步骤 3：设置倒圆角参数

按【倒圆角参数】选项对话框中设定的【固定半径】、半径值为"5"其他设置按系统默认，单击确定得到如图 4-32 所示实体面倒圆角的实体特征。

图 4-32　实体面倒圆角的特征

步骤 4：保存文件

单击保存文件，选择保存文件的路径输入文件名字，给对话框中"预览"前的框内点"√"，单击文件保存完毕。

【案例 4-7】 对实体主体进行倒圆角。

步骤 1：新建文件并创建立方体实体

该步骤同案例 1 的步骤 1 操作。

步骤 2：实体主体倒圆角

单击主菜单【实体】→【倒圆角】→【倒圆角】，弹出倒圆角工具条只单击【实体主体】如图 4-33 工具条中的状态为当前选取对象的状态，选取图 4-26 所示的实体主体按回车键，弹出【倒圆角参数】选项对话框。

图 4-33 【实体主体】选取状态工具条

步骤 3：设置倒圆角参数

按【倒圆角参数】选项对话框中设定的【固定半径】、半径值为"5"，其他设置按系统默认，单击确定得到如图 4-34 所示实体边界倒圆角的实体特征。

步骤 4：保存文件

单击保存文件，选择保存文件的路径输入文件名字，给对话框中"预览"前的框内点"√"，单击文件保存完毕。

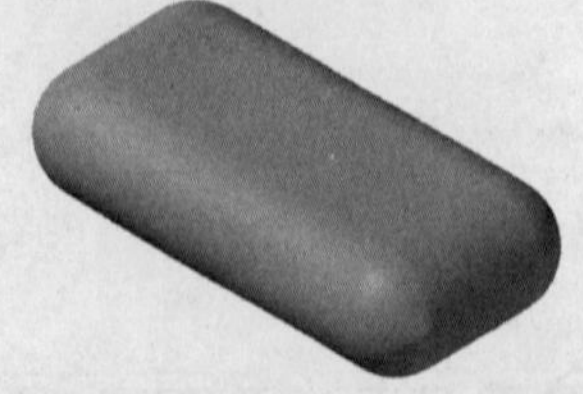

图 4-34　实体边界倒圆角的特征

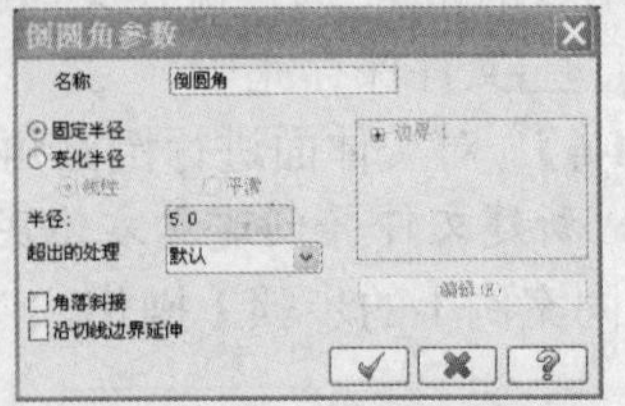

图 4-35 【倒圆角参数】选项对话框

4.2.1.1　实体倒圆角

【实体倒圆角】命令可以对实体便进行常数量或变化量倒圆角。这里针对实体倒圆角命令操作过程中【倒圆角参数】选项对话框如图 4-35 所示中各参数进行详细介绍。

（1）固定半径倒圆角

选择【倒圆角参数】选项对话框如图 4-35 所示中【固定半径】复选框，可创建固定半径值的倒圆角，各参数的含义如下：

【名称】：用于输入圆角名称。

【固定半径】：采用同一半径圆角。

【半径】：输入圆角半径值。

【超出的处理】：设置圆角溢出方式。当圆角半径过大且超出了实体与圆角相接的某个面时，可以有三种方式处理，分别是【系统内定】、【维持熔接】和【维持边界】，这三种情况倒圆角后的实体，如图 4-36 所示。

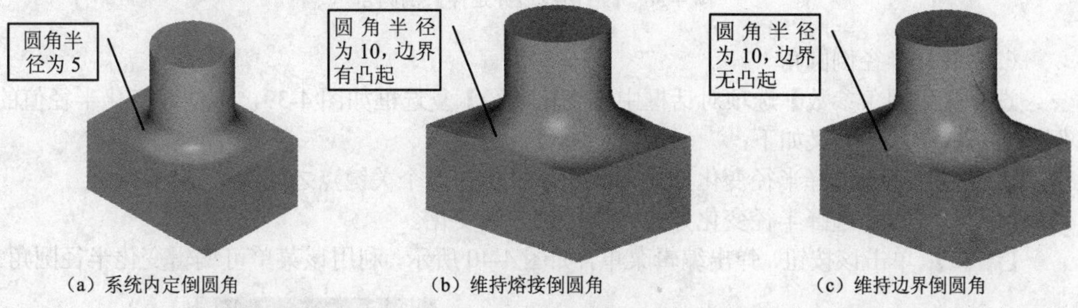

图 4-36　超出的处理倒圆角三种情况

对倒圆角参数选项中【超出的处理】、【角落斜接】和【沿切线边界延伸】三个功能进行说明。从以上实体倒圆角的三种图形结果发现，如果圆角半径过大且超出实体上与圆角相接的某个面，称为溢出，这时影响这两个面连接关系，有以下三种处理方法。

① 系统内定——缺省方式，根据要倒圆角的两个面的实际情况，按最佳方式自动选择倒圆角。

② 维持熔接——尽可能维持圆角处的变化趋势，而其他相关的面可能发生一些变化（延伸、修剪等）。

③ 维持边界——尽可能维持与圆角相关的面上的边界。

【角落斜接】：用于固定的圆角半径，设置三条边的交汇处或三条以上的边的交汇处形成的角落倒圆角时的处理方式，未选中该复选框，生成一个光滑的表面，否则分别对各边进行倒圆角操作，如图 4-37 所示。

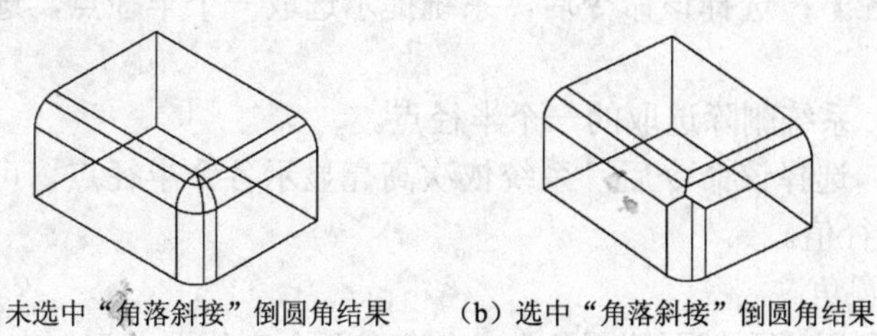

（a）未选中"角落斜接"倒圆角结果
（b）选中"角落斜接"倒圆角结果

图 4-37　"角落斜接"倒圆角对比

【沿切线边界延伸】：与选择边相切的边也进行倒圆角，指是否将倒圆角延伸到相切的边上，也就是说，虽然可能只单击了一处要倒圆角的边线，但只要与该边线相切的所有边线都将倒出圆角，一直到不相切为止。注意要“相切”，不相切是不行的，如图 4-38 所示。

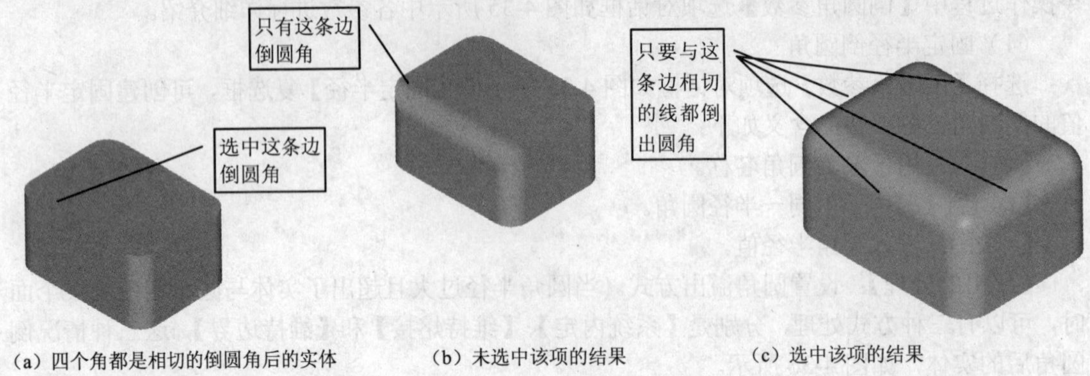

(a) 四个角都是相切的倒圆角后的实体　(b) 未选中该项的结果　(c) 选中该项的结果

图 4-38 【沿切线边界延伸】倒圆角

（2）变化半径倒圆角

选择【倒圆角参数】选项对话框中【变化半径】复选框如图 4-39，可创建变化半径值的倒圆角，各参数的含义如下：

【线性】：用于选择半径变化方式，圆角半径值在两个关键点之间线性变化。

【平滑】：用于选择半径变化方式，半径值平滑变化。

【编辑】：单击该按钮，弹出编辑菜单，如图 4-40 所示，利用该菜单可编辑变化半径圆角。

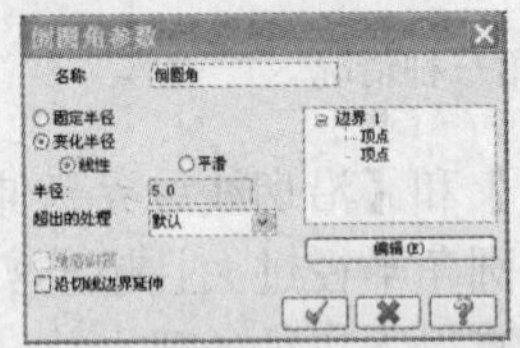

图 4-39 【变化半径】倒圆角选项对话框　图 4-40 【编辑】状态下的对话框

① 【动态插入】：选择该命令后，系统提示选取要倒圆角的边，选取边后显示一个插入点箭头，用户可通过移动光标来改变插入点的位置。

② 【中点插入】：选择该命令后，系统提示选取要倒圆角的边，选取边后提示选取边的中点插入半径点并输入圆角半径值。

③ 【修改位置】：选择该命令后，系统提示选取一个半径点，选取半径点后显示一个插入箭头，用户可移动光标来改变插入点的位置。

④ 【修改半径】：选择该命令后，系统提示选取一个半径点，选取半径点后可以输入新的半径值。

⑤ 【移动】：系统删除选取的一个半径点。

⑥ 【循环】：选择该命令后，系统依次高亮显示各个半径点，可依次输入新的半径值改变各半径点的半径值。

4.2.1.2　面与面倒圆角

【案例 4-8】 利用【面与面倒圆角】命令在两个实体面之间创建圆角。

步骤 1：新建文件并创建立方体

打开 MasterCAM X6 软件新建文件，选定构图面为俯视图，视角为俯视图，构图深度为

Z0，按 F9 键呈现坐标系，单击主菜单【绘图】→【基本实体】→【画立方体】，弹出【立方体选项】对话框，在对话框中输入长度“40”、宽度“20”、高度“10”，单击图中坐标系原点，再单击对话框中确定，切换到等角视角，如图 4-41 所示立方体。

步骤 2：面与面倒圆角

单击主菜单【实体】→【倒圆角】→【面与面倒圆角】，弹出倒圆角工具条，当前工具条状态是对象选取为【实体面】状态，单击选取第一组曲面 P1 按回车键，单击选取第二组曲面 P2 按回车键，弹出【实体的面与面倒圆角参数】选项对话框如图 4-42 所示。

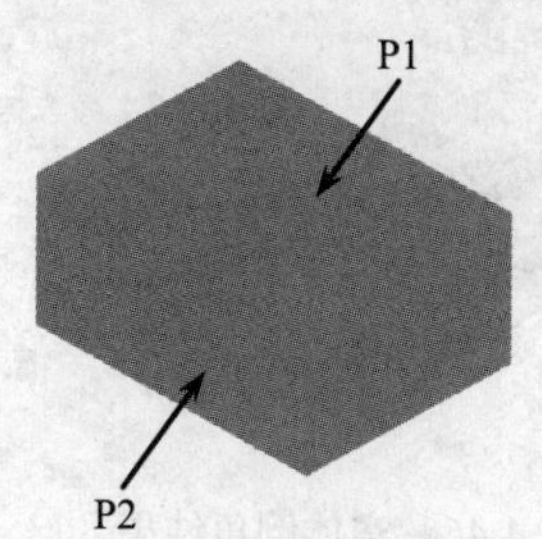

图 4-41　立方体的创建

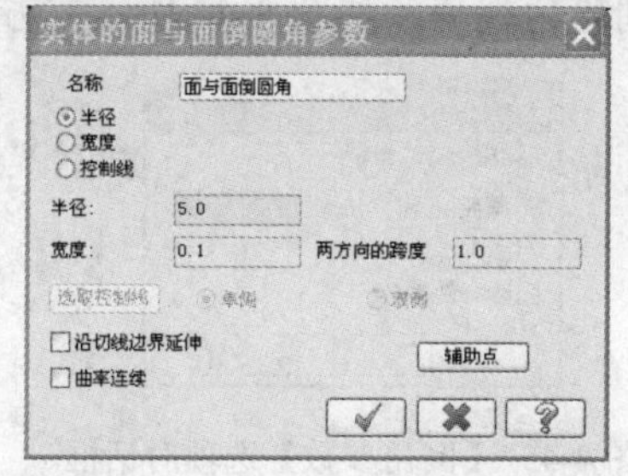

图 4-42 【倒圆角参数】选项对话框

图 4-43　实体面与面倒圆角的特征

在该参数选项对话框中，各项含义介绍如下：

【名称】：用于输入圆角名称。

【半径】：用半径圆角方式创建。

【宽度】：弧宽圆角方式（控制圆角面宽度）创建。

【半径】：输入圆角半径值。

【宽度】：设置弧宽（控制圆角面宽度）。

【两方向的跨度】：用于设置两个面的圆角比率（各自所占圆角面的比例）。

【选取控制线】：启动控制性选择

1）【单侧】：圆角经过第一个面的控制线。

2）【双侧】：圆角经过两个面的控制线。

【沿切线边界延伸】：与选择边相切的边也一并进行倒圆角，否则只对选择边进行倒圆角。

【曲率连续】：产生连续曲率圆角形式。

【辅助点】：当可能存在多个圆角结果时，借助选择点来选择需要的圆角结果。

步骤 3：设置参数

按【实体面与面倒圆角参数】选项对话框中设定的【半径】、半径值为“5”其他设置按系统默认，单击确定得到如图 4-43 所示实体面与面倒圆角的实体特征。

步骤 4：保存文件

单击保存文件，选择保存文件的路径输入文件名字，给对话框中“预览”前的框内点“√”，单击文件保存完毕。

4.2.2　实体倒角

在工厂中倒角操作比倒圆角操作用得多些，因为圆角不易加工。除了零件功能上的需要或美观上需要外，有时为了避免零件上锐利的边角划伤人的身体，也要对这些边进行倒角。

【实体倒角】命令可以将选择的实体边、实体面或实体主体进行倒角。有相同倒角距离、不同倒角距离和倒角距离与角度三种操作方式，具体使用如下。

4.2.2.1 相同倒角距离

【单一距离倒角】命令对实体边进行相同距离的倒角。

【案例 4-9】 对立方体的一条边界进行单一距离倒角。

步骤 1：新建文件并创建立方体

打开 MasterCAM X6 软件新建文件，选定构图面为俯视图，视角为俯视图，构图深度为 Z0，按 F9 键呈现坐标系，单击主菜单【绘图】→【基本实体】→【画立方体】，弹出【立方体选项】对话框，在对话框中输入长度“40”、宽度“20”、高度“10”，单击图中坐标系原点，再单击对话框中确定 ，切换到等角视角，如图 4-44 所示立方体。

图 4-44 立方体实体

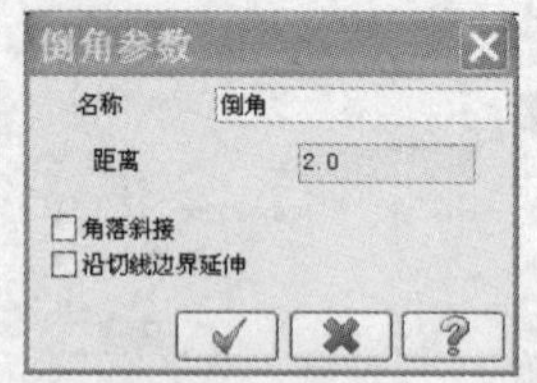

图 4-45 【倒角参数】选项对话框

图 4-46 实体倒角结果

步骤 2：实体边倒角

单击主菜单【实体】→【倒角】→【单一距离倒角】，弹出倒角工具条，当前工具条状态倒角类似有三种，这里对象选取为【实体边界】状态，单击选取边界 P1 按回车键，弹出如图 4-45 所示的【倒角参数】选项对话框。

在该参数选项对话框中，各项含义介绍如下：

【名称】：用于输入圆角名称。

【距离】：设置倒角距离。

【角落斜接】：交角采用线性相交方式。

【沿切线边界延伸】：与选择边相切的边也一并进行倒角，否则只对选择边进行倒角。

步骤 3：设置倒角参数

按【倒角参数】选项对话框中设定的【距离】输入值为“2”其他设置按系统默认，单击确定 得到如图 4-46 所示实体面与面倒圆角的实体特征。

步骤 4：保存文件

单击保存文件，选择保存文件的路径，输入文件名字，给对话框中“预览”前的框内点“√”，单击 文件保存完毕。

4.2.2.2 不同倒角距离

【不同距离倒角】命令可以对实体边进行不同距离的倒角。

单击主菜单【实体】→【倒角】→【不同距离倒角】，弹出倒角工具条，当前工具条状态倒角类似有三种，这里对象选取为【实体边界】状态，单击选取边界，选取参考面后按回车键，弹出如图 4-47 所示的【倒角参数】选项对话框。

在该参数选项对话框中，各项含义介绍如下：

【名称】：用于输入圆角名称。

【距离 1】：设置倒角距离 1（在参考面上的距离）。

【距离 2】：设置倒角距离 2。

【角落斜接】：交角采用线性相交方式。

【沿切线边界延伸】：与选择边相切的边也一并进行倒角，否则只对选择边进行倒角。

4.2.2.3　倒角距离与角度

【倒角距离与角度】命令可以对实体边进行距离和角度的设置倒角。

图 4-47 【倒角参数】选项对话框

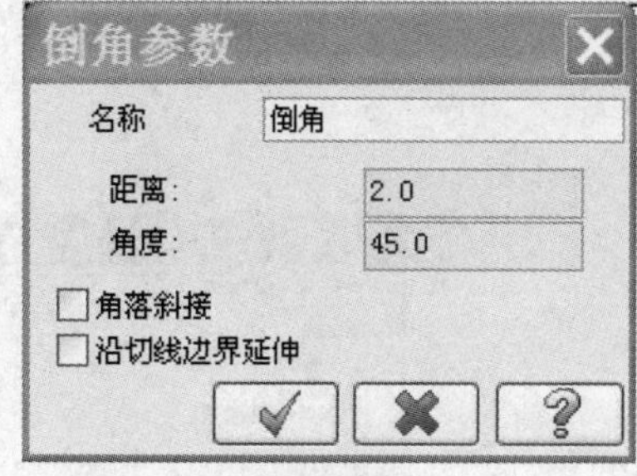

图 4-48 【倒角参数】选项对话框

单击主菜单【实体】→【倒角】→【距离与角度倒角】，弹出倒角工具条对象选取为【实体边界】状态，单击选取边界，选取参考面后按回车键，弹出如图 4-48 所示的【倒角参数】选项对话框。

在该参数选项对话框中，各项含义介绍如下：

【名称】：用于输入圆角名称。

【距离】：设置倒角距离（在参考面上的距离）。

【角度】：设置倒角角度（以参考面为角度原点）。

【角落斜接】：交角采用线性相交方式。

【沿切线边界延伸】：与选择边相切的边也一并进行倒角，否则只对选择边进行倒角。

4.2.3　实体薄壳

【实体薄壳】命令可以将选择的实体面或实体主体进行抽壳，就是将实体内部掏空，使实心的实体变为有一定薄厚的空心实体。

单击主菜单【实体】→【抽壳】，弹出抽壳工具条，当前工具条状态呈现【实体面】和【实体主体】两种对象选取状态，这里以对象选取【实体面】状态为例，单击选取对象按回车键，弹出如图 4-49 所示的【实例抽壳】选项对话框。按三种状态设置厚度值，单击确定得到如图 4-50 所示实体抽壳的三种情况。

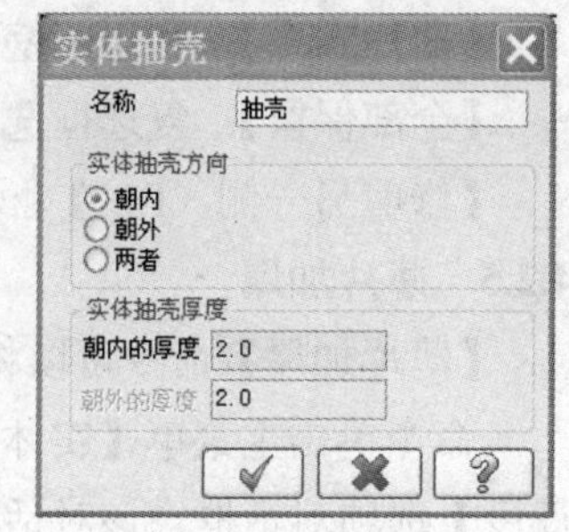

图 4-49【实体抽壳】选项对话框

（a）朝内抽壳

（b）朝外抽壳

（c）两向同时抽壳

图 4-50　三种抽壳状态的实体

4.2.4 实体修剪

【实体修剪】命令可以利用平面、曲面或薄壁实体对实体进行修剪。

单击主菜单【实体】→【修剪】，弹出如图 4-51 所示的【修剪实体】选项对话框。该对话框中各选项的含义如下。

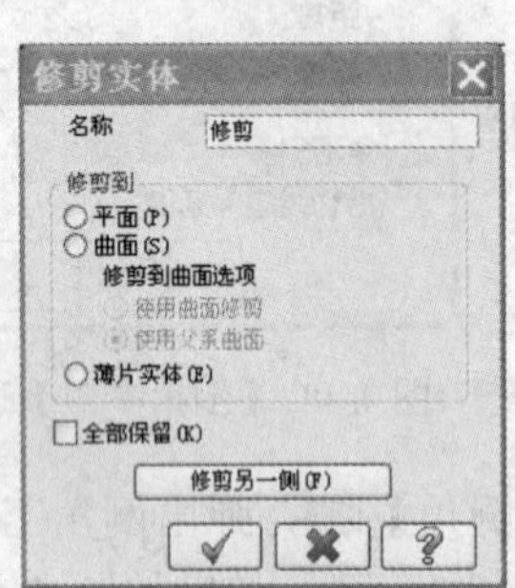

图 4-51 【修剪实体】选项对话框

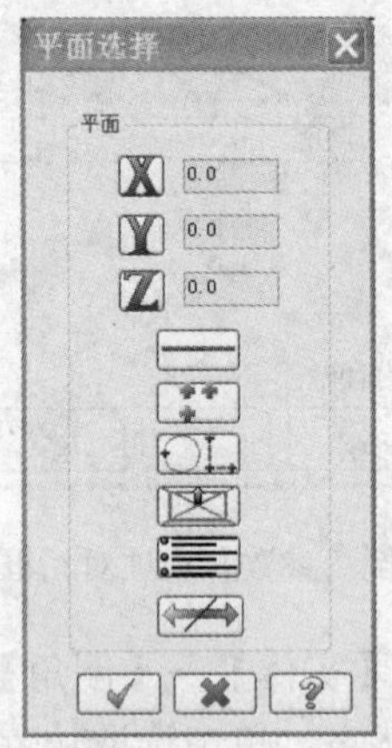

图 4-52 【平面选择】对话框

【名称】：用于输入实体修剪名称。

【修剪到】中修剪实体方式如下。

【平面】：用平面修剪实体，单击后弹出如图 4-52 所示【平面选择】对话框，箭头指向的方向为实体保留方向。

【曲面】：利用曲面修剪实体。

【薄片实体】：利用薄壁体来修剪实体。

【全部保留】：复选框选中后表示保留修剪面两侧的实体。

【修剪另一侧（F）】：反转修剪后实体保留方向，箭头指向的方向为实体保留方向。

4.2.5 薄片加厚

【薄片加厚】命令可以将由曲面转换过来的实体进行加厚。

命令单击主菜单【实体】→【薄片加厚】，弹出如图 4-53 所示的【增加薄片实体的厚度】选项对话框，该对话框中各选项的含义如下。

【名称】：用于输入加厚实体的名称。

【厚度】：设置加厚实体的厚度。

【方向】指定加厚方式，包括以下选项

【单侧】：向转换后的实体一侧加厚。

【双侧】：向转换后的实体两侧加厚。

4.2.6 移除实体面

【薄片加厚】命令可以将选中的实体面进行移除，使实体转变为一个开放的薄片实体。

命令单击主菜单【实体】→【移除实体面】，弹出移除实体面工具条，当前工具条状态呈现【实体面】为对象选取状态，单击选取实体面按回车键，弹出如图 4-54 所示的【移除实体表面】选项对话框。

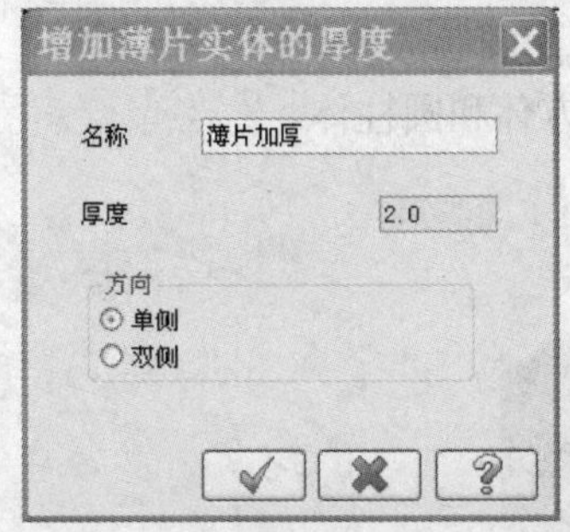

图 4-53 【增加薄片实体的厚度】选项对话框

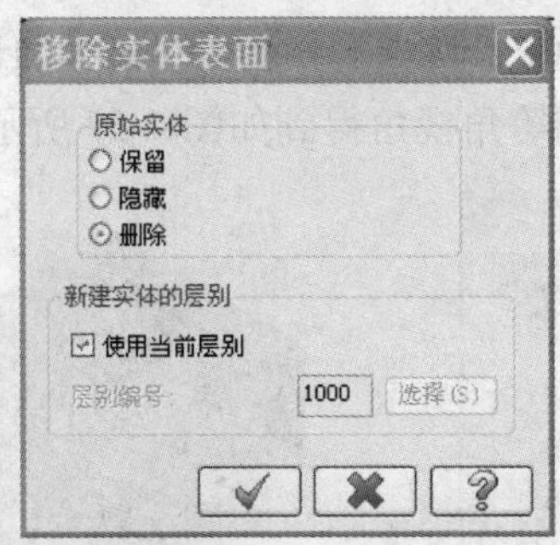

图 4-54 【移除实体表面】选项对话框

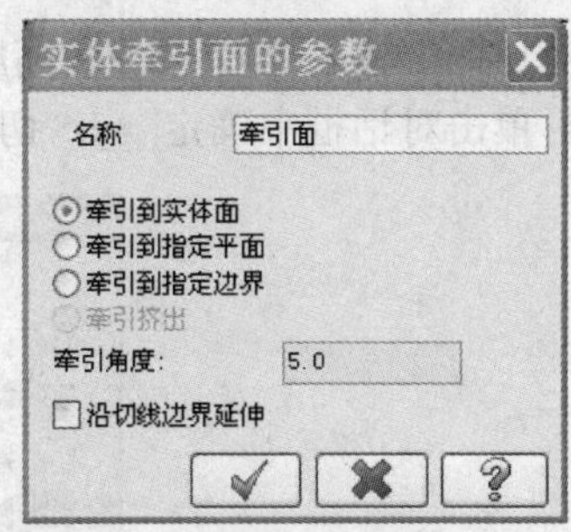

图 4-55 【实体牵引面的参数】选项对话框

4.2.7 实体牵引

【牵引】命令可以将选中的实体面进行一定角度的倾斜，即对实体面进行拔模处理。

单击主菜单【实体】→【牵引】，弹出牵引实体面工具条，当前工具条状态呈现【实体面】为对象选取状态，单击选取实体面按回车键，弹出如图 4-55 所示的【实体牵引面的参数】选项对话框，各选项含义如下介绍。

【名称】：用于输入牵引实体面的名称。

【牵引到实体面】：将要牵引的面拉伸到实体上的某个参考面处，参考面的大小不会变化，而与牵引面相连的面则会变化。

【牵引到指定平面】：将要牵引的面拉伸到一个定义的面上，这个面可以是其他实体上的面，也可以是虚拟的。

【牵引到指定边界】：选择边为拔模参考基准。

【牵引挤出】：以拉伸截面为拔模参考面。

【牵引角度】：拔模角度。

【沿切线边界延伸】：与选择面相切的面也进行拔模。

4.2.8 实体布尔运算

布尔运算是实体造型中的一种重要方法，利用布尔运算可以建造出复杂的形体。布尔运算包括三种运算方式：结合——求并运算；切割——求差运算；交集——求交运算。

4.2.8.1 布尔运算—结合

【布尔运算—结合】命令可以将实体进行相关的求和操作，将多个独立的实体合并为一个整体。

【案例 4-10】 利用【布尔运算—结合】命令将立方体和圆柱体结合。

步骤 1：新建文件并创建立方体实体

打开 MasterCAM X6 软件新建文件，选定构图面为俯视图，视角为俯视图，构图深度为 Z0，按 F9 键呈现坐标系，单击主菜单【绘图】→【基本实体】→【画立方体】，弹出【立方体选项】对话框，在对话框中输入长度“40”、宽度“20”、高度“10”，单击图中坐标系原点，再单击对话框中确定，切换到等角视角，如图 4-56 所示立方体。

步骤 2：创建圆柱体实体

单击主菜单【绘图】→【基本实体】→【画圆柱体】，弹出【圆柱体选项】对话框，在对话框中输入半径“5”和高度“30”，按键盘空格键，输入圆柱底面圆心放置坐标（20,10,0），再单击对话框中确定，切换到等角视角得到如图 4-57 所示立方体和圆柱体。

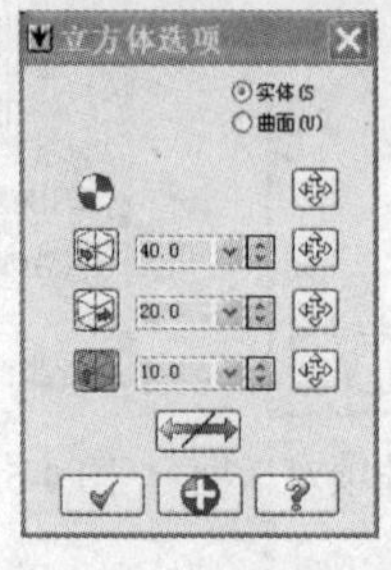

图 4-56　立方体实体

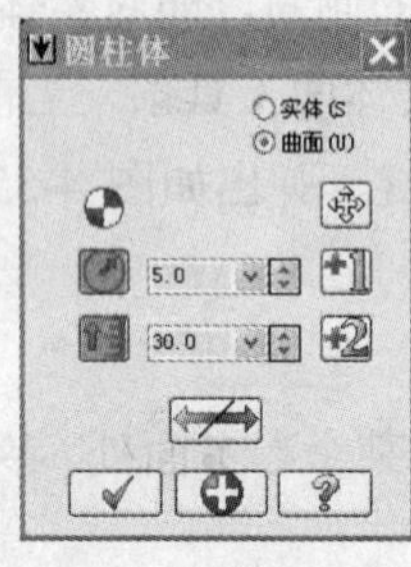

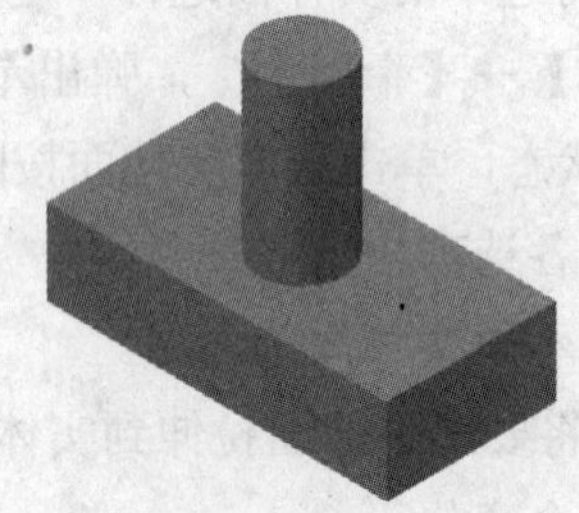

图 4-57　立方体和圆柱体

注意：这里立方体和圆柱体是两个不同的个体，不是整体，要想变成一个实体可以进行布尔运算，步骤如下。

步骤 3：取消着色进行布尔运算-结合圆柱体和立方体

这里按 ALT 键+S 键，先取消实体的着色来进行以下结合操作，单击主菜单【实体】→【布尔运算—结合】，弹出布尔运算结合命令工具条，系统提示“选取要布尔运算的目标工件”（表示要布尔运算的原对象），单击图中立方体，系统提示“选取要布尔运算的工件”（表示要布尔运算的新对象），单击图中圆柱体，得到如图 4-58 所示立方体实体和圆柱体，按回车键后得到如图 4-59 所示结合操作后线框表达实体。

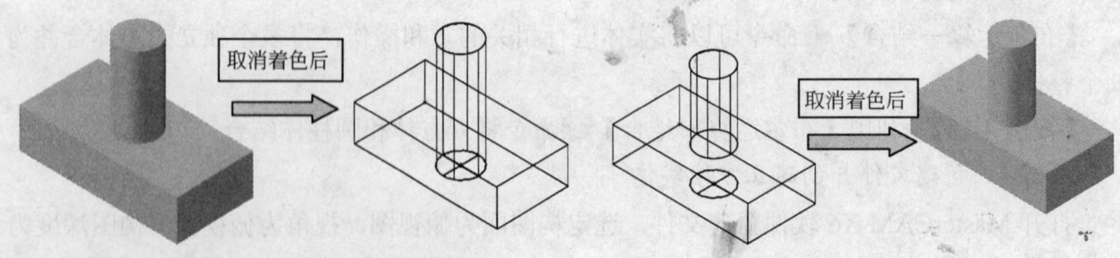

图 4-58　立方体和圆柱体线框和实体　　　　图 4-59　结合后的实体

步骤 4：保存文件

单击保存文件，选择保存文件的路径，输入文件名字，给对话框中“预览”前的框内点“√”，单击文件保存完毕。

4.2.8.2　布尔运算—切割

【布尔运算—切割】命令利用工件实体对目标实体进行切除操作。

【案例 4-11】 利用【布尔运算—切割】命令用圆柱体切割立方体。

步骤 1：新建文件并创建立方体实体

打开 MasterCAM X6 软件新建文件，选定构图面为俯视图，视角为俯视图，构图深度为 Z0，按 F9 键呈现坐标系，单击主菜单【绘图】→【基本实体】→【画立方体】，弹出【立方体选项】对话框，在对话框中输入长度“40”、宽度“20”、高度“10”，单击图中坐标系原点，再单击对话框中确定创建立方体如图 4-56 所示，切换到等角视角。

步骤 2：创建圆柱体实体

单击主菜单【绘图】→【基本实体】→【画圆柱体】，弹出【圆柱体选项】对话框，在对话框中输入半径“5”和高度“30”，按键盘空格键，输入圆柱底面圆心放置坐标（20,10,0），再单击对话框中确定，切换到等角视角得到如图 4-57 所示立方体和圆柱体。

步骤 3：取消着色进行布尔运算，圆柱体切割立方体

这里我们按 ALT 键+S 键，先取消实体的着色来进行以下结合操作，单击主菜单【实体】→【布尔运算—切割】，弹出【布尔运算—切割】命令工具条，系统提示“选取要布尔运算的目标工件”（表示要布尔运算的原对象），单击图中立方体，系统提示“选取要布尔运算的工件工件”（表示要布尔运算的新对象），单击图中圆柱体，得到如图 4-58 所示立方体实体和圆柱体，按回车键后得到如图 4-60 所示切割操作后线框表达实体。

步骤 4：保存文件

单击保存文件，选择保存文件的路径，输入文件名字，给对话框中“预览”前的框内点“√”，单击文件保存完毕。

图 4-60　切割后的实体

4.2.8.3　布尔运算—交集

【布尔运算—交集】命令利用工件实体对目标实体进行切除操作

【案例 4-12】 利用【布尔运算—交集】命令利用圆柱体切割立方体。

步骤 1：新建文件并创建立方体实体

打开 MasterCAM X6 软件新建文件，选定构图面为俯视图，视角为俯视图，构图深度为 Z0，按 F9 键呈现坐标系，单击主菜单【绘图】→【基本实体】→【画立方体】，弹出【立方体选项】对话框，在对话框中输入长度“40”、宽度“20”、高度“10”，单击图中坐标系原点，再单击对话框中确定创建立方体如图 4-56 所示，切换到等角视角。

步骤 2：创建圆柱体实体

单击主菜单【绘图】→【基本实体】→【画圆柱体】，弹出【圆柱体选项】对话框，在对话框中输入半径“5”和高度“30”，按键盘空格键，输入圆柱底面圆心放置坐标（20,10,0），再单击对话框中确定，切换到等角视角得到如图 4-57 所示立方体和圆柱体。

图 4-61　求交集后的实体

步骤 3：取消着色进行布尔运算，圆柱体与立方体求交集

这里按 ALT+S 键，先取消实体的着色来进行以下结合操作，单击主菜单【实体】→【布尔运算—交集】，弹出【布尔运算—交集】命令工具条，系统提示“选取要布尔运算的目标工件”（表示要布尔运算的原对象），单击图中立方体，系统提示“选取要布尔运算的工件”（表示要布尔运算的新对象），单击图中圆柱体，得到如图 4-58 所示立方体实体和圆柱体，按回车键后着色，得到如图 4-61 所示切割操作后表达实体。

步骤 4：保存文件

单击保存文件，选择保存文件的路径，输入文件名字，给对话框中“预览”前的框内点“√”，单击文件保存完毕。

4.2.9 实体管理员

实体管理员在实体造型中起着重要的作用，一个复杂的实体创建过程一定是包含了多次实体的创建和编辑（含布林运算），实体管理员对一个实体的创建过程每一步都详细记载，而且是按照实体创建和编辑的先后顺序记录的，记录中包含了实体创建的相关参数，因此可以对上一次的操作进行修改（如删除、修改参数等），甚至还可以将创建顺序重排，这样处理后实体将按新的顺序自动重新创建。

单击主菜单【视图】→【切换操作管理】后弹出【刀具操作管理器】对话框，单击【实体管理器】得到如图 4-62 所示对话框。

实体操作管理器中的树形显示状态，呈现了实体创建和编辑过程中的每个步骤，使得实体创建和编辑过程清晰明了，管理器具有如下几个功能。

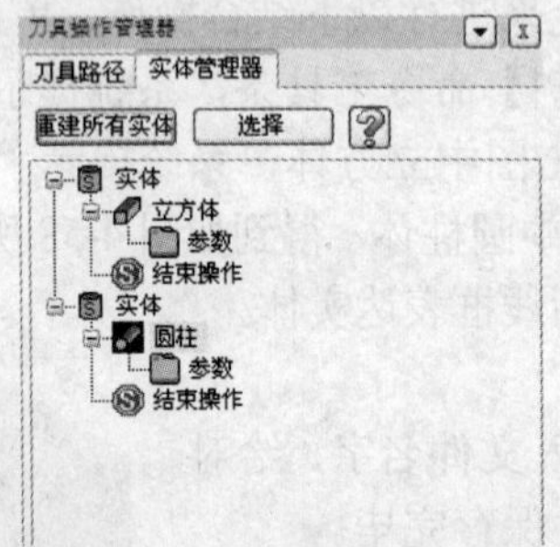

图 4-62 【实体管理器】对话框

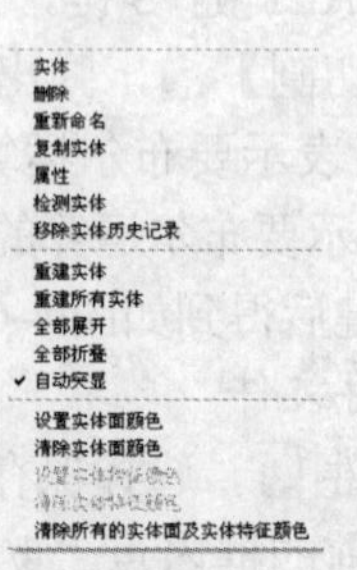

图 4-63 单击管理器中实体右键菜单

（1） 修改实体参数

用户可以在任何时候修改设计部件中的实体特征尺寸。单击某个特征下的参数选项，就可以在系统弹出的参数对话框中对特征参数进行修改，然后再单击实体管理器中的【重建所有实体】按钮，则实体特征就会按新参数进行更新。

（2）调整实体创建和编辑的顺序

用户可以在任何时候不违背几何图形对象创建原理的情况下，调整实体特征的创建顺序。用鼠标左键拾取某一特征，就可以将其拖动到其他特征之前或之后，如果不可以移动，系统将提示禁止符号。

（3）删除实体特征

用户可以在任何时候删除不需要的实体特征，只要右击相应的特征图标，在弹出的快捷菜单如图 4-63 所示中选择【删除】命令，然后单击实体管理器中的【重建所有实体】按钮，则实体特征就会按新参数进行更新。

4.3 综合实例

综合实例 1 利用实体创建功能绘制如下尺寸图形（不必标注尺寸），如图 4-64 所示。

步骤 1：新建文件并绘制矩形

打开 MasterCAM X6 软件新建文件，当前图层为 1，选定构图面为俯视图，视角为俯视图，构图深度为 Z0，按 F9 键呈现坐标系，单击主菜单【绘图】→【矩形】→【矩形形状设置】，弹出【矩形选项】对话框，单击【固定位置】中的中心点如图 4-65 所示，在对话框中输入长度“86”、宽度“116”、单击对话框中确定☑。单击图中坐标系原点，再单击对话框中确定☑绘制如图 4-66 所示矩形，切换到等角视角。

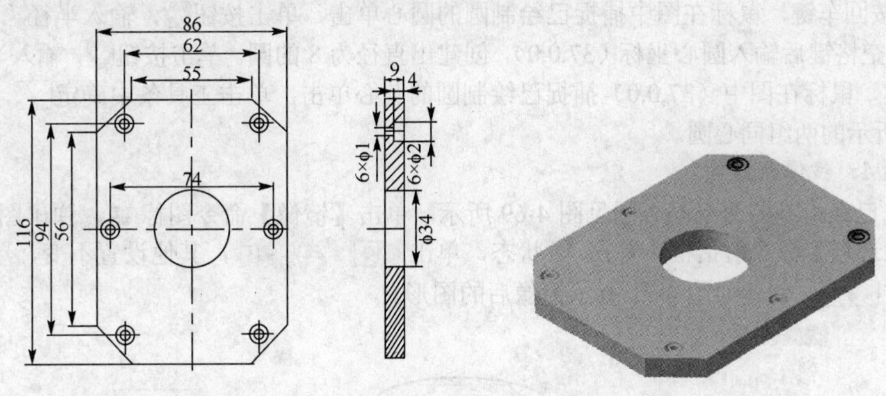

图 4-64　综合实例 1

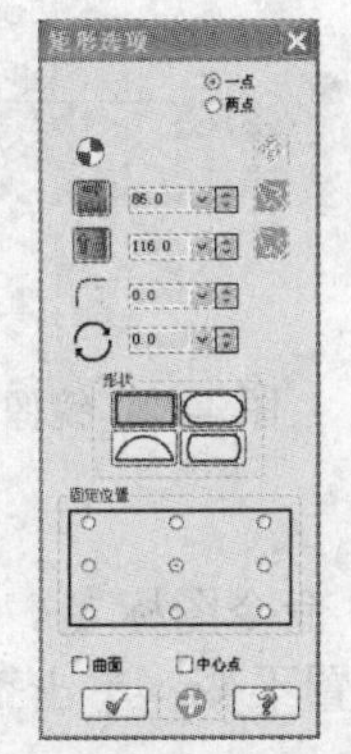

图 4-65　【矩形选项】对话框

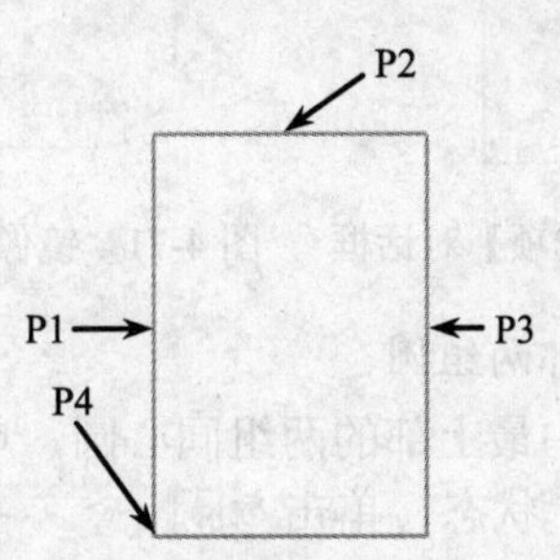

图 4-66　矩形线框的创建

步骤 2：矩形倒角

单击主菜单【绘图】→【倒角】弹出倒角工具条如图 4-67 所示，单击距离 2 [距离 2]，在对话框中输入距离 1 为“15”和距离 2 为“15.5”，分别单击图 4-66 中直线 P1 和 P2；再单击直线 P1 和 P4，直线 P3 和 P2，直线 P3 和 P4，单击工具条中确定☑，切换到等角视角得到如图 4-68 所示倒角后的矩形。

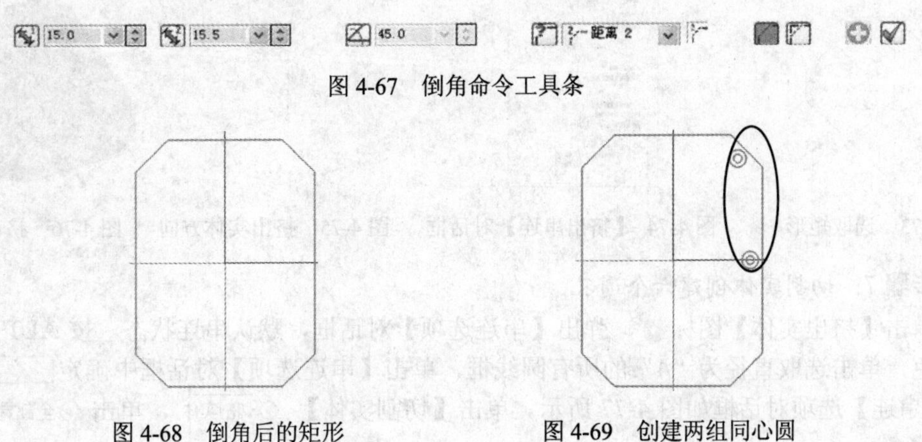

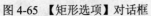

图 4-67　倒角命令工具条

图 4-68　倒角后的矩形

图 4-69　创建两组同心圆

步骤 3：绘制圆

单击主菜单【绘图】→【绘弧】→【已知圆心点画圆】弹出工具条，输入半径“4”按回车键，按空格键后输入圆心坐标（37,47,0），创建出直径为 8 的圆。单击按钮，输入半径“2”按回车键，鼠标在图中捕捉已绘制圆的圆心单击，单击按钮，输入半径“4”按回车键，按空格键后输入圆心坐标（37,0,0），创建出直径为 8 的圆。单击按钮，输入半径“2”按回车键，鼠标在图中（37,0,0）捕捉已绘制圆的圆心单击，单击工具条中确定，创建如图 4-69 所示的两组同心圆。

步骤 4：镜像两组圆

窗选已经绘制的两组同心圆见图 4-69 所示，单击【镜像】命令图标，弹出图 4-70 所示【镜像选项】命令对话框，单击 复制 状态，单击 X 0.0，其他设置不变，单击工具条中确定，创建如图 4-71 所示镜像后的图形。

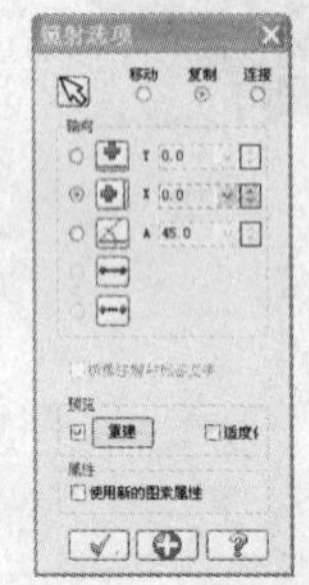

图 4-70 【镜像选项】对话框

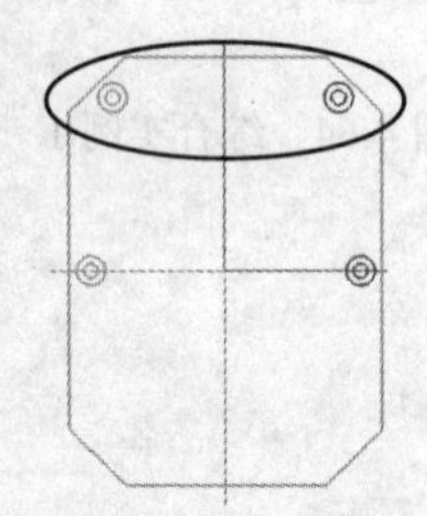

图 4-71 镜像后的图形

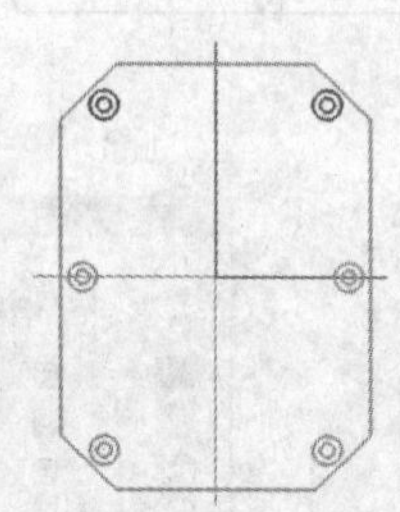

图 4-72 镜像后的图形

步骤 5：镜像顶部两组圆

窗选图 4-71 图中最上部的两组同心圆，单击【镜像】命令图标，弹出【镜像选项】命令对话框，单击 复制 状态，单击 X 0.0，其他设置不变，单击工具条中确定，创建如图 4-72 所示镜像后的图形。

步骤 6：挤出实体

将视图切换到等角视图，单击【挤出实体】图标，弹出【串连选项】对话框，默认串连状态，单击选取矩形线框如图 4-73 所示，单击【串连选项】对话框中确定，弹出【挤出串连】选项对话框如图 4-74 所示，输入挤出高度“9”，按回车键，图 4-75 中呈现挤出方向向下，否则反向，单击确定，得到如图 4-76 所示挤出实体。

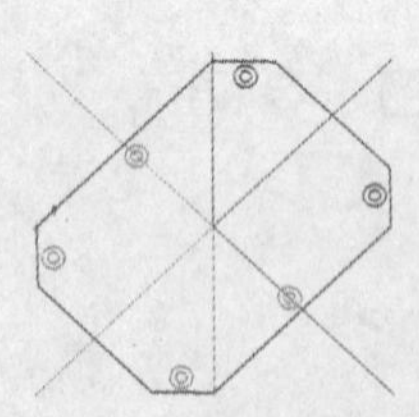

图 4-73 选取矩形

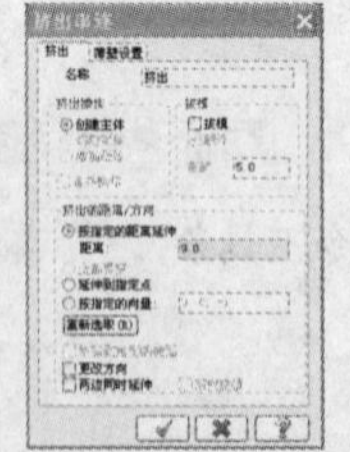

图 4-74 【挤出串连】对话框

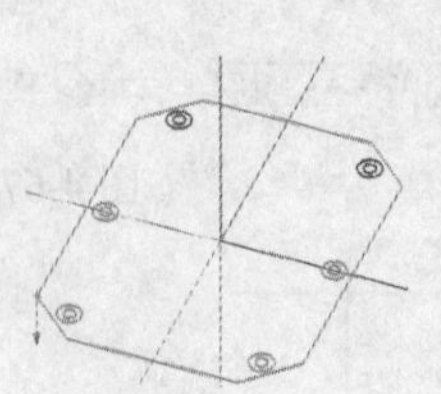

图 4-75 挤出实体方向

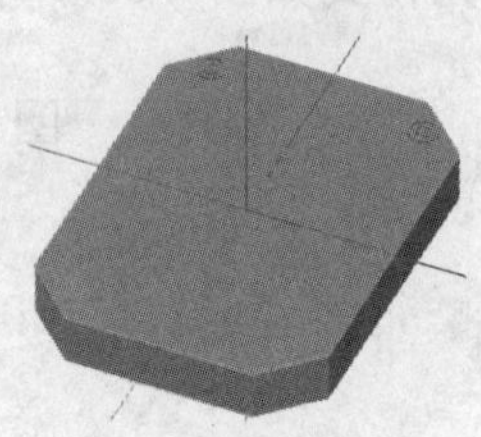

图 4-76 挤出实体

步骤 7：切割实体创建六个通孔

单击【挤出实体】图标，弹出【串连选项】对话框，默认串连状态，按 ALT+S 键取消着色，单击选取直径为“4”的所有圆线框，单击【串连选项】对话框中确定，弹出【挤出串连】选项对话框如图 4-77 所示。单击【切割实体】 切割实体，单击 全部贯穿，若图中圆挤出实体箭头方向不同，单击箭头向上的圆使之箭头方向向下，图 4-78 中呈现挤出方向向下，单击确定，得到如图 4-79 所示挤出实体。

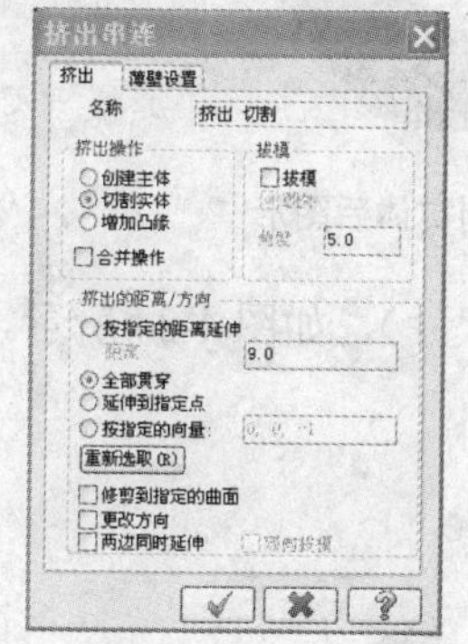

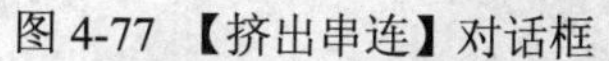

图 4-77 【挤出串连】对话框

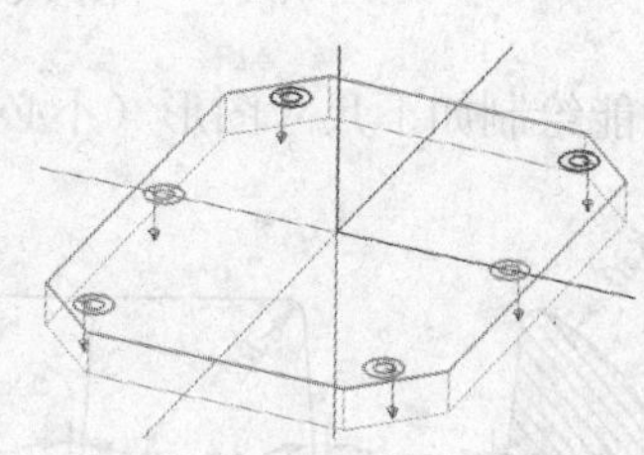

图 4-78　箭头方向向下选取圆

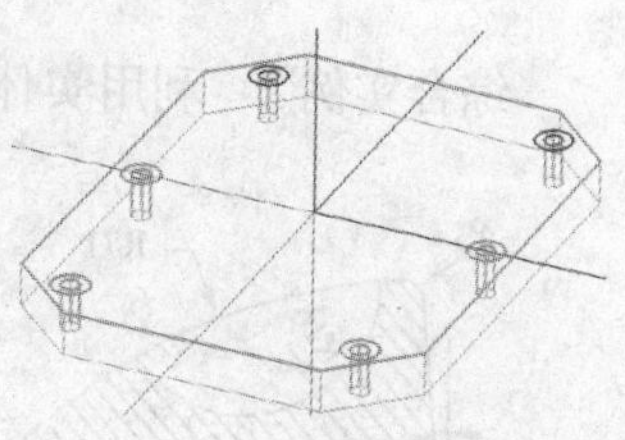

图 4-79　切割实体后的图形

步骤 8：切割挤出 6 个沉孔

单击【挤出实体】图标，弹出【串连选项】对话框，默认串连状态，单击选取直径为“8”的所有圆线框，单击【串连选项】对话框中确定，弹出【挤出串连】选项对话框如图 4-80 所示，单击【切割实体】 ⊙切割实体，输入挤出高度“4”，按回车键。若图中圆挤出实体箭头方向不同，单击箭头向上的圆使之箭头方向向下，单击确定，按 ALT+S 键着色，得到如图 4-81 所示挤出实体。

图 4-80 【挤出串连】选项对话框

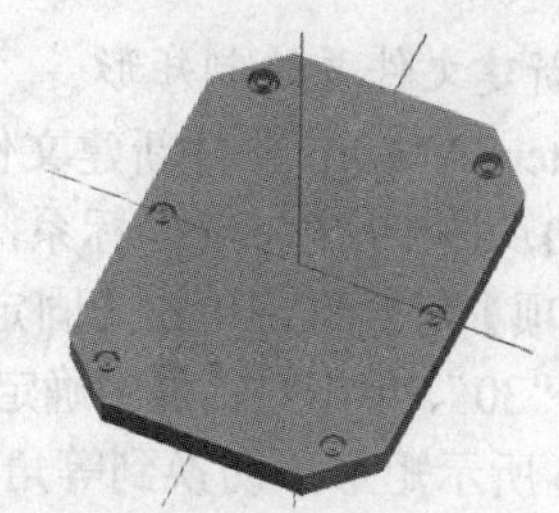

图 4-81　着色后的切割实体

步骤 9：绘制圆

单击主菜单【绘图】→【绘弧】→【已知圆心点画圆】弹出工具条，输入直径“34”按回车键，捕捉原点绘制圆，单击确定，按 ALT+S 键取消着色，得到如图 4-82 所示圆。

步骤 10：切割挤出孔

单击【挤出实体】图标，弹出【串连选项】对话框，默认串连状态，单击选取直径为“34”的圆线框，单击【串连选项】对话框中确定，弹出【挤出串连】选项对话框，单击【切割实体】 ⊙切割实体，单击 ⊙全部贯穿，若图中圆挤出实体箭头方向向上，单击该圆使之箭头方向向下，单击确定，按 ALT+S 键着色，得到如图 4-83 所示挤出实体。

步骤 11：保存文件

单击保存文件，选择保存文件的路径输入文件名字，给对话框中“预览”前的框内点“√”，单击文件保存完毕。

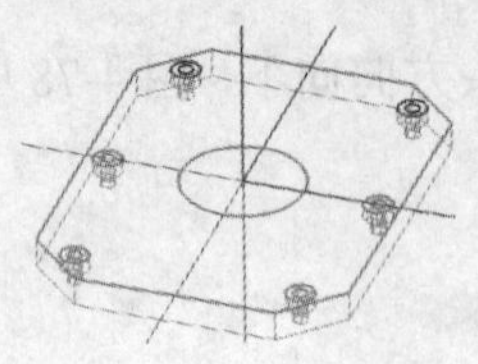

图 4-82　在实体上绘制圆

图 4-83　切割实体后图形

综合实例 2　利用实体创建功能绘制如下尺寸图形（不必标注尺寸），如图 4-84 所示。

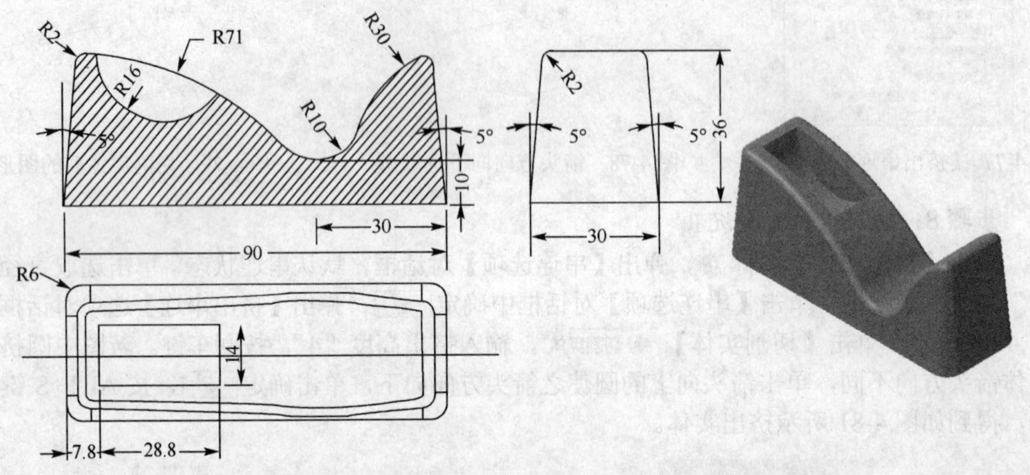

图 4-84　综合实例 2

步骤 1：新建文件并绘制矩形

打开 MasterCAM X6 软件新建文件，当前图层为 1 选定构图面为俯视图，视角为俯视图，构图深度为 Z0，按 F9 键呈现坐标系，单击主菜单【绘图】→【矩形】→【矩形形状设置】，弹出【矩形选项】对话框，单击【固定位置】中的中心点如图 4-85 所示，在对话框中输入长度“90”、宽度“30”、单击对话框中确定[✓]。单击图中坐标系原点，再单击对话框中确定[✓]绘制如图 4-86 所示矩形，切换到等角视角。

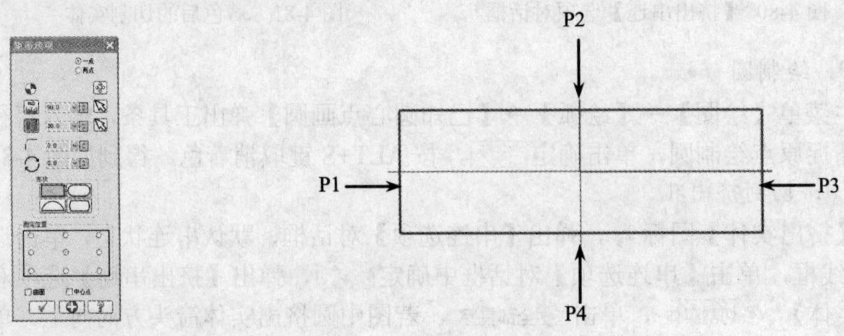

图 4-85 【矩形选项】对话框　　图 4-86　矩形线框的创建

步骤 2：矩形倒圆角

单击倒圆角图标弹出倒圆角工具条如图 4-87 所示，在对话框中输入半径为“6”按回车键，分别单击图 4-86 中直线 P1 和 P2；再单击直线 P2 和 P3，直线 P3 和 P4，直线 P1 和 P4，单击工具条中确定[✓]，切换到俯视角，得到如图 4-88 所示倒圆角后的矩形。

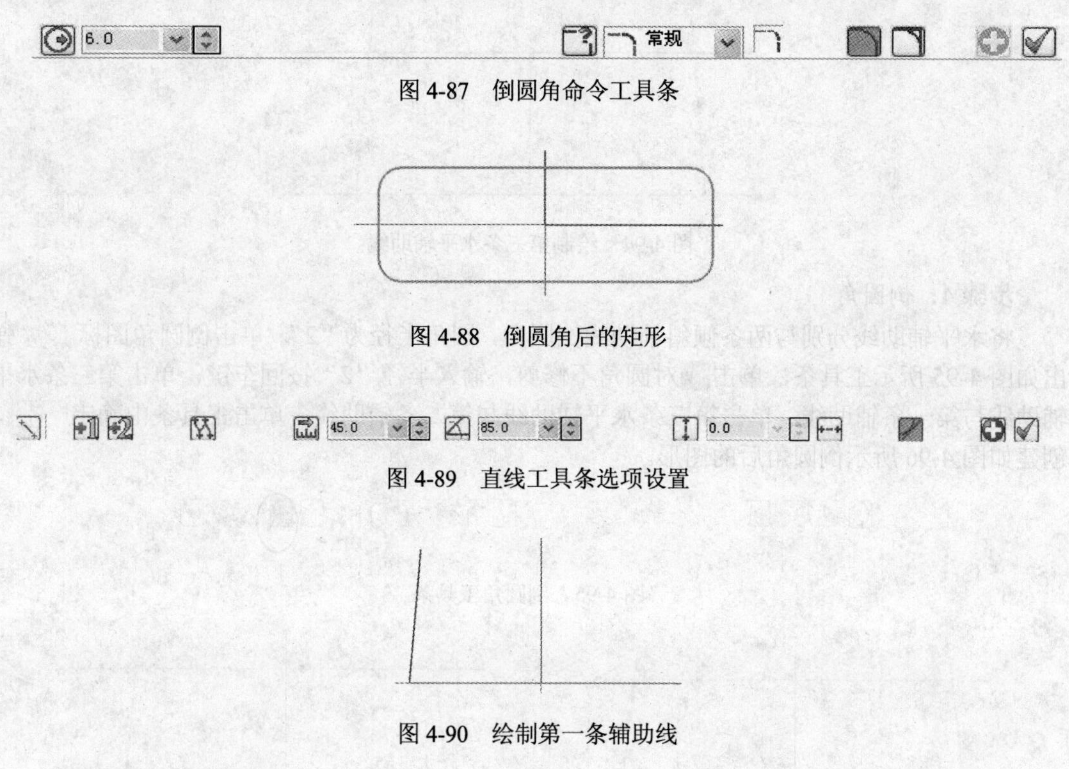

图 4-87　倒圆角命令工具条

图 4-88　倒圆角后的矩形

图 4-89　直线工具条选项设置

图 4-90　绘制第一条辅助线

步骤 3：绘制辅助线

切换到前视图，单击直线图标，弹出绘制直线工具条，捕捉矩形投影左侧端点为绘制直线第一端点，再图中捕捉近似倾角任意长度的第二端点，在图 4-89 工具条中输入直线长度为“45”按回车键，输入直线角度为“85”按回车键，得到如图 4-90 所示第一条辅助线。单击按钮，捕捉矩形投影右侧端点为绘制直线第一端点，再图中捕捉近似倾角任意长度的第二端点，在图 4-91 直线工具条中输入直线长度为“45”按回车键，输入直线角度为“95”按回车键，得到如图 4-92 所示直线。单击按钮，绘制任意一条与以上两条斜线相交的水平线，在图 4-93 直线工具条中单击水平线图标且高度值为“36”，单击工具条中确定，创建如图 4-94 所示的水平辅助线。

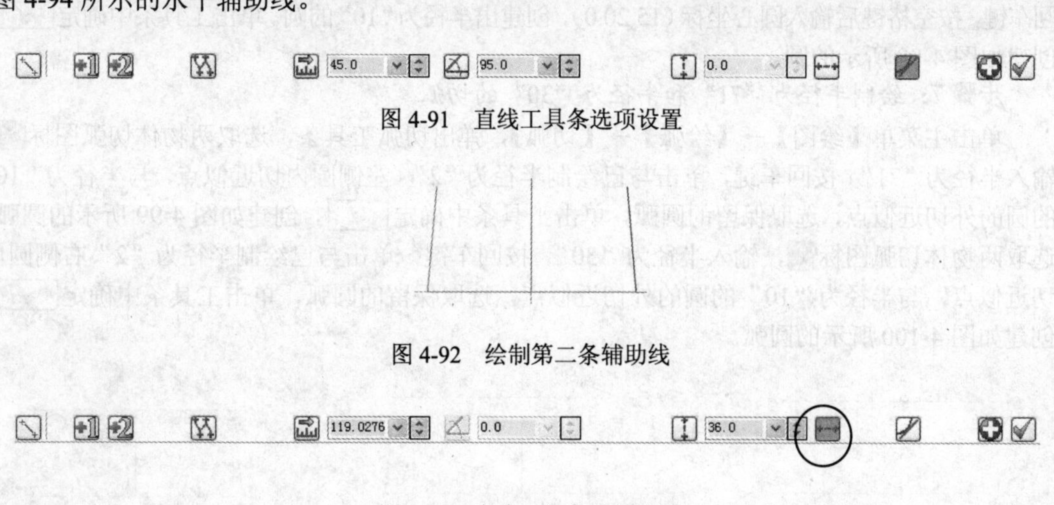

图 4-91　直线工具条选项设置

图 4-92　绘制第二条辅助线

图 4-93　直线工具条选项设置

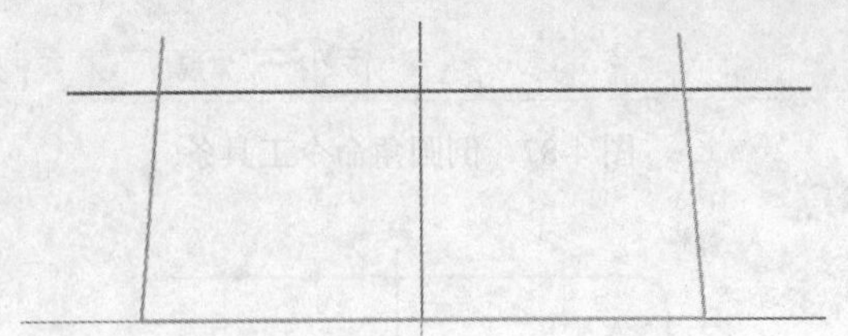

图 4-94　绘制第三条水平辅助线

步骤 4：倒圆角

将水平辅助线分别与两条倾斜辅助线倒圆角，圆角半径为“2”。单击倒圆角图标，弹出如图 4-95 所示工具条，单击对圆角不修剪，输入半径“2”按回车键，单击第三条水平辅助线与第一条辅助线，单击第三条水平辅助线与第二条辅助线，单击工具条中确定，创建如图 4-96 所示倒圆角后的图形。

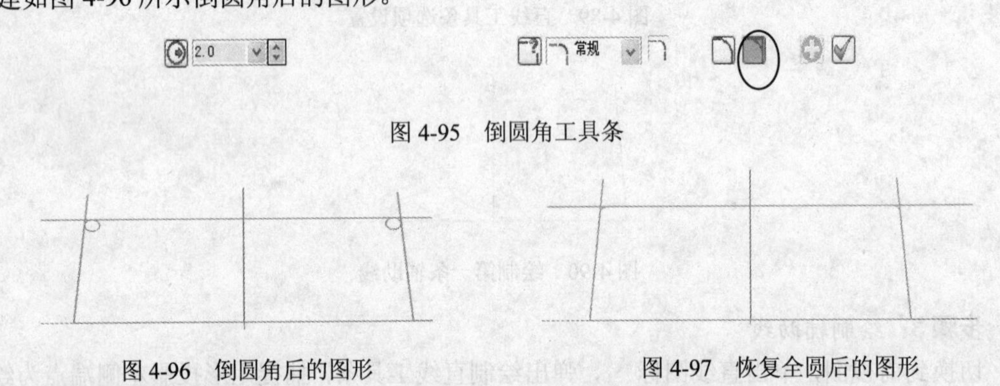

图 4-95　倒圆角工具条

图 4-96　倒圆角后的图形　　图 4-97　恢复全圆后的图形

步骤 5：恢复全圆

在图中单击圆角，再单击工具栏中修剪命令【恢复全圆】图标，在图中单击另一个圆角，再单击工具栏中修剪命令【恢复全圆】图标，将刚刚创建的圆角恢复成整圆，如图 4-97 所示。

步骤 6：绘制半径为“10”的圆

单击主菜单【绘图】→【绘弧】→【已知圆心点画圆】弹出工具条，输入半径“10”按回车键，按空格键后输入圆心坐标（15,20,0），创建出半径为“10”的圆。单击工具条中确定，创建如图 4-98 所示的圆。

步骤 7：绘制半径为“71”和半径为“30”的切弧

单击主菜单【绘图】→【绘弧】→【切弧】，弹出切弧工具条，选取两物体切弧图标，输入半径为“71” 按回车键，单击与已绘制半径为“2” 左侧圆内切近似点，与半径为“10”的圆的外切近似点，选取保留的圆弧，单击工具条中确定，创建如图 4-99 所示的圆弧。选取两物体切弧图标，输入半径为“30” 按回车键，单击与已绘制半径为“2”右侧圆内切近似点，与半径为“10”的圆的外切近似点，选取保留的圆弧，单击工具条中确定，创建如图 4-100 所示的圆弧。

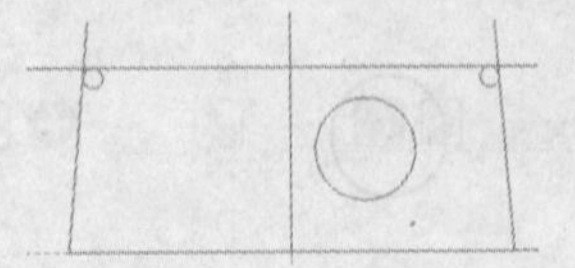

图 4-98　半径为“10”的圆创建

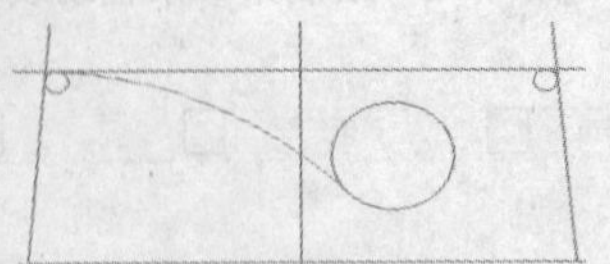

图 4-99　绘制半径为“71”切弧

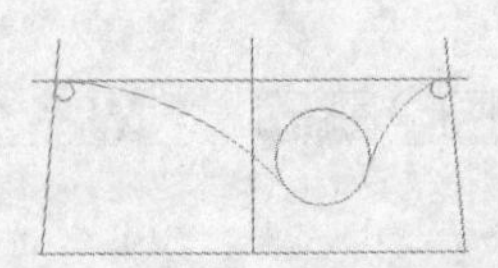

图 4-100　绘制半径为“30”切弧

步骤8：删除辅助线并修剪圆弧

选取已绘制三条辅助线和 2 个半径为“2”的圆，单击删除图标，删除辅助线及辅助圆。单击修剪命令图标，得到如图 4-101 所示修剪选项工具条，单击两个物体修剪图标，单击选取要修剪的半径为“71”的圆弧和半径为“10”的圆要保留的位置，再单击选取要修剪的半径为“30”的圆弧和半径为“10”的圆弧要保留的位置。单击两个物体修剪图标，将工具条设定为延伸状态如图 4-102 所示，输入延伸长度为“10”，选取要延伸的对象半径为“71”的圆弧的左侧边单击一次，则向左侧延伸 10，选取要延伸的对象半径为“30”的圆弧的右侧边单击一次，则向右侧延伸 10，单击工具条中确定，得到如图 4-103 所示曲线。

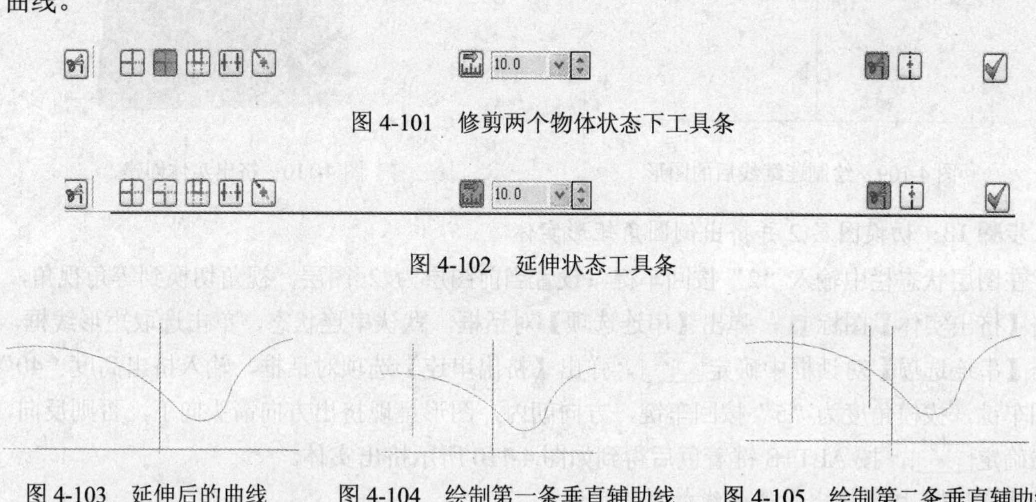

图 4-101　修剪两个物体状态下工具条

图 4-102　延伸状态工具条

图 4-103　延伸后的曲线　　图 4-104　绘制第一条垂直辅助线　　图 4-105　绘制第二条垂直辅助线

步骤9：绘制两条垂直辅助线

单击直线图标，弹出绘制直线工具条，单击垂直线图标，绘制任意一条垂直线，输入值为“–45+7.8”按回车键 -37.2，得到如图 4-104 所示辅助线，单击按钮，绘制任意一条垂直线，输入值为“-45+7.8+28.8”按回车键 -8.4，单击工具条中确定，得到如图 4-105 所示第二条垂直辅助线。

步骤10：绘制半径为“16”的圆弧

单击两点画弧图标，弹出两点画弧工具条，单击图中第一条辅助垂直线与半径为“71”圆弧的交点，再单击第二条辅助垂直线与半径为“71”圆弧的交点，在近似圆弧位置单击，输入半径“16”按回车键，单击工具条中确定，得到如图 4-106 所示圆弧。

步骤11：恢复全圆并删除多余线条

在图中单击半径为“16”的圆弧，再单击工具条中修剪命令【恢复全圆】图标，将刚刚创建的圆弧恢复成整圆，如图 4-107 所示。选取已绘制两条辅助垂直线，单击删除图标，删除辅助垂直线得到如图 4-108 所示图形。

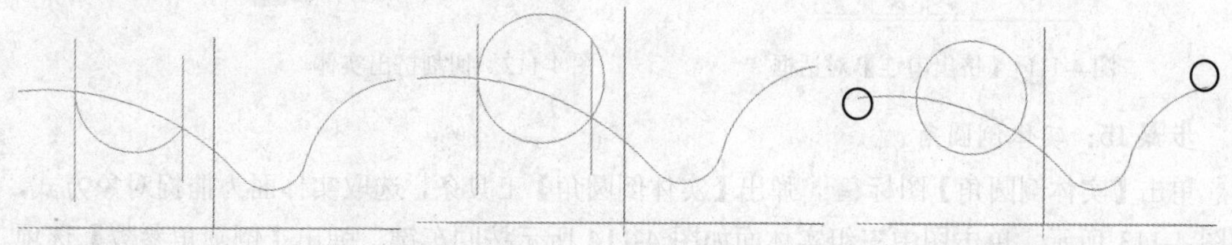

图 4-106　绘制半径“16”圆弧　　图 4-107　将半径“16”恢复全圆　　图 4-108　删除辅助线后的图形

步骤 12：绘制连续线

单击直线图标，弹出绘制直线工具条，单击连续线图标，选取图 4-108 中曲线的一个端点，绘制连续线将该曲线的另一侧端点为终点，按 ESC 键结束绘制，单击确定，得到如图 4-109 所示图形。

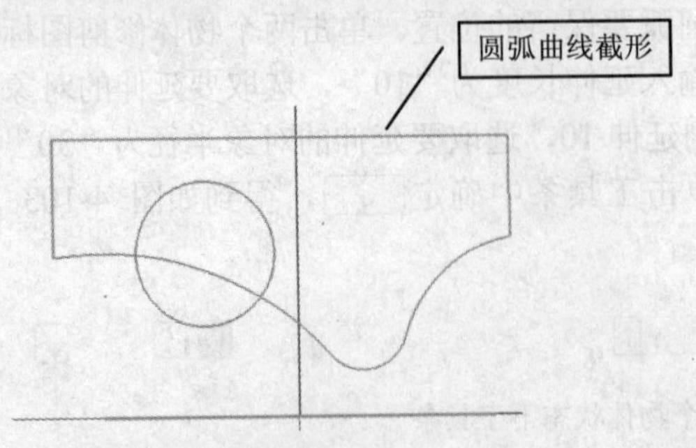

图 4-109　绘制连续线后的图形

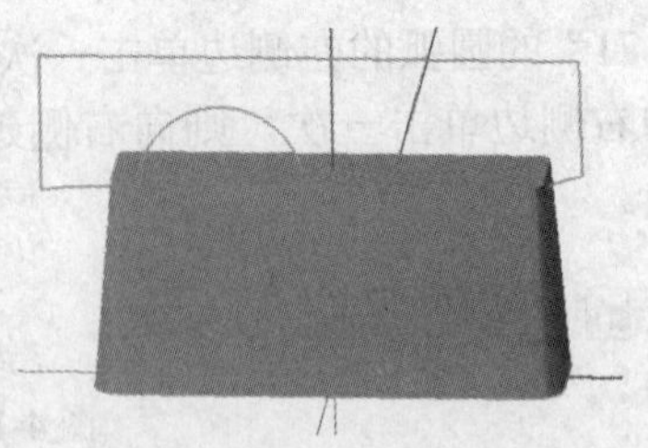

图 4-110　挤出实体创建

步骤 13：切换图层 2 并挤出倒圆角矩形实体

在图层状态栏中输入“2”按回车键，设置当前图层为 2 图层。视角切换到等角视角，单击【挤出实体】图标，弹出【串连选项】对话框，默认串连状态，单击选取矩形线框，单击【串连选项】对话框中确定，弹出【挤出串连】选项对话框，输入挤出高度“40”按回车键，拔模角度为“5”按回车键，方向朝内，图形呈现挤出方向箭头向下，否则反向，单击确定，按 ALT+S 键着色后得到如图 4-110 所示挤出实体。

步骤 14：切割挤出圆弧曲线截形的实体

单击【挤出实体】图标，弹出【串连选项】对话框，默认串连状态，按 ALT+S 键取消着色，单击选取如图 4-109 所示封闭的圆弧曲线截形，单击【串连选项】对话框中确定，弹出【挤出串连】选项对话框。单击【切割实体】 ⦿切割实体，单击 ⦿全部贯穿，☑两边同时延伸，取消拔模，选项对话框如图 4-111 所示，单击确定，得到如图 4-112 所示挤出实体。

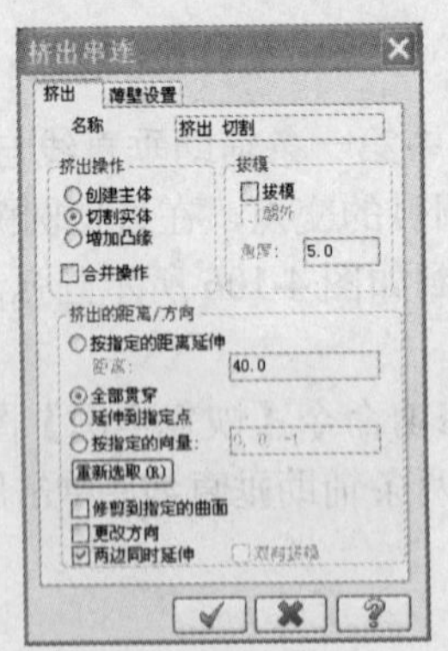

图 4-111　【挤出串连】对话框

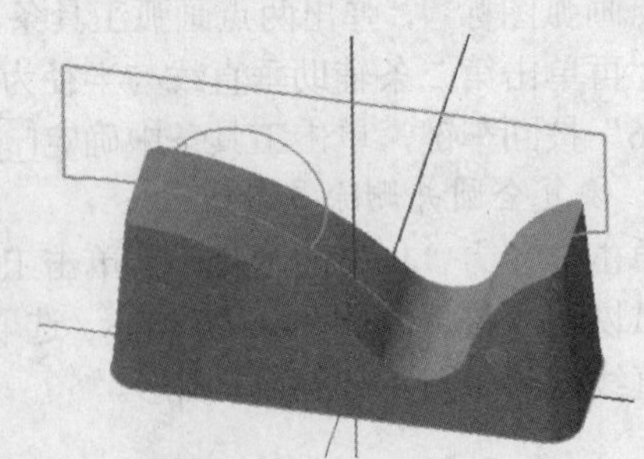

图 4-112　切割挤出实体

步骤 15：实体倒圆角

单击【实体倒圆角】图标，弹出【实体倒圆角】工具条，选取实体面为捕捉对象方式，如图 4-113 所示，单击图中三组实体面如图 4-114 所示按回车键，弹出【倒圆角参数】选项对话框如图 4-115 所示，输入半径“2”按回车键，单击确定[✓]得到如图 4-116 所示倒圆角后的实体。

图 4-113　实体倒圆角工具条

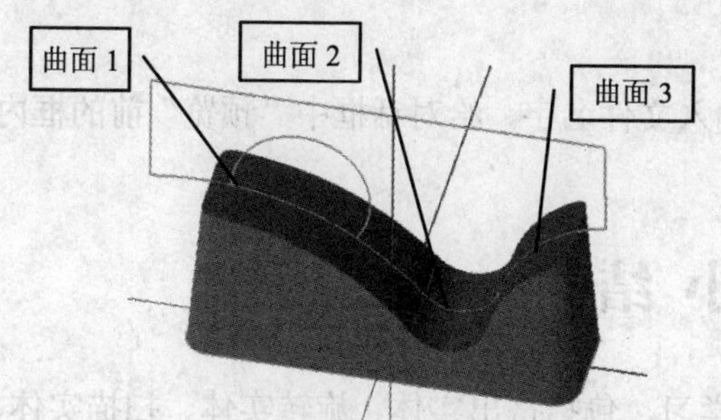

图 4-114　倒圆角选取的三个曲面

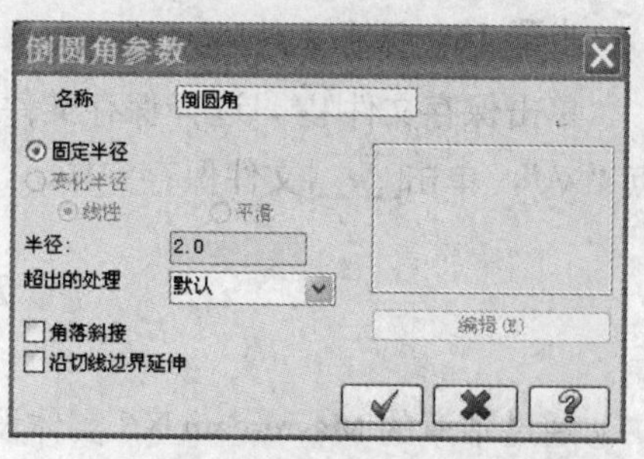

图 4-115　【倒圆角参数】选项对话框

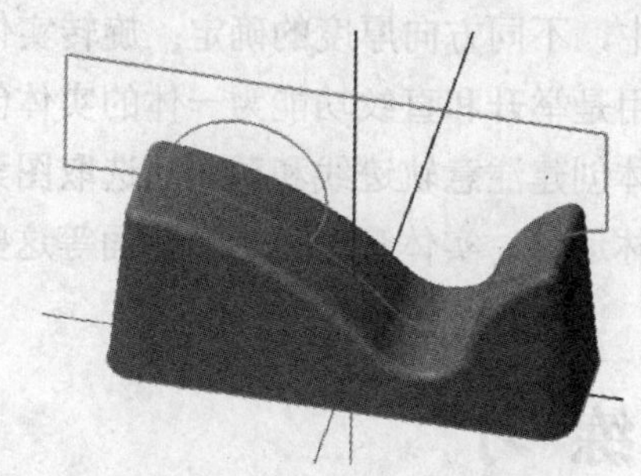

图 4-116　倒圆角后的实体

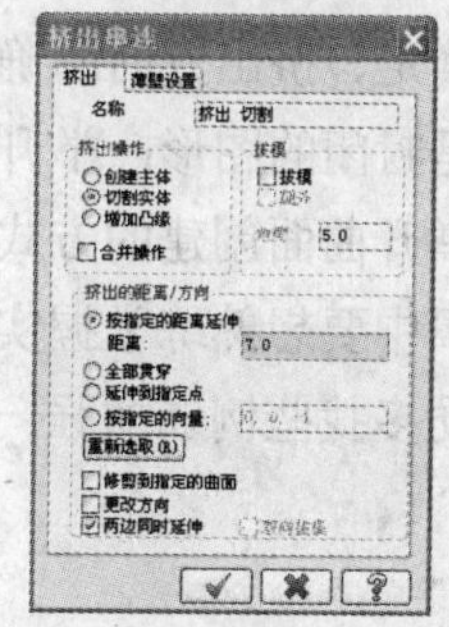

图 4-117　【挤出串连】选项对话框

步骤 16：切割实体

单击【挤出实体】图标，弹出【串连选项】对话框，默认串连状态，单击选取半径为“16”的圆线框，单击【串连选项】对话框中确定[✓]，弹出【挤出串连】选项对话框，单击【切割实体】⦿切割实体，取消拔模操作，输入挤出高度“7”按回车键，单击☑两边同时延伸，得到如图 4-117 所示选项对话框。单击确定[✓]，按 ALT+S 键着色，得到如图 4-118 所示挤出实体。

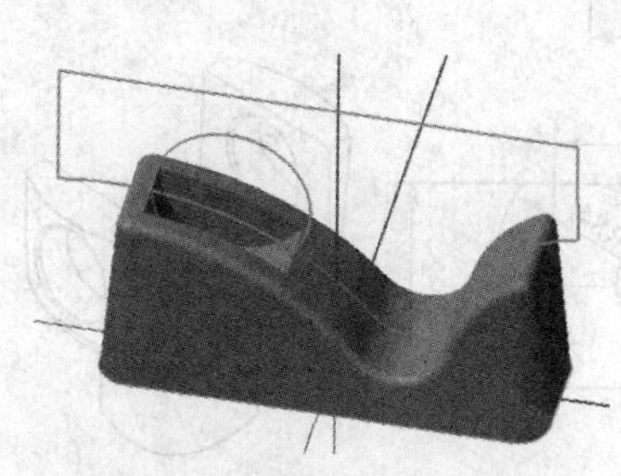

图 4-118　着色后的切割实体

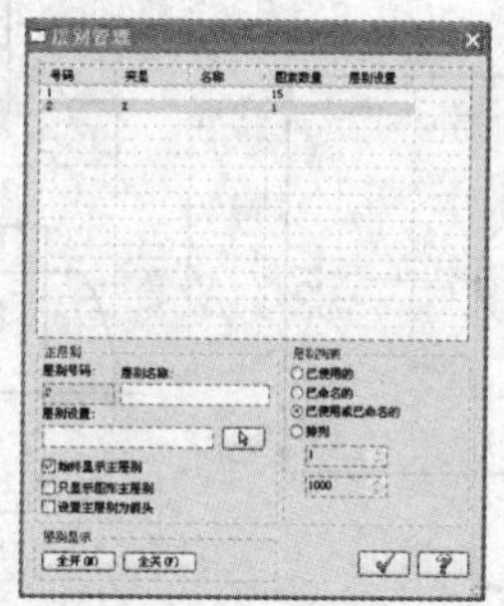

图 4-119　【层别管理】对话框

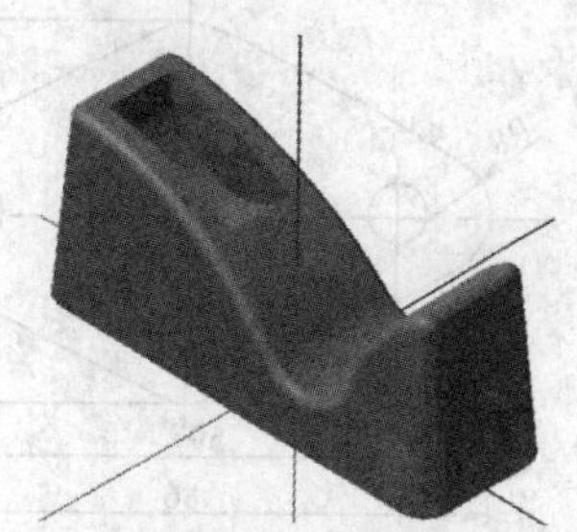

图 4-120　隐藏线形后的实体

步骤 17：隐藏线框

将图 4-118 中的曲线全部隐藏，可通过图层操作来隐藏，由于之前绘制曲线都在图层 1 中，故将图层 1 设置为不可见便可隐藏，保留当前图层 2 中的所有实体操作。具体操作为，单击状态栏中的【层别】层别，弹出【层别管理】选项对话框当前图层为 2 图层，单击图层 1 中【突显】下的“X”使之为空，得到如图 4-119 所示对话框，其他设置按系统默认，单击确定得到如图 4-120 所示实体。

步骤 18：保存文件

单击保存文件，选择保存文件的路径，输入文件名字，给对话框中“预览”前的框内点“√”，单击文件保存完毕。

本 章 小 结

通过本章的 Masrercam X6 实体设计方法的学习，包括挤出实体、旋转实体、扫描实体、举升实体、实体倒圆角、实体倒角等命令。这里需要注意在实体创建功能的使用中，挤出实体的选项里实体产生方式（产生实体、切割实体、增加凸缘）的选取、拔模角度方向的确定、挤出距离的确定、挤出方向的确定；薄壁实体中，不同方向厚度的确定；旋转实体创建中注意截面必须是封闭的图形；举升实体的功能使用是举升和直纹功能为一体的实体创建方式，创建过程与举升曲面创建的方式相似；扫描实体创建注意轨迹线和截面的选取图素的三种方式；实体编辑中要想熟练掌握实体倒圆角、布林运算、实体管理员、牵引面等这些功能的灵活使用，不妨多找些例题加强一下操作。

综 合 练 习

利用实体及实体编辑命令按尺寸绘制如图 4-121～图 4-130 所示的实体模型（不必标注尺寸）。

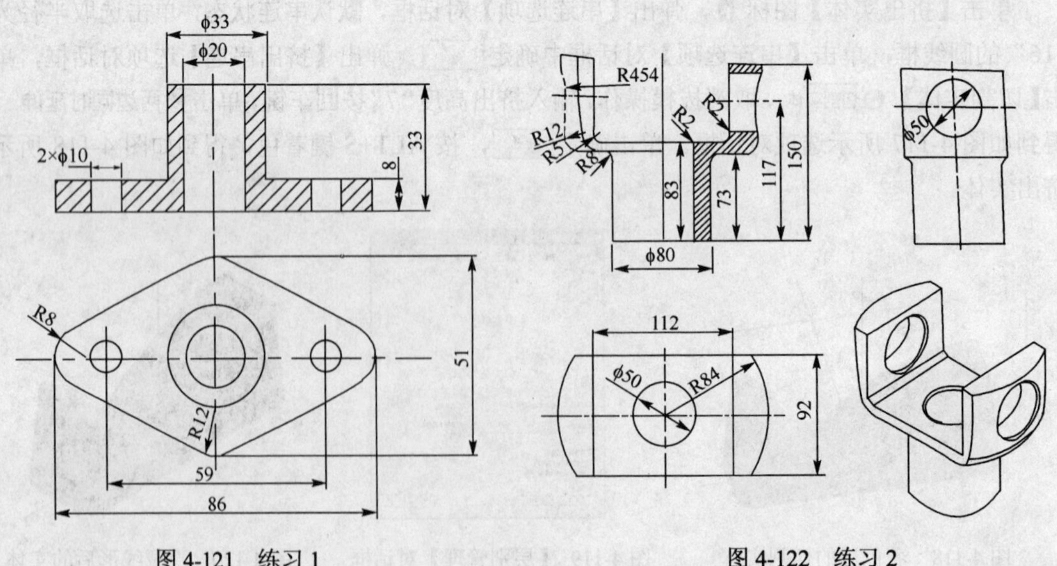

图 4-121 练习 1

图 4-122 练习 2

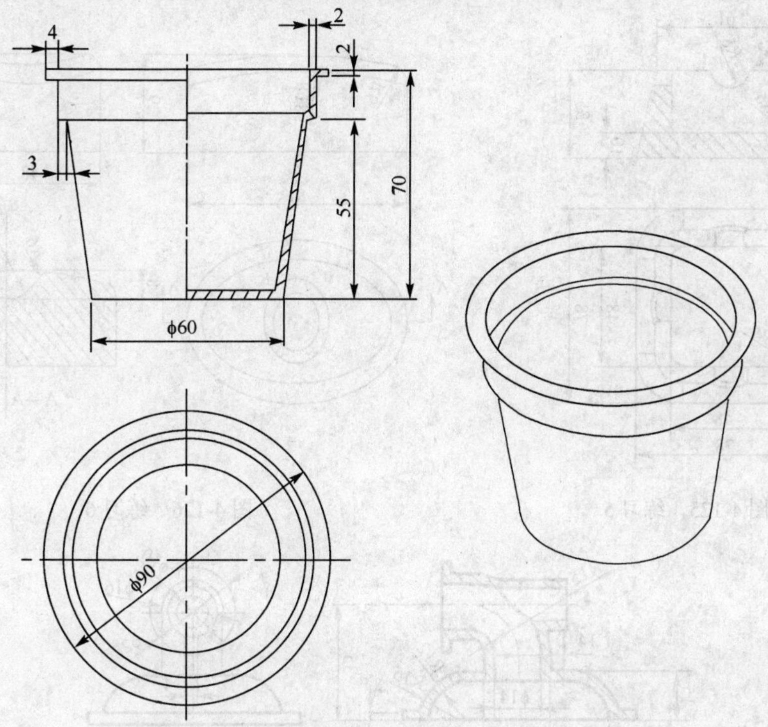

图 4-123　练习 3

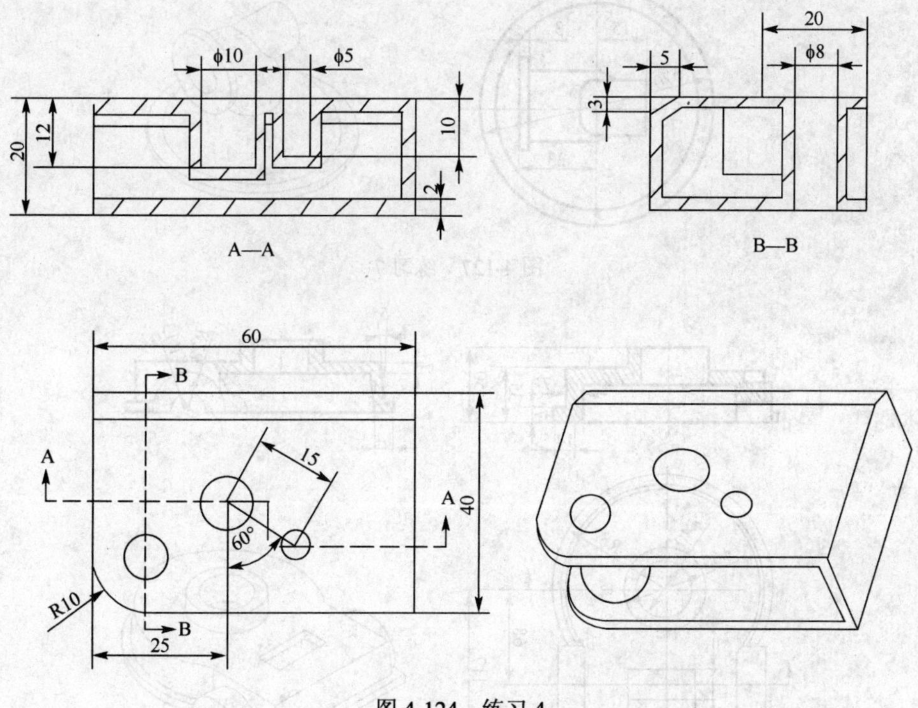

图 4-124　练习 4

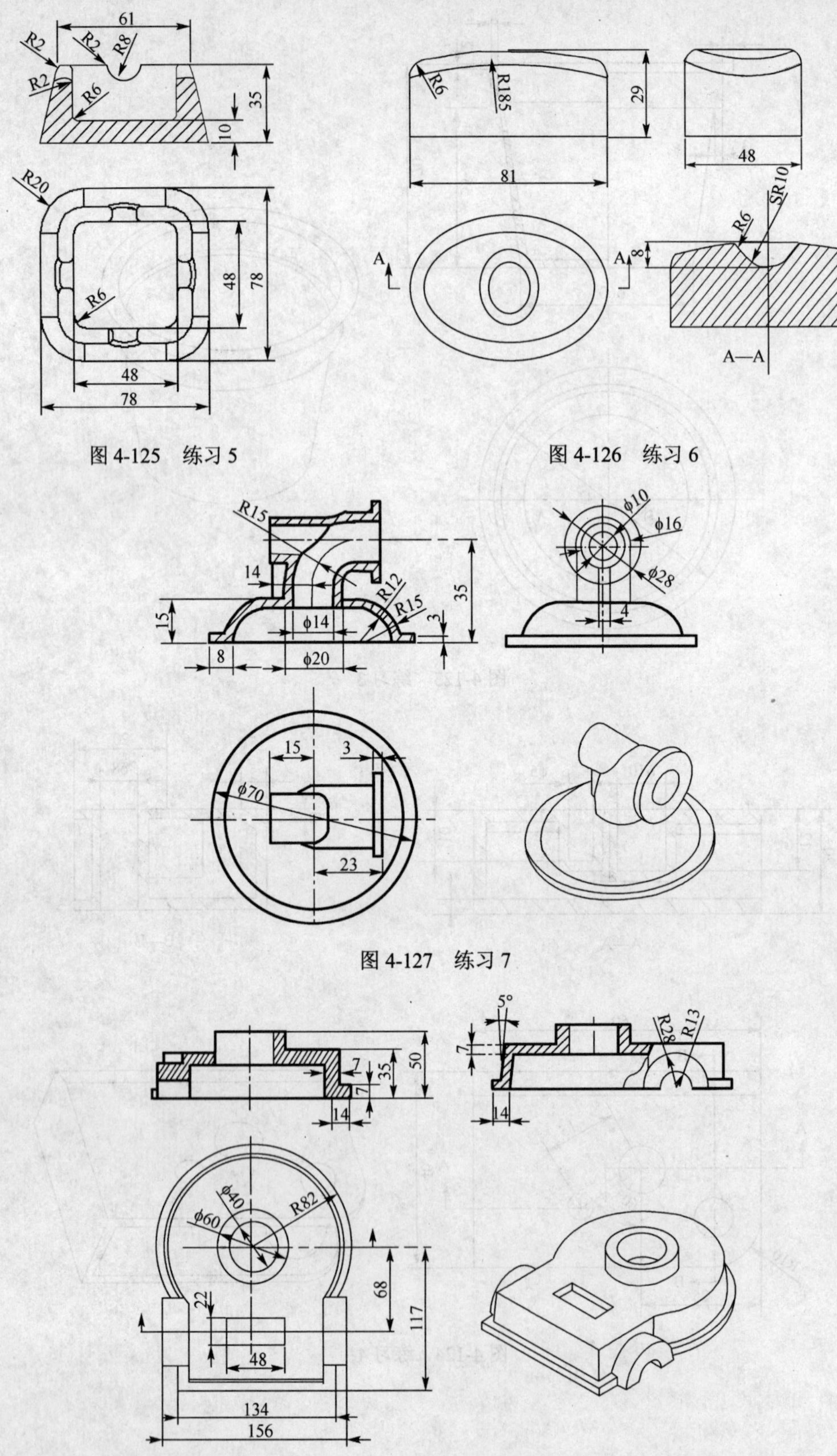

图 4-125　练习 5

图 4-126　练习 6

图 4-127　练习 7

图 4-128　练习 8

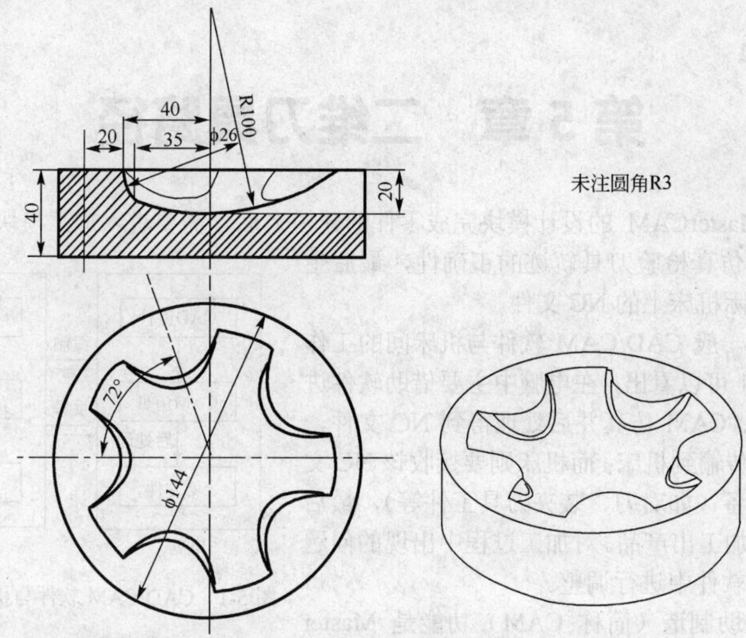

图 4-129　练习 9

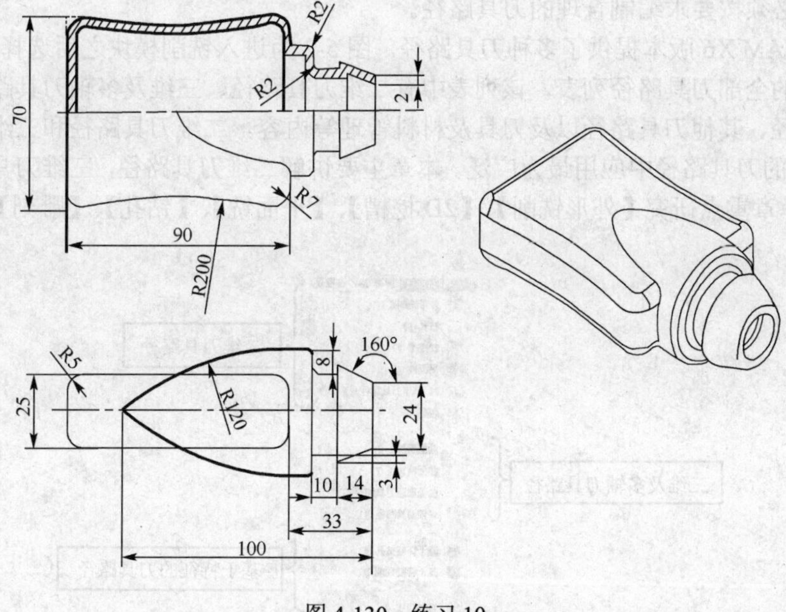

图 4-130　练习 10

第 5 章　二维刀具路径

在利用 MasterCAM 的设计模块完成零件的建模之后，需要进入加工模块进行刀具轨迹的设计，模拟仿真检验刀具轨迹的正确性，最后生成可以用在实际机床上的 NC 文件。

图 5-1 为一般 CAD/CAM 软件与机床间的工作流程。从图 5-1 可以看出，在电脑中主要借助软件进行 CAD 设计、CAM 仿真并后处理得到 NC 文件，并将 NC 文件传输到机床；而机床则要接收该 NC 文件，并做好准备（如对刀、装夹刀具工件等），最后运行 NC 文件加工出产品。对加工过程中出现的问题也可以反馈回软件中进行调整。

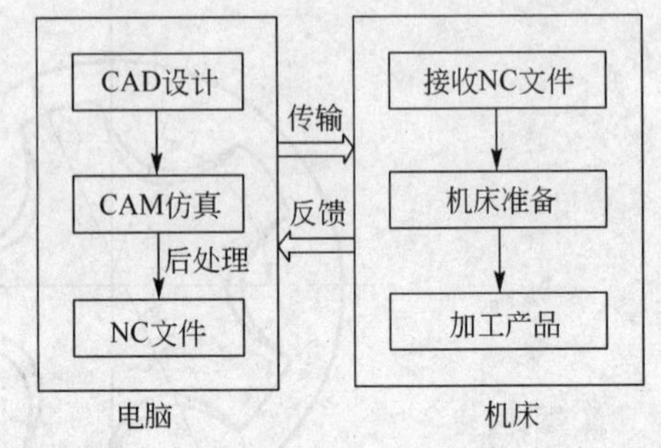

图 5-1　CAD/CAM 软件与机床间的工作流程

计算机辅助制造（简称 CAM）功能是 MasterCAM 软件的一个重要功能。在数控加工过程中，被刀具接触到的材料都将被切除，所以加工的关键是刀具的运动轨迹（MasterCAM 中将其称为刀具路径）。要想在机床上加工出合格的产品，则必须按要求编制合理的刀具路径。

MasterCAM X6 版本提供了多种刀具路径。图 5-2 为进入铣削模块之后选择【刀具路径】主菜单显示的全部刀具路径列表，该列表中有二维刀具路径、三维及多轴刀具路径、基于特征的刀具路径、其他刀具路径以及刀具及材料管理等内容。二维刀具路径和三维刀具路径在 MasterCAM 的刀具路径中应用最为广泛。本章主要讲解二维刀具路径，三维刀具路径将在第 6 章介绍。本章重点研究【外形铣削】、【2D 挖槽】、【平面铣】、【钻孔】、【雕刻】这五种二维刀具路径。

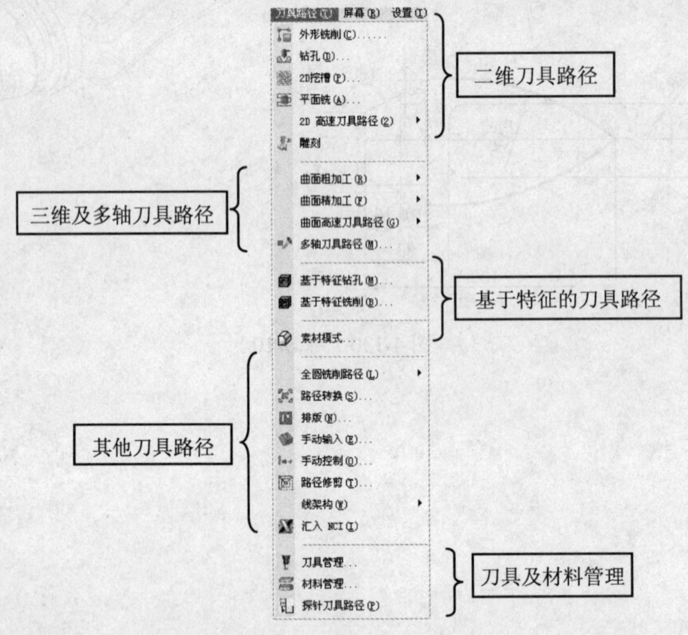

图 5-2 【刀具路径】下拉列表

5.1 CAM 概述及加工公用设置

在数控机床加工系统中，生成刀具路径时要对加工公用模块如刀具设置、工件设定、共同参数、操作管理器以及后处理等相关参数进行设置。

5.1.1 进入 MasterCAM X6 加工模块

双击图标，进入到 MasterCAM X6 软件，默认进入的模块是设计模块（Design），如图 5-3 所示，在这个模块中只能绘制图形，不能产生加工刀具路径。要想进入刀具路径的生成模块，必须先要选择好机床的类型。本章主要以数控铣床的加工为研究对象，所以选择主菜单中的【机床类型】→【铣床】→【默认】进入到铣削模块（Mill）进行刀具路径设置，如图 5-4 所示。进入铣削模块之后，选择【刀具路径】主菜单，可以看到 MasterCAM X6 版本提供的全部刀具路径选项（如图 5-2）。

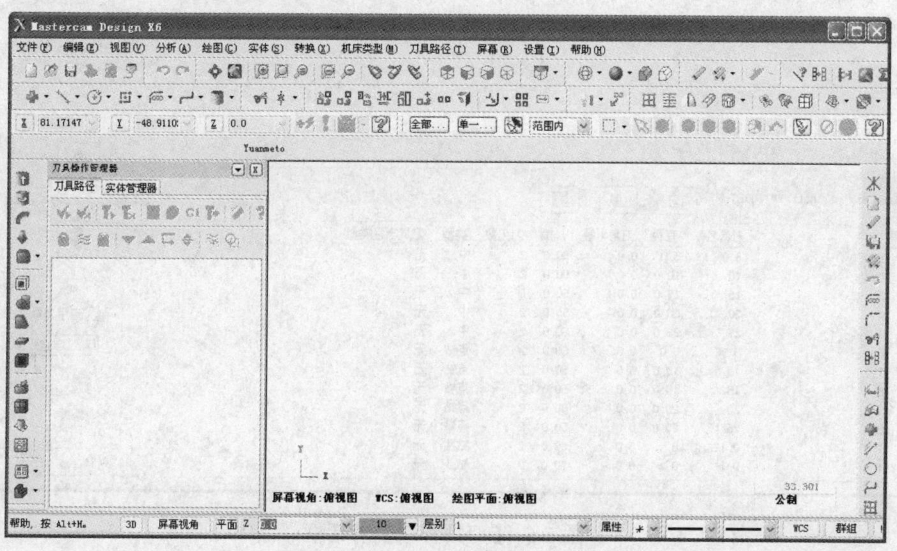

图 5-3　MasterCAM X6 默认界面（Design）

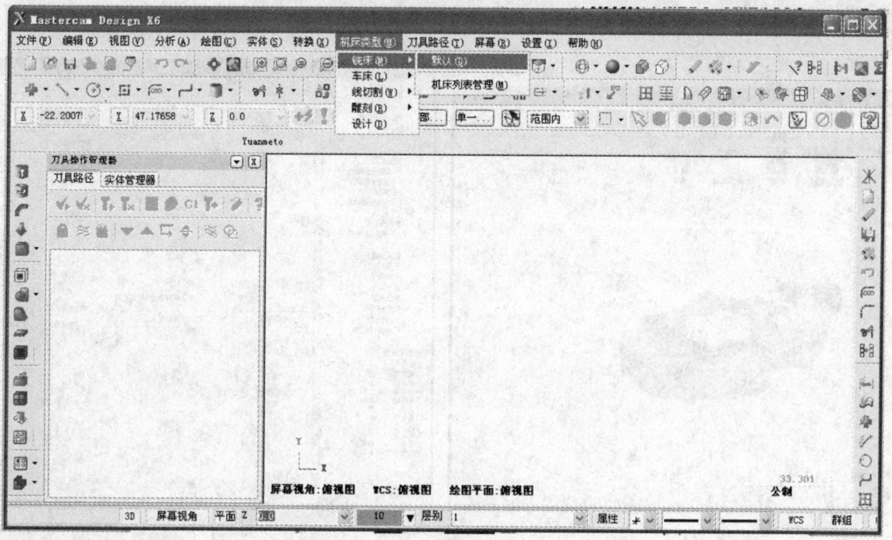

图 5-4　机床类型选择

5.1.2　刀具设置

在主菜单中选择【刀具路径】→【刀具管理】选项，会弹出如图 5-5 所示的【刀具管理】对话框，在该对话框中，按钮为建立新的刀具库，按钮为选择不同的资料夹，按钮为选择从文件输入刀具，按钮表示为复制选取的刀具库刀具到机床群组；按钮表示为复制选取的机床群组刀具到刀具库。在空白区域显示的刀具为机床群组可使用的刀具。

任何一种加工方法，在进入命令之后，会出现【刀具路径】对话框，对话框中有【刀具路径类型】、【刀具】、【切削参数】、【控制轴】等节点参数需要设定。当选择刀具路径类型后，刀具参数就是接下来要确定的。

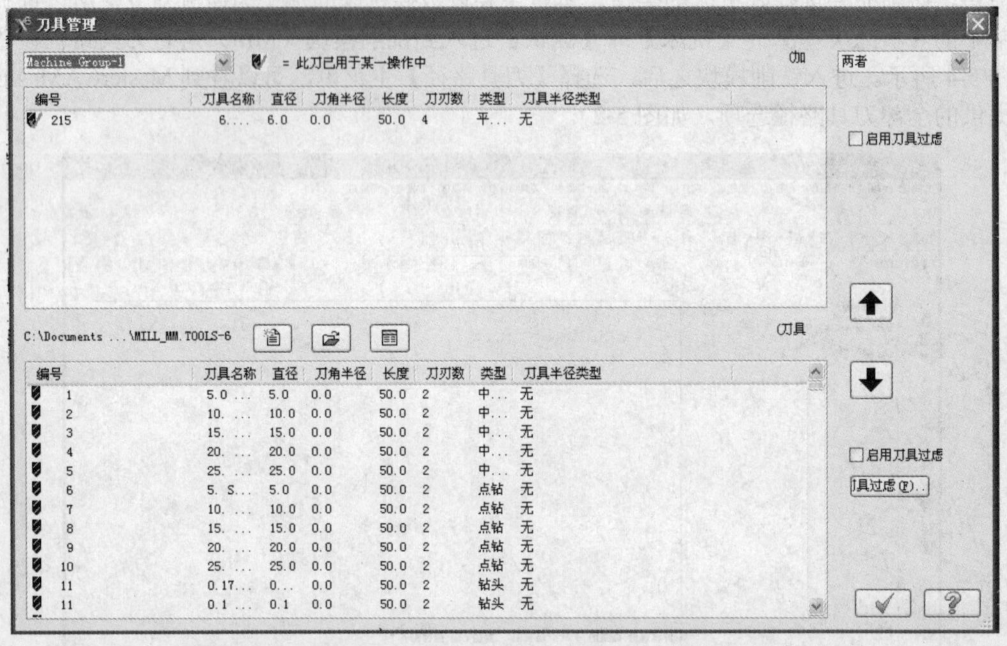

图 5-5　【刀具管理】对话框

在主菜单中选择【刀具路径】→【外形铣削】命令，然后选择要加工的图素，出现如图 5-6 所示的对话框，点选【刀具】节点，出现图 5-7 所示的对话框，

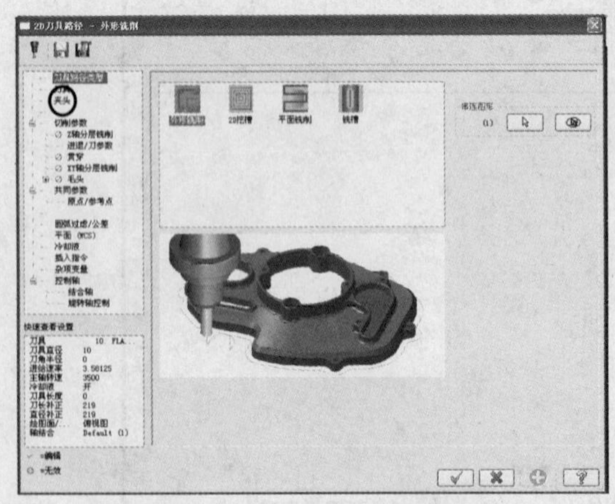

图 5-6　【外形铣削】刀具类型节点对话框

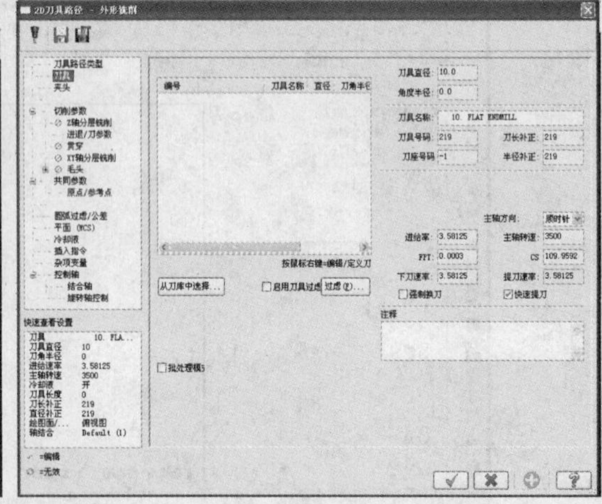

图 5-7　【刀具】节点对话框

（1）刀具的选择

选取刀具最直接的方式，就是从系统提供的多个刀具库中选择需要的刀具。单击图 5-7 中的【从刀库中选择...】按钮，弹出如图 5-8 所示的选择刀具对话框，选择要使用的刀具，按【✓】即可。打开所需刀具所在的刀具库后，若发现刀具数量很大，可以设置刀具过滤选项来缩小范围。

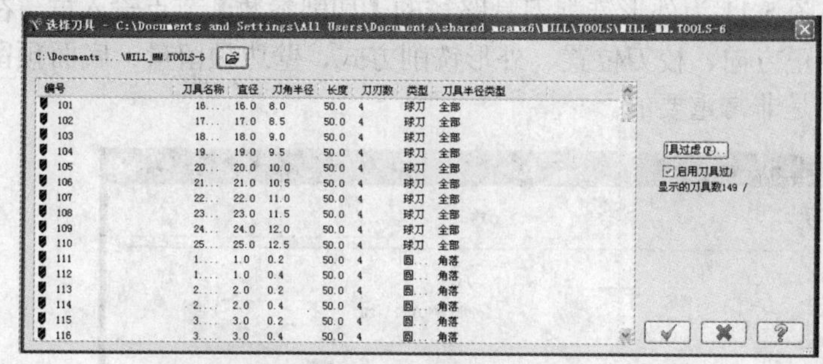

图 5-8 【选择刀具】对话框

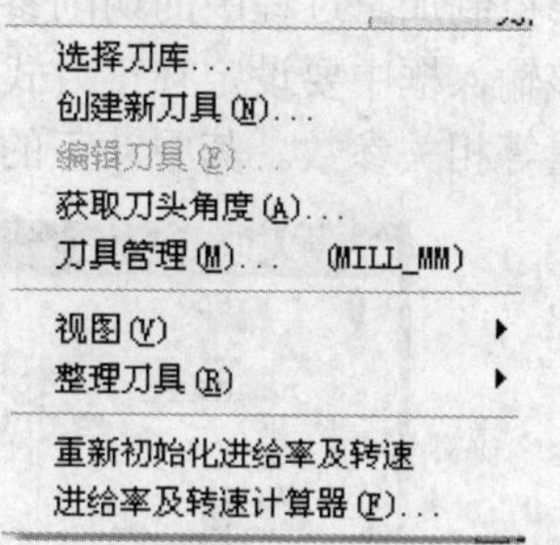

图 5-9　右键菜单

如果已设置刀具，将在对话框中显示出刀具列表，可以直接在刀具列表中选择已设置的刀具。如果列表中没有设置刀具，可在刀具列表（空白区域）中单击鼠标右键，出现图 5-9 所示菜单，通过快捷菜单来添加新刀具。

在加工过程中都不用的刀具可以使用键盘上的【Delete】键删除。双击选中的刀具可以对选择好的刀具进行修改。

（2）【刀具】节点

当刀具选定后，刀具的大部分参数如刀具直径、刀角半径、刀具名称等都确定了下来。图 5-10 为选择了直径为 φ6mm 的平刀后出现的【刀具】节点对话框。主要根据实际加工情况（包括加工的材质、加工的刀具、机床性能、加工的精度要求等）输入进给率、主轴转速、主轴方向、下刀速率、提刀速率等，若选中【快速提刀】则提刀速率不可输入。

对于切削用量，主要是依据三个方面进行选择。一是刀具材料，刀具材料较硬时，选择较大的切削用量，刀具材料较软时，反之；二是工件材料，工件材料较硬时，选择较小的切削用量，刀具材料较软时，反之；三是加工性质，粗加工时的目的是提高生产效率，可选择较大的切削深度、进给量，较小的切削速度，精加工时的目的是提高工件表面质量，由于切削深度是一定的，可一次切除，而进给量选择较小，切削速度选择较高。

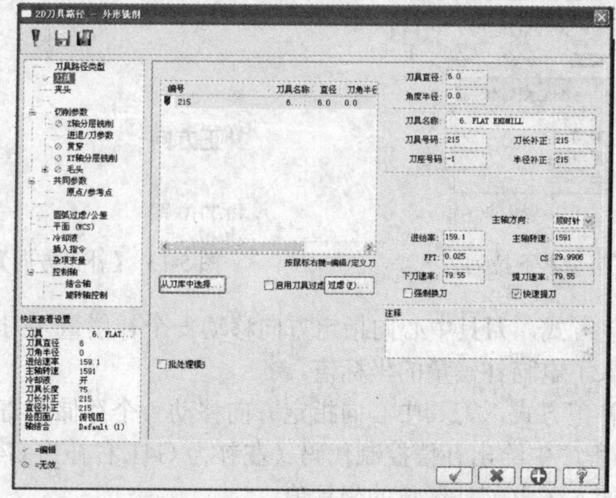

图 5-10 【刀具】节点对话框

5.1.3 其他刀具路径公用设置

在刀具路径的设定中，除了要设定刀具的相关参数之外，还要设定如【切削参数】、【共同参数】、【旋转轴】等节点参数。

（1）【切削参数】节点

【切削参数】节点主要设定加工过程中的切削量、补正方式、补正方向、预留量等，主要控制加工过程中的切削参数。图 5-11 为外形铣削刀具路径的【切削参数】节点输入框。在该输入框中要设定补正方式、补正方向、校刀位置、外形铣削方式、壁边预留量、底面预留量等相关参数。其中补正的选用是非常重要的。

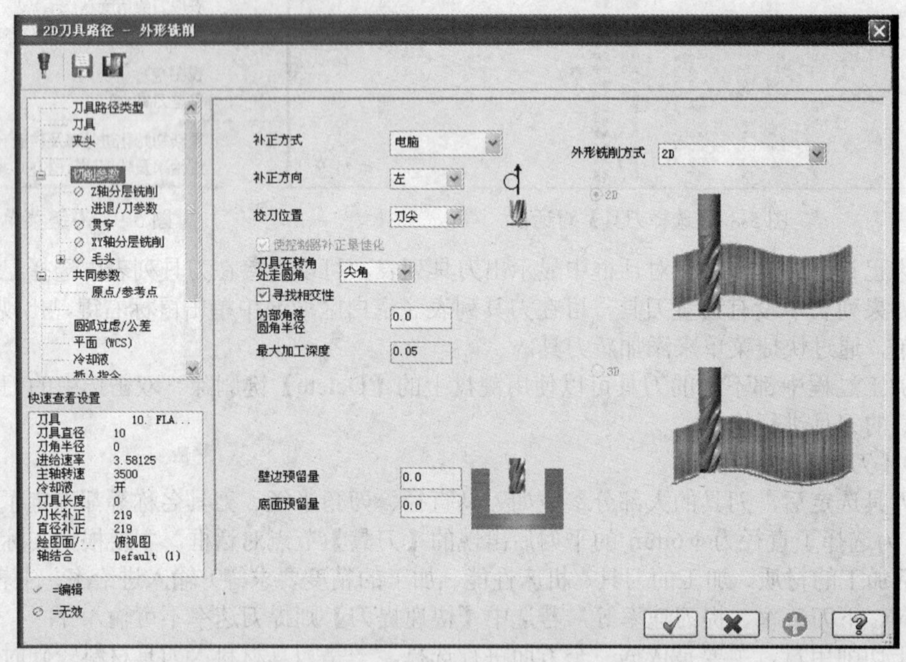

图 5-11 【切削参数】节点输入框

补正的方式分为【电脑】、【控制器】、【磨损】、【反向磨损】和【关】这五种，如图 5-12 所示。

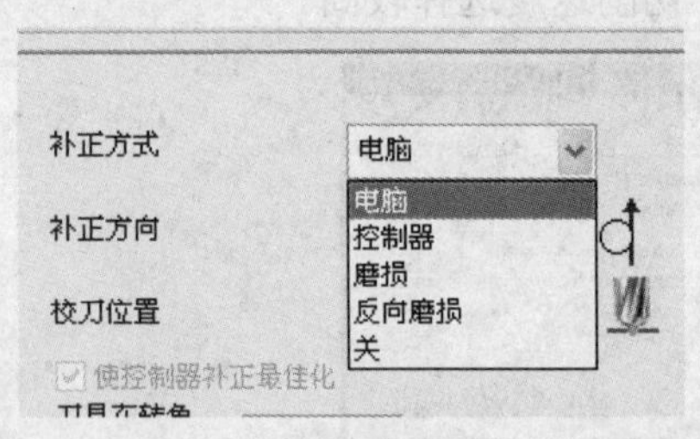

图 5-12 【补正类型】下拉列表

图 5-13 【补正方向】下拉列表

选择【电脑】补正方式，刀具中心向指定方向移动一个补偿量（刀具半径）。NC 程序中的刀路轨迹坐标是加入了电脑补偿量的坐标值。

选择【控制器】补正方式，刀具中心向指定方向移动一个存储在寄存器的补偿量（刀具半径）。系统会在 NC 程序中给出补偿控制代码（左补为 G41,右补为 G42），且 NC 程序中的刀路轨迹坐标是没有加入了电脑补偿量的坐标值。

选择【磨损】补正方式，同时具有电脑补偿和控制器补偿，且补偿方向相同。系统会在 NC 程序中给出补偿控制代码（左补为 G41,右补为 G42），且 NC 程序中的刀路轨迹坐标是加入了电脑补偿量的坐标值。

选择【反向磨损】补正方式，同时具有电脑补偿和控制器补偿，但补偿方向与设定的方向相同。系统会在 NC 程序中给出相反的补偿控制代码（左补时输出 G42,右补时输出 G41），且 NC 程序中的刀路轨迹坐标是加入了电脑补偿量的坐标值。

选择【关】补正方式，关闭补偿设置。NC 程序中的刀路轨迹坐标是没有加入了补偿量的坐标值。

补正方向分为【左】补偿和【右】补偿两种，如图 5-13 所示。正确的判断补偿方向是加工合格的产品的保证。从 Z 轴的正方向向 Z 轴的负方向看，当我们选择图形的串连方向是顺时针方向时，则左补偿会使刀路向外偏移一个补偿量，右补偿会使刀路向内偏移一个补偿量，如果串连方向是逆时针方向，则效果相反。

(2)【Z 轴分层切削】节点

在工件铣削深度较大、一次切削有困难时，可以进行 Z 轴分层切削，即在 Z 方向上进行多次切削。图 5-14 为外形铣削刀具路径的【切削参数】节点下的【Z 轴分层切削】子节点输入框。启用【深度切削】复选框，可以激活主题页中的各控件。

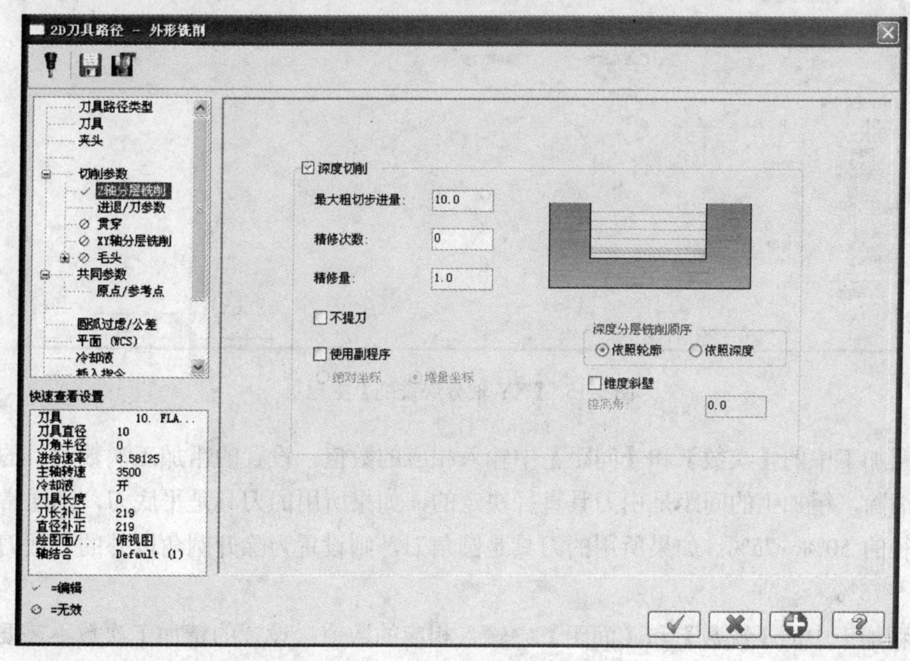

图 5-14 【Z 轴分层切削】主题页

【最大粗切步进量】是指 Z 方向一次进刀的最大值，这个数值要考虑到工件的材质、机床的加工能力、加工效率和工件的加工效果。数值太大，对机床的刚性要求高，数值太小加工时间就延长，要根据实际情况选取。

【精修次数】是指粗加工完成后进行的精加工的次数，可以根据需要设置，一般可以设置 1～2 次。

【精修量】是指每一次精加工的切削量，为了保证精加工效果，此值不宜过大，一般 0.5～1mm。

选中【不提刀】复选框是指每一层加工之间不进行提刀，以加快加工速度；选中【使用副程序】复选框是指本程序段中使用子程序，以减少总程序的长度；选中【锥度斜壁】复选框是指铣削出有锥度的外形，此时不能选中【使用副程序】复选框。

（3）【XY 轴分层铣削】节点

要扩大 XY 平面的切削区域时，可以设置 XY 方向的分层铣削，即在 XY 平面进行多次等距偏移的刀具路径。【XY 轴分层铣削】主要设置粗加工的次数和间距，精加工的次数和间距等参数。图 5-15 为外形铣削刀具路径的【切削参数】节点下的【XY 轴分层铣削】子节点输入框。启用【XY 轴分层铣削】复选框，可以激活主题页中的各控件。

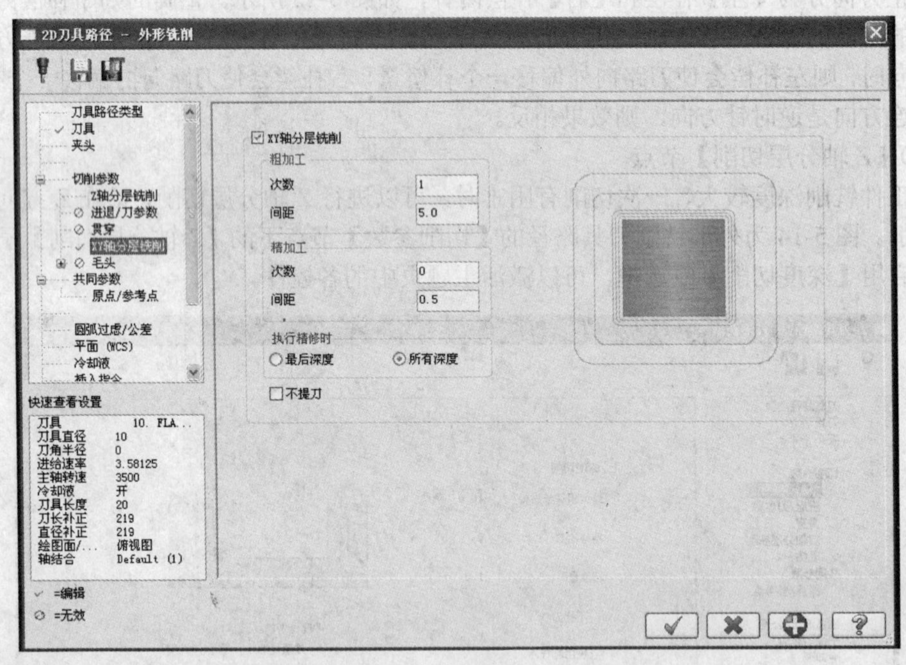

图 5-15 【XY 轴分层铣削】主题页

在粗加工中的【次数】和【间距】中输入相应的数值。设置的粗加工次数的目的是把残料全部清除，粗加工的间距是由刀具直径决定的，如果所用的刀具是平底刀，则通常设置为刀具直径的 50%～75%；如果所用的刀具是圆角刀，则设置为除开圆角以外的有效刀具直径的 50%～75%。

在精加工中的【次数】和【间距】中输入相应的数值。设置的精加工次数不需要太多，一般一两次即可，目的是把余量清除，精加工的间距一般设置较小。

（4）【共同参数】节点

在所有的参数设置中，【共同参数】也是一个非常重要的参数设定框。【共同参数】设置实际上就是高度设置。在实际加工中，为了提高操作的安全性，避免刀具在加工过程中与工件或夹具产生干涉现象，需要进行高度设置。

图 5-16 为选择了外形铣削刀具路径中的【共同参数】节点对话框。主要根据实际加工情况设定安全高度、参考高度、进给下刀位置、工件表面、深度等 6 个与高度有关的参数。每一个参数都有绝对坐标和增量坐标两种测量方式。

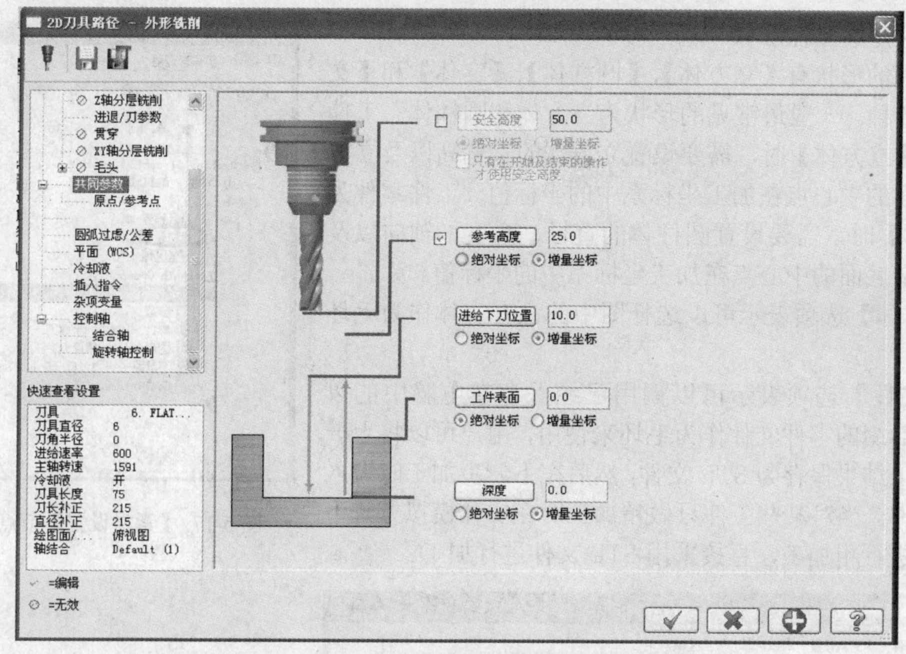

图 5-16 【共同参数】节点对话框

【安全高度】是指刀具在提刀时需要抬高的距离，合理设置该高度可以避免刀具在移动过程中与工件的碰撞。启用该复选框后，可以单击【安全高度】按钮，并在绘图区中选取一点，该点的 Z 深度即为安全高度值。如果启用了【只有在开始及结束的操作才使用安全高度】复选框，则仅在加工开始和结束时移动到安全高度；如果取消启用，则会在每次提刀时都移动到安全高度。

【参考高度】是指刀具在由一个路径移动到下一个路径时，在 Z 方向上的回刀高度，也称退刀高度。其设置方法包括选取点来定义高度和输入高度数值两种。

【进给下刀位置】刀具在最高位置移动到逼近工件的位置过程中，需要经历一个快速下移过程和一个速度缓冲过程，进给下刀位置就是指由快速转换成慢速的一个转折点所在的高度。其设置方法包括选取点来定义高度和输入高度数值两种。

【工件表面】是指工件表面的 Z 值，各个高度的相对坐标测量方式都是以该值为测量基准的。其设置方法也包括选取点来定义高度和输入高度数值两种。在一般的情况下，该值是指毛坯上表面的 Z 坐标，取值为 0。

【深度】是指工具实际要切削的深度。其设置方法也包括选取点来定义高度和输入高度数值两种。当【工件表面】取值为 0 时，深度的取值要为负值，否则刀具不能切削到工件。

在【共同参数】中还有【原点/参考点】、【圆弧过滤/公差】、【平面】、【冷却液】、【插入指令】、【杂项变量】等多个子节点。其中【平面】是用来设置刀具面、构图面或工件坐标系的原点及视图方向；【冷却液】是用来控制冷却液的开关；【插入指令】是用来设置在生成的数控加工程序，插入所选定的控制码；【杂项变量】按钮用来设置后处理器的 10 个整数和 10 个实数杂项值。

5.1.4 工件设置

在零件加工之前要对加工所使用的工件（本教材所用软件翻译为【素材】）进行设置。在刀具操作管理器中，依次选择【刀具路径】→【属性】→【素材设置】命令，如图 5-17 所示，系统弹出如图 5-18 所示【素材设置】选项卡，下面对该选项卡中的参数进行介绍。

（1）定义工件形状

工件的形状有【立方体】、【圆柱体】、【实体】和【文件】这四种。一般最常见的形状为立方体和圆柱体。工件零件为【立方体】时，需要设置立方体的长宽高以及立方体上表面的中心点在加工坐标系中的坐标值。工件零件为【圆柱体】时，需要设置圆柱体的直径、高度、轴向以及圆柱体最底面的中心点在加工坐标系中的坐标值。

【实体】选项表示可以选择图中的已有实体作为毛坯来使用。

【文件】选项表示可以调用已经保存在电脑中的以STL为后缀的零件文件作为毛坯来使用，用户可以将上一步的加工结果保存为STL文件，然后在下一步加工时调入作为工件。当对某些工件只做精加工时在实体模拟方式下可以不进行粗加工，直接采用STL文件进行加工。

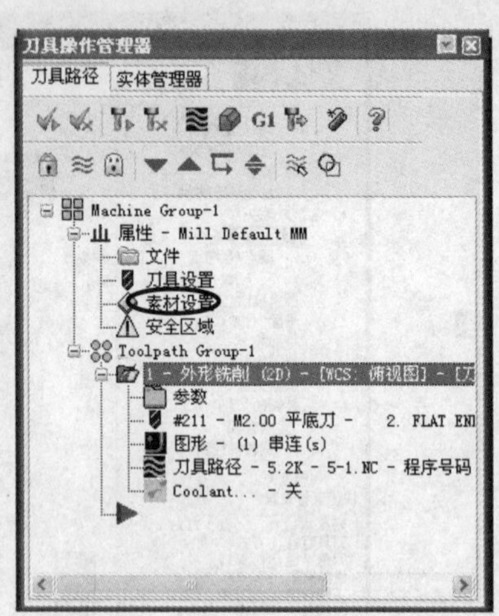

图 5-17 【素材设置】节点位置

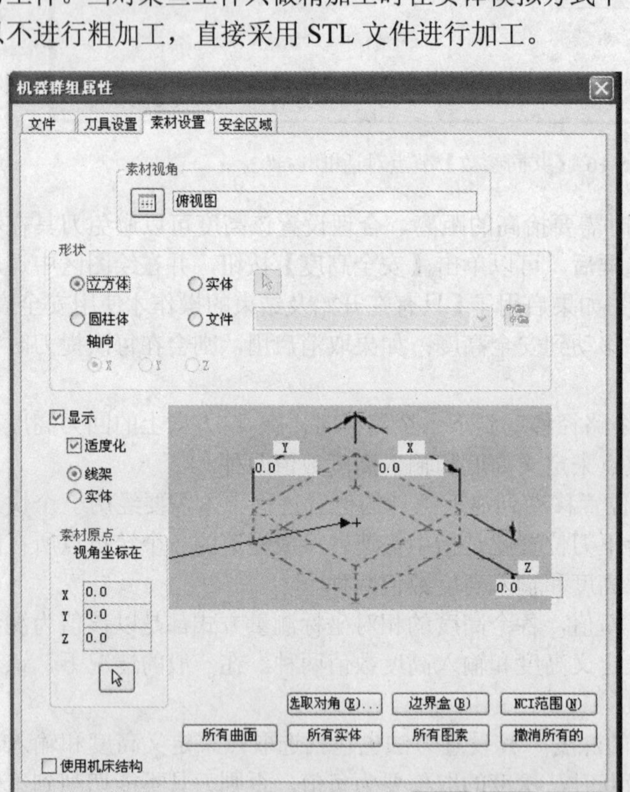

图 5-18 【素材设置】选项卡

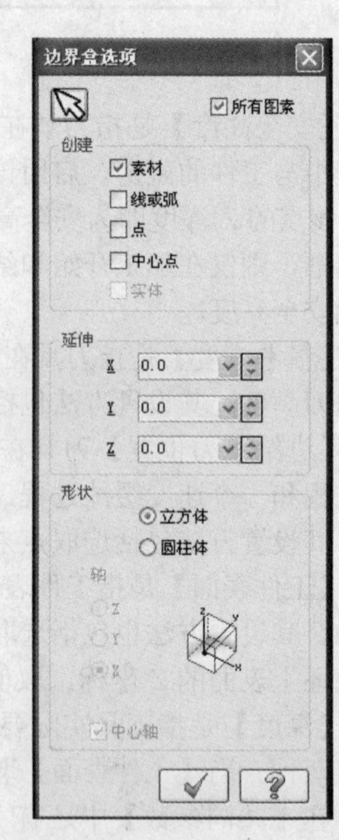

图 5-19 【边界盒选项】对话框

（2）定义工件尺寸

如果选择的工件形状为立方体或圆柱体就需要设定毛坯的尺寸了。对于立方体要设置它的长、宽、高，对于圆柱体则要设定圆柱半径、圆柱高度和圆柱体的轴向。在 Master CAM 中铣削工件毛坯的形状一般为立方体，定义工件的尺寸有以下几种方法。

① 直接在工作设定对话框的 X、Y 和 Z 输入框中输入工件毛坯的尺寸。

② 单击【选取对角】按钮，在绘图区选取工件的两个角点定义工件毛坯的大小。

③ 单击【边界盒】按钮，在绘图区选取几何对象后，系统根据选取对象的外形来确定工件毛坯的大小，如图 5-19 所示。

④ 单击【NCI 范围】按钮，则根据加工的刀具中心路径范围来确定工件毛坯的大小。

⑤ 单击【所有曲面】按钮，系统自动选择所有曲面的边界来确定工件毛坯的大小。

⑥ 单击【所有实体】按钮，系统自动选择所有实体的边界来确定工件毛坯的大小。

⑦ 单击【所有图素】按钮，系统自动选择所有图素的边界来确定工件毛坯的大小。

⑧ 单击【撤消所有】按钮，工件毛坯的尺寸恢复到最初状态，即没有设定任何的毛坯尺寸。

如果选择的工件形状为圆柱体，则出现如图 5-20 所示的界面。在该界面中首先要确定圆柱体的中心轴的方向（可以是 X、Y 或 Z），然后要设定圆柱体的半径和高度，工件尺寸的设定的方法与立方体相似，只是少了【选取对角】和【NCI 范围】两个选项。

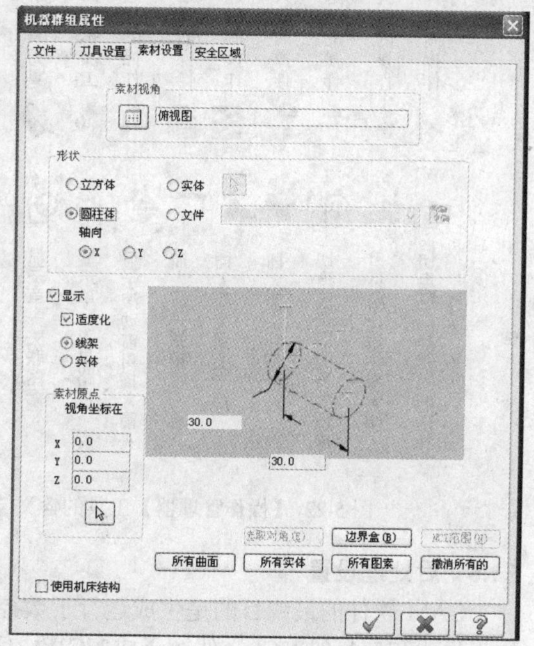

图 5-20 选中【圆柱体】单选按钮

（3）设置工件原点

在 MasterCAM 中可将工件的原点定义在工件的特殊点上。对于立方体，有 10 个特殊位置，包括 8 个角点及两个面中心点，系统用一个小箭头来指示所选择原点在工件上的位置。将光标移到各特殊点上，单击鼠标左键即可将该点设置为工件原点。常将毛坯的上表面的中心点作为素材原点。这个点的 X、Y、Z 三个坐标也通常设置为 0。

对于圆柱体，只能选择一个特殊点，即圆柱体下表面的中心点，这与立方体不同，值得注意。

当然素材原点的坐标也可以直接在工件原点输入框中输入，也可单击按钮后在绘图区确定一点（鼠标单击处、已绘制的点、图素特征点或坐标输入的点）作为工件的原点。

5.1.5 刀具操作管理

对于零件的所有加工操作，都可以使用刀具操作管理器来进行管理。使用【刀具操作管理器】可以产生、编辑、计算新刀具加工路径，并可以进行加工模拟、仿真模拟、后处理等操作，以验证刀具路径是否正确。

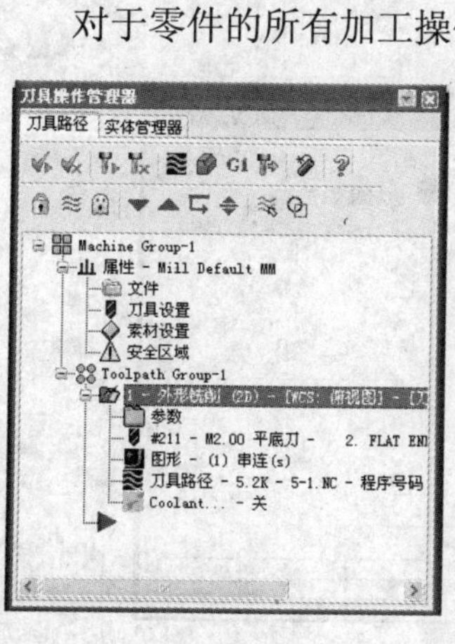

图 5-21 【刀具操作管理器】窗口

在 MasterCAM X6 版本中，刀具操作管理器是显示在当前的操作页面。我们可以通过主菜单【视图】→【切换操作管理】选项来关闭或打开刀具操作管理器。图 5-21 为【刀具操作管理器】窗口。

在【刀具操作管理器】窗口中有多个可供使用的工具，为了更好地说明工具的作用，将每一个工具的含义进行了解释，具体含义见图 5-22 所示。

在多个【操作管理器】工具中，最常用的也是最重要的是【重建所有已经选择的操作】、【验证已经选择的操作】、【后处理已选择的操作】、【刀具路径显示与关闭】等几个工具。可以在操作管理器中移动某个操作的位置来改变加工程序，也可以通过改变刀具路径参数、刀具及与刀具路径关联的几何模型等对原刀具路径进行修改。

生成刀具路径后，单击按钮进行实体验证，弹出的验证对话框如图 5-23 所示，此时在绘图区已经显示出设置的素材，单击按钮即可进行实体切削验证，这时可以对选取的操作进行仿真加工操作；经过模拟加工后，如果对加工比较满意，即可进行后处理。

图 5-22 【操作管理器】工具的含义

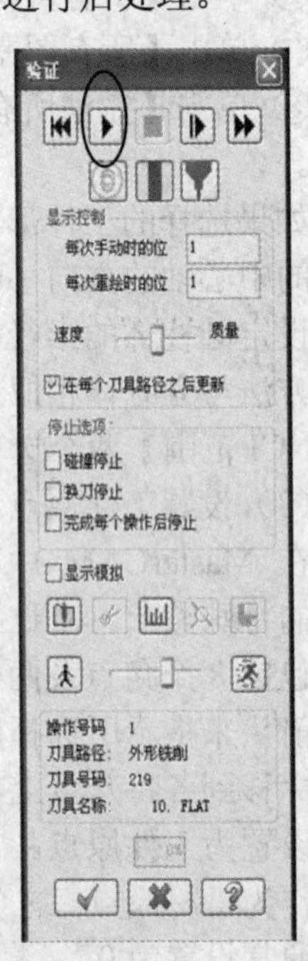

图 5-23 【验证】对话框

5.1.6 后处理设置

CAM 软件的最终目的是生成运行于数控机床的 NC 程序，后处理的作用就是将包含所有加工说明和信息的 NCI 文件翻译成 NC 数控程序。用户在对生成的刀具路径进行刀路模拟和实体验证无误后，可以进行后处理。单击图 5-21 中的 G1 按钮可以对选择的刀具路径进行处理，这时【后处理程序】对话框打开，如图 5-24 所示。用该对话框来设置后处理中的有关参数。

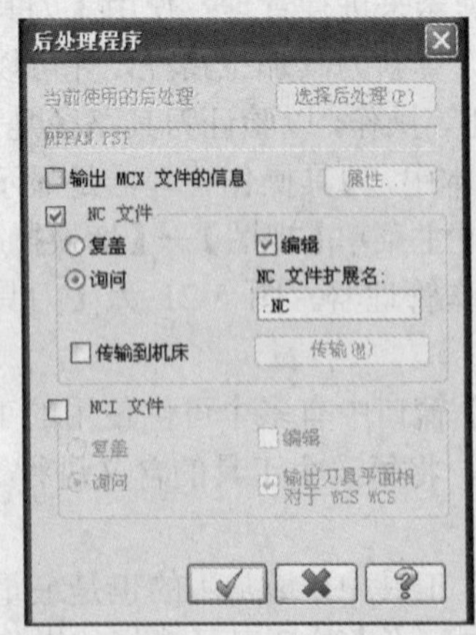

图 5-24 【后处理程序】对话框

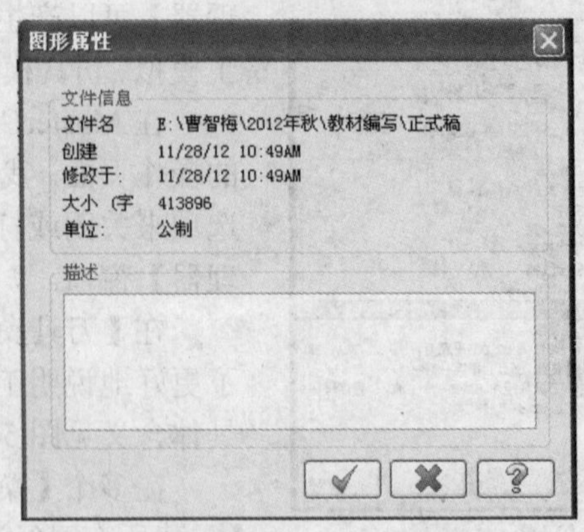

图 5-25 【图形属性】对话框

在【当前使用的后处理】文本框中显示的是已经定义好的后处理器，此处为 MPFAN.PST（日本 FANUC 控制器）。若选择的操作对于当前的机床定义而言，未能定义一个有效的后处理器，则该按钮被激活。单击该按钮，可以在【选择后处理】对话框中选择合适的后处理器。

选中【输出 MCX 文件的信息】复选框，其后的【属性】按钮将被激活，单击该按钮，将会弹出图 5-25 所示【图形属性】对话框，在【描述】文本框中输入必要的文件摘要后单击【确定】按钮，则生成的 NC 文件中将会包含这些信息。

在【NC 文件】选项组中，如果选中【覆盖】单选按钮，则生成的 NC 文件将会覆盖同名的文件；如果选中【询问】单选按钮，系统会提示用户是否覆盖同名的 NC 文件。若启用【编辑】复选框，系统在保存 NC 文件后将会弹出 MasterCAM X 编辑器，在其中可以检测和修改 NC 文件内容。

若启用【传输到机床】复选框，【传输】按钮将会被激活，单击该按钮，将会弹出如图 5-26 所示的【传输】对话框，在其中进行正确的设置后可以将 NC 程序传输到数控机床。

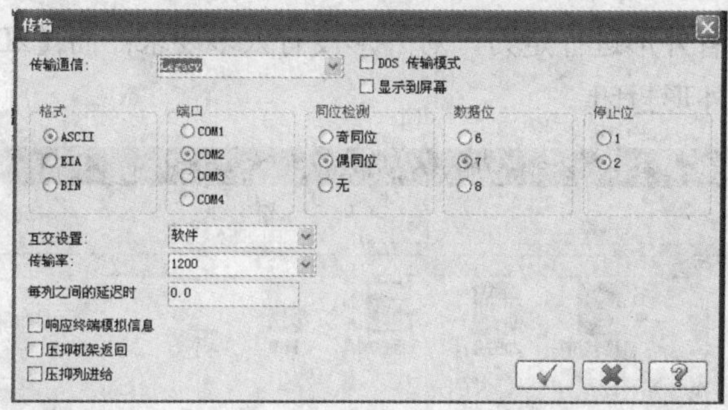

图 5-26 【传输】对话框

NCI 文件包含了所有加工的说明和信息，采用了适合所有机床的一般格式存储数据。在该选项中同样包含了【覆盖】、【询问】、【编辑】3 个单项按钮，其意义和【NC 文件】选项组中同名的按钮相同。

设置好后处理参数后，单击【确定】按钮☑，在弹出的另存为对话框中输入 NC 文件的名称和路径，单击【确定】按钮☑，系统会打开如图 5-27 所示的 MasterCAM X 编辑器。

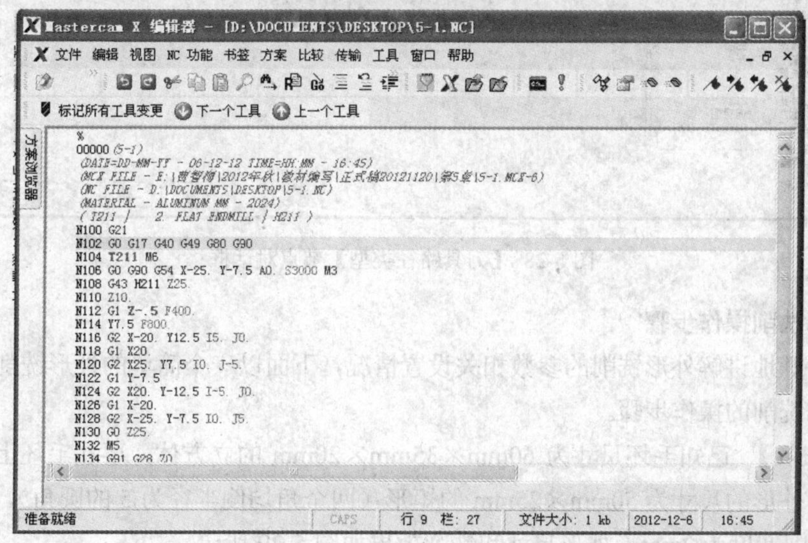

图 5-27　MasterCAM X 编辑器

5.2 外形铣削

外形铣削用于铣削工件的二维或三维外形轮廓或内轮廓表面。外形铣削的类型包括 2D 外形铣削加工、2D 倒角外形铣削加工、斜插外形铣削加工、残料外形铣削加工、3D 外形铣削加工和 3D 倒角外形铣削加工。外形铣削加工常用的刀具有平底刀、锥度铣刀和倒角刀等。在实际生产中，外形铣削是使用最为广泛的二维刀具路径之一。

在主菜单中选择【刀具路径】→【外形铣削】，选中要加工的对象之后，弹出如图 5-28 所示对话框。【刀具路径类型】节点中，有【外形铣削】、【2D 挖槽】、【平面铣削】、【铣槽】四个选项，与 MasterCAM9.1 等老版本相比，这是四个新增加的选项，可以在操作中对刀具路径的形式进行快捷修改，这给操作者提供了极大的方便。

【外形铣削】是沿着外形进行走刀，对外形没有太多要求；而【2D 挖槽】、【平面铣削】、【铣槽】则一般都要求外形封闭。

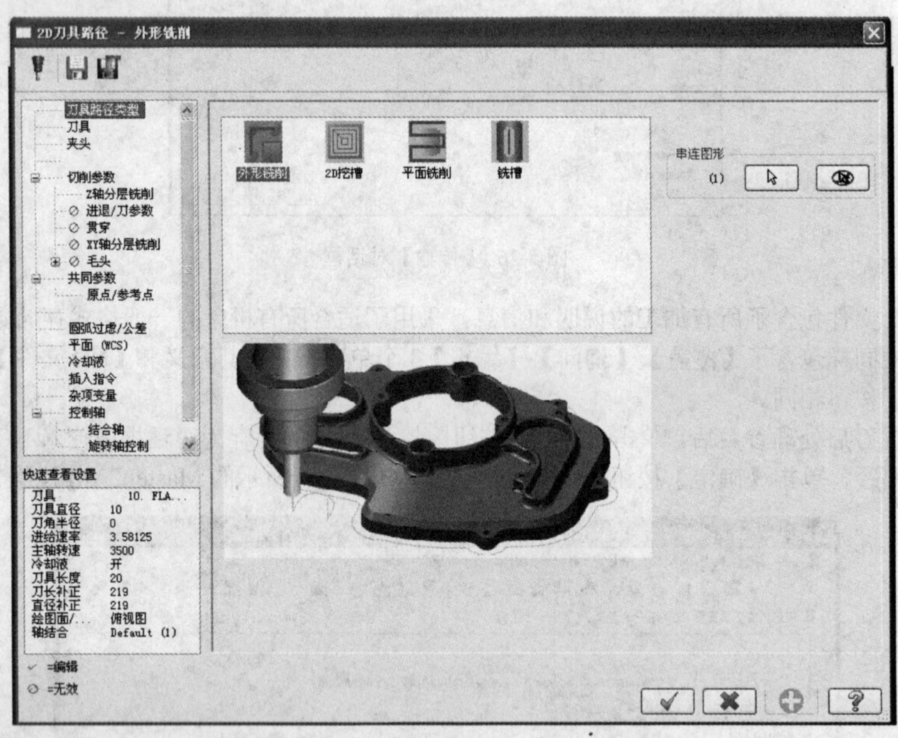

图 5-28 【刀具路径类型】节点对话框

5.2.1 外形铣削操作步骤

为了更好地讲解外形铣削的参数相关设置情况，下面以一个简单的外形铣削的加工过程来介绍外形铣削的操作步骤。

【案例 5-1】 已知毛坯尺寸为 60mm×35mm×20mm 的立方体，要在毛坯上铣出一个对称的外形，外形的尺寸为 50mm×25mm 的矩形（四个角均倒半径为 5 的圆角），铣削深度为 0.5mm，铣削宽度为 2mm，外形尺寸和铣削效果如图 5-29 所示。

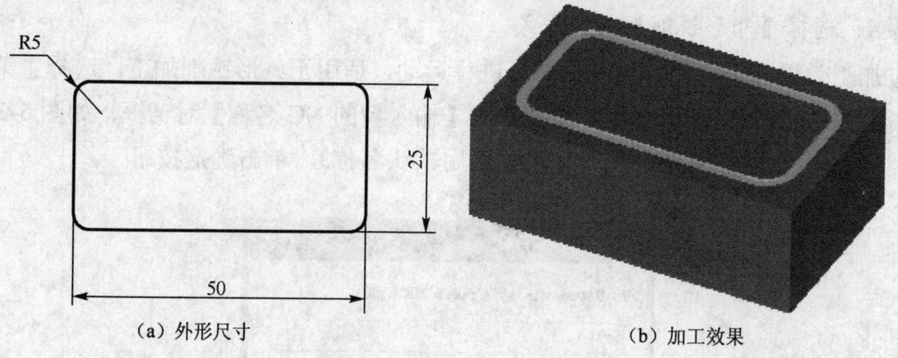

（a）外形尺寸　　　　　　　　（b）加工效果

图 5-29　外形尺寸及铣削效果图

步骤 1：选择铣削加工模块

打开 MasterCAM X6 软件，选择主菜单中的【机床类型】→【铣床】→【默认】命令，系统进入到铣削加工模块，并自动初始化加工环境。此时【刀具操作管理器】的【刀具路径】选项卡中新增了一个机床群组，如图 5-30 所示。

步骤 2：设置加工工件

在图 5-30 所示的【刀具路径】选项卡中展开【属性】节点，单击【素材设置】子节点，弹出【机器群组属性】对话框，然后切换到【素材设置】选项卡。选择工件的形状为【立方体】，在工件尺寸中 X 方向输入“60”，Y 方向输入“35”，Z 方向输入“20”，如图 5-31 所示，其余接受缺省值，单击确定按钮 ✓ 完成工件设置。

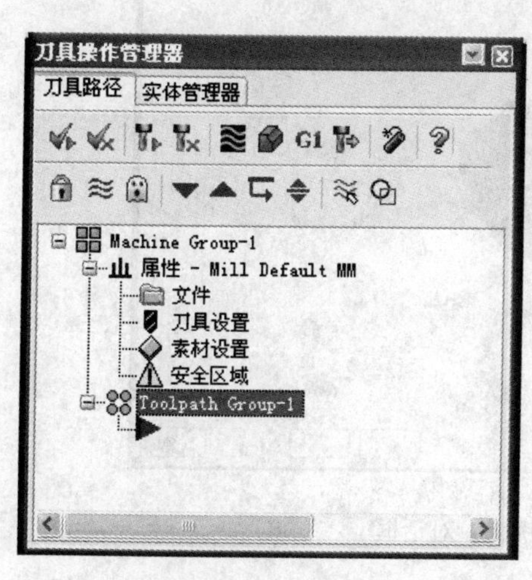

图 5-30 【刀具操作管理器】界面

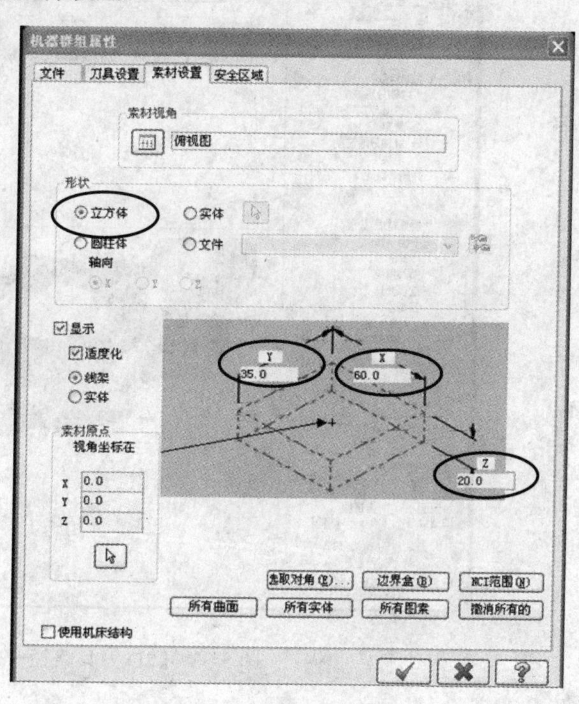

图 5-31 【材料设置】选项卡

步骤 3：绘图

在俯视图上绘出如图 5-29（a）所示 50mm×25mm 的矩形，四个角都倒半径为 5mm 的圆角，矩形的中心落在坐标原点。

步骤 4：选择【外形铣削】加工方式

通过加工效果分析，刀具只沿着外形进行运动，适用于外形铣削加工。选择主菜单中的【刀具路径】→【外形铣削】命令，系统弹出【输入新的 NC 名称】对话框，如图 5-32 所示，输入“5-1”为刀具路径的新名称（也可以采用默认名称），单击确定按钮✓。

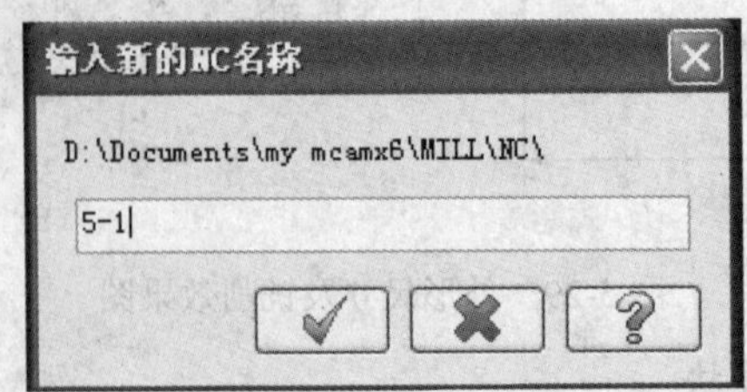

图 5-32 【输入新的 NC 名称】对话框

NC 文件的名称取好之后，系统会弹出【串连选项】对话框，用串连的方式选取绘出的外形，然后单击确定按钮✓，弹出【2D 刀具路径—外形铣削】对话框，如图 5-33 所示。

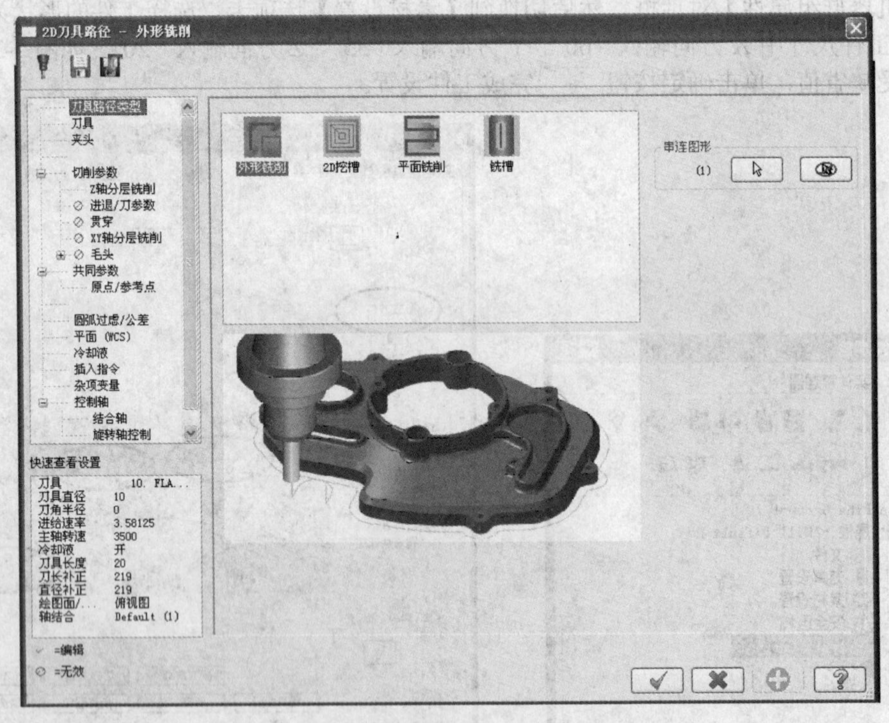

图 5-33 【2D 刀具路径—外形铣削】对话框

步骤 5：设置刀具加工参数

选中【刀具】节点，单击 从刀库中选择... 按钮，从刀库中选择要直径是 φ2mm 的平刀（由于加工的宽度为 2mm），单击【确定】按钮✓，即可选定刀具。修改进给率为“800”，下刀速率为“400”，主轴转速为“3000”，选中【快速提刀】复选框。设置好后如图 5-34 所示。

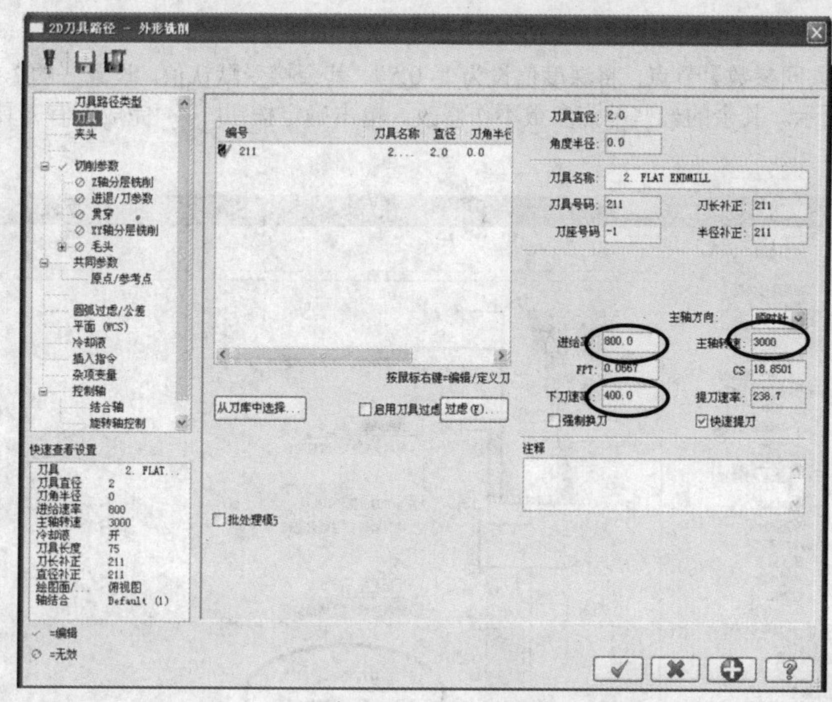

图 5-34 【刀具】节点参数设置

步骤 6：修改【切削参数】

选中【切削参数】节点，将补正方式选择【关】。根据加工效果和本次加工的深度等参数，可以确定【Z 轴分层铣削】、【进/退刀参数】、【贯穿】、【XY 轴分层多铣削】、【毛头】这五个子节点的参数均无需设定。图 5-35 为设置好的【切削参数】。

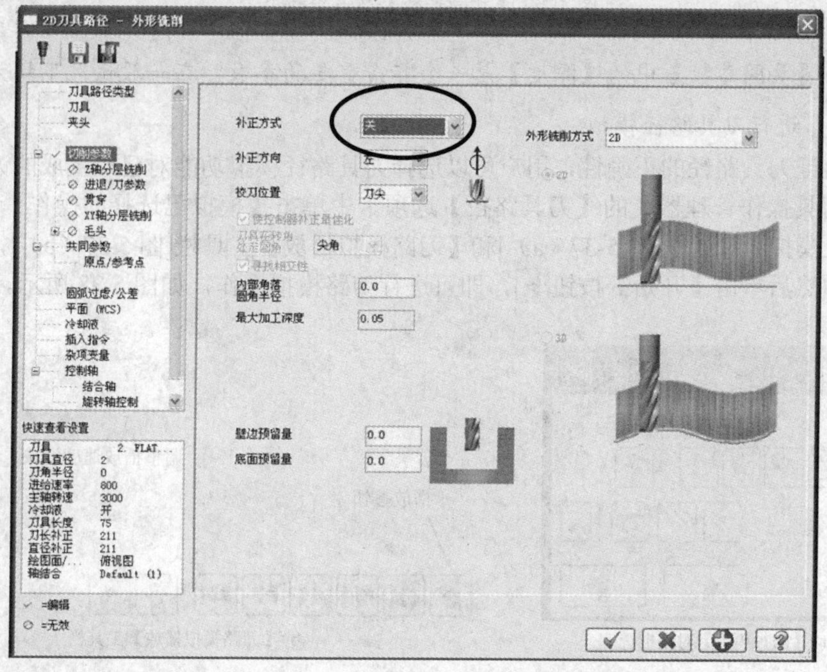

图 5-35 【切削参数】节点参数设置

步骤 7：修改【共同参数】

选中【共同参数】节点，将深度值设为“-0.5”。其余接受默认值。设置好的【共同参数】如图 5-36 所示。其余的一些节点参数不作修改。单击确定按钮 ✓ 完成所有刀具加工参数的设定。

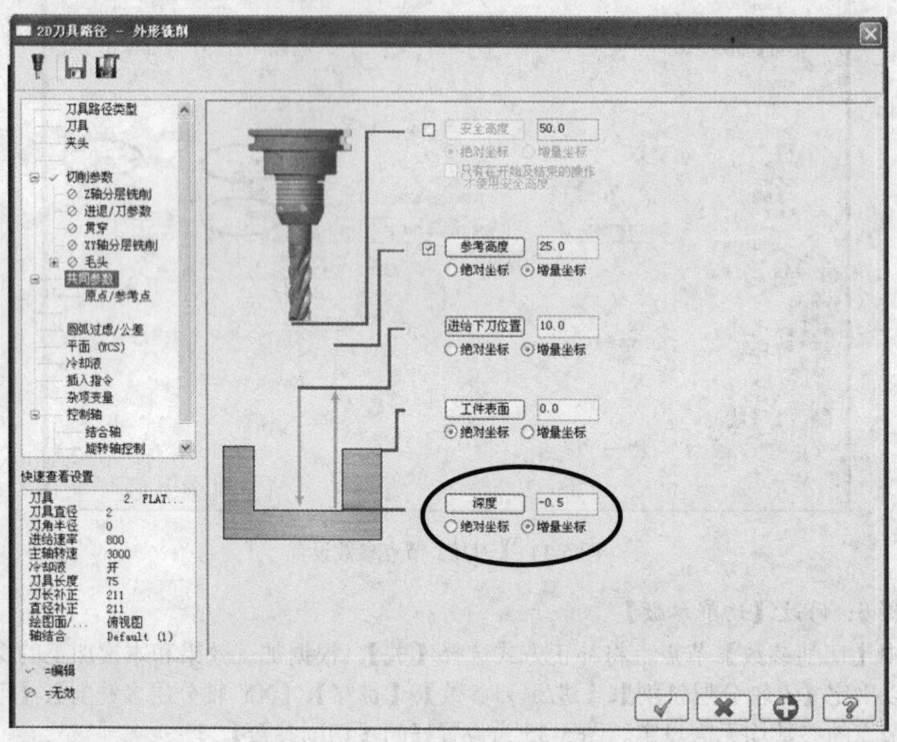

图 5-36 【共同参数】节点参数设置

注意：【共同参数】中的【深度】是一个非常重要的参数，在一般情况下均为负值。

步骤 8：进行刀具路径模拟

为了验证刀具路径的正确性，用户可以选择刀具路径模拟功能对已经生成的刀路进行检验。在【刀具操作管理器】的【刀具路径】选项卡中单击【模拟已选择的操作】按钮，弹出【路径模拟】对话框[图 5-37（a）]和【刀路模拟播放】工具栏[图 5-37（b）]，设置播放速度等选项然后单击【开始】按钮，即可进行刀路模拟操作，如图 5-38 所示。

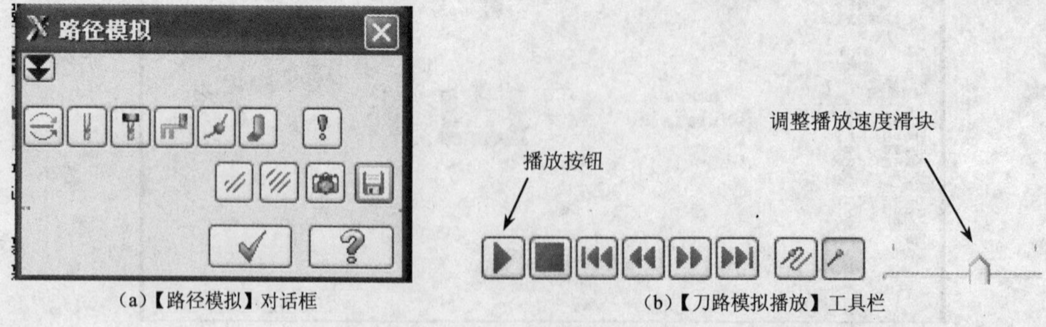

（a）【路径模拟】对话框　　（b）【刀路模拟播放】工具栏

图 5-37 【路径模拟】对话框及刀路播放工具栏

步骤 9：进行实体验证

如果需要检查切削加工的效果及加工的形状是否符合要求，可以选择实体切削验证功能来对加工过程进行模拟。在【刀具操作管理器】的【刀具路径】选项卡中单击【验证已选择的操作】按钮，弹出【验证】对话框进行模拟速度等的设置，然后单击【播放】按钮，即可进行实体切削验证操作，如图 5-39 所示。

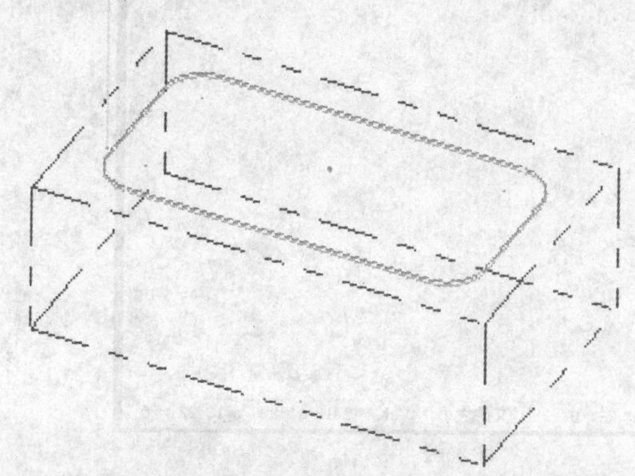

图 5-38　刀具路径模拟

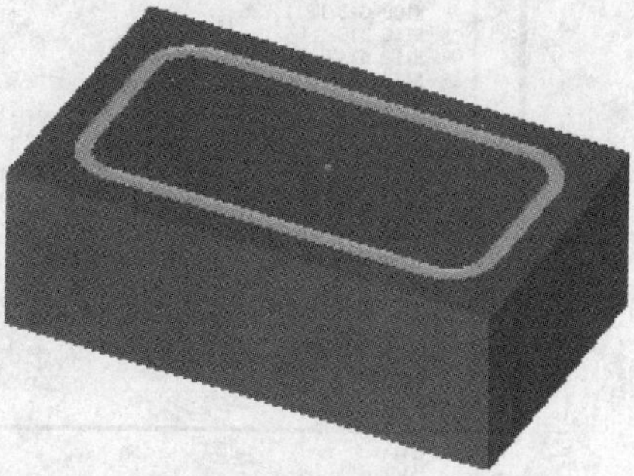

图 5-39　实体切削验证效果

步骤 10：执行后处理

实体验证完成后就可以进行后处理了。关闭实体验证的播放器，退回到【刀具操作管理器】界面。在【刀具操作管理器】的【刀具路径】选项卡中单击【后处理已选择的操作】按钮 G1，弹出【后处理程序】对话框，接受缺省选项，如图 5-40 所示，单击确定按钮。在弹出的【另存为】对话框中选择 NC 文件的保存路径及文件名，单击确定按钮，即可打开如图 5-41 所示的 NC 程序。加工完成后，单击主菜单中的【文件】→【保存】命令，对本例的图形文件进行保存。

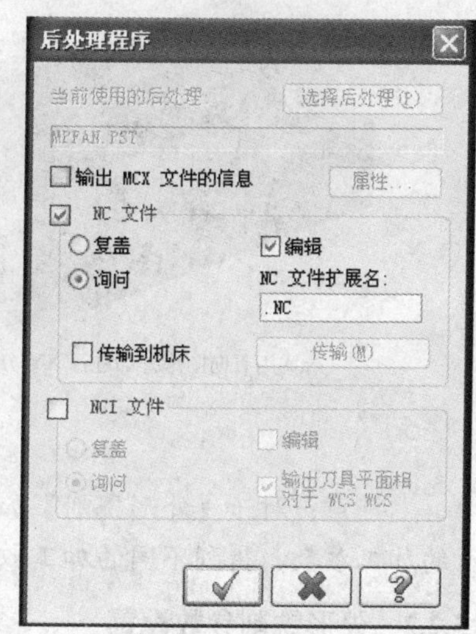

图 5-40　【后处理程序】对话框

真正加工时将生成好的 NC 文件发送到机床，机床对好刀后，按接收按钮，就可以进行加工了。

如果选中了图 5-40 的【NCI 文件】和【编辑】两个选项，就会弹出 NCI 文件，NCI 文件是一种过渡文件，也称为数控加工信息文件，格式和形式与 NC 文件完全不一样，NCI 文件也是迟早要转变成 NC 文件的。

本例加工的图形刀具只沿着外形走了一刀，是典型的外形铣削的加工方式，除了能加工出本例的效果之外，通过刀具的补偿方式、补偿方向和 XY 轴分层铣削的设置，还可以加工如图 5-42 所示的两种加工效果。在生成刀具路径时，如果选中外形时产生的是顺时针旋转的箭头，图 5-42 所示的（a）图就要采用左补偿方式，图 5-42 所示的（b）图就要采用右补偿方式。分层的次数同刀具直径、刀间距密切相关，读者可自行进行尝试。

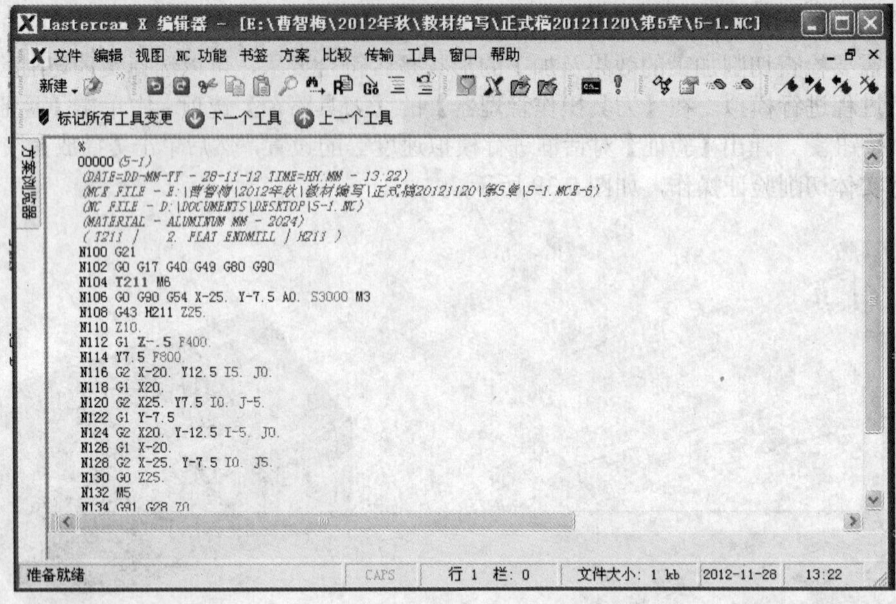

图 5-41 NC 程序

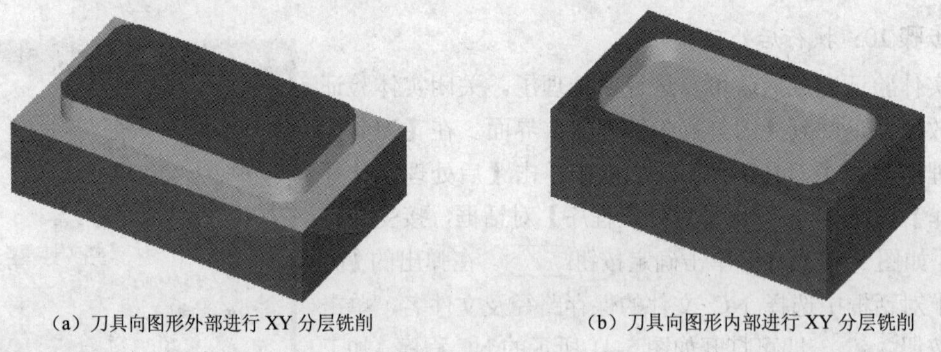

（a）刀具向图形外部进行 XY 分层铣削　　（b）刀具向图形内部进行 XY 分层铣削

图 5-42 两种加工效果

注意：对于【外形铣削】加工方式，当选择相同的外形和毛坯时，可以通过设置不同的加工参数，得到不同的加工效果。

5.2.2 外形铣削参数设置

通过上面的例子，我们对【外形铣削】刀具路径的生成过程有一个基本的掌握。下面我们对外形铣削中的一些参数的含义再进行深入的介绍。

（1）设置刀具参数

刀具参数包括刀具的类型、刀具的形状尺寸、刀具的进给率、主轴转速及下刀速率等，刀具参数集中在【2D 刀具路径—外形参数】对话框中的【刀具】主题页中，首先需要为当前操作选择刀具，用户可以单击【从刀库中选择】按钮，从打开的刀具库中选择合适的刀具。如果该刀具需要修改，则可以用鼠标右键单击该刀具，从右键菜单中选择【编辑刀具】 命令弹出【定义刀具】对话框，如图 5-43 所示，可以对刀具的参数进行修改。如果选择【新建刀具】选项，则可以自行定义一把刀具。在定义好刀具后，用户可以为其设置一些加工参数，常用参数有刀具的进给率、下刀速率、主轴转速。对于外形铣削，选择的刀具一般为平刀或圆角刀，当使用外形铣削加工文字时，可以选用球头铣刀进行。

（2）设置切削参数

切削参数包括补正方式、补正方向、外形铣削类型等，切削参数集中在【2D 刀具路径—外形参数】对话框中的【切削参数】主题页中。补正方向的不同设置可以决定是铣削外轮廓还是铣削内部凹槽，它与选择的串连方向有关系，当选取的串连对象为二维图形时，外形铣削方式下拉列表如图 5-44 所示，下面对每一项进行简单说明。

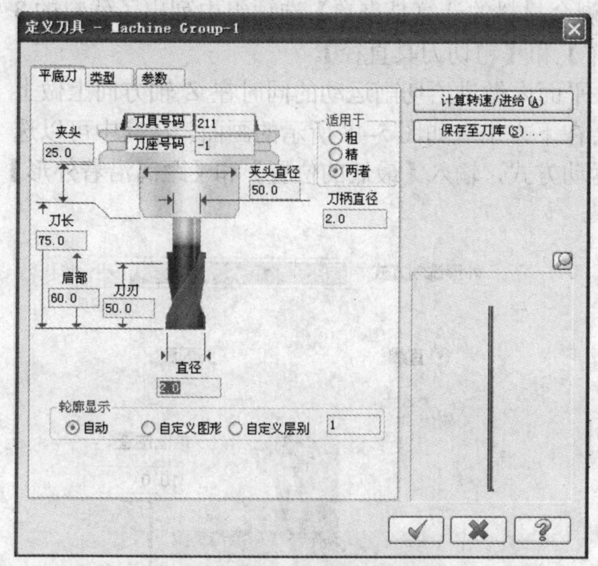

图 5-43 【定义刀具】对话框

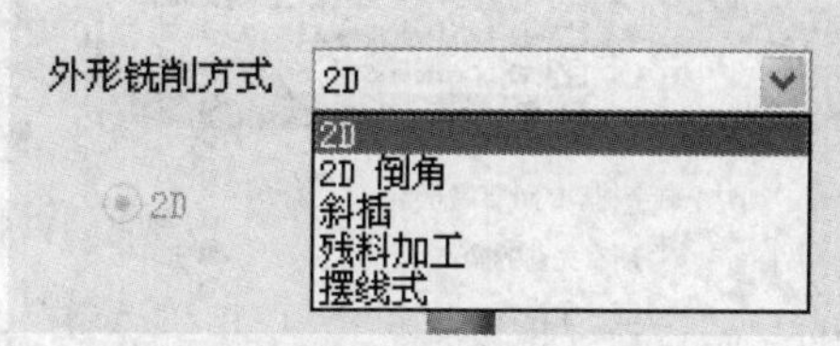

图 5-44 【外形铣削方式】下拉列表

【2D】此种类型的刀具路径的铣削深度是不变，在实际生产中最常用，铣削的最后深度是用户设定的深度值。

【2D 倒角】在外形铣削加工之后可以选择此铣削类型来加工倒角，选取的刀具类型为倒角刀。从下拉列表中选择后，会在下方出现如图 5-45 所示画面，其中【宽度】文本框用来输入倒角的宽度值，【尖部补偿】文本框用来输入一个补偿值，以避免倒角底下留下毛刺。

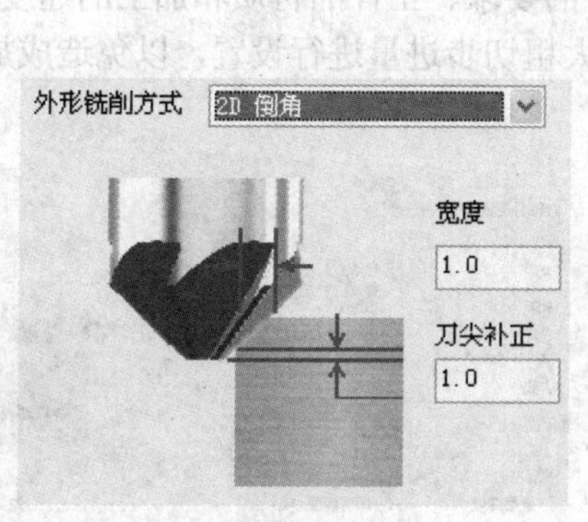

图 5-45 【2D 倒角】选项

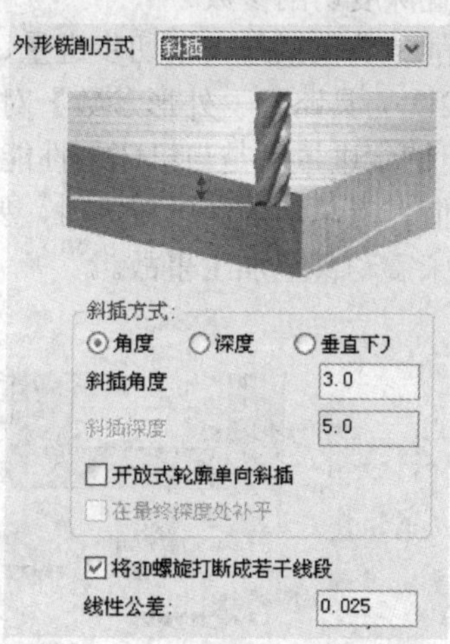

图 5-46 【斜插】选项

【斜插】此种类型可以用来铣削深度较大的二维轮廓。从下拉列表中选择后，会在下方出现如图 5-46 画面，其中【角度】方式可以让刀具走斜线，即在 XY 平面移动的同时在 Z 轴方向上的进刀深度均匀增加，此时可以在【斜插角度】文本框中输入斜线的角度值；【深度】方式与【角度】方式一样，刀具也是走斜线，只是斜线的角度是采用每一层的深度值来定义；【垂直下刀】方式可以让刀具直接到达要加工的深度，此时可以在【斜插深度】文本框中输入垂直下刀的深度值。

【残料加工】此种类型用来铣削外形铣削加工后留下的残余材料。从下拉列表中选择后，会在下方出现如图 5-47 所示的画面。在【剩余材料的计算是来自】选项组中列出了残料的 3 种来源，即【所有先前操作】、【前一个操作】和【粗切刀具直径】。

【摆线式】此种类型可以让刀具在 XY 平面内做进给切削运动的同时在 Z 轴方向上做上下移动切削运动。从下拉列表中选择后，会在下方出现如图 5-48 所示的画面，在其中可以选择【线性】运动方式和【高速回圈加工】运动方式，输入【最低的位置】和【距离沿着外形】的值。

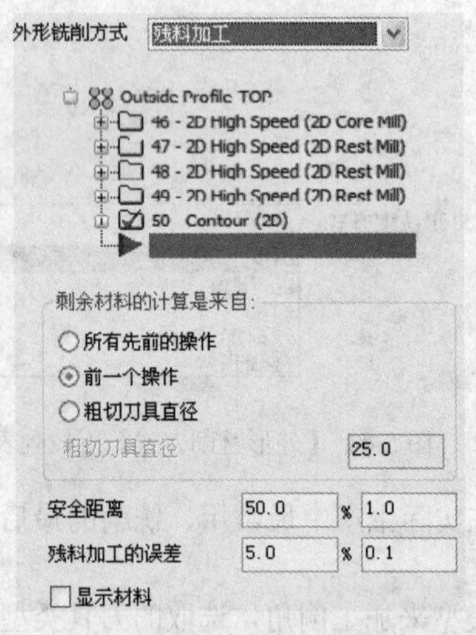

图 5-47 【残料加工】选项

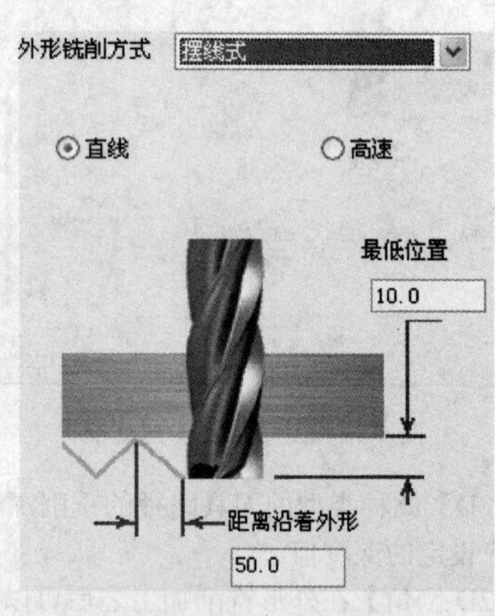

图 5-48 【摆线式】选项

（3）设置深度切削参数

深度切削参数包括最大粗切步进量、精修次数、精修量及深度分层切削顺序等，切削参数集中在【2D 刀具路径—外形参数】对话框中的【Z 轴分层切削】主题页中，如图 5-49 所示。【最大粗切步进量】是与机床的性能、加工的要求、工件的材质和加工的速度密切相关，一般是经验值。当总切削深度较大时，要对最大粗切步进量进行设置，以免造成加工过程中的断刀、机床震动甚至加工事故。

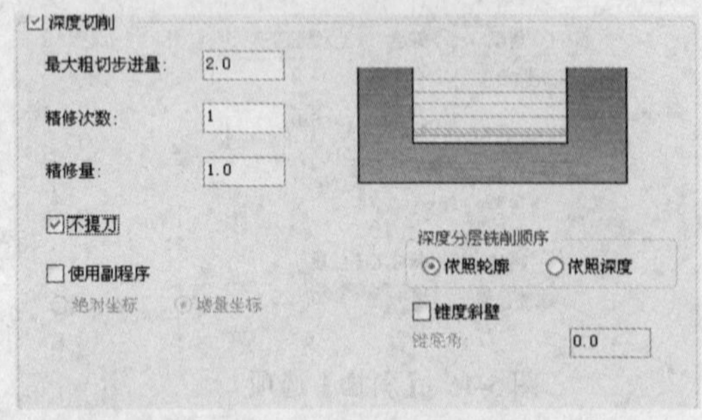

图 5-49 【Z 轴分层切削】选项

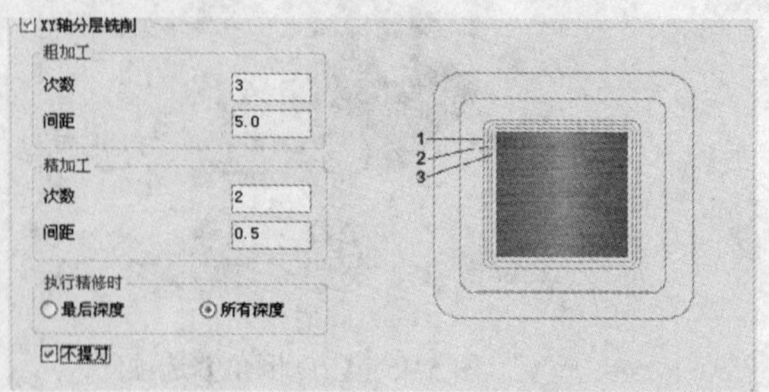

图 5-50 【XY 轴分层铣削】选项

注意：当选择的外形铣削方式是【斜插】和【摆线式】时，【Z 轴分层切削】节点参数是不起作用的。

（4）设置分层切削参数

【XY 轴分层铣削】参数集中在【2D 刀具路径—外形参数】对话框中的【XY 轴分层铣削】主题页中，如图 5-50 所示。分层铣削参数包括粗加工次数和间距，精加工次数和间距、执行精加工时机等。当切削的次数为 1 时，切削间距是不起作用的。当要加工的 XY 方向的面积是刀具一次切削不能满足的时候，就需要进行多次的切削，以切除掉多余的体积，多次切削时刀间距是刀具直径的 50%～75%。

（5）设置进/退刀参数

在外形铣削加工中，可以在外形铣削前和完成外形铣削后添加一段进 / 退刀刀具路径。进刀 / 退刀刀具路径由一段直线刀具路径和一段圆弧刀具路径组成。进/退刀参数集中在【2D 刀具路径—外形参数】对话框中的【进/退刀参数】主题页中。选中【进/退刀设置】按钮前的复选框后单击该按钮，出现的【进/退刀参数】对话框如图 5-51 所示，进刀路线和退刀路线均可通过该对话框设置。根据需要确定直线段和圆弧段的长度。

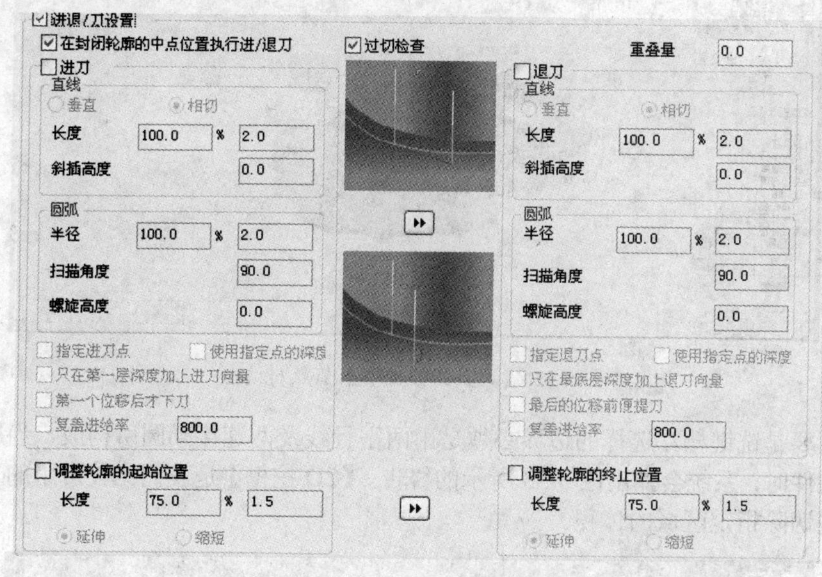

图 5-51　【进/退刀参数】对话框

（6）设置共同参数

共同参数设置主要是高度参数的设置。高度参数包括安全高度、参考高度、进给下刀位置、工件表面和深度。其中，安全高度是指在此高度之上刀具可以作任意水平移动而不会与工件或夹具发生碰撞；参考高度为开始下一个刀具路径前刀具回退的位置，参考高度的设置应高于进给下刀位置；进给下刀位置是指当刀具在按工作进给之前快速进给到的高度。工件表面是指工件上表面的高度值（Z 坐标，一般为 0）；切削深度是指最后的加工深度（一般为负值）。在这些高度设置中，一般只需要设定最后一个高度值即【深度】值，其他值可以修改，也可以接受默认值。

除了上面介绍到的这些参数，其他加工参数一般接受缺省值，只在极少数需要的时候才需要修改。在以后的例题中再加以说明。

5.3 挖槽

二维挖槽加工用于铣削二维串连所定义的平面区域、槽轮廓及岛屿轮廓。二维挖槽的类型包括标准挖槽加工、挖槽平面加工、使用岛屿深度挖槽加工、残料挖槽加工和开放式挖槽加工。常用的刀具有平底刀、圆鼻刀等。

在主菜单中选择【刀具路径】→【2D 挖槽】，选中要加工的对象之后，弹出如图 5-52 所示对话框。在刀具路径类型对话框中，有【2D 挖槽】和【铣槽】两个选项。

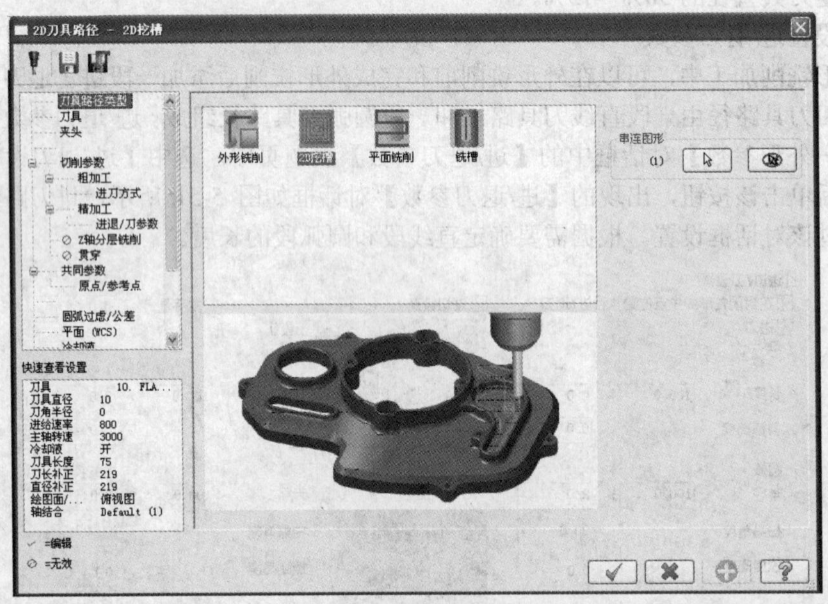

图 5-52 【刀具路径类型】节点对话框

铣槽主要是铣键槽，选择的边界必须是由两平行线及两连接半圆所构成，当所选择的外形不满足条件时，系统会弹出图 5-53 所示的警告。【2D 挖槽】是我们比较常用的二维刀具路径，主要是切除指定区域的体积。

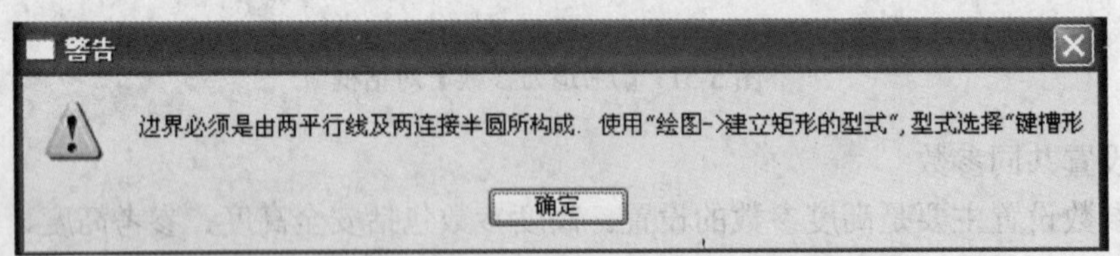

图 5-53 警告

5.3.1 挖槽铣削操作步骤

为了更好地讲解挖槽铣削的参数相关设置情况，下面我们以一个典型的挖槽铣削的加工过程来介绍挖槽铣削的操作步骤。

【案例 5-2】 已知毛坯的尺寸为 60 mm×35mm×20mm 的立方体，要在毛坯上铣出一个凹槽，凹槽外形的尺寸为 50 mm×25mm 且四个角均倒半径为 5 的圆角，铣削深度为 5mm，外形尺寸和铣削效果如图 5-54 所示。

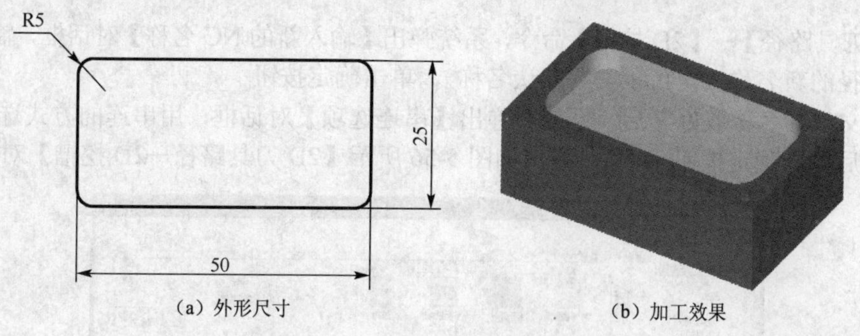

图 5-54　外形尺寸及铣削效果图

步骤 1：选择铣削加工模块

打开 MasterCAM X6 软件，选择主菜单中的【机床类型】→【铣床】→【默认】命令，系统进入到铣削加工模块，并自动初始化加工环境。此时【刀具操作管理器】的【刀具路径】选项卡中新增了一个机床群组。

步骤 2：设置加工工件

在【刀具路径】选项卡中展开【属性】节点，单击【素材设置】子节点，弹出【机器群组属性】对话框，然后切换到【素材设置】选项卡。选择工件的形状为【立方体】，在工件尺寸中 X 方向输入“60”，Y 方向输入“35”， Z 方向输入“20”，如图 5-55 所示，其余接受缺省值，单击确定按钮 ✓ 完成工件设置。

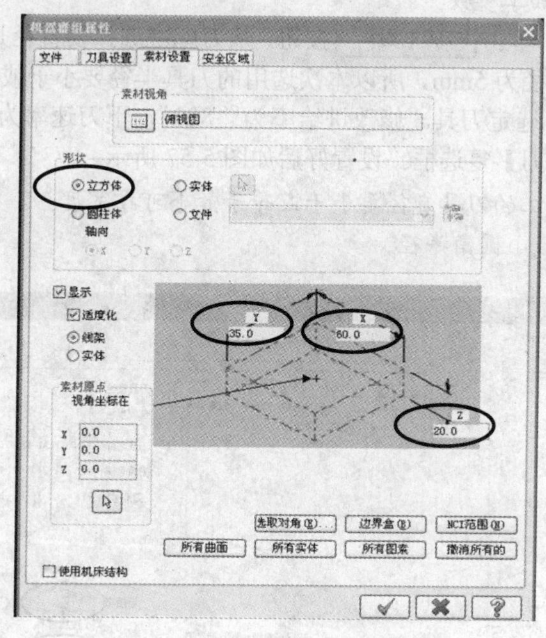

图 5-55 【材料设置】选项卡

步骤 3：绘图

在俯视图上绘出如图 5-54（a）所示 50mm×25mm 的矩形，四个角都倒半径为 5mm 的圆角，矩形的中心落在坐标原点。

步骤 4：选择【2D 挖槽】加工方式

通过加工效果分析，刀具将外形内容的体积全部切除，适用于 2D 挖槽加工。选择主菜单中的【刀具路径】→【2D 挖槽】命令，系统弹出【输入新的 NC 名称】对话框，输入“5-3”为刀具路径的新名称（也可以采用默认名称），单击确定按钮 。

NC 文件的名称取好之后，系统会弹出【串连选项】对话框，用串连的方式选取绘出的外形，然后单击确定按钮 ，弹出如图 5-56 所示【2D 刀具路径—2D 挖槽】对话框。

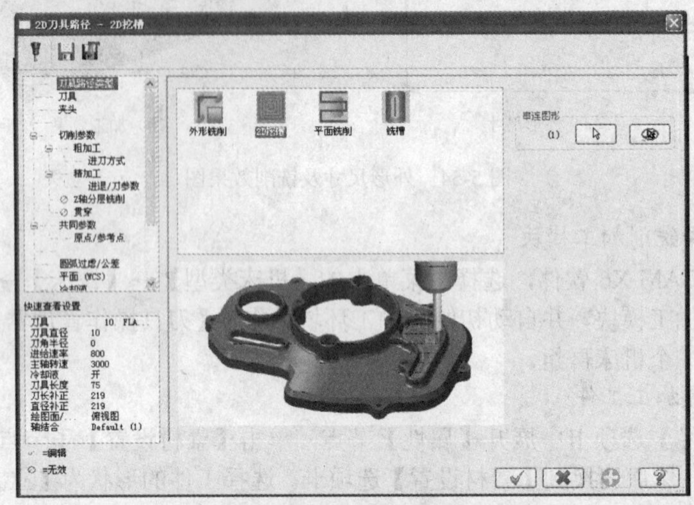

图 5-56 【2D 刀具路径—2D 挖槽】对话框

步骤 5：设置刀具加工参数

选中【刀具】节点，单击 从刀库中选择... 按钮，从刀库中选择要直径是 φ8mm 的平底刀（由于加工的凹槽的圆角半径为 5mm，所以本次选用的刀具半径要小于或等于 5mm)，单击【确定】按钮 ，即可选定刀具。修改进给率为“800”，下刀速率为“100”， 主轴转速为“3000”，选中【快速提刀】复选框。设置好后如图 5-57 所示。

注意：1. 挖槽加工的刀具直径要小于或等于最小可挖宽度；2. 挖槽加工的刀具直径要小于或等于凹槽的最小圆角半径。

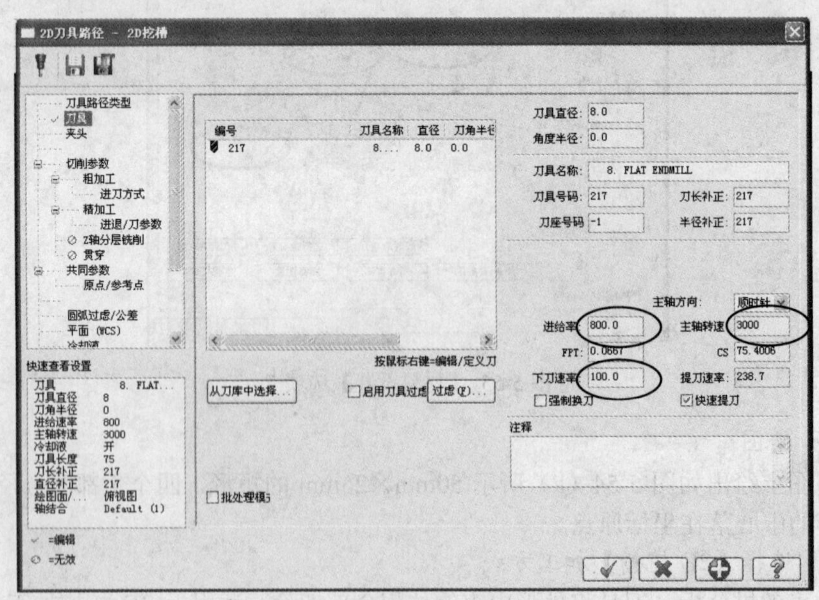

图 5-57 【刀具】节点参数设置

步骤 6：修改【切削参数】

选中【切削参数】节点，挖槽加工方式选择【标准】，加工方式选择【顺铣】。壁边预留量、底面预留量均接受缺省值 0，其他选项均接受默认值。图 5-58 为设置好的【切削参数】。

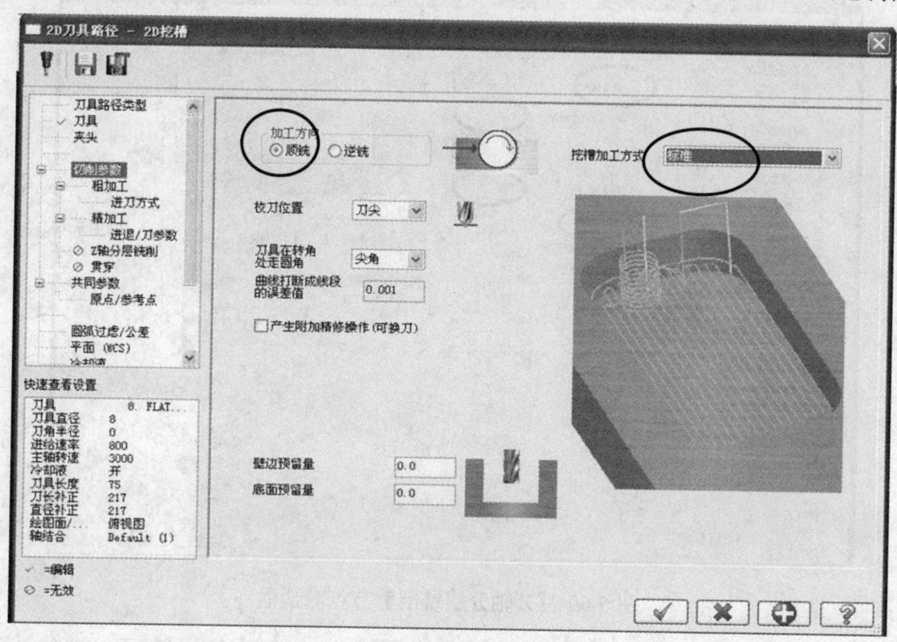

图 5-58 【切削参数】节点参数设置

选中切削参数下的【粗加工】子节点，选中【粗加工】复选框，选择粗加工的方式为【双向】，刀间距和粗切角度可以修改也可以接受默认值，其余接受缺省选项。图 5-59 为设置好的【粗加工】子节点。

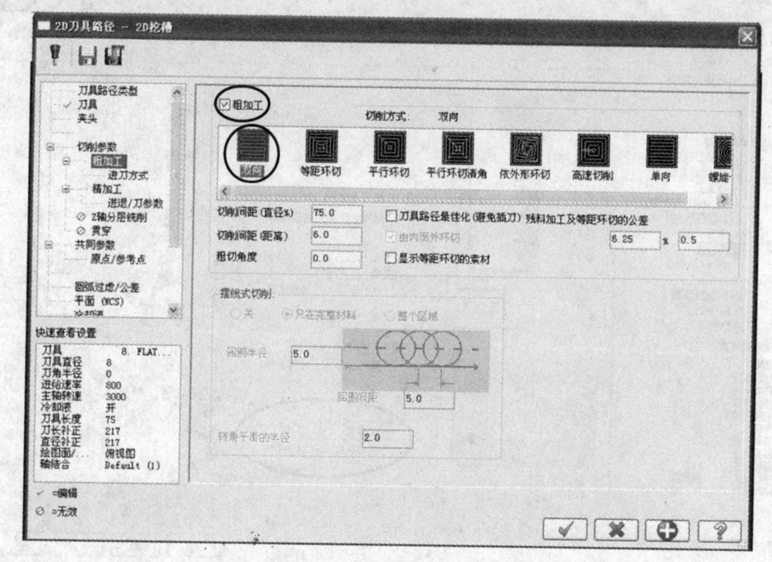

图 5-59 【粗加工】子节点参数设置

由于本次加工的切削深度为 5mm，考虑到实习使用的机床性能和工件材质等因素，Z 方向要进行分层铣深。选中切削参数下的【Z 轴分层铣削】子节点，点选 【深度切削】和【不提刀】复选框，将最大粗切步进量设置为“2”，精修次数设置为“1”，精修量设置为“0.5”，设置好后如图 5-60 所示。

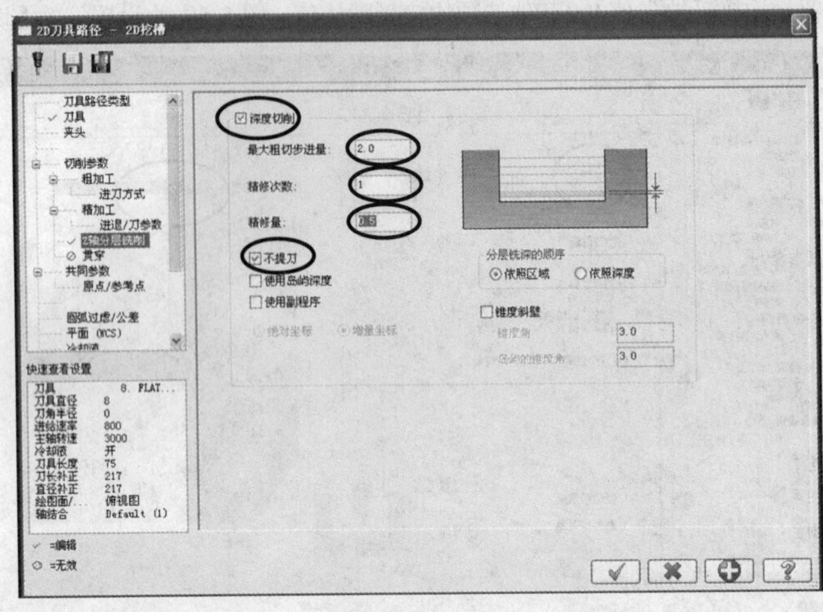

图 5-60 【Z 轴分层铣削】节点对话框

步骤 7：修改【共同参数】

选中【共同参数】节点，将深度值设为“–5”。其余接受默认值。设置好的【共同参数】如图 5-61 所示。其余的一些节点参数不作修改。单击确定按钮 ✓ 完成所有刀具加工参数的设定。

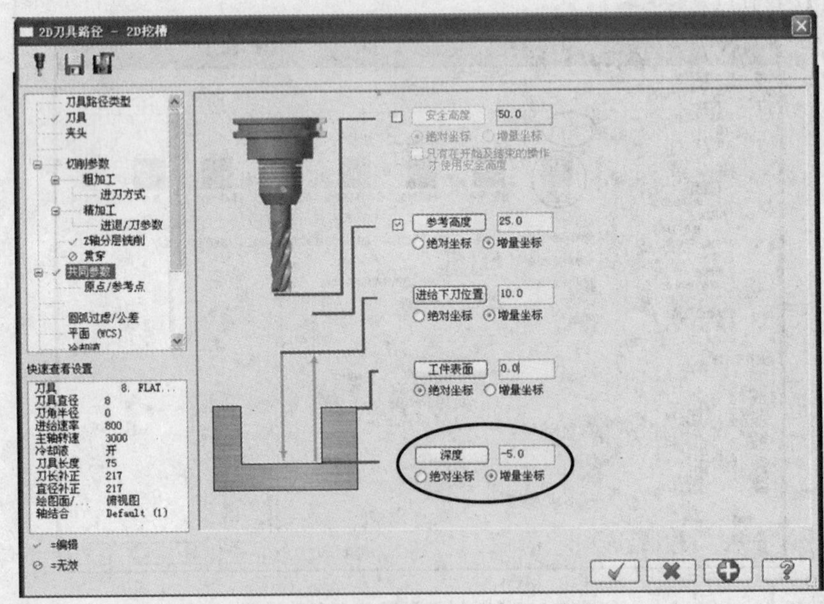

图 5-61 【共同参数】节点参数设置

步骤 8：进行刀具路径模拟

为了验证刀具路径的正确性，用户可以选择刀具路径模拟功能对已经生成的刀路进行检验。在【刀具操作管理器】的【刀具路径】选项卡中单击【模拟已选择的操作】按钮，弹出【路径模拟】对话框[图 5-62（a）]和【刀路模拟播放】工具栏[图 5-62（b）]，设置播放速度等选项然后单击【开始】按钮，即可进行刀路模拟操作，如图 5-63 所示。

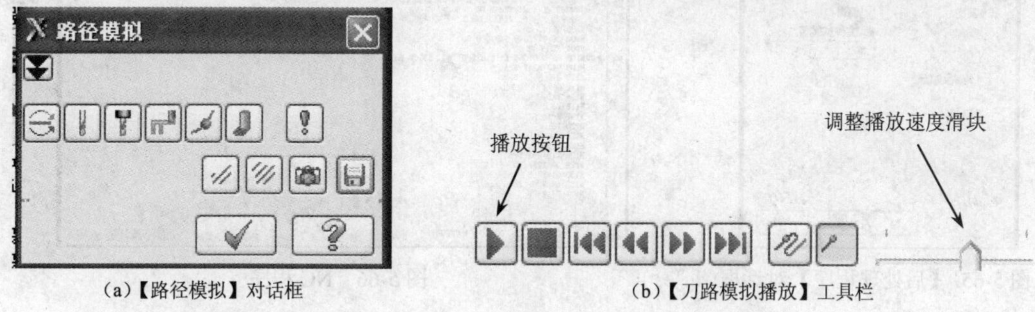

（a）【路径模拟】对话框　　（b）【刀路模拟播放】工具栏

图 5-62 【路径模拟】对话框及刀路播放工具栏

步骤 9：进行实体验证

如果需要检查切削加工的效果及加工的形状是否符合要求，可以选择实体切削验证功能来对加工过程进行模拟。在【刀具操作管理器】的【刀具路径】选项卡中单击【验证已选择的操作】按钮，弹出【验证】对话框进行模拟速度等的设置，然后单击【播放】按钮，即可进行实体切削验证操作，如图 5-64 所示。

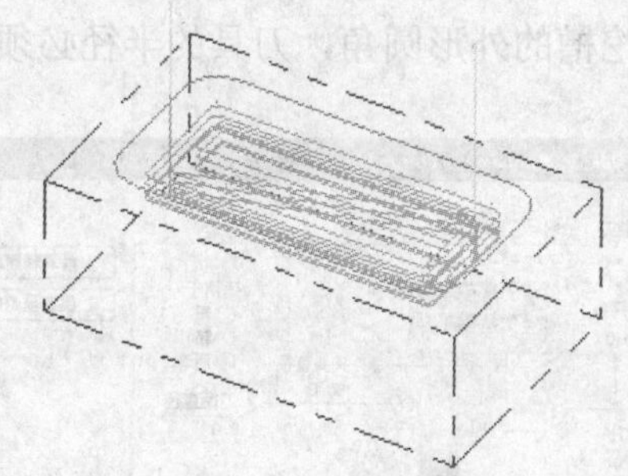

图 5-63　刀具路径模拟

图 5-64　实体切削验证效果

步骤 10：执行后处理

实体验证完成后就可以进行后处理了。关闭实体验证的播放器，退回到【刀具操作管理器】界面。在【刀具操作管理器】的【刀具路径】选项卡中单击【后处理已选择的操作】按钮 G1，弹出【后处理程序】对话框，接受缺省选项，如图 5-65 所示，单击确定按钮。

在弹出的【另存为】对话框中选择 NC 文件的保存路径及文件名，单击确定按钮，即可打开如图 5-66 所示的 NC 程序。加工完成后，单击主菜单中的【文件】→【保存】命令，对本例的图形文件进行保存。

真正加工时将生成好的 NC 文件发送到机床，机床对好刀后，按接收按钮，就可以进行加工了。

注意：采用挖槽加工时刀具的路径轨迹一定在指定的区域内，对这种凹槽类零件非常适合，读者可自行比较本例与外形铣削的区别。

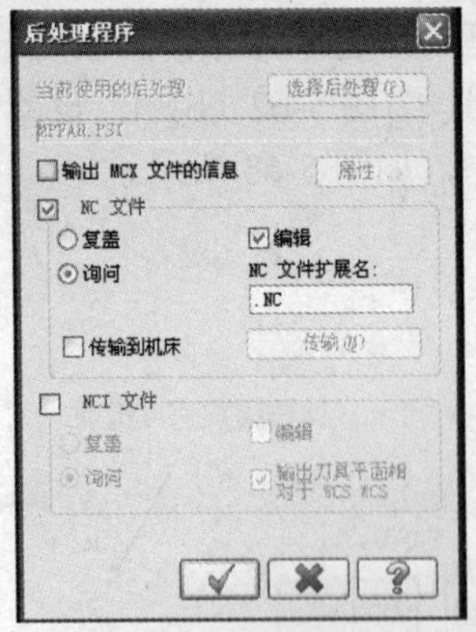

图 5-65 【后处理程序】对话框

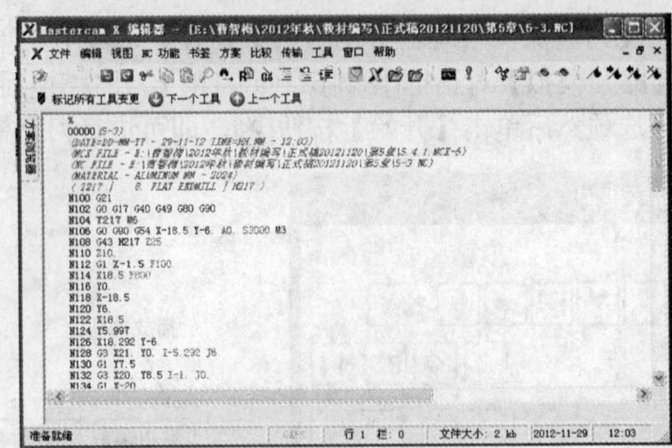

图 5-66 NC 程序

5.3.2 挖槽参数设置

通过上面的例子，对【2D 挖槽】刀具路径的生成过程有一个基本的掌握。下面再对 2D 挖槽中的一些参数的含义进行深入的介绍。

（1）设置刀具参数

刀具参数包括刀具的类型、刀具的形状尺寸、刀具的进给率、主轴转速及下刀速率等，刀具参数集中在【2D 刀具路径—2D 挖槽】对话框中的【刀具】主题页中，首先需要为当前操作选择刀具，用户可以单击【从刀库中选择】按钮，从打开的刀具库中选择合适的刀具。

与外形铣削不同，挖槽加工有一个明确的加工范围，刀具必须也只能在加工的范围中进行切削运动。有两个条件会制约刀具的尺寸，一是挖槽的外形圆角，刀具的半径必须要小于或等于外形圆角，否则就不能加工出所要的圆角尺寸，二是挖槽的最小宽度，刀具的半径必须要小于或等于槽的最小宽度，否则刀具不能进行切削加工。在定义好刀具后，用户可以为其设置一些加工参数，常用参数有刀具的进给率、下刀速率、主轴转速。对于挖槽我们选择的刀具一般为平刀或圆鼻刀。图 5-67 为加工选用的平底刀，可直接在图上对刀具的直径进行修改。

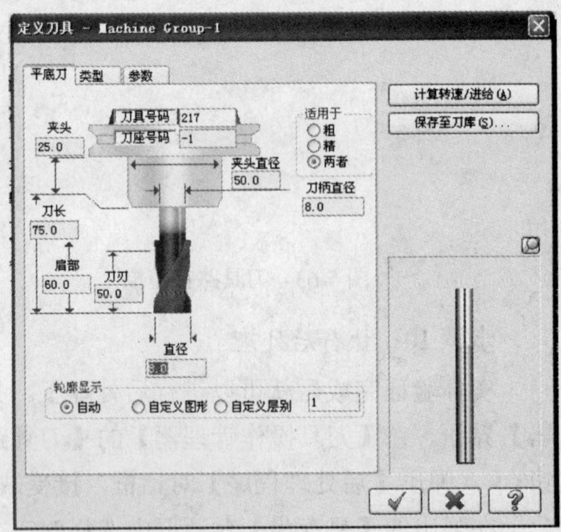

图 5-67 【定义刀具】对话框

（2）设置切削参数

刀削参数包括加工方向、校刀位置、挖槽类型等，切削参数集中在【2D 刀具路径－2D 挖槽】对话框中的【切削参数】主题页中。在【加工方向】选项组中可以选择【顺铣】加工方向或【逆铣】加工方向，顺铣表示刀具外圆加工的切线方向与工件的移动方向相同，逆铣表刀具外圆加工方向与工件移动的方向相反。

在【挖槽加工方式】下拉列表中列出了【标准】、【平面铣】、【使用岛屿深度】、【残料加工】、【开放式挖槽】5 种挖槽加工方式（如图 5-68）。下面对每一项进行简单说明。

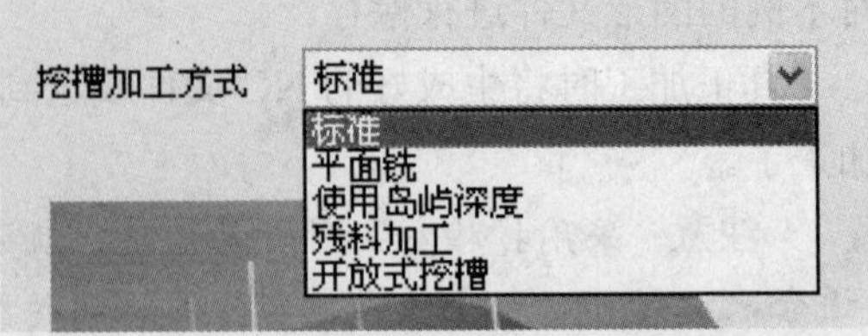

图 5-68 【挖槽加工方式】下拉列表

【标准】 此种方式对边界内的材料进行铣

削加工，是目前应用最广泛的挖槽加工方式。【案例 5-2】采用的就是这种挖槽加工方式。

【平面铣】 此种方式用于在原有挖槽的基础上向槽外扩宽一定的距离，扩宽距离可以通过重叠量进行设置，即在原有的基础上额外增加部分刀路。图 5-69 为选择了【平面铣】选项显示的界面。

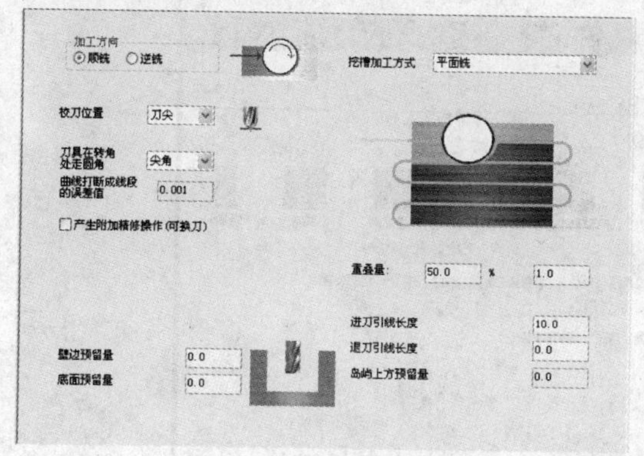

图 5-69 【平面铣】选项

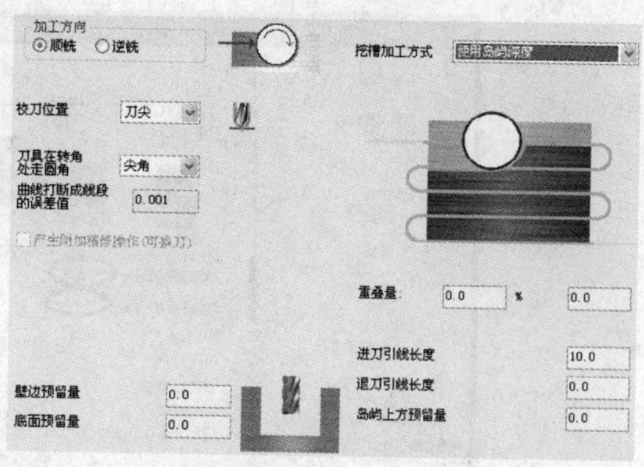

图 5-70 【使用岛屿深度铣】选项

【使用岛屿深度】 此种方式可以在凹槽内部加工出指定深度的岛屿。也就是可以按照设置的深度对岛屿表面进行面铣削。图 5-70 为选择了【使用岛屿深度铣】选项显示的界面。与图 5-69 不同的是，此时【岛屿上方预留量】输入框被激活，可输入负值，如“-2”表示岛屿上表面要被铣掉 2mm。

【残料加工】 此种方式是对前面挖槽加工留下的余量进行加工。图 5-71 为选择了【使用岛屿深度铣】选项显示的界面。在【剩余材料的计算是来自】选项组中列出了残料的 3 种来源，即【所有先前的操作】、【前一个操作】和【粗切刀具直径】。

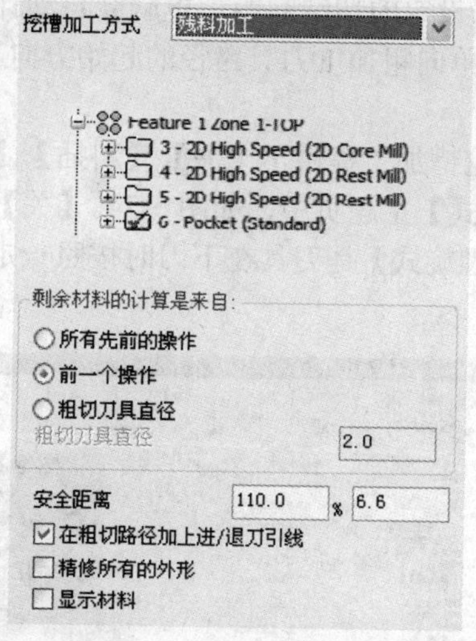

图 5-71 【残料加工】选项

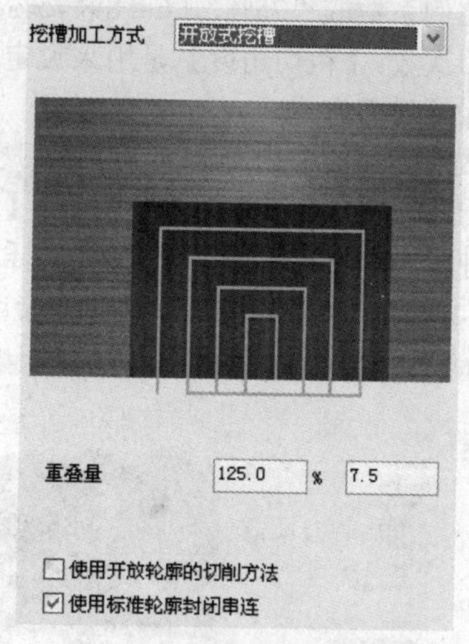

图 5-72 【开放式挖槽】选项

【开放式挖槽】 此种方式对开环串连进行挖槽加工，即此时选择的外形不封闭。图 5-72 为选择了【开放式挖槽】选项显示的界面。

（3）设置粗加工参数

选中【切削参数】下面【粗加工】子节点，则弹出如图 5-73 所示的对话框。粗加工切削参数包括切削方式、切削间距、切削方向等。在该对话框中，粗加工的切削方式分为双向、等距环切、平行环切、平行环切清角、依外形环切清角、高速切削、单向、螺纹切削 8 种。每种切削方式产生的刀具路径均不相同，合理选择可以获得较为理想的表面质量和加工速率。

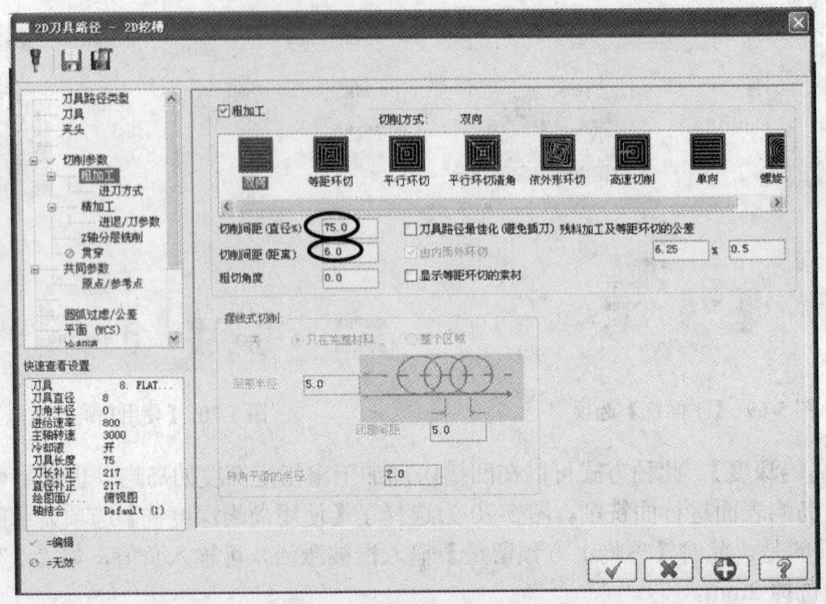

图 5-73 【粗加工】主题页

切削间距是表示两次相邻的刀具路径中刀具中心的距离，这个数值要比刀具的直径要小，一般切削间距等于刀具直径乘上一个比例系数，在图 5-73 中切削间距为“6”，刀具直径为“8”，比例系数取“75%”（6＝8×75%）。根据设定的切削间距，电脑会自动计算出 XY 方向的走刀次数。【粗切角度】是用来设定双向和单向粗加工刀具路径的起始方向。

（4）设置进刀方式

为了提高刀具的使用寿命，减少断刀事故。挖槽加工提供了【关】、【斜插】、【螺旋式】三种进刀方式，在 【切削参数】下面的【进刀方式】主题页中，如图 5-74。【关】表示垂直下刀，这种方式对刀具的损害较大；【斜插】和【螺旋式】是刀具在下刀时按照一定的路线来进刀，从而减少刀具与工件接触时的冲击。

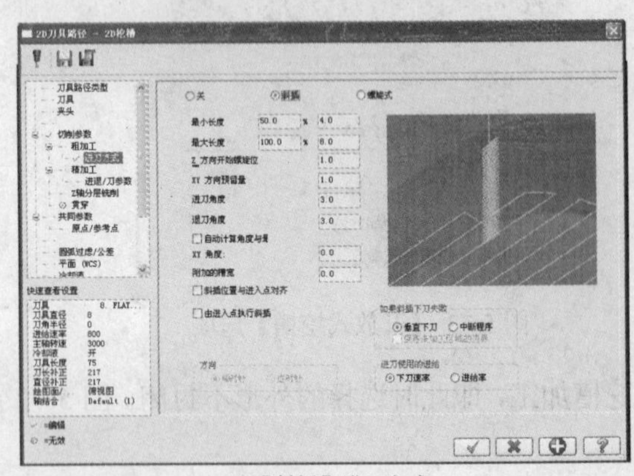

(a)【斜插】进刀方式

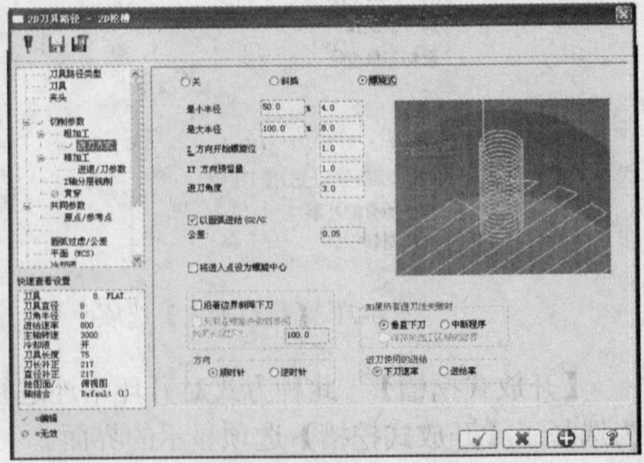

(b)【螺旋式】进刀方式

图 5-74 【斜插】和【螺旋式】两种进刀方式

（5）设置精加工参数

当选中切削参数中的【精加工】子节点时，显示图 5-75 所示对话框。选中【精加工】复选框后系统可执行挖槽精加工。在这个对话框中，可以设定精加工的次数、间距，精修次数、补正方式，还可以为精加工重新设置进给率和主轴转速（复盖进给率）。

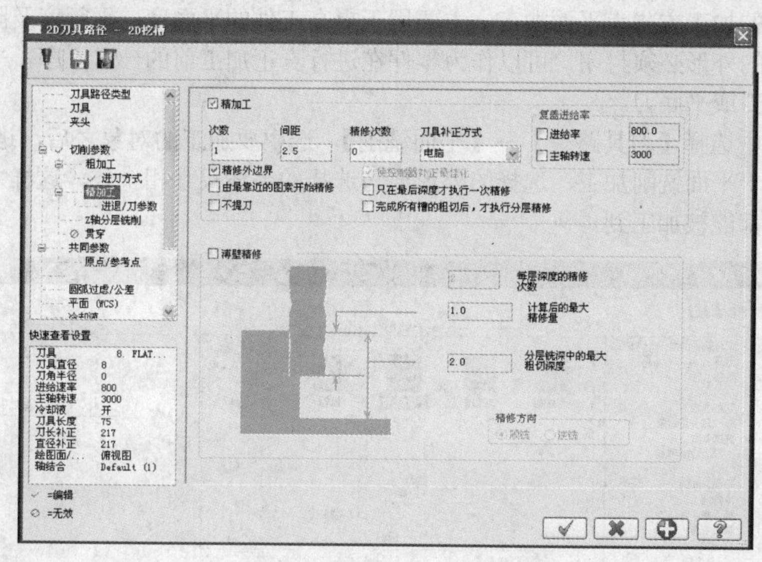

图 5-75 【精加工】节点对话框

（6）设置深度切削参数

深度切削参数包括最大粗切步进量、精修次数、精修量及深度分层铣削顺序等，切削参数集中在【2D 刀具路径－2D 挖槽】对话框中的【Z 轴分层切削】主题页中。如图 5-76 所示。

【最大粗切步进量】是与机床的性能、加工的要求、工件的材质和加工的速度密切相关，一般是经验值。当总切削深度较大时，要对最大粗切步进量进行设置，以免造成加工过程中的断刀、机床震动甚至加工事故。

（7）设置共同参数

共同参数设置主要是高度参数的设置，如图 5-77 所示。高度参数包括安全高度、参考高度、进给下刀位置、工件表面和深度。其中，安全高度是指在此高度之上刀具可以作任意水平移动而不会与工件或夹具发生碰撞；参考高度为开始下一个刀具路径前刀具回退的位置，参考高度的设置应高于进给下刀位置；进给下刀位置是指当刀具在按工作进给之前快速进给到的高度。工件表面是指工件上表面的高度值（Z 坐标，一般为 0）；切削深度是指最后的加工深度（一般为负值）。在这些高度设置中，我们一般只需要设定最后一个高度值即【深度】值。

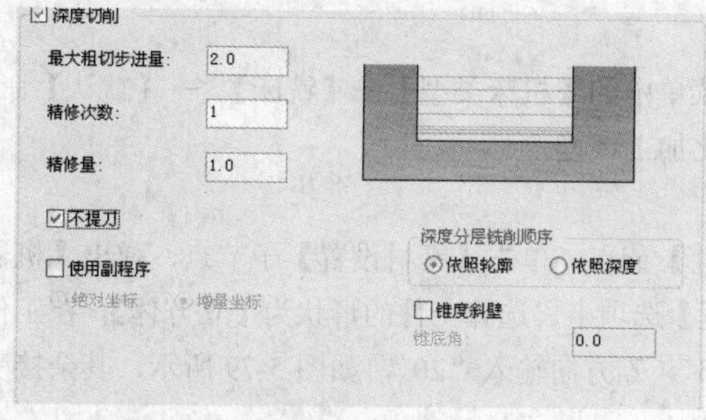

图 5-76 【Z 轴分层切削】选项

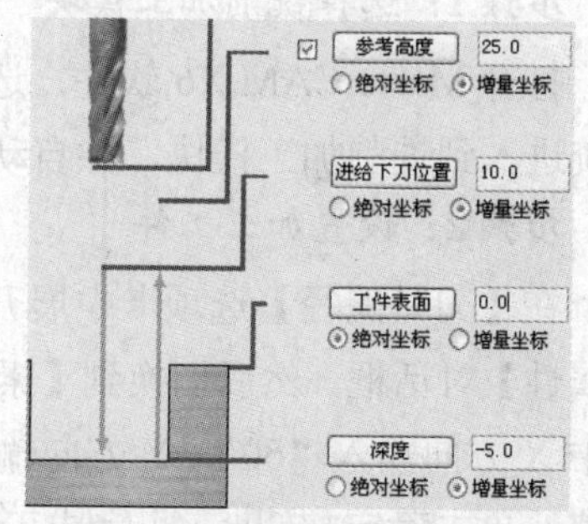

图 5-77 【共同参数】选项

除了上面介绍到的这些参数，其他加工参数一般接受缺省值。

5.4 平面铣削

平面铣削的加工方式为平面加工。主要用于提高工件的平面度、平行度及降低工件表面粗糙度。加工的外形必须封闭，可以作为零件在进行真正加工前的一道工序，平面铣削的刀具一般用面铣刀或平底刀。

在主菜单中选择【刀具路径】→【平面铣削】，选中要加工的对象之后，进入到图 5-78 所示界面。对于平面铣削加工，选择的外形要与选择的毛坯尺寸相一致，这样才能保证毛坯的整个上表面都能被加工到。

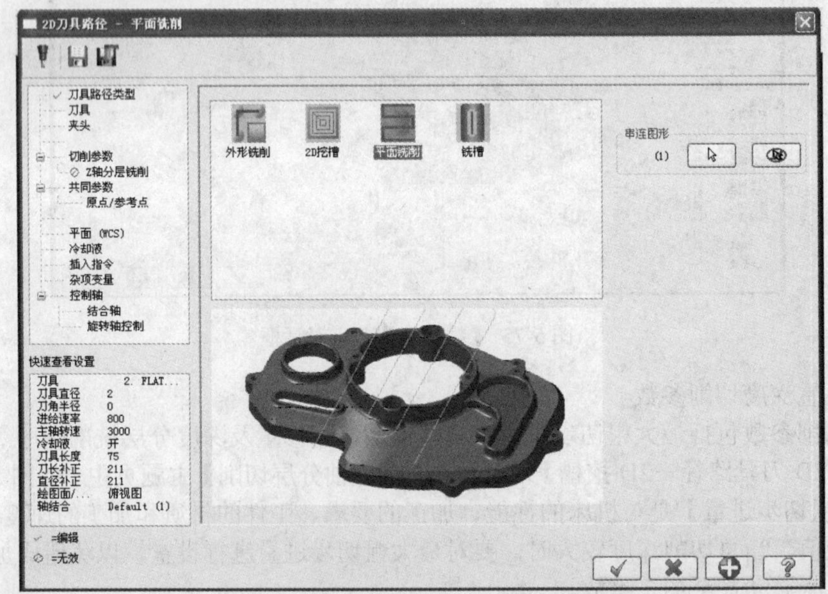

图 5-78 【2D 刀具路径－平面铣削】界面

5.4.1 平面铣削操作步骤

为了更好地讲解平面铣削的参数相关设置情况，下面我们通过一个典型的平面铣削的加工过程来介绍平面铣削的操作步骤。

【案例 5-3】 已知毛坯的尺寸为 60 mm×35mm×20mm（XYZ）的立方体，要在毛坯上表面（XY 平面）铣去高度为 5mm 的体积（Z 方向）。

步骤 1：选择铣削加工模块

打开 MasterCAM X6 软件，选择主菜单中的【机床类型】→【铣床】 →【默认】命令，系统进入到铣削加工模块，并自动初始化加工环境。

步骤 2：设置加工工件

在【刀具路径】选项卡中展开【属性】节点，单击【素材设置】子节点，弹出【机器群组属性】对话框，然后切换到【素材设置】选项卡。选择工件的形状为【立方体】，在工件尺寸中 X 方向输入“60”，Y 方向输入“35”，Z 方向输入“20”，如图 5-79 所示，其余接受缺省值，单击确定按钮 ✓ 完成工件设置。

步骤 3：绘图

在俯视图上绘出 60mm×35mm 的矩形，矩形的尺寸与毛坯在 XY 方向的尺寸相同，矩形的中心落在坐标原点。

步骤 4：选择【平面铣削】加工方式

通过加工效果分析，刀具要将整个毛坯的上表面个铣掉一层厚度为 5mm 的残料，适合平面铣削加工方式。选择主菜单中的【刀具路径】→【平面铣削】命令，系统弹出【输入新的 NC 名称】对话框，输入“5-2”为刀具路径的新名称（也可以采用默认名称），单击确定按钮 ✓ 。

NC 文件的名称取好之后，系统会弹出【串连选项】对话框，用串连的方式选取绘出的外形，然后单击确定按钮 ✓ ，弹出【2D 刀具路径－平面铣削】对话框，如图 5-80 所示。

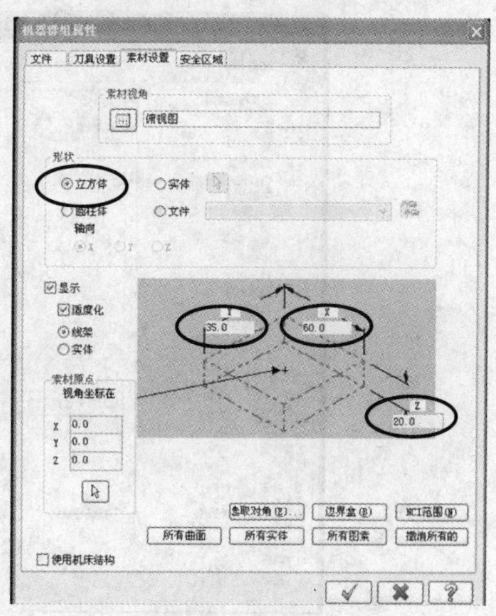

图 5-79 【材料设置】选项卡

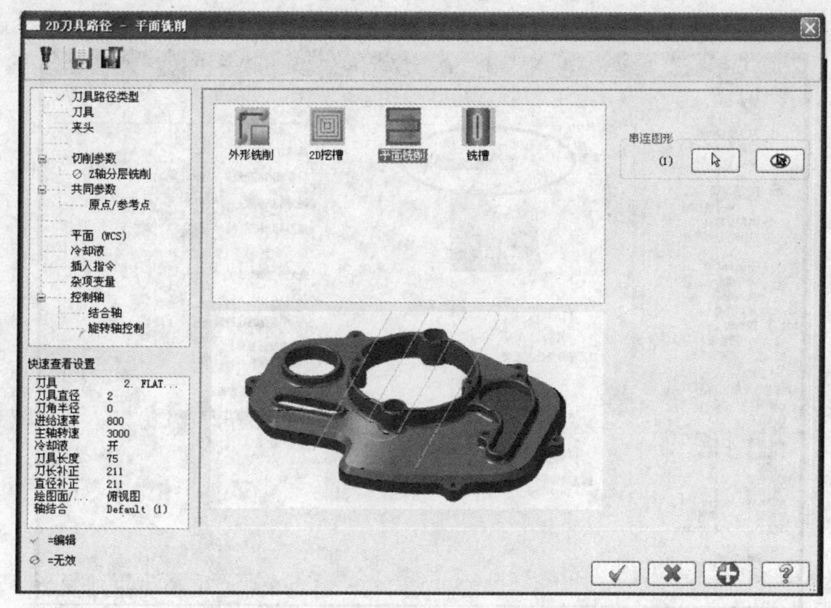

图 5-80 【2D 刀具路径－平面铣削】对话框

步骤 5：设置刀具加工参数

由于是平面加工，加工的范围大，适合大刀进行加工。选中【刀具】节点，单击 从刀库中选择... 按钮，从刀库中选择直径为 ϕ10mm 的平刀，单击【确定】按钮 ✓ ，即可选定刀具。修改进给率为“800”，下刀速率为“100”， 主轴转速为“3000”，选中【快速提刀】复选框。设置好后如图 5-81 所示。

步骤 6：修改【切削参数】

选中【切削参数】节点，为了提高加工的效率，将类型设置为【双向】，即刀具进行双向走刀，节省加工时间。其余接受缺省选项，设置好后的【切削参数】节点对话框如图 5-82 所示。

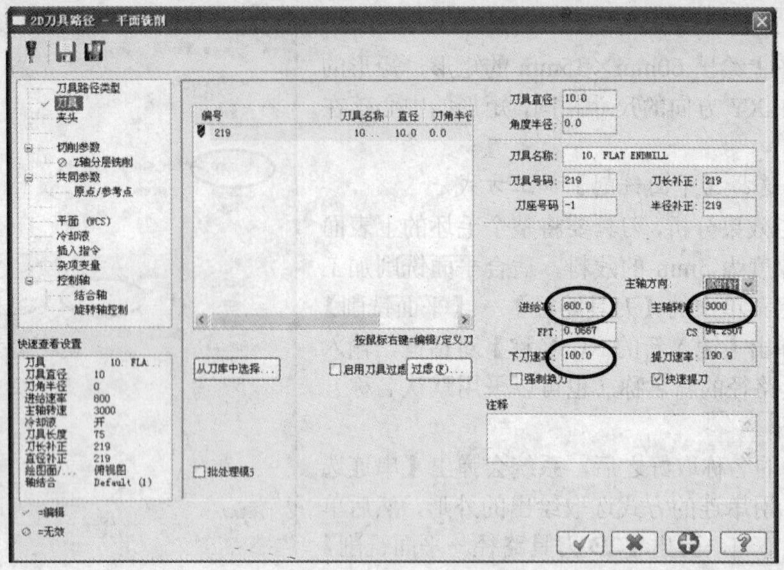

图 5-81 【刀具】节点参数设置

图 5-82 【切削参数】节点对话框

选中【切削参数】节点下的子节点【Z 轴分层铣削】，由于本次加工的切削深度为 5mm，考虑到实习使用的机床性能和工件材质等因素，Z 方向要进行分层铣深，选中【深度切削】和【不提刀】复选框，将最大粗切步进量设置为“2”，精修次数设置为“1”，精修量设置为“0.5”。这样实际要加工的总次数为 4 次，前 3 次为粗加工（每一层均铣 1.5 mm），最后 1 次也就是第 4 次为精加工（第 4 次铣 0.5 mm）。设置好后如图 5-83 所示。

步骤 7：修改【共同参数】

选中【共同参数】节点，将深度值设为“–5”。其余接受默认值。设置好的【共同参数】如图 5-84 所示。其余的一些节点参数不作修改。单击确定按钮 ✓ 完成所有刀具加工参数的设定。

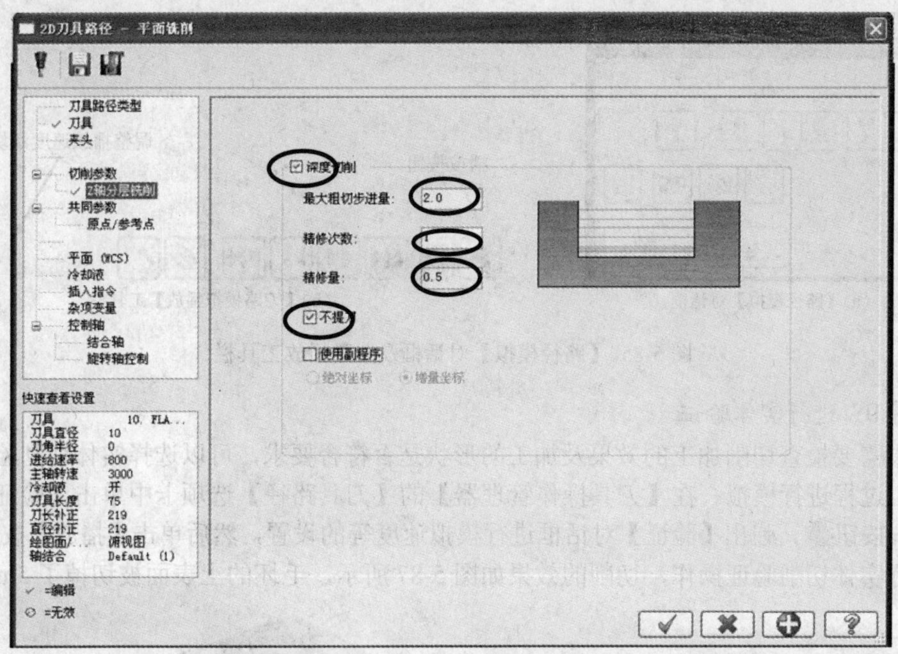

图 5-83 【Z 轴分层铣削】节点对话框

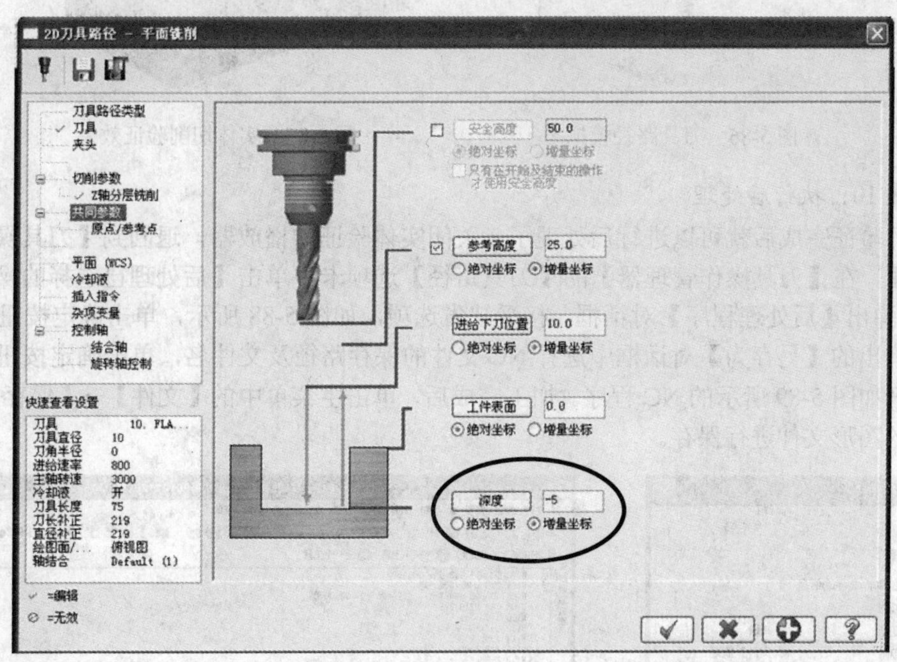

图 5-84 【共同参数】节点参数设置

步骤 8：进行刀具路径模拟

为了验证刀具路径的正确性，用户可以选择刀具路径模拟功能对已经生成的刀路进行检验。在【刀具操作管理器】的【刀具路径】选项卡中单击【模拟已选择的操作】按钮，弹出【路径模拟】对话框[图 5-85（a）]和【刀路模拟播放】工具栏[图 5-85（b）]，设置播放速度等选项然后单击【开始】按钮，即可进行刀路模拟操作，如图 5-86 所示。

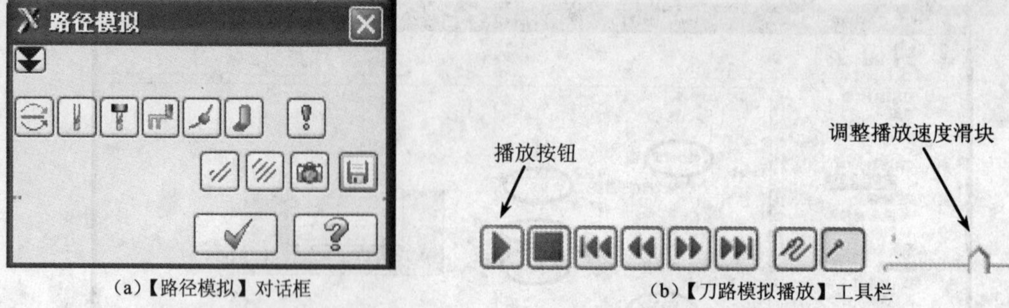

（a）【路径模拟】对话框　　（b）【刀路模拟播放】工具栏

图 5-85 【路径模拟】对话框及刀路播放工具栏

步骤 9：进行实体验证

如果需要检查切削加工的效果及加工的形状是否符合要求，可以选择实体切削验证功能来对加工过程进行模拟。在【刀具操作管理器】的【刀具路径】选项卡中单击【验证已选择的操作】按钮，弹出【验证】对话框进行模拟速度等的设置，然后单击【播放】按钮，即可进行实体切削验证操作，切削的效果如图 5-87 所示，毛坯的上表面被切掉了 5mm。

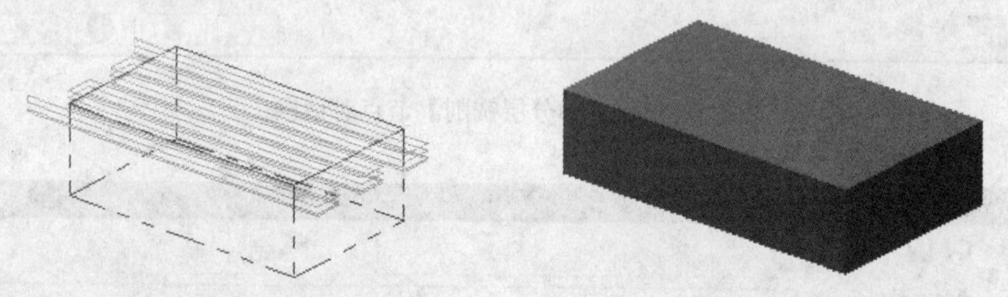

图 5-86 刀具路径模拟　　图 5-87 实体切削验证效果

步骤 10：执行后处理

实体验证完成后就可以进行后处理了。关闭实体验证的播放器，退回到【刀具操作管理器】界面。在【刀具操作管理器】的【刀具路径】选项卡中单击【后处理已选择的操作】按钮 G1，弹出【后处理程序】对话框，接受缺省选项，如图 5-88 所示，单击确定按钮。

在弹出的【另存为】对话框中选择 NC 文件的保存路径及文件名，单击确定按钮，即可打开如图 5-89 所示的 NC 程序。加工完成后，单击主菜单中的【文件】→【保存】命令，对本例的图形文件进行保存。

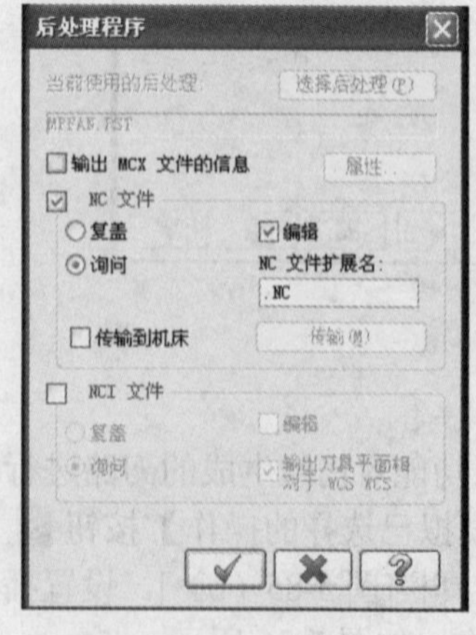

图 5-88 【后处理程序】对话框

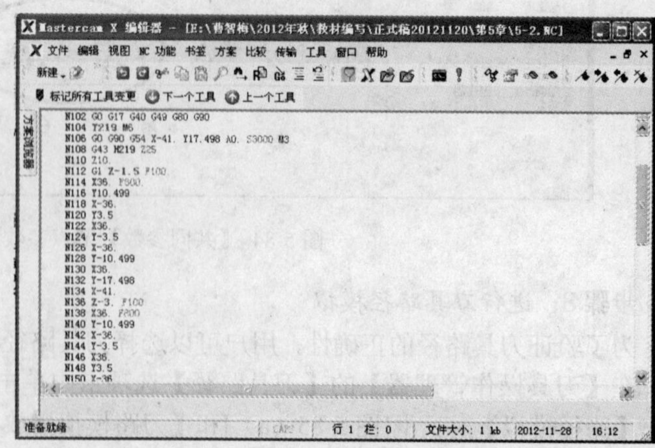

图 5-89 NC 程序

真正加工时将生成好的 NC 文件发送到机床，机床对好刀后，按接收按钮，就可以进行加工了。

5.4.2 平面铣削参数设置

通过上面的例子，我们对【平面铣削】刀具路径的生成过程有一个基本的掌握。下面我们对平面铣削中的一些参数的含义再进行深入的介绍。

（1）设置刀具参数

刀具参数包括刀具的类型、刀具的形状尺寸、刀具的进给率、主轴转速及下刀速率等，刀具参数集中在【2D 刀具路径—平面铣削】对话框中的【刀具】主题页中。在平面铣削中，加工的整个平面区域，为了提高加工效率，需要选择的刀具尺寸要足够大，刀具类型也主要是平铣刀或面铣刀，这与外形铣削的刀具选择会有些不同。刀具可以从刀库中选取，也可以自己定义。图 5-90 为加工大面积平面所选用的面铣刀。

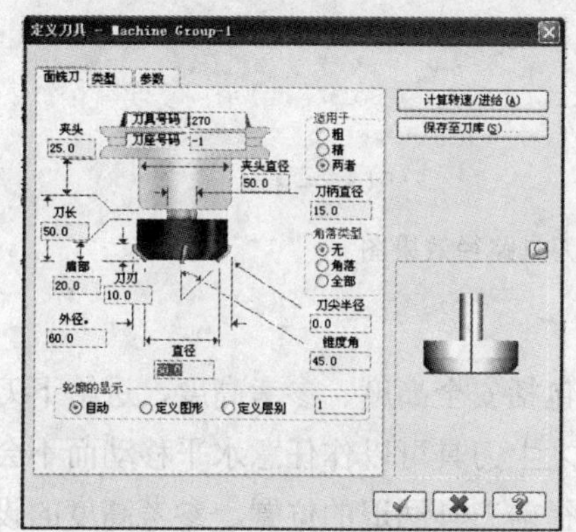

图 5-90 【定义刀具】的面铣刀

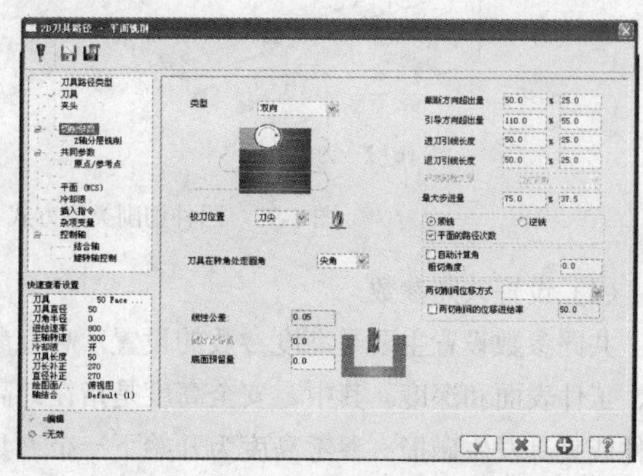

图 5-91 【切削参数】主题页

（2）设置切削参数

平面铣削的切削参数包括平面铣削类型、刀具在圆角处走刀形式、刀间距以及刀具引线长度，铣削方向等，切削参数集中在【2D 刀具路径－平面参数】对话框中的【切削参数】主题页中，如图 5-91 所示。

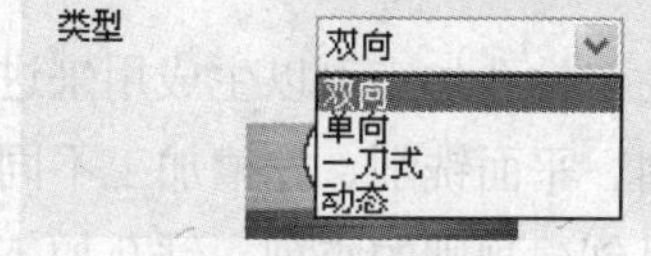

图 5-92 【切削参数】类型下拉列表

在平面铣削【切削参数】类型下拉列表如图 5-92 所示，其类型分为【单向】、【双向】、【一刀式】和【动态】四种。

【单向】表示刀具仅沿一个方向切削走刀，另一个方向空走刀；

【双向】表示刀刀具在切削加工中可以往复走刀；

【一刀式】是针对选取的面铣刀，刀具的尺寸比要加工的平面尺寸要大的时候采用；

【动态】表示刀具根据走刀范围由电脑来计算走刀形式。图 5-93 为四种类型方式下的刀具路径效果图。

（3）设置深度切削参数

深度切削参数包括最大粗切步进量、精修次数、精修量及深度分层切削顺序等，切削参数集中在【2D 刀具路径－平面铣削】对话框中的【Z 轴分层切削】主题页中。平面铣削由于加工的是整个平面区域，所以只有 Z 方向的分层切削，而没有 XY 方向上的分层铣削。

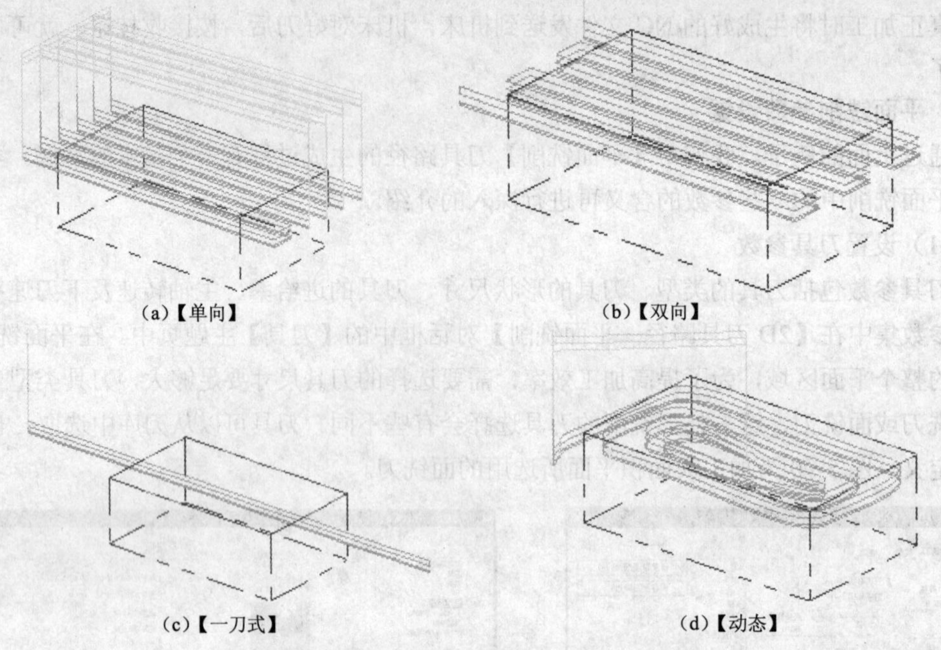

图 5-93　四种切削类型方式下的刀具路径效果图

(4) 设置共同参数

共同参数设置主要是高度参数的设置。高度参数包括安全高度、参考高度、进给下刀位置、工件表面和深度。其中，安全高度是指在此高度之上刀具可以作任意水平移动而不会与工件或夹具发生碰撞；参考高度为开始下一个刀具路径前刀具回退的位置，参考高度的设置应高于进给下刀位置；进给下刀位置是指当刀具在按工作进给之前快速进给到的高度。工件表面是指工件上表面的高度值（Z 坐标，一般为 0）；切削深度是指最后的加工深度（一般为负值）。在这些高度设置中，一般只需要设定最后一个高度值即【深度】值。

5.5 钻孔

钻孔加工可以生成用来进行钻孔、镗孔和攻螺纹等加工的刀具路径。与前面讲的外形铣削、平面铣削、挖槽加工不同，钻孔加工使用的外形为点，用户可以选取已存在的点，也可以创建规则的点列。钻孔加工用到的刀具为钻头或点钻。

5.5.1 钻孔操作步骤

为了更好地讲解钻孔的参数相关设置情况，下面我们以一个典型的钻孔加工过程来介绍钻孔的操作步骤。

【案例 5-4】 已知毛坯的尺寸为 φ100mm×20mm 的圆柱体，要加工 4 个均匀分布的通孔（直径为 φ20mm），其位置分布及加工效果如图 5-94 所示。

步骤 1：选择铣削加工模块

打开 MasterCAM X6 软件，选择主菜单中的【机床类型】→【铣床】→【默认】命令，系统进入到铣削加工模块，并自动初始化加工环境。

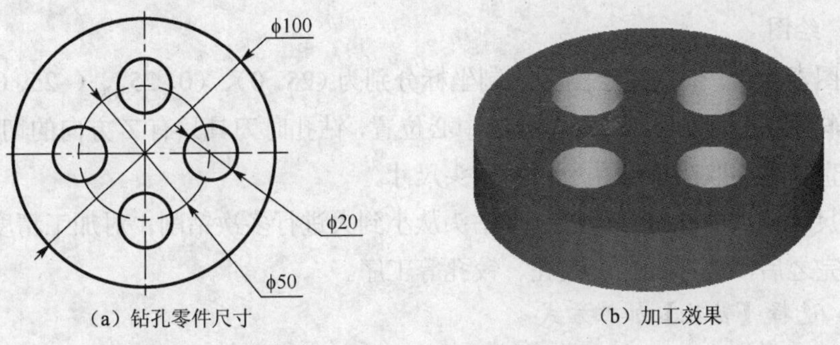

（a）钻孔零件尺寸　　（b）加工效果

图 5-94　外形尺寸及铣削效果图

步骤 2：设置加工工件

在【刀具路径】选项卡中展开【属性】节点，单击【素材设置】子节点，弹出【机器群组属性】对话框，然后切换到【素材设置】选项卡。选择工件的形状为【圆柱体】，轴向设为“Z”,在工件尺寸中直径方向输入“100”，Z 方向输入“20”。对于圆柱形坯料，素材原点是指素材的最底点的 Z 坐标，由于本例中圆柱体的高度为 20，为了保证毛坯的上表面的 Z 坐标为 0，故需将素材原点中的 Z 设置为“–20”，如图 5-95 所示，其余接受缺省值，单击确定按钮 ✓ 完成工件设置。

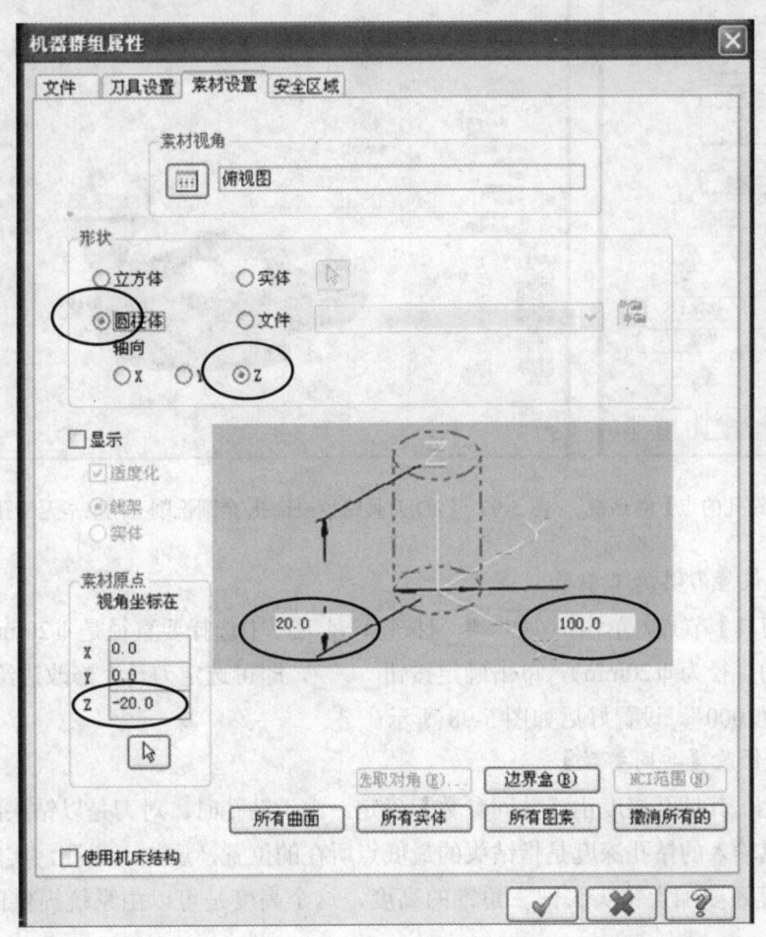

图 5-95 【材料设置】选项卡

步骤 3：绘图

钻孔的图素为点。依次在绘图区绘制坐标分别为（25，0）、（0，25）、（–25，0）、（0，–25）的四个点，作为钻孔的外形，确定钻孔的中心位置，钻孔时刀具只有 Z 方向的切削进给运动，所以钻孔的直径大小取决于钻孔所用的钻头尺寸。

在加工尺寸较大的孔时，可以选择钻头从小到大进行多次钻削，对加工精度要求高的孔也可以在钻完之后，进行铣孔、镗孔、铰孔等工序。

步骤 4：选择【钻孔】加工方式

通过加工效果分析，本例适用于钻孔加工。选择主菜单中的【刀具路径】→【钻孔】命令，系统弹出【输入新的 NC 名称】对话框，输入“5-4”为刀具路径的新名称（也可以采用默认名称），单击确定按钮 。

NC 文件的名称取好之后，系统会弹出 【选取钻孔的点】对话框，如图 5-96 所示。在绘图区选取 4 个已经绘制好的点，然后单击确定按钮 ，弹出【2D 刀具路径—钻孔/全圆铣削 深孔钻-无啄孔】对话框，如图 5-97 所示。

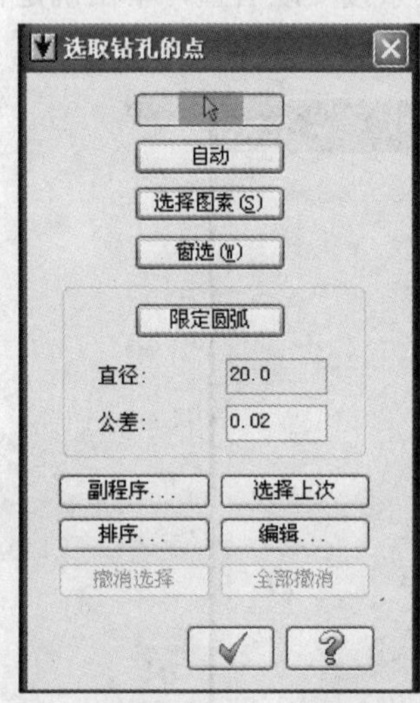

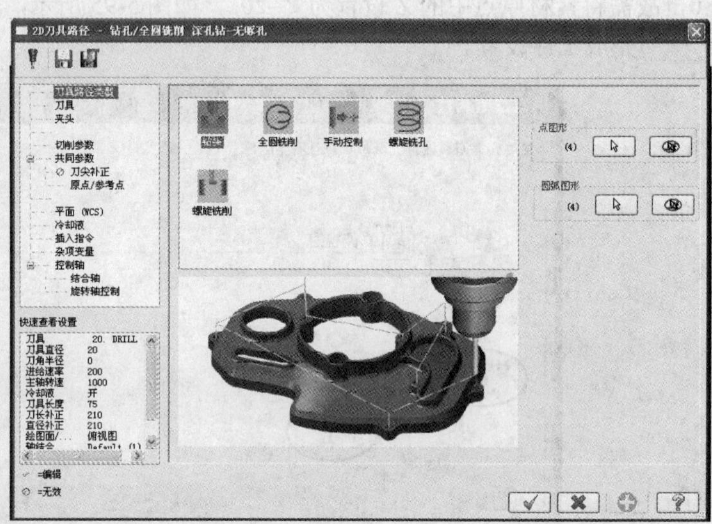

图 5-96 【选取钻孔的点】对话框　　图 5-97 【2D 刀具路径—钻孔/全圆铣削 深孔钻-无啄孔】对话框

步骤 5：设置刀具加工参数

选中【刀具】节点，单击 从刀库中选择... 按钮，从刀库中选择要直径是 φ20mm 的钻头（由于钻削的孔的直径为 φ20mm），单击确定按钮 ，即可选定刀具。修改进给率为“200”，主轴转速为“1000”。设置好后如图 5-98 所示。

步骤 6：修改【共同参数】

对于钻孔，其钻孔深度由【共同参数】确定。由于钻孔时，对刀是以钻头的最低点为对刀原点，所以输入的钻孔深度是指钻头的最低点所在的位置，要加工通孔，实际要加工的深度是孔的深度还要加上钻头头部三角锥的高度，这个高度是可以由系统提供的计算器来计算的。

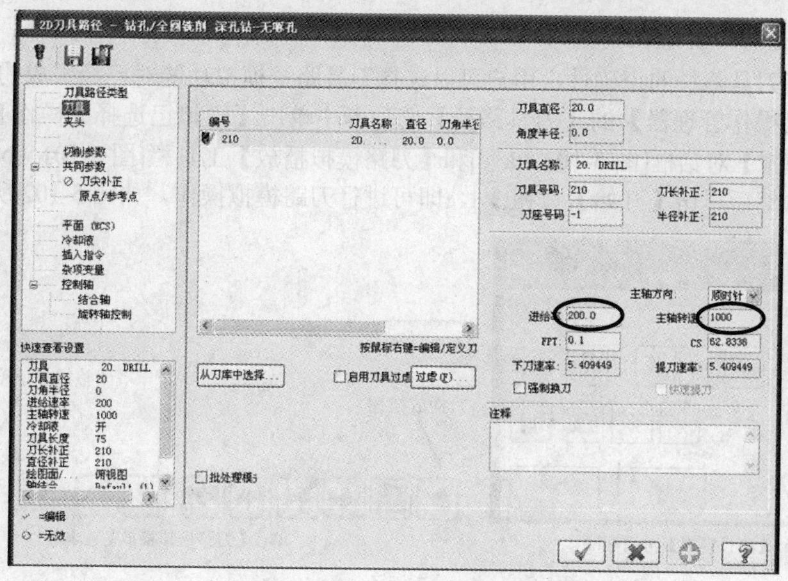

图 5-98 【刀具】节点参数设置

选中【共同参数】节点，将深度值设为“–30”，再单击深度输入框的右边计算按钮，弹出【深度的计算】对话框如图 5-99 所示。

以刀具直径和刀具尖部包含角度可以计算出刀具尖角的深度为“–6.008606”，单击确定按钮，系统的钻孔深度即为“–36.008606”，考虑到是通孔，为了保证钻削的效果，深度可以略为输深些，即输入“–38”。其余接受默认值。设置好的【共同参数】如图 5-100 所示。其余的一些节点参数不作修改。单击确定按钮，完成所有刀具加工参数的设定。

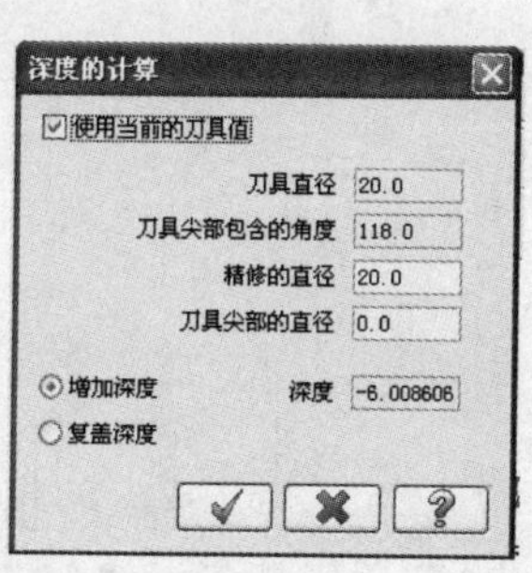

图 5-99 【深度的计算】对话框

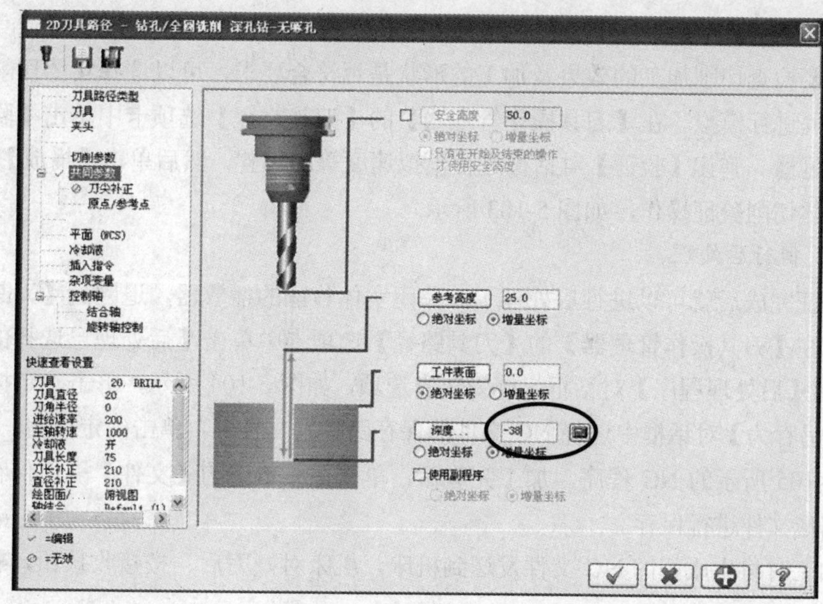

图 5-100 【共同参数】节点参数设置

步骤 7：进行刀具路径模拟

为了验证刀具路径的正确性，用户可以选择刀具路径模拟功能对已经生成的刀路进行检验。在【刀具操作管理器】的【刀具路径】选项卡中单击【模拟已选择的操作】按钮，弹出【路径模拟】对话框[图 5-101（a）]和【刀路模拟播放】工具栏[图 5-101（b）]，设置播放速度等选项然后单击【开始】按钮，即可进行刀路模拟操作，如图 5-102 所示。

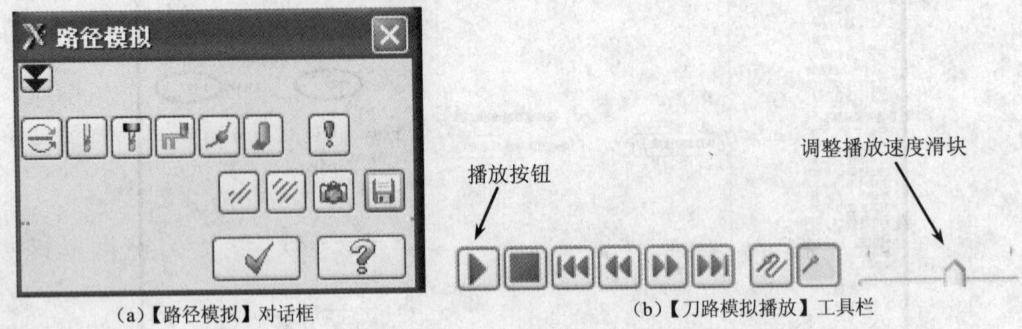

（a）【路径模拟】对话框　（b）【刀路模拟播放】工具栏

图 5-101 【路径模拟】对话框及刀路播放工具栏

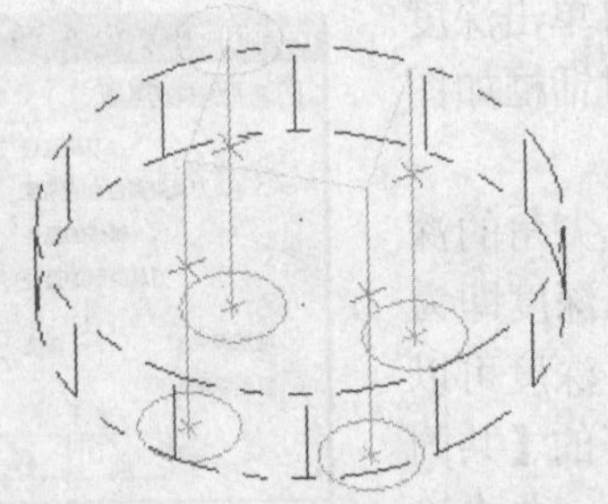

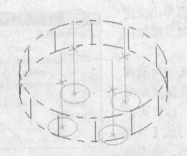

图 5-102 刀具路径模拟

图 5-103 实体切削验证效果

步骤 8：进行实体验证

如果需要检查切削加工的效果及加工的形状是否符合要求，可以选择实体切削验证功能来对加工过程进行模拟。在【刀具操作管理器】的【刀具路径】选项卡中单击【验证已选择的操作】按钮，弹出【验证】对话框进行模拟速度等的设置，然后单击【播放】按钮，即可进行实体切削验证操作，如图 5-103 所示。

步骤 9：执行后处理

实体验证完成后就可以进行后处理了。关闭实体验证的播放器，退回到【刀具操作管理器】界面。在【刀具操作管理器】的【刀具路径】选项卡中单击【后处理已选择的操作】按钮 G1，弹出【后处理程序】对话框，接受缺省选项，如图 5-104 所示，单击确定按钮。在弹出的【另存为】对话框中选择 NC 文件的保存路径及文件名，单击确定按钮，即可打开如图 5-105 所示的 NC 程序。加工完成后，单击主菜单中的【文件】→【保存】命令，对本例的图形文件进行保存。

真正加工时将生成好的 NC 文件发送到机床，机床对好刀后，按接收按钮，就可以进行加工了。

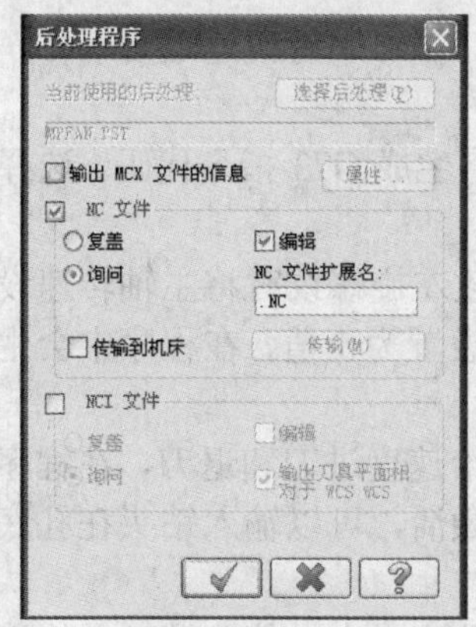

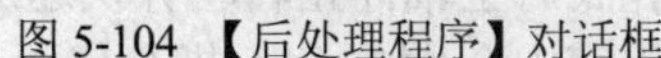

图 5-104 【后处理程序】对话框

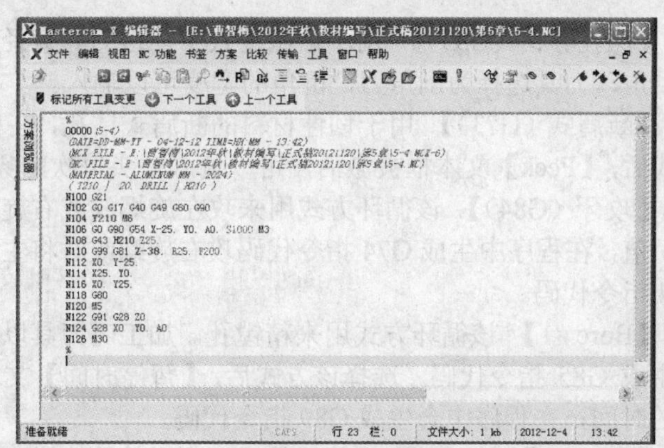

图 5-105 NC 程序

5.5.2 钻孔加工参数设置

通过上面的例子，对【钻孔】刀具路径的生成过程有一个基本的掌握。下面我们对钻孔中的一些参数的含义再进行深入的介绍。

（1）设置刀具参数

刀具参数的设置方法与外形铣削加工相同，不过要提醒的是，在钻孔时注意要选用的刀具为点钻（定位）或钻头，考虑到排屑问题，切削进给率不能太高。

（2）设置切削参数

钻孔切削参数集中在【2D 刀具路径－钻孔/全圆铣削-无啄孔】对话框中的【切削参数】主题页中。最先要确定的就是钻孔的【循环方式】，钻孔模组共有 20 种钻孔循环方式，包括 8 种标准方式和 12 种自定义方式，如图 5-106 所示。其中常用的 8 种标准钻孔循环方式如下。

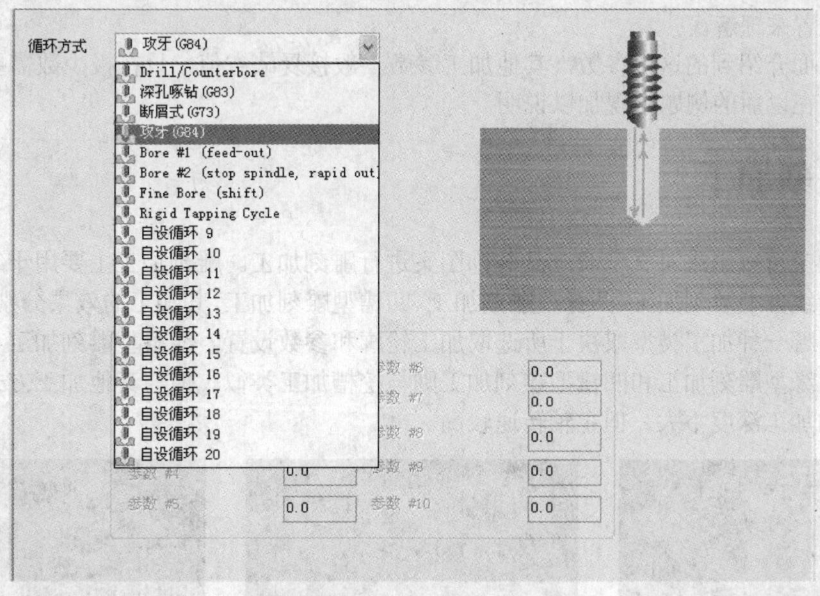

图 5-106 【循环方式】下拉列表

【Drill/Counterbore】 用于钻孔或镗盲孔，其孔深一般小于三倍的刀具直径，在程序中生成 G81 指令代码。选择该方式后，【暂停时间】文体框被激活，输入钻头在孔底停时间后，在程序中将生成 G82 指令代码。

【深孔啄钻（G83）】 用于钻深度大于三倍刀具直径的深孔，循环中有快速退刀动作。加工倒角，刀具选择为倒角刀，倒角的宽度可以输入。

【断屑式（G73）】 用于韧性材料的断屑式钻孔，在程序中将生成 G73 指令代码。选择该方式后，【Peck】文本框被激活，可以输入钻头每次的啄孔深度。

【攻牙（G84）】 该循环方式用来攻左旋螺纹或右旋螺纹。攻左旋螺纹时将主轴转速设置为负值，在程序中生成 G74 指令代码攻右旋螺纹时将主轴转速设置为正值，在程序中会生成 G84 指令代码。

【Bore #1】 该循环方式用来精镗孔。加工时刀具以切削进给速度进刀和退刀，在程序中会生成 G85 指令代码。选择该方式后，【暂停时间】文本框被激活，可以输入钻头在孔底暂停的时间，在程序中会生成 G89 指令代码。

【Bore #2】 该循环方式使刀具以切削进给速度进刀，当至孔底时主轴停止转动并快速放回，然后重新启动主轴，这样可以有效防止刀具划伤孔壁，在程序中会生成 G86 指令代码。

【Fine bore（shift）】 该循环方式用来精镗孔型，加工时刀具以切削进给速度进刀，当至孔底时主轴停止转动，反向移动指定的数值后快速放回，然后重新启动主轴，在程序中会生成 G76 指令代码。

【Rigid Tapping Cycle】 该循环方式为刚性攻螺纹方式，利用主轴编码器可使主轴旋转与 Z 轴移动之间保持严格的运动关系。

钻孔时一定要注意孔的直径和钻孔厚度的关系，当钻孔的钻头太小时，钻的深度不能太大。

（3）设置共同参数

共同参数设置主要是高度参数的设置。高度参数包括安全高度、参考高度、进给下刀位置、工件表面和深度。由于钻孔时，对刀是以钻头的最底点为对刀原点，所以我们输入的钻孔深度是指钻头的最底点所在的位置，要加工通孔，实际要加工的深度是孔的深度还要加上钻头头部三角锥的高度，这个高度是可以由系统提供的计算器来计算的。可以通过【案例 5-4】中深度的设置来理解。

除了上面介绍到的这些参数，其他加工参数一般接受缺省值，只在极少数需要的时候才需要修改。在以后的例题中现加以说明。

5.6 雕刻加工

雕刻加工可以用来对文字及产品装饰图案进行雕刻加工。雕刻加工主要用于二维加工，其类型分为线条型雕刻加工、凸缘型雕刻加工、凹槽型雕刻加工，其加工的效果分别如图 5-107 所示。采用哪一种加工类型取决于所选取加工轮廓和参数设置。线条型雕刻加工与外形铣削类似，而凸缘型雕刻加工和凹槽型雕刻加工则与挖槽加工类似。但与其他加工方式不同的是雕刻加工的加工深度不大，但主轴转速较高。

（a）线条型雕刻加工

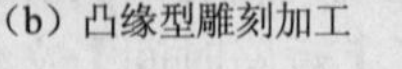

（b）凸缘型雕刻加工

（c）凹槽型雕刻加工

图 5-107 三种雕刻加工效果图

雕刻加工用到的刀具为雕刻刀，雕刻的对象一般为文字或图案，由于雕刻刀的尺寸一般较小，所以加工的深度不宜过大，相比较于挖槽加工，雕刻加工的刀具路径计算比较完整，不易出现丢刀现象，当选择的刀具比较合适时，是不会出现残料的情况。

在主菜单中选择【刀具路径】→【雕刻】，选中要加工的对象之后，选择好加工要用到的刀具如图 5-108 所示。

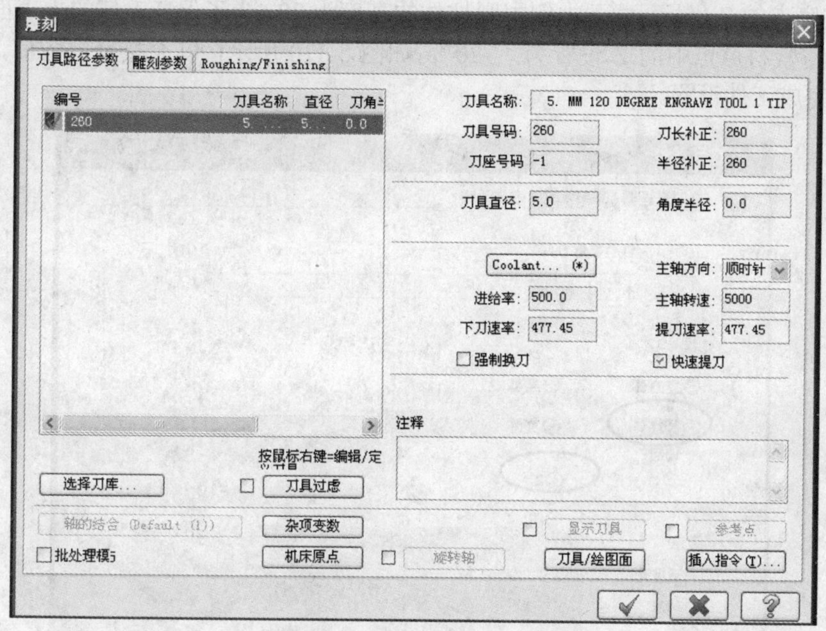

图 5-108 【雕刻】对话框

5.6.1 雕刻加工操作步骤

为了更好地讲解雕刻加工的参数相关设置情况，下面我们以一个典型的雕刻加工过程来介绍雕刻加工的操作步骤。

【案例 5-5】 已知毛坯的尺寸为φ180×20 的圆柱体，要在毛坯上铣出“广东松山职业技术学院”这十个字，文字的高度为 30mm，分布在半径为 50mm 的圆的顶部，铣削深度为 0.5mm，外形尺寸和铣削效果如图 5-109 所示。

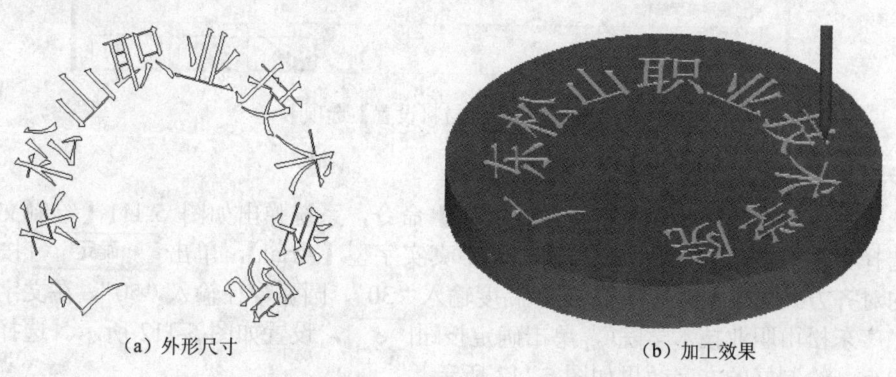

（a）外形尺寸 （b）加工效果

图 5-109 外形尺寸及铣削效果图

步骤 1：选择铣削加工模块

打开 MasterCAM X6 软件，选择主菜单中的【机床类型】→【铣床】→【默认】命令，系统进入到铣削加工模块，并自动初始化加工环境。

步骤 2：设置加工工件

在【刀具路径】选项卡中展开【属性】节点，单击【素材设置】子节点，弹出【机器群组属性】对话框，然后切换到【素材设置】选项卡。选择工件的形状为【圆柱体】，轴向设为【Z】,在工件尺寸中直径方向输入“180”，Z 方向输入“20”。对于圆柱形坯料，素材原点是指素材的最底点的 Z 坐标，由于本例中圆柱体的高度为 20，为了保证毛坯的上表面的 Z 坐标为 0，故需将素材原点中的 Z 设置为“–20”，如图 5-110 所示，其余接受缺省值，单击确定按钮 ✓ 完成工件设置。

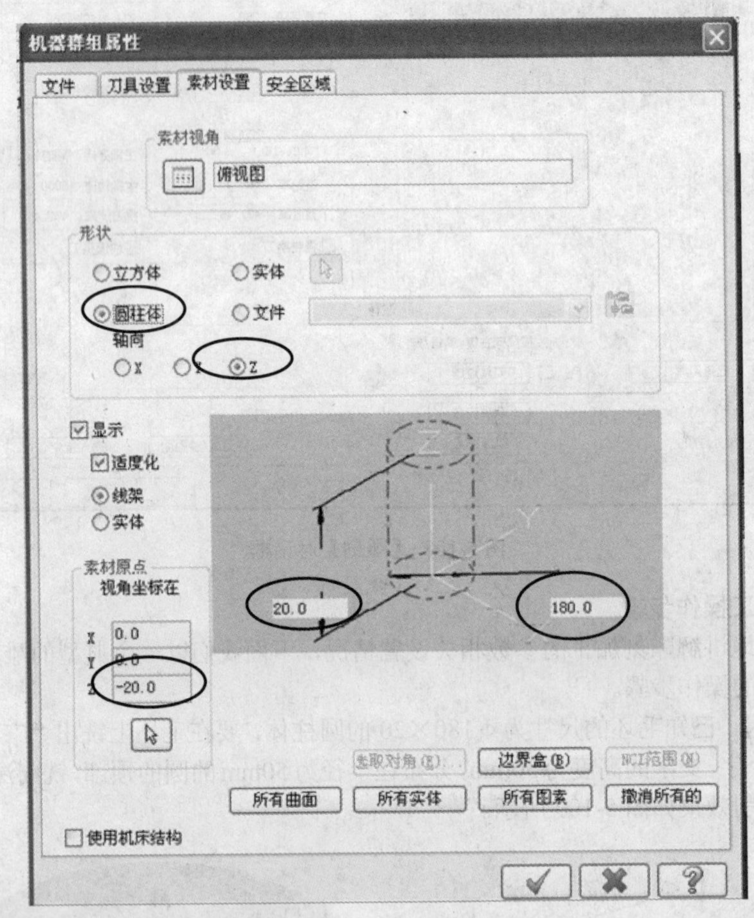

图 5-110 【材料设置】选项卡

步骤 3：绘图

选择主菜单中的【绘图】→【绘制文字】命令，系统弹出如图 5-111【绘制文字】对话框，选择字型右侧的 真实字型... 按钮，选中真实字型【Arial】，单击 确定 按钮。选中文字的对齐方式为【圆弧顶部】，文字高度输入“30”，圆弧半径输入“50”，在文字属性框中输入“广东松山职业技术学院”，单击确定按钮 ✓，设置如图 5-112 所示。选择坐标原点为放置点，绘制好的文字效果如图 5-113 所示。

步骤 4：选择【雕刻】加工方式

通过加工效果分析，雕刻刀要将文字中间的区域去除掉，适用于雕刻加工三种方式中的凹槽型雕刻加工。选择主菜单中的【刀具路径】→【雕刻】命令，系统弹出【输入新的 NC

名称】对话框，输入“5-5”为刀具路径的新名称（也可以采用默认名称），单击确定按钮 ✓ 。

图 5-111　【绘制文字】对话框

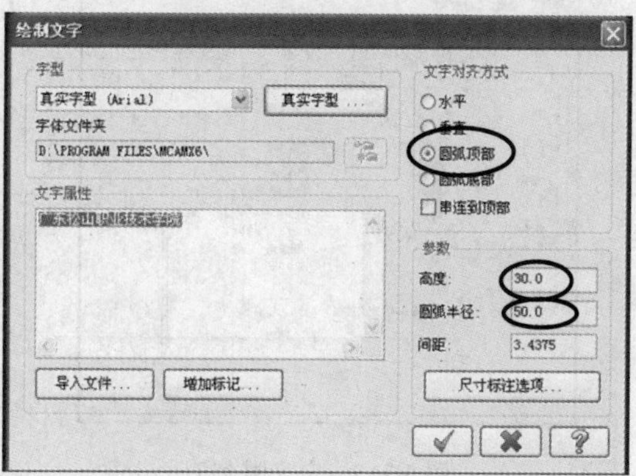

图 5-112　【绘制文字】设置

图 5-113　绘制的文字效果

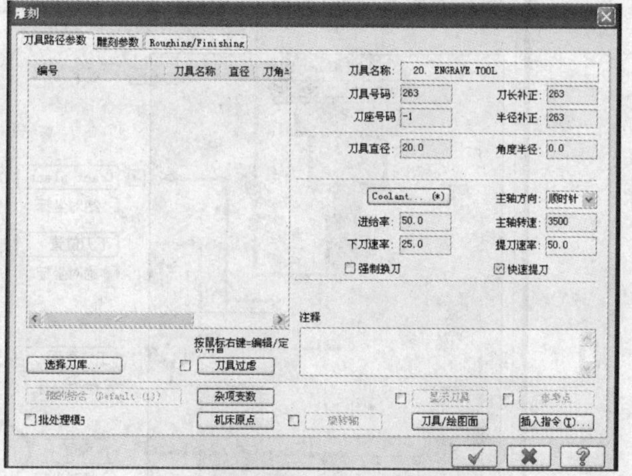

图 5-114　【雕刻】对话框

NC 文件的名称取好之后，系统会弹出【串连选项】对话框，用【窗选】的方式选中全部的文字，再选中图形的任意一点作为下刀点，单击确定按钮 ✓ ，弹出【雕刻】对话框，如图 5-114 所示。

步骤 5：设置刀具加工参数

选中【刀具】节点，单击 从刀库中选择... 按钮，从刀库中选择要刀刃直径为 5mm 锥度角为 15 度的雕刻刀，由于本例中要加工的范围较小，故将刀头直径改修改成“0.3”，如图 5-115 所示。如果不修改直径，则可能出现有部分区域加工不出来的情况。单击【确定】按钮 ✓ ，即可选定刀具。修改进给率为“500”，下刀速率为“400”，主轴转速为“3000”，选中【快速提刀】复选框。设置好后如图 5-116 所示。

步骤 6：修改【雕刻参数】

【雕刻参数】主要是控制雕刻的深度等相关参数。选中【雕刻参数】选项卡，将深度修改为“–0.5”。其余接受缺省选项，设置好后的雕刻参数如图 5-117 所示。

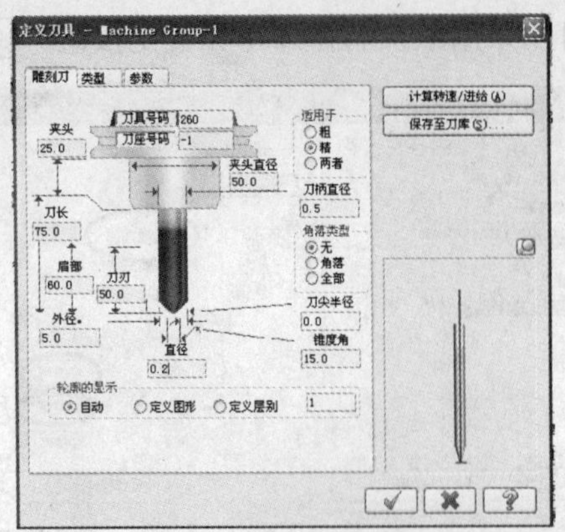

图 5-115　定义雕刻刀

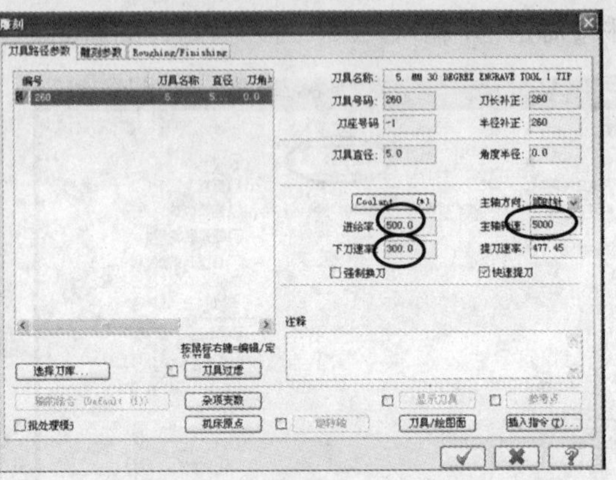

图 5-116　【刀具路径参数】选项卡

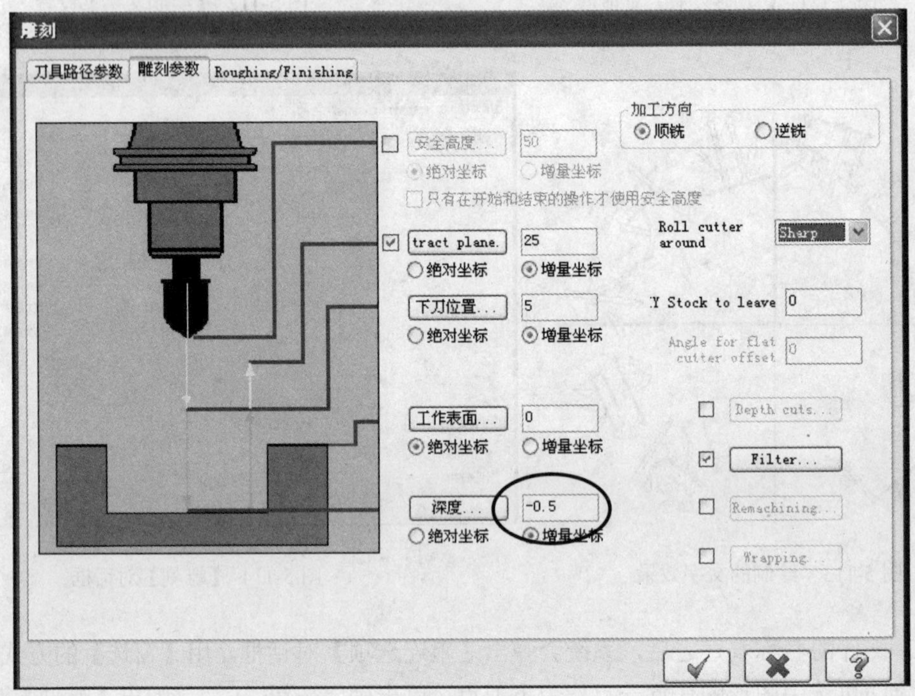

图 5-117　【雕刻参数】选项卡

步骤 7：修改【粗切/精修】参数

选中【粗切/精修】选项卡Roughing/Finishing，选中【粗车】复选择框（正确的翻译应该是【粗加工】），选中加工方式为【双向】。其余参数设置如图 5-118 所示。单击确定按钮✓完成所有刀具加工参数的设定。

步骤 8：进行刀具路径模拟

为了验证刀具路径的正确性，用户可以选择刀具路径模拟功能对已经生成的刀路进行检验。在【刀具操作管理器】的【刀具路径】选项卡中单击【模拟已选择的操作】按钮，弹出【路径模拟】对话框[图 5-119（a）]和【刀路模拟播放】工具栏[图 5-119（b）]，设置播放速度等选项然后单击【开始】按钮▶，即可进行刀路模拟操作，如图 5-120 所示。

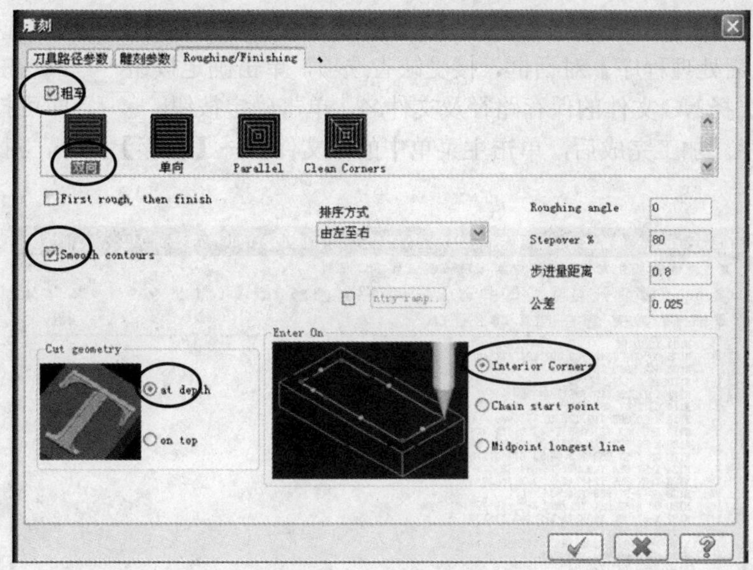

图 5-118 【粗切/精修参数】选项卡

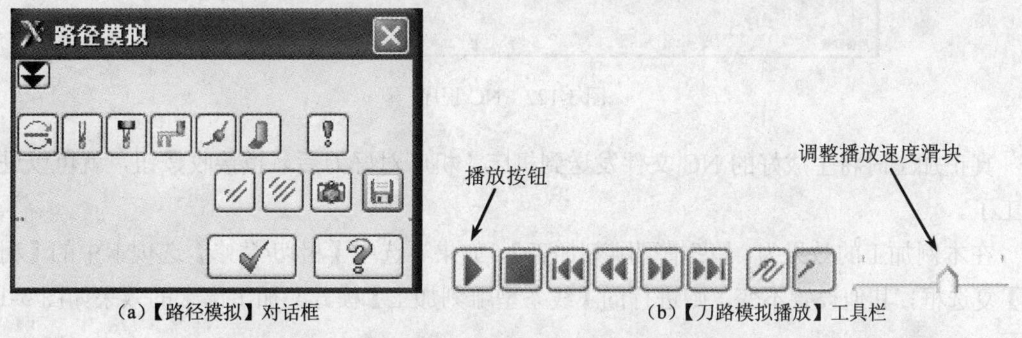

(a)【路径模拟】对话框　　(b)【刀路模拟播放】工具栏

图 5-119 【路径模拟】对话框及刀路播放工具栏

步骤 9：进行实体验证

如果需要检查切削加工的效果及加工的形状是否符合要求，可以选择实体切削验证功能来对加工过程进行模拟。在【刀具操作管理器】的【刀具路径】选项卡中单击【验证已选择的操作】按钮，弹出【验证】对话框进行模拟速度等的设置，然后单击【播放】按钮，即可进行实体切削验证操作，如图 5-121 所示。

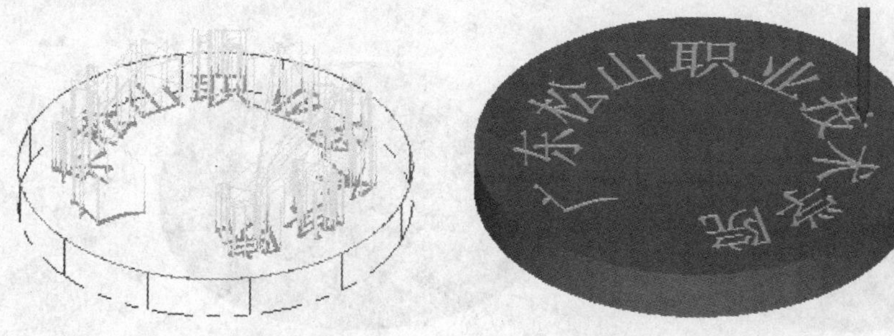

图 5-120　刀具路径模拟　　图 5-121　实体切削验证效果

步骤 10：执行后处理

实体验证完成后就可以进行后处理了。关闭实体验证的播放器，退回到【刀具操作管理器】界面。在【刀具操作管理器】的【刀具路径】选项卡中单击【后处理已选择的操作】按钮G1，弹出【后处理程序】对话框，接受缺省选项，单击确定按钮✓。在弹出的【另存为】对话框中选择NC文件的保存路径及文件名，单击确定按钮✓，即可打开如图5-122所示的NC程序。加工完成后，单击主菜单中的【文件】→【保存】命令，对本例的图形文件进行保存。

Mastercam X 编辑器 - [E:\曹智梅\2012年秋\教材编写\正式稿20121120\第5章\5-5.NC]

文件 编辑 视图 NC 功能 书签 方案 比较 传输 工具 窗口 帮助

标记所有工具变更 下一个工具 上一个工具

方案浏览器

```
N104 T260 M6
N106 G0 G90 G54 X-69.897 Y21.477 A0. S9549 M3
N108 G43 H260 Z5. M8
N110 G1 Z-.5 F477.4
N112 X-71.23 Y19.735 F954.9
N114 G3 X-67.482 Y19.536 I3.748 J35.195
N116 X-63.865 Y19.721 I0. J35.394
N118 X-58.83 Y21.045 I-1.756 J16.914
N120 X-56.838 Y22.232 I-4.328 J9.527
N122 G2 X-57.555 Y23.94 I1.677 J1.708
N124 X-57.554 Y23.991 I2.394 J0.
N126 X-57.355 Y24.747 I2.123 J-.154
N128 G1 X-57.589 Y24.83
N130 G2 X-62.011 Y21.373 I-7.849 J5.483
N132 X-67.068 Y20.274 I-5.988 J15.37
N134 X-68.892 Y20.206 I-1.824 J24.48
N136 X-69.694 Y20.219 I0. J24.548
N138 G1 X-69.734 Y20.239
N140 X-69.797 Y20.34
N142 X-69.897 Y21.477
N144 G0 Z25.
N146 X-68.383 Y16.817
N148 Z5.
N150 G1 Z-.5 F477.4
N152 X-69.906 Y14.711 F954.9
```

准备就绪 CAPS 行 14 栏: 27 文件大小: 235 kb 2012-12-6 11:55

图 5-122 NC 程序

真正加工时将生成好的NC文件发送到机床，机床对好刀后，按接收按钮，就可以进行加工了。

在本例加工的效果为【凹槽型雕刻加工】。如果不选中【粗切/精修】选项卡中的【粗加工】复选框，其他设置不变，则进行的【线条型雕刻加工】模式，加工出来的效果如图5-123所示。

如果要图 5-124（a）所示的效果，文字是凸出在零件的表面，则要进行【凸缘型雕刻加工】。【凸缘型雕刻加工】与【凹槽型雕刻加工】的参数设置完全相同，只是在选择雕刻对象时有区别。绘图时绘制完文字后，要在文字外围区域加上一个封闭的外形，选择雕刻对象时将外围封闭的图形同文字一起选中即可。本例中绘出文字后，在文字外围绘制出一个直径与毛坯直径相同的圆，绘制好后如图5-124（b）所示。选择雕刻对象时将文字和这个圆一起选中。

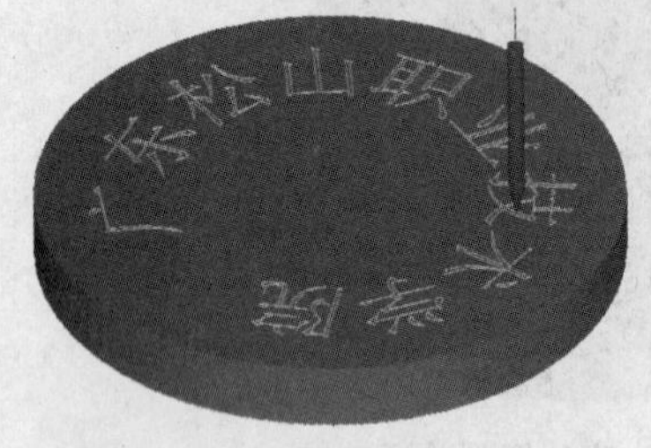

图 5-123 【线条型雕刻加工】效果

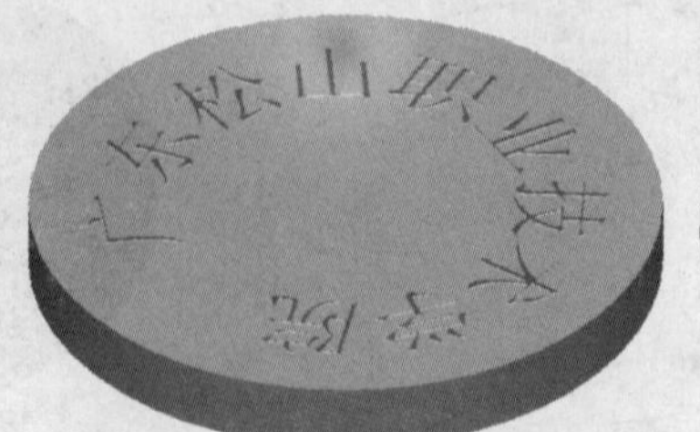

（a）【凸缘型雕刻加工】效果

（b）【凸缘型雕刻加工】外形

图 5-124 【凸缘型雕刻加工】效果及外形

5.6.2 雕刻加工参数设置

通过上面的例子，我们对【雕刻加工】刀具路径的生成过程有一个基本的掌握。下面对雕刻加工中的一些参数的含义再进行深入的介绍。

（1）设置刀具参数

刀具参数包括刀具的类型、杂项变数、机械原点、进给率、主轴转速及下刀速率等，雕刻加工的刀具一般选择雕刻刀，为了雕刻尺寸很小的区域，雕刻刀的刀尖直径通常很小，所以主轴转速比较高。

（2）设置雕刻参数

雕刻加工参数主要包括高度参数、加工顺序等，其参数设置集中在【雕刻】对话框的【雕刻参数】选项卡中如图 5-125，由于雕刻刀的直径尺寸较小，雕刻深度不宜过大。

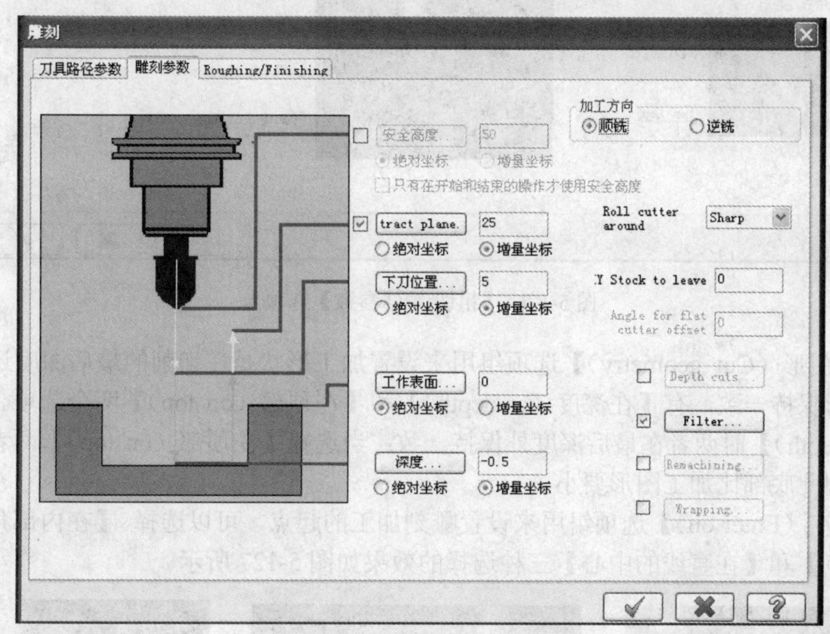

图 5-125 【雕刻参数】选择卡

（3）设置粗切/精修参数

粗切/精修参数包括粗加工方式、切削顺序及切削参数等，其参数设置集中在如图 5-126 所示的【粗切/精修参数】选项卡中。该选项卡是与加工的效果密切相关，也是雕刻加工中很重要的参数。

【粗切】 方式复选框只在进行【凸缘型雕刻加工】和【凹槽型雕刻加工】时选用，在进行【线条型雕刻加工】 不选用。粗切的加工方式分为【双向(Zigzag)】、【单向（One way)】、【平行环绕（Parallel)】、【清角（Clean Corners)】4 种走刀方式，与挖槽粗加工方式相似，前两种为线性刀路，后两种为环形刀路。

【双向(Zigzag)】 该粗加工方式采用往复走刀的形式，加工过程中不提刀。

【单向（One way)】 该粗加工方式采用单向走刀，每加工完一次，抬刀返回下一次加工的起点继续加工。

【平行环绕（Parallel)】 该粗加工方式采用边界偏移进刀的形式。

【清角（Clean Corners)】 该粗加工方式采用边界偏移并清角进刀的形式。

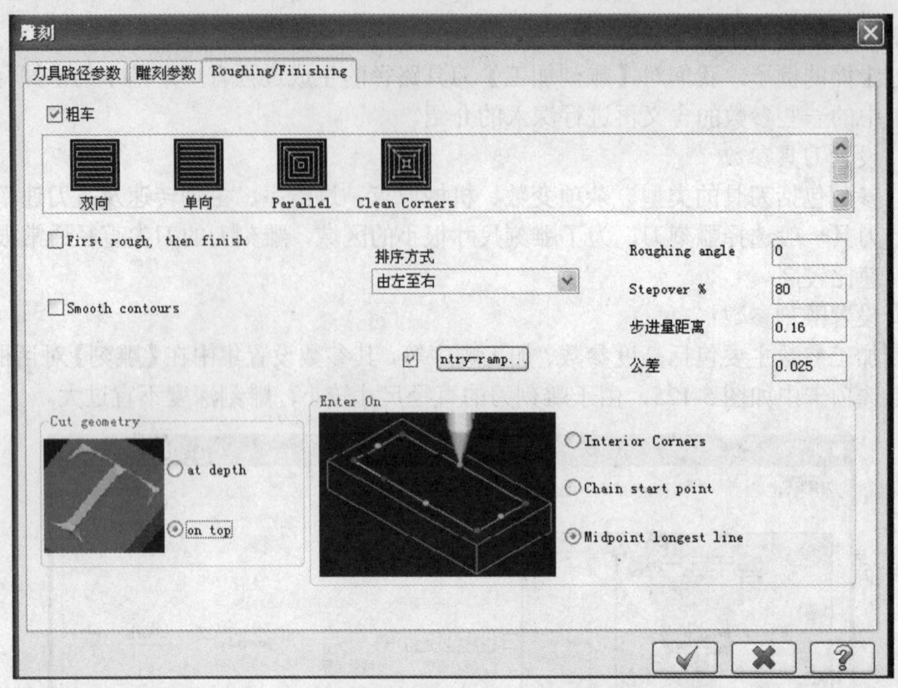

图 5-126 【粗切/精修参数】选项卡

【切削图形（Cut geometry)】选项组用来设置加工形状是在切削的最后深度还是在顶部与加工图形保持一致，有【在深度（at depth)】和【在顶部（on top)】两个选项。选择【在深度（at depth)】时两者在最后深度外保持一致；当选择【在顶部（on top)】两者在顶部保持一致，因此底部比加工图形要小。

【起始在（Enter on)】选项组用来设置雕刻加工的起点，可以选择 【在内部角】、【在串连的起始点】和【在直线的中心】三种选择的效果如图 5-127 所示

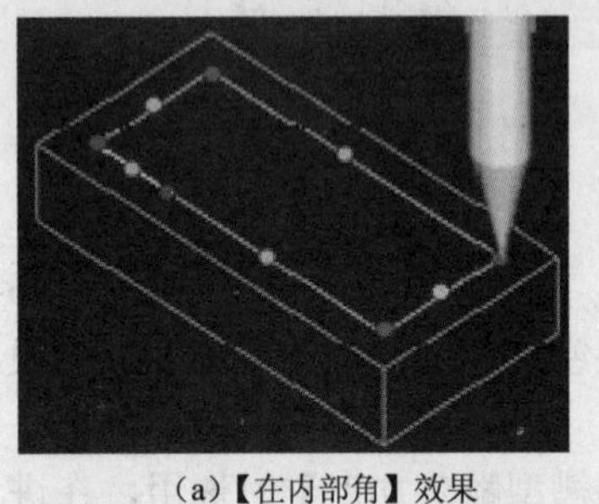

(a)【在内部角】效果

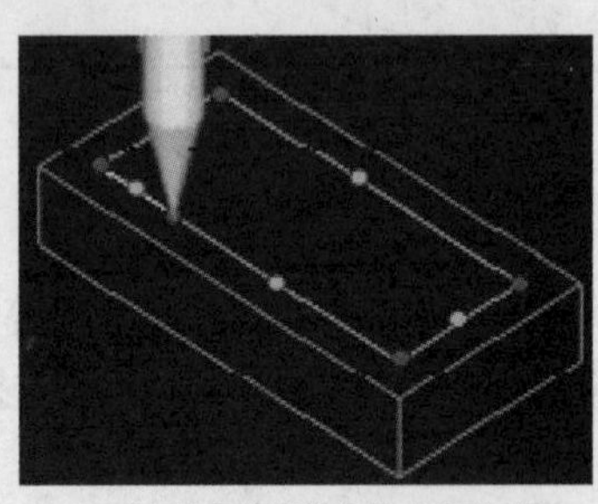

(b)【在串连的起始点】效果

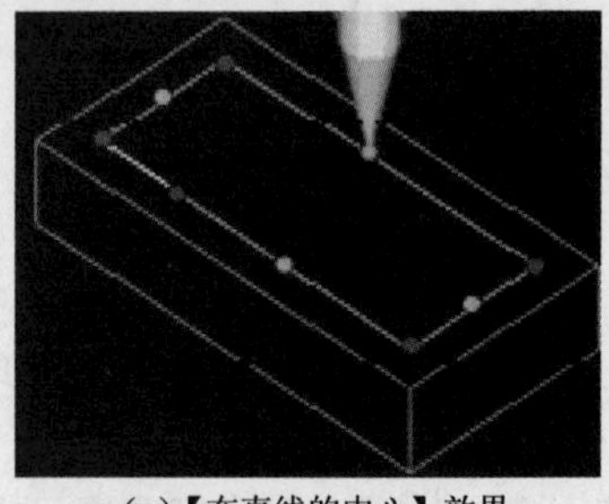

(c)【在直线的中心】效果

图 5-127 【起始点】选项的三种效果

5.7 综合实例

5.7.1 综合实例指导 1——十字凹形板

图 5-128 为十字凹形板零件，已知毛坯为 90mm×90mm×20 mm 的矩形，材质为铝材。要求选用合适的刀具路径加工该零件。

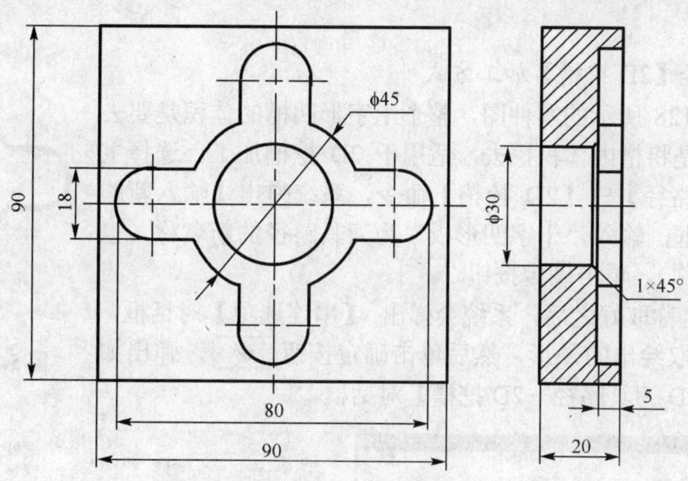

图 5-128 十字凹形板

（1）加工工艺分析

从图 5-128 的可以看出，整个加工过程分为三个加工工序：①（因为要垂直下刀，所以用键槽铣刀）；② 钻直径为 φ30mm 的孔（用中心钻和麻花钻）；③ 倒 1×45° 角（用倒角刀），确定好的加工工艺如表 5-1 所示。

表 5-1 加工工艺表

工序号	加工内容	刀具	加工参数	加工对象
1	铣十字形凹槽	φ10mm 键槽铣刀	进给率：500（mm/min） 主轴转速：3000（r/min）	十字形凹槽区域
2	钻 φ30mm 的孔	A3 中心钻	进给率：100（mm/min） 主轴转速：1000（r/min）	φ30mm 通孔的中心点
		φ30mm 麻花钻		
3	倒 1×45° 角	φ10mm 倒角刀	进给率：200（mm/min） 主轴转速：2000（r/min）	φ30mm 的圆

（2）加工步骤

加工工艺确定好后，就可以利用 MasterCAM 生成对应的加工 NC 程序，本例是在所有的刀具路径全部生成好后统一进行后处理。

加工工序 1 铣十字形凹槽。

步骤 1：选择铣削加工模块

打开 MasterCAM X6 软件，选择主菜单中的【机床类型】→【铣床】→【默认】命令，系统进入到铣削加工模块，并自动初始化加工环境。

步骤 2：设置加工工件

在【刀具路径】选项卡中展开【属性】节点，单击【素材设置】子节点，弹出【机器群组属性】对话框，然后切换到【素材设置】选项卡。选择工件的形状为【立方体】，在工件尺寸中 X 方向输入“90”，Y 方向输入“90”，Z 方向输入“20”，其余接受缺省值，单击确定按钮 ✓ 完成工件设置。

步骤 3：绘图

根据如图 5-128 所示的尺寸，在俯视图上绘出如图 5-129 所示的十字形凹槽。图形的中心落在坐标原点。具体的绘图步骤见第二章，在绘图时注意不要有重叠的线，也不能出现截面不封闭的情况。

步骤 4：选择【2D 挖槽】加工方式

根据如图 5-128 所示的零件图，整个十字形凹槽的体积是要去除的，要求刀具是将槽内体积挖去，适用于 2D 挖槽加工。选择主菜单中的【刀具路径】→【2D 挖槽】命令，系统弹出【输入新的 NC 名称】对话框，输入“十字凹形板”为刀具路径的新名称（也可以采用默认名称），单击确定按钮 ✓ 。

NC 文件的名称取好之后，系统会弹出 【串连选项】对话框，用串连的方式选取绘出的外形，然后单击确定按钮 ✓ ，弹出如图 5-130 所示【2D 刀具路径—2D 挖槽】对话框。

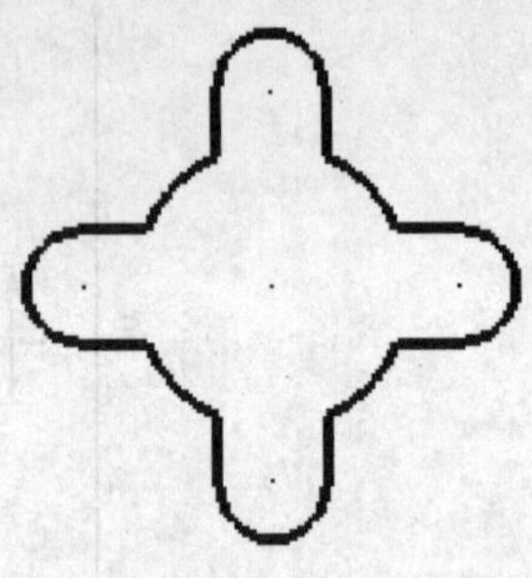

图 5-129 十字形凹槽

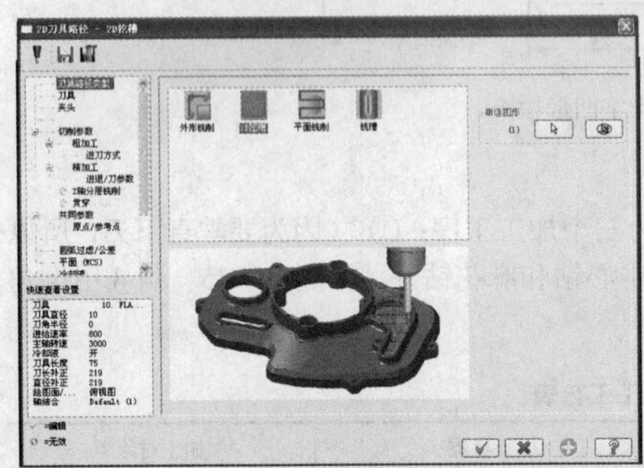

图 5-130 【2D 刀具路径—2D 挖槽】对话框

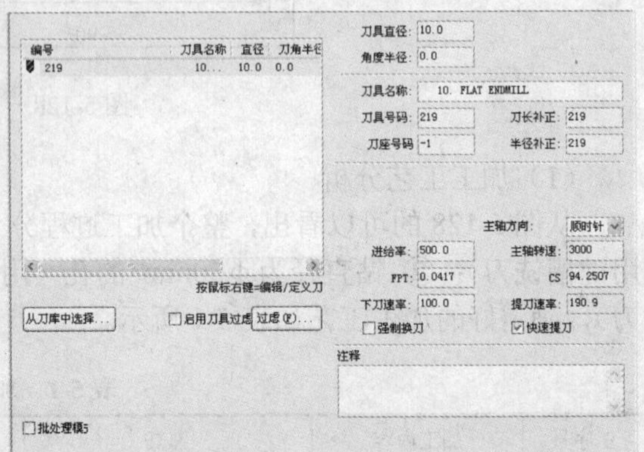

图 5-131 【刀具】节点参数设置

步骤 5：设置刀具加工参数

选中【刀具】节点，单击 从刀库中选择... 按钮，从刀库中选择要直径是 φ10mm 的平底刀（实际装刀是要装 φ10mm 的键槽铣刀），单击【确定】按钮 ✓ ，即可选定刀具。修改进给率为“500”，下刀速率为“100”， 主轴转速为“3000”，选中【快速提刀】复选框。设置好后如图 5-131 所示。

步骤 6：修改【切削参数】

选中【切削参数】节点，挖槽加工方式选择【标准】，加工方式选择【顺铣】。壁边预留量、底面预留量均接受缺省值 0，其他选项均接受默认值。图 5-132 为设置好的【切削参数】。

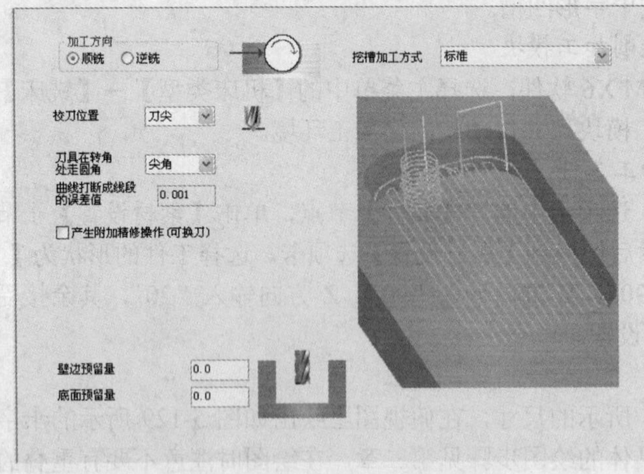

图 5-132 【切削参数】节点参数设置

选中切削参数下的【粗加工】子节点，选中【粗加工】复选框，选择粗加工的方式为【等距环切】，刀间距和粗切角度可以修改也可以接受默认值，其余接受缺省选项。图 5-133 为设置好的【粗加工】子节点。

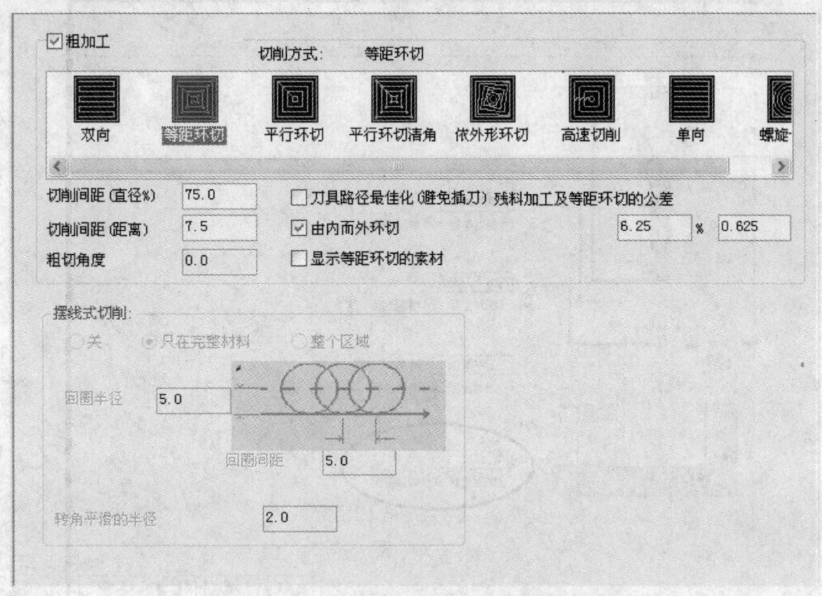

图 5-133 【粗加工】子节点参数设置

由于本次加工的切削深度为 5mm，考虑到实习使用的机床性能和工件材质等因素，Z 方向要进行分层铣深。选中切削参数下的【Z 轴分层铣削】子节点，点选 【深度切削】和【不提刀】复选框，将最大粗切步进量设置为“2”，精修次数设置为“1”，精修量设置为“0.5”，设置好后如图 5-134 所示。

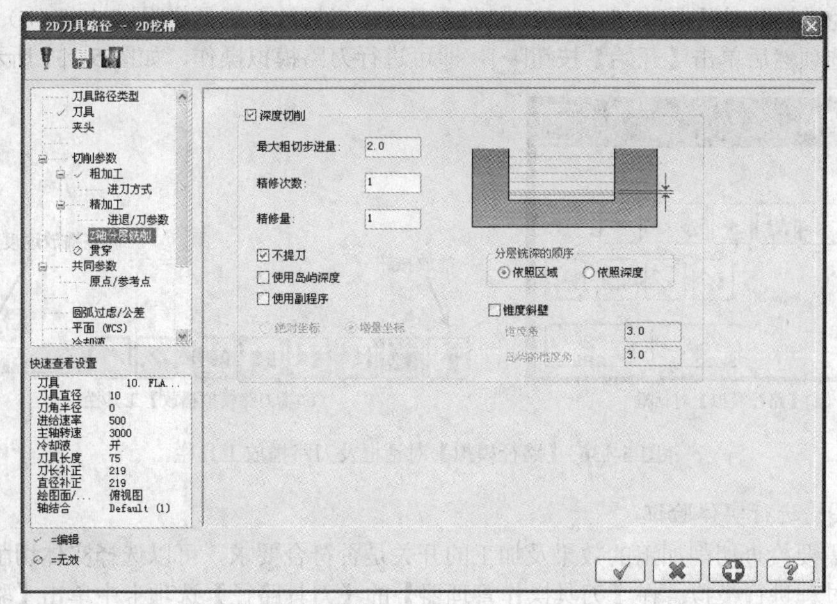

图 5-134 【Z 轴分层铣削】节点参数设置

步骤 7：修改【共同参数】

选中【共同参数】节点，将深度值设为“–5”。其余接受默认值。设置好的【共同参数】

如图 5-135 所示。其余的一些节点参数不作修改。单击确定按钮 ✓ 完成所有刀具加工参数的设定。

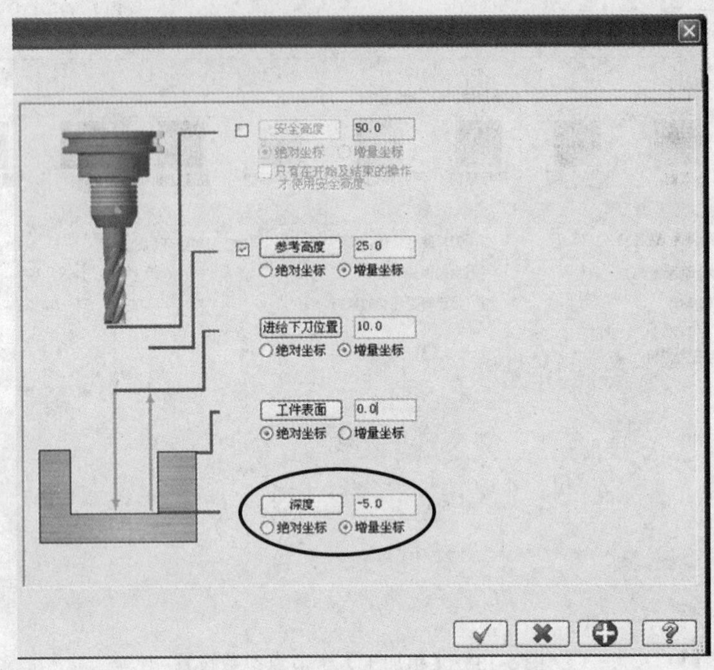

图 5-135 【共同参数】节点参数设置

步骤 8：进行刀具路径模拟

为了验证刀具路径的正确性，用户可以选择刀具路径模拟功能对已经生成的刀路进行检验。在【刀具操作管理器】的【刀具路径】选项卡中单击【模拟已选择的操作】按钮，弹出【路径模拟】对话框[图 5-136（a）]和【刀路模拟播放】工具栏[图 5-136（b）]，设置播放速度等选项然后单击【开始】按钮▶，即可进行刀路模拟操作，如图 5-137 所示。

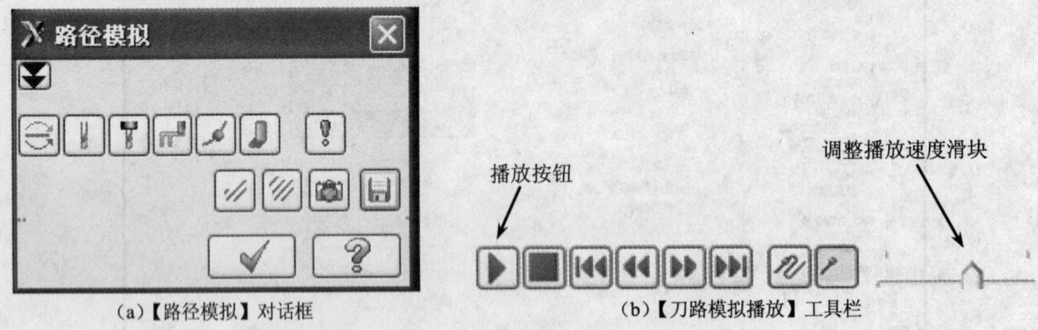

（a）【路径模拟】对话框　　（b）【刀路模拟播放】工具栏

图 5-136 【路径模拟】对话框及刀路播放工具栏

步骤 9：进行实体验证

如果需要检查切削加工的效果及加工的开关是否符合要求，可以选择实体切削验证功能来对加工过程进行模拟。在【刀具操作管理器】的【刀具路径】选项卡中单击【验证已选择的操作】按钮，弹出【验证】对话框进行模拟速度等的设置，然后单击【播放】按钮▶，即可进行实体切削验证操作，如图 5-138 所示。

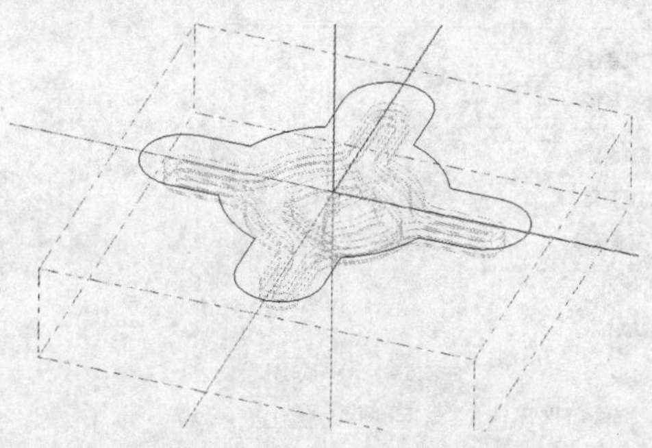

图 5-137　刀具路径模拟

图 5-138　实体切削验证效果

加工工序 2　钻 φ30mm 的孔。

先用点钻进行定位，再用麻花钻进行钻削。

步骤 1：绘图

在俯视图上绘制直径 φ30mm 的圆心，该点即为坐标原点（由于该点的位置特殊，也可以不画）。

步骤 2：选择【钻孔】加工方式钻 A3 定位孔

通过加工效果分析，φ30mm 的圆适用于钻孔加工。选择主菜单中的【刀具路径】→【钻孔】命令，系统会弹出【选取钻孔的点】对话框。在绘图区选取已经绘制的点，然后单击确定按钮，弹出【2D 刀具路径—钻孔/全圆铣削 深孔钻-无啄孔】对话框，如图 5-139 所示。

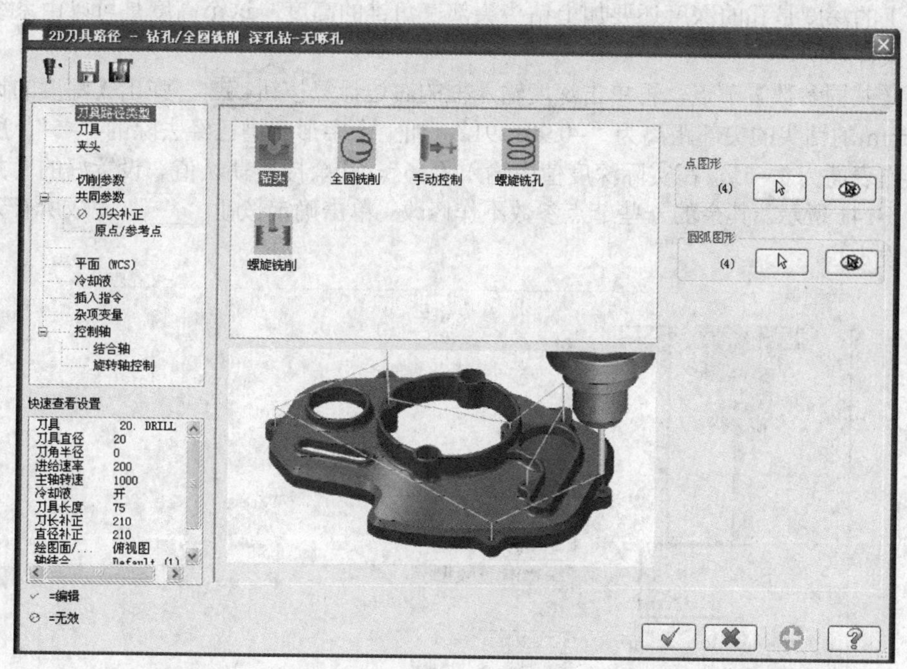

图 5-139　【2D 刀具路径—钻孔/全圆铣削 深孔钻-无啄孔】对话框

步骤 3：设置刀具加工参数

选中【刀具】节点，在空白色区域单击鼠标右键，选中【创建新刀具】按钮，创建 φ3mm 的钻头，单击【确定】按钮，即可选定刀具。修改进给率为“100”，主轴转速为“1000”。设置好后如图 5-140 所示。

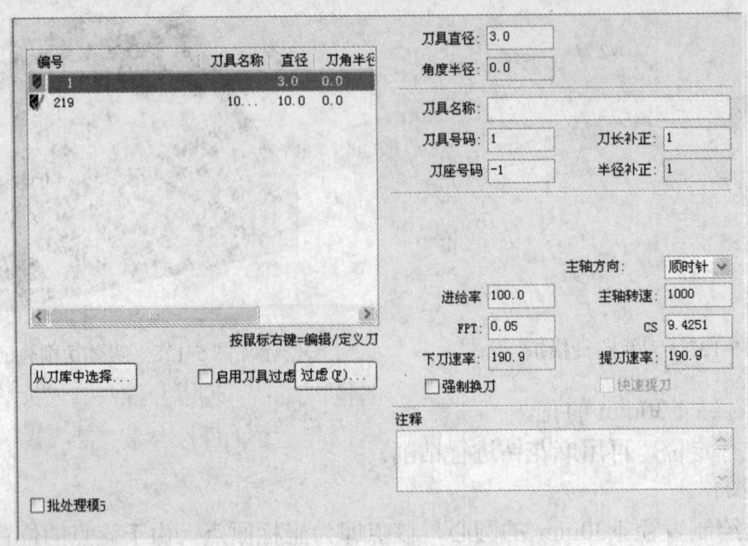

图 5-140 【刀具】节点参数设置

步骤 4：修改【共同参数】

本例中的孔径为 30mm，比较大，为了在使用麻花钻钻削时不会折断钻头，孔不会钻歪，需要先用中心钻来钻中心眼，这个中心眼在加工孔时起辅助作用。由于钻孔时，对刀是以钻头的最低点为对刀原点，所以输入的钻孔深度是指钻头的最低点所在的位置，要加工通孔，实际要加工的深度是孔的深度还要加上钻头头部三角锥的高度，这个高度是可以由系统提供的计算器来计算的。

选中【共同参数】节点，再单击深度输入框的右边计算按钮，弹出【深度的计算】，直径为 3mm 的钻头的尖部距离为“–0.901291”，加上十字形凹槽已经去除的“–5”，所以我们设定工作表面为“–5”，在实际深度值中输入“–6”。其余接受默认值。设置好的【共同参数】如图 5-141 所示。其余的一些节点参数不作修改。单击确定按钮，完成所有刀具加工参数的设定。

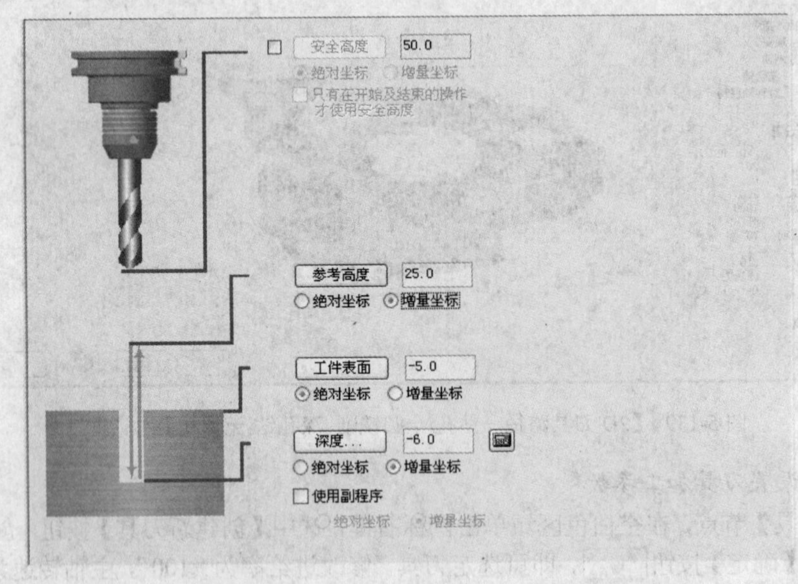

图 5-141 【共同参数】节点参数设置

步骤 5：选择【钻孔】加工方式钻 φ30mm 的孔

用 φ30mm 的麻花钻钻削 φ30mm 的孔。选择主菜单中的【刀具路径】→【钻孔】命令，系统会在弹出【选取钻孔的点】对话框。在绘图区选取已经绘制的点（即原点），然后单击确定按钮。

步骤 6：设置刀具加工参数

选中【刀具】节点，单击 从刀库中选择... 按钮，从刀库中选择要直径是 φ30mm 的钻头单击【确定】按钮，即可选定刀具。修改进给率为“100”，主轴转速为“1000”。设置好后如图 5-142 所示。

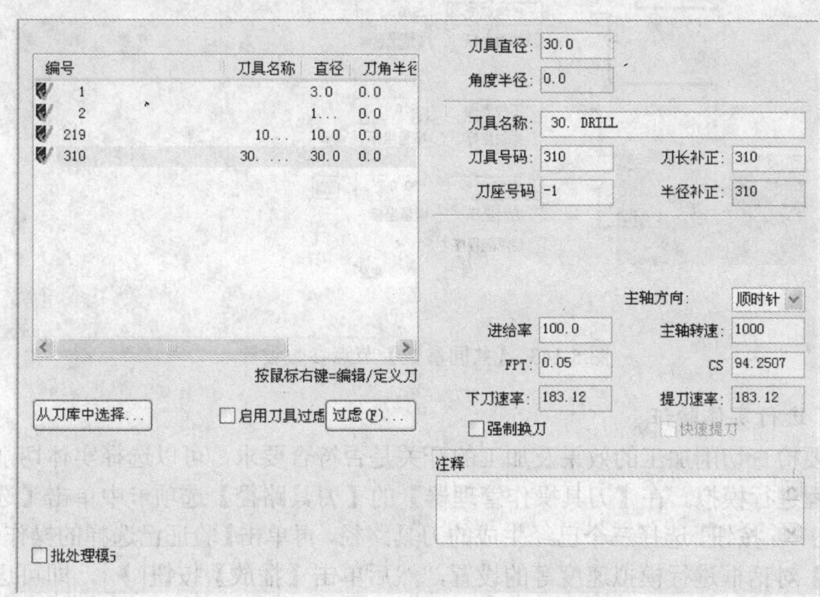

图 5-142 【刀具】节点参数设置

步骤 7：修改【共同参数】

本例中的孔径为 φ30mm，比较大，为了在使用麻花钻钻削时不会折断钻头，孔不会钻歪，需要先用中心钻来钻中心眼，这个中心眼在加工孔时起辅助作用。由于钻孔时，对刀是以钻头的最低点为对刀原点，所以输入的钻孔深度是指钻头的最低点所在的位置，要加工通孔，实际要加工的深度是孔的深度还要加上钻头头部三角锥的高度，这个高度是可以由系统提供的计算器来计算的。

选中【共同参数】节点，再单击深度输入框的右边计算按钮，弹出【深度的计算】，直径为 φ30mm 的钻头的尖部距离为“–9.012909”，在实际深度值中输入“–30”。由于加工十字形凹槽时已经去除的“–5”的深度，所以加工表面的深度设置为“–5”。其余接受默认值。设置好的【共同参数】如图 5-143 所示。其余的一些节点参数不作修改。单击确定按钮，完成所有刀具加工参数的设定。

注意：【共同参数】中的【工件表面】是指在加工时刀具碰到毛坯的最高面的 Z 坐标，本例中由于中间区域已经铣削过 5mm，所以工件表面应该设定为“–5”，而不是“0”。

步骤 8：进行刀具路径模拟

为了更好地观察定位孔的刀具路径，通过在【刀具操作管理器】的【刀具路径】选项卡中单击【显示/隐藏刀具路径】按钮，将工序 1（十字形凹槽加工）的刀具路径隐藏。屏幕上显示出点钻和钻孔型的两个刀具路径如图 5-144 所示。

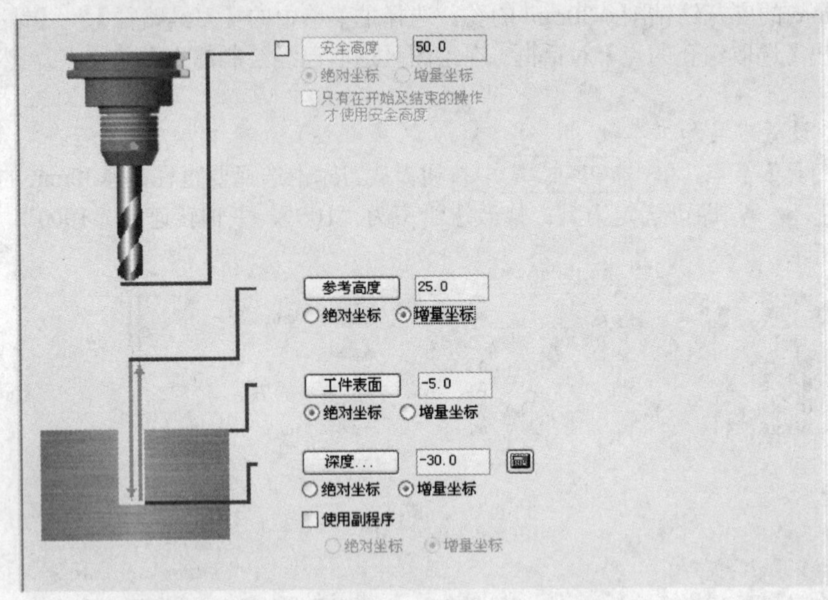

图 5-143 【共同参数】节点参数设置

步骤 9：进行实体验证

如果需要检查切削加工的效果及加工的开关是否符合要求，可以选择实体切削验证功能来对加工过程进行模拟。在【刀具操作管理器】的【刀具路径】选项卡中单击【选择所有操作】按钮单击 按钮，选择三个已经生成的刀具路径，再单击【验证已选择的操作】按钮，弹出【验证】对话框进行模拟速度等的设置，然后单击【播放】按钮，即可进行实体切削验证操作，如图 5-145 所示。

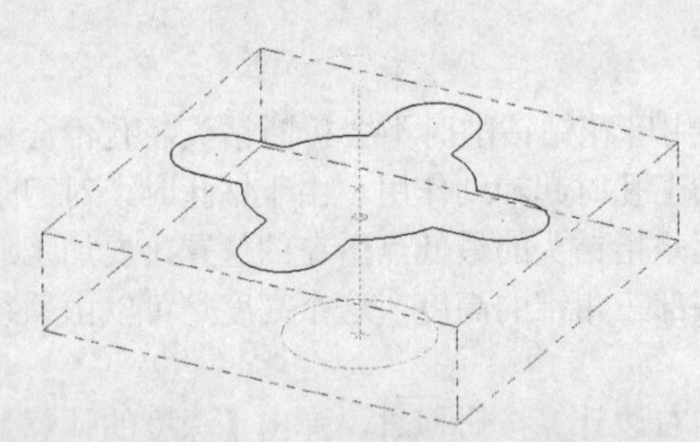

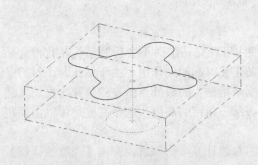

图 5-144 刀具路径模拟

图 5-145 实体切削验证效果

加工工序 3 倒 1×45° 角。

要加工 1×45° 倒角，可以采用外形铣削加工方式进行，刀具选用倒角刀。

步骤 1：绘图

在俯视图上绘出直径为 φ30mm 的圆，圆心落在坐标原点。

步骤 2：选择【外形铣削】加工方式

通过加工效果分析，刀具只沿着外形进行运动，适用于外形铣削加工。选择主菜单中的【刀具路径】→【外形铣削】命令，系统会在弹出【串连选项】对话框，用串连的方式选取绘出的 φ30mm 圆作为外形，然后单击确定按钮，弹出【2D 刀具路径－外形参数】对话框。

步骤 3：设置刀具加工参数

选中【刀具】节点，单击 从刀库中选择... 按钮，从刀库中选择要外径为 ϕ10mm，底部直径为 ϕ4mm 的倒角刀，刀具的尺寸如图 5-146 所示，单击【确定】按钮 ✔，即可选定刀具。修改进给率为“200”，下刀速率为“100”，主轴转速为“2000”，选中【快速提刀】复选框。设置好后如图 5-147 所示。

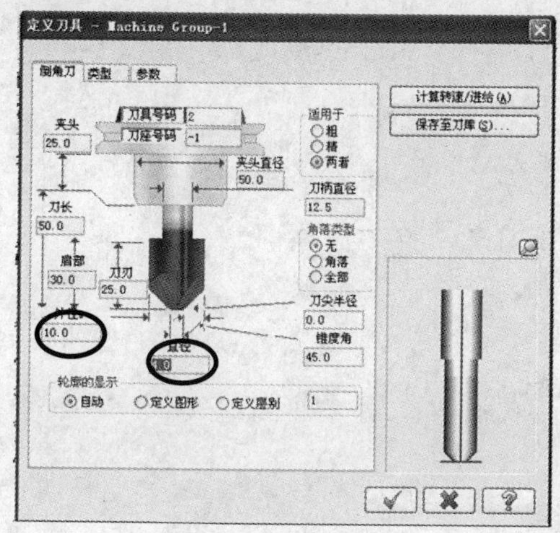

图 5-146　定义的倒角刀

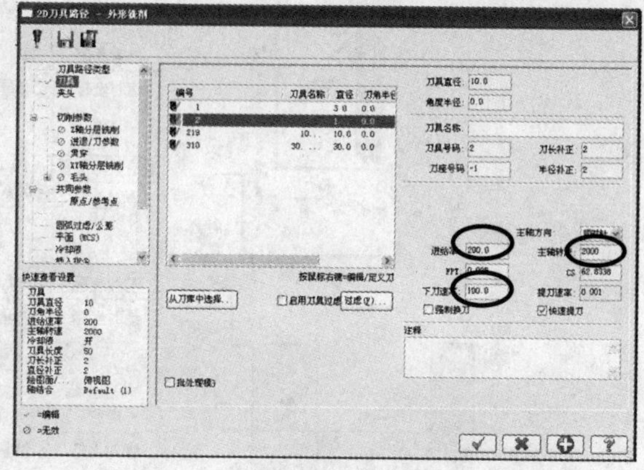

图 5-147　【刀具】节点参数设置

步骤 4：修改【切削参数】

选中【切削参数】节点，将补正方式选择【电脑】。如果在选择 ϕ30mm 圆的外形时出现逆时针方向的箭头，则补正方向选择【左】；如果在选择 ϕ30mm 圆的外形时出现顺时针方向的箭头，则补正方向选择【右】，总之要保证刀具路径在 ϕ30mm 圆的内部。外形铣削方式选择【2D 倒角】，宽度和刀尖补正均输入为“1”。图 5-148 为设置好的【切削参数】。取消【进退刀参数】的设置。

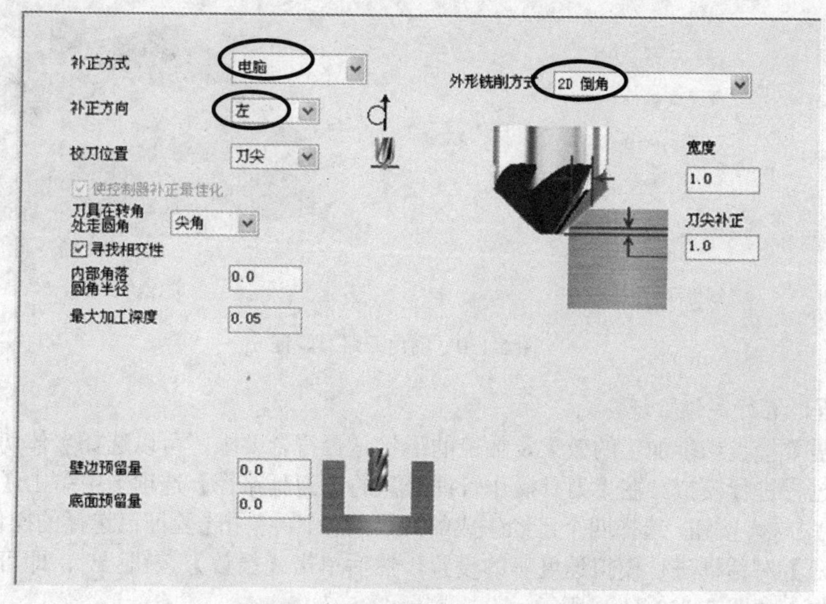

图 5-148　【切削参数】节点参数设置

步骤 5：修改【共同参数】

选中【共同参数】节点。将工作表面设置为“–5”，将深度值设为“–6”。其余接受默认值。设置好的【共同参数】如图 5-149 所示。其余的一些节点参数不作修改。单击确定按钮 ✓ 完成所有刀具加工参数的设定。

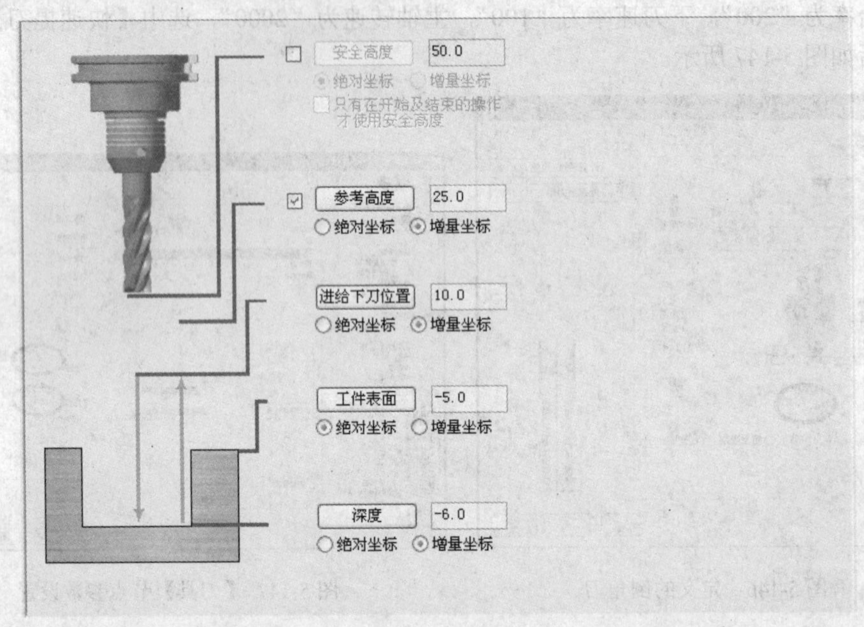

图 5-149 【共同参数】节点参数设置

步骤 6：进行刀具路径模拟

为了更好地观察倒角的刀具路径，通过在【刀具操作管理器】的【刀具路径】选项卡中单击【显示/隐藏刀具路径】按钮，将工序 1（十字形凹槽加工）、工序 2（点钻和钻孔）的刀具路径隐藏。屏幕上显示出倒角的刀具路径如图 5-150（a）所示。

（a）倒角刀具路径　　（b）倒角实体验证效果

图 5-150　倒角刀路及验证

步骤 7：进行实体验证

如果需要检查切削加工的效果及加工的形状是否符合要求，可以选择实体切削验证功能来对加工过程进行模拟。在【刀具操作管理器】的【刀具路径】选项卡中单击【选择所有操作】按钮单击按钮，选择四个已经生成的刀具路径，再单击【验证已选择的操作】按钮，弹出【验证】对话框进行模拟速度等的设置，然后单击【播放】按钮，即可进行实体切削验证操作，如图 5-150（b）所示。

步骤 8：执行后处理

实体验证完成后就可以进行后处理了。关闭实体验证的播放器，退回到【刀具操作管理器】界面。选择已经生成的四个刀具路径，在【刀具操作管理器】的【刀具路径】选项卡中单击【后处理已选择的操作】按钮G1，弹出【后处理程序】对话框，接受缺省选项，如图 5-151 所示，单击确定按钮✔。在弹出的【另存为】对话框中选择 NC 文件的保存路径及文件名，单击确定按钮✔，即可打开如图 5-152 所示的 NC 程序。NC 程序生成后，单击主菜单中的【文件】→【保存】命令，以“十字凹型板”为文件名对本例的图形文件进行保存。

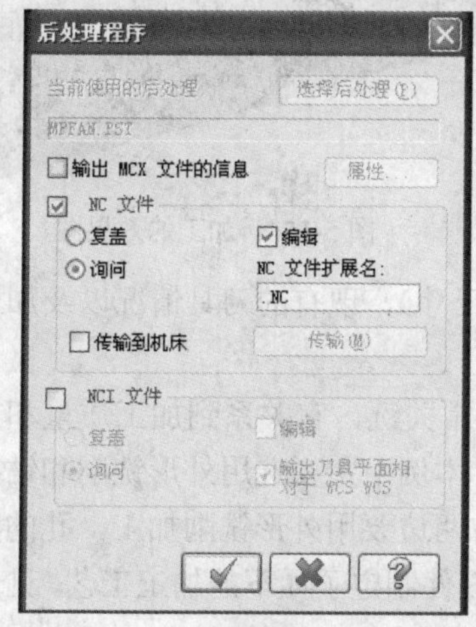

图 5-151 【后处理程序】对话框

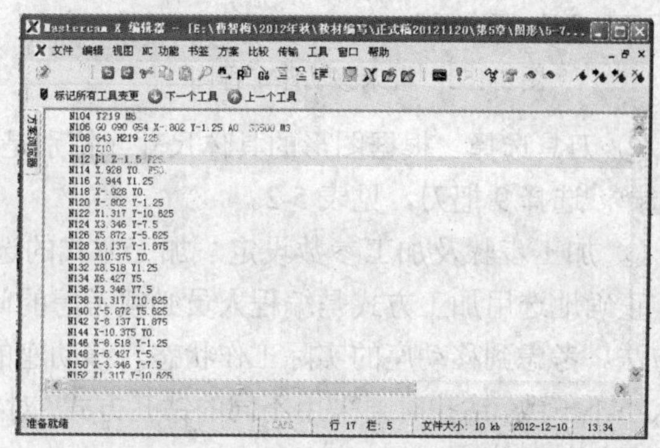

图 5-152 NC 程序

真正加工时将生成好的 NC 文件发送到机床，机床对好刀后，按接收按钮，就可以进行加工了。

注意：本例的零件的加工要用到 4 把刀和 4 个刀具路径，如果是在加工中心上对零件加工，可以将所有的刀具路径一起进行后处理；如果是在数控铣床上加工，则需要对每个刀具路径分别进行后处理，这是因为数控铣床没有自动换刀功能。

5.7.2 综合实例指导 2——机床移动座

图 5-153 为机床移动座的工程图，是某生产厂家的典型产品，已知毛坯为 276mm × 75mm × 37 mm 的矩形，材质为 45 钢。要求加工的效果图见图 5-154 所示。要求选用合适的刀具路径加工该零件。

（1）加工工艺分析

零件的加工不是一种加工方式就可以完成的，通常要几种甚至几十种才能完成，拿到要加工的零件后，要从多个方面进行分析。本题中长度 273 mm 为装配尺寸，需要对两个侧平面进行加工，以保证两个侧面的平行度和 273 mm 这个长度尺寸有 4 × ϕ8、2 × ϕ40 以及ϕ60 等 7 个通孔需要加工，2 × ϕ40 和ϕ60 的上表面的孔边界均要倒 1 × 45° 的角，所以本例中要用到孔的加工（钻、镗），外形的加工（外形铣削、倒角加工）。外形的下面以该产品的真实加工过程为例，对零件的二维加工方法和步骤进行讲解。

① 毛坯的准备 毛坯的选择要恰当，太大浪费材料和加工时间，太小有可能不能将零件全部加工出来。长度 273 mm 为装配尺寸，需要对两个侧平面进行加工，所以长度方向上

要有加工余量，本例中选择 276mm × 75 mm × 37 mm（XYZ）的毛坯。

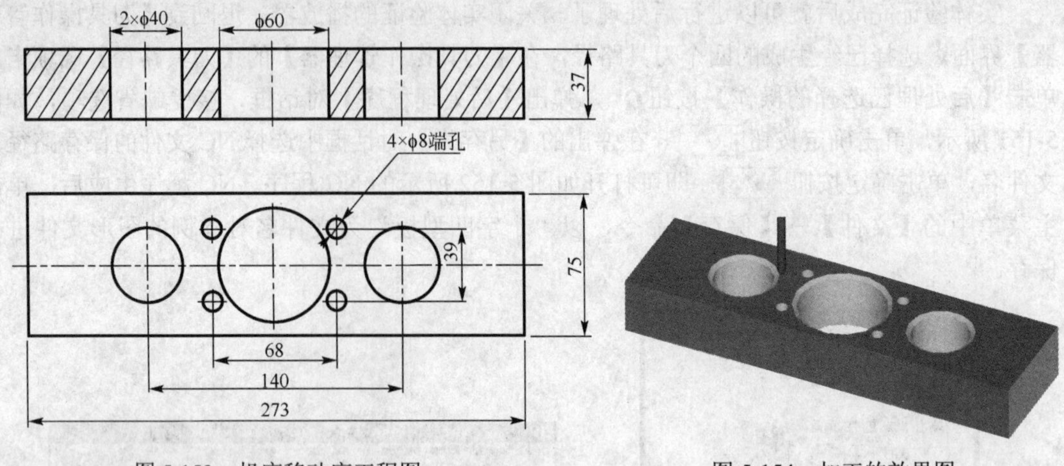

图 5-153　机床移动座工程图　　　　图 5-154　加工的效果图

② 刀具选择　根据图形的具体尺寸（特别是孔的尺寸），现有的刀具情况以及加工方式的选择，选择 9 把刀，见表 5-2。

③ 加工步骤及加工参数设定　加工方式的选择非常关键，它关系到加工质量和加工效率，正确地选用加工方式是编程人员必须考虑的问题。本例中主要选用外形铣削和钻孔的加工方法。考虑到移动座的实际工作状态，移动座的左右两边要用外形铣削加工，孔的直径尺寸大小不一致，钻孔时要采用不同的钻孔方式，对整个零件制定了如下的加工工艺，见表 5-3。

（2）加工步骤

加工工艺确定好后，就可以利用 MasterCAM 生成对应的加工 NC 程序，本例是在所有的刀具路径全部生成好后统一进行后处理。

步骤 1：选择铣削加工模块

打开 MasterCAM X6 软件，选择主菜单中的【机床类型】→【铣床】→【默认】命令，系统进入到铣削加工模块，并自动初始化加工环境。

步骤 2：设置加工工件

在 【刀具路径】选项卡中展开【属性】节点，单击【素材设置】子节点，弹出【机器群组属性】对话框，然后切换到【素材设置】选项卡。选择工件的形状为【立方体】，在工件尺寸中 X 方向输入“276”，Y 方向输入“75”， Z 方向输入“37”，毛坯的上表面的中心点为坐标原点，其余接受缺省值，单击确定按钮 ✔ 完成工件设置。

步骤 3：绘图

根据图 5-153 俯视图所示的尺寸，在俯视图上绘出如图 5-155 所示的矩形和圆。图形的中心落在坐标原点。

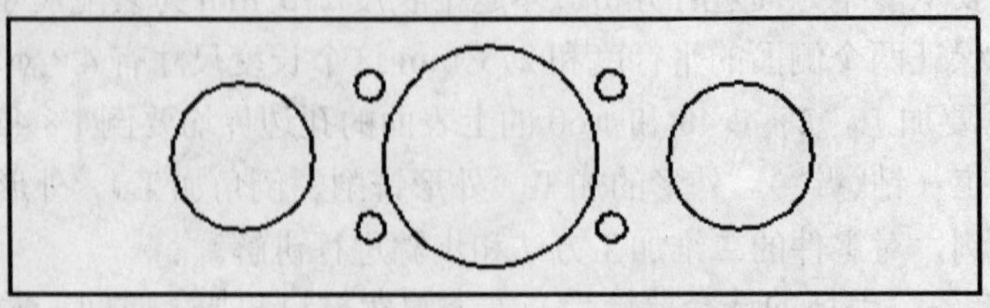

图 5-155　绘制的外形

表 5-2　选用的刀具规格

刀号	类型	直径
1	钻头	φ45mm
2	点钻	φ5mm
3	钻头	φ8mm
4	钻头	φ34mm
5	平刀	φ22mm
6	平刀	φ12mm
7	镗刀	φ40mm
8	镗刀	φ60mm
9	倒角刀	φ12mm

表 5-3　移动座的加工工艺

加工工序	刀具号码	加工方法	主轴转速 /（r/min）	主轴进给率	加工深度	预留量	加工图素
1	5 号刀	外形铣削	420	500	Z=–38	XY 方向 0.5	两条长度 75 的边
2	6 号刀	外形铣削	1800	800	Z=–38	0	同上
3	6 号刀	外形铣削	2000	1000	Z=–38	0	同上
4	4 号刀	钻孔	1100	100	Z=–47	0	2×φ40 的圆心
5	1 号刀	钻孔	800	80	Z=–50	0	φ60 的圆心
6	5 号刀	外形铣削	420	500	Z=–38	XY 方向 0.5	2×φ40 和 φ60 的圆
7	2 号刀	钻孔	1500	200	Z=–3	0	4×φ8 的圆心
8	3 号刀	钻孔	800	100	Z=–40	0	4×φ8 的圆心
9	6 号刀	外形铣削	1800	800	Z=–38	0	2×φ40 的圆和 φ60 的圆
10	7 号刀	镗孔	380	100	Z=–38	0	2×φ40 的圆心
11	8 号刀	镗孔	380	100	Z=–38	0	φ60 的圆心
12	9 号刀	外形铣削（2D 成形）	1800	800	倒角宽度 1	0	2×φ40 的圆和 φ60 的圆

步骤 4：工序 1——用【外形铣削】粗铣零件侧面

要保证 273 这个装配尺寸，要把俯视图上长度为 75 的垂直线作为加工的对象进行外形铣削，铣削的深度为“–38”，如图 5-156 所示。

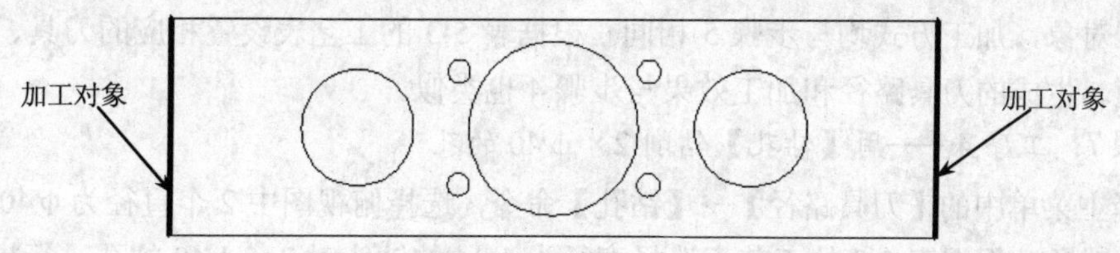

图 5-156　外形铣削的对象

选择主菜单中的【刀具路径】→【外形铣削】命令，输入“机床移动座”为刀具路径的新名称，单击确定按钮 ✔。NC 文件的名称取好之后，系统会弹出【串连选项】对话框，用单体模式选择俯视图上长度为 75 的垂直线作为加工的对象，使两条边上均产生逆时针方向的箭头。然后单击确定按钮 ✔，弹出【外形参数】对话框，选择好刀具、进给率、主轴转速、补正方式、补正方向、壁边预留量、最大粗切量、加工深度并修改好加工参数，如图 5-157 所示。生成的刀具路径和实体验证效果见图 5-158。

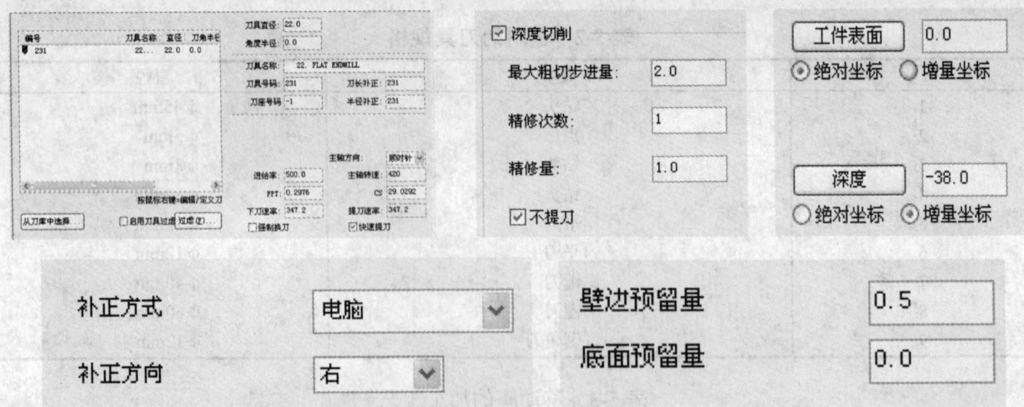

图 5-157 修改的相关参数

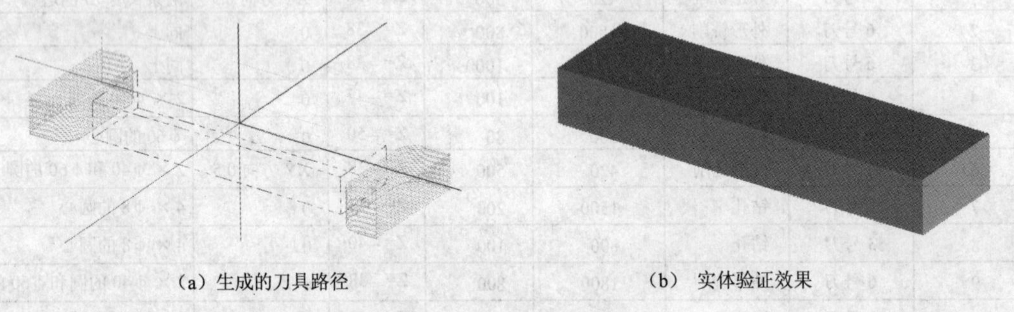

（a）生成的刀具路径　　（b） 实体验证效果

图 5-158 刀具路径及实体验证效果

步骤 5：工序 2——用【外形铣削】半精加工零件侧面

加工对象，加工方式均与步骤 4 相同。根据表 5-3 的工艺表设置相应的刀具、进给率、主轴转速，壁边预留量设置为“0”。生成的刀具路径和加工效果与步骤 4 也类似。

步骤 6：工序 3——选择【外形铣削】精加工零件侧面

加工对象，加工方式均与步骤 5 相同。根据表 5-3 的工艺表设置相应的刀具、进给率、主轴转速。生成的刀具路径和加工效果与步骤 4 也类似。

步骤 7：工序 4——用【钻孔】钻削 2× ϕ 40 的孔

选择主菜单中的【刀具路径】→【钻孔】命令，选择俯视图中 2 个直径为 ϕ 40 圆的圆心作为加工对象，根据表 5-3 的工艺表选择直径为 ϕ 34 的钻头对 2× ϕ 40 的孔进行粗钻。并设置相应的进给率、主轴转速，为了保证加工出通孔，将加工深度设置为“–47” 修改好加工参数如图 5-159 所示。生成的刀具路径和实体验证效果分别见图 5-160 和图 5-161。

步骤 8：工序 5——用【钻孔】钻削 ϕ 60 的孔

选择主菜单中的【刀具路径】→【钻孔】命令，选择俯视图中直径为 ϕ 60 圆的圆心作为加工对象，根据表 5-3 的工艺表选择直径为 ϕ 45 的钻头对 ϕ 60 的孔进行粗钻。并设置相应的进给率、主轴转速，为了保证加工出通孔，将加工深度设置为“-51”。生成的刀具路径和实体验证效果分别见图 5-162 和图 5-163。

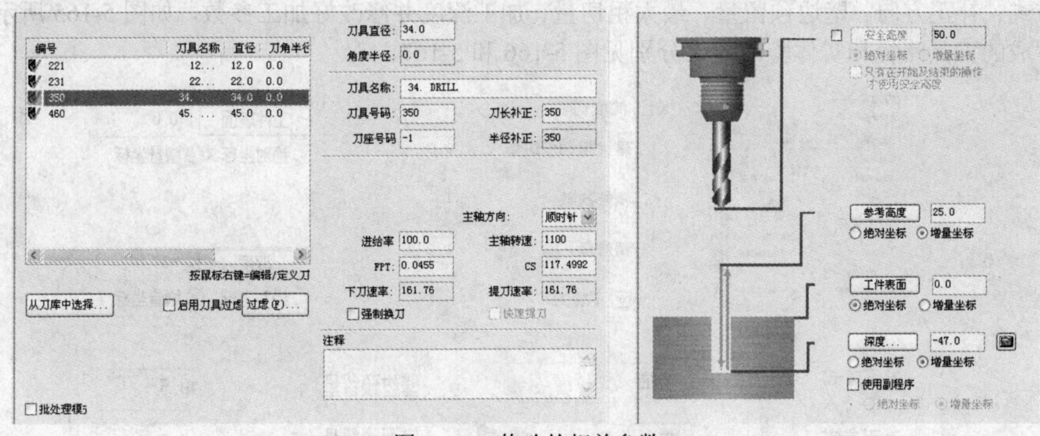

图 5-159　修改的相关参数

图 5-160　生成的刀具路径

图 5-161　实体验证效果

图 5-162　生成的刀具路径

图 5-163　实体验证效果

步骤 9：工序 6——用【外形铣削】半精加工 2×φ40 和φ60 的孔

工序 5 和工序 6 对 2×φ40 和φ60 的三个孔进行了粗钻，为了保证孔的加工尺寸要进行铣孔，用【外形铣削】方式来半精加工图 5-164 所示的三个孔。

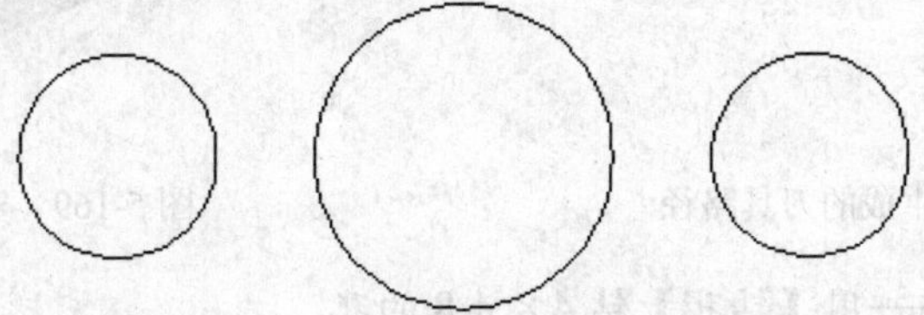

图 5-164　外形铣削的对象

选择主菜单中的【刀具路径】→【外形铣削】命令，系统会在弹出 【串连选项】对话框，选择图 5-164 所示的三个圆作为加工的对象，使三个圆上均产生逆时针方向的箭头。然后单击确定按钮[✔]，弹出【外形参数】对话框，选择好刀具、进给率、主轴转速、补正方式、补正方向、壁边预留量、最大粗切量、加工深度并修改好加工参数，如图 5-165 所示。生成的刀具路径和实体验证效果分别见图 5-166 和 5-167。

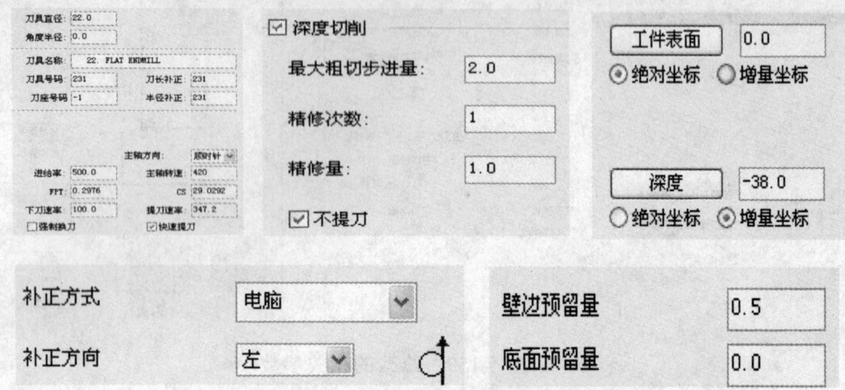

图 5-165　修改的相关参数

图 5-166　生成的刀具路径

图 5-167　实体验证效果

步骤 10：工序 7——用【钻孔】钻 4 × φ8 的定位孔

选择主菜单中的【刀具路径】→【钻孔】命令，选择俯视图中直径为 4 × φ8 圆的圆心作为加工对象，根据表 5-3 的工艺表选择直径为 φ5 的钻头钻 4 个 φ8 的定位孔。并设置相应的进给率、主轴转速，为了保证加工出通孔，将加工深度设置为“–3”。生成的刀具路径和实体验证效果分别见图 5-168 和图 5-169。

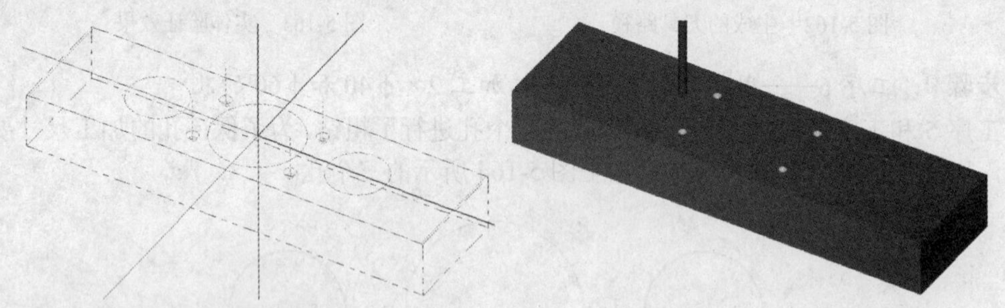

图 5-168　生成的刀具路径　　图 5-169　实体验证效果

步骤 11：工序 8——用【钻孔】钻 4 × φ8 的孔

选择主菜单中的【刀具路径】→【钻孔】命令，选择俯视图中直径为 4 × φ8 圆的圆心作为加工对象，根据表 5-3 的工艺表选择直径为 φ8 的钻头钻 4 个 φ8 的孔。并设置相应的进给率、主轴转速，为了保证加工出通孔，将加工深度设置为“-40”。生成的刀具路径和实体验证效果分别见图 5-170 和图 5-171。

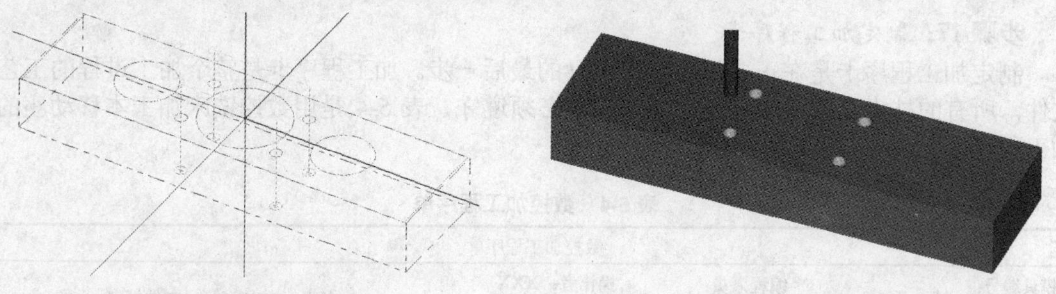

图 5-170　生成的刀具路径　　　　图 5-171　实体验证效果

步骤 12： 工序 9——用【外形铣削】半精加工 2× ϕ40 和 ϕ60 的孔

与步骤 9 操作方法相同，只是刀具、主轴转速、进给率要按表 5-3 设置，壁边预留量设置为“0”。 生成的刀具路径和实体验证效果也与步骤 9 相似。

步骤 13： 工序 10——用【钻孔】精镗 2× ϕ40 的孔

与步骤 7 操作方法相同，只是刀具、主轴转速、进给率要按表 5-3 设置 生成的刀具路径和实体验证效果也与步骤 7 相似。

步骤 14： 工序 11——用【钻孔】精镗钻 ϕ60 的孔

与步骤 8 操作方法相同，只是刀具、主轴转速、进给率要按表 5-3 设置 生成的刀具路径和实体验证效果也与步骤 8 相似。

步骤 15： 工序 12——用【外形铣削】给 2× ϕ40 和 ϕ60 的孔边倒角

选择主菜单中的【刀具路径】→【外形铣削】命令，选取绘出的 2× ϕ40 和 ϕ60 三个圆作为加工对象，使三个圆均产生逆时针方向的箭头。根据表 5-3 修改刀具参数、切削参数和共同参数，修改好加工参数如图 5-172 所示。

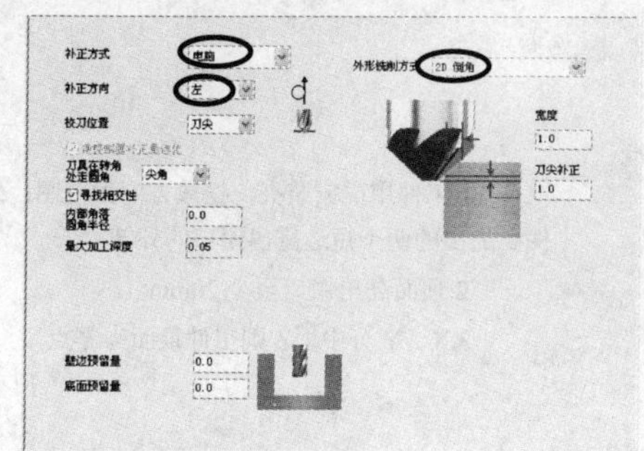

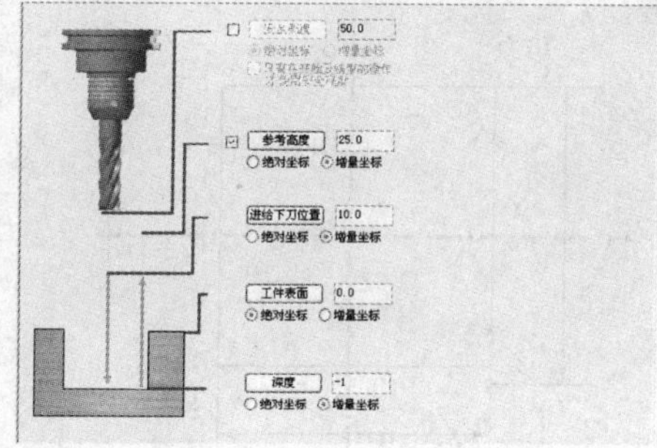

图 5-172　修改的相关参数

步骤 16： 实体验证及后处理

全部的刀具路径完成后，生成的刀具路径和实体验证效果分别见图 5-173 和图 5-174。对加工的结果满意可以进行后处理得到 NC 文件。将本例以“机床移动座”为文件名保存。

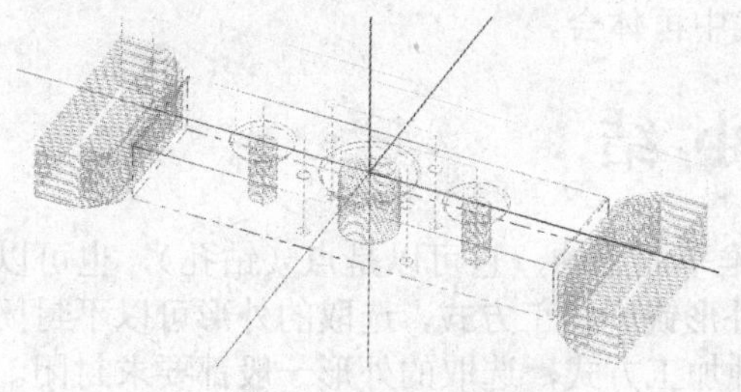

图 5-173　生成的刀具路径

图 5-174　实体验证效果

步骤 17：制定加工程序卡

制定加工程序卡是在正式加工之前进行的最后一步。加工程序卡是整个加工过程的工艺文件，所有的技术参数，装夹方法操作者都必须遵守，表 5-4 是用数控铣床加工本移动座的加工程序单。

表 5-4 数控加工程序单

数控加工程序单						
模具编号： YDZ10 图纸编号： YDZ10-A	工件名称： YDZ10 移动座	编程人员： ××× 编程时间： 2012.11.10	操作者：XXX 开始时间：2012.11.15 完工时间： 2012.11.16		检验：XXX 检验时间： XXX	文件档名： D：\加工零件\ YDZ10-A.MCX-6
序号	程序号	加工方式	刀具	切削深度	理论加工进给率	备注
1	YDZ1.NC	外形铣削	ϕ22（平）	Z=−38	500	开粗
2	YDZ2.NC	外形铣削	ϕ12（平）	Z=−38	800	半精加工
3	YDZ3.NC	外形铣削	ϕ12（平）	Z=−38	1000	精加工
4	YDZ4.NC	钻孔	ϕ34 钻头	Z=−47	100	开粗
5	YDZ5.NC	钻孔	ϕ45 钻头	Z=−51	80	开粗
6	YDZ6.NC	外形铣削	ϕ22（平）	Z=−37.5	500	半精加工
7	YDZ7.NC	钻孔	ϕ5 钻头	Z=−3	200	开粗
8	YDZ8.NC	钻孔	ϕ8 钻头	Z=−40	100	精加工
9	YDZ9.NC	外形铣削	ϕ12（平）	Z=−38	800	半精加工
10	YDZ10.NC	镗孔	ϕ40 镗刀	Z=−38	100	精加工
11	YDZ11.NC	镗孔	ϕ60 镗刀	Z=−38	100	精加工
12	YDZ12NC	外形铣削	ϕ12（成形刀）	倒角宽度 1	500	精加工

装夹示意图：

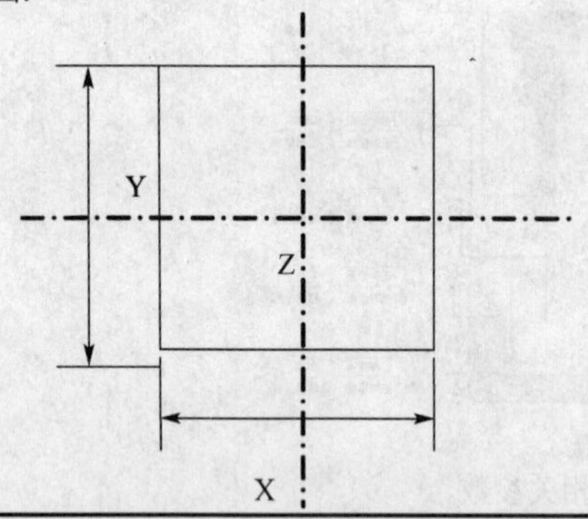

1.工件用虎钳装夹，摆放方向如左图；要保证工件要加工的两个短边露出钳口的外部

2.顶面高出钳口至少 20mm

3.X、Y 分中，Z 则工件顶面为零点

小结：本例中以实际生产的典型零件为例，主要对加工路线、加工方法、加工参数进行了讲解，读者要明白的是真正的加工不是一步两步能够完成的，真正的加工工艺也不是一两天能够掌握的，现在要做的是能对各种加工的刀具路径的适用场合、刀具的选择有详细的了解。对于合理的工艺参数只能在以后的具体实践中再体会。

本章小结

二维刀具路径需要的加工对象是绘制在二维平面上的，它可以是点（钻孔），也可以是线（外形铣削、挖槽、平面铣削、雕刻）。对于外形铣削加工方式，选取的外形可以不封闭也可以封闭，而对于挖槽、平面铣削、雕刻这几种加工方式，选取的外形一般都要求封闭。二维刀具路径加工的深度由共同参数中【深度】来控制的，一般为负值。在二维切削中，刀具不用同时在 XYZ 三个方向上进给，钻孔时刀具只作 Z 方向的切削进给，其余加工方式时刀具只在 XY 平面内进行切削进给。

综 合 练 习

1．已知毛坯为 120mm × 80mm × 30mm 的长方体，材质为铝材。要在加工出如图 5-175 所示的零件，请选择合理的加工方法与加工工艺参数。

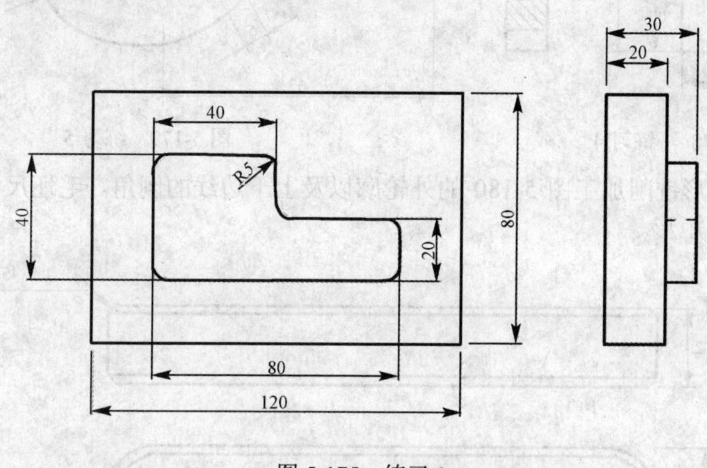

图 5-175　练习 1

2．已知毛坯为 ϕ 110mm × 17mm 的圆形坯料，材质为铝材。要求选用合适的刀具路径加工图 5-176 所示的零件。

3．要求采用合适的刀具路径加工图 5-177 所示的零件，零件材质为铝材，毛坯尺寸为 120mm × 80mm × × 25 mm 矩形坯料。

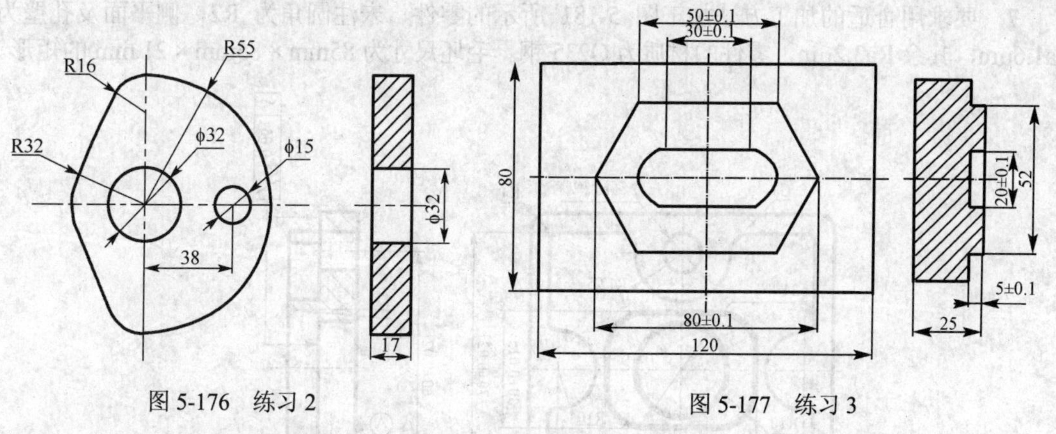

图 5-176　练习 2　　图 5-177　练习 3

4．已知毛坯为 120mm × 75mm × 18mm 矩形坯料，零件材质为铝材。要求选用合适的刀具路径加工图 5-178 所示的图形。

5．要求用外形铣削加工图 5-179 的外轮廓，材质为铝材。用挖槽加工加工中间的通孔。并选择合适的毛坯尺寸。

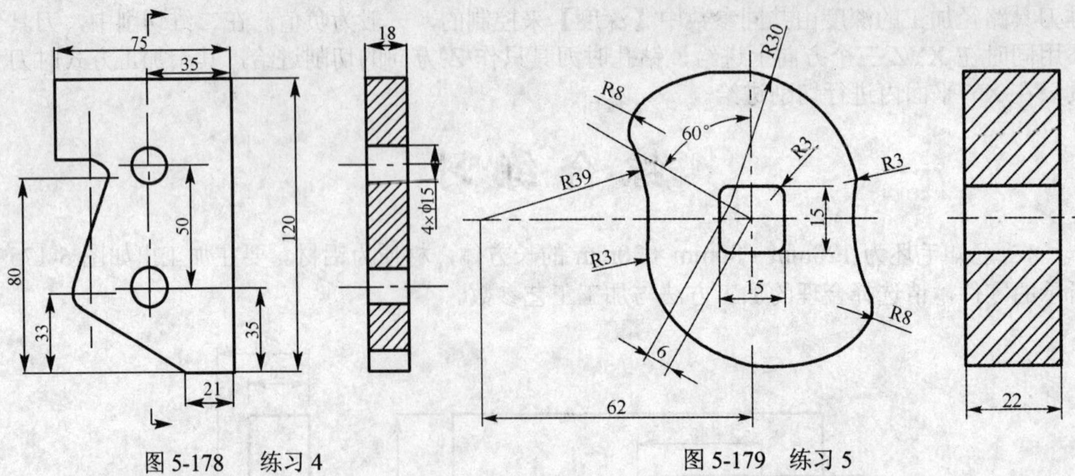

图 5-178　练习 4　　　图 5-179　练习 5

6．要求用外形铣削加工图 5-180 的外轮廓以及上下边线的倒角。毛坯尺寸为 100mm × 18mm × 14 mm 的矩形。

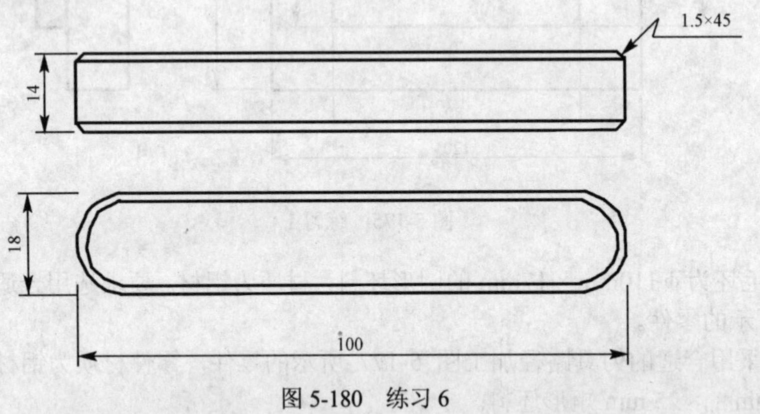

图 5-180　练习 6

7．要求用合适的加工方法加工图 5-181 所示的零件，未注圆角为 R2，侧平面及孔壁为 Ra1.6μm，其余 Ra3.2μm，零件的材质为 Q235 钢。毛坯尺寸为 85mm × 85mm × 21 mm 的矩形。

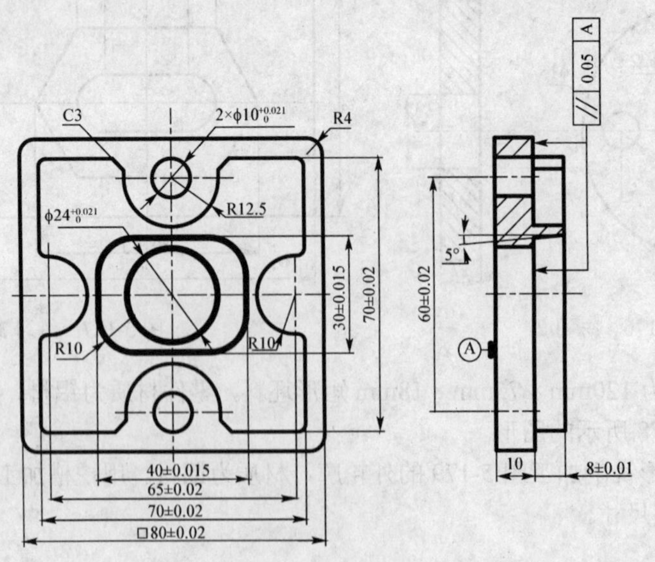

图 5-181　练习 7

8．要求用合适的加工方法加工图 5-182 所示的零件，未注圆角为 R2，侧平面及孔壁为 Ra1.6μm，其余 Ra3.2μm，零件的材质为 45 钢。毛坯尺寸为 85mm × 85mm × 21 mm 的矩形。

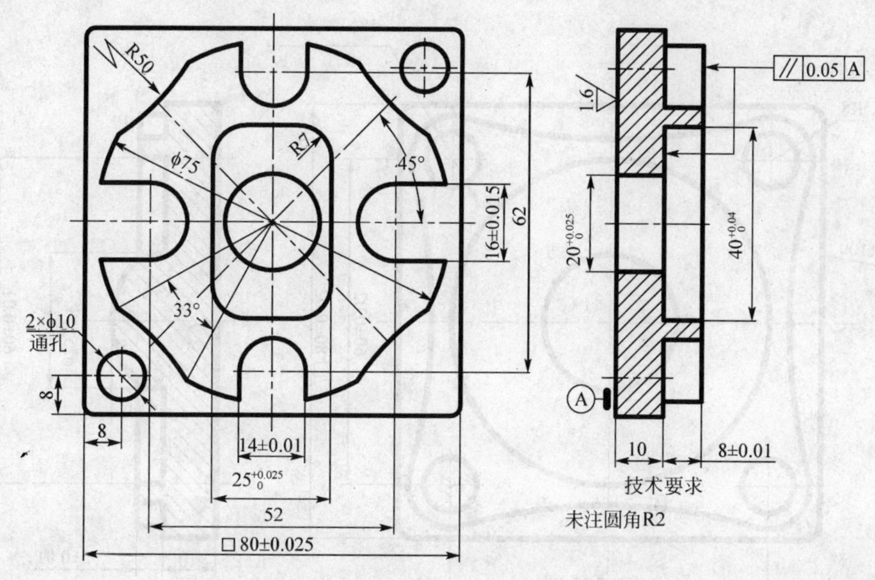

图 5-182　练习 8

9．要求用合适的加工方法加工图 5-183 所示的零件，未注圆角为 R2，侧平面及孔壁为 Ra1.6μm，其余 Ra3.2μm，零件的材质为 45 钢。毛坯尺寸为 85mm × 85mm × 21 mm 的矩形。

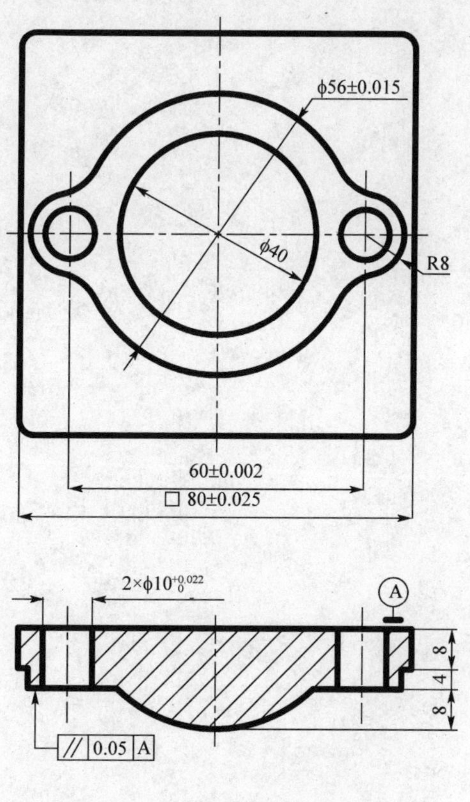

图 5-183　练习 9

10．要求用合适的加工方法加工图 5-184 所示的零件，未注圆角为 R2，侧平面及孔壁为 Ra1.6μm，其余 Ra3.2μm，零件的材质为 45 钢。毛坯尺寸为 85mm × 85mm × 21 mm 的矩形。

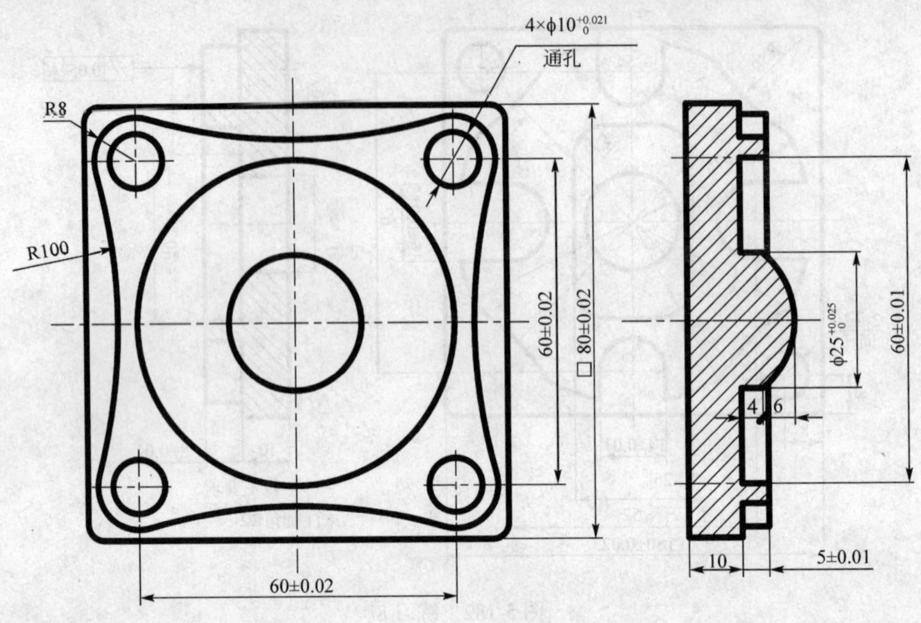

图 5-184 练习 10

第 6 章　三维刀具路径

在 MasterCAM 中，有些复杂的零件用二维刀具路径无法加工，这时就要考虑采用三维刀具路径或其他了。曲面加工是使用最多且应用最广的三维刀具路径方式，也是本章重点介绍的三维刀具路径方式。曲面加工按加工的类型分为曲面粗加工和曲面精加工，在实际加工中，需要根据零件的特点进行选择，首先从粗加工刀具路径中选择刀具路径类型，完成零件的粗加工，再从精加工刀具路径类型中选择一种或几种精加工刀具路径类型，完成零件的半精加工和精加工。

6.1　三维刀具路径的种类

曲面粗精加工主要用于加工曲面、实体表面及实体。由于零件的形状及种类较多，因此 MasterCAM X6 提供了 8 种曲面粗加工方法和 11 种曲面精加工方法，它们均位于【刀具路径】主菜单下，如图 6-1 所示。曲面粗/精加工类型及加工范围见表 6-1。

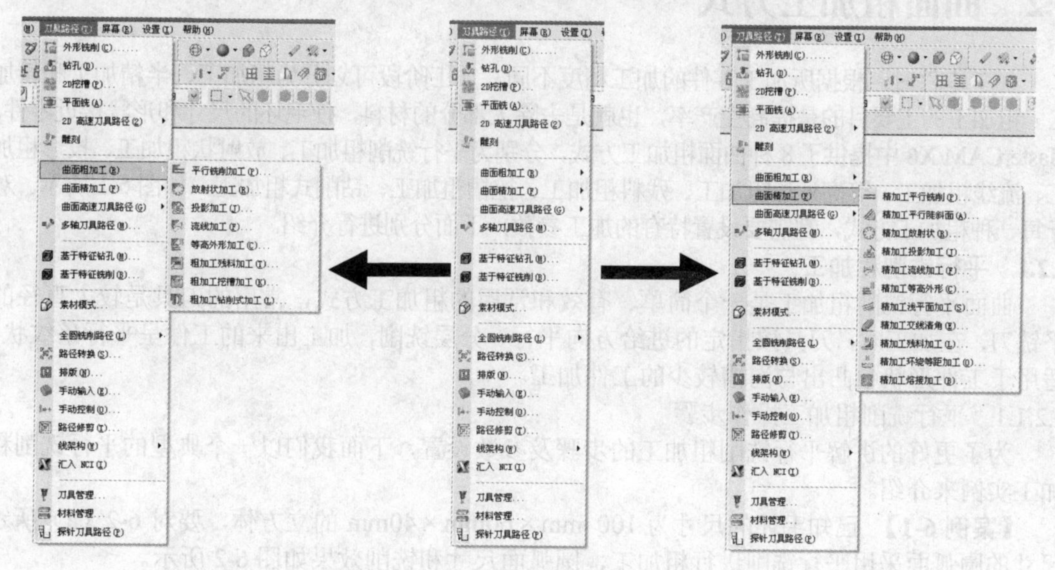

（a）8 种粗加工　　（b）11 种精加工

图 6-1　曲面加工命令位置

表 6-1　曲面粗/精加工类型及加工范围

类型	名称	加工范围
粗加工刀具路径	平行铣削粗加工	是一种常用的加工方法，产生一组相互平行的粗切削刀具路径，适合较平坦的单一凸或凹的曲面加工
	放射状粗加工	是围绕一个旋转中心点（人为指定）向外放射状发散，适合对称或近似对称的表面，特别是回转表面
	投影粗加工	主要是将已有的刀具路径或几何图形投影到曲面上生成粗加工刀具路径
	曲面流线粗加工	此加工方法能沿着曲面的流线方向生成刀具路径

续表

类型	名称	加工范围
粗加工刀具路径	等高外形粗加工	是指用刀具一层一层切除多余的毛坯，主要适用于外形基本成形或一些铸件的加工
	残料粗加工	生成用于清除前一刀具路径所剩余材料的加工路径
	挖槽粗加工	是指可以根据曲面形态自动选取不同的刀具运动轨迹来去除材料，主要用来对凹槽形曲面形态进行加工，加工质量不太高
	钻削式粗加工	主要是依曲面形态，在 Z 方向下降生成粗加工刀具路径
精加工刀具路径	平行式精加工	生成一组按特定角度相互平行的切削精加工刀具路径
	陡斜面精加工	生成用于清除曲面斜坡上残留材料的精加工刀具路径
	放射状精加工	生成放射状的精加工路径
	投影精加工	将已有的刀具路径或几何图形投影到曲面上生成精加工刀具路径
	曲面流线精加工	沿曲面流线方向生成精加工刀具路径
	等高外形精加工	沿曲面的等高线生成精加工刀具路径
	浅平面精加工	生成用于清除曲面浅平面部分残留材料的精加工路径
	交线清角精加工	生成用于清除曲面间交角部分残留材料的精加工路径
	残料清角精加工	生成用于清除因使用较大直径刀具加工后所残留材料的精加工路径
	环绕等距精加工	生成一种在三维方向等距环绕工件曲面的精加工路径
	熔接精加工	也称混合精加工，在两条熔接曲线内部生成刀具路径，再投影到曲面上生成混合精加工刀具路径

6.2 曲面粗加工方式

加工零件时，根据所加工零件的加工精度不同，加工阶段可划分为粗加工、半精加工和精加工。粗加工的主要目的是提高生产率，也就是去除大部分的材料，使毛坯的尺寸和形状接近零件。MasterCAM X6 中提供了 8 种曲面粗加工方式，分别为平行铣削粗加工、放射状粗加工、投影粗加工、流线粗加工、等高外形粗加工、残料粗加工、挖槽粗加工、钻削式粗加工，如图 6-1 所示。对于每一种粗加工方式，都需要设置特有的加工参数，下面分别进行介绍。

6.2.1 平行铣削粗加工

曲面平行铣削粗加工是一个简单、有效和常用的粗加工方式，常用的刀具是较大直径的平铣刀，在加工时，刀具按指定的进给方向平行、分层铣削，加工出来的工件呈平行条纹状，适用于工件形状中凸出与沟槽较少的工件加工。

6.2.1.1 平行铣削粗加工操作步骤

为了更好的讲解平行铣削粗加工的步骤及参数设置，下面我们以一个典型的平行铣削粗加工实例来介绍。

【案例 6-1】 已知毛坯的尺寸为 100 mm × 60mm × 40mm 的立方体，要对 6-2（a）所示尺寸的圆弧面采用平行铣削进行粗加工，圆弧面尺寸和铣削效果如图 6-2 所示。

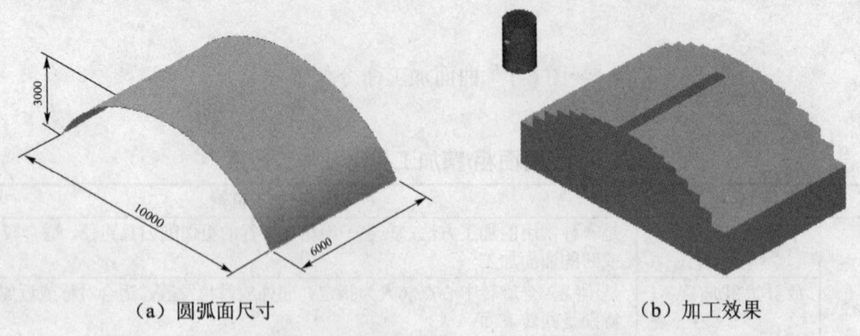

（a）圆弧面尺寸　　（b）加工效果

图 6-2 圆弧面尺寸及平行铣削效果图

步骤 1：绘制圆弧面模型如图 6-2（a）所示，选择主菜单【机床类型】→【铣床】→【默认选项】命令，进入加工模式。

步骤 2：选择菜单【刀具路径】→【曲面粗加工】→【平行铣削加工】选项。

步骤 3：出现【选取工件的形状】对话框，选中“凸”选项，如图 6-3 所示，单击【确定】按钮 ✓ 。系统对工件的形状有“凸”、“凹”和“未定义”三种定义，如图 6-3 所示。凸凹形状选择窗口只是为用户预定加工参数而已，其含义见表 6-2。

表 6-2　工件形状选项说明

选项	说　明
凸	系统将自动调整平行铣削的某些参数，其中切削方式设置为“单向切削”，Z 方向的控制设置为“双向切削”，“允许沿面上升（+Z）切削”复选框也会选中
凹	系统将自动调整平行铣削的某些参数，其中切削方式设置为“双向切削”，Z 方向的控制设置为“切削路径允许连续下刀及提刀”，“允许沿面下降（-Z）切削”和“允许沿面上升（+Z）切削”复选框也会选中
未定义	参数将采用默认前一次平行铣削时所用的设置参数

步骤 4：出现【输入新的 NC 名称】对话框，输入“粗加工平行铣削加工”，如图 6-4 所示，单击【确定】按钮 ✓ 。

步骤 5：系统出现【选择加工曲面】提示，选择图 6-2（a）所示的圆弧面，按回车键。

步骤 6：出现【刀具路径的曲面选取】对话框，如图 6-5 所示，单击【边界范围】按钮，出现图 6-6 所示的【串连选项】对话框，单击 按钮，选择圆弧面四周边界，单击【确定】按钮 ✓ ，返回【刀具路径的曲面选取】对话框。

图 6-3 【选取工件形状】对话框

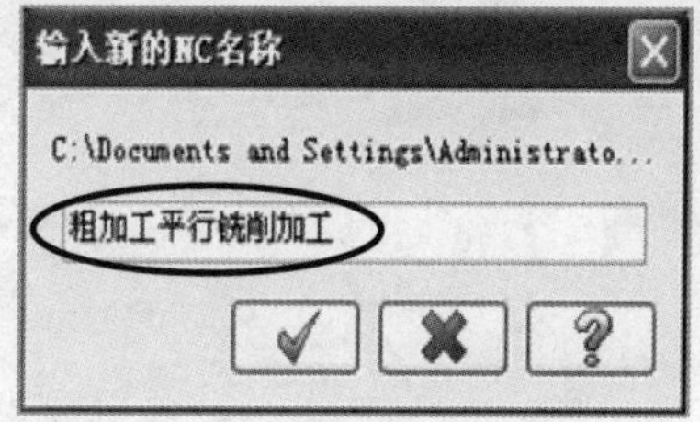

图 6-4 【输入新的 NC 名称】对话框

步骤 7：单击指定下刀点按钮。在电脑键盘上直接输入“0,0,25”，如图 6-7 所示，按回车键， 返回【刀具路径的曲面选取】对话框单击确定 ✓ 。

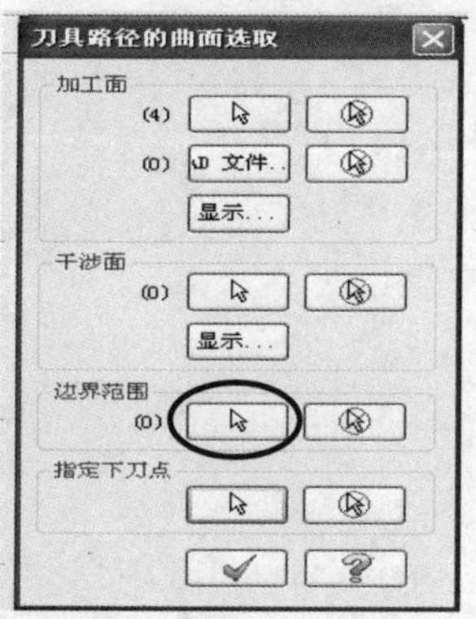

图 6-5 【刀具路径的曲面选取】对话框

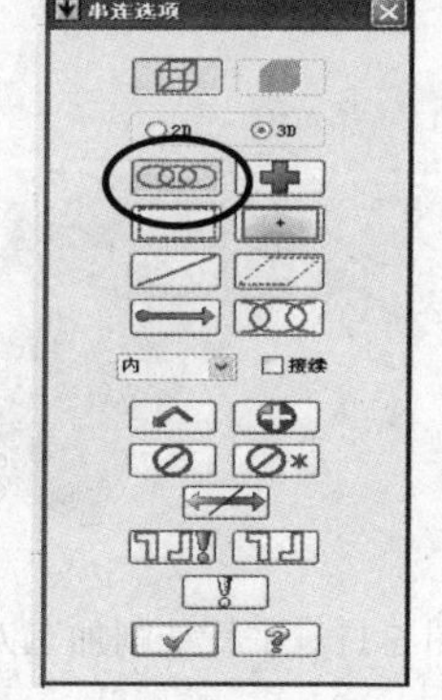

图 6-6 【串连选项】对话框

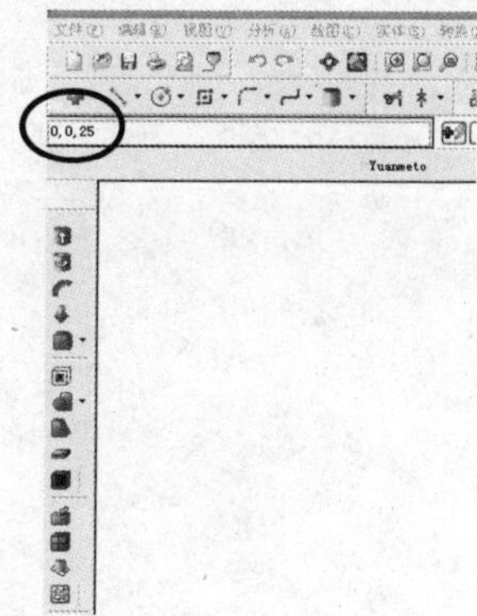

图 6-7　指定下刀点输入

步骤 8：出现【曲面粗加工平行铣削】对话框，选择【刀具路径参数】，创建一把直径为12mm的平铣刀，修改对话框右边所示的切削用量，如图6-8所示。

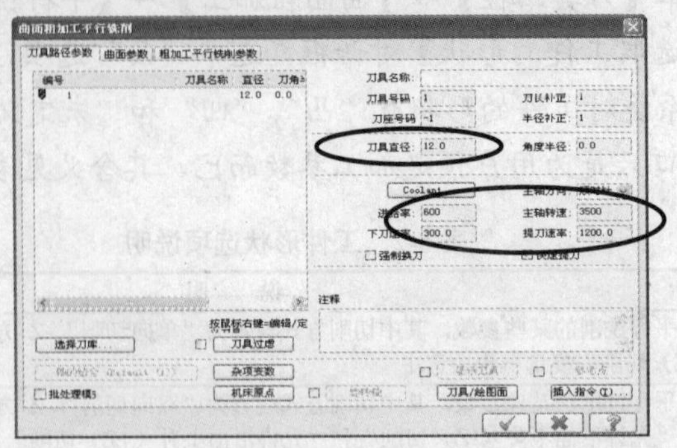

图6-8 【刀具路径参数】对话框

步骤 9：切换到【曲面参数】对话框，设置【加工面预留量】为"0.5"，如图6-9所示。

步骤 10：切换到【粗加工平行铣削参数】对话框，设置【取大切削间距】为"6"，【加工角度】为"90"，如图6-10所示，单击【确定】按钮 ✓ 。产生的刀具路径如图6-11所示。

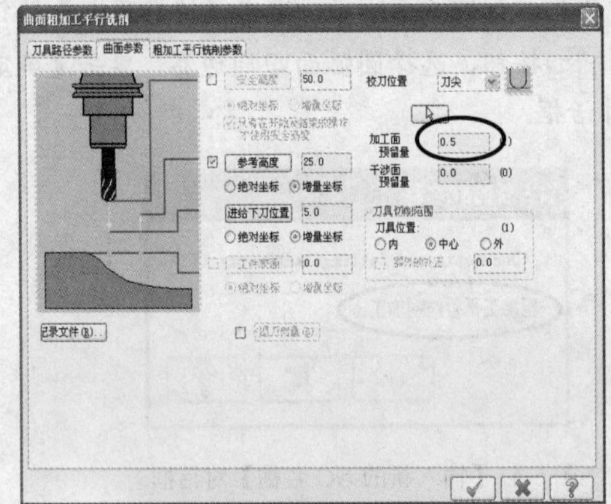

图6-9 【曲面参数】对话框

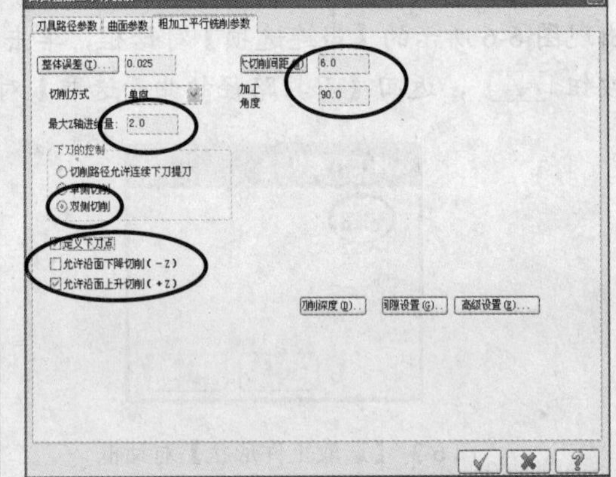

图 6-10 【粗加工平行铣削参数】对话框

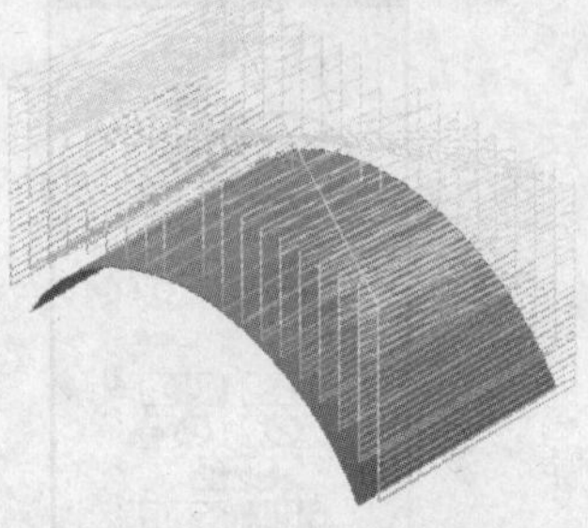

图6-11 平行铣削加工刀具路径

6.2.1.2 平行铣削粗加工参数设置

在平行铣削加工的所有参数中，铣削参数是非常重要的加工参数。平行铣削参数包括整体误差、加工角度、最大切削间距、切削方式、最大 Z 轴进给量、下刀控制、定义下刀点等，如图 6-10 所示。

① 整体误差：公差值越小，加工得到的曲面就越接近真实曲面，加工时间也就越长，在粗加工阶段，可以设置较大的公差值（建议设置为 0.05 左右），以提高加工效率。在精加工阶段，往往需要设置得比较低（建议设置为 0.0025 左右），以获得更好的加工质量。

② 加工角度：切削时刀具的运动角度。选择加工角度时，一般设置精加工与粗加工时的角度不同，如相互垂直，这样可以减少粗加工的刀痕，以获得更好的表面加工质量。案例 6-1 中采用的是“90”，即刀具的走刀路线与 X 轴正方向的夹角为 90°。

③ 最大切削间距：设定同一层相邻两条刀具路径之间的最大距离，显然应该比刀具直径小，否则中间仍有一部分材料切不到，通常粗加工采用平铣刀，建议设置为刀具直径的 50%～75%左右。

④ 切削方式：有单向和双向两个选项，单向指刀具沿一个方向切削，反方向不进行切削（空行程）。双向指刀具在正、反两方向都进行切削。

⑤ 最大 Z 轴进给量：定义在 Z 方向的最大切削厚度，这个参数需要依据实际的生产条件选择。

⑥ 下刀控制：有如下三个单选项（三个里面只能选其一）。

允许连续下刀及提刀——可顺着曲面的起伏连续下刀和提刀。

单侧切削——只沿曲面的一侧下刀和提刀。

双侧切削——可沿曲面的两侧下刀和提刀。

⑦ 定义下刀点：用于设置刀具的起始下刀点。若选择此项，系统将会采用用户选取的点作为下刀点，否则系统会选择左下角点为下刀点。

6.2.2 放射状粗加工

放射状粗加工是以指定点为径向中心，进行放射状分层切削粗加工，加工出来的工件表面呈平行条纹状。这种粗加工方法主要适合圆形曲面加工，但由于这种刀具路径是径向加工的，会导致重叠刀路多，提刀次数多，刀路计算时间长，加工效率低。

6.2.2.1 放射状粗加工操作步骤

为了更好的讲解放射状粗加工的步骤及参数设置，下面我们以一个典型的放射状粗加工实例来介绍。

【案例 6-2】 利用放射状粗加工命令对图 6-12（b）所示的曲面进行加工，毛坯尺寸为 φ 64mm × 50mm。

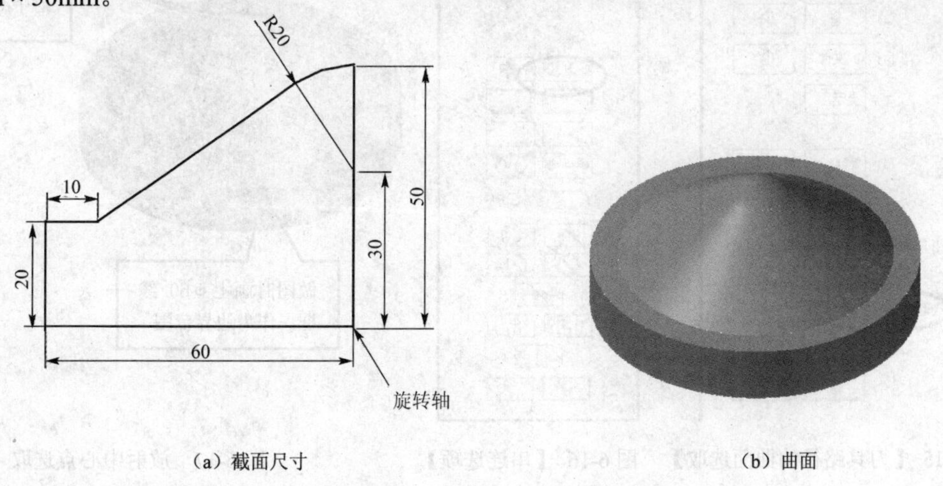

（a）截面尺寸　　（b）曲面

图 6-12　截面尺寸及曲面图

步骤 1：绘制曲面模型如图 6-12（b）所示，选择主菜单【机床类型】→【铣床】→【默认选项】命令，进入加工模式。

步骤 2：选择菜单【刀具路径】→【曲面粗加工】→【放射状粗加工】。

步骤 3：出现【选取工件的形状】对话框，选中“凸”单选项，如图 6-13 所示，单击【确定】按钮 。

步骤 4：出现【输入新的 NC 名称】对话框，输入“放射状粗加工”，如图 6-14 所示，单击【确定】按钮 。

图 6-13 【选取工件的形状】对话框

图 6-14 【输入新的 NC 名称】对话框

步骤 5：系统出现【选择加工曲面】提示，选择图 6-12（b）所示的曲面，按回车键。

步骤 6：出现【刀具路径的曲面选取】对话框，如图 6-15 所示，单击【边界范围】按钮，出现图 6-16 所示的【串连选项】对话框，单击 按钮，选择圆弧面四周边界（画图的时候可在圆柱的上表面画多一个 φ60 线框，做加工边界），单击【确定】按钮 ，返回【刀具路径的曲面选取】对话框。

步骤 7：在返回的【刀具路径的曲面选取】对话框中【选取放射中心点】按钮，选择工件曲面顶点，如图 6-17 所示，单击【刀具路径的曲面选取】对话框【确定】按钮 。

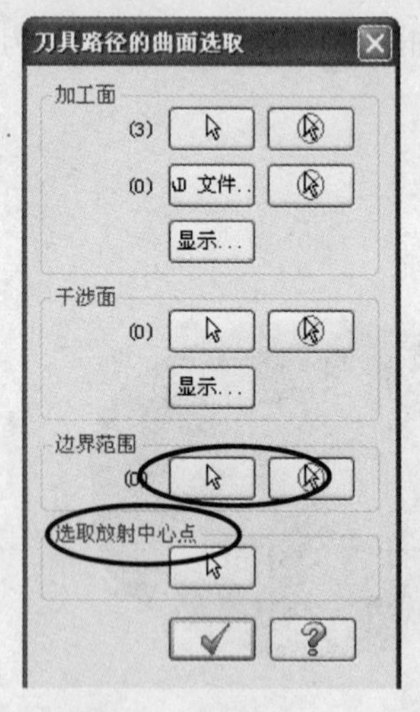

图 6-15 【刀具路径的曲面选取】对话框

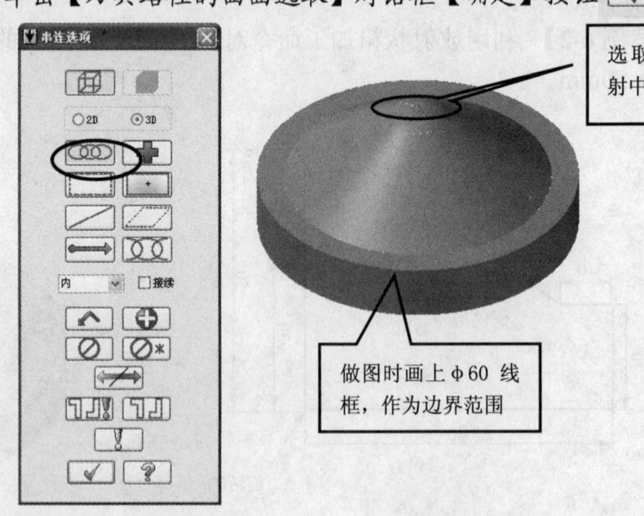

图 6-16 【串连选项】

图 6-17 放射中心点选取

步骤 8：出现【曲面粗加工放射状】对话框，选择【刀具路径参数】，创建一把直径为

10mm 的球铣刀，修改对话框右边所示的切削用量，如图 6-18 所示。

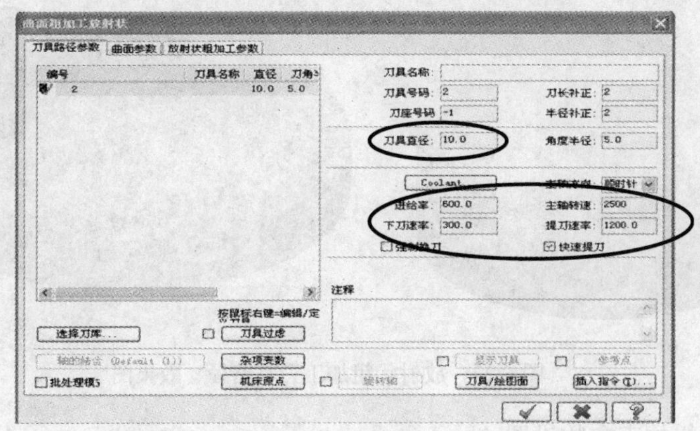

图 6-18 【刀具路径参数】对话框

步骤 9：切换到【曲面参数】对话框，如图 6-19 所示设置【加工面预留量】为“1”，设【校刀位置】为“刀尖”，【刀具位置】为“中心”，并启动“进/退刀向量”复选框，对弹出的【方向】对话框进行如图 6-20 的设置。

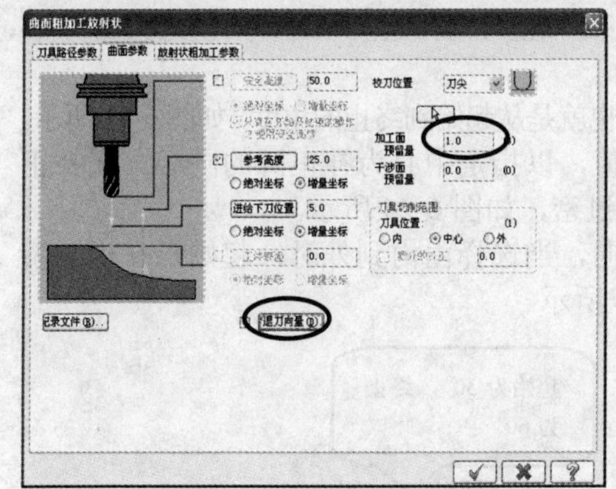

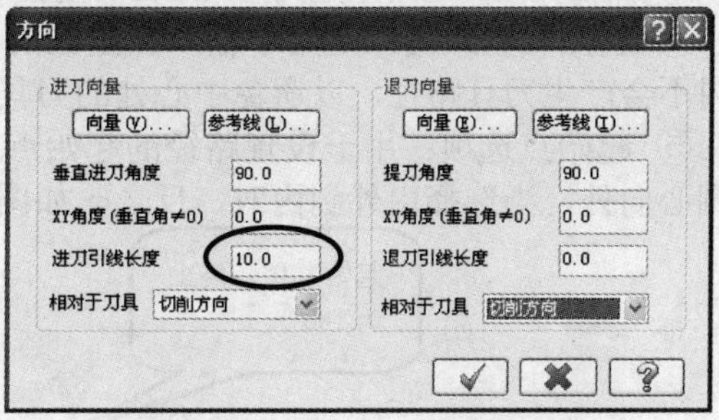

图 6-19 【曲面参数】对话框

图 6-20 【进/退刀向量】对话框

步骤 10：切换到【放射状粗加工参数】对话框，设置【最大角度增量】为“5”，【切削方式】为“双向”，如图 6-21 所示。单击【确定】按钮 ✓。产生的刀具路径、效果如图 6-22 所示。

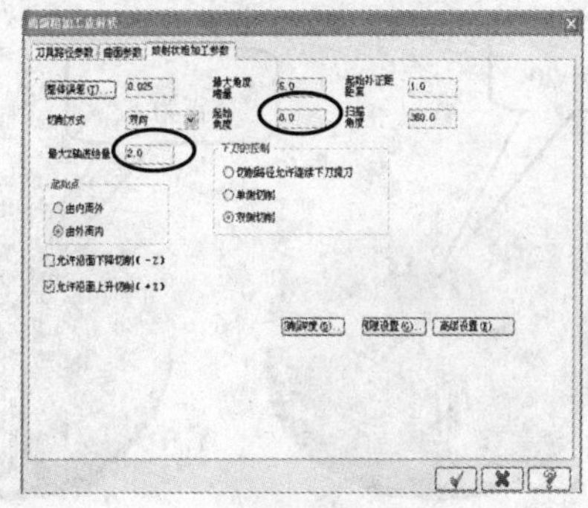

图 6-21 【放射状粗加工参数】对话框

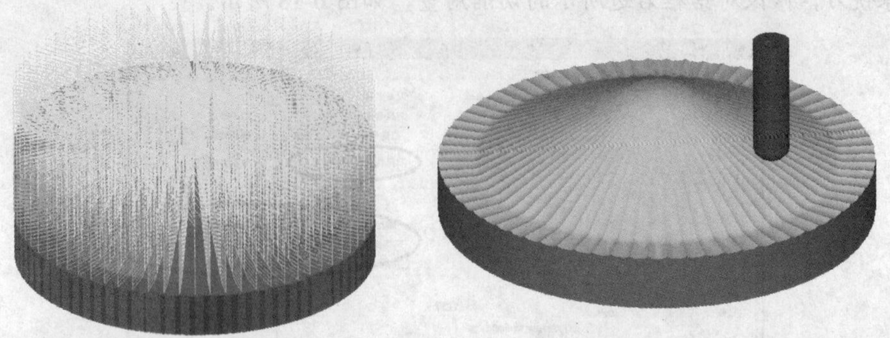

图 6-22 放射状粗加工刀具路径、效果图

6.2.2.2 放射状粗加工参数设置

在图 6-21 所示的【放射状粗加工参数】对话框中，有最大角度增量、起始角度、扫描角度、起始补正距离、起始点选项参数，下面分别介绍。

① 最大角度增量：是相邻两条刀具路径之间的夹角控制加工路径的密度，类似于平行铣削的最大间距。因此应根据工件大小和表面形状酌情选择。

② 起始角度：是用来定义路径的起始位置，从 X 轴正方向算起，顺时针为正，如图 6-23 所示。

③ 扫描角度：是用来定义刀具路径的覆盖范围，也就是从起始到终止的角度，如图 6-23 所示。

④ 起始补正距离：是用于输入补正圆的半径值，以指定中心为补正圆的圆心，在补正圆内不会产生刀具路径，以避免中心处的刀具路径过密，如图 6-24 所示。

⑤ 起始点选项：用于设置路径的起始点及方向，当选择由内到外时，起始点在内，刀由圆心向外，当选择由外到内时，反之，如图 6-24 所示。

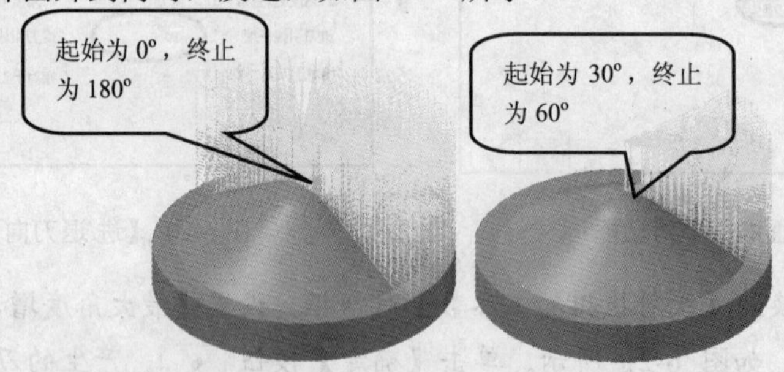

图 6-23 起始与扫描角度设置

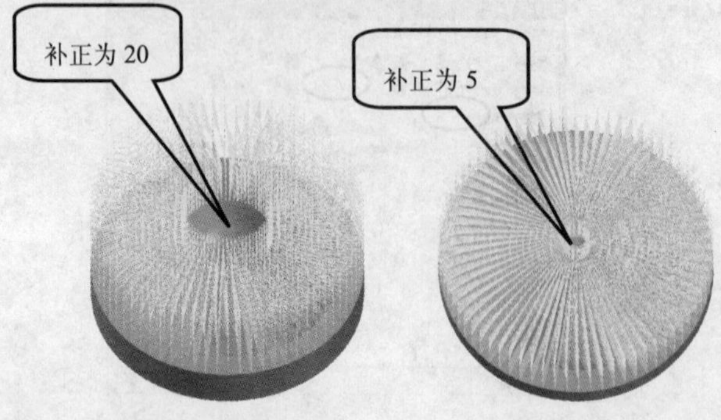

图 6-24 起始补正距离设置

6.2.3　投影粗加工

投影粗加工就是将已经产生的刀具路径或几何图形（点、曲线）投影在待加工曲面上进行切削而产生的刀具路径。投影后的刀具路径只是改变了 Z 坐标值，X、Y 方向的坐标并没有改变。主要用于在曲面上雕刻一些文字、图案或标记等。

为了更好的投影粗加工的步骤及参数设置，下面以一个典型的投影粗加工实例来介绍。

【案例 6-3】 利用投影加工粗加工命令，将字符“广东松山职业技术学院、宽、厚、平、和”投影到曲面进行加工。其中，字符“广东松山职业技术学院”字高为 10mm，圆弧底部，圆弧半径为 28mm，圆弧中心为曲面中心。“宽、厚、平、和” 字高为 10mm，水平放置。所有的字符离曲面高为 30mm，要求在曲面上采用投影加工粗加工铣深 1mm，预留 0.5 mm 采用后面 6.3.4 的精加工投影进行加工。其中曲面截面尺寸如图 6-25（a）所示，毛坯为 φ 100mm × 22mm 的圆柱。

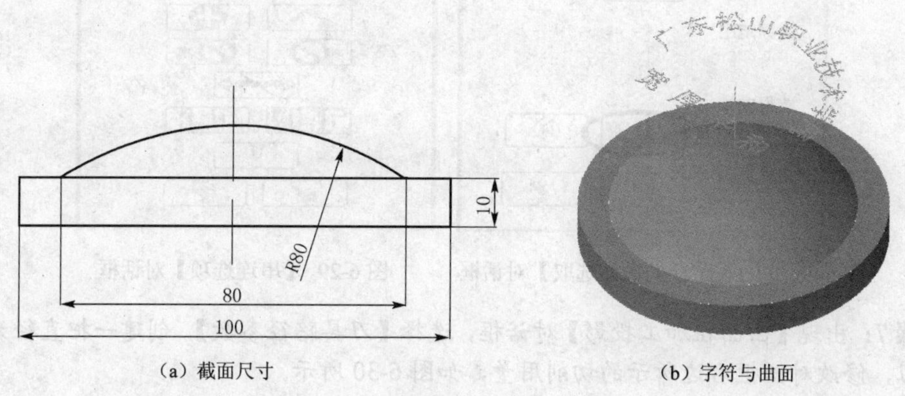

（a）截面尺寸　　（b）字符与曲面

图 6-25　截面尺寸与字符、曲面

步骤 1：绘制曲面与字符如图 6-25（b）所示，选择主菜单【机床类型】→【铣床】→【默认选项】命令，进入加工模式。

步骤 2：选择菜单【刀具路径】→【曲面粗加工】→【投影加工】。

步骤 3：出现【选取工件的形状】对话框，选中 “未定义”选项，如图 6-26 所示，单击【确定】按钮 。

步骤 4：出现【输入新的 NC 名称】对话框，输入“投影粗加工”，如图 6-27 所示，单击【确定】按钮 。

图 6-26 【选取工件的形状】对话框　　图 6-27 【输入新的 NC 名称】对话框

步骤 5：系统出现【选择加工曲面】提示，选择图 6-25（b）的圆弧面，按回车键。

步骤 6：出现【刀具路径的曲面选取】对话框，如图 6-28 所示，单击【选择曲线】按钮，出现图 6-29 所示的【串连选项】对话框，单击 [窗选按钮] 窗选方式，选择所有书写的文字，单击【串连选项】对话框中的【确定】按钮 [✓]，返回【刀具路径的曲面选取】对话框，单击【确定】按钮 [✓]。

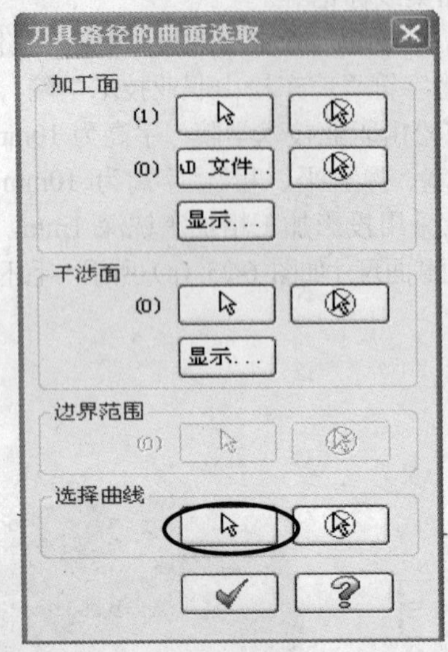

图 6-28 【刀具路径的曲面选取】对话框

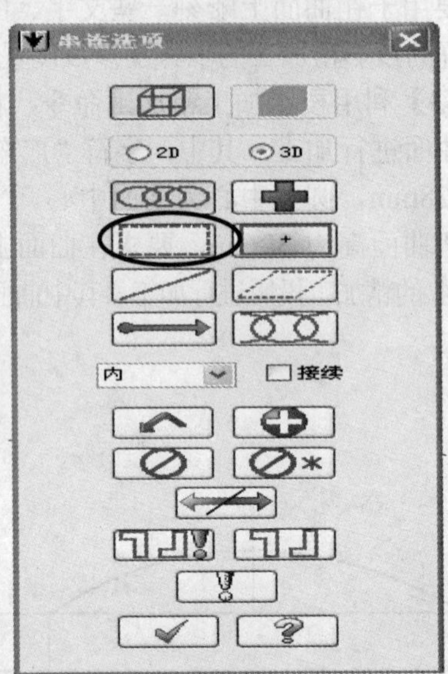

图 6-29 【串连选项】对话框

步骤 7：出现【曲面粗加工投影】对话框，选择【刀具路径参数】，创建一把直径为 1mm 的球铣刀，修改对话框右边所示的切削用量，如图 6-30 所示。

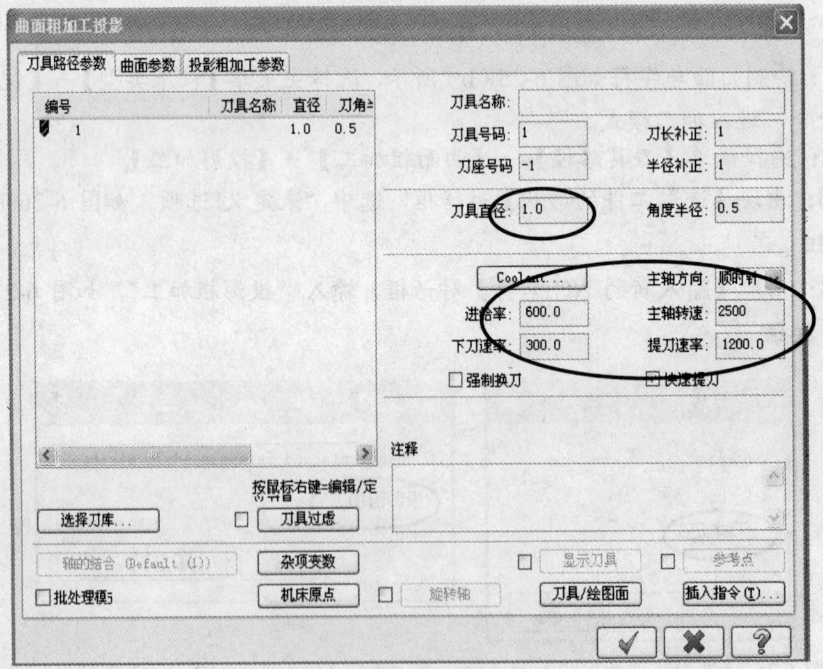

图 6-30 【刀具路径参数】对话框

步骤 8：切换到【曲面参数】对话框，如图 6-31 所示设置【加工面预留量】为“-1”，设

【校刀位置】为“刀尖”。

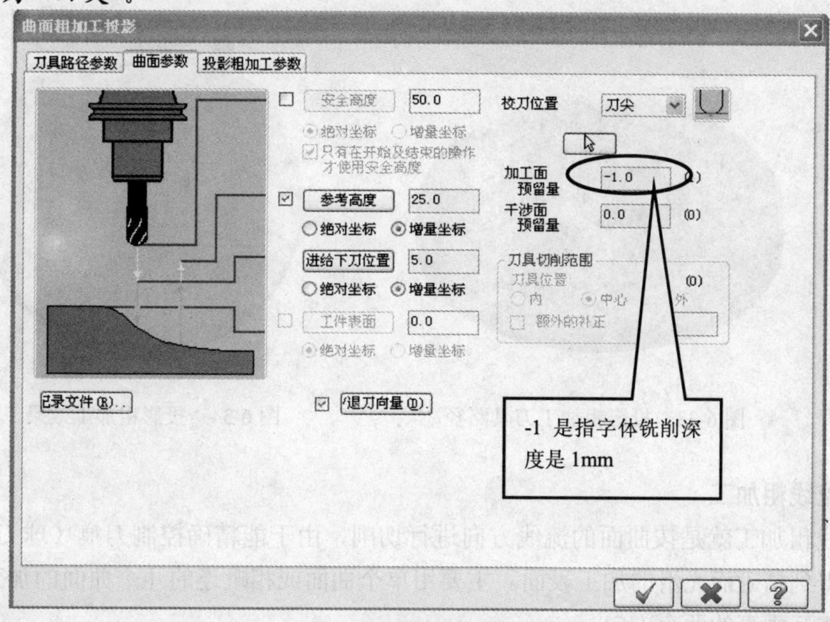

图 6-31 【曲面参数】对话框

步骤 9：切换到【投影粗加工参数】对话框，投影方式选择“曲线”，设置如图 6-32 所示，单击【确定】按钮 ✓。产生的刀具路径、效果如图 6-33、图 6-34 所示。在图 6-32 中，“投影方式”有三种选项方式，其中“NCI”是指选取已生成的刀具路径进行投影计算，选中这一项时，用户可以在右边的“原始操作”中选取要投影的刀具路径。“曲线”是指选取已绘制的直线、圆弧、文字等进行投影计算。“点”是指选取已绘制的点进行计算。

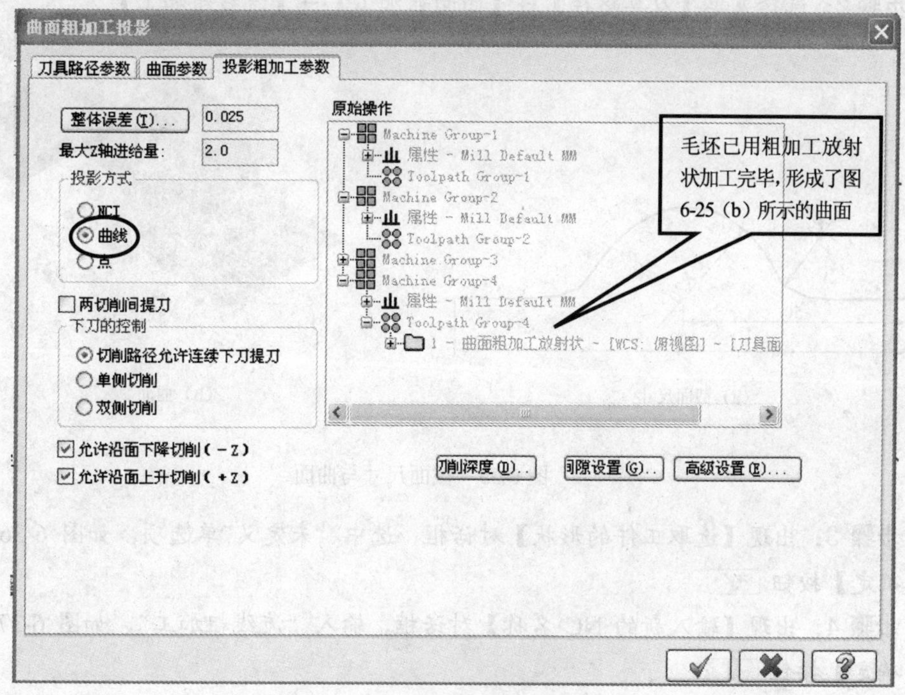

图 6-32 【投影粗加工参数】对话框

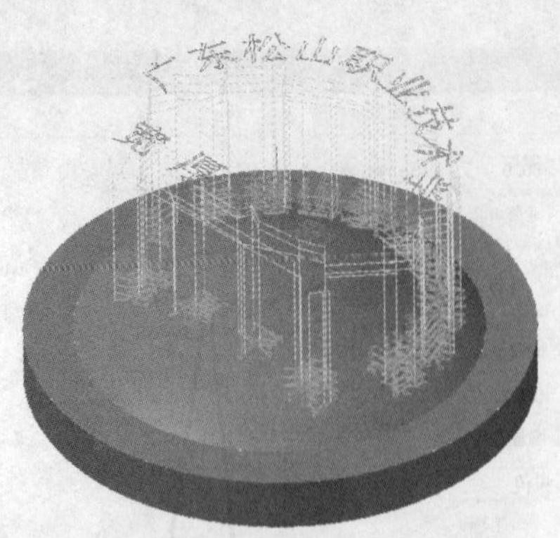

图 6-33 投影粗加工刀具路径

图 6-34 投影粗加工效果

6.2.4 流线粗加工

流线粗加工就是按曲面的流线方向进行切削，由于能精确控制刀痕（球刀残余高度），因而能得到精确而光滑的加工表面。主要用单个曲面或相毗连的几个曲面的加工。加工方向一般有相互垂直的两个方向。

6.2.4.1 流线粗加工操作步骤

为了更好地讲解流线粗加工的步骤及参数设置，下面以一个典型的流线粗加工实例来介绍。

【案例 6-4】 利用流线粗加工命令加工如图 6-35 所示曲面。其中曲面截面尺寸如图 6-35（a）所示，毛坯为 100mm × 40mm × 30mm 的立方体。

步骤 1：绘制曲面如图 6-35（b）所示，选择主菜单【机床类型】→【铣床】→【默认选项】命令，进入加工模式。

步骤 2：选择菜单【刀具路径】→【曲面粗加工】→【流线粗加工】。

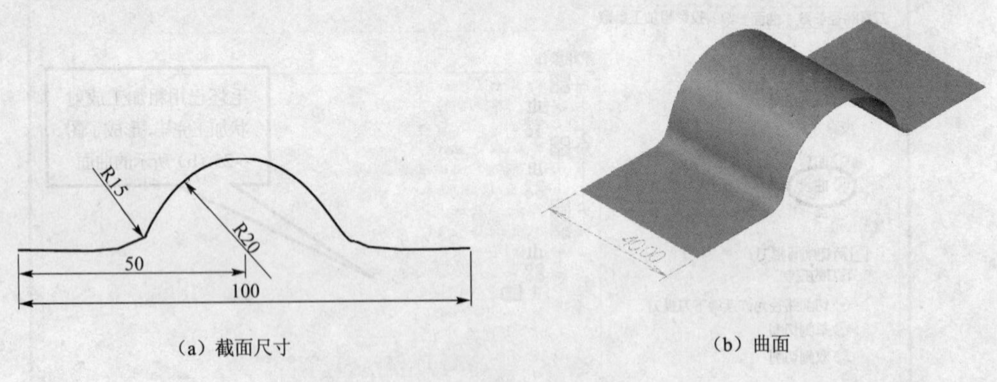

（a）截面尺寸　　（b）曲面

图 6-35 截面尺寸与曲面

步骤 3：出现【选取工件的形状】对话框，选中“未定义”单选项，如图 6-36 所示，单击【确定】按钮 ✓。

步骤 4：出现【输入新的 NC 名称】对话框，输入“流线粗加工”，如图 6-37 所示，单击【确定】按钮 ✓。

图 6-36 【选取工件的形状】对话框

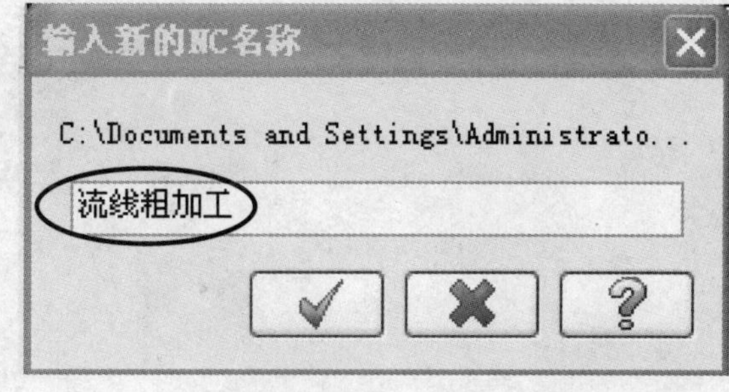

图 6-37 【输入新的 NC 名称】对话框

步骤 5：系统出现【选择加工曲面】提示，选择图 6-35（b）所示的圆弧面，按回车键。

步骤 6：出现【刀具路径的曲面选取】对话框，如图 6-38 所示，单击“选择曲面流线”按钮，出现图 6-39 所示的曲线流线设置对话框，单击“补正”按钮，调整刀具路径在曲面之上，如图 6-40 所示。返回【刀具路径的曲面选取】对话框，单击确定按钮 ✓ 。

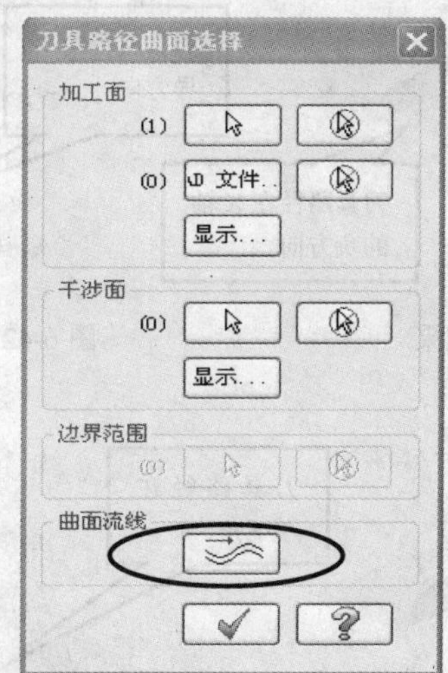

图 6-38 【刀具路径的曲面选取】对话框

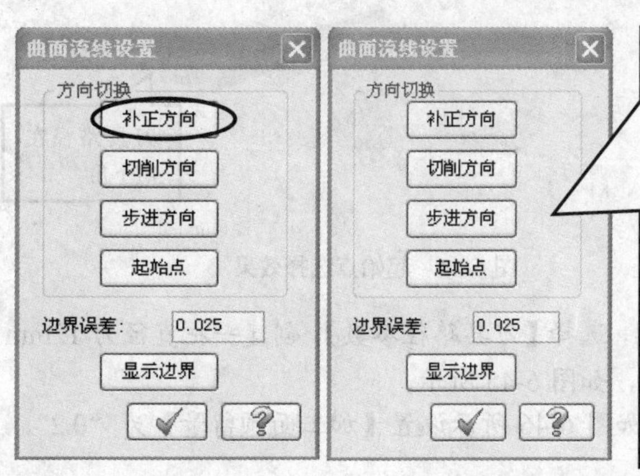

1. 补正：单击这个按钮可以使刀具路径在向外或向内补正时进行切换。如图 6-41 所示

2. 切削方向：单击这个按钮可以使刀具路径在沿截断方向和沿引导方向间切换。如图 6-42 所示

3. 步进方向：单击这个按钮可以使刀具路径在步进方向在正向与负向间切换。如图 6-43 所示

4. 起始点：单击这个按钮可以使刀具路径的起始位置在两侧之间进行切换，如图 6-44 所示

图 6-39　曲线流线设置对话框

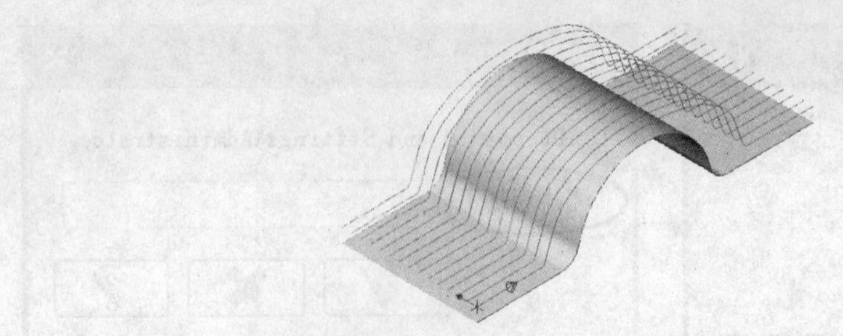

图 6-40　曲面刀具路径

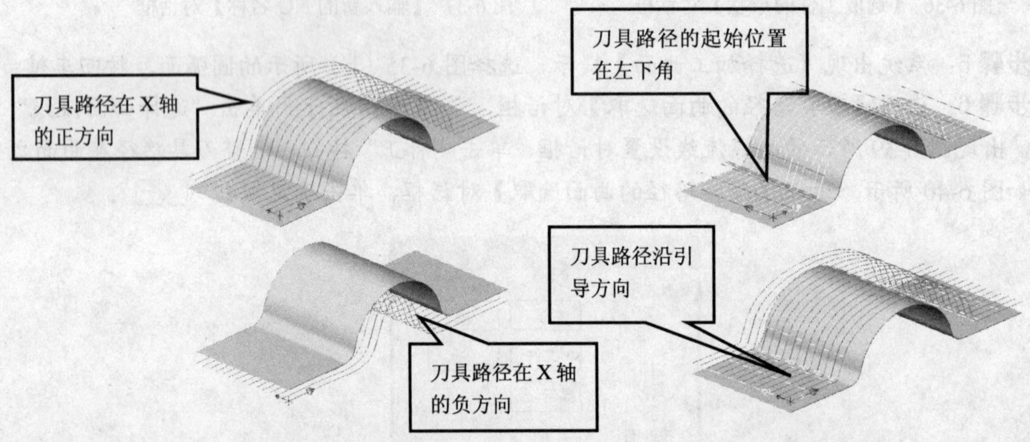

图 6-41　补正效果　　　　图 6-42　切削方向效果

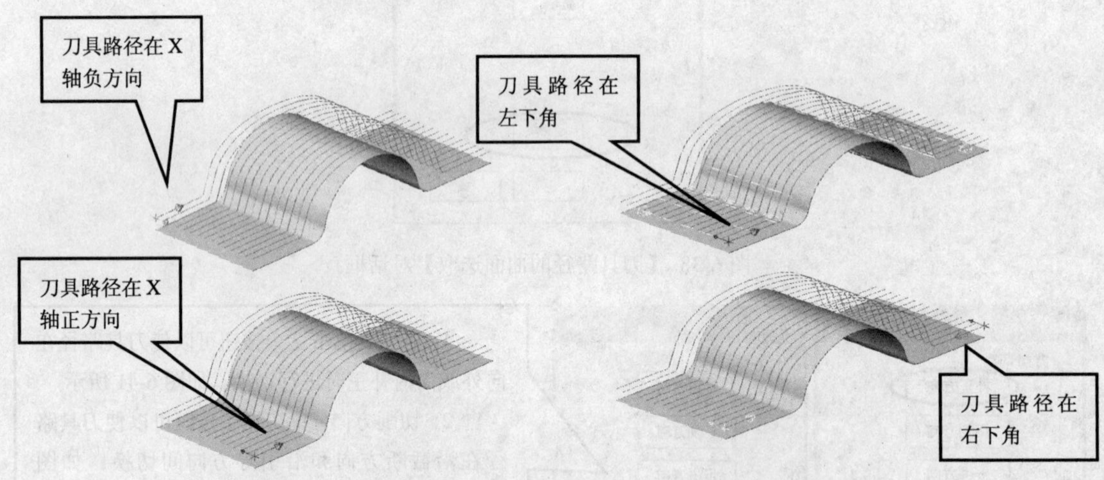

图 6-43　步进方向效果　　　　图 6-44　起始点选择效果

步骤 7：出现【曲面粗加工流线】对话框，选择【刀具路径参数】，创建一把直径为 12mm 的球铣刀，修改对话框右边所示的切削用量，如图 6-45 所示。

步骤 8：切换到【曲面参数】对话框，如图 6-46 所示设置【加工面预留量】为“0.2”，设置“校刀位置”为“刀尖”。

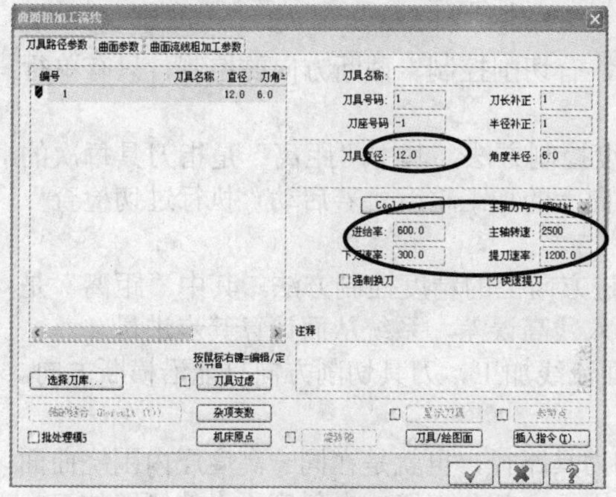

图 6-45 【刀具路径参数】对话框

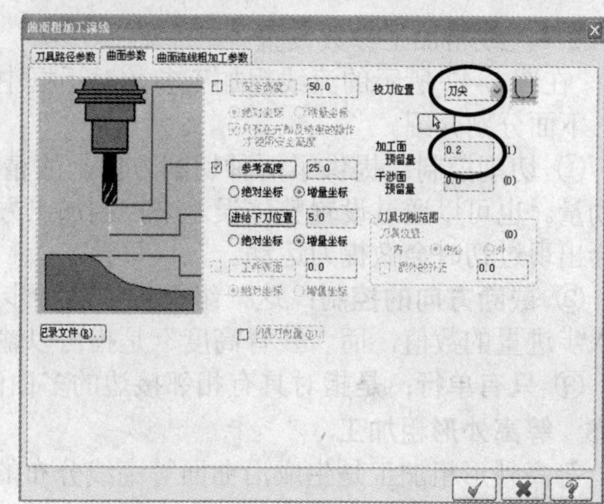

图 6-46 【曲面参数】对话框

步骤 9: 切换到曲面粗加工流线参数对话框,设置如图 6-47 所示,单击【确定】按钮 ✓ 。产生的刀具路径、效果如图 6-48 所示。

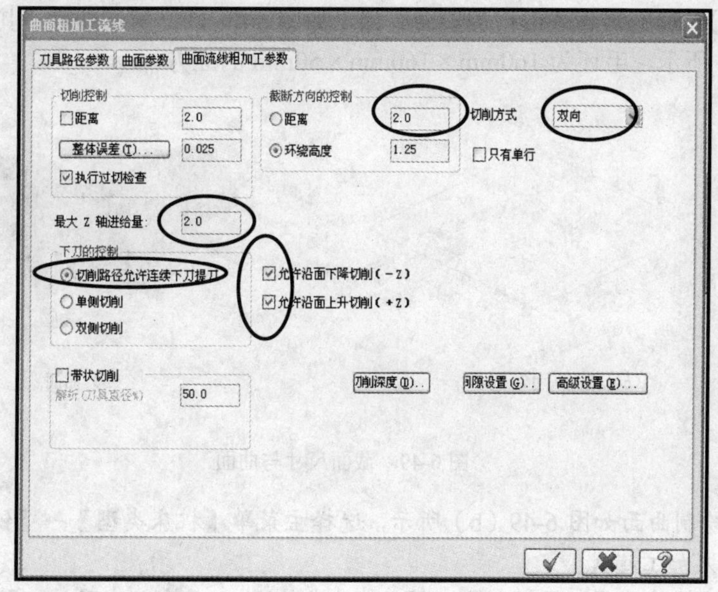

图 6-47　曲面粗加工流线参数对话框

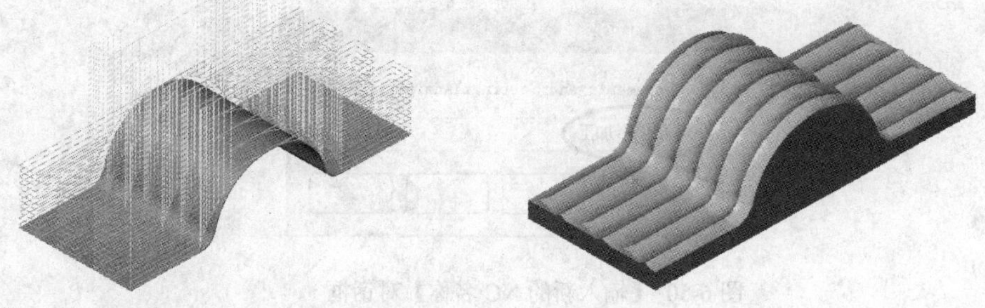

图 6-48　流线粗加工刀具路径、效果图

6.2.4.2 流线粗加工参数设置

在图 6-47 所示的流线粗加工参数对话框中，有切削控制、截断方向的控制、只有单行等，下面分别介绍。

① **切削控制**：提供了两种切削方向上的精度控制方法，其中“距离”是指刀具每次的移动量。也可以通过设置整体误差来控制加工方向上的加工精度。若启动“执行过切检查”就会出现过切时会做提刀运动。

② **截断方向的控制**：这一组提供了两种步进方向上的精度控制方法，其中“距离”是输入步进量的数值，而“残脊高度”是指可以输入残高误差，系统从而计算其步进量。

③ **只有单行**：是指对具有相邻接边的多曲面流线加工，刀具切削方向只能沿横断方向。

6.2.5 等高外形粗加工

等高外形粗加工是生成沿曲面等高线分布的刀具路径，也就是在同一高度层内围绕曲面进行逐渐降层加工。在数控加工中应用很广泛，用于大部分直壁或者斜度不大的侧壁加工，如铸造或锻造的工件，也可以对零件进行二次粗加工。

6.2.5.1 等高外形粗加工操作步骤

为了更好地讲解等高外形粗加工的步骤及参数设置，下面以一个典型的等高外形粗加工实例来介绍。

【案例 6-5】 利用等高外形粗加工命令加工如图 6-49（b）所示曲面。其中曲面截面尺寸如图 6-49（a）所示，毛坯为 160mm × 160mm × 50mm 的立方体。

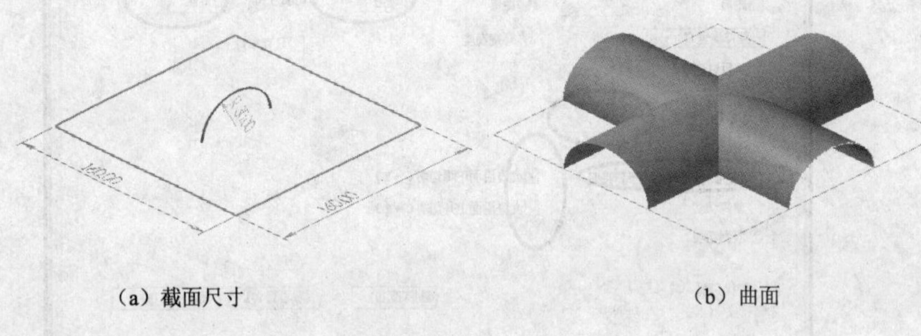

（a）截面尺寸　　（b）曲面

图 6-49　截面尺寸与曲面

步骤 1：绘制曲面如图 6-49（b）所示，选择主菜单【机床类型】→【铣床】→【默认选项】命令，进入加工模式。

步骤 2：选择菜单【刀具路径】→【曲面粗加工】→【等高外形加工】。

步骤 3：出现【输入新的 NC 名称】对话框，输入“等高外形加工”，如图 6-50 所示，单击【确定】按钮 。

图 6-50 【输入新的 NC 名称】对话框

步骤 4：系统出现【选择加工曲面】提示，选择图 6-49（b）的两个圆弧面，按回车键。

步骤 5：出现【刀具路径的曲面选取】对话框，如图 6-51 所示，单击【边界范围】按钮，出现图 6-52 所示的【串连选项】对话框，单击按钮，选择边长 160mm 的正方形，单击【确定】按钮，返回【刀具路径的曲面选取】对话框，单击【确定】按钮。

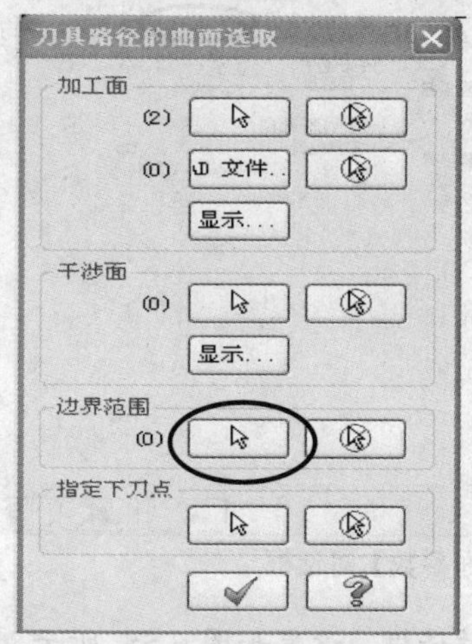

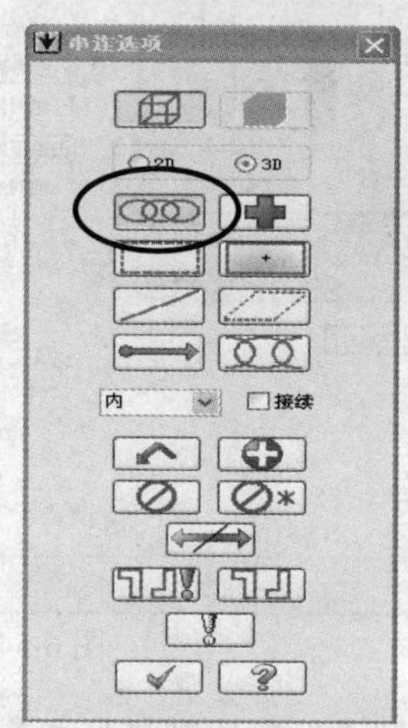

图 6-51 【刀具路径的曲面选取】对话框　　图 6-52 【串连选项】对话框

步骤 6：出现【曲面粗加工等高外形】对话框，选择【刀具路径参数】，创建一把直径为 12mm 的球铣刀，修改对话框右边所示的切削用量，如图 6-53 所示。

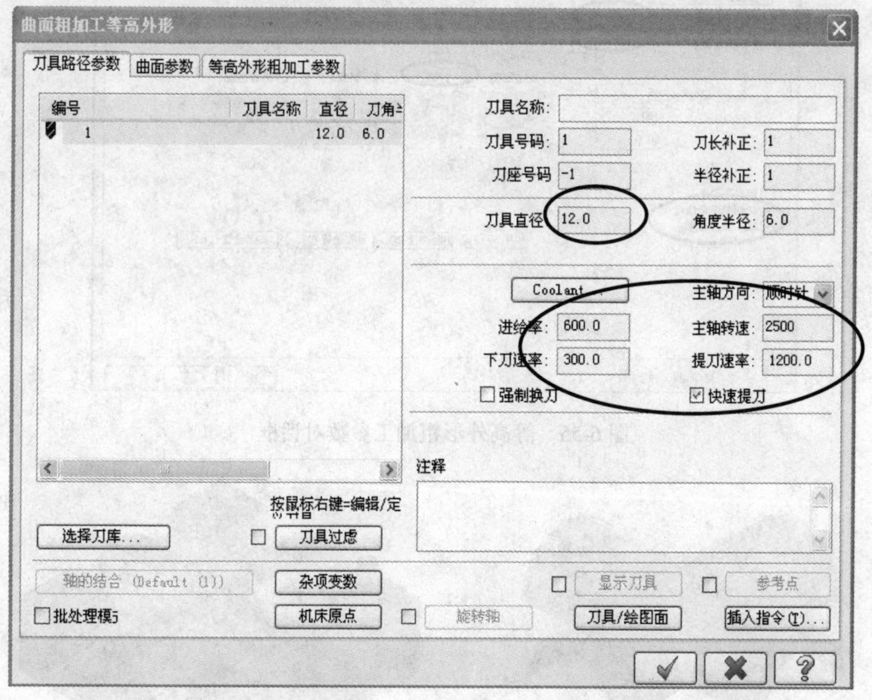

图 6-53 【刀具路径参数】对话框

步骤 7：切换到【曲面参数】对话框，如图 6-54 所示设置【加工面预留量】为“0.5”，设【校刀位置】为“刀尖”。

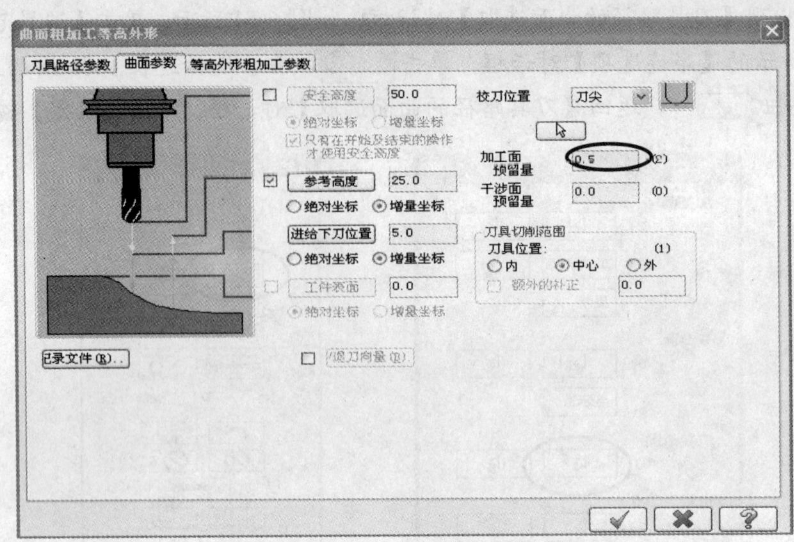

图 6-54 【曲面参数】对话框

步骤 8：切换到【等高外形粗加工参数】对话框，设置如图 6-55 所示，单击【确定】按钮 ✓ 。产生的刀具路径、效果如图 6-56 所示。

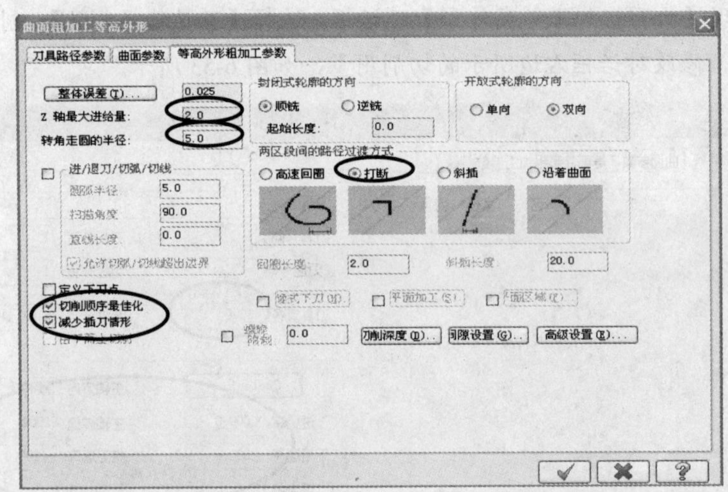

图 6-55 等高外形粗加工参数对话框

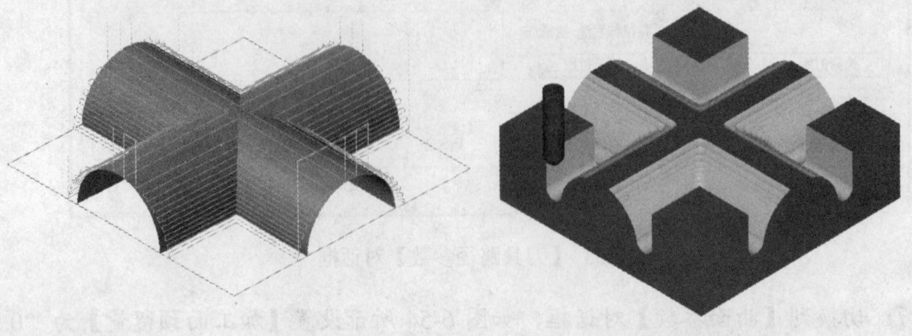

图 6-56 等高外形粗加工刀具路径、效果图

6.2.5.2　等高外形粗加工参数设置

在图 6-55 所示的等高外形粗加工参数对话框中，有转角走圆的半径、封闭式轮廓的方向、开放式轮廓的方向、进/退刀/切弧/切线、两区段间的路径过渡方式等，下面分别介绍。

① **转角走圆的半径**：是指用于输入刀具路径在转角处走圆弧的半径。当转角的角度小于或等于 135° 时，将会在转角处增加指定半径的圆弧。该选项只有在“两区段间的路径过渡方式”选择项组中选中“高速回转”时才有效。

② **封闭式轮廓的方向**：该选项组可以选择封闭的轮廓加工是“顺铣”还是“逆铣”。当在“起始长度”中输入一个不为 0 的数值时，每一层的下刀点是错开的，错开的距离为起始长度，这样可以使加工中的下刀痕迹不明显。

③ **开放式轮廓的方向**：这一组可用于选择开放的轮廓加工是“单面”切削还是“双向”切削。

④ **进/退刀/切弧/切线**：该选项组可以为每一层切削加工的进刀和退刀设置一段圆弧或一段直线。

⑤ **两区段间的路径过渡方式**：该选项组提供了 4 种层间刀具的移动方式，当选中“高速回圈”时，会进行高速加工，并此时“回圈长度”与“斜插长度”被激活。当选中“打断|”时，刀具按进/退刀的设置移动，否则先沿 Z 轴抬高，再沿 XY 平面移动，然后移动到下层的起点。当选中“斜插”时，刀具沿斜线移动到下一层的起点，此时，“斜插长度”被激活。当选中“沿着曲面”时，刀具会沿着曲面移动到下一层的起点。

6.2.6　粗加工残料加工

粗加工残料加工用于清除其他加工路径加工后剩余的材料，属于半精加工，用时需与别的加工路径配合使用。

6.2.6.1　粗加工残料加工操作步骤

下面以加工实例练习 6.2.5 经过等高线粗加工后留有的残料为例，来讲解残料粗加工的步骤及参数设置。

【案例 6-6】利用粗加工残料加工命令加工如图 6-56 所示留有的残料曲面。

步骤 1：打开曲面如图 6-49（b）所示，选择主菜单【机床类型】→【铣床】→【默认选项】命令，进入加工模式。

步骤 2：选择菜单【刀具路径】→【曲面粗加工】→【粗加工残料加工】。

步骤 3：出现【输入新的 NC 名称】对话框，输入“粗加工残料加工”，如图 6-57 所示，单击【确定】按钮 ✓ 。

图 6-57　输入粗加工残料加工对话框

步骤 4：系统出现【选择加工曲面】提示，选择图 6-49（b）的两个圆弧面，按回车键。

步骤 5：出现【刀具路径的曲面选取】对话框，如图 6-58 所示，单击【边界范围】按钮，出现图 6-59 所示的【串连选项】对话框，单击 按钮，选择边长 160mm 的正方形，单击【确定】按钮 ，返回【刀具路径的曲面选取】对话框，单击【确定】按钮 。

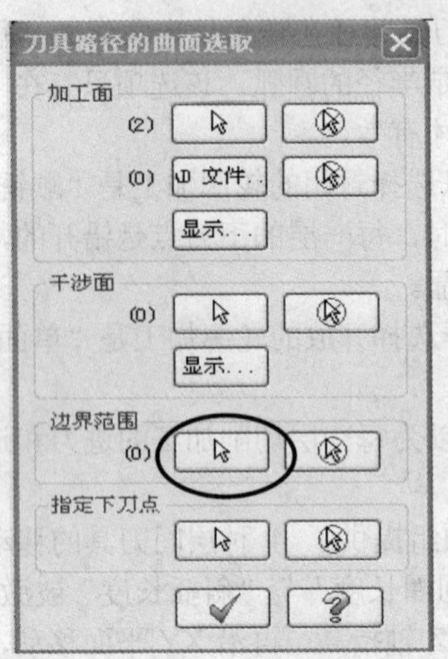

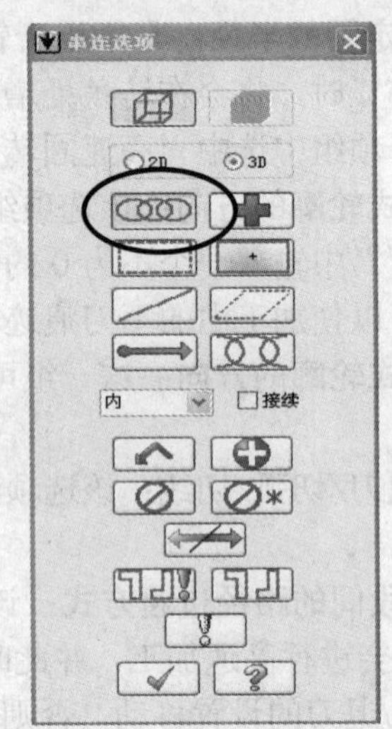

图 6-58 【刀具路径的曲面选取】对话框　　图 6-59 【串连选项】对话框

步骤 6：出现【曲面残料粗加工】对话框，选择【刀具路径参数】，创建一把直径为 10mm 的球铣刀，修改对话框右边所示的切削用量，如图 6-60 所示。

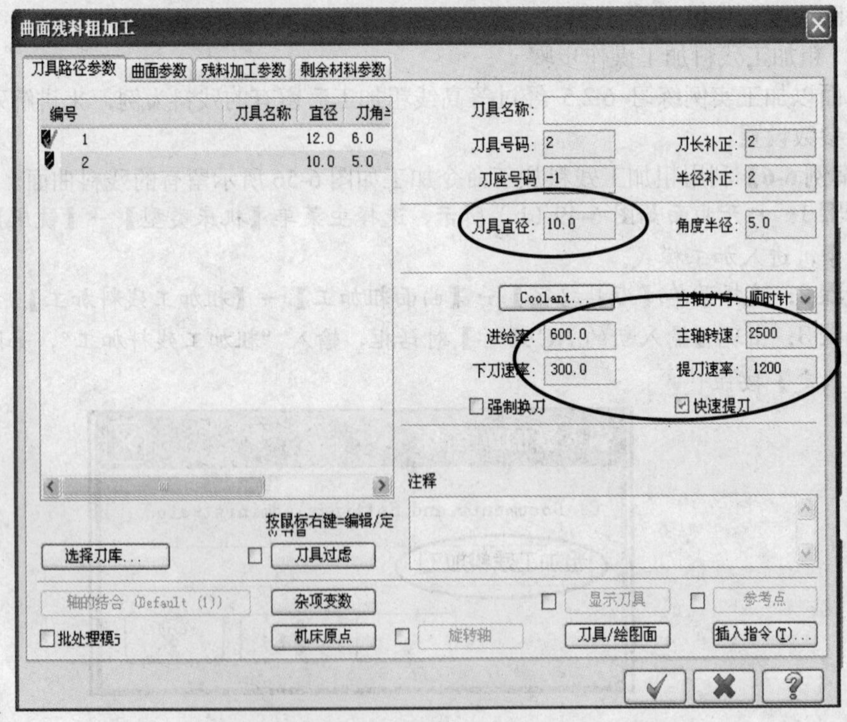

图 6-60 【刀具路径参数】对话框

步骤 7：切换到【曲面参数】对话框，如图 6-61 所示设置【加工面预留量】为“0.3”，设【校刀位置】为“刀尖”。

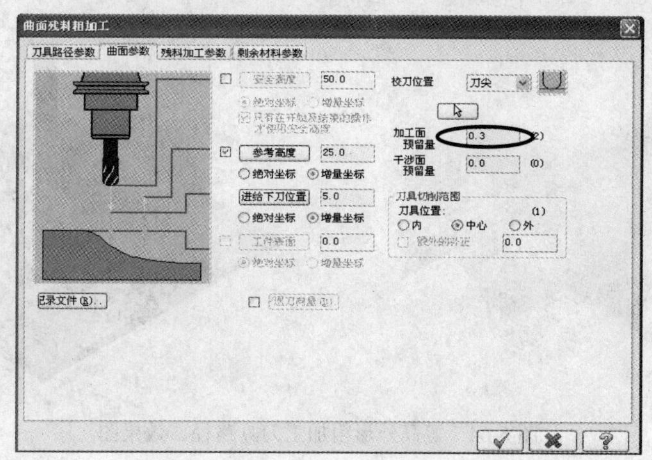

图 6-61 【曲面参数】对话框

步骤 8: 切换到【残料加工参数】对话框，设置如图 6-62 所示，单击【确定】按钮 。

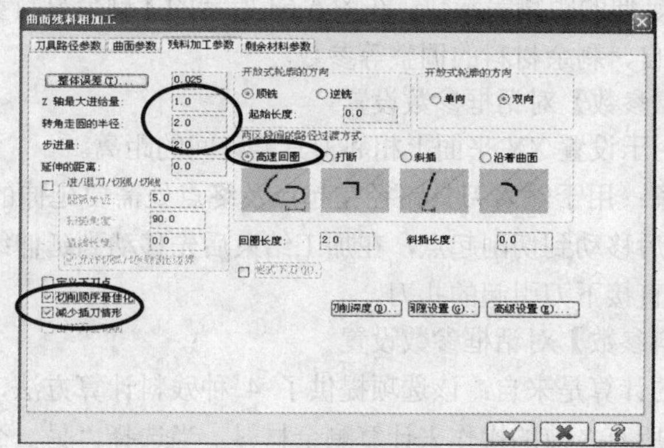

图 6-62 【残料加工参数】对话框

步骤 9: 切换到【剩余材料参数】对话框，设置如图 6-63 所示，单击【确定】按钮 。产生的刀具路径、效果如图 6-64 所示。

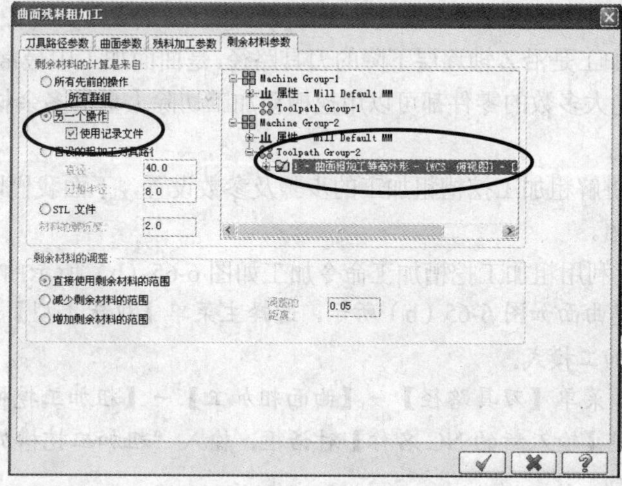

图 6-63 【剩余材料参数】对话框

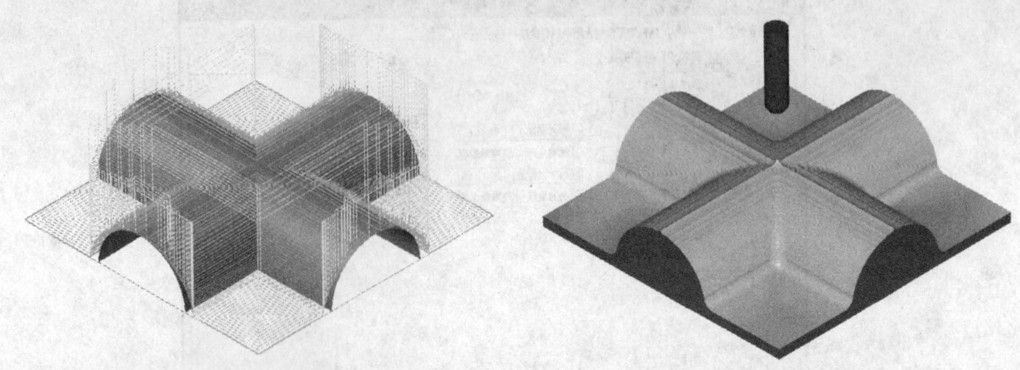

图 6-64 等高外形粗加工刀具路径、效果图

6.2.6.2 粗加工残料加工参数设置

在粗加工残料加工参数中有多个参数需要设置，在图 6-62 所示【残料加工参数】对话框中要设置步进量、延伸的距离等参数；在图 6-63 所示的【剩余材料参数】对话框中要设置剩余材料的计算是来自、剩余材料的调整等参数。

(1)【残料加工参数】对话框参数设置

① 步进量：用于设置 XY 平面上相邻刀具路径间的距离。

② 延伸的距离：用于输入刀具路径在起点及终点处需要延伸的距离。加工时刀具在延伸起点处下刀，然后移动到切削起点，在加工结束后先移动到延伸终点处，再沿 Z 轴退刀，从而可以避免刀具直接下刀引起的扎刀。

(2)【剩余材料参数】对话框参数设置

① 剩余材料的计算是来自：该选项提供了 4 种残料计算方法，当选中“所有先前的操作”时，就会使用所有之前的操作来计算剩余材料。当选择“另一个操作”时，右边的操作列表会被激活，从中选择需要用来计算残料的操作。当选择“自设的粗加工刀具路径”，可在下方的“直径”与“刀角半径”输入用来计算残料的刀具直径与刀角半径。当选择“STL 文件”时，将会用 STL 文件与选取的曲面进行比较来确定残料。

② 剩余材料的调整：是用来设置残料的调整方法。

6.2.7 粗加工挖槽加工

粗加工挖槽加工是沿 Z 轴逐层下降的刀具路径，是曲面加工中最常用的一种粗加工方法，一般用于开粗。绝大多数的零件都可以用挖槽粗加工切除大量的多余材料，常用于铣削凹槽、岛屿与凸缘。

为了更好的讲解粗加工挖槽粗加工的步骤及参数设置，下面我们以一个典型的粗加工挖槽加工实例来介绍。

【案例 6-7】 利用粗加工挖槽加工命令加工如图 6-65（b）所示曲面。

步骤 1：创建曲面如图 6-65（b）所示，选择主菜单【机床类型】→【铣床】→【默认选项】命令，进入加工模式。

步骤 2：选择菜单【刀具路径】→【曲面粗加工】→【粗加工挖槽加工】。

步骤 3：出现【输入新的 NC 名称】对话框，输入“粗加工挖槽加工”，如图 6-66 所示，单击【确定】按钮 ✓ 。

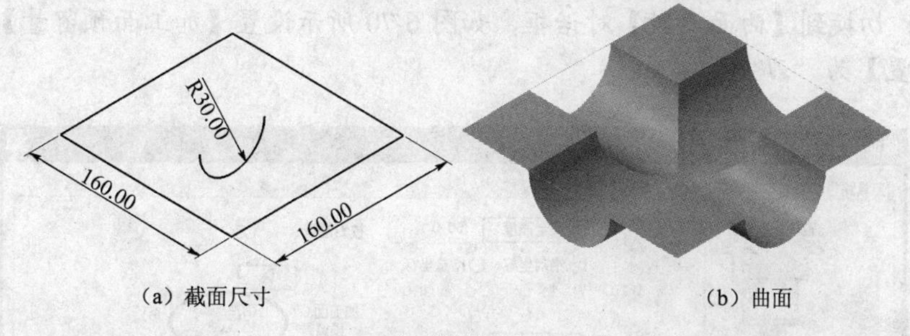

（a）截面尺寸　　　　（b）曲面

图 6-65　截面尺寸与曲面

步骤 4：系统出现【选择加工曲面】提示，选择图 6-65（b）的 4 个圆弧面与 4 个平面，或按回车键。

步骤 5：出现【刀具路径的曲面选取】对话框，如图 6-67 所示，单击【边界范围】按钮，出现图 6-68 所示的【串连选项】对话框，单击 按钮， 选择边长 160mm 的正方形，单击【确定】按钮 ，返回【刀具路径的曲面选取】对话框，单击【确定】按钮 。

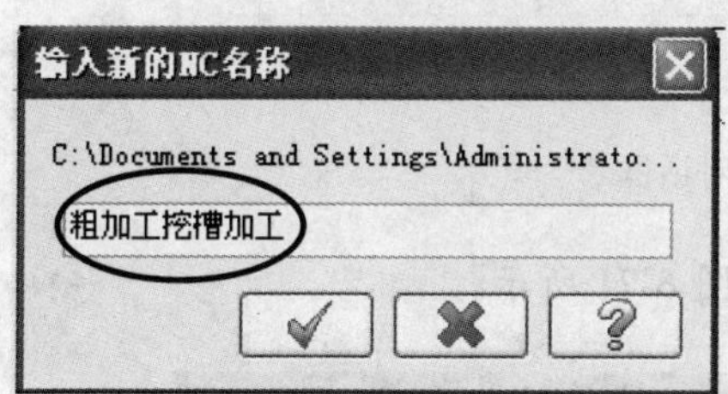

图 6-66 【输入新的 NC 名称】对话框

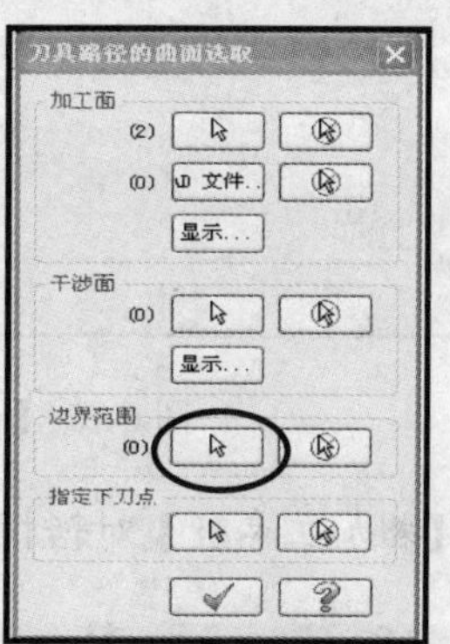

图 6-67 【刀具路径的曲面选取】对话框

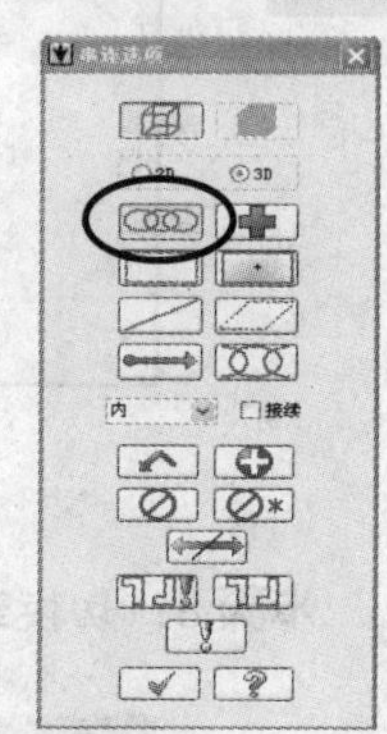

图 6-68 【串连选项】对话框

步骤 6：出现【曲面粗加工挖槽】对话框，选择【刀具路径参数】，创建一把直径为 12mm 的球铣刀，修改对话框右边所示的切削用量，如图 6-69 所示。

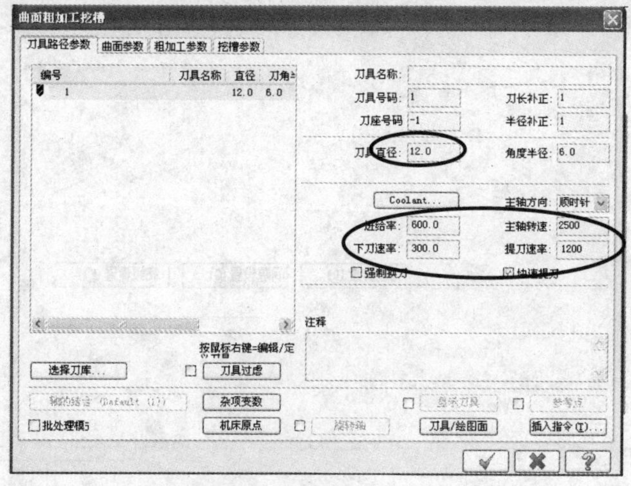

图 6-69 【刀具路径参数】对话框

步骤 7：切换到【曲面参数】对话框，如图 6-70 所示设置【加工面预留量】为“0.5”，设【校刀位置】为“刀尖”。

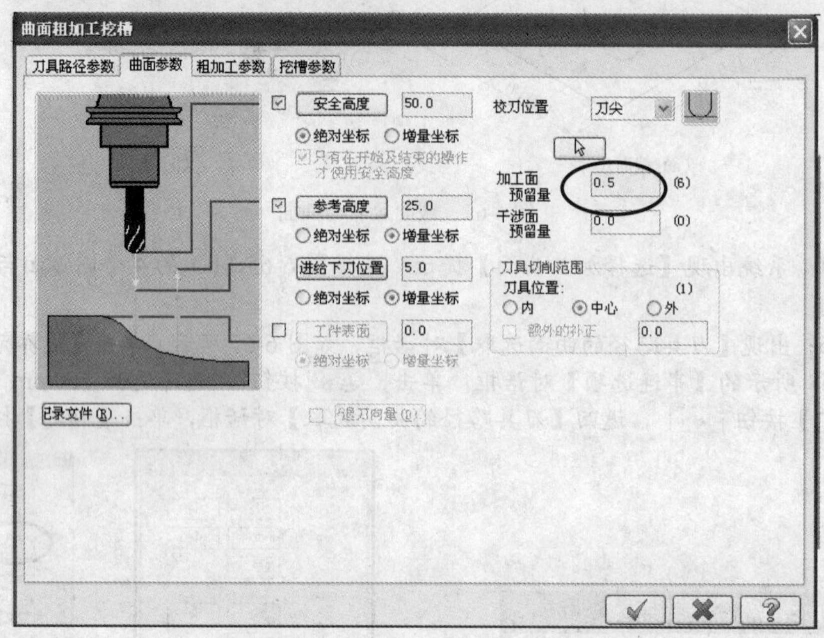

图 6-70 【曲面参数】对话框

步骤 8：切换到【粗加工参数】对话框，设置如图 6-71 所示。

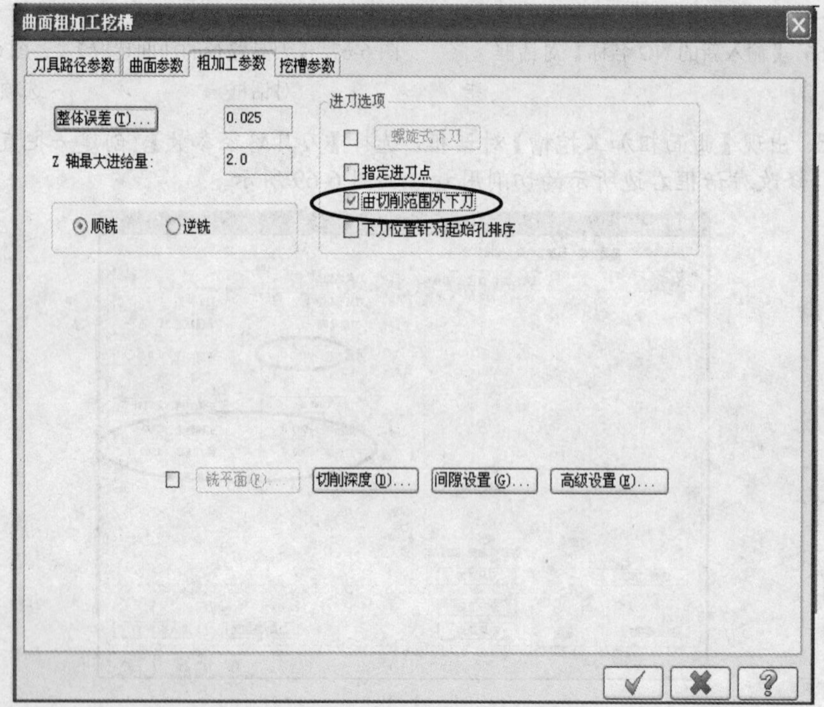

图 6-71 【粗加工参数】对话框

步骤 9：切换到【挖槽参数】对话框，设置如图 6-72 所示，单击【确定】按钮 ✓ 。产生的刀具路径、效果如图 6-73 所示。

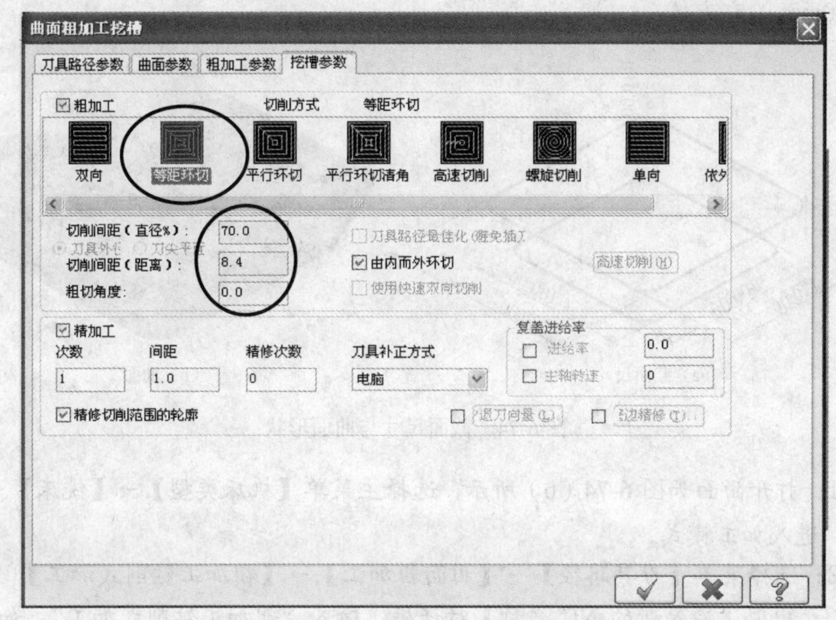

图 6-72 【挖槽参数】对话框

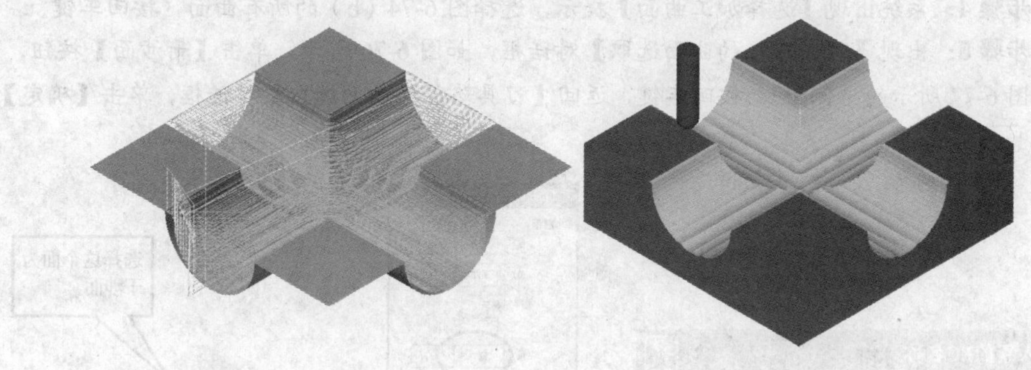

图 6-73 挖槽粗加工刀具路径、效果图

6.2.8 粗加工钻削式加工

粗加工钻削式加工是一种能快速去除大量材料的加工方法，刀具的动作像连续地钻出很多孔一样。切除材料的速度是各种加工方法中最快的。如果选择的毛坯是块料，而零件的形状与它相差较大，意味着要去掉很多材料，这时可考虑选用这种方法。当然，如果零件的批量大，这样选择毛坯是不经济的，人们会采取铸造或锻造的方法得到接近零件尺寸和形状的毛坯。但模具制造中，模具零件特别是模座等常是单件生产，为铸造和锻造而专门设计铸模和锻模又会太奢侈，所以常选择形状规则的现成块料，这样一来，加工量自然就大了，但综合比较，在成本方面应该是值得的。这种方法不一定所有数控机床都支持，因为它对机床的刚性等要求较高，对刀具的要求也高。

6.2.8.1 粗加工钻削式加工操作步骤

为了更好地讲解粗加工钻削式加工的步骤及参数设置，下面以一个典型的粗加工钻削式加工实例来介绍。

【案例 6-8】 利用粗加工钻削式加工命令加工如图 6-74 所示曲面内腔。毛坯为 160mm × 160mm × 50mm 的立方体。

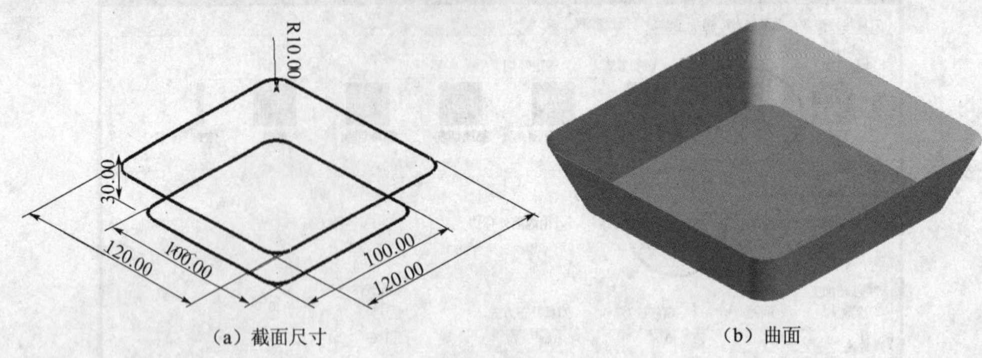

（a）截面尺寸　　（b）曲面

图 6-74　截面尺寸与曲面形状

步骤 1：打开曲面如图 6-74（b）所示，选择主菜单【机床类型】→【铣床】→【默认选项】命令，进入加工模式。

步骤 2：选择菜单【刀具路径】→【曲面粗加工】→【粗加工钻削式加工】。

步骤 3：出现【输入新的 NC 名称】对话框，输入“粗加工钻削式加工”，如图 6-75 所示，单击【确定】按钮 ✓ 。

步骤 4：系统出现【选择加工曲面】提示，选择图 6-74（b）的所有曲面，按回车键。

步骤 5：出现【刀具路径的曲面选取】对话框，如图 6-76 所示，单击【干涉面】按钮，选择图 6-77 所示的“侧面” 按回车键，返回【刀具路径的曲面选取】对话框，单击【确定】按钮 ✓。

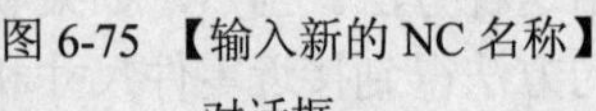

图 6-75 【输入新的 NC 名称】对话框

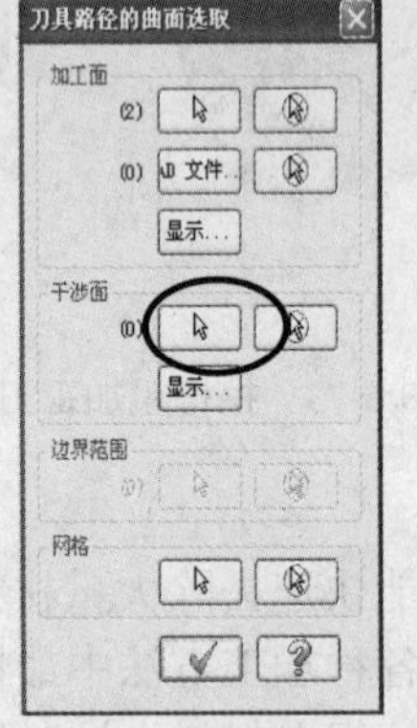

图 6-76 【刀具路径的曲面选取】对话框

图 6-77　曲面选择

步骤 6：出现【曲面粗加工钻削式】对话框，选择【刀具路径参数】，创建一把直径为 8mm 的麻花钻，修改对话框右边所示的切削用量，如图 6-78 所示。

步骤 7：切换到【曲面参数】对话框，如图 6-79 所示设置【加工面预留量】为“0.5”，设【校刀位置】为“刀尖”。

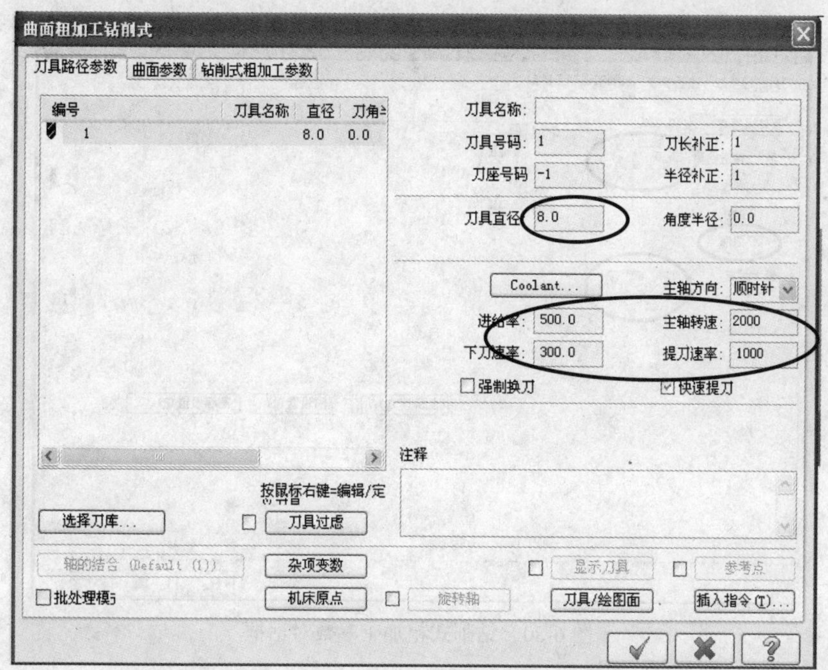

图 6-78 【刀具路径参数】对话框

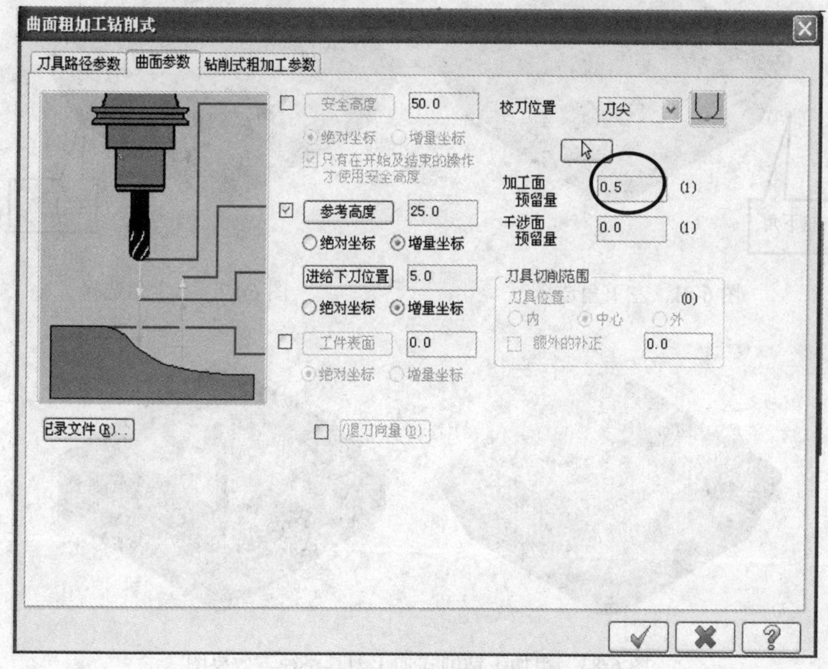

图 6-79 【曲面参数】对话框

步骤 8：切换到【钻削式粗加工参数】对话框，设置如图 6-80 所示，单击【确定】按钮 ✓ 。

步骤 9：系统提示“选择插削范围：左下角”，选择如图 6-81 所示的左下角。系统又提示“选择插削范围：右上角”，选择如图 6-82 所示的右上角。产生的刀具路径、效果如图 6-83 所示。

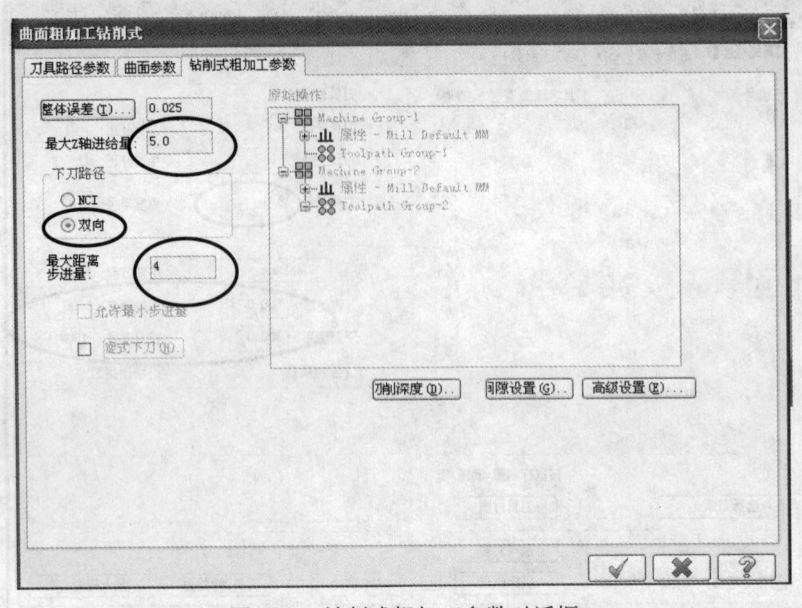

图 6-80　钻削式粗加工参数对话框

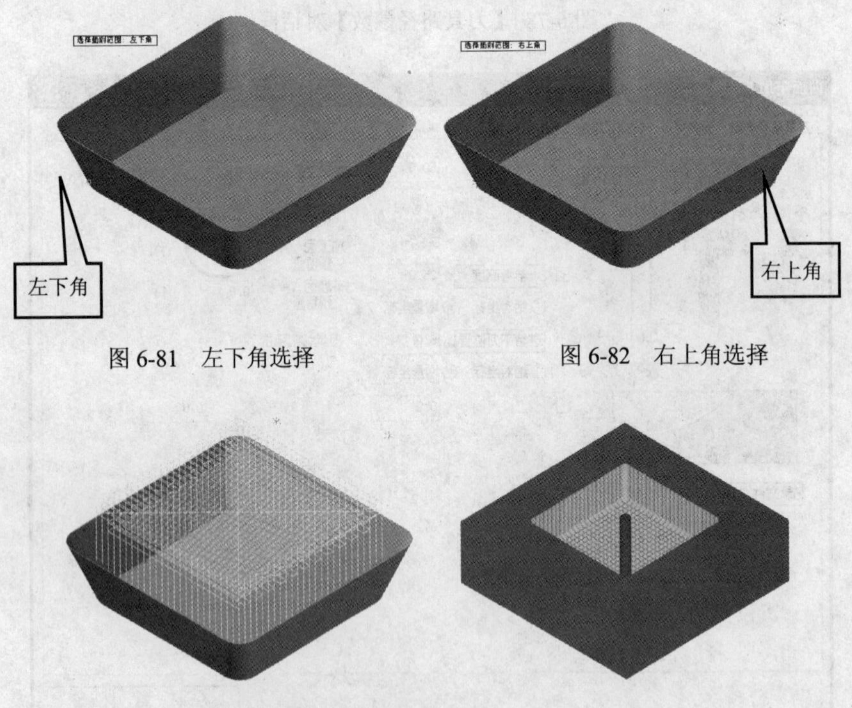

图 6-81　左下角选择

图 6-82　右上角选择

图 6-83　粗加工钻削式加工刀具路径、效果图

6.2.8.2　粗加工钻削式加工参数设置

在图 6-80 所示的钻削式粗加工参数对话框中，有最大距离步进量、下刀路径、允许最小步进量等参数需要说明，下面分别介绍。

① 最大距离步进量：是指麻花钻相邻钻削点间的最大间距。

② 下刀路径：该选项提供了两种刀具路径的产生方式，当选择“NCI”时，右侧的原始

操作列表会被激活，这样就可以从中选择已经存在的刀具路径作为钻削刀具路径；当选择“双向”时，在参数设置完会要求选取钻削矩形范围的对角点，如果在“刀具路径的曲面选取”对话框中已经选取了矩形的对角点，则该按钮就会被选中。

③ 允许最小步进量：只有在“下刀路径”选项选择了“NCI”时，该复选框才会被选中。如果“下刀路径”被激活，系统会在刀具路径的转弯处等适当增加钻点，从而有利于该处材料的清除。

6.3 曲面精加工

在曲面加工的整个过程中，最后的工序是对曲面进行精加工。经过了粗加工后，精加工阶段的材料去除量已很小了。曲面精加工刀具路径采用较小直径的刀具，对粗加工后预留下的材料进行清除切削及光洁加工，从而获取必要的精度和表面粗糙度。

上面介绍的是 8 种曲面粗加工方式。而下面将介绍 11 种曲面精加工方式，它们分别是平行精加工、平行陡斜面精加工、放射状精加工、投影精加工、流线精加工、等高外形精加工、浅平面精加工、交线清角精加工、残料清角精加工、环绕等距精加工和熔接精加工。

6.3.1 精加工平行铣削

精加工平行铣削与平行粗加工的定义基本相同，加工设置也基本相似，不过精加工平行铣削只加工一层，对于较平坦的曲面加工效果比较好，另外，由于精加工平行铣削刀具路径相互平行，加工精度比其他加工方法要高。因此，常用于加工模具中比较平坦的曲面或重要的分型面。

下面以【案例 6-9】的操作来说明各个参数的设置。

【案例 6-9】 已知毛坯的尺寸为 100 mm × 60mm × 40mm 的立方体，要对 6-84（a）所示尺寸的圆弧面采用精加工平行铣削进行精加工（粗加工已经完成），圆弧面尺寸和铣削效果如图 6-84 所示。

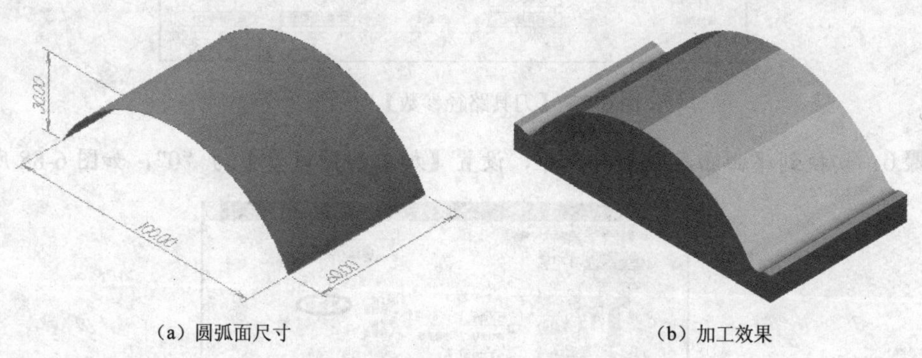

（a）圆弧面尺寸　　（b）加工效果

图 6-84　圆弧面尺寸及平行铣削效果图

步骤 1：绘制圆弧面模型如图 6-84(a)所示，选择主菜单【机床类型】→【铣床】→【默认选项】命令，进入加工模式。

步骤 2：选择菜单【刀具路径】→【曲面精加工】→【精加工平行铣削】。

步骤 3：系统出现“选取加工曲面”提示，选取图 6-84(a)所示的圆弧面，按回车键。

步骤 4：出现【刀具路径的曲面选取】对话框，如图 6-85 所示，单击【边界范围】按钮，出现图 6-86 所示的【串连选项】对话框，单击按钮，选择圆弧面四周边界，单击【确定】按钮 ✓，返回【刀具路径的曲面选取】对话框，单击【确定】按钮 ✓。

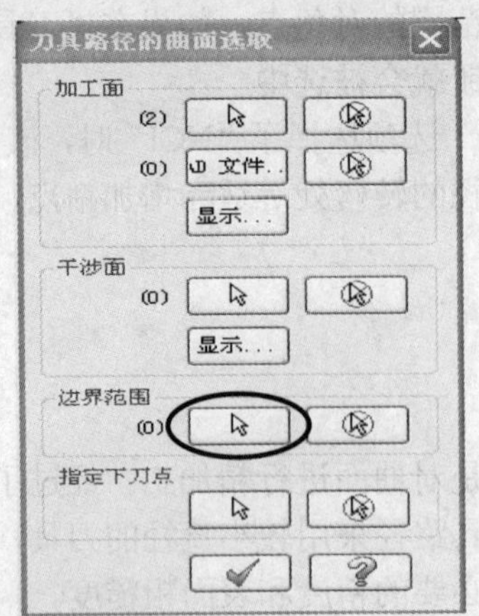

图 6-85 【刀具路径的曲面选取】对话框

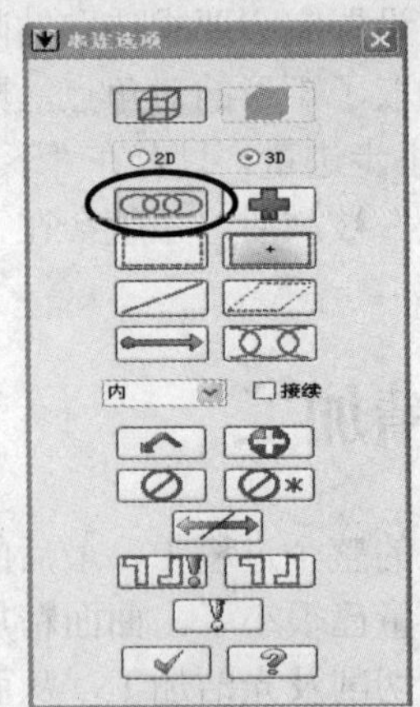

图 6-86 【串连选项】对话框

步骤 5：出现【曲面精加工平行铣削】对话框，选择【刀具路径参数】，创建一把直径为 8mm 的球铣刀，修改对话框右边所示的切削用量，如图 6-87 所示。

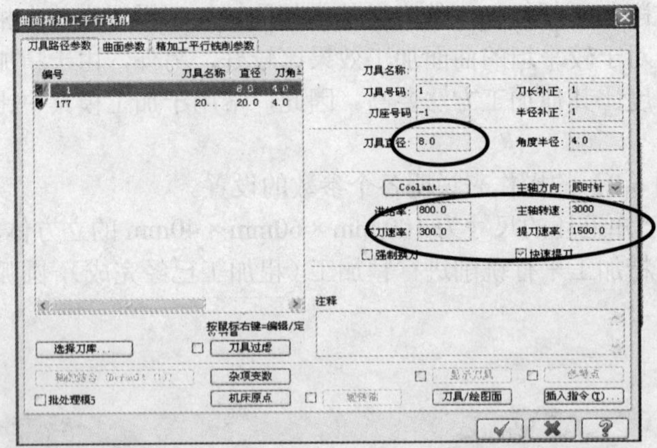

图 6-87 【刀具路径参数】对话框

步骤 6：切换到【曲面参数】对话框，设置【加工面预留量】为“0”，如图 6-88 所示。

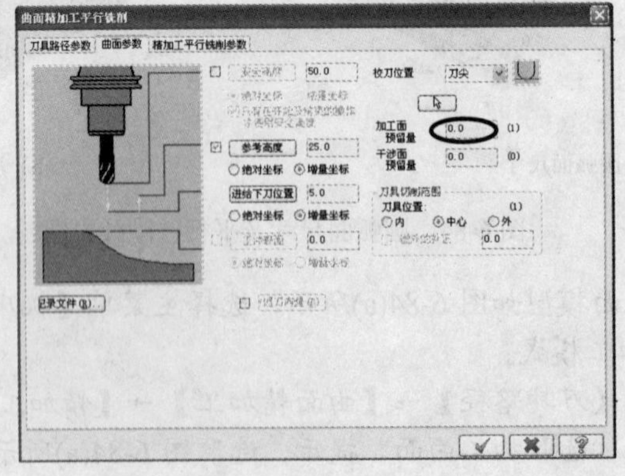

图 6-88 【曲面参数】对话框

步骤 7： 切换到【精加工平行铣削参数】对话框，设置【取大切削间距】为“0.2”，加工角度为“90”，如图 6-89 所示。单击【确定】按钮 ✓ 。产生的刀具路径如图 6-90 所示。

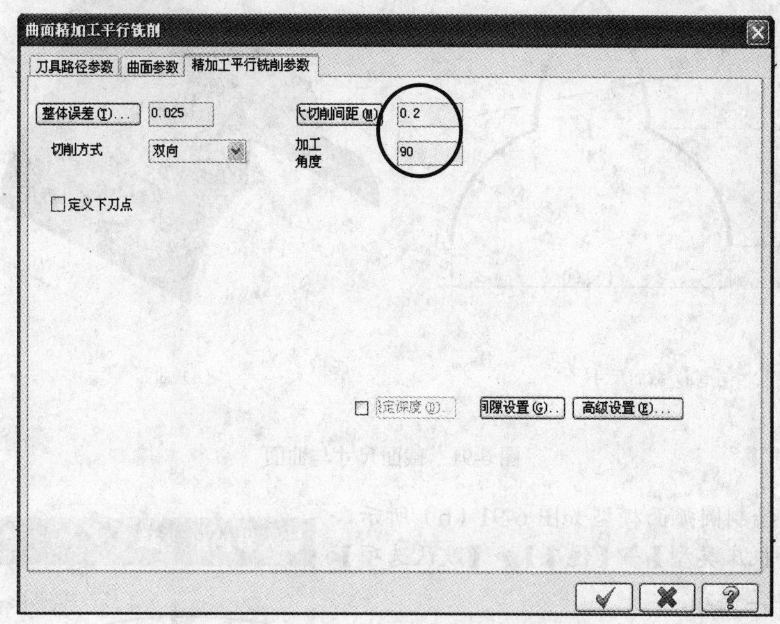

图 6-89 【精加工平行铣削参数】对话框

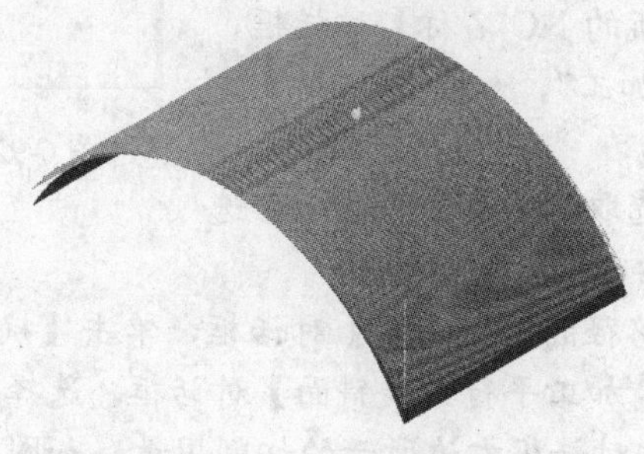

图 6-90　精加工平行铣削刀具路径

6.3.2　精加工平行陡斜面加工

这个精加工刀具路径是粗加工中没有的，用于清除粗加工时残留在曲面较陡的斜坡上的材料，常与其他精加工方法协作使用。这种加工也是一种与 X 轴成一定角度，并可设定曲面陡面角度范围的加工方法，适用于加工零件陡面斜区域的刀具路径。受刀具切削间隔的限制，平坦的曲面上刀具路径密，而陡斜面上的刀具路径要稀一些，从而容易导致有较多余料，用这种方法可以改善这种状况。

6.3.2.1　陡斜面精加工操作步骤

为了更好地讲解陡斜面精加工的步骤及参数设置，下面以一个典型的陡斜面精加工实例来介绍。

【案例 6-10】 已知毛坯是尺寸为 100 mm × 100mm × 120mm 的立方体，要对图 6-91（a）所示尺寸的圆弧面采用精加工平行陡斜面加工（在精加工之前已经用平行铣削粗加工后留有一定的余量)，具体的圆弧面尺寸和曲面如图 6-91（b）所示。

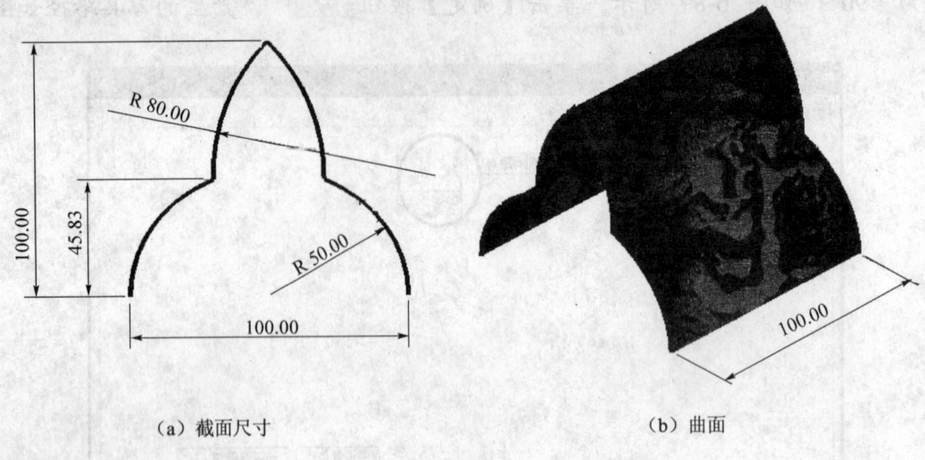

（a）截面尺寸　　（b）曲面

图 6-91　截面尺寸与曲面

步骤 1：绘制圆弧面模型如图 6-91（b）所示，选择主菜单【机床类型】→【铣床】→【默认选项】命令，进入加工模式。

步骤 2：选择菜单的【刀具路径】→【曲面精加工】→【精加工平行陡斜面加工】。

步骤 3：出现【输入新的 NC 名称】对话框，输入“精加工平行陡斜面加工”，如图 6-92 所示，单击【确定】按钮 。

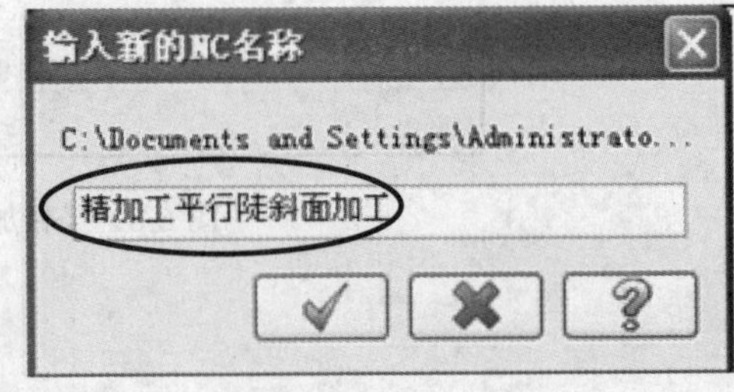

图 6-92 【输入新的 NC 名称】对话框

步骤 4：系统出现“选取加工曲面”提示，选取图 6-91（b）圆弧面，按回车键。

步骤 5：出现【刀具路径的曲面选取】对话框，单击【确定】按钮 。

步骤 6：出现【曲面精加工平行式陡斜面】对话框，选择【刀具路径参数】，创建一把直径为 6mm 的球铣刀，修改对话框右边所示的切削用量，如图 6-93 所示。

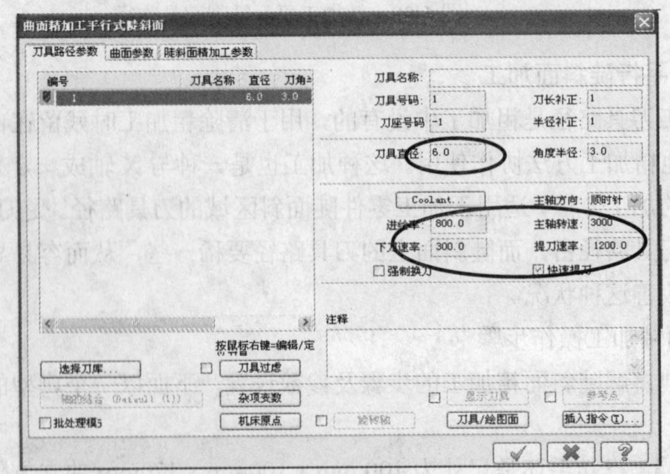

图 6-93 【刀具路径参数】对话框

步骤 7：切换到【曲面参数】对话框，设置【加工面预留量】为“0”，如图 6-94 所示。

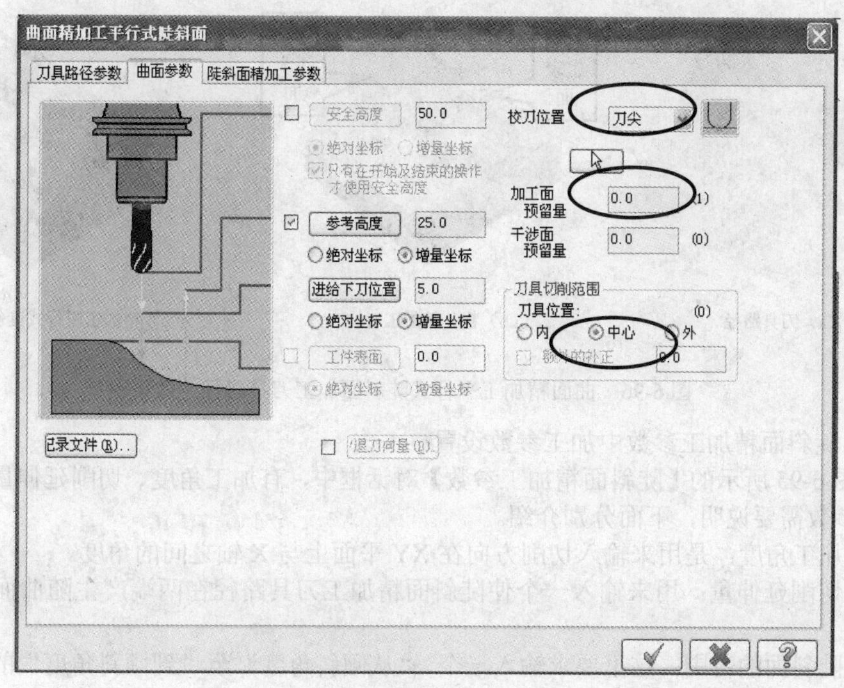

图 6-94 【曲面参数】对话框

步骤 8：切换到【陡斜面精加工参数】对话框，设置【最大切削间距】为“0.2”，【加工角度】为“0”，如图 6-95 所示。单击【确定】按钮 ✓ 。产生的刀具路径如图 6-96 所示。

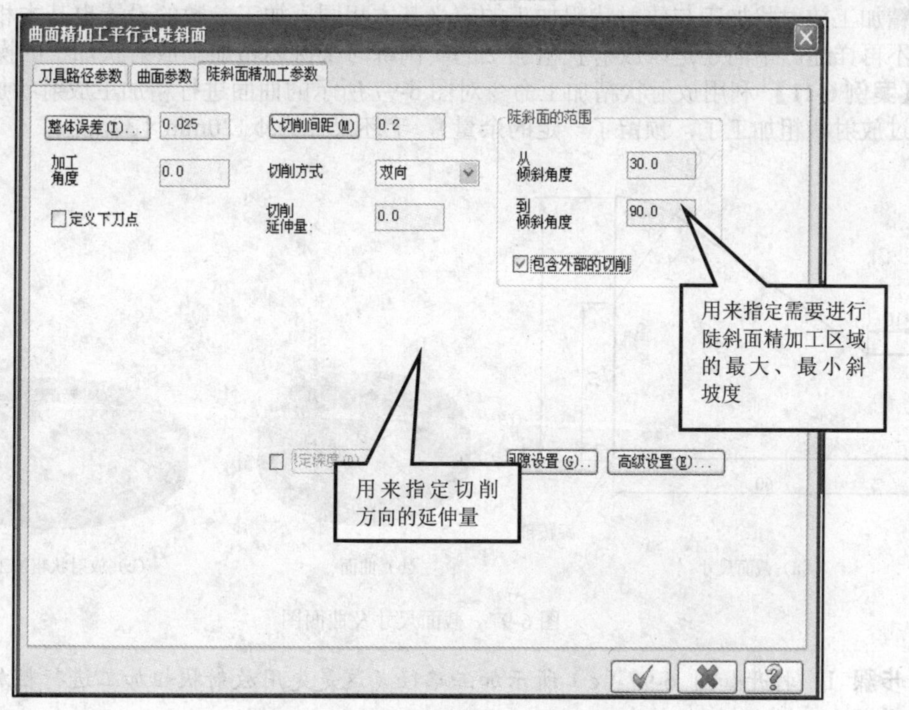

图 6-95 【陡斜面精加工参数】对话框

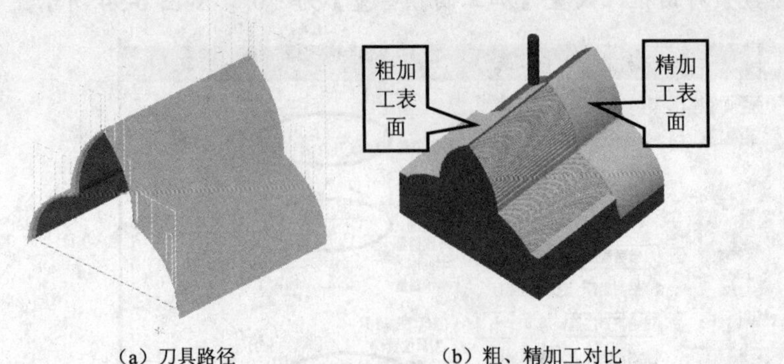

（a）刀具路径　　（b）粗、精加工对比　　（c）精加工平行式陡斜面加工效果

图 6-96　曲面精加工平行式陡斜面加工刀具路径、效果图

6.3.2.2　陡斜面精加工参数中加工参数设置

在图 6-95 所示的【陡斜面精加工参数】对话框中，有加工角度、切削延伸量、陡斜面的范围等参数需要说明，下面分别介绍。

① 加工角度：是用来输入切削方向在 XY 平面上与 X 轴之间的角度。

② 切削延伸量：用来输入一个使陡斜面精加工刀具路径在两端产生随曲面曲率的延伸的数值。

③ 陡斜面的范围：这里要求输入一个 “从倾斜角度”至“到倾斜角度”的角度范围，用来定义生成陡斜面刀具路径的曲面。倾斜角度为加工曲面在某点处的法线与 X 轴的夹角，角度范围为 0°～90°，角度越大，则斜坡越陡。如果启动“包含外部的切削”则生成刀具路径的区域包含一般平行铣削时应包含的较平坦的部分。

6.3.3　精加工放射状加工

精加工放射状加工与放射状粗加工的定义基本相同，加工参数的设置也基本相似，所以这里不再详述。下面还是以放射状粗加工的实例练习来讲述精加工放射状加工的操作步骤。

【案例 6-11】 利用放射状精加工命令对图 6-97 所示的曲面进行精加工放射状加工（已经采用过放射状粗加工了，预留了一定的余量），毛坯尺寸为 φ120mm × 32mm。

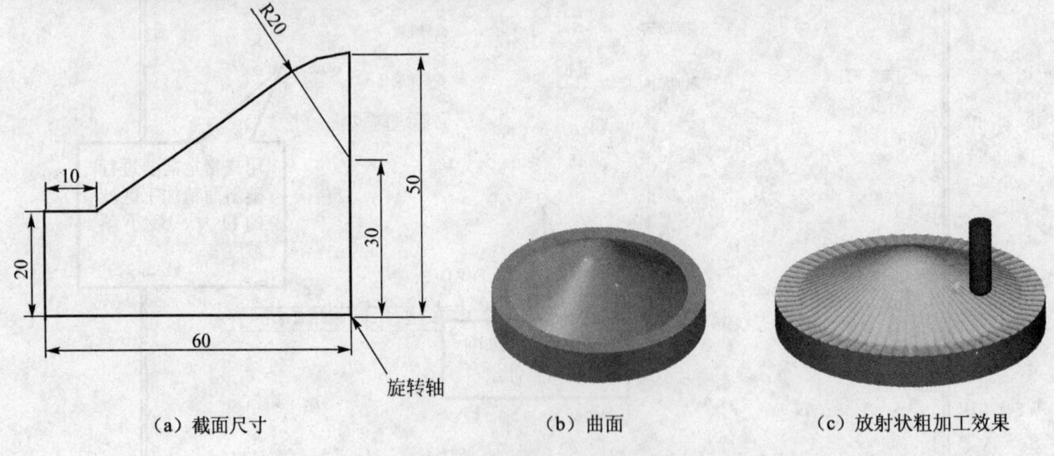

（a）截面尺寸　　（b）曲面　　（c）放射状粗加工效果

图 6-97　截面尺寸及曲面图

步骤 1：打开如图 6-97（c）所示加工路径（这是先用放射状粗加工进行粗加工，预留 1mm 余量）。

步骤 2：选择菜单【刀具路径】→【曲面精加工】→【精加工放射状】。

步骤 3：出现【输入新的 NC 名称】对话框，输入“精加工放射状”，如图 6-98 所示，单击【确定】按钮 ✔。

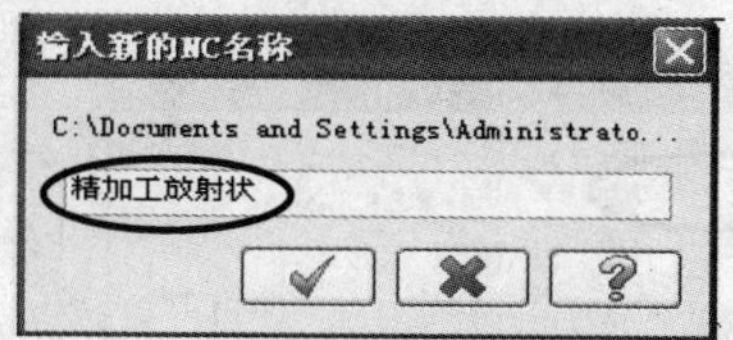

图 6-98 【输入新的 NC 名称】对话框

步骤 4：系统出现【选择加工曲面】提示，选择图 6-97（b）的曲面，按回车键。

步骤 5：在出现的【刀具路径的曲面选取】对话框中，如图 6-99 所示，【选取放射中心点】按钮，选择工件曲面顶点，如图 6-100 所示，单击【刀具路径的曲面选取】对话框【确定】按钮 ✔ 。

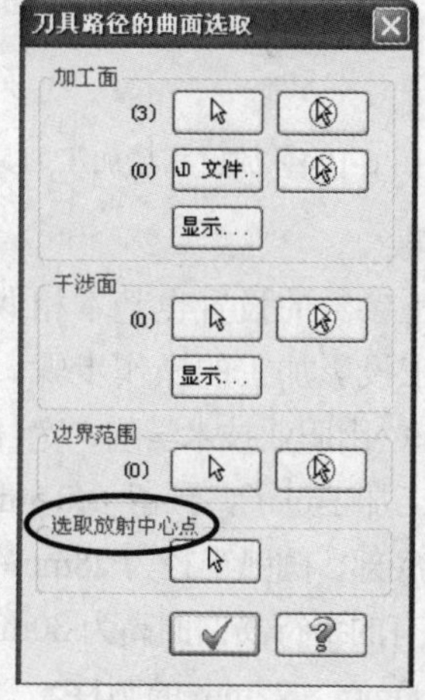

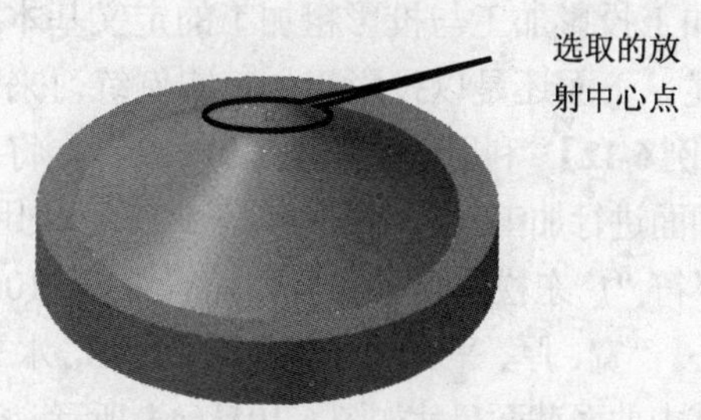

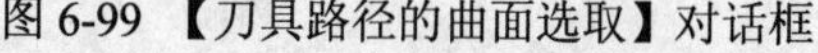

图 6-99 【刀具路径的曲面选取】对话框　　图 6-100　放射中心点选取

步骤 6：出现【曲面精加工放射状】对话框，选择【刀具路径参数】，创建一把直径为 6mm 的球铣刀，修改对话框右边所示的切削用量，如图 6-101 所示。

步骤 7：切换到【曲面参数】对话框，如图 6-102 所示设置【加工面预留量】为“0”，设【校刀位置】为“刀尖”，【校刀位置】为“中心”。

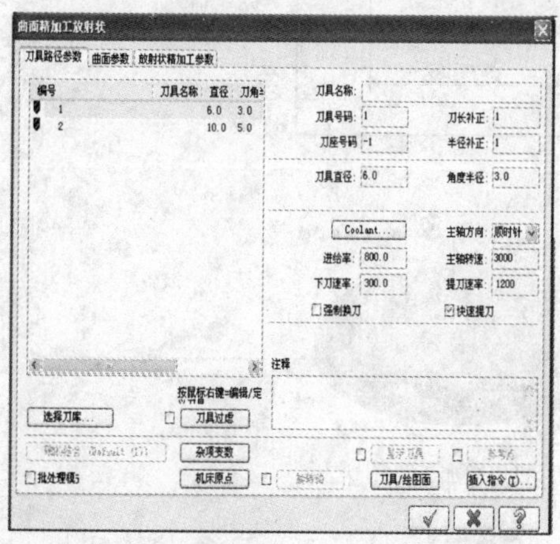

图 6-101 【刀具路径参数】对话框

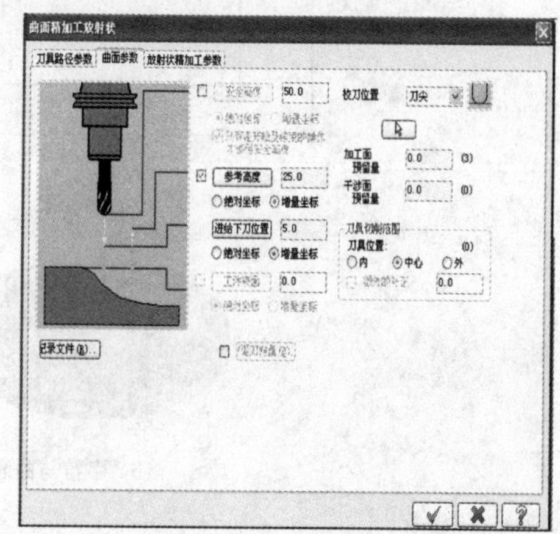

图 6-102 【曲面参数】对话框

步骤 8：切换到【放射状精加工参数】对话框，设置【最大角度增量】为“1”，【切削方式】为“双向”，如图 6-103 所示。单击【确定】按钮 。产生的刀具路径、效果如图 6-104 所示。

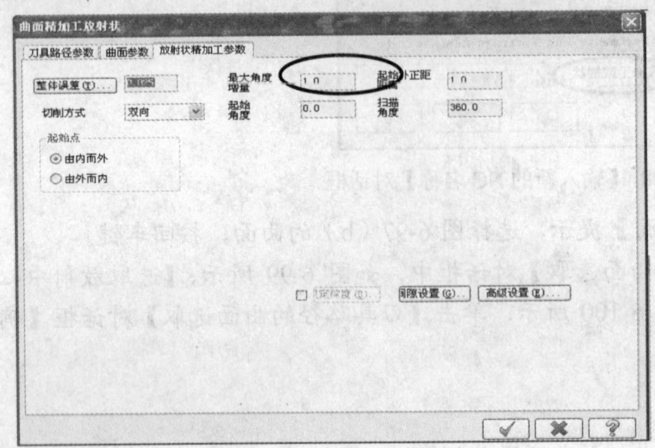

图 6-103　放射状精加工参数对话框

图 6-104　放射状精加工刀具路径、效果

6.3.4　精加工投影加工

精加工投影加工与投影粗加工的定义基本相同，加工参数的设置也基本相似，所以这里不再详述。下面还是以投影粗加工实例练习来讲述精加工投影加工的操作步骤。

【案例 6-12】 利用精加工投影加工命令，将字符“广东松山职业技术学院、宽、厚、平、和”投影到曲面进行加工（已经实例练习 6.2.3 已采用投影粗加工加工过了，预留了 0.5mm 的余量）。其中，字符“广东松山职业技术学院”字高为 10mm，圆弧底部，圆弧半径为 28mm，圆弧中心为曲面中心。“宽、厚、平、和” 字高为 10mm，水平放置。所有的字符离曲面高为 30mm。如图 6-28 所示。其中曲面截面尺寸如图 6-105（a）所示，毛坯为 φ100mm × 22mm 的圆柱。

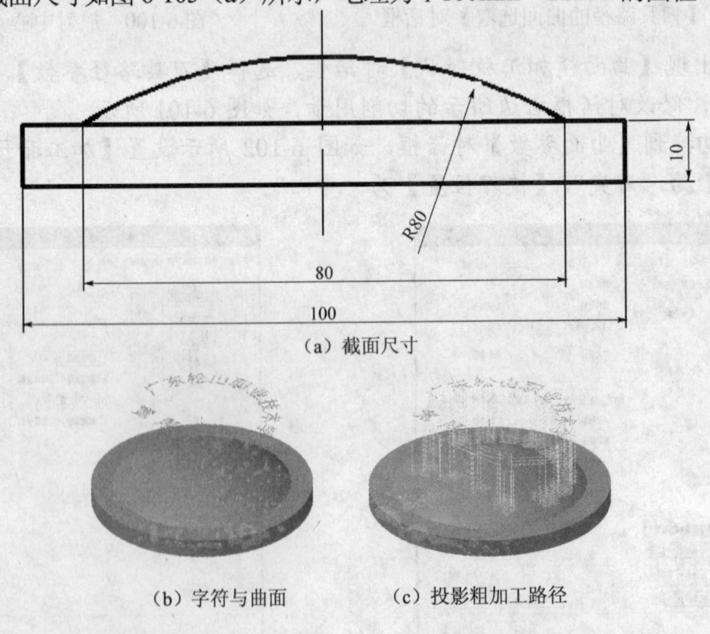

（a）截面尺寸

（b）字符与曲面　　（c）投影粗加工路径

图 6-105　截面尺寸与字符、曲面、加工路径

步骤 1：打开如图 6-105（c）所示曲面加工路径（这是先用投影粗加工进行粗加工，预留 0.5mm 余量）。

步骤 2：选择菜单【刀具路径】→【曲面精加工】→【精加工投影加工】。

步骤 3：系统出现【选择加工曲面】提示，选择图 6-105（b）的圆弧面，按回车键。

步骤 4：出现【刀具路径的曲面选取】对话框，如图 6-106 所示，单击【选择曲线】按钮，出现图 6-107 所示的【串连选项】对话框，单击窗选方式，选择所有书写的文字，单击【串连选项】对话框【确定】按钮，返回【刀具路径的曲面选取】对话框，单击【确定】按钮。

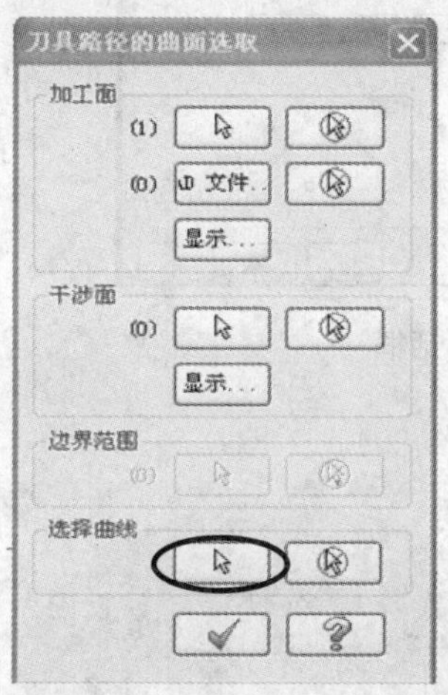

图 6-106 【刀具路径的曲面选取】对话框

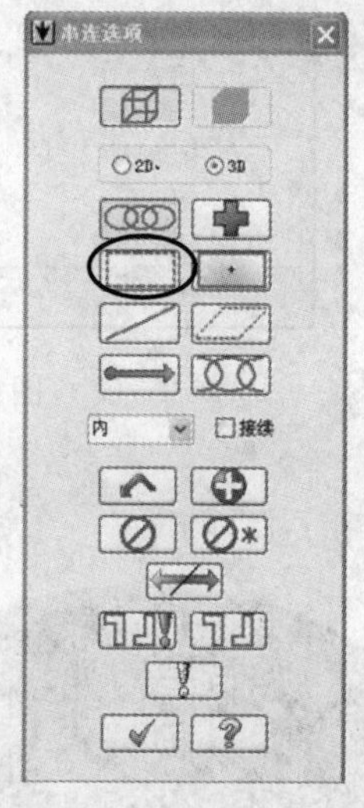

图 6-107 【串连选项】对话框

步骤 5：出现【曲面精加工投影】对话框，选择【刀具路径参数】，创建一把直径为 1mm 的球铣刀，修改对话框右边所示的切削用量，如图 6-108 所示。

步骤 6：切换到【曲面参数】对话框，如图 6-109 所示设置【加工面预留量】为“–0.5”，设【校刀位置】为“刀尖”。

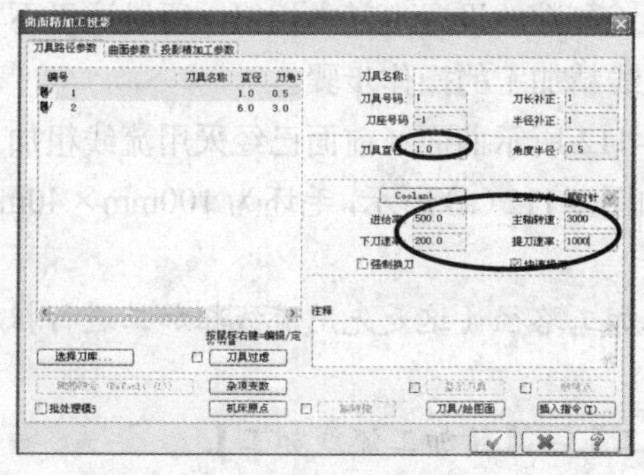

图 6-108 【刀具路径参数】对话框

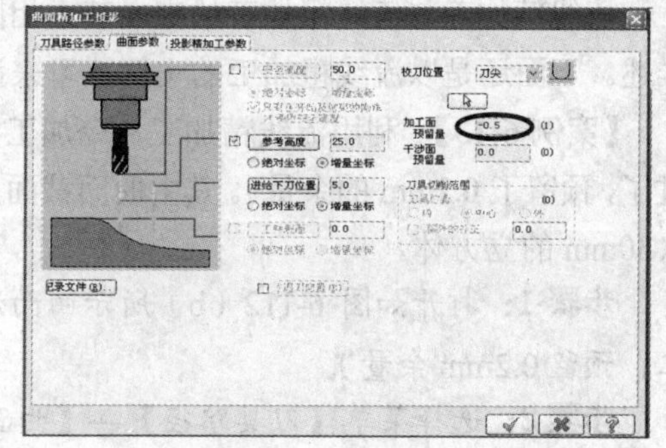

图 6-109 【曲面参数】对话框

步骤 7：切换到【投影精加工参数】对话框，设置如图 6-110 所示，单击【确定】按钮。产生的刀具路径、效果如图 6-111 所示。

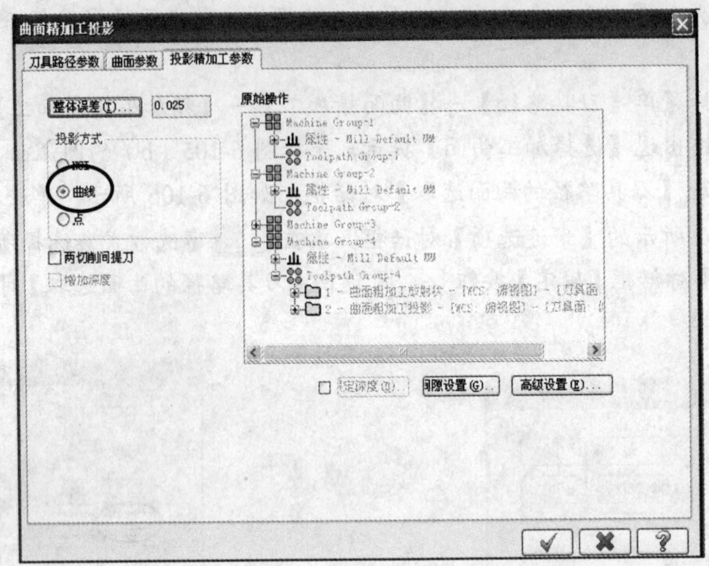

图 6-110 投影精加工参数对话框

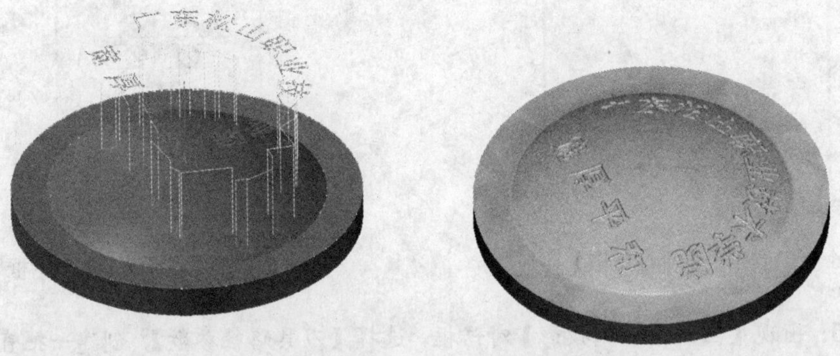

图 6-111 投影精加工刀具路径、效果图

6.3.5 流线精加工

流线精加工与流线粗加工的定义基本相同，加工参数的设置也基本相似，所以这里不再详述。下面还是以流线粗加工的实例练习来讲述流线精加工的操作步骤。

【案例 6-13】 利用流线精加工命令加工如图 6-112 所示曲面（前面已经采用流线粗加工过了，预留了 0.2mm 的余量）。其中曲面截面尺寸如图 6-112（a）所示，毛坯为 100mm×40mm×30mm 的立方体。

步骤 1：打开如图 6-112（b）所示曲面流线粗加工路径（这是先用流线粗加工进行粗加工，预留 0.2mm 余量）。

步骤 2：选择菜单【刀具路径】→【曲面精加工】→【精加工流线加工】。

步骤 3：系统出现【选择加工曲面】提示，选择图 6-112(a)的圆弧面，按回车键。

步骤 4：出现【刀具路径曲面选择】对话框，如图 6-113 所示，单击【曲面流线】按钮，出现图 6-114 所示的【曲面流线设置】对话框，单击【补正】等按钮进行设置，如调整刀具路径在曲面之上。返回【刀具路径的曲面选取】对话框，单击【确定】按钮 ✓ 。

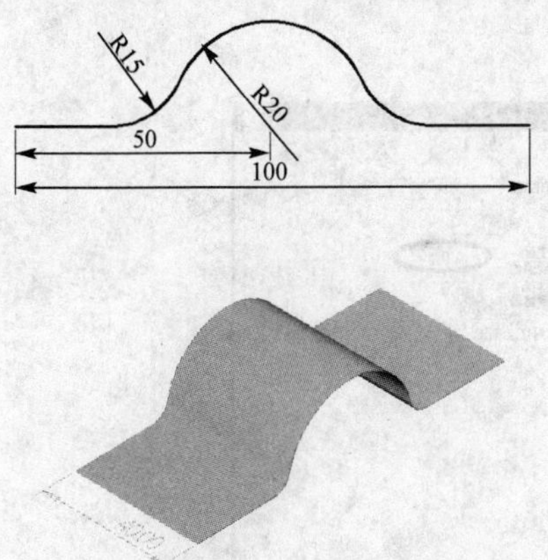

（a）截面尺寸、曲面

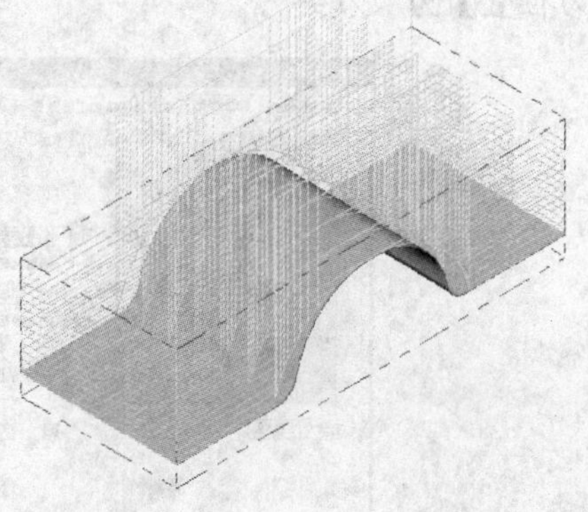

（b）流线粗加工路径

图 6-112 截面尺寸、曲面、加工路径

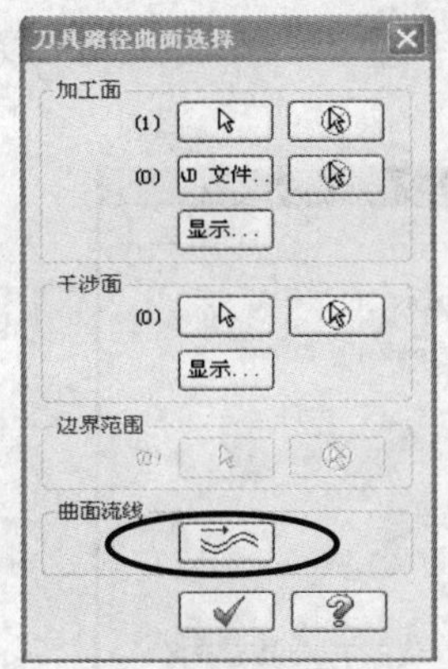

图 6-113 【刀具路径的曲面选取】对话框

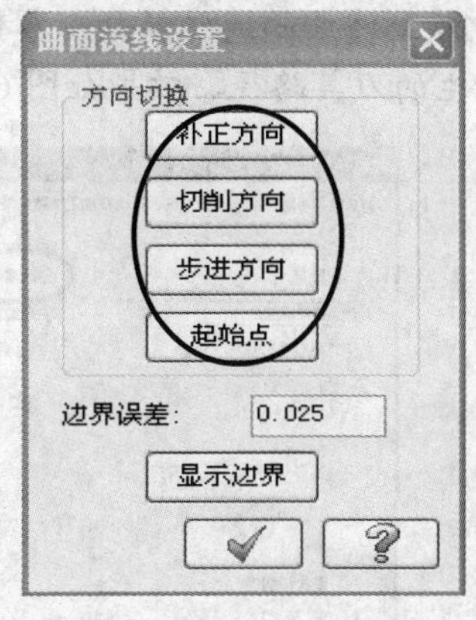

图 6-114 【曲线流线设置】对话框

步骤 5：出现【曲面精加工流线】对话框，选择【刀具路径参数】，创建一把直径为 6mm 的球铣刀，修改对话框右边所示的切削用量，如图 6-115 所示。

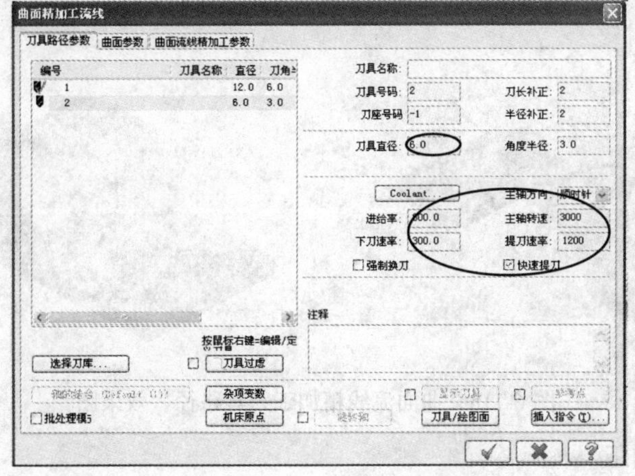

图 6-115 【刀具路径参数】对话框

步骤 6：切换到【曲面参数】对话框，如图 6-116 所示设置【加工面预留量】为“0”，

设【校刀位置】为“刀尖”。

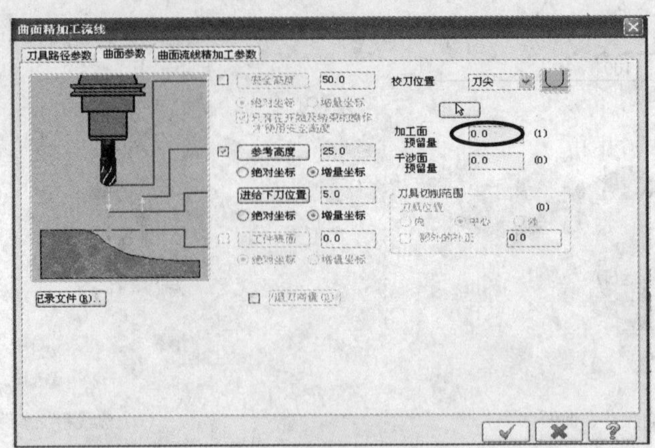

图 6-116 【曲面参数】对话框

步骤 7：切换到【曲面流线精加工参数】对话框，设置如图 6-117 所示，单击【确定】按钮 ✓ 。产生的刀具路径、效果如图 6-118 所示。

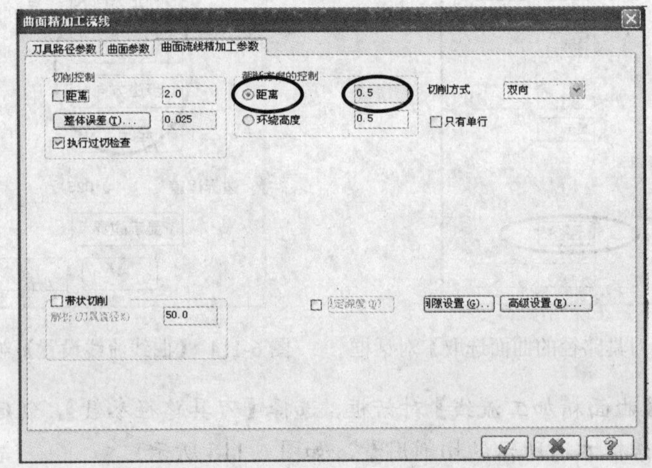

图 6-117 【曲面流线精加工参数】对话框

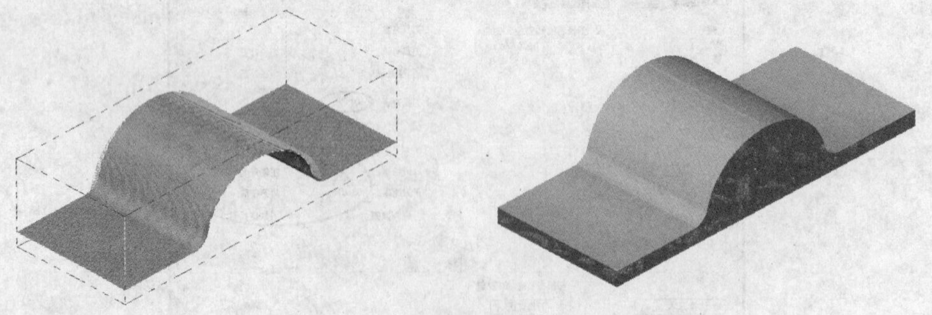

图 6-118 曲面流线精加工刀具路径、效果图

6.3.6 等高外形精加工

等高外形精加工与等高外形粗加工的定义基本相同，加工参数的设置也基本相似，所以这里不再详述。下面还是以等高外形粗加工的实例练习来讲等高外形精加工的操作步骤。

【案例 6-14】 利用等高外形精加工命令加工如图 6-118 所示曲面（前面已经采用过等高外形粗加工、残料粗加工了，预留了 0.3mm 的余量）。其中曲面截面尺寸如图 6-119（a）所示，毛坯为 160mm×160mm×50mm 的立方体。

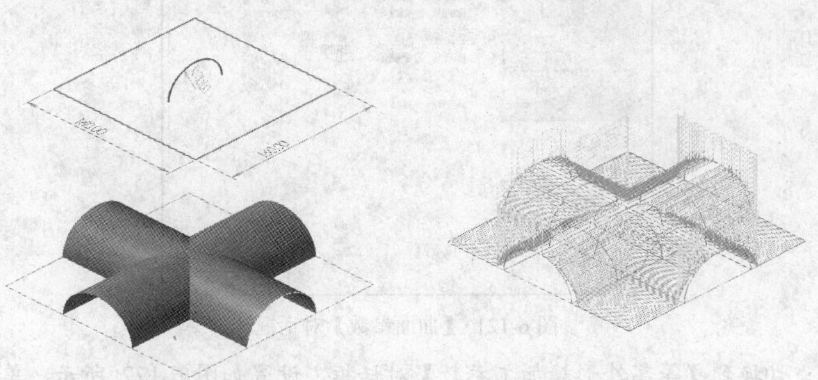

（a）截面尺寸、曲面　　　　（b）等高外形粗加工路径

图 6-119　截面尺寸与曲面

步骤 1：打开如图 6-119（b）所示曲面加工路径（这是先用等高外形粗加工进行粗加工，预留 0.3mm 余量）。

步骤 2：选择菜单【刀具路径】→【曲面精加工】→【精加工等高外形】。

步骤 3：系统出现【选择加工曲面】提示，选择图 6-119（a）的圆弧面，按回车键。

步骤 4：出现【刀具路径的曲面选取】对话框，单击【确定】按钮 ✓ 。

步骤 5：出现【曲面精加工等高外形】对话框，选择【刀具路径参数】，创建一把直径为 4mm 的球铣刀，修改对话框右边所示的切削用量，如图 6-120 所示。

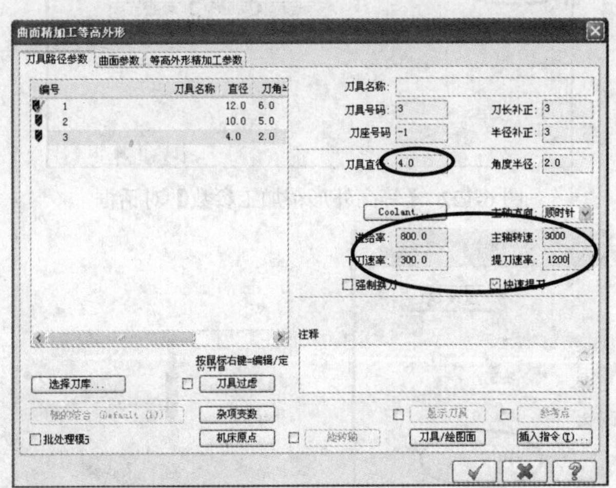

图 6-120　【刀具路径参数】对话框

步骤 6：切换到【曲面参数】对话框，如图 6-121 所示设置【加工面预留量】为“0”，设【校刀位置】为“刀尖”。

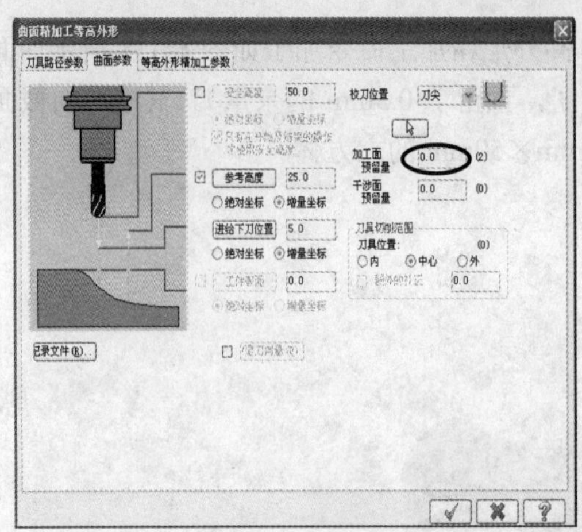

图 6-121 【曲面参数】对话框

步骤 7：切换到【等高外形精加工参数】对话框，设置如图 6-122 所示，单击【间隙设置】按钮，出现图 6-123 对话框，设置如图。单击【确定】按钮 ✓。返回【等高外形精加工参数】对话框，单击【确定】按钮 ✓。产生的加工效果如图 6-124 所示。

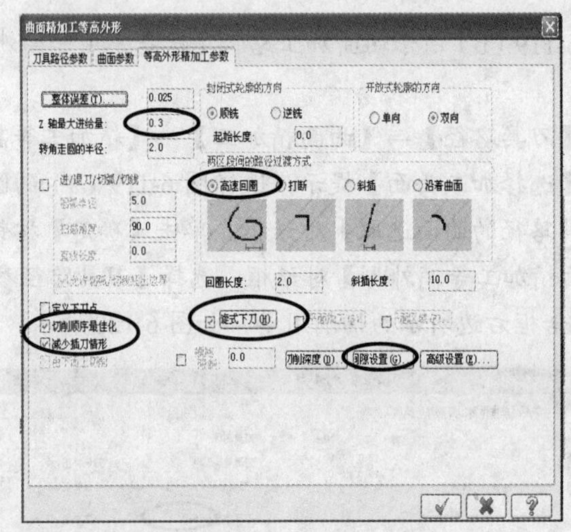

图 6-122 【等高外形精加工参数】对话框

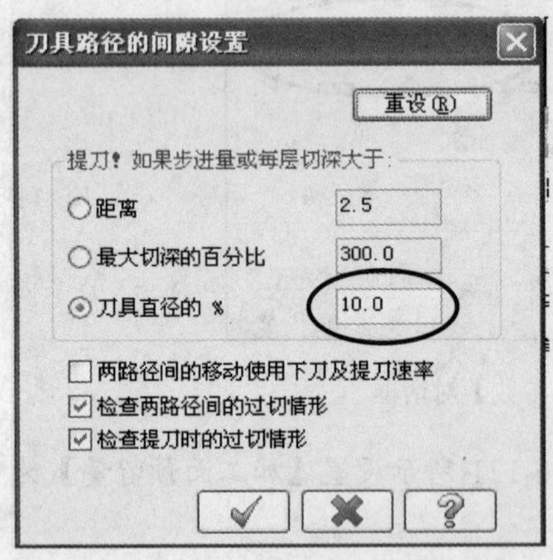

图 6-123 【间隙设置】对话框

图 6-124 曲面等高外形精加工效果图

6.3.7　精加工浅平面加工

精加工浅平面加工适合加工比较平坦的曲面，通常等高外形精加工、陡斜面精加工等会留下一些残余料，此时就可以采用精加工浅平面加工将这些残余料清除。下面还是以实例练习 6.3.6 等高外形精加工来讲解精加工浅平面加工的操作步骤。

图 6-125　精加工浅平面加工效果

【案例 6-15】 利用精加工浅平面加工命令可以去除如图 6-125 所示曲面（已经采用等高外形粗加工、残料粗加工、曲面等高外形精加工加工过了，但还是留下一些残余料）的残余料。

步骤 1： 打开 6.3.6 等高外形精加工刀具路径。

步骤 2： 选择菜单【刀具路径】→【曲面精加工】→【精加工浅平面加工】。

步骤 3： 系统出现【选择加工曲面】提示，选择图 6-119（a）的圆弧面，按回车键。

步骤 4： 出现【刀具路径的曲面选取】对话框，单击【确定】按钮 ✓ 。

步骤 5： 出现【曲面精加工浅平面】对话框，选择【刀具路径参数】，创建一把直径为 3mm 的球铣刀，修改对话框右边所示的切削用量，如图 6-126 所示。

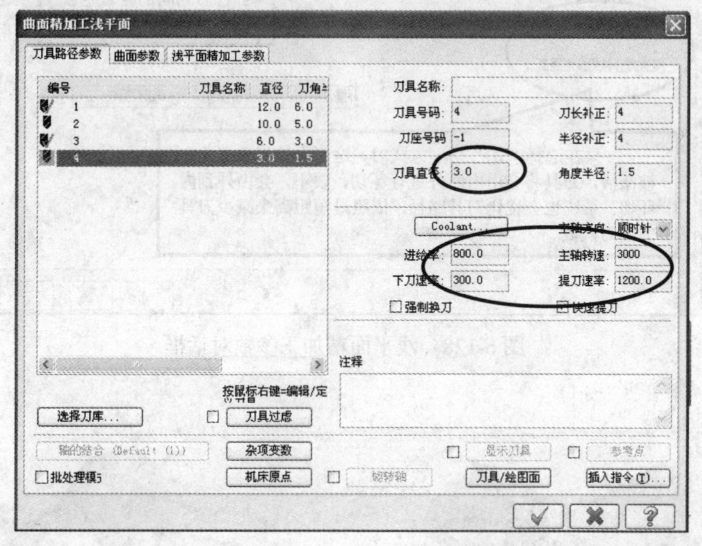

图 6-126 【刀具路径参数】对话框

步骤 6： 切换到【曲面参数】对话框，如图 6-127 所示设置【加工面预留量】为“0”，设【校刀位置】为“刀尖”。

步骤 7： 切换到【浅平面精加工参数】对话框，设置如图 6-128 所示，单击【确定】按钮 ✓ 。图 6-129 为切削方式分别为“双向”和“3D”方式下的刀路。

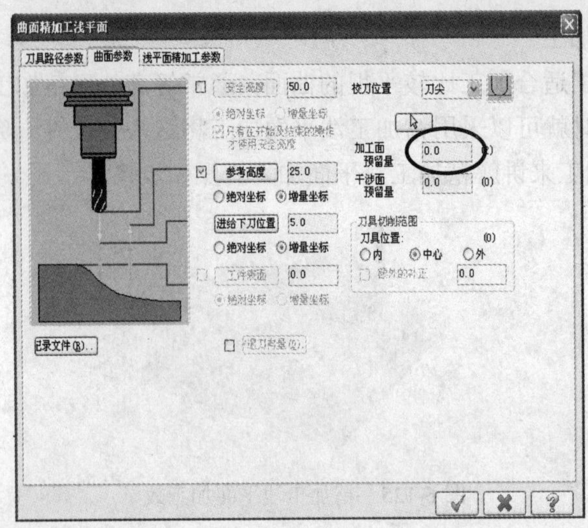

图 6-127 【曲面参数】对话框

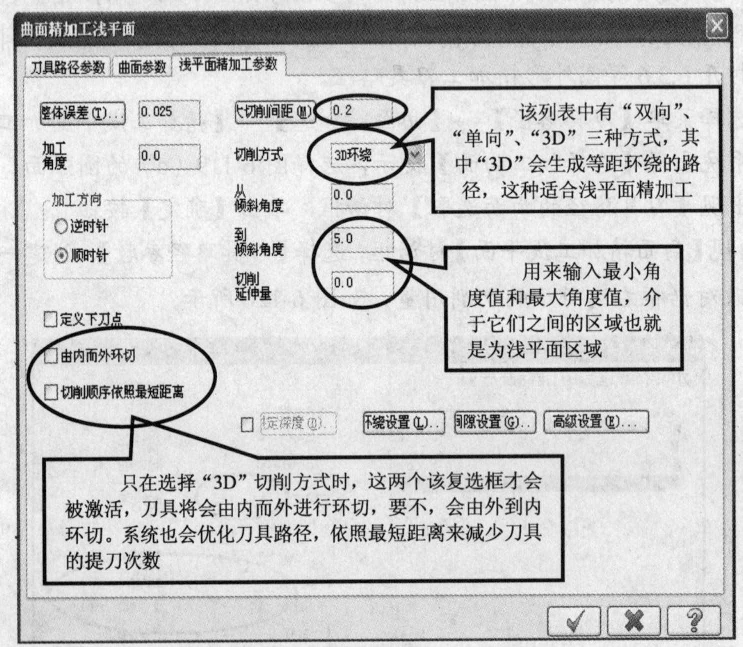

图 6-128 浅平面精加工参数对话框

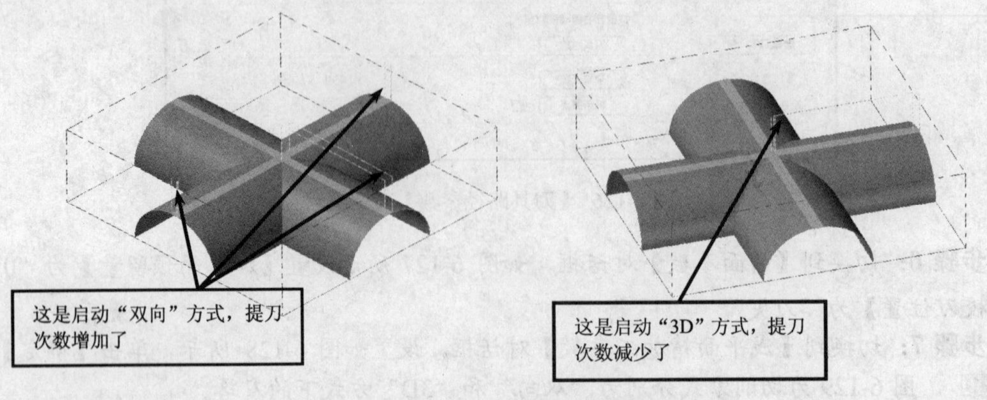

图 6-129 切削顺序依照最短距离复选框

6.3.8　精加工交线清角

精加工交线清角主要用于两曲面交线处的精加工，两曲面交线处由于刀具无法进入，会产生部分残料，这时就可以采用精加工交线清角来去除残料，主要用于精加工之后最后一道工序。

【案例 6-16】 利用精加工交线清角命令加工如图 6-130（b）所示曲面交线处（本例已经采用粗加工平行铣削加工，这里只讲精加工交线清角）。曲面截面尺寸如图 6-130（a）所示，毛坯为 150mm×80mm×30mm 的立方体。

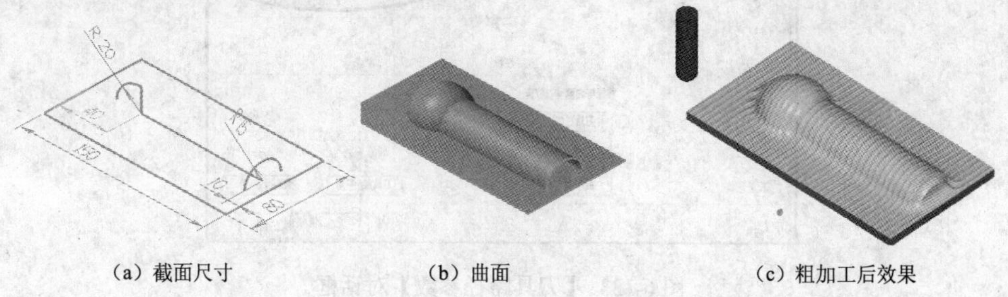

（a）截面尺寸　　（b）曲面　　（c）粗加工后效果

图 6-130　截面尺寸及曲面图

步骤 1：绘制曲面如图 6-130（b）所示，先用粗加工平行铣削进行粗加工，结果如图 6-130（c）所示。

步骤 2：选择菜单【刀具路径】→【曲面精加工】→【精加工交线清角】。

步骤 3：系统出现【选择加工曲面】提示，选择图 6-130（b）所有的圆弧面，按回车键。

步骤 4：出现【刀具路径的曲面选取】对话框，如图 6-131 所示，单击【边界范围】按钮，出现图 6-132 所示的【串连选项】对话框，单击 按钮，选择图 6-130（b）矩形线框边界，单击【串连选项】对话框中的【确定】按钮 ，返回【刀具路径的曲面选取】对话框，单击【确定】按钮 。

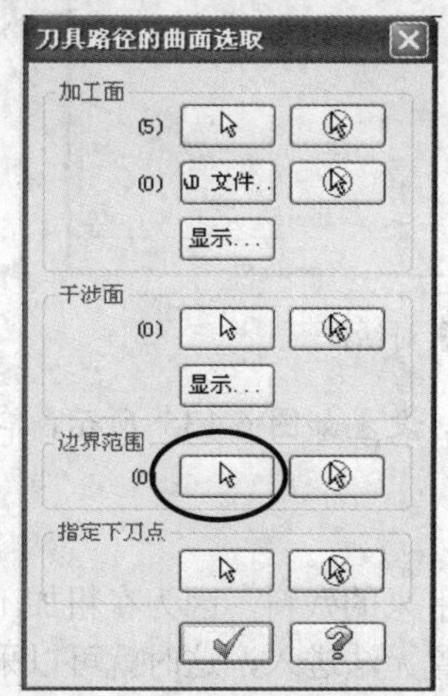

图 6-131　【刀具路径的曲面选取】对话框

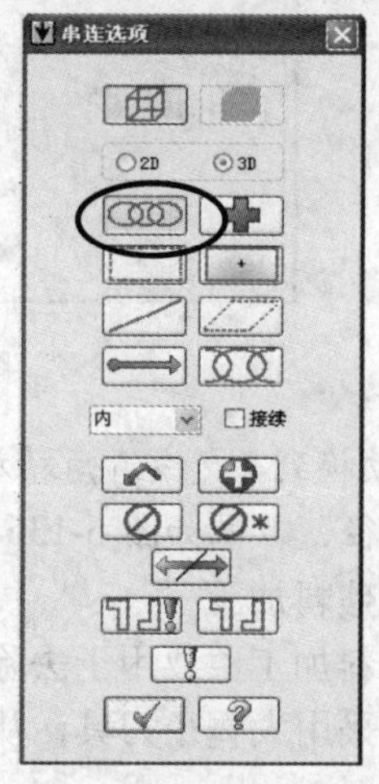

图 6-132　【串连选项】对话框

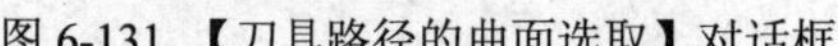

步骤 5：出现【曲面精加工交线清角】对话框，选择【刀具路径参数】，创建一把直径为 4mm 的球铣刀，修改对话框右边所示的切削用量，如图 6-133 所示。

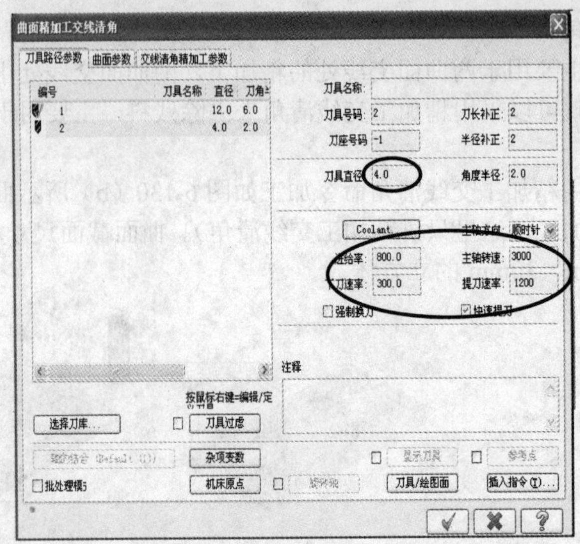

图 6-133 【刀具路径参数】对话框

步骤 6：切换到【曲面参数】对话框，如图 6-134 所示设置【加工面预留量】为“0”，设【校刀位置】为“刀尖”。

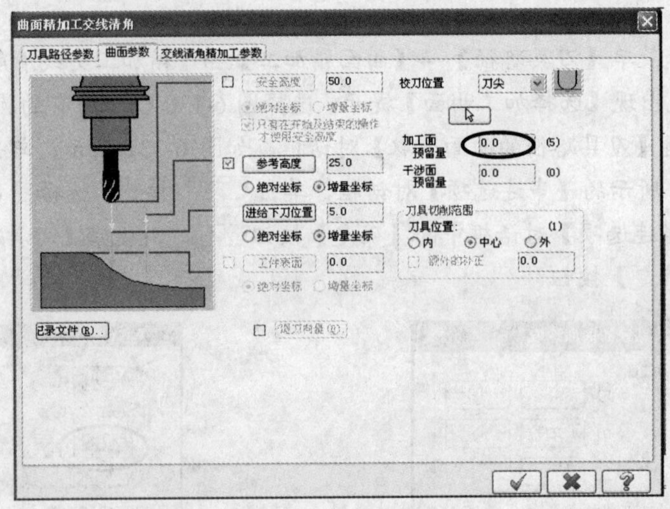

图 6-134 【曲面参数】对话框

步骤 7：切换到【交线清角精加工参数】对话框，设置如图 6-135 所示，单击 ✓ 按钮。产生的刀具路径、效果如图 6-136 所示。

6.3.9 精加工残料加工

精加工残料加工主要用于去除前面操作所遗留下来的残料，因为在粗加工时，为提高生产效率，通常采用大直径刀具，从而导致局部的位置无法进入，这时就可以采用精加工残料加工来清除残料。

6.3.9.1 残料精加工操作步骤

为了更好地讲解残料精加工的步骤及参数设置，下面以一个典型的残料精加工实例来介绍。

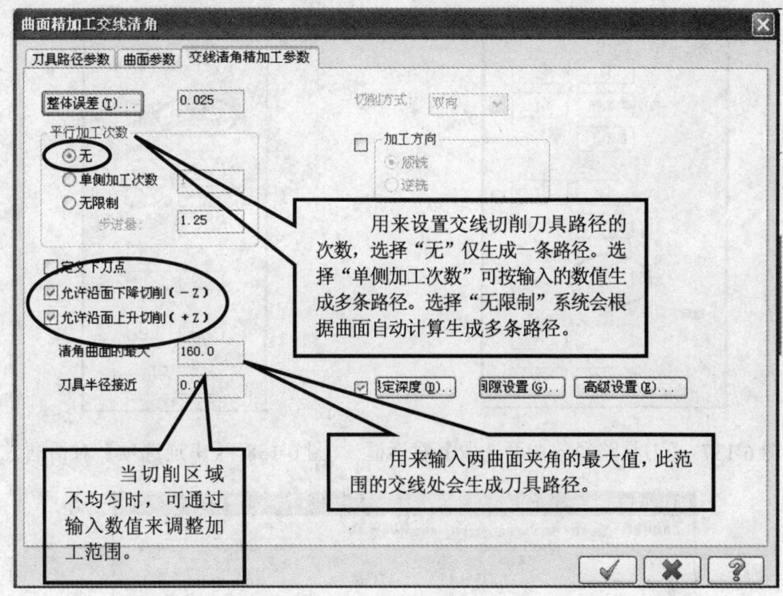

图 6-135　交线清角精加工参数对话框

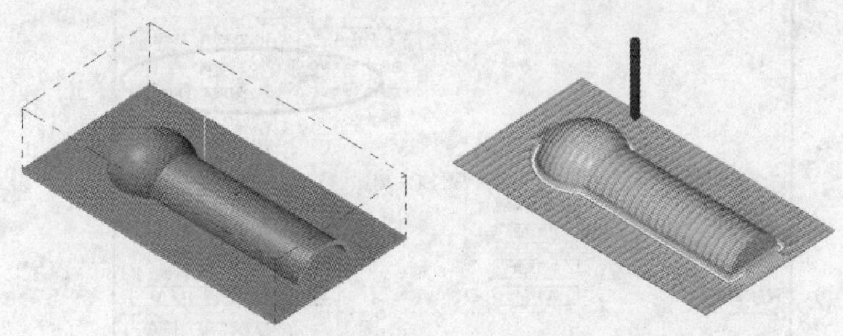

图 6-136　交线清角精加工刀具路径、效果图

【案例 6-17】　利用精加工残料加工命令加工如图 6-136 右图所示曲面残料(本例已经采用粗加工平行铣削加工，用交线清角精加工进行过清角，这里只讲精加工残料加工)。曲面截面尺寸如图 6-130（a）所示，毛坯为 150mm×80mm×30mm 的立方体。

步骤 1：绘制曲面如图 6-130（b）所示，先用粗加工平行铣削进行粗加工，交线清角精加工进行过清角，结果如图 6-136 右图所示。

步骤 2：选择菜单【刀具路径】→【曲面精加工】→【精加工残料加工】。

步骤 3：系统出现【选择加工曲面】提示，选择图 6-130 所有的圆弧面，按回车键。

步骤 4：出现【刀具路径的曲面选取】对话框，如图 6-137，单击【边界范围】按钮，出现图 6-138 所示的【串连选项】对话框，单击按钮，选择图 6-130（b）矩形线框作为边界，单击【串连选项】对话框中的【确定】按钮，返回【刀具路径的曲面选取】对话框，单击【确定】按钮。

步骤 5：出现【曲面精加工残料清角】对话框，选择【刀具路径参数】，创建一把直径为 6mm 的球铣刀，修改对话框右边所示的切削用量，如图 6-139 所示。

步骤 6：切换到【曲面参数】对话框，如图 6-140 所示设置【加工面预留量】为“0”，设【校刀位置】为“刀尖”。

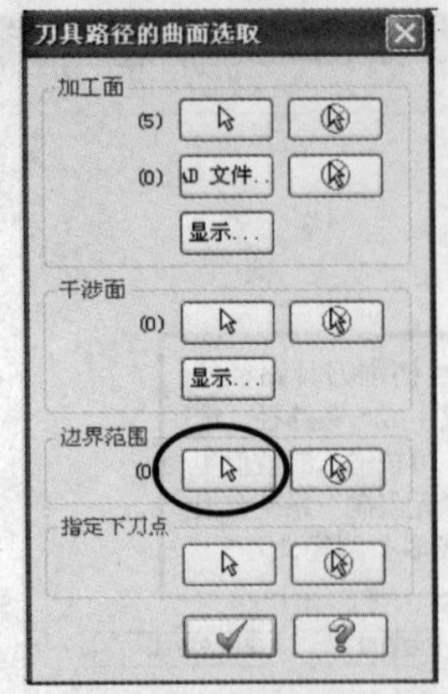

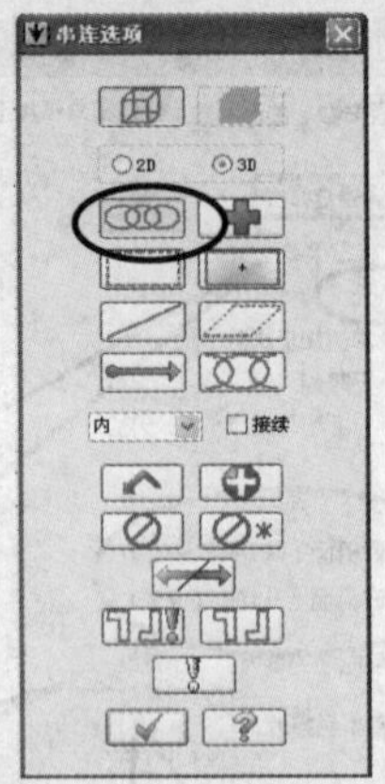

图 6-137 【刀具路径的曲面选取】对话框　　图 6-138 【串连选项】对话框

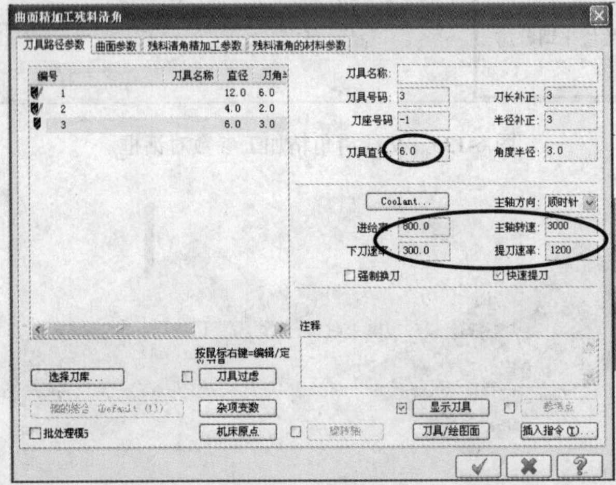

图 6-139 【刀具路径参数】对话框

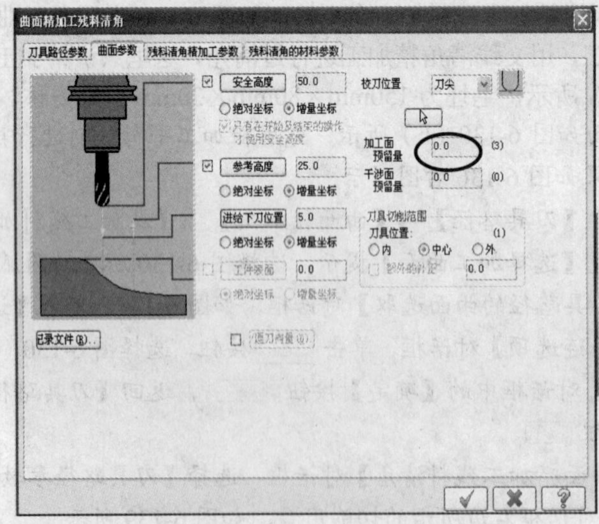

图 6-140 【曲面参数】对话框

步骤 7：切换到【残料清角精加工参数】对话框，设置如图 6-141 所示，单击【确定】

按钮 ✓ 。

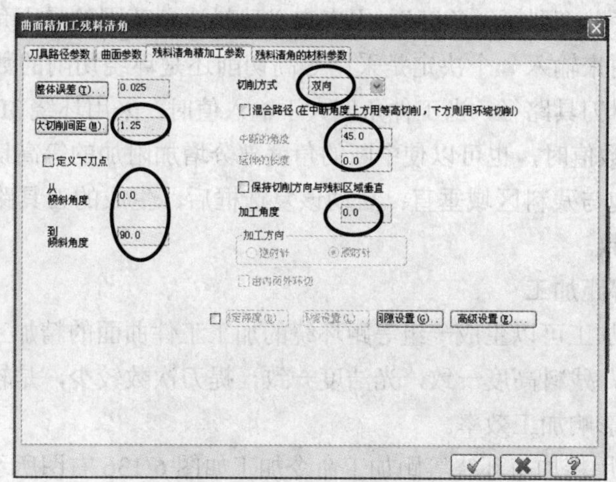

图 6-141 【残料清角精加工参数】对话框

步骤 8：切换到【残料清角精加工参数】对话框，设置如图 6-142 所示，单击【确定】按钮 ✓ 。产生的刀具路径、效果如图 6-143 所示。

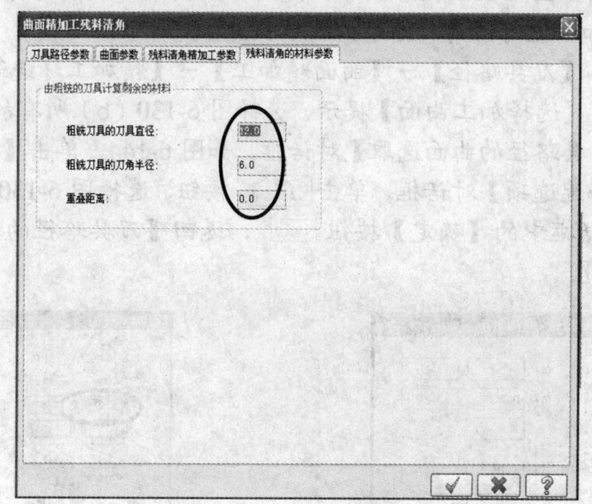

图 6-142 【残料清角精加工参数】对话框

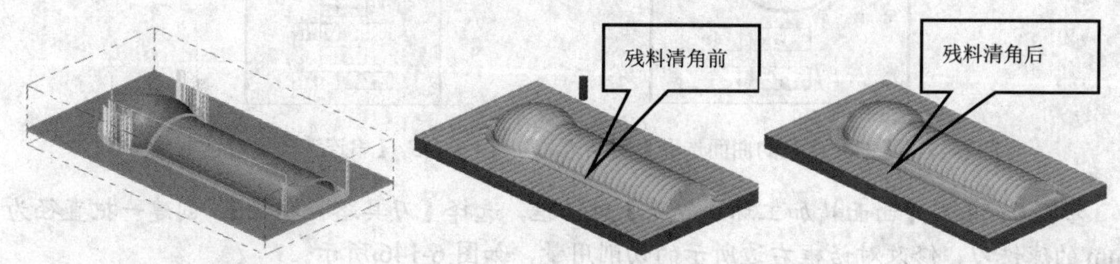

图 6-143 残料清角精加工刀具路径、效果

6.3.9.2 残料精加工参数设置

在图 6-141 所示的【残料清角精加工参数】对话框中，有从倾斜角度、到倾斜角度、混

合路径、保持切削方向与残料区域垂直等参数，下面分别介绍。

① “从倾斜角度”、“到倾斜角度”：用来定义残料清角范围的最大角度和最小角度。

② 混合路径：用来输入一个决定是采用等高切削还是环绕切削的数值，当工件角度小于输入值时，采用 2D 刀具路径，当工件角度大于输入值时，采用环绕 3D 刀具路径。在“延伸的长度”输入一个数值时，也可以使中断的角度部分增加附加的等高切削路径。

③ 保持切削方向与残料区域垂直：启动该复选框后，生成的刀具路径与残料区域的走向垂直，否则走向一致。

6.3.10 精加工环绕等距加工

精加工环绕等距加工可以生成一组等距环绕的加工工件曲面的精加工刀具路径，生成的路径采用等距式排列，残料高度一致，光洁度一致，提刀次数较少，是较好的精加工方式，但计算时间过长，会影响加工效率。

【案例 6-18】 利用精加工环绕等距加工命令加工如图 6-136 右图所示曲面残料（本例已经采用粗加工平行铣削加工，用交线清角精加工进行过清角，用精加工残料加工过，这里只讲精加工环绕等距加工）。曲面截面尺寸如图 6-130（a）所示，毛坯为 150mm×80mm×30mm 的立方体。

步骤 1：绘制曲面如图 6-130（b）所示，先用粗加工平行铣削进行粗加工，用交线清角精加工，精加工残料加工进行清角，结果如图 6-143 右图所示。

步骤 2：选择菜单【刀具路径】→【曲面精加工】→【精加工环绕等距加工】。

步骤 3：系统出现【选择加工曲面】提示，选择图 6-130（b）所有的矩形面，按回车键。

步骤 4：出现【刀具路径的曲面选取】对话框，如图 6-144，单击【边界范围】按钮，出现图 6-145 所示的【串连选项】对话框，单击 按钮，选择图 6-130（b）矩形线框边界，单击【串连选项】对话框中的【确定】按钮 ，返回【刀具路径的曲面选取】对话框，单击【确定】按钮 。

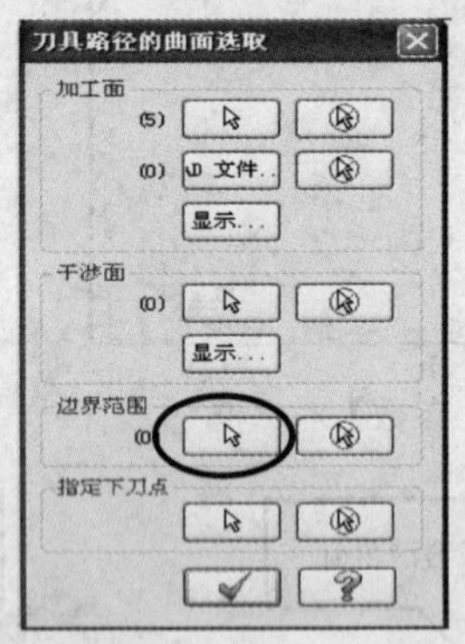

图 6-144 【刀具路径的曲面选取】对话框

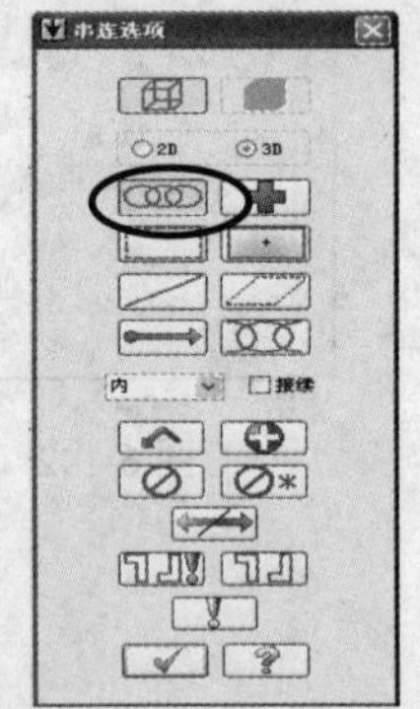

图 6-145 【串连选项】对话框

步骤 5：出现【曲面精加工环绕等距】对话框，选择【刀具路径参数】，创建一把直径为 4mm 的球铣刀，修改对话框右边所示的切削用量，如图 6-146 所示。

步骤 6：切换到【曲面参数】对话框，如图 6-147 所示设置【加工面预留量】为“0”，设【校刀位置】为“刀尖”

步骤 7：切换到【环绕等距精加工参数】对话框，设置如图 6-148 所示，单击确定按钮 。产生的刀具路径、效果如图 6-149 所示。

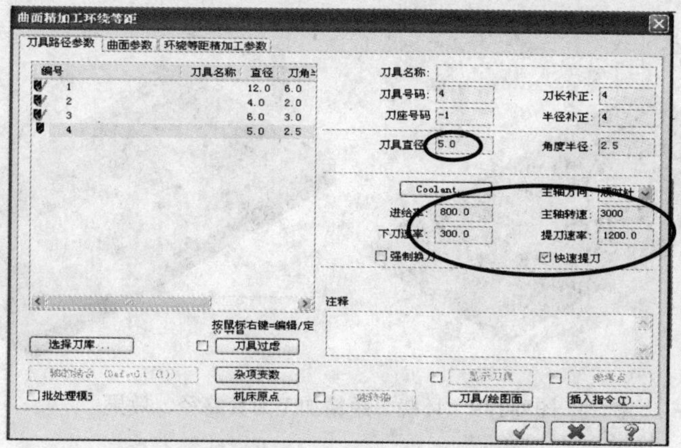

图 6-146 【刀具路径参数】对话框

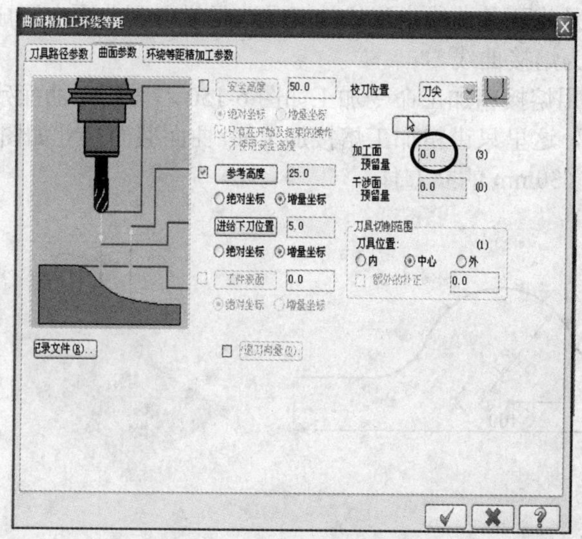

图 6-147 【曲面参数】对话框

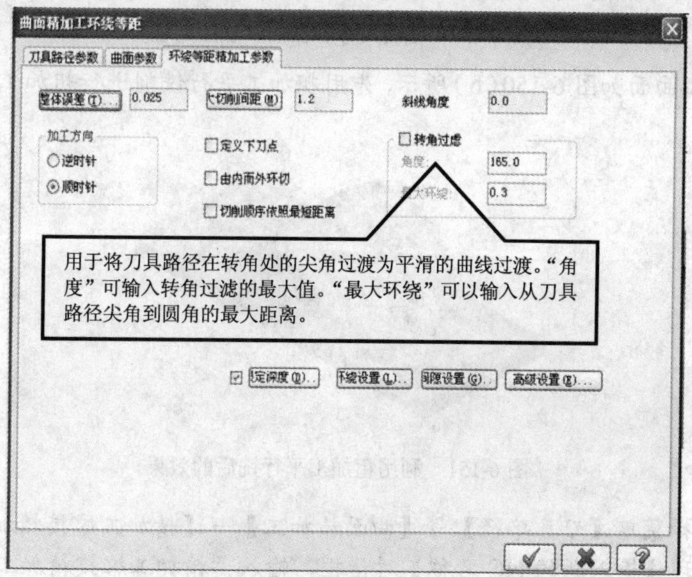

图 6-148　环绕等距精加工参数对话框

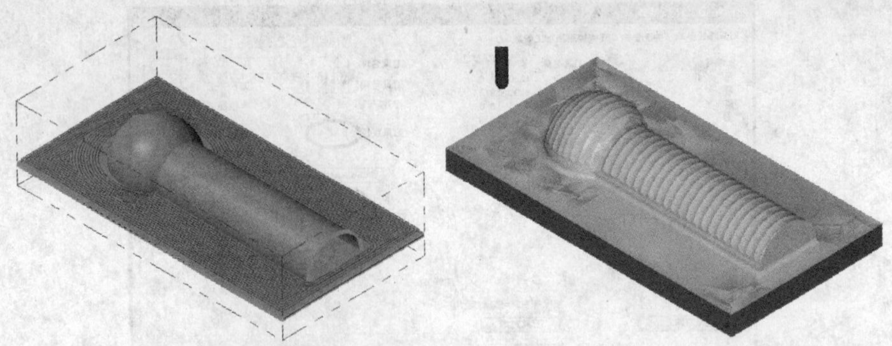

图 6-149 环绕等距精加工刀具路径、效果

6.3.11 精加工熔接加工

精加工熔接加工是将两条曲线内形成的刀具路径投影到曲面上形成的精加工刀具路径。需要选取两条曲线作为熔接曲线。

【案例 6-19】 利用熔接精加工命令加工如图 6-150 右图所示曲面残料（本例已经采用粗加工平行铣削粗加工，这里只讲精加工熔接加工）。曲面截面尺寸如图 6-150（a）所示，毛坯为 150mm×80mm×30mm 的立方体。

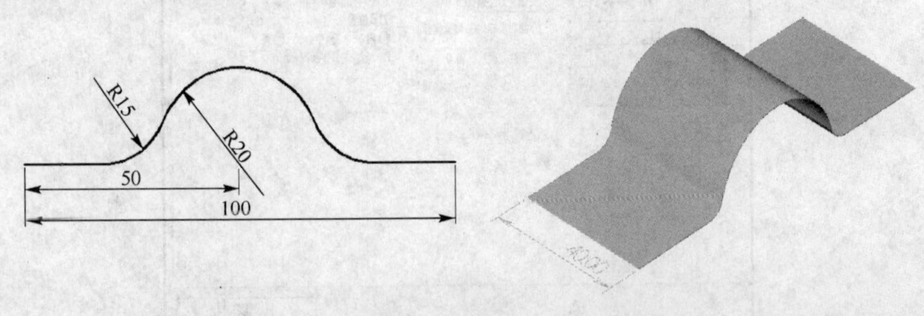

（a）截面尺寸、曲面　　（b）平行铣削粗加工路径

图 6-150 截面尺寸、曲面、加工路径

步骤 1：绘制曲面如图 6-150（b）所示，先用粗加工平行铣削进行粗加工，结果如图 6-151 右图所示。

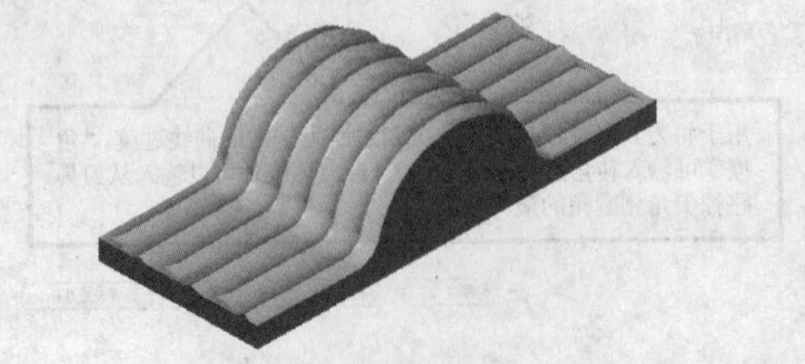

图 6-151 利用粗加工平行铣后的效果

步骤 2：选择菜单【刀具路径】→【曲面精加工】→【精加工熔接精加工】。

步骤 3：出现【输入新的 NC 名称】对话框，输入“精加工熔接精加工”，如图 6-152 所示，单击【确定】按钮 。

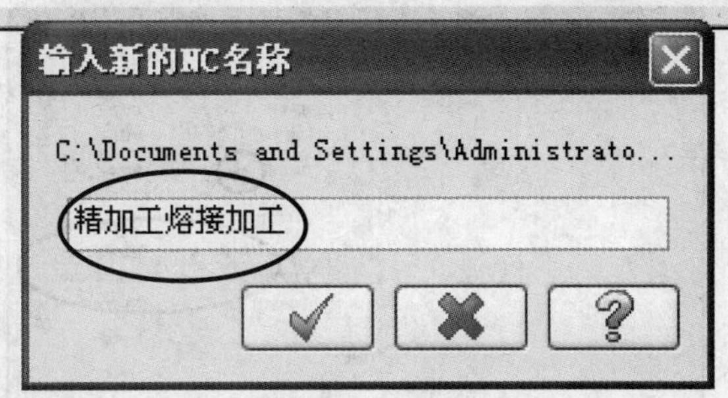

图 6-152　【输入新的 NC 名称】对话框

步骤 4：系统出现【选择加工曲面】提示，选择图 6-150（b）所有的圆弧面，按回车键。

步骤 5：出现【刀具路径的曲面选取】对话框，如图 6-153，单击【选择熔接曲线】按钮，出现图 6-154 所示的【串连选项】对话框，单击 按钮 ，选择图 6-155 所示线框边界，单击【串连选项】对话框中的【确定】按钮 ，返回【刀具路径的曲面选取】对话框，单击【确定】按钮 。

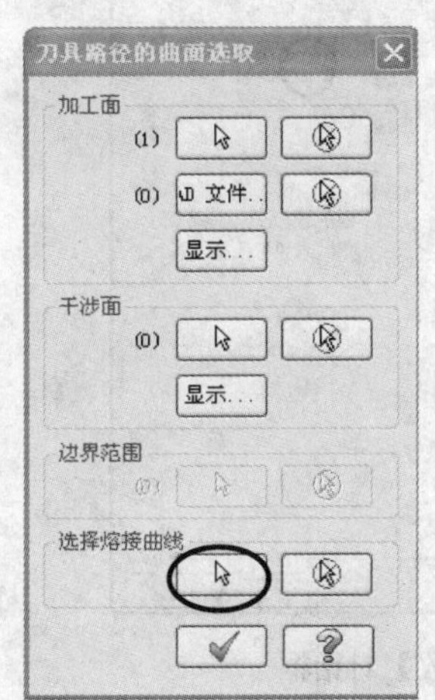

图 6-153　【刀具路径的曲面选取】对话框

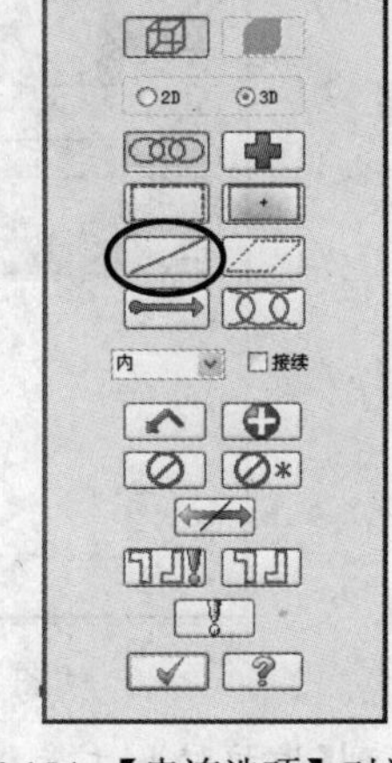

图 6-154　【串连选项】对话框

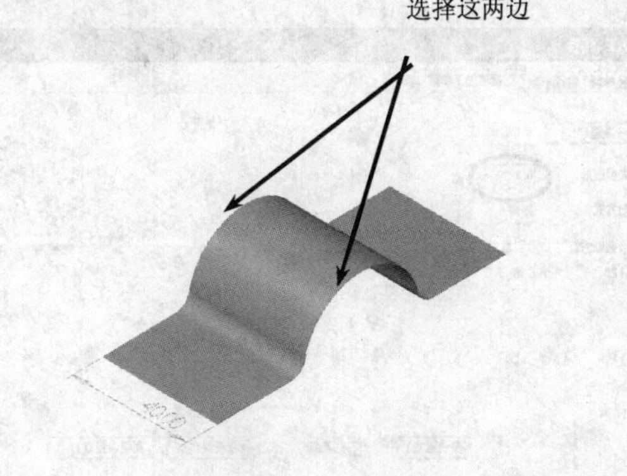

图 6-155　边界选择

步骤 6：出现【曲面精加工熔接】对话框，选择【刀具路径参数】，创建一把直径为 6mm 的球铣刀，修改对话框右边所示的切削用量，如图 6-156 所示。

步骤 7：切换到【曲面参数】对话框，如图 6-157 所示设置【加工面预留量】为 “0”，设【校刀位置】为 “刀尖”。

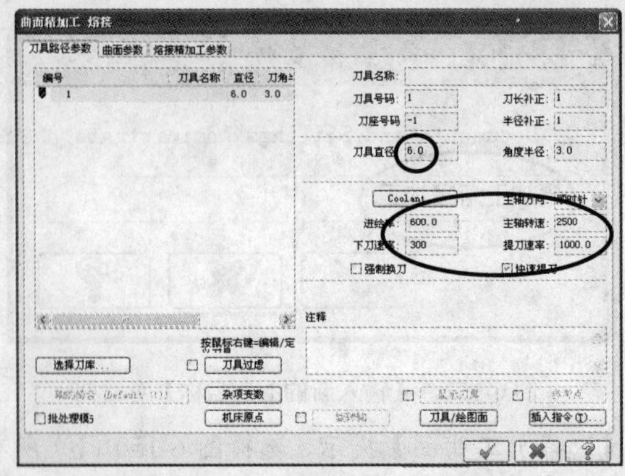

图 6-156 【刀具路径参数】对话框

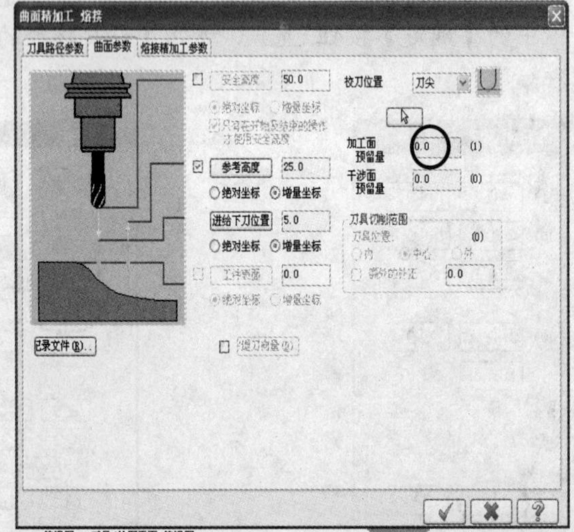

图 6-157 【曲面参数】对话框

步骤 8：切换到【熔接精加工参数】对话框，设置如图 6-158 所示，单击【确定】按钮 ✓ 。产生的刀具路径、效果如图 6-159 所示。

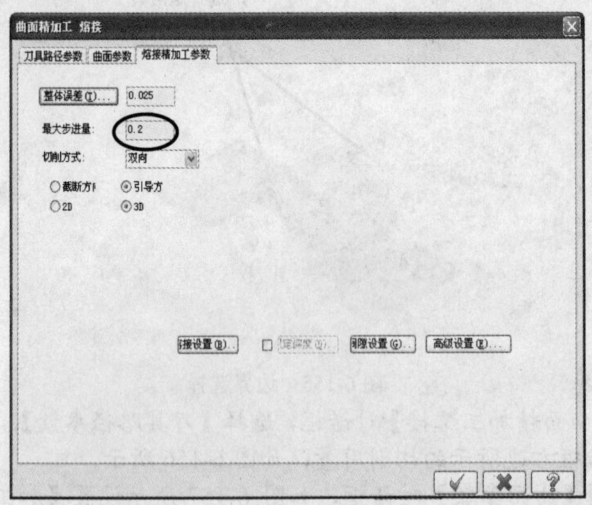

图 6-158 【熔接精加工参数】对话框

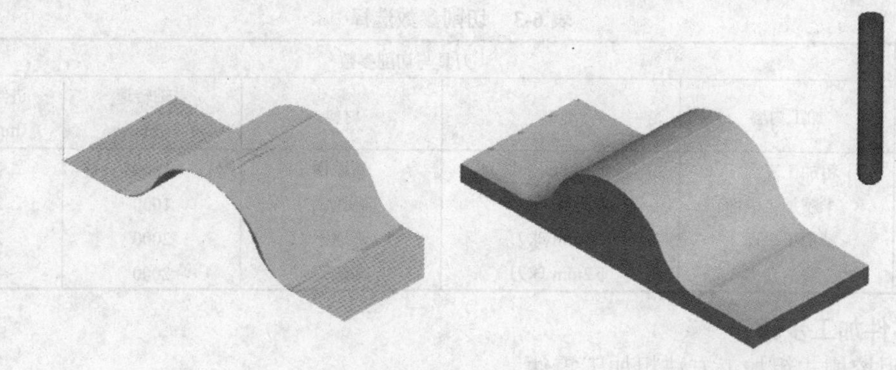

图 6-159 熔接精加工刀具路径、效果

6.4 综合实例指导

零件图尺寸如图 6-160 所示，采用合适的加工方法进行加工。创建一个三维曲面，然后对其进行加工。

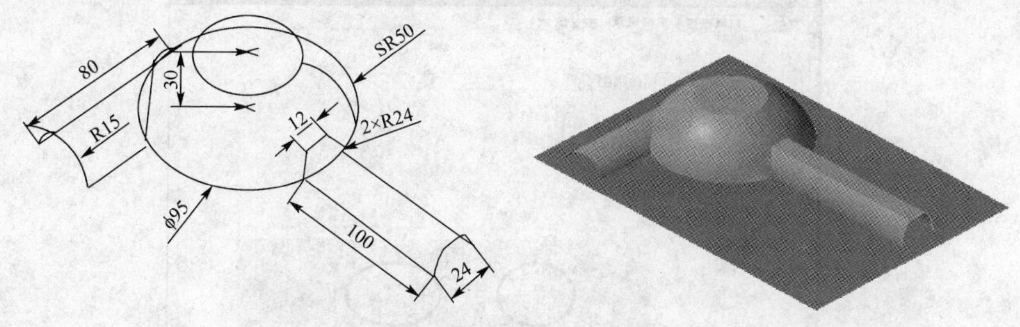

图 6-160 零件图尺寸　　图 6-161 设置了干涉表面零件曲面

6.4.1 零件加工工艺分析

（1）加工过程分析

在加工过程中为了控制刀具加工的深度及水平范围，可先在图形的底面绘制一个干涉表面（长度为 220mm，宽度为 150mm，单边各留出 10mm 左右的余量），如图 6-161 所示。

（2）加工方法及步骤

思路分析：以下从工艺分析、刀具选择、切削参数选择三个方面进行说明。

① 工艺分析　如图 6-161 所示，加工部位是较倾斜的曲面轮廓，加工余量较多，不可能一次切除，所以还要留出余量，这样就需要采用多种加工方式进行粗、精加工。可以先采用挖槽粗加工方式进行开粗，再用平行铣削精加工方式进行第二次半精加工，最后采用精加工方式中的平行铣削进行精加工，对于较窄的曲面交界处可采用曲面精加工方式中的交线清角进行清除。

② 刀具选择　加工过程中要用到的刀具有 ϕ10mm 平铣刀、ϕ8mm、ϕ6mm、ϕ2mm 的球头铣刀。

③ 切削参数选择　切削参数的选择如表 6-3 所示。

表 6-3 切削参数选择

加工步骤	刀具与切削参数				
序号	加工内容	类型	材料	主轴转速 /（r/min）	进给速度 /（mm/min）
1	粗加工表面	ф10mm 平铣刀	高速钢	1000	150
2	半精加工表面	ф8mm 球刀	高速钢	1000	200
3	精加工表面	ф6mm 球刀	高速钢	2000	250
4	交线清角	ф2mm 球刀	高速钢	2000	150

6.4.2 零件加工步骤

① 用挖槽式粗加工方法粗加工零件。

步骤 1：打开曲面如图 6-161 所示，选择主菜单【机床类型】→【铣床】→【默认选项】命令，进入加工模式。

步骤 2：单击菜单【材料设置】对话框，如图 6-162 所示进行毛坯设置。

步骤 3：选择菜单【刀具路径】→【曲面粗加工】→【挖槽粗加工】。

步骤 4：出现【输入新的 NC 名称】对话框，输入“挖槽粗加工”，如图 6-163 所示，单击【确定】按钮 ✓ 。

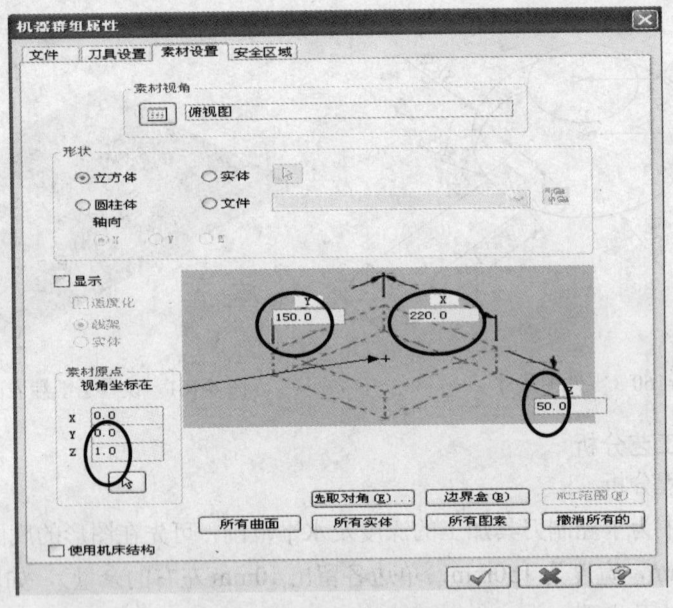

图 6-162 毛坯设置对话框

图 6-163 【输入新的 NC 名称】对话框

步骤 5：系统出现【选择加工曲面】提示，选择图 6-161 所有的曲面，按回车键。

步骤 6：出现【刀具路径的曲面选取】对话框，如图 6-164 所示，单击【边界范围】按钮，出现图 6-165 所示的【串连选项】对话框，单击 按钮， 选择边长 220mm×150mm 的矩形，单击【确定】按钮 ，返回【刀具路径的曲面选取】对话框，单击【确定】按钮 。

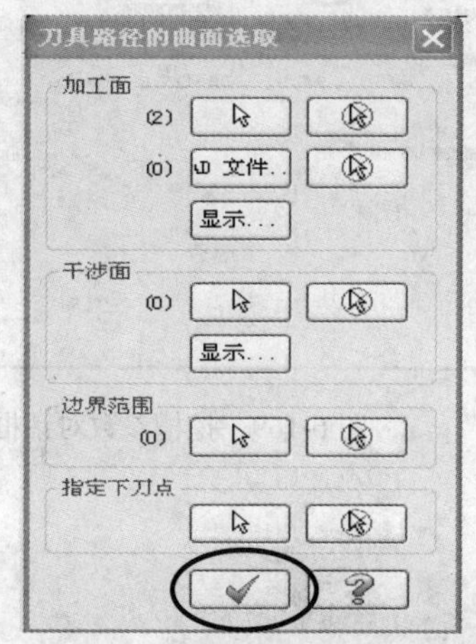

图 6-164 【刀具路径的曲面选取】对话框

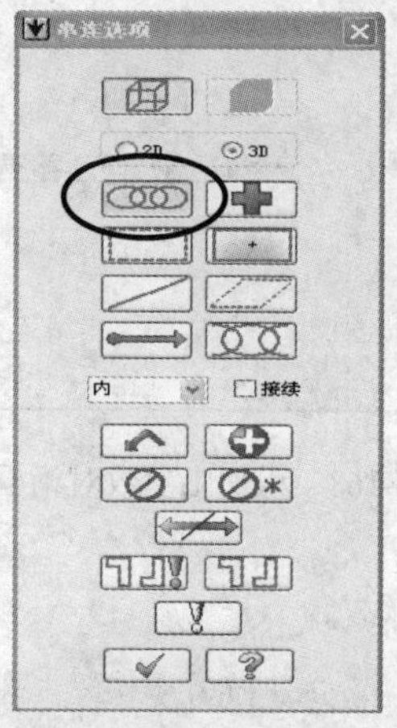

图 6-165 【串连选项】对话框

步骤 7：出现【曲面粗加工挖槽】对话框，选择【刀具路径参数】，创建一把直径为 12mm 的平铣刀，修改对话框右边所示的切削用量，如图 6-166 所示。

步骤 8：切换到【曲面参数】对话框，如图 6-167 所示设置【加工面预留量】为“0.5”，设【校刀位置】为“刀尖”。

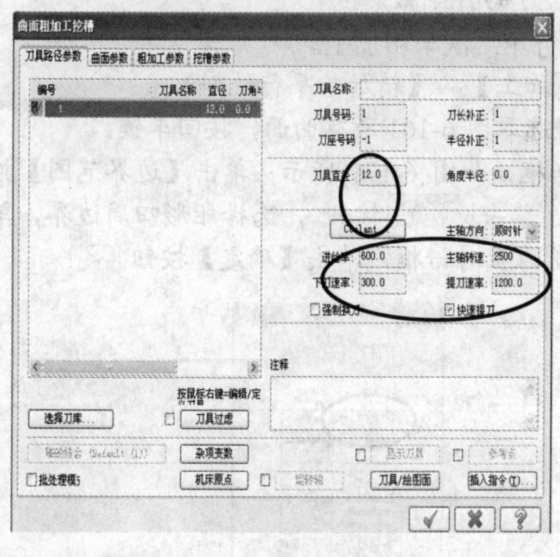

图 6-166　刀具参数对话框

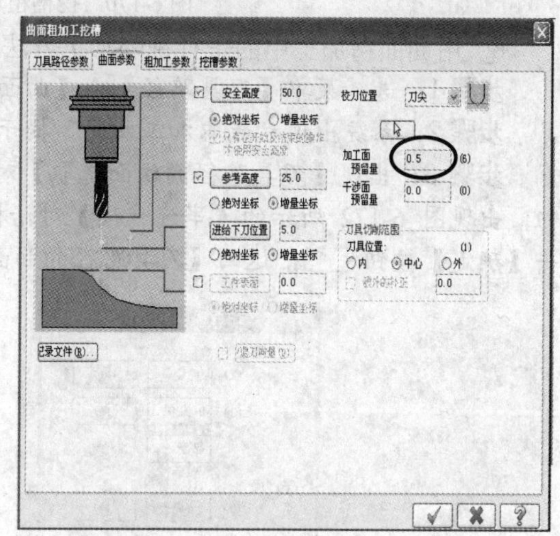

图 6-167 【曲面参数】对话框

步骤 9：切换到【粗加工参数】对话框，设置如图 6-168 所示。

步骤 10：切换到【挖槽参数】对话框，设置如图 6-169 所示，单击【确定】按钮 。产生的刀具路径、效果如图 6-170 所示。

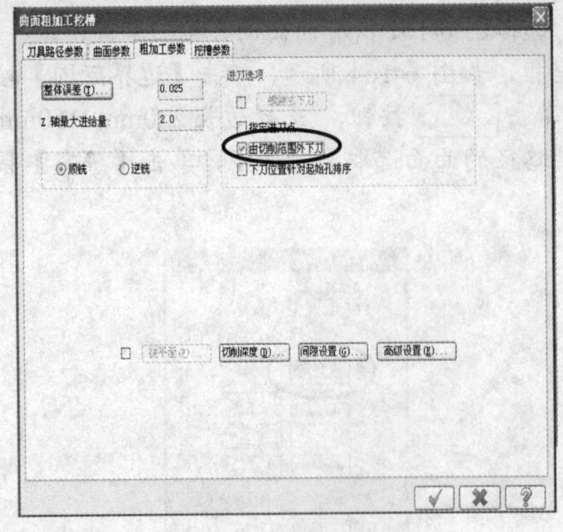

图 6-168 粗加工参数对话框

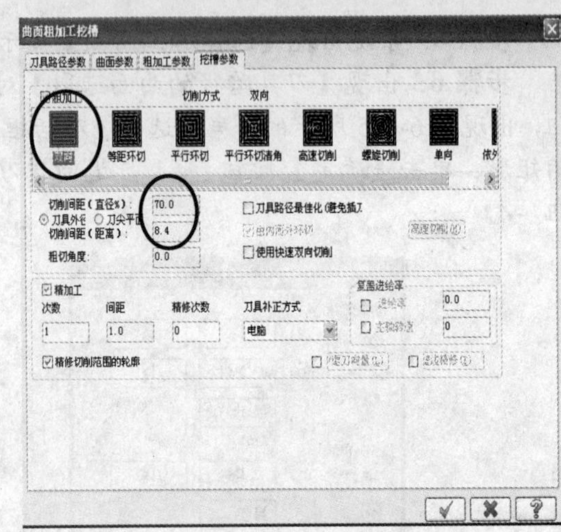

图 6-169 挖槽参数对话框

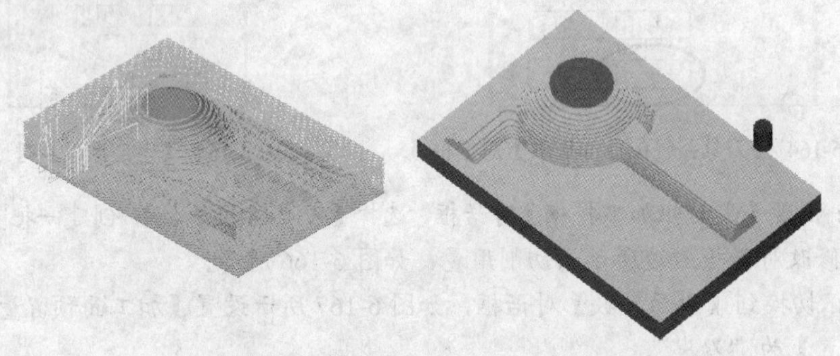

图 6-170 挖槽粗加工刀具路径、效果

② 用曲面精加工中的平行铣削加工方法进行第二次半精加工。

步骤 1：选择菜单【刀具路径】→【曲面精加工】→【精加工平行铣削】。

步骤 2：系统出现“选取加工曲面”提示，选取图 6-161 所有曲面，按回车键。

步骤 3：出现【刀具路径的曲面选取】对话框，如图 6-171 所示，单击【边界范围】按钮，出现图 6-172 所示的【串连选项】对话框，单击按钮，选择矩形四周边界，单击【确定】按钮，返回【刀具路径的曲面选取】对话框，单击【确定】按钮。

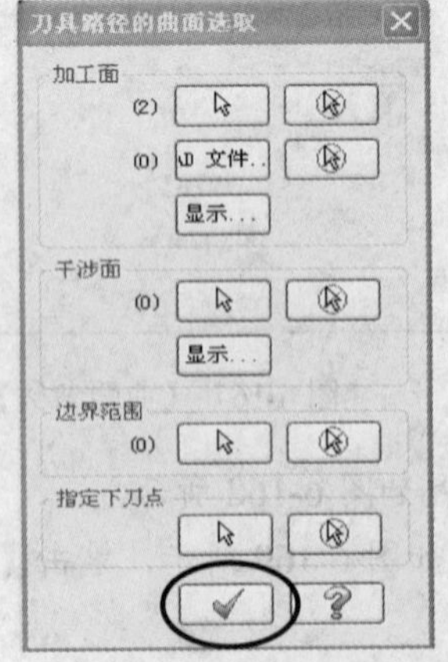

图 6-171 【刀具路径的曲面选取】对话框

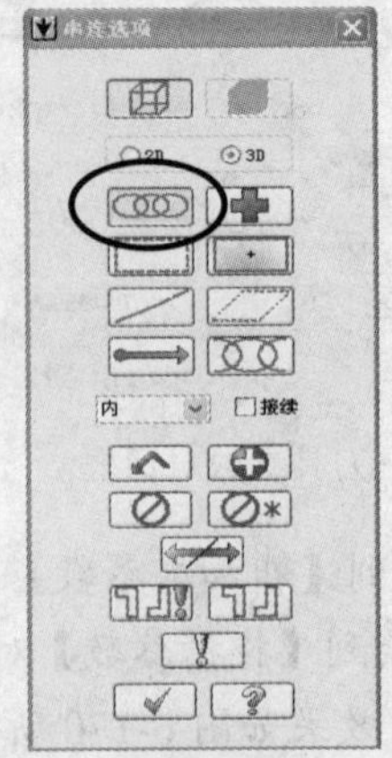

图 6-172 【串连选项】对话框

步骤 4：出现【曲面精加工平行铣削】对话框，选择【刀具路径参数】，创建一把直径为 8mm 的球铣刀，修改对话框右边所示的切削用量，如图 6-173 所示。

步骤 5：切换到【曲面参数】对话框，设置【加工面预留量】为“0.2”，如图 6-174 所示。

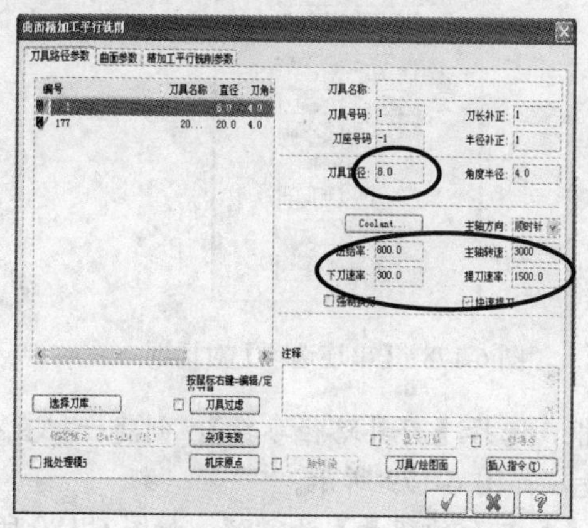

图 6-173 【刀具路径参数】对话框

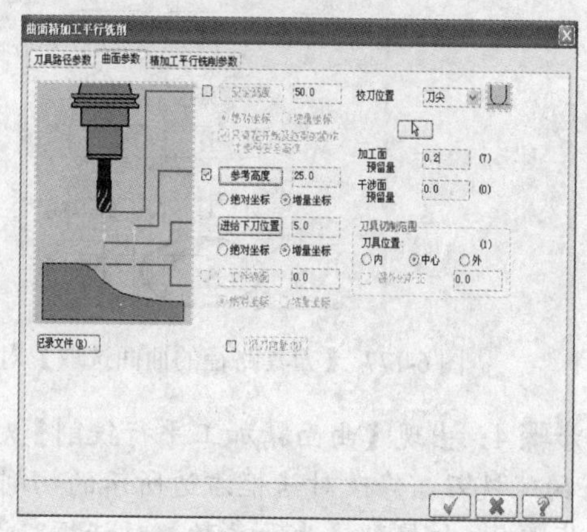

图 6-174 【曲面参数】对话框

步骤 6：切换到【精加工平行铣削参数】对话框，设置【取大切削间距】为“0.2”，【加工角度】设为“90”，如图 6-175 所示。单击【确定】按钮 ✓ 。产生的刀具路径如图 6-176 所示。

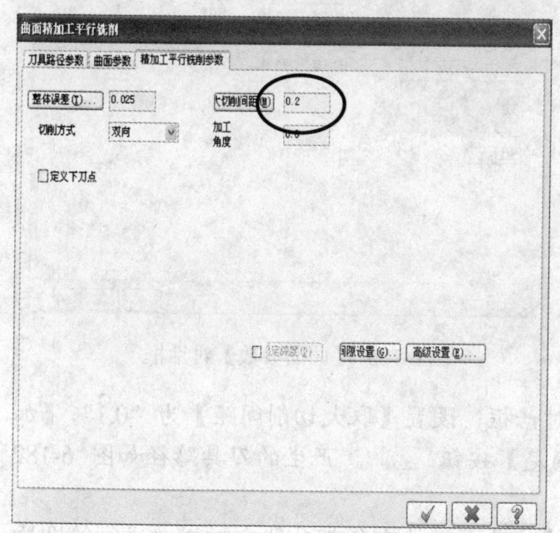

图 6-175　精加工平行铣削参数对话框

图 6-176　精加工平行铣削效果

③ 用曲面精加工中的平行铣削加工方法进行第三次精加工。

步骤 1：选择菜单【刀具路径】→【曲面精加工】→【精加工平行铣削】。

步骤 2：系统出现“选取加工曲面”提示，选取图 6-161 所有曲面，按回车键。

步骤 3：出现【刀具路径的曲面选取】对话框，如图 6-177 所示，单击【边界范围】按钮，出现图 6-178 所示的【串连选项】对话框，单击 按钮，选择矩四周边界，单击【确定】按钮 ✓ ，返回【刀具路径的曲面选取】对话框，单击【确定】按钮 ✓ 。

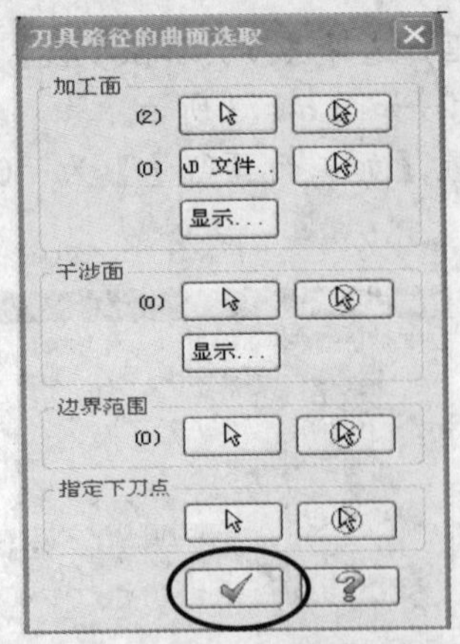

图 6-177 【刀具路径的曲面选取】对话框

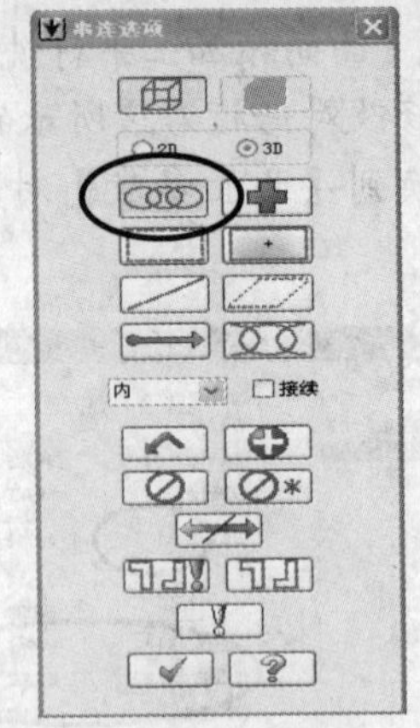

图 6-178 【串连选项】对话框

步骤 4：出现【曲面精加工平行铣削】对话框，选择【刀具路径参数】，创建一把直径为 8mm 的球铣刀，修改对话框右边所示的切削用量，如图 6-179 所示。

步骤 5：切换到【曲面参数】对话框，设置【加工面预留量】为“0”，如图 6-180 所示。

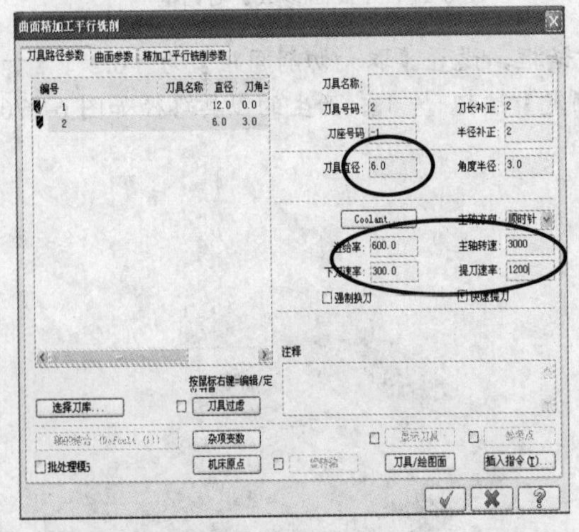

图 6-179 【刀具路径参数】对话框

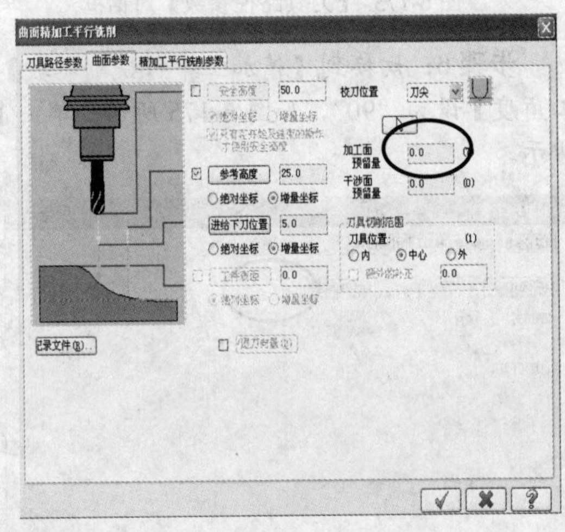

图 6-180 【曲面参数】对话框

步骤 6：切换到【精加工平行铣削参数】对话框，设置【取大切削间距】为“0.1”，【加工角度】为“0”，如图 6-181 所示。单击【确定】按钮 ✓ 。产生的刀具路径如图 6-182 所示。

④ 采用曲面精加工中的精加工交线清角清除曲面间的交角部分残余材料，进行第四次精加工。

步骤 1：选择菜单【刀具路径】→【曲面精加工】→【精加工交线清角】。

步骤 2：系统出现【选择加工曲面】提示，选择图 6-161 所有的圆弧面， 按回车键。

步骤 3：出现【刀具路径的曲面选取】对话框，如图 6-183 所示，单击【边界范围】按钮，出现图 6-184 所示的【串连选项】对话框，单击 按钮，选择图 6-161 所示的 220mm×150 mm 矩形线框边界，单击【确定】按钮 ✓ ，返回【刀具路径的曲面选取】对话框，单击【确定】按钮 ✓ 。

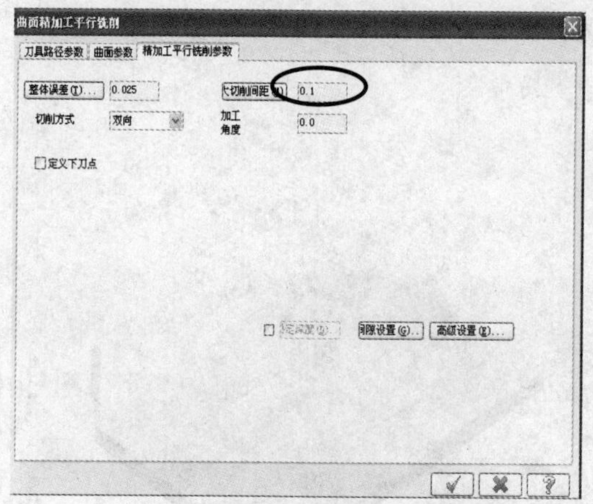

图 6-181　精加工平行铣削参数对话框

图 6-182　精加工平行铣削效果

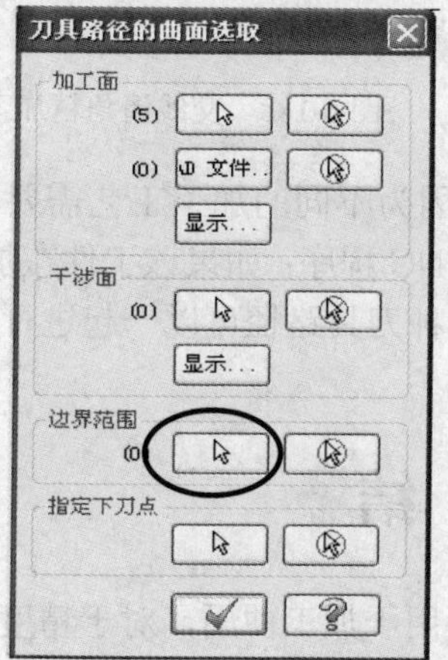

图 6-183 【刀具路径的曲面选取】对话框

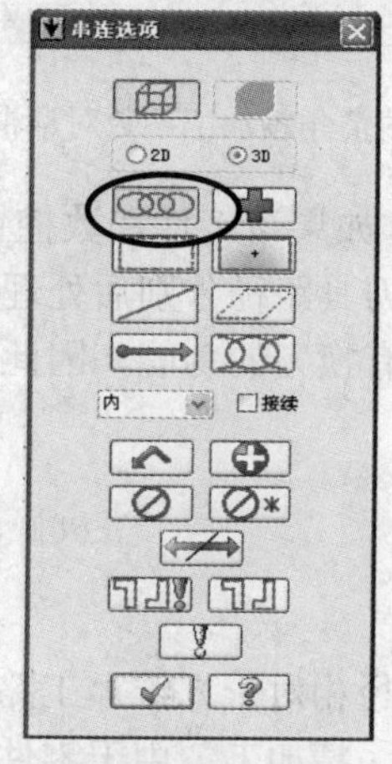

图 6-184 【串连选项】对话框

步骤 4：出现【曲面精加工交线清角】对话框，选择【刀具路径参数】，创建一把直径为 4mm 的球铣刀，修改对话框右边所示的切削用量，如图 6-185 所示。

步骤 5：切换到【曲面参数】对话框，如图 6-186 所示设置【加工面预留量】为“0”，设【校刀位置】为“刀尖”。

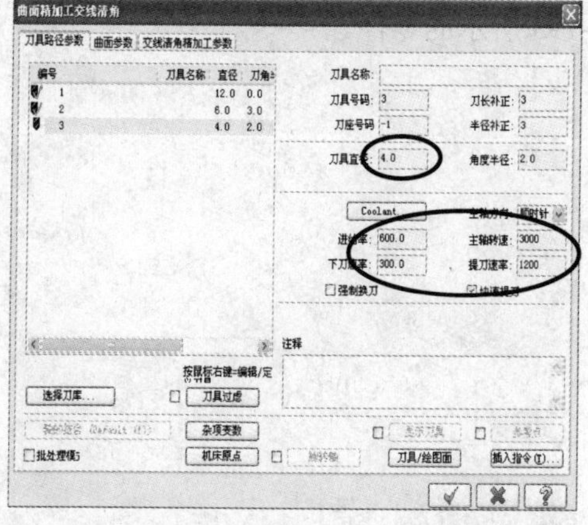

图 6-185 【刀具路径参数】对话框

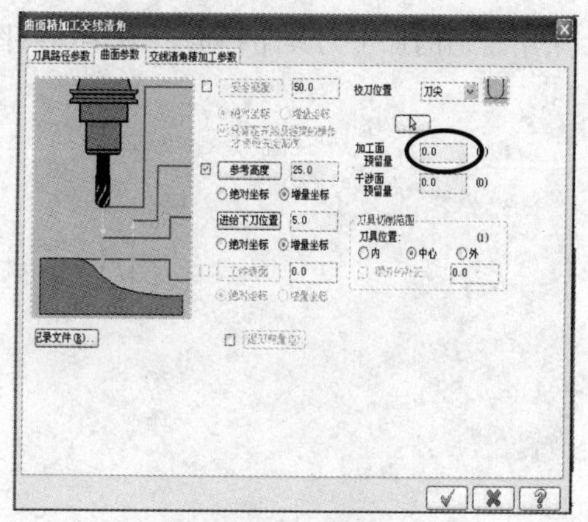

图 6-186 【曲面参数】对话框

步骤 6：切换到【交线清角精加工参数】对话框，设置如图 6-187 所示，单击 [✓] 按钮。产生的刀具路径、效果如图 6-188 所示。

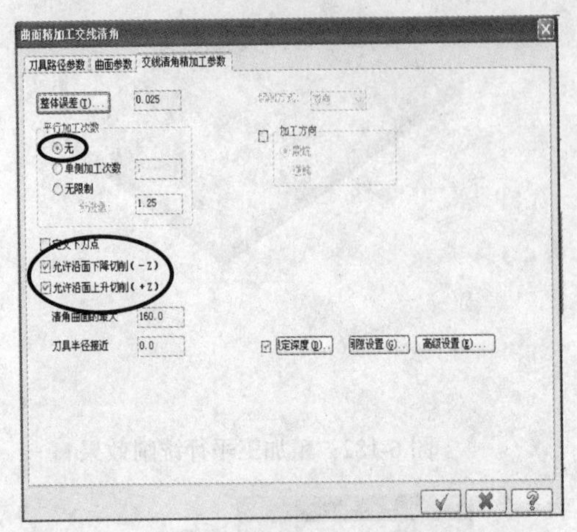

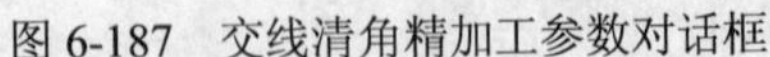
图 6-187 交线清角精加工参数对话框

图 6-188 交线清角精加工效果图

⑤ 后处理。如果该工件在数控铣床上加工，因为不同的加工工艺需要不同的刀具，后处理时应把每个刀具路径分别后处理，形成相应的 NC 程序；如果该工件在加工中心上加工，由于加工中心具有换刀的功能，因此，所形成的 4 种刀具路径可以一起进行后处理，处理成一个 NC 程序。

本 章 小 结

三维加工路径相对于二维加工路径复杂，主要用于加工曲面，对于精度要求较高的零件通常需要进行粗、精加工。由于零件的形状及种类繁多，因此三维加工路径的加工方法也较多。MasterCAM X6 提供了 8 种粗加工与 11 种精加工，通过本章的学习，读者能熟练掌握各种加工方法的优缺点及适用场合。

综 合 练 习

采用合适的加工刀具路径加工图 6-189~图 6-193 所示的零件。

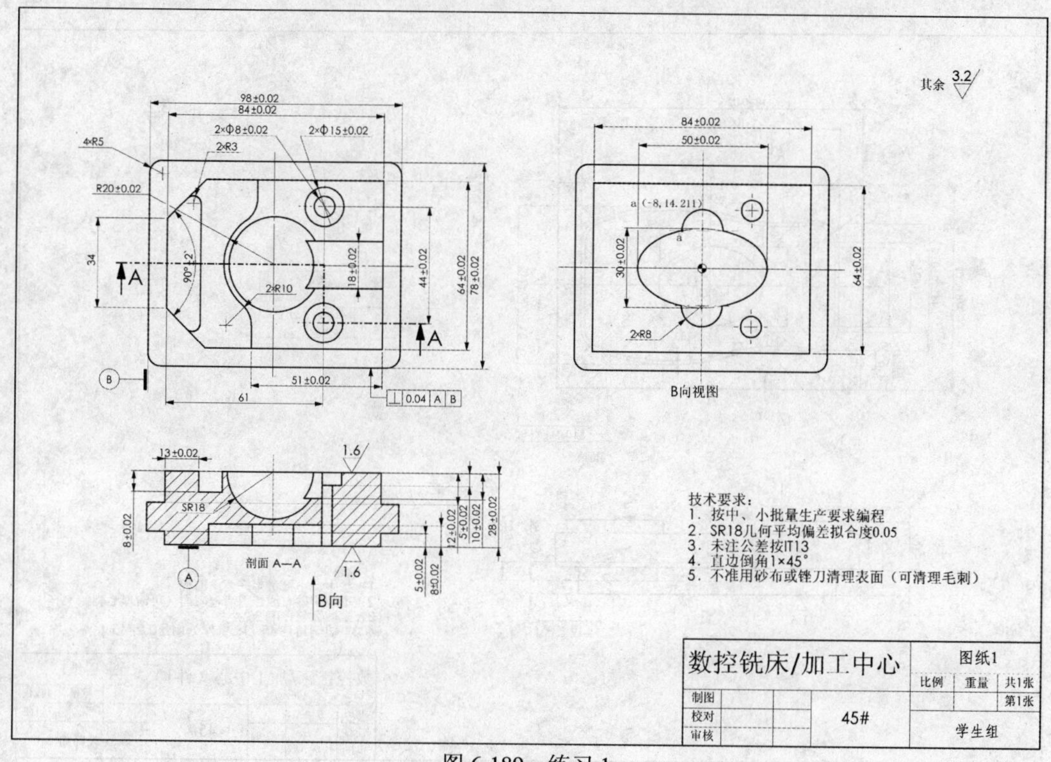

图 6-189　练习 1

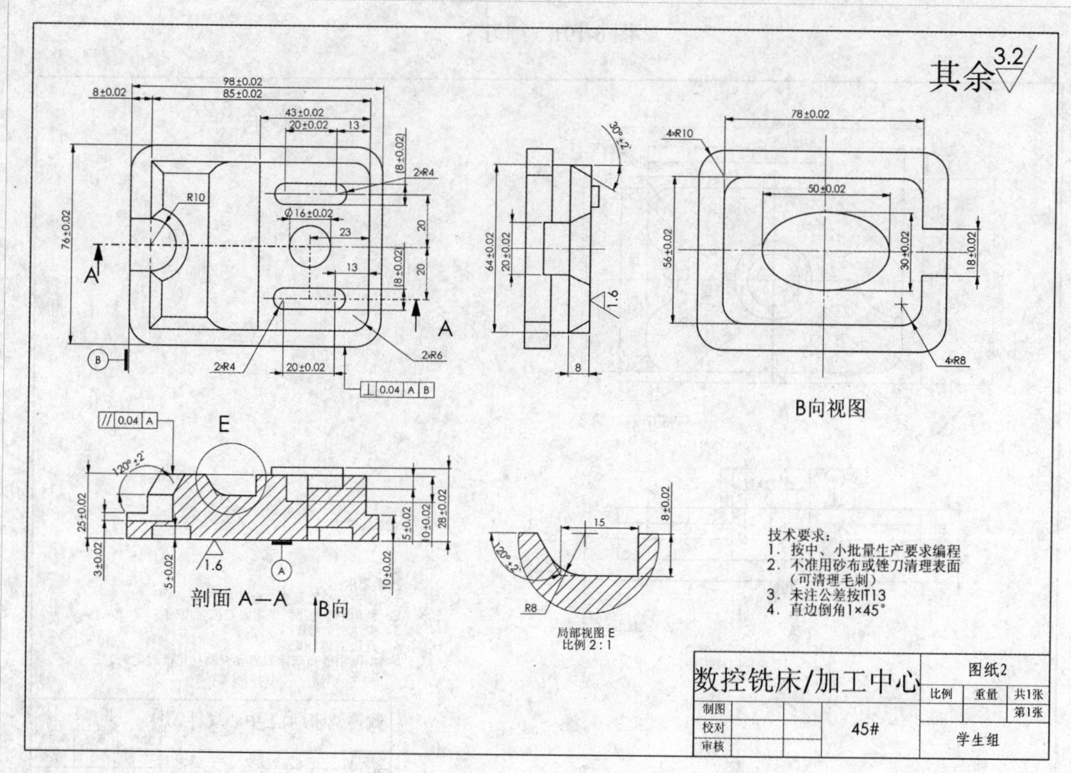

图 6-190　练习 2

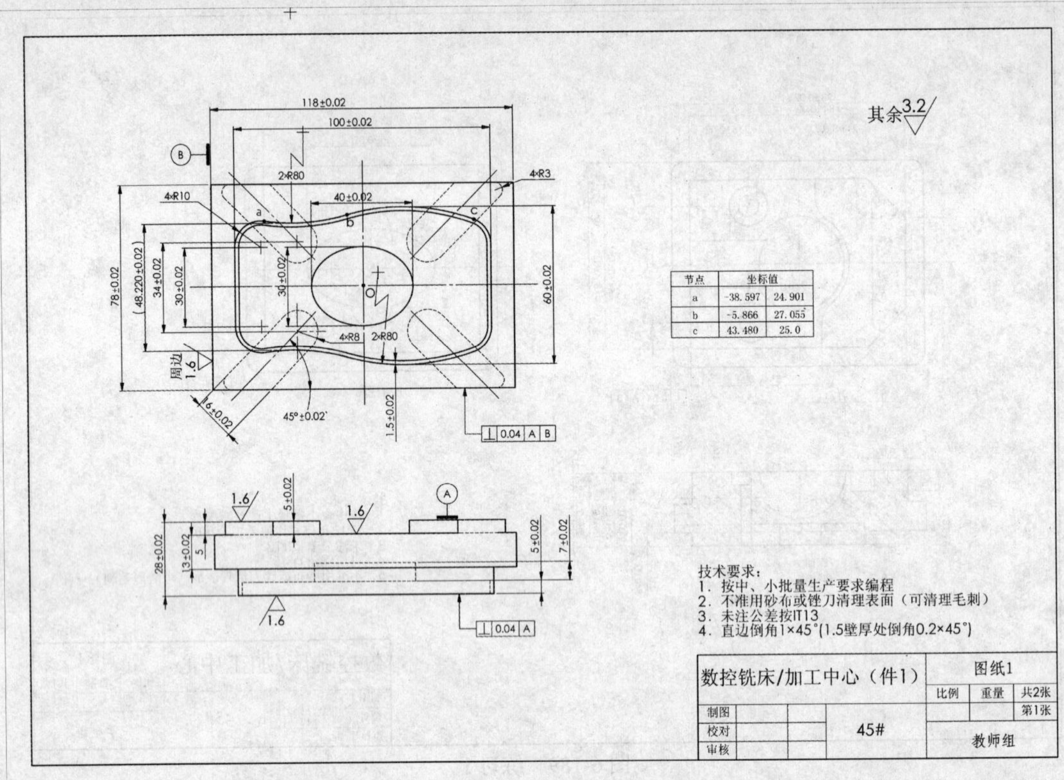

图 6-191　练习 3

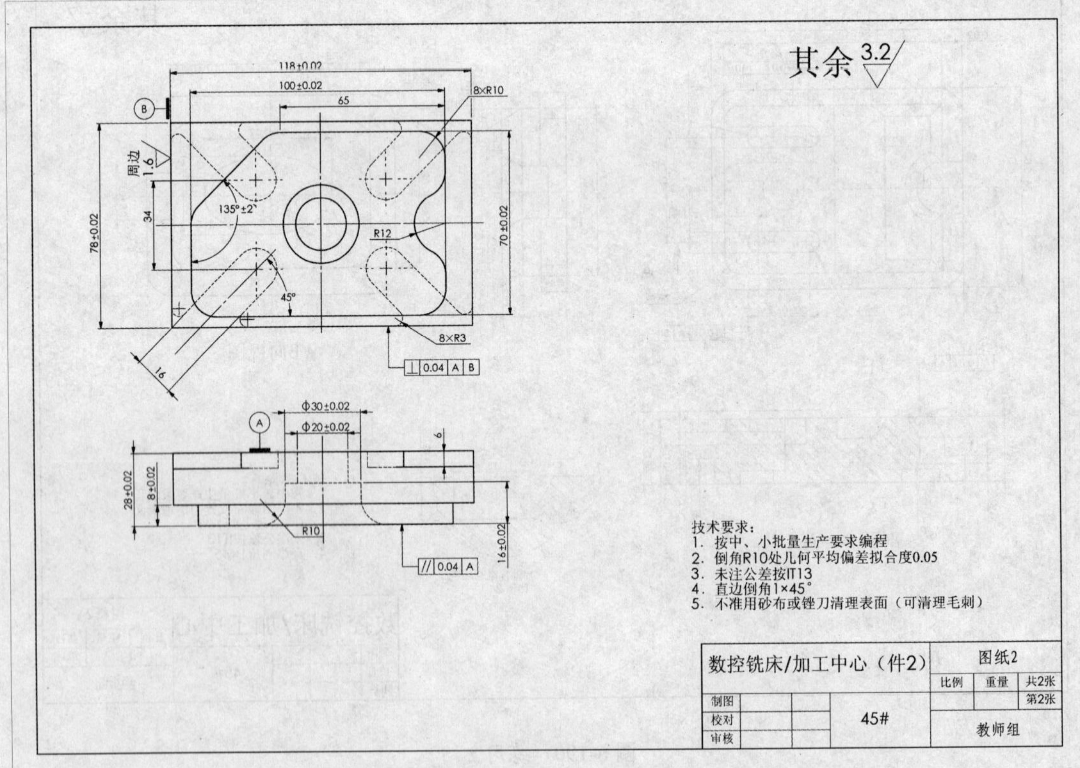

图 6-192　练习 4

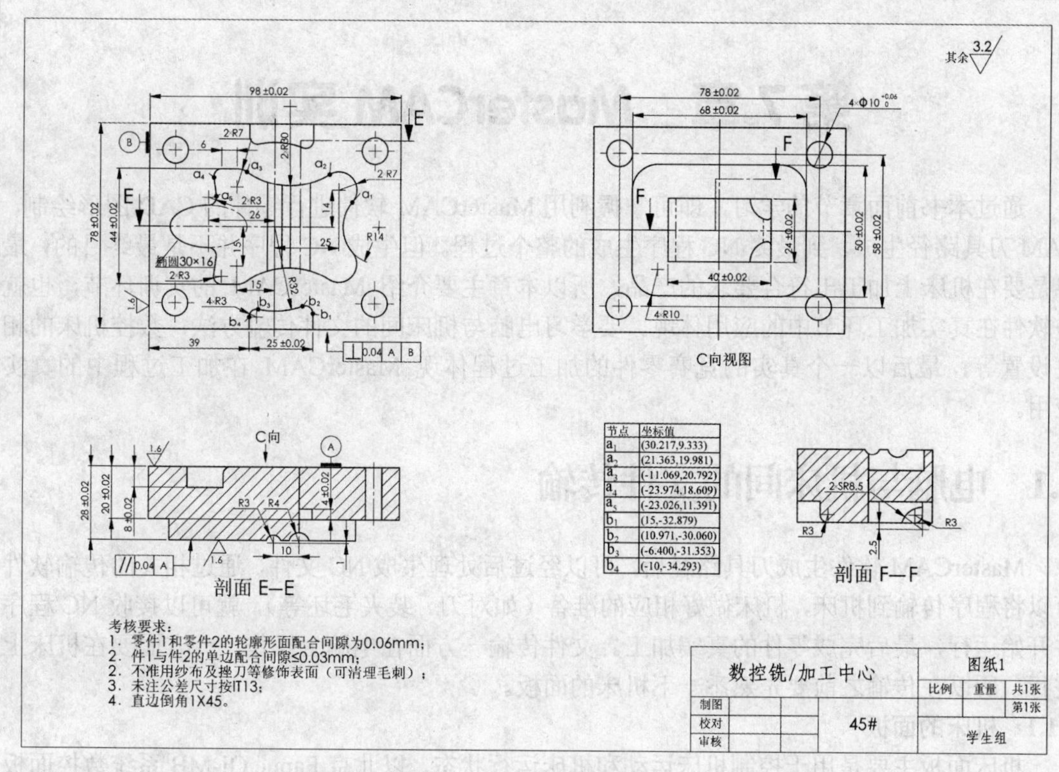
其余 3.2
98 ±0.02
78 ±0.02
68 ±0.02
4-Φ10
2-R7
2-R30
2-R3
R14
R32
26
25
14
15
6
39
25 ±0.02
78 ±0.02
44 ±0.02
50 ±0.02
58 ±0.02
24 ±0.02
40 ±0.02
4-R10
4-R3
椭圆30×16
0.04 A B
C向视图
C向
28 ±0.02
20 ±0.02
8 ±0.02
10 ±0.02
R3
R4
10
0.04 A
剖面 E—E
2-SR8.5
R3
2.5
剖面 F—F
节点 | 坐标值
a1 | (30.217,9.333)
a2 | (21.363,19.981)
a3 | (-11.069,20.792)
a4 | (-23.974,18.609)
a5 | (-23.026,11.391)
b1 | (15,-32.879)
b2 | (10.971,-30.060)
b3 | (-6.400,-31.353)
b4 | (-10,-34.293)
考核要求：
1．零件1和零件2的轮廓形面配合间隙为0.06mm；
2．件1与件2的单边配合间隙≤0.03mm；
2．不准用纱布及挫刀等修饰表面（可清理毛刺）；
3．未注公差尺寸按IT13；
4．直边倒角1X45。
数控铣/加工中心
图纸1
比例
重量
共1张
第1张
制图
校对
审核
45#
学生组

图 6-193　练习 5

第 7 章　MasterCAM 实训

通过本书前面章节的学习，即可掌握利用 MasterCAM 软件进行零件的 CAD 图形绘制，CAM 刀具路径生成，到最终 NC 程序生成的整个过程。但生成 NC 程序并不是最终目的，最终是要在机床上加工出符合要求的产品，所以本章主要介绍 MasterCAM 的实训环节，也就是软件在真实加工环节中的应用体现。要学习电脑与机床间的文件传输方法，数控机床的相关设置等，最后以一个真实的竞赛零件的加工过程体现 MasterCAM 在加工过程中的真实应用。

7.1　电脑与机床间的文件传输

MasterCAM 软件生成刀具路径后，可以经过后处理生成 NC 文件，通过相关的传输软件可以将程序传输到机床，机床做好相应的准备（如对刀、装夹毛坯等），就可以接收 NC 程序并开始运行，最后完成零件的真实加工。文件传输一方面在电脑上操作，一方面要在机床上进行，所以在传输之前要先熟悉一下机床的面板。

7.1.1　机床的面板

机床面板主要是用于控制机床运动和机床运行状态，以北京 Fanuc Oi-MB 系统数控面板为例，整个面板一般由显示屏、系统操作键盘、机床操作键盘、急停按钮、进给倍率选择旋钮、主轴倍率选择旋钮、数控程序运行控制开关等多个部分组成。图 7-1 为 Fanuc Oi-MB 系统的数控面板。

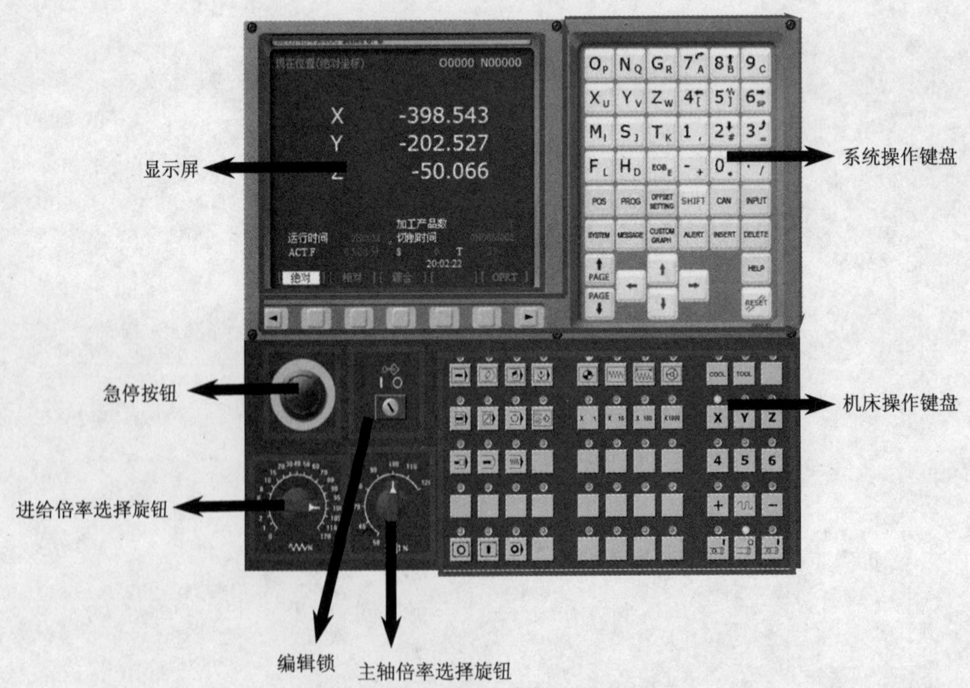

图 7-1　Fanuc Oi-MB 系统数控面板

（1）机床操作键盘按钮功能

在机床的操作过程中，机床操作键盘的使用频率很高。在机床操作键盘区域中，有很多常用的功能按钮，具体各按钮的功能见表 7-1。各种方式均有各自的用途。如在进行文件的传输时我们要在文件自动传输模式（即 DNC）下才能进行。

表 7-1　机床操作键盘各按钮功能

按钮图标	功　能
（自动方式）	又叫 AUTO 方式，进入自动加工模式
（编辑方式）	又叫 EDIT 方式，用于直接通过操作面板输入数控程序和编辑程序
（手动输入方式）	又叫 MDI 方式手动数据输入，用于直接通过操作面板输入数控程序和编辑程序
（文件传输方式）	又叫 DNC 方式，用 232 电缆线连接 PC 机和数控机床进行数控程序文件传输
（回原点方式）	又叫 REF 方式，通过手动回机床参考点
（手动进给方式）	又叫 JOG 方式，通过手动连续移动各轴
（手动脉冲方式）	又叫 INC 方式，通过 X、Y、Z 方向键进行增量进给
（手轮进给方式）	又叫 HAND 方式，通过手轮方式移动各轴
（单步方式）	自动模式和 MDI 模式中，每按一次执行一条数控指令
（程序段跳过方式）	自动方式按下次键，跳过程序段开头带有“/”程序
（可选择暂停方式）	按下此键，自动方式下，遇有 M00 程序停止
（程序重启动方式）	由于刀具破损等原因自动停止后，程序可以从指定的程序段重新启动
（机床锁住方式）	按下此键，机床各轴被锁住
（空运行方式）	按下此键，机床各轴被锁住，程序只在数控系统做验证
（循环停止方式）	程序运行停止，在数控程序运行中，按下此按钮停止程序运行
（循环启动式）	程序运行开始模式选择旋钮在“AUTO”和“MDI”位置时按下有效，其余时间按下无效
（M00 程序停止方式）	自动方式下，遇有 M00 程序停止
X 1　X 10　X 100　X1000	单步进给量控制：选择手动台面时每一步的距离。X1 为 0.001mm，X10 为 0.01mm，X100 为 0.1mm，X1000 为 1mm。
	机床主轴手动控制开关：从左到右分别表示机床主轴正转、机床主轴停止、机床主轴反转

除了以上的这些功能按钮外，其他按钮如：X、Y、Z 分别表示向 X 轴、Y 轴、Z 轴方向移动、+ 表示向正方向移动、– 表示向负方向移动、 表示快速移动。

通过主轴倍率按钮可以对主轴转速进行调节，调节范围为 0%～120%，通过进给倍率按钮可以对进给倍率进行调节，调节范围为 0%～120%。急停按钮是在紧急的时候停机用的。

（2）系统操作键盘按钮功能

在机床的操作过程中，系统操作键盘也会经常用到。在系统操作键盘区域中，也有很多常用的功能按钮，为了讲解的方便，我们将整个系统操作键盘按钮分成 6 个区域，如图 7-2 所示，并对每一个区域的功能进行介绍。具体各区域的功能见表 7-2。

7.1.2　传输方式及传输过程

利用软件生成的 NC 程序一般比较大，如果采用手工输入机床的方法，一是花费的时间长，二是操作、编辑及修改不便；三是 CNC 内存较小，程序比较大时就无法输入。为此，必须采用电脑与机床间直接进行程序的传输方式完成 ，即 DNC 功能的方法来完成。下面介绍一下 Fanuc Oi-MB 数控铣床的程序传输设置与操作。

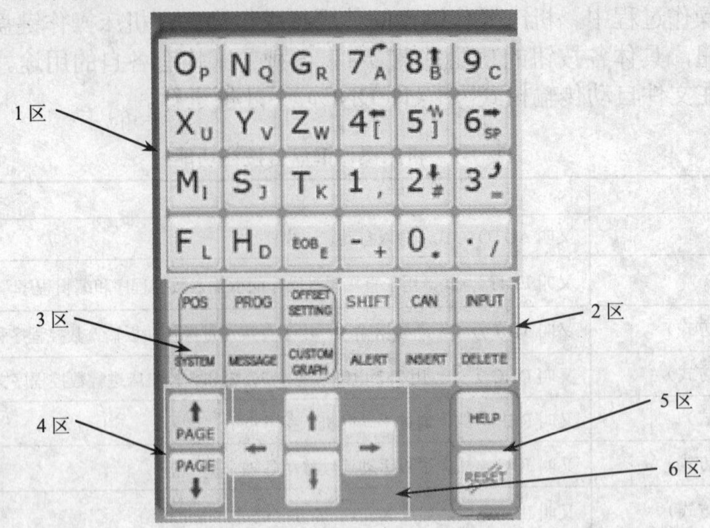

图 7-2　系统操作键盘分区图

表 7-2　系统操作键盘各区域功能

区域	功　能
1	该区域为数字/字母键，主要用于编辑、修改程序等
2	该区域为编辑键，主要对程序进行编辑用。SHIFT 为上档键、CAN 为修改键、INPUT 输入键、ALERT 为修改键、INSERT 为插入键、DELETE 删除键
3	该区域为功能键：POS 表示坐标的当前位置，PROG 表示程序显示与编辑，OFFSET SETTING 参数输入页面。另外三个分别表示为系统设置、报警和图形显示
4	该区域为页面切换键。当有多个页面时，用 PAGE 按钮进行不同页面的切换
5	该区域为复位键和帮助键
6	该区域为光标移动区，在输入数据之前，可以通过光标的上下左右移动将光标移动到合适的位置

（1）串口线路的连接

电脑与数控机床的 CNC 之间进行程序传输，采用的是 9 芯串行接口与 25 芯串行接口。其中 9 孔的串行接口插头与计算机的 COM1 插座或 COM2 相配合；25 针串行接口插头与数控铣床的通信接口插座相配合。在进行正式传输前先将数据线连接好。

（2）DNC 传输软件参数的设置

用于数控机床的 DNC 传输软件现在比较多，这里介绍一种由厂家自己开发的传输软件 CNCEDIT，对于传输软件参数设置如图 7-3 所示。

（3）传输

传输软件进行了相关对数设置后，就可以进行文件的传输工作了。传输就是将计算机中的程序传输到数控机床中的操作过程，这个过程主要包含电脑上的操作和机床上的操作，电脑上要打开传输软件，并调出要传输的 NC 文件，点击发送，在机床中要将机床的模式打到“DNC”方式，然后按运行键即可完成，具体的步骤如下。

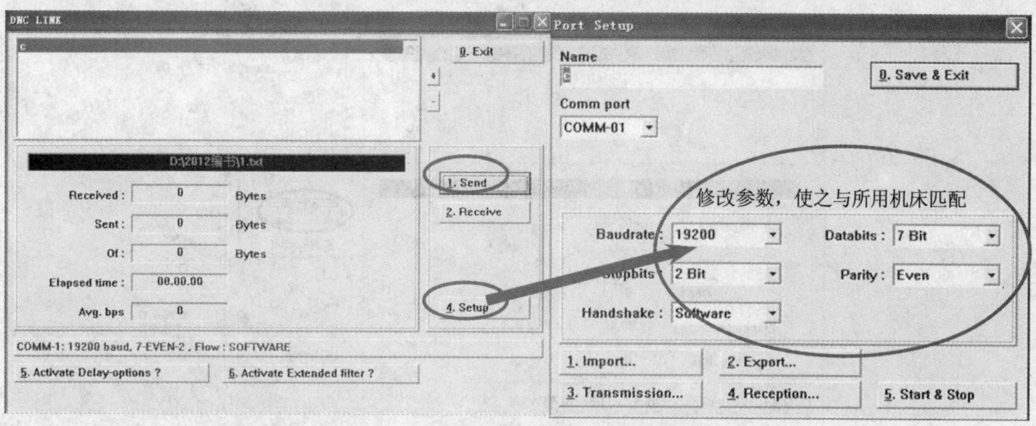

图 7-3　CNCEDIT 传输软件参数设置

步骤 1：打开传输软件

打开传输软件 CNCEDIT，如图 7-4 所示。

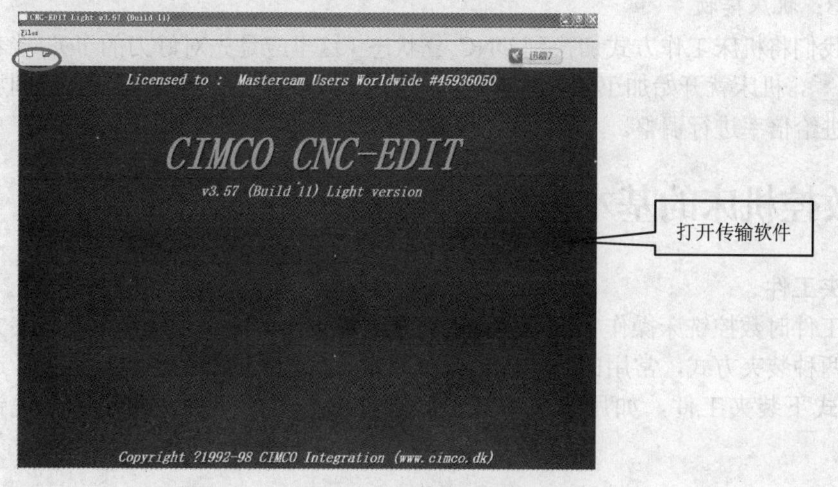

图 7-4　打开 CNCEDIT

步骤 2：打开并发 NC 文件

打开已编制好的加工程序，如图 7-5 所示，单击发送按钮 ⚡，出现如图 7-6 所示传输对话框。单击 send 按钮，如图 7-6 所示。

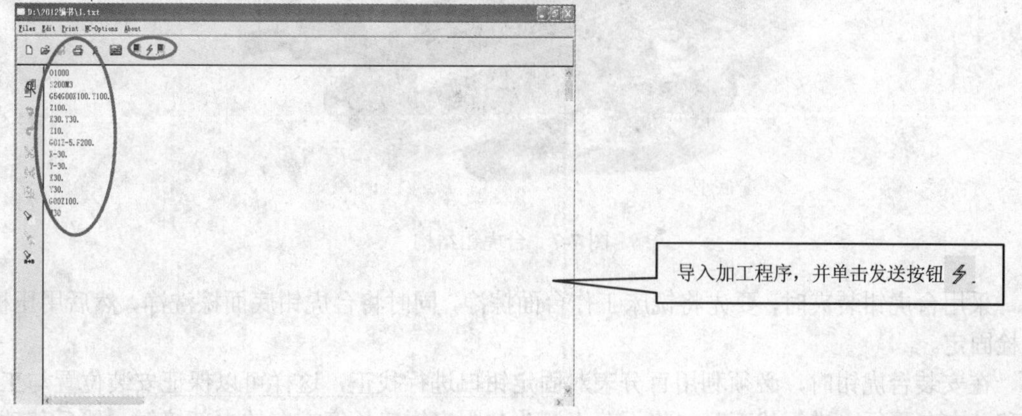

图 7-5　打开程序

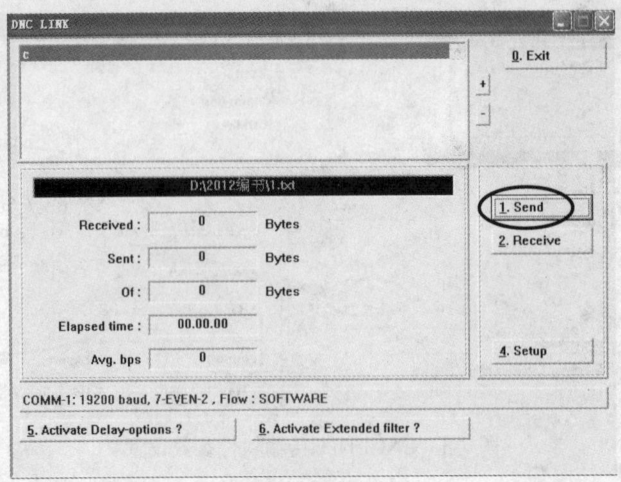

图 7-6 传输对话框

步骤 3： 机床接收

首先我们将机床工作方式切换到 DNC 状态（这里应是先对好刀的了），接着在机床按运行按钮，机床就开始加工了。注意在正式加工时，先将进给倍率调低，等到加工正常之后，再将进给倍率进行调整。

7.2 数控机床的基本设置

7.2.1 装夹工件

装夹工件时数控铣床操作中一项基本的技能。对于简单的零件，常用的装夹方式有台虎钳与卡盘两种装夹方式，常用的是台虎钳。台虎钳具有较大的通用性和经济性，适用于尺寸较小的方式下装夹工件，如用于装夹矩形和圆柱形一类的工件，常用的台虎钳如图 7-7 所示。

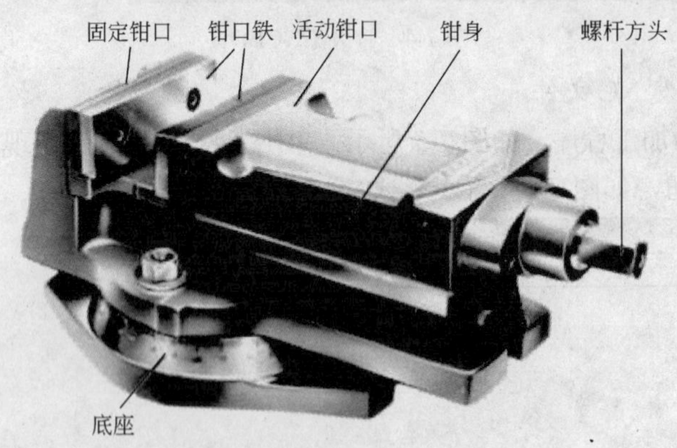

图 7-7 台虎钳结构

采用台虎钳装夹时，要先将铣床工作台面擦净，同时将台虎钳底面擦洗净，然后用压板、螺栓固定。

在安装台虎钳时，必须利用百分表对固定钳口进行找正，这样可以保证安装位置与工作台移动方向平行，进行找正时，将百分表测头与固定钳口长度方向的中部接触，然后移动横向工作台，根据显示的偏摆方向进行调整，同时可移动垂直方向。可校核固定钳口与工作台的垂直度误差。

7.2.2 对刀

对刀的目的是建立坐标系，是确定工作原点在机床坐标系中的坐标位置，对刀的精度直接影响零件的加工精度，对刀包括了 X、Y 和 Z 方向的对刀。当然如果加工零件工艺复杂，在加工中需要使用多把刀具时，则需要先进行基准刀的对刀操作，然后进行非基准刀的对刀操作，以确定非基准刀相对基准刀具的长度补偿量。这里只介绍单把刀的对刀试切法操作。为方便操作，可以采用加工时所用的刀具直接进行碰刀（或试刀）对刀。

（1）对刀步骤

将毛坯的上表面的中心对为坐标原点。具体操作步骤如下。

步骤 1： 启动机床，对机床进行回零操作。

步骤 2： 在面板 MDI 模式下输入 S500 M3 指令，按循环启动，使主转转动（正转）。切换到手轮方式使主轴正转。

步骤 3： X 方向对刀。（方法是先用刀具准确测量出 X 方向工件的长度。然后再将刀具移到 X 中心处即工件的原点即可）。

① 在手动方式下，移动刀具让刀具轻微接触工件。X 的左端侧面。听到轻微的接触摩擦声即可，如图 7-8 左图所示。

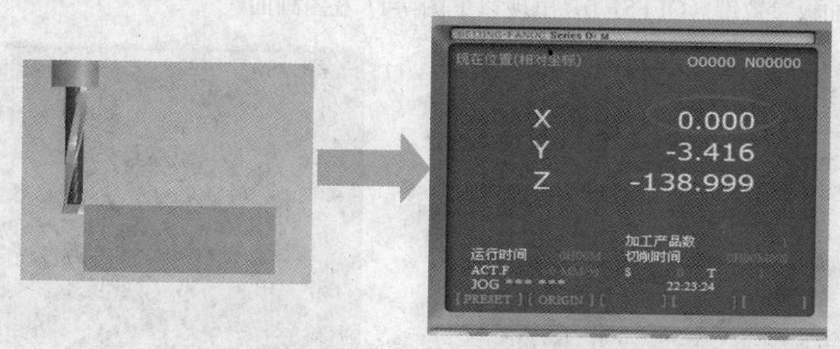

图 7-8 找毛坯 X 向左端点

② 保持 X 方向不变将铣刀沿+Z 方向退离工件。

③ 按机床面板 POS 键，按软键出现图 7-8，将 X 方向置零。如图 7-9 右图画面所示。

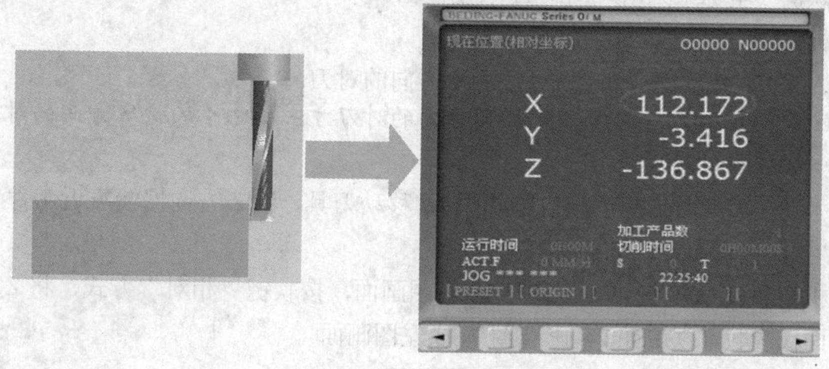

图 7-9 找毛坯 X 向右端点

④ 移动刀具刀工件右侧面，沿-Z 方向下刀，移动刀具轻微接触工件左侧面，可听到轻微的摩擦声即可，如图 7-9 左图所示。

⑤ 这时面板上就显示的 X 坐标为工件的总长+刀具直径，如图 7-9 右图画面所示。这时只需要将铣刀移到这个数值的一半处，如图 7-10 右图画面所示。即为工件 X 方向的中心，也 X 方向的坐标原点。

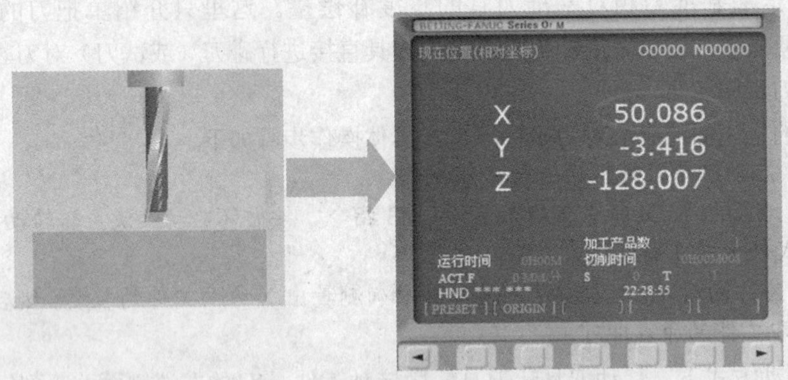

图 7-10 找找毛坯 X 向中点

⑥ 按面板参数键（OFFSET）出现以下图 7-11 左图画面。

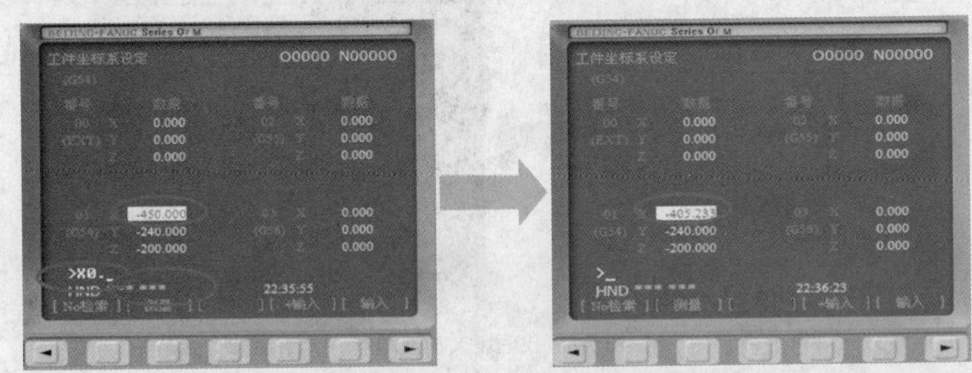

图 7-11 坐标系设定

⑦ 按软键（坐标系）出现图 7-11 右图画面。

⑧ 光标移到 G54 的 X 轴数据处。

⑨ 输入 X0.，按软键（测量）。完成 X 方向的对刀。

步骤 4：Y 方向对刀。同理，使用 X 方向的对刀方法，也可完成 Y 方向的对刀。

步骤 5：Z 方向的对刀

① 在手动（JOG）方式下，让主轴正转，移动刀具，沿 Z 方向慢慢靠近工件上表面，听到轻微的摩擦，声音即可，如图 7-12 所示。

② 按机床面板 POS 键，出现图 7-12 右图画面，按软键“相对”方式，将 Z 清零。

③ 按面板参数（OFFSET）出现图 7-13 左图画面

④ 按软键（坐标系）出现图 7-13 右图画面。

⑤ 光标移到 G54 的 Z 轴数据处。

⑥ 输入 Z0.，按软键（测量）完成力方向的对刀。

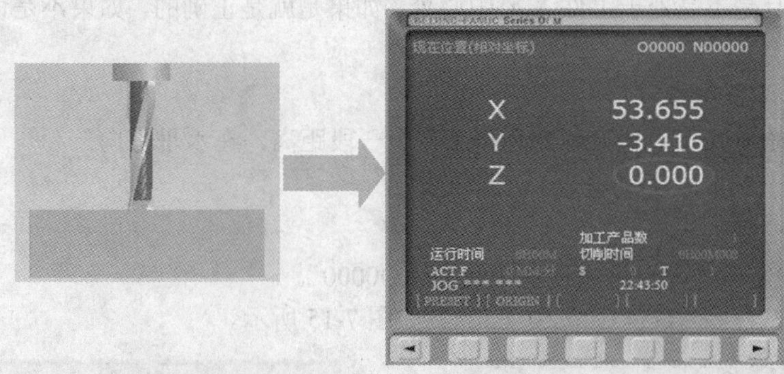

图 7-12 找 Z 向的坐标原点

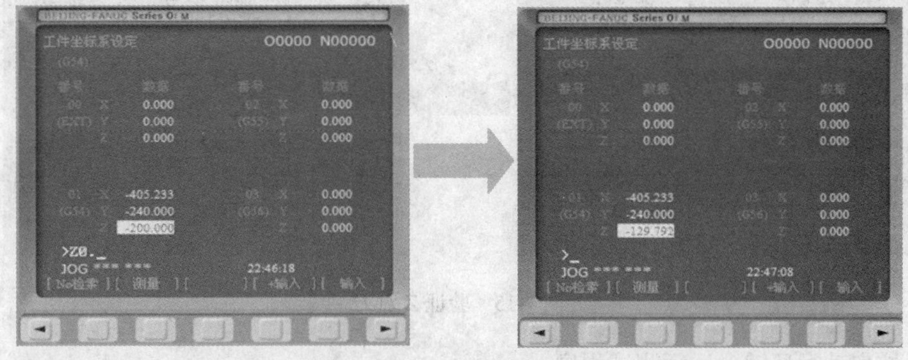

图 7-13 设定 Z 轴坐标原点

（2）“对刀”检验

对完刀以后，为了防止由于对刀过程中的失误，造成在自动加工中出现撞刀的现象。可以进行验证，确保无误的情况下才进行成功加工。验证的步骤如下。

步骤 1：验证 X、Y 轴方向

① 按下键，是机床处于 MOI（手动输入）的工作模式。

② 按下程序键 PROG 。

③ 按 MDI 软件，自动出现加工程序名“Ooooo”

④ 输入测试程序“G54 G00 X0. Y0. F500.;”如图 7-14 所示。

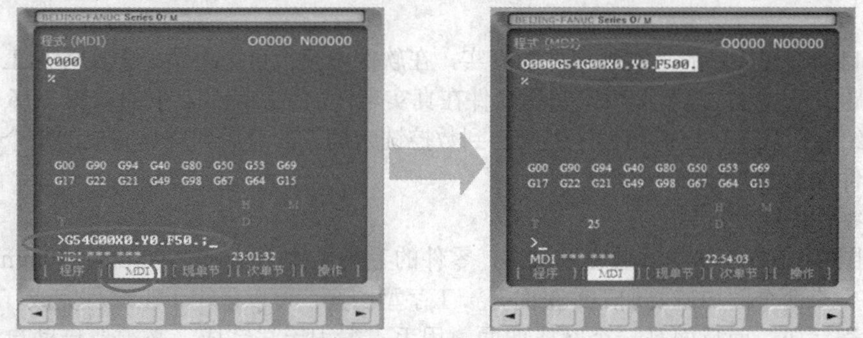

图 7-14 验证 XY 对刀

⑤ 按循环启动键[I]，运行测试程序。

⑥ 观察刀具是不是处于工件 X.Y 中心处，如果是就是正确的，如果不是说明操作有误，重新对刀。

步骤 2：验证 Z 轴方向

① 现在手轮方式下，把刀移到远离工件有一段距离，在水平方向。

② 机床处于 MDI（手动输入）工作模式。

③ 按下程序键。

④ 按下 MDI 软件，自动出现加工程序“O0000”。

⑤ 输入测试程序“G54 G00 Z0. F50.;”如图 7-15 所示。

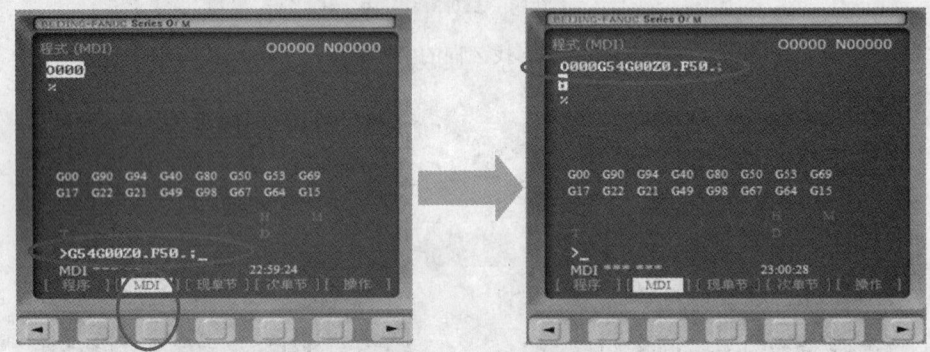

图 7-15　验证 Z 对刀

⑥ 按启动循环键，运行测试程序。

⑦ 观察刀具的刀位点是否与工件上表面处于同一水平线上。如果是，Z 对刀是正确的。如果操作有误，需要重新对刀。

（3）对刀操作的注意事项

① 对刀之前，机床应先回到参考点。

② 在对刀的过程中，可通过改变微调进给试切提交对刀数据。

③ 在手动(JOG)模式中，移动方向不能错，否则会损坏刀具和机床。

④ X、Y 与 Z 的对刀验证步骤分开进行，以防验证时因对刀失误造成刀具撞刀。

⑤ 对刀数据应存入相应的存储地址，防止发生撞刀事故。

7.3　零件的真实加工

软件自动编程的目的是实现零件的真实，在软件中模拟可能不错，但实际加工中可能还会碰到问题。为了更好地帮助大家掌握软件在真实零件加工的应用，下面以图 7-16 数控竞赛试题来介绍零件从工艺分析到程序生成，到数控铣床加工，最后到成品完成的整个过程。

7.3.1　零件加工工艺分析

（1）零件图纸分析

根据图 7-16 数控竞赛试题图纸可知，零件的毛坯尺寸 100mm×90mm×30mm，材质为 45 钢，零件有两个面均需要加工。正面有一工字型图案，可以采用手工编程完成，也可以采用自动编程完成；而反面是一个网格曲面，用手工编程无法完成，必须要借助自动编程来完成。

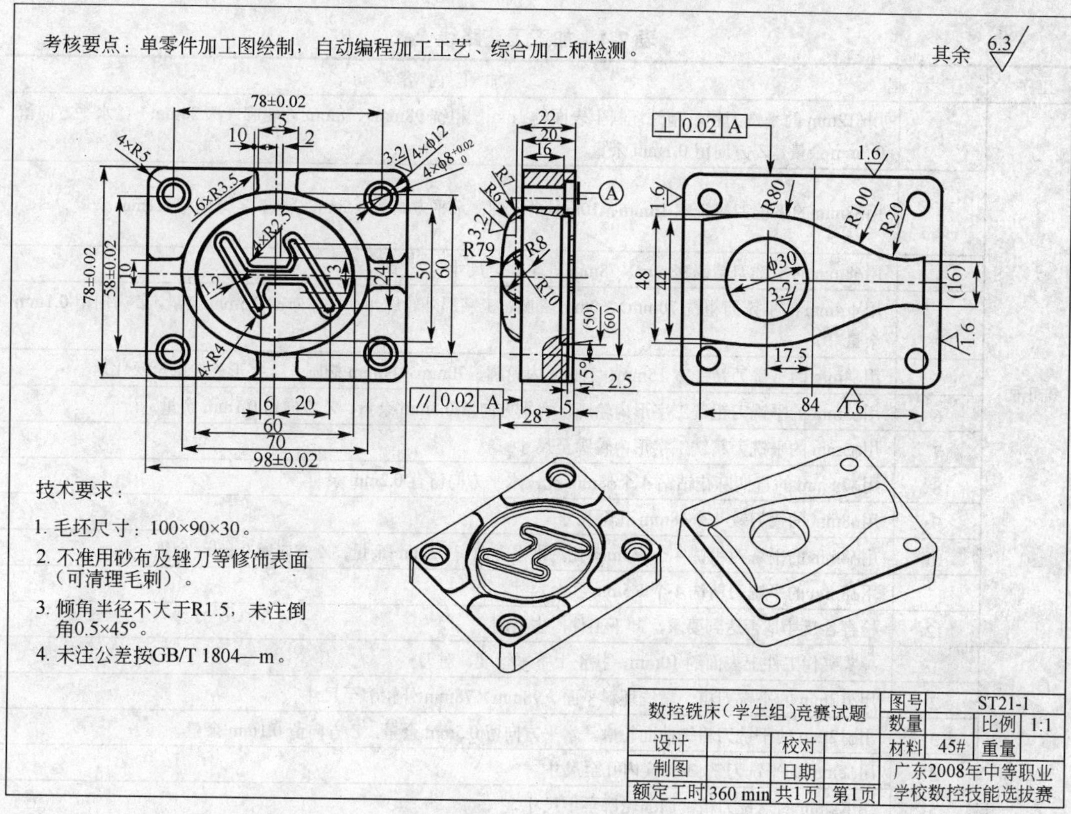

考核要点：单零件加工图绘制，自动编程加工工艺、综合加工和检测。
其余 6.3
技术要求：
1. 毛坯尺寸：100×90×30。
2. 不准用砂布及锉刀等修饰表面（可清理毛刺）。
3. 倾角半径不大于R1.5，未注倒角0.5×45°。
4. 未注公差按GB/T 1804—m。
数控铣床（学生组）竞赛试题
图号 ST21-1
数量
比例 1:1
设计
校对
材料 45#
重量
制图
日期
额定工时 360 min
共1页
第1页
广东2008年中等职业学校数控技能选拔赛

图 7-16　数控竞赛试题

（2）该零件用到的工、量、刃具清单

见表 7-3。

表 7-3　工、量、刃具

种类	序号	名　称	规　格	数量
工具	1	平口钳		1 台
	2	平行垫铁		1 套
	3	塑料锤子		1 把
	4	呆扳手		1 套
量具	1	千分尺	0~25mm、25~50mm、50~75mm、75~100mm	各 1 把
	2	百分表及表座	0~5mm	1 套
	3	数显两用游标卡尺	0~150mm	1 把
刃具	1	平铣刀（整体合金）	φ3mm、φ4mm、φ8mm、φ12mm	各 2 把
	2	球铣刀（整体合金）	R2mm	2 把
	3	中心钻（高速钢）	φ1.5mm	1 把
	4	直柄麻花钻（高速钢）（高速钢）	φ7.8mm	1 把
	5	铰刀（高速钢）	φ8mm	1 把

（3）加工工艺方案

① 加工工艺路线　见表 7-4。

表 7-4 加工工艺路线

工序	工步	加工内容
一 铣正面	1	用ϕ12mm 的平铣刀粗、精铣坯料上表面约 1mm。粗铣 98mm×78mm 外轮廓（深 20mm），水平方向留 0.5mm 余量，Z 方向留 0.1mm 余量
	2	用ϕ8mm 的平铣刀粗铣宽 15mm、10mm 内轮廓，水平方向留 0.5mm 余量，Z 方向留 0.1mm 余量
	3	用ϕ8mm 的平铣刀精铣 98mm×78mm 外轮廓至尺寸
	4	用ϕ4mm 的平铣刀粗铣 70mm×60mm 椭圆、工字形外轮廓，水平方向留 0.5mm 余量，Z 方向留 0.1mm 余量
	5	用ϕ4mm 的平铣刀精铣宽 15mm、10mm 内轮廓、70mm×60mm 椭圆、工字形外轮廓至尺寸
	6	用ϕ3mm 的平铣刀粗铣工字形内轮廓，水平方向留 0.3mm 余量，Z 方向留 0.1mm 余量
	7	用ϕ3mm 的平铣刀精铣工字形内轮廓至尺寸
	8	用ϕ7.8mm 的直柄麻花钻钻 4 个ϕ8mm 孔，水平方向留有 0.2mm 余量
	9	用ϕ8mm 的铰刀铰 4 个ϕ8mm 孔至尺寸
	10	用ϕ8mm 的平铣刀粗铣 4 个 R5mm 孔，水平方向留 0.5mm 余量，Z 方向留 0.1mm 余量
	11	用ϕ8mm 的平铣刀精铣 4 个 R5mm 孔至尺寸
	12	检查各尺寸是否达到要求，卸下工件，去毛刺
二 铣反面	1	掉头夹住工件上表面约 10mm，找正上下平行度、对刀
	2	用ϕ12mm 的平铣刀粗、精铣坯料平面、98mm×78mm 外轮廓至尺寸
	3	用ϕ12mm 的平铣刀粗铣曲面轮廓，水平方向留 0.5mm 余量，Z 方向留 0.1mm 余量
	4	用ϕ8mm 的平铣刀铣ϕ30mm 内孔至尺寸
	5	用 R2mm 的球铣刀精铣曲面轮廓至于尺寸
	6	检查各尺寸是否达到要求，卸下工件，去毛刺

② 切削用量合理选择　合理地选择切削用量，可以保证加工质量，降低生产成本，提高生产率。粗加工，以提高生产率为主，兼顾加工成本。半精加工、精加工时，以提高加工质量为主，兼顾生产率和生产成本。对于该零件的切削用量选择如表 7-5。

表 7-5 切削用量选择

工序	工步	刀具规格	主轴转速/（r/mm）	进给率/（mm/min）	切削深度/mm
一	1	ϕ12mm 平铣刀	1500	300	1（铣平面） 3（铣轮廓）
	2	ϕ8mm 平铣刀	1500	300	1
	3	ϕ8mm 平铣刀	2000	500	20
	4	ϕ4mm 平铣刀	1500	300	1
	5	ϕ4mm 平铣刀	2500	500	0.1
	6	ϕ3mm 平铣刀	1500	200	0.5
	7	ϕ3mm 平铣刀	2500	300	0.1
	8	ϕ7.8mm 直柄麻花钻	1000	100	3.9
	9	ϕ8mm 铰刀	300	50	4
	10	ϕ8mm 平铣刀	1500	300	1
	11	ϕ8mm 平铣刀	2000	500	0.1
二	1	ϕ12mm 平铣刀	1500 2500	300 500	1（铣平面） 0.1（铣轮廓）
	2	ϕ12mm 平铣刀	2000	300	1
	3	ϕ8mm 平铣刀	1500	300	1
	4	R2mm 球铣刀	2500	500	0.1

7.3.2　零件加工程序编制

（1）零件建模

要借助 MasterCAM X6 软件进行自动编程，首先要在软件中对该零件进行建模，如图 7-17 所示，图 7-17（a）为零件的正面，图 7-17（b）为零件的反面。

在建模中要用到实体建模、网格曲面、曲面修剪实体、实体布尔运算等相关建模命令。建模的难点集中在零件反面的网格曲面的创建。在加工不同的部分时还要对图形作一些必要的处理，可以删除本次加工用不到的实体外形。

（a）正面　　（b）反面

图 7-17　零件模型

（2）零件加工分析

该零件的加工工步很多，对于每一个相应的工步均可利用前面学过的二维刀具路径和三维刀具路径完成程序的生成。

由于篇幅限制，接下来仅以工序二的工步 3（网格曲面的粗加工）的自动编程过程为例进行介绍。其余的工步的编程，读者可自行尝试。

分析：由于工序二的工步 3 所要加工的网格曲面相对比较平坦，这里可以采用 MasterCAM X6 的粗加工指令平行铣削粗加工进行。由于现在要加工的是整个网格曲面，所以对于生成的实体模型，要将直径为 30 的孔特征实体进行删除处理，如图 7-18（a）所示，然后再单击【重建所有实体】，得到实体完整的网格曲面，如图 7-18（b）所示。

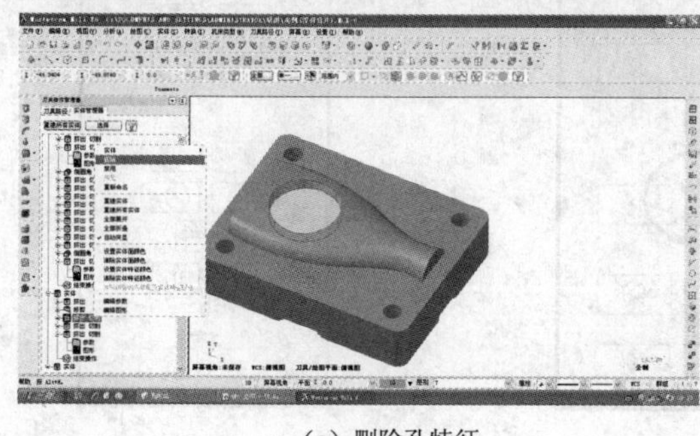

（a）删除孔特征

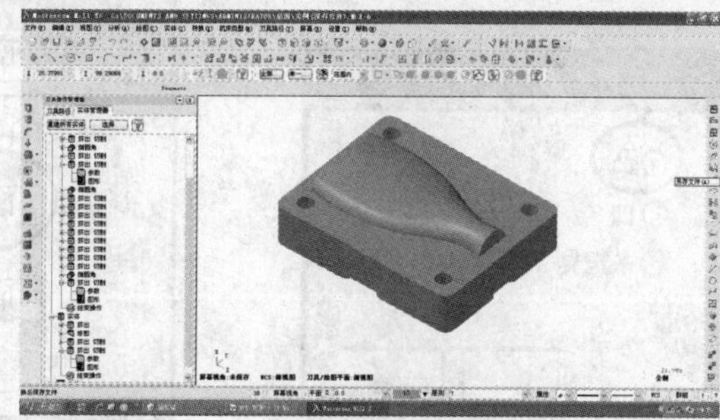

（b）删除结果

图 7-18　零件处理

在网格曲面的底部绘制一个 100mm×90mm 线框，并生成曲面，这个线框作为加工的边界。

（3）零件自动编程步骤

工序二的工步 3 自动编程操作步骤如下。

步骤 1：绘制零件底面曲面模型如图 7-19 所示，选择菜单【机床类型】→【铣床】→【默认选项】，进入加工模式。设置好工件毛坯 100mm×90mm×30mm。

步骤 2：选择菜单【刀具路径】→【曲面粗加工】→【平行铣削加工】选项。

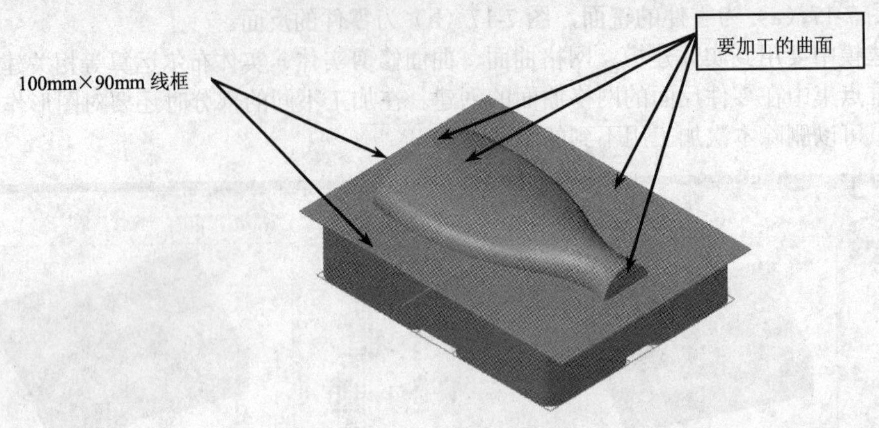

图 7-19　网格曲面的曲面模型

步骤 3：出现【选取工件的形状】对话框，选中“凸”选项，如图 7-20 所示，单击【确定】按钮 。

步骤 4：出现【输入新 NC 名称】对话框，输入“工序二工步 3”，单击【确定】按钮 。

步骤 5：系统出现【选择加工曲面】提示，选取图 7-19 的 4 个曲面，按回车键。

步骤 6：出现【刀具路径的曲面选取】对话框，如图 7-21 所示，单击【边界范围】按钮，出现图 7-22 所示的对话框，单击 方式，选择 100mm×90mm 边框，单击【确定】按钮 ，返回【刀具路径的曲面选取】对话框，单击【确定】按钮 。

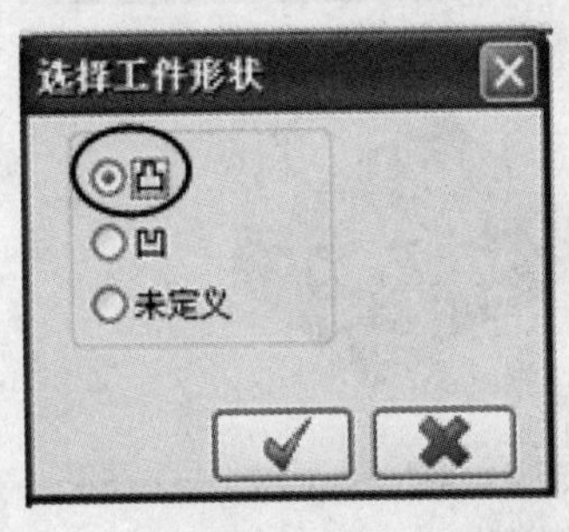

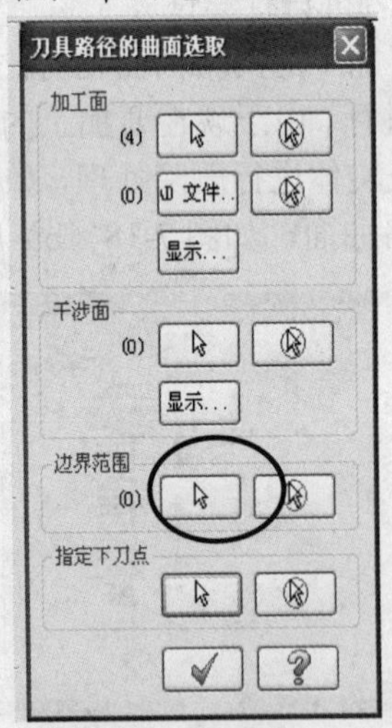

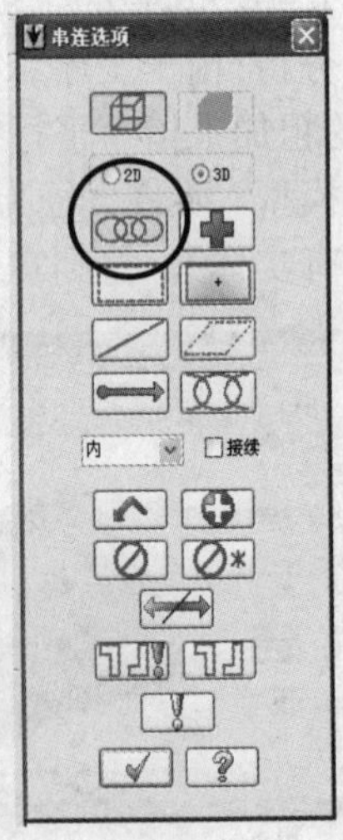

图 7-20　【选取工件形状】对话框　图 7-21　【刀具路径的曲面选取】对话框　图 7-22　【串连选项】对话框

步骤 7：出现【曲面粗加工命令平行铣削】对话框，选择【刀具路径参数】，创建一把直径为 12mm 的平铣刀，修改对话框右边所示的切削用量，如图 7-23 所示。

步骤 8：切换到【曲面参数】对话框，设置【加工面预留量】为“0.5”，如图 7-24 所示。

步骤 9：切换到【粗加工平行铣削参数】对话框，设置【取大切削间距】为“4”，加工角度为“0”度，如图 7-25 所示。单击【确定】按钮 。产生的刀具路径如图 7-26 所示。

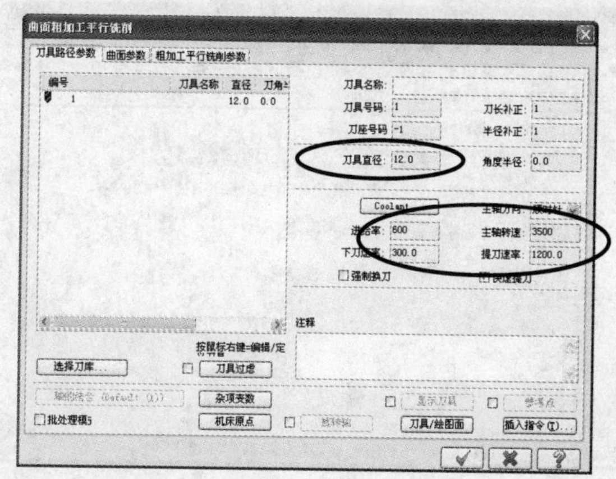

图 7-23 【刀具路径参数】对话框

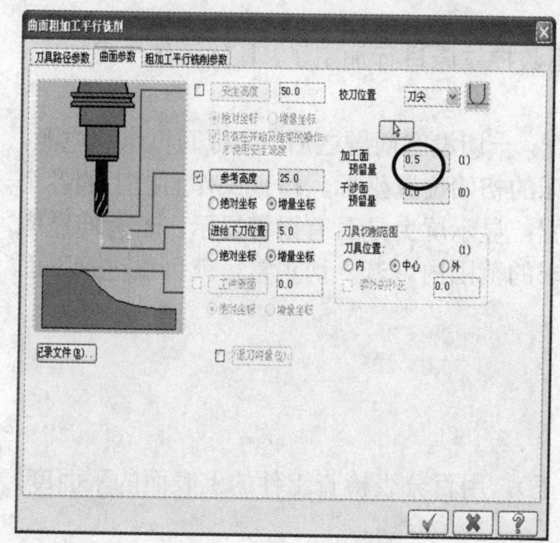

图 7-24 【曲面参数】对话框

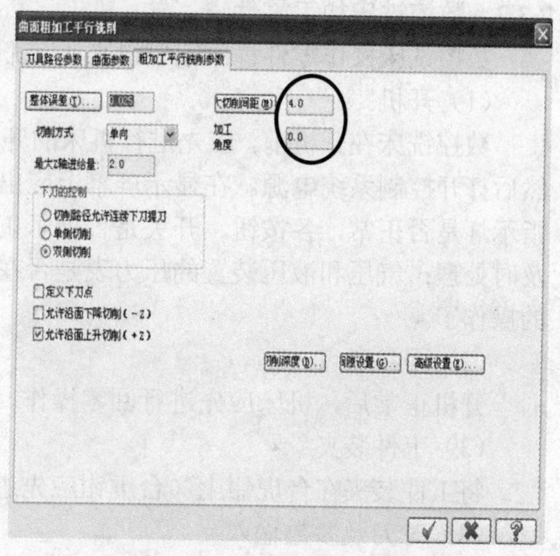

图 7-25 【粗加工平行铣削参数】对话框

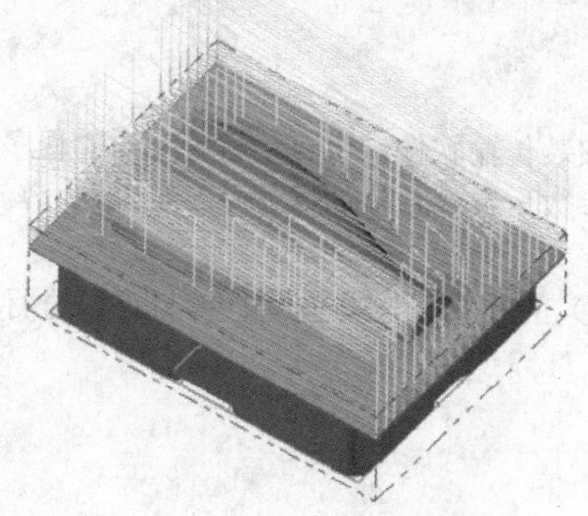

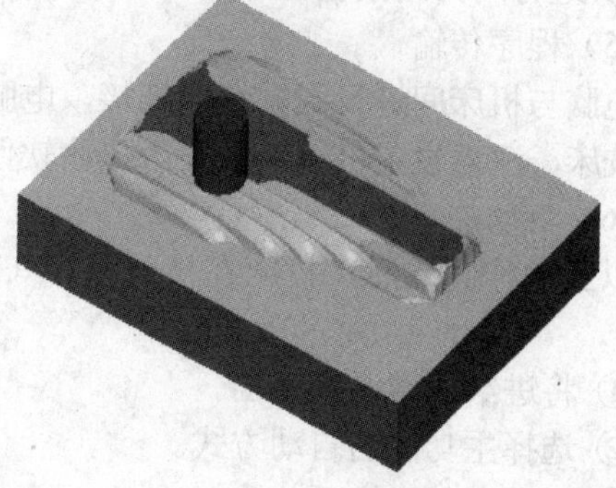

图 7-26 零件底面粗加工刀具路径、效果

步骤 10：生成 NC 程序。利用后处理得到工序二工步 3 的 NC 程序如图 7-27 所示。

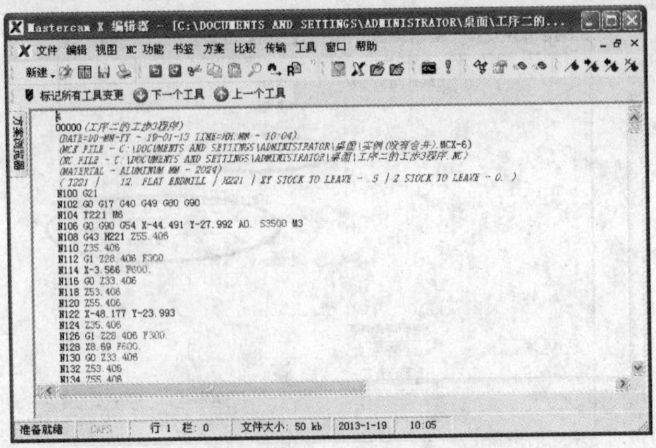

图 7-27　NC 程序

7.3.3　数控铣床加工零件

数控铣床操作零件程序编制出来了，就可以用数控铣床进行加工了，具体操作步骤如下。

（1）开机

数控铣床在开机前，应先进行机床的开机检查。一切没有问题之后，先打开机床总电源，然后打开控制系统电源。在显示屏幕上应出现机床的初始位置坐标。检查操作面板上的各个指示灯是否正常，各按钮、开关是否处于正确位置；显示屏上是否有报警显示，若有问题应及时处理；气压和液压装置的压力表是否在所要求的范围内。若一切正常，就可以进行下面的操作了。

（2）回参考点

开机正常后，机床应先进行回零操作。

（3）工件装夹

将工件装夹在台虎钳上（台虎钳应先进行校正），用百分表检查工件的上表面的平面度。

（4）对刀及参数输入

① 将刀装在弹簧夹头刀柄上，并根据工件轮廓高度确定铣刀的伸出长度。

② 进行对刀操作得到 X、Y 零偏置，并输入到 G54 中。

③ 进行对刀操作得到 Z 零偏置，并输入到 G54 中。

④ 进行对刀结果验证。

（5）程序传输

电脑与机床间进行数据线的连接，电脑上安装传输软件，将自动编程生成的程序传输到数控铣床，注意设置机床参数要与传输软件的参数一致。具体的操作见 7.1.2 的内容。

（6）自动加工

以上操作完成后，机床在接收程序（DNC）的模式下，并按运行键就可以进行自动加工了。

① 将进给速度调到低挡。

② 选择主功能的自动方式。

③ 显示工件坐标系。

④ 按下启动运行键。

⑤ 机床在加工时，可适当调整主轴转速和进给速度，保证正常加工。

⑥ 在加工过程中如有异常，应及时按下急停按钮。

（7）测量工件

工件加工完毕，返回设定的安全高度，机床自动停止加工。用量具检测主要的尺寸，如轮廓的长度尺寸和高度尺寸，根据测量结果修改刀具补偿值，重新执行程序加工零件，直到达到加工要求。

（8）结束加工、关机

关机、松开台虎钳，卸下零件，加工完成的零件如图 7-28 所示。对加工现场进行清理。

图 7-28 已经加工好的零件实物

本章小结

主要介绍 MasterCAM 的三实训环节，也就是软件在真实加工环节中的应用体现。介绍了电脑与机床间的文件传输方法，数控机床的相关设置等，最后以一个真实的竞赛零件的加工过程体现 MasterCAM 在加工过程中的真实应用。

本章的篇幅虽然不多，但却能帮助读者更好地理解和掌握自动编程软件与机床间的联系，将理论与实操进行了有机的结合。

附　录

附录 1　FANUC 0i 系统数控铣床指令

附表 1　FANUC 0i 系统数控铣床准备功能表

G 代码	分组	功　能	G 代码	分组	功　能
G00①	01	定位（快速移动）	G59	14	选用 6 号工件坐标系
G01①	01	直线插补（进给速度）	G60	00	单一方向定位
G02	01	顺时针圆弧插补	G61	15	精确停止方式
G03	01	逆时针圆弧插补	G64①	15	切削方式
G04	00	暂停，精确停止	G65	00	宏程序调用
G09	00	精确停止	G66	12	模态宏程序调用
G17①	02	选择 XY 平面	G67①	12	模态宏程序调用取消
G18	02	选择 ZX 平面	G73	09	深孔钻削固定循环
G19	02	选择 YZ 平面	G74	09	反螺纹攻丝固定循环
G27	00	返回并检查参考点	G76	09	精镗固定循环
G28	00	返回参考点	G80①	09	取消固定循环
G29	00	从参考点返回	G81	09	钻削固定循环
G30	00	返回第二参考点	G82	09	钻削固定循环
G40①	07	取消刀具半径补偿	G83	09	深孔钻削固定循环
G41	07	左侧刀具半径补偿	G84	09	攻丝固定循环
G42	07	右侧刀具半径补偿	G85	09	镗削固定循环
G43	08	刀具长度补偿＋	G86	09	镗削固定循环
G44	08	刀具长度补偿－	G87	09	反镗固定循环
G49①	08	取消刀具长度补偿	G88	09	镗削固定循环
G52	00	设置局部坐标系	G89	09	镗削固定循环
G53	00	选择机床坐标系	G90①	03	绝对值指令方式
G54①	14	选用 1 号工件坐标系	G91①	03	增量值指令方式
G55	14	选用 2 号工件坐标系	G92	00	工件零点设定
G56	14	选用 3 号工件坐标系	G98①	10	固定循环返回初始点
G57	14	选用 4 号工件坐标系	G99	10	固定循环返回 R 点
G58	14	选用 5 号工件坐标系			

① 表示机床通电启动后的默认状态。

附表 2　FANUC 0i 系统数控铣床的辅助功能 M 代码

M 代码	功　能	M 代码	功　能	M 代码	功　能
M00	程序停止	M04	主轴逆时针旋转	M08	冷却液关闭
M01	程序选择停止	M05	主轴停止	M30	程序结束并返回
M02	程序结束	M06	换刀	M98	子程序调用
M03	主轴顺时针旋转	M07	冷却液打开	M99	子程序调用返回

附录 2　数控大赛试题

试题 1　全国数控大赛广东选拔赛

考核要点：两面加工工艺和装夹设计，镜像、椭圆加工和检测。

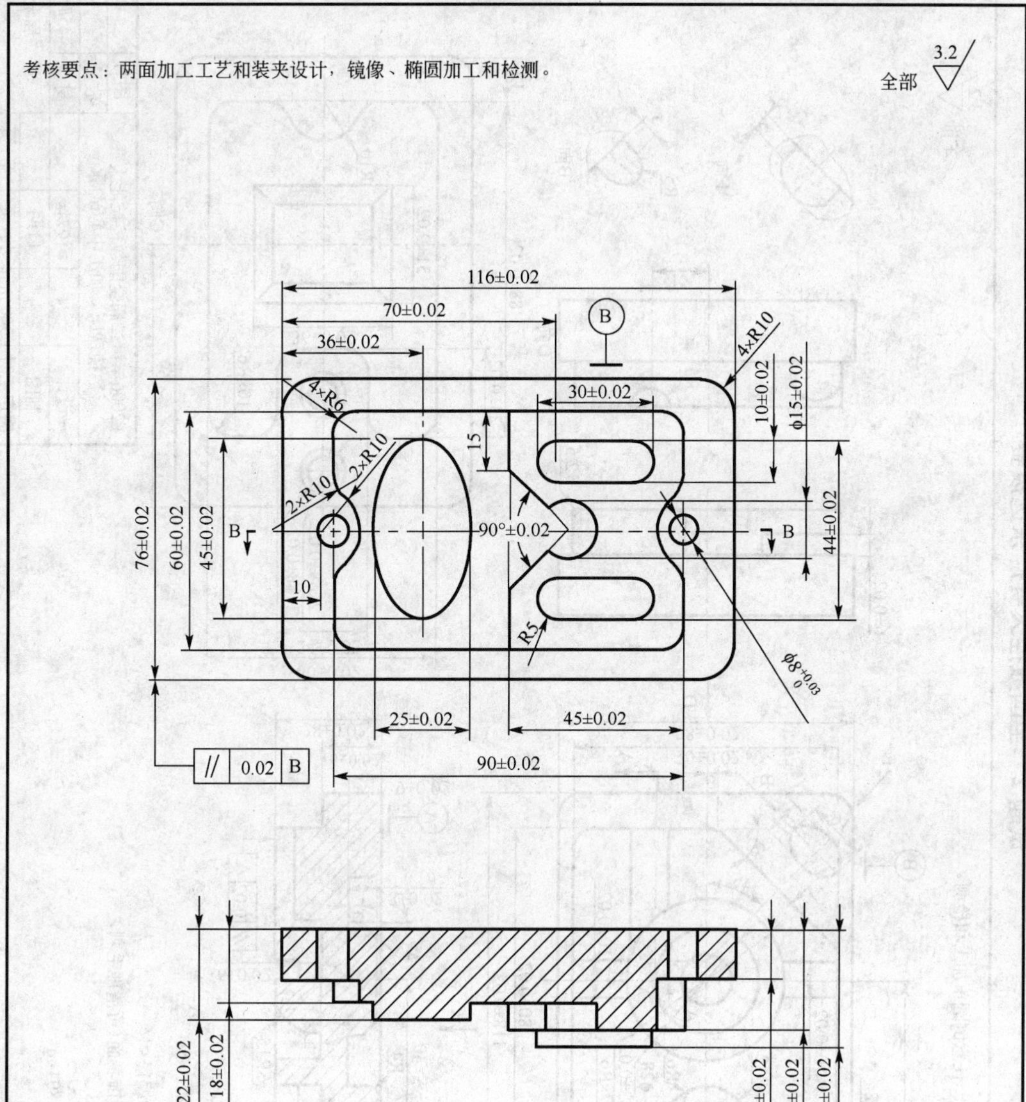

技术要求：

1. 以中、小批量生产条件编程。
2. 不准用砂布及锉刀等修饰表面（可清理毛刺）。
3. 备料尺寸120×80×30。
4. 未注公差尺寸按GB/T 1804-m。
5. 锐边倒钝。

2004年数控铣床、加工中心试题				图号	ST5-1		
				数量		比例	1:1
设计		校对		材料	45#	重量	
制图		日期		第一届全国数控大赛广东选拔赛			
额定工时	180 min	共1页	第1页				

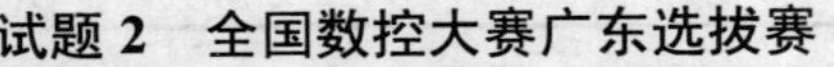

试题 2　全国数控大赛广东选拔赛

考核要点：椭圆球加工工艺，任意倒圆角加工和检测。

全部 3.2

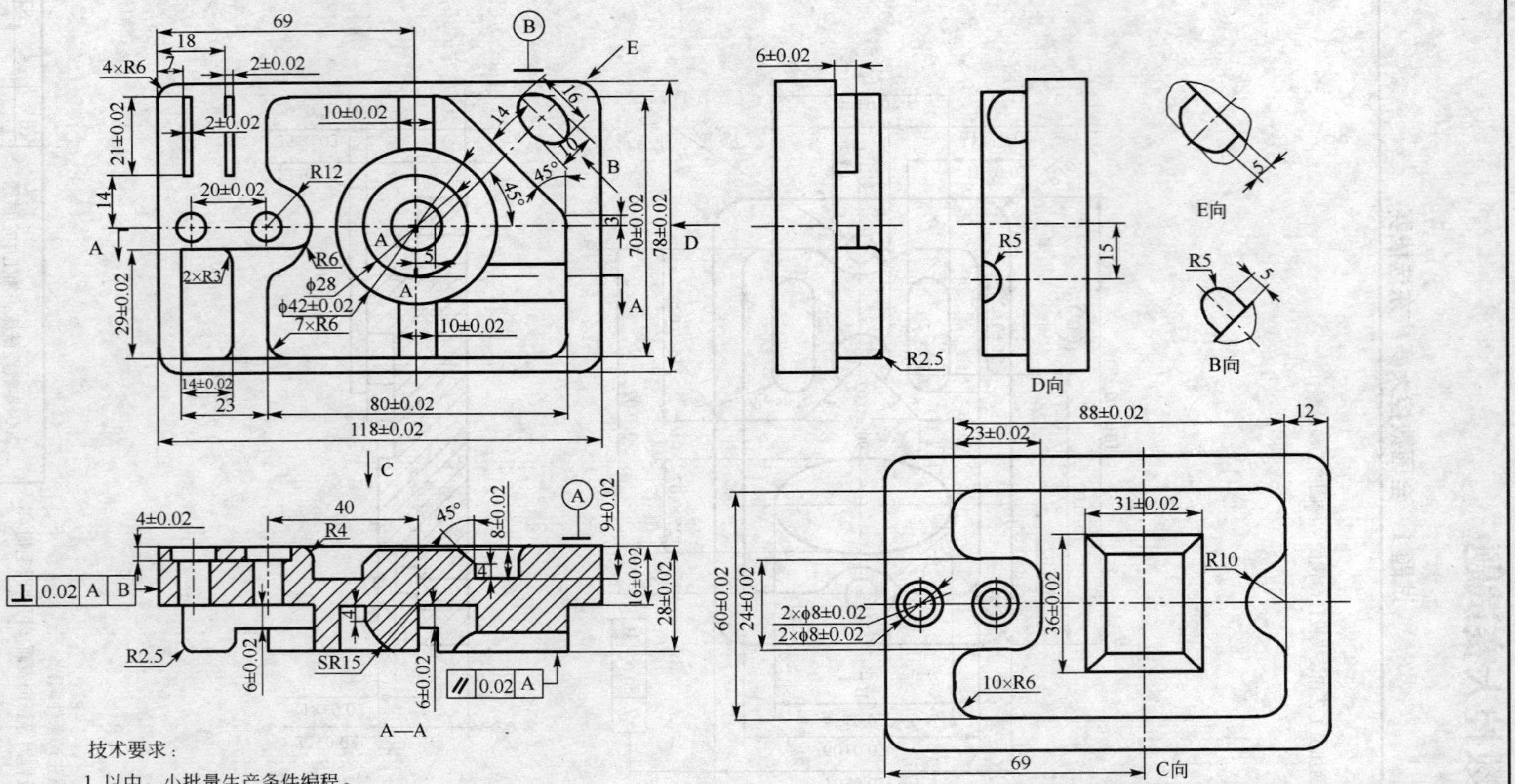

A—A

E向

B向

D向

C向

技术要求：

1. 以中、小批量生产条件编程。
2. 不准用砂布及锉刀等修饰表面(可清理毛刺）。
3. 备料尺寸120×80×30。
4. 未注公差尺寸按GB/T 1804-m。
5. 直边倒角0.5×45°。

2006年第二届全国数控技能大赛 数控铣床、加工中心试题				图号	ST8-1		
				数量		比例	1:1
设计		校对		材料	45#	重量	
制图		日期		第二届全国数控技能 大赛广东赛区			
额定工时	360 min	共1页	第1页				

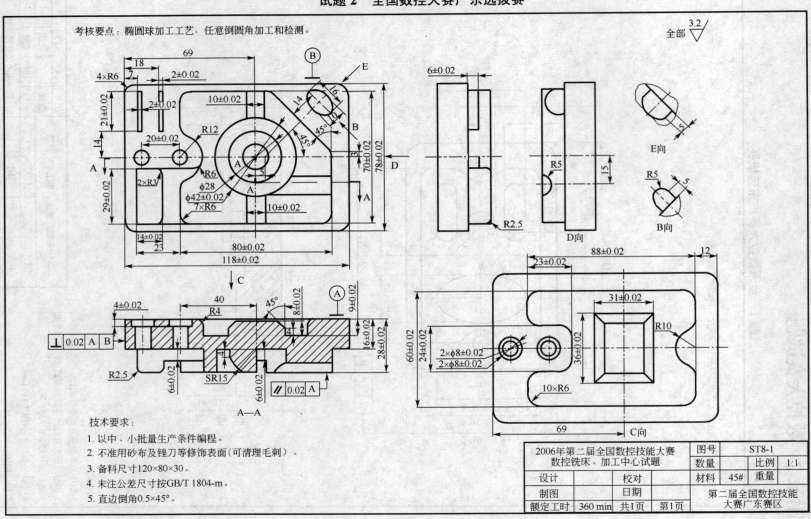

试题 3　全国数控大赛广东选拔赛

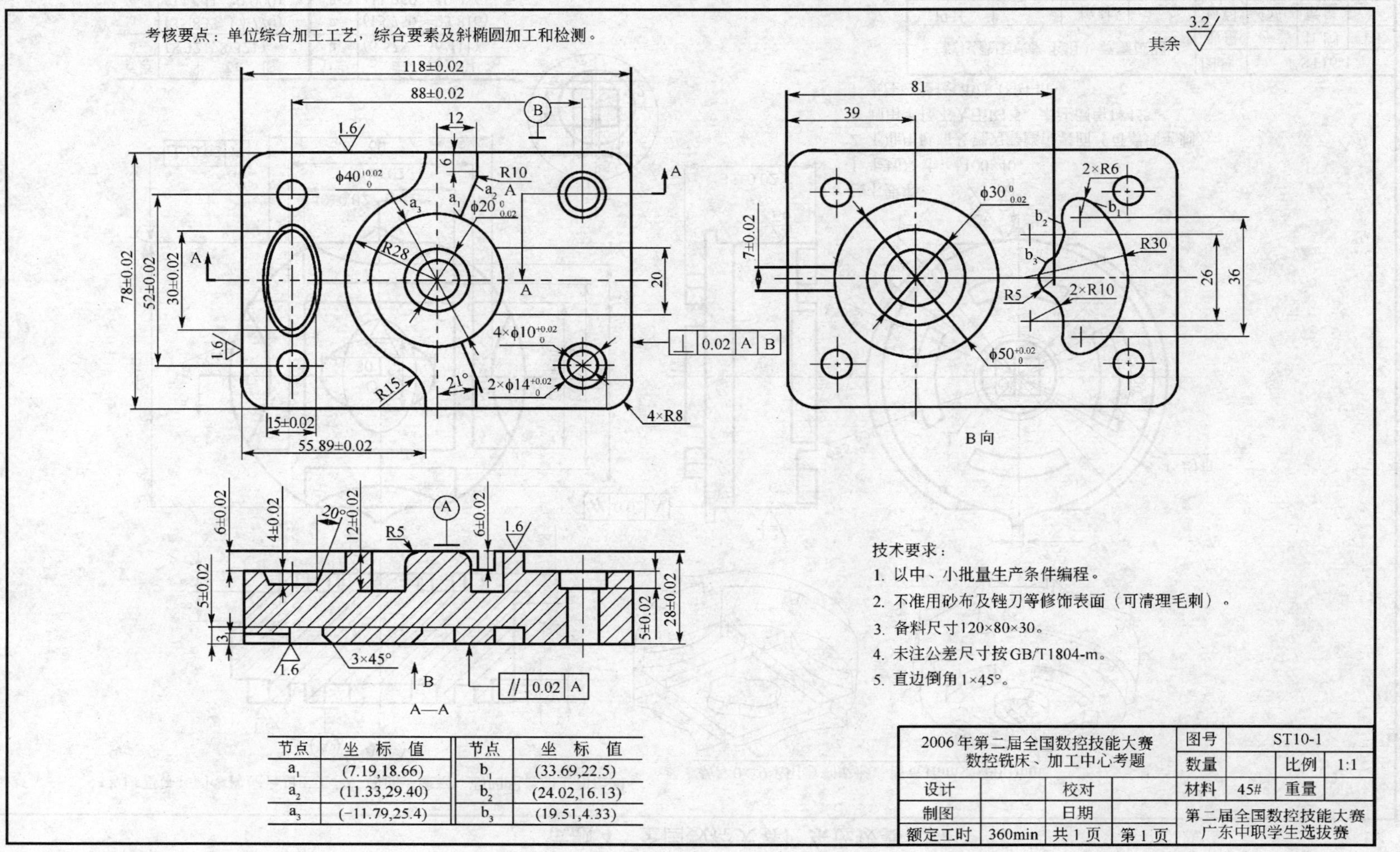

技术要求：

1. 以中、小批量生产条件编程。
2. 不准用砂布及锉刀等修饰表面（可清理毛刺）。
3. 备料尺寸120×80×30。
4. 未注公差尺寸按GB/T1804-m。
5. 直边倒角1×45°。

节点	坐　标　值	节点	坐　标　值
a_1	(7.19,18.66)	b_1	(33.69,22.5)
a_2	(11.33,29.40)	b_2	(24.02,16.13)
a_3	(−11.79,25.4)	b_3	(19.51,4.33)

2006年第二届全国数控技能大赛数控铣床、加工中心考题				图号	ST10-1		
				数量		比例	1:1
设计		校对		材料	45#	重量	
制图		日期		第二届全国数控技能大赛广东中职学生选拔赛			
额定工时	360min	共 1 页	第 1 页				

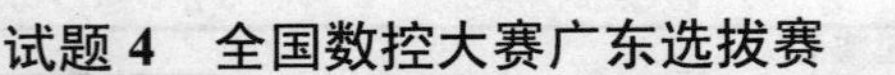

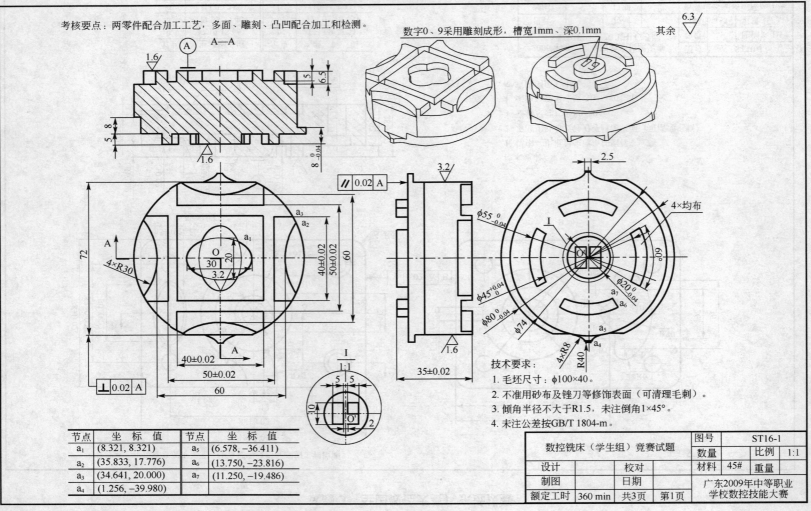

试题 4　全国数控大赛广东选拔赛

考核要点：两零件配合加工工艺，多面、雕刻、凸凹配合加工和检测。

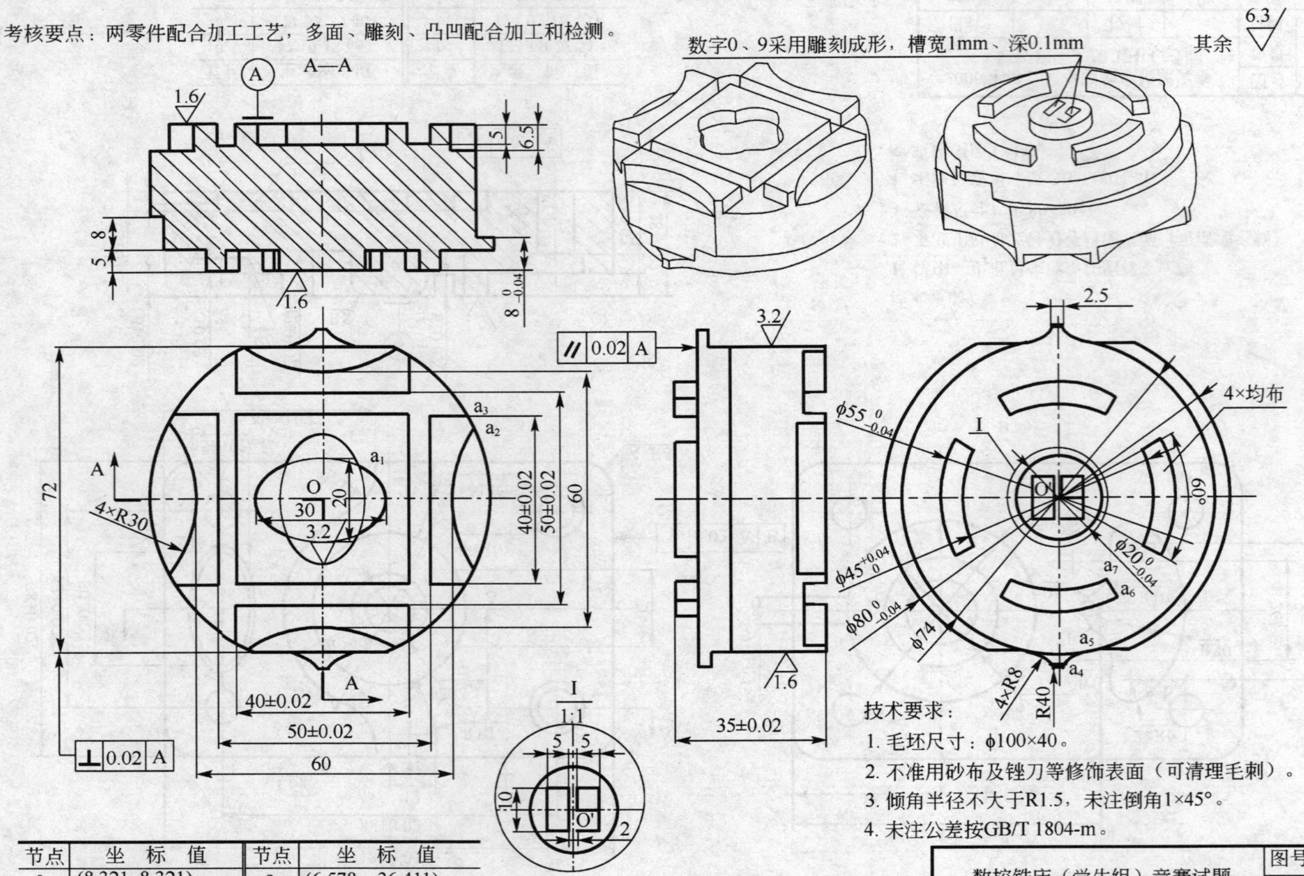

数字0、9采用雕刻成形，槽宽1mm、深0.1mm

其余 6.3

节点	坐　标　值	节点	坐　标　值
a_1	(8.321, 8.321)	a_5	(6.578, −36.411)
a_2	(35.833, 17.776)	a_6	(13.750, −23.816)
a_3	(34.641, 20.000)	a_7	(11.250, −19.486)
a_4	(1.256, −39.980)		

技术要求：

1. 毛坯尺寸：ϕ100×40。
2. 不准用砂布及锉刀等修饰表面（可清理毛刺）。
3. 倾角半径不大于R1.5，未注倒角1×45°。
4. 未注公差按GB/T 1804-m。

数控铣床（学生组）竞赛试题				图号	ST16-1		
				数量		比例	1:1
设计		校对		材料	45#	重量	
制图		日期		广东2009年中等职业学校数控技能大赛			
额定工时	360 min	共3页	第1页				

附录 3　数控铣/加工中心软件应用竞赛试题

注意事项

1．请选手在试卷的标封处填写您的工作单位、姓名和准考证号

2．选手须在每题小格内声明所使用的 CAD/CAM 系统（模块）名称和版本号

3．上机做题前须先在本机的硬盘 D 上以准考证号为名建立自己文件夹并注意随时保存文件

4．竞赛结束前须在指定地址备份所有上机结果

5．考试时间为 120 分钟，总分 100 分

一、已知毛坯尺寸为 260mm×210mm×45mm，顶面（基准面）已经精加工，根据图示尺寸，完成零件的造型，加工轨迹，并生成 NC 代码，并以准考证号加 A 为文件名，保存为.mxe 格式文件，填写加工参数表。存放至本机 D:\xxxxxx （xxxxxx 为准考证号码）中，不按指定地址存放者得 0 分。(本题满分 40 分)

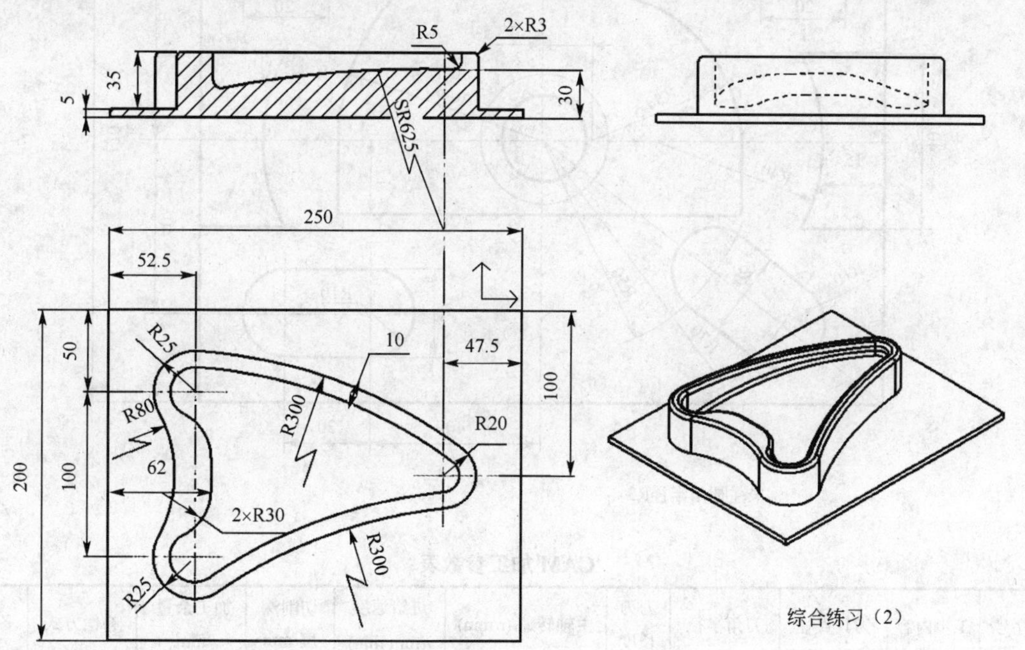

综合练习（2）

CAM 加工参数表

序号	工步内容	刀具直径	刀角半径	刀刃长度	主轴转速/(r/min)	进给速度/(mm/min)	切削深度/mm	加工余量/mm	补偿方式	备注

二、已知毛坯尺寸为 180×130×42，顶面（基准面）已经精加工，根据图示尺寸，完成零件的造型，加工轨迹，并生成 NC 代码，并以准考证号加 B 为文件名，保存为.mxe 格式文件，填写加工参数表。存放至本机 D:\xxxxxx （xxxxxx 为准考证号码）中，不按指定地址存放者得 0 分。(本题满分 60 分)

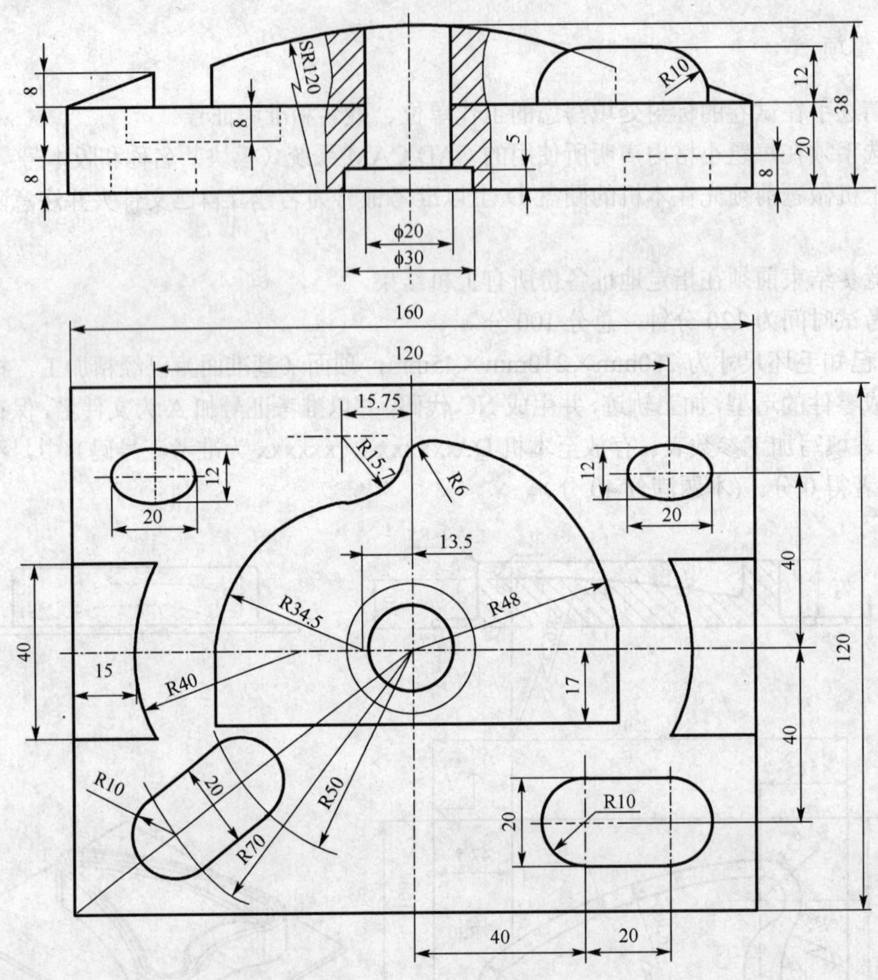

未注圆角半径R3。

CAM 加工参数表

序号	工步内容	刀具直径	刀角半径	刀刃长度	主轴转速/(r/min)	进给速度/(mm/min)	切削深度/mm	加工余量/mm	补偿方式	备注

参 考 文 献

[1] 杨秀文.MasterCAM 应用教程.北京：清华大学出版社，2009.

[2] 云杰漫步科技 CAX 设计室.MasterCAM X4 中文版完全自学一本通.北京:电子工业出版社，2011.

[3] 谢龙汉.Mastercam X 中文版三维设计入门与实例进阶.北京：清华大学出版社，2006.

[4] 刘胜建.MasterCAM X3 基础培训标准教程.北京:北京航空航天大学出版社，2010.

[5] 蒋洪平.MasterCAM X 标准教程.北京：北京理工大学出版社，2007.

[6] 何满才.MasterCAM X 习题精解.北京：人民邮电出版社，2008.

[7] 张素颖.MasterCAM 自动编程与后处理.北京：清华大学出版社，2011.

[8] 杨小军.MasterCAM X3 项目教程.北京:北京交通大学出版社，2010.

[9] 黄爱华.Mastercam 基础教程.第 2 版.北京：清华大学出版社，2010.

[10] 郁志纯.Mastercam 实训教程.北京：清华大学出版社，2008.

[11] 陈德航.Mastercam X2 基础教程.北京:人民邮电出版社，2009.

[12] 唐霞.机械 CAD/CAM 技术——MasterCAM X4 项目教程.北京：机械工业出版社，2011.